Die Kristall-Sonne

Titel der englischen Originalausgabe:
The Crystal Sun

Copyright © 2000 by Robert Temple

Copyright © 2004 für die deutschsprachige Ausgabe bei
Jochen Kopp Verlag, Graf-Wolfegg-Str. 71, D-72108 Rottenburg

Alle Rechte vorbehalten

Aus dem Englischen von Andreas Zantop, Berlin
Umschlaggestaltung: ARTELIER/Peter Hofstätter
Satz und Layout: Agentur Pegasus, Zella-Mehlis
Druck und Bindung: Wiener Verlag, Himberg

ISBN 3-930219-76-X

Gerne senden wir Ihnen unser Verlagsverzeichnis
Kopp Verlag
Graf-Wolfegg-Str. 71
D-72108 Rottenburg
Email: info@kopp-verlag.de
Tel.: (0 74 72) 98 06-0
Fax: (0 74 72) 98 06-11

Unser Buchprogramm finden Sie auch im Internet unter:
http://www.kopp-verlag.de

ROBERT TEMPLE

DIE KRISTALL-SONNE

EINE VERLORENGEGANGENE TECHNOLOGIE DES ALTERTUMS WIEDERENTDECKT

JOCHEN KOPP VERLAG

Zum Autor

Robert Temple ist Autor von neun Büchern, die in 43 Sprachen übersetzt wurden. Sein Werk *The Genius of China* (Originaltitel: *China: Land of Discovery and Invention*) wurde für die chinesische Ausgabe von 34 Spezialisten unter der Schirmherrschaft der Chinesischen Akademie der Wissenschaften übersetzt und den Schülern und Schülerinnen des Landes zur Lektüre empfohlen.

Temples Vers-Übersetzung des Gilgamesch-Epos *He Who Saw Everything,* im Jahre 1991 veröffentlicht, wurde 1993 im *Royal National Theatre* aufgeführt.

Temple ist Professor der Geisteswissenschaften, der Geschichte und der Wissenschaftsphilosophie an der *University of Louisville* in Kentukky, Mitglied des Londoner *College of Optometrists* und ein Fellow der *Royal Astronomical Society*. Er verfügt über einen akademischen Grad in Sanskrit und Orientalistik. 1996 erschien seine gekürzte Ausgabe von Sir James Frazers Werk als *The Illustrated Golden Bough*. Anfang 1998 veröffentlichten er und seine Frau Olivia die erste englische Übersetzung von *The Complete Fables of Aesop*. Temple hat mehrere Abhandlungen über die zoologischen Arbeiten von Aristoteles verfaßt, einschließlich einer Rekonstruktion von Fragmenten des letzten größeren Werks von Aristoteles, *Präparationen*.

Temples Klassiker *Das Sirius-Rätsel*, in dem er enthüllt, wie die geheimen Überlieferungen der Dogon, eines afrikanischen Stammes, detaillierte Informationen über den Stern Sirius enthalten — Erkenntnisse, die neuzeitliche Astronomen gerade erst erlangt haben —, wurde ursprünglich im Jahre 1976 veröffentlicht und fand bei seiner Wiederveröffentlichung 1998 auf breiter Ebene Anerkennung.

INHALT

Danksagung 7

Einführung von Sir Arthur C. Clarke 11

Teil Eins
Der physikalische Beweis

1 Es kommt ans Licht 15

Teil Zwei
Der Textbeweis

2 Wirklich in einer Nuß-Schale 73
3 Das Feuer des Prometheus 117
4 Der Fall mit dem verschwindenden Teleskop 153
5 Auf der Suche nach den Todesstrahlen 239

Teil Drei
Die alte Sage

6 Phantomvisionen 287
7 Die Kristall-Sonne 331
8 Donnersteine 353

Teil Vier
Herkunft und Ursprünge

9 Das Auge des Horus 415

Anhang: Der Schädel des verhängnisvollen Schicksals 583

Stichwortverzeichnis 589

*Für Hayley Mills,
die so vielen Menschen so viel Licht gebracht hat*

*Wenn Sie Dich fragen: »Woher kommst du?«,
dann antworte ihnen: »Wir kommen aus dem Licht.«*

(Aus dem Thomas-Evangelium)

DANKSAGUNG

Ich möchte meinem alten Freund Sir Arthur C. Clarke dafür danken, daß er die Forschungsarbeiten anregte, die zu diesem Buch geführt haben, und dafür, daß er zum Ausgangspunkt zurückgekehrt ist und die Einleitung verfaßt hat.

Wie immer, so wurde auch diesmal das Manuskript auf unschätzbar wertvolle Weise durch meine Frau Olivia überarbeitet. Sie liest alles, was ich schreibe, als erste und verbessert es dann. Für dieses Projekt — eine Gemeinschaftsleistung in vieler Hinsicht — übersetzte sie unter anderem etwa 80 000 Wörter schwierigen technischen Französischs, davon ein Großteil altes Französisch des 18. Jahrhunderts und ziemlich schwer verständlich. In all diesen Jahren hat sie mich bei dieser schier endlosen Aufgabe unterstützt, und ohne ihre Hilfe wäre dieses Werk nicht zustande gekommen. Sie entwarf den Umschlag für die englische Ausgabe und wirkte auch als Beraterin und Koordinatorin hinsichtlich Publikation und Promotion. Sie war es, die mich dazu überredete, in die Öffentlichkeit zu treten, und sie bereitete auch all diese öffentlichen Auftritte vor.

Meinem Verleger Mark Booth von *Century Books* bin ich zu tiefstem Dank verpflichtet, ebenso Kate Parkin, Liz Rowlinson, Hannah Black von Century, Roderick Brown und meinen brillanten Agenten Bill Hamilton und Sara Fisher, beide von *A. M. Heath*.

Meine Freundin Zhenni (»Jenny«) Zhu war mir schon über viele Jahre eine unschätzbar wertvolle Hilfe. Sie begleitete mich in zahllose Museen, um verschiedene Linsen zu studieren, Fotos zu machen, die Anfragen der Chinesen zu beantworten und vor allem, meine Arbeitszeit im Britischen Museum auf die Hälfte zu reduzieren — dadurch, daß sie meine Forschungsarbeiten auf vielfältige Weise unterstützte. Ich bin ihr für ihre fröhliche Art und ihre hingebungsvolle Hilfe, die sie mir seit so langer Zeit zukommen ließ, sehr dankbar.

Sieben Freunden, die leider nicht mehr unter uns weilen, möchte ich ganz besonders danken. Da ist zunächst einmal unsere gute Freundin Miss Mary Brenda Hotham Francklyn, die schon vor so langer Zeit verstarb, daß es wie gestern und gleichzeitig doch schon eine Ewigkeit her scheint; Professor Derek de Solla Price, der leider nicht so lange lebte, wie ich es mir gewünscht hätte, um ihn näher kennenzulernen; Walter Gasson, ein äußerst hingebungsvoller, großzügiger und warmherziger Mensch mit grenzenloser Begeisterung für dieses spezielle Gebiet, der Messungen vornahm und auf meinen Wunsch hin die britischen Linsen studiert hat. Es sollte ein von uns beiden verfaßter Bericht werden, doch leider lebte er nicht lange genug, um die Arbeit mit mir fertigzustellen.

Dank gebührt auch Colin Hardie, einem ebenfalls sehr großzügigen und hingebungsvollen Gelehrten, der mir bei allen in Latein verfaßten Texten und noch bei vielen anderen Dingen half. Professor D. E. Eichholz, einem der aufgeschlossensten und großzügigsten klassischen Gelehrten, die man überhaupt kennenlernen kann, gilt der Dank dafür, daß er mit uneingeschränktem Enthusiasmus die Rückübersetzung jeder wichtigen Passage von Plinius angefertigt und mich befugt hat, diese in seinem Namen durchgeführten Übersetzungen veröffentlichen zu dürfen. Er war einer der wenigen Gelehrten, die sich nicht scheuen, ihre Ansichten zu revidieren; im Gegenteil, es war für ihn immer wieder aufregend, jede Angelegenheit auch aus anderen Blickwinkeln zu betrachten.

Dank geht auch an Michael Scott, der mir mit der für ihn typischen überschwenglichen Großzügigkeit, die sein ganzes Leben kennzeichnete, Layards Buch zukommen ließ — das Buch, das die Beschreibung der Layard-Linse enthält. Und schließlich möchte ich auch meinem teuren Freund Dr. Peter Mitchell, einem der außergewöhnlichsten Menschen, die ich je kennengelernt habe, dafür danken, daß er mir gestattete, die auf Tafel 11 abgebildete Linse aus dem antiken Griechenland zu untersuchen und schließlich von ihm zu erwerben.

Außerdem möchte ich den folgenden Personen und Gruppen danken:

Der *New Horizons Research Foundation of Canada* für die einjährige finanzielle Unterstützung meiner Forschungsarbeiten zu diesem Buch in den achtziger Jahren. Dies war die einzige finanzielle Unterstützung, die ich in über 30 Jahren erhalten habe.

Professor José Álvarez Lopez aus Cordoba, Argentinien, für die Gespräche über und Informationen zur Notwendigkeit einer optischen Vermessung der ägyptischen Pyramiden. Sollte er immer noch am Leben sein, bitte ich ihn, sich wieder mit mir in Verbindung zu setzen.

Meinem Freund Mohammed Nazmy gebührt Dank für die Fotografie der Großen Pyramide zur Wintersonnenwende 1998, die in diesem Buch auf Tafel 30 abgebildet ist. Ebenso möchte ich mich bei seinem Kollegen Medhat Yehia für die Begleitung durch das Ägyptische Museum in Kairo bedanken sowie dafür, daß er es mir ermöglichte, die Kairo-Linse zu studieren.

Dank auch an meinen Freund und Kollegen Ioannis Liritzis dafür, daß er Ioannis Sakas für mich ausfindig machte und mich begleitete, um ihn in Athen zu treffen. Ioannis Sakas gilt mein spezieller Dank für die vielen ausführlichen Gespräche und dafür, daß er mich mit Fotos und Textdokumenten versorgt hat, die sich auf seine erstaunlichen Zusammenfassungen der Meisterleistungen Archimedes' beziehen.

Meiner teuren Freundin Fiona Eberts gilt der Dank dafür, daß sie mir half, die beiden Buffon-Brennspiegel bei Paris zu finden. Es war keine leichte Aufgabe!

Dank auch an die *British School of Archaeology* in Athen, ganz besonders an Helen Brown, für ihre geduldige Unterstützung wie auch harte Arbeit, die erforderlichen Genehmigungen und Informationen einzuholen.

Dr. Irving Finkel, dem stellvertretenden Kustos der Abteilung für westasiatische Altertümer im Britischen Museum, gebührt der Dank für die freundlichen Gespräche und seine Unterstützung dabei, die Layard-Linse untersuchen zu dürfen.

Ebenso gilt der Dank William Graham für seine außergewöhnliche Unterstützung bei der Untersuchung der Karthago-Linse während seiner Zeit im Museum von Karthago, wie auch für die wunderschönen Aufnahmen dieser Linsen. (Könnte auch er sich bitte wieder bei mir melden?)

Marcus Edwards, Lizzie Speller, Lindsay Allen und Sarah Knight gebührt Dank für die Übersetzung einiger Passagen aus dem Lateinischen, ebenso Anne Dunhill und Rima Stubbs für die Übersetzung einiger Passagen aus dem Italienischen und Robin Waterfield für seine Übersetzung einiger fremdartiger griechischer Passagen. Dank an Bob Sharples für die Beantwortung meiner Anfragen zu Alexander von Aphrodisias und Theophrastus' *De Igne* sowie an Allan Mills für viele faszinierende Gespräche über »Schattenfänger«, Archimedes und andere Dinge von gemeinsamem Interesse, als auch für die von ihm gesammelten Referenzen und Kopien von Artikeln zum Brennspiegel von Archimedes.

Posthum Dank an den verblichenen Michael Weitzman für seine Hilfe mit hebräischem Material, wie ich noch im weiteren Verlauf des Buchs ausführen werde. Dank auch an Donald Easton und Richard Sorabij für ihre Hilfe, mir zu den trojanischen Linsen in Rußland Zugang zu verschaffen, wie auch an Evie Wolff und die in Ost-Berlin durchgeführten Untersuchungen in der Zeit vor dem Mauerfall. Tony Anderson gilt mein Dank dafür, daß er mir die Informationen zu den Prometheus-Legenden der Kaukasus-Region zukommen ließ, und Buddy Rogers für seine Informationen zu Edelsteinen.

Martin Isler, Günter Dreyer, Richard Lóbban, Hugo Verheyen und John L. Heilbron danke ich für ihre freundliche Unterstützung und die Erlaubnis, ihre Illustrationen benutzen zu dürfen. Ebenso Bob Lomas und Buddy Rogers für ihre Hilfe bei der Ausarbeitung der Natur des »Sonnensteins« der Wikinger, wie auch Peter D. Leigh, Schriftführer des *London College of Optometrists*, für seine Hilfe und Ermutigung und Jenny Kidd für ihre Beratung hinsichtlich Fragen der Optik und für gute Mahlzeiten in Frankreich. Dank auch an Robert Bauval, der mich Bill Hamilton und Mohammed Nazmy vorgestellt hat. Und nicht zuletzt auch Dank an die Mitarbeiter des Britischen Museums für ihre herkulischen Anstrengungen, mich unter schwierigsten Umständen und trotz schlechten Managements und anderer ungünstiger Umstände weiterhin frohgelaunt und hilfsbereit zu unterstützen; ihr seid unsichtbare Helden.

Robert Temple

EINFÜHRUNG
von Sir Arthur C. Clarke

Von allen Erfindungen des Menschen ist das Teleskop wohl die, welche mit einem Minimum an Materialaufwand die wundervollsten Ergebnisse zeitigt. Für uns heute eine Selbstverständlichkeit — doch hätte man sich je vorstellen können, daß zwei Glasstücke den Raum zwischen sich und einem entfernten Objekt aufheben und das Wunder vollbringen könnten, diese weit entfernten Objekte in greifbare Nähe zu holen? Ohne das Teleskop wüßten wir bis heute so gut wie nichts über das Universum und unseren Platz in ihm.

Auch wenn Galilei mit Recht als derjenige bezeichnet wird, welcher der Welt im Jahre 1609 als erster das Teleskop vorstellte, so hatte er es doch nicht erfunden. Wie Robert Temple in diesem eindrucksvoll recherchiertem Buch aufzeigt, waren hervorragende Linsen aus Bergkristall bereits seit einigen tausend Jahren bekannt, und es scheint unglaublich, daß Archimedes oder einige chinesische oder ägyptische Erfinder noch weiter in der Vergangenheit nicht das offensichtliche und einfache Experiment durchführten, durch zwei dieser Linsen gleichzeitig hindurchzuschauen.

Einige Historiker behaupten, König Kasyapa von Ceylon, der im 5. Jahrhundert n. Chr. die Felsenfestung von Sigiriya gebaut hatte (die ich einst zu den »Sieben Weltwundern« in der BBC-Sendung gleichen Namens zählte und die einer der wichtigsten Schauplätze der »Brunnen des Paradieses« ist), hätte ein Teleskop benutzt, um seinen Harem im Auge zu behalten. Leider konnte ich bisher keine Bestätigung dieser amüsanten Geschichte erhalten.

Ich hoffe, daß dieses Buch einige Museums-Kustoden dazu bewegen kann, sich ihre Besitztümer noch einmal genauer anzuschauen; vielleicht entdecken dann auch sie, daß eine der wichtigsten Erfindungen in der Geschichte der Menschheit sehr viel älter ist — und auf die Geschichte einen sehr viel größeren Einfluß hatte —, als bisher angenommen wurde.

Arthur C. Clarke
Colombo, Sri Lanka, Mai 1999

Teil Eins

DER PHYSIKALISCHE BEWEIS

Kapitel Eins

ES KOMMT ANS LICHT

Du bist nicht länger mit dem, was die Sonne bescheint,
in deinem tiefsten Innern scheinst du selbst
das brennende Leben der Sonnenseele zu sein.
Es scheint, als wärst du in der Sonne selbst ...
Angelos Sikelianos

Stellen Sie sich eine Welt vor, in der Boote noch nicht erfunden wurden und deshalb Transporte über Wasser nicht möglich waren. In solch einer Welt früherer Tage gab es noch kein Segeln und Rudern — der einzige Weg, irgendwo hinzukommen, war der über Land. Doch dies gibt Archäologen und Historikern ein Problem auf: Es scheint Beweise dafür zu geben, daß die Menschen dieser Zeit lange Strecken gereist sind und sogar Handel getrieben haben. Wenn sie nur Boote gehabt *hätten* — dann wäre ganz einfach zu erklären, wie alles vonstatten ging. Doch statt dessen mußten komplizierte Landwege ausgearbeitet werden, um die kulturellen Verbindungen zwischen Völkern zu erklären.

Stellen Sie sich nun vor, daß verschiedene Beweisstücke gefunden werden, die darauf hindeuten, daß Boote vielleicht doch existiert haben könnten. Doch die Experten verwerfen all dies rundheraus. Alte Vasen mit Zeichnungen von Segelbooten werden einfach als poetische Phantasien oder mythologische Szenen abgetan. Wracks am Meeresboden werden als »Felsvorsprünge« bezeichnet und keiner eingehenderen Untersuchung unterzogen. Teile alter Schiffe, die man an verschiedenen Orten findet, sind nicht wirklich solche Schiffsteile, sondern »Opfergaben« an die Götter. Aufzeichnungen in alten Texten, die Schiffahrt von Land zu Land erwähnen — die Überquerung des Mittelmeers, zum Beispiel —, sind nur in der Vorstellung existierende Aufzeichnungen von Ereignissen, die niemals wirklich stattgefunden haben.

Was für ein verzerrtes Bild wir von der Geschichte hätten, würden wir all dies glauben! Alle Reisen zu Wasser im Altertum wären dann Mythologie, nicht realer als Behauptungen, durch die Luft zum Berg Olymp geflogen zu sein. Wir wären davon überzeugt, daß ein Verkehr zu Wasser im Altertum niemals stattgefunden hätte. Zweifellos würde eine Theorie hervorgebracht werden, die zeigt, daß sich für diese Wahrheit Hinweise bei den archaischen Religionen finden lassen: Die Erdgöttin wurde verehrt, weil Völker einander nur besuchen konnten, indem sie auf diese Göttin, eben die Erde, traten. Gelehrte Professoren würden feierlich und wiederholt ihren Schülern zu verstehen geben, daß dies nun mal so sei, und niemand würde diesen Status Quo oder diese orthodoxe Sichtweise in Frage stellen. Alle Querdenker, die ihren Mitmenschen die Vermutung nahelegten, daß die Menschen des Altertums vielleicht doch schon Schiffe hatten, würden als Verrückte gebrandmarkt und von Respektspersonen geächtet. Denn *jeder weiß doch*, daß es im Altertum keine Schiffe gab.

Leider tendieren viele Menschen dazu, sich so wie gerade oben beschrieben zu verhalten, und nichts ist schwerer als »konventionelle Ansichten« sogenannter Experten in Frage zu stellen. Fragen Sie nahezu jeden Experten, ob es im Altertum bereits Vergrößerungsgläser gegeben habe, und er wird ihnen höchstwahrscheinlich antworten: »Natürlich nicht. Es gibt keine Beweise für irgendwas dieser Art. Ich habe nie welche gesehen. Und es gibt auch keine Aufzeichnungen darüber, daß sie im Altertum bereits bekannt waren.«

So oder so: Dieses Buch widmet sich der Erklärung, wie unsere Sicht des Altertums in einer Weise verzerrt wurde, die unserem obigen fiktiven Beispiel mit den fehlenden Booten im Altertum ähnelt. Doch statt zu glauben, daß der Mensch des Altertums kein Boot gehabt hätte, haben wir geglaubt, daß der Mensch des Altertums über keinerlei optische Technologie verfügt hätte. Aufgrund eines Mangels an grundlegender Information — und aufgrund unserer Gewißheit, daß diese Technologie nicht existiert habe — haben wir eine Reihe von Dingen aus der Vergangenheit des Menschen falsch gedeutet. Geschichte, Technologie, Architektur, Religion, Mythologie, Schrift und Sprache, Philosophie, Theologie, Handwerkskunst, Fertigung — all diese Gebiete waren Gegenstand einer verzerrten Sichtweise. Sie alle wurden aufgrund von irrtümlichen Annahmen verzerrt gesehen, ähnlich wie uns Zerrspiegel auf dem Jahrmarkt gedehnt oder gedrungen erscheinen lassen.

Es ist an der Zeit, einiges richtigzustellen, indem die Wahrheit enthüllt und die überwältigenden Beweise präsentiert werden. Wir werden hier erfahren, daß es über 450 alte optische Artefakte gibt — ein paar mehr als »keine«, wie die meisten Menschen glauben. Wir werden auch herausfinden, daß es viele alte Texte gibt, die uns deutlich und ohne den leisesten Zweifel zu verstehen geben, daß optische Technologie im

Altertum bekannt und in Gebrauch war. Die Beweise dafür liegen vor. Danach folgen die Interpretationen, denn wenn wir erst einmal den Beweis für die Existenz dieser Dinge haben, können wir neue Bedeutungen für bestimmte vertraute Motive vorschlagen. Könnte es zum Beispiel sein, daß der einäugige Zyklop aus der *Odyssee* etwas mit der Optik zu tun hat und nicht nur ein willkürlich erfundenes Monster eines Dichters ist? Viele Möglichkeiten bestehen hier, und wir werden ihnen auf unserem Weg noch begegnen.

Die Informationen, auf die wir hier treffen werden, und die Deutungen der Vergangenheit, die diese ermöglichen, werden uns eine völlig neue Sicht der Welt des Altertums ermöglichen. Nur wenige Aspekte des Altertums können durch diese Veränderung in unserem Wissen und Verständnis unberührt bleiben. Vieles, was bisher noch ein Rätsel war, wird sich hier aufklären. Andererseits wird vieles, was uns klar erschien, sich als unvollständig oder irreführend herausstellen. Das Kaleidoskop der Geschichte zeigt uns neue Muster, und ich wage zu behaupten, daß es schönere sind als zuvor. Wir dürfen nie annehmen, daß unsere Vorfahren nicht für einige große Überraschungen gut sind. Denn hier sind sie, auferstehend von den Toten, mit der Brille auf der Nase, im dritten Jahrtausend unserer Zeitrechnung.

Es wird notwendig sein, detailliert zu zeigen, wie bestimmte Gelehrte sich selbst an der Nase herumgeführt haben, indem sie die Geschichte umgeschrieben und das, was alte Texte klar zum Ausdruck gebracht haben, gestrichen und durch neue Wörter ersetzt haben. Für viele wird das ein ziemlicher Schock sein. Die meisten der hierfür Verantwortlichen sind jedoch schon lange tot und werden deshalb nicht ihren Lehrstuhl verlieren. Einige, die versucht waren, sich so zu verhalten, haben den Fehler in ihrer Vorgehensweise erkannt und sie öffentlich zurückgenommen: Professor Eichholz, Übersetzer des römischen Schreibers Plinius, ließ mir neue Übersetzungen der Passagen zur Optik bei Plinius zukommen und war sehr begeistert von seiner Arbeit. Er sagte, hätte er zu dem Zeitpunkt, als er ursprünglich diese Übersetzungen anfertigte (ich traf auf ihn im Haus von alten Bekannten), gewußt, daß Archäologen alte Linsen gefunden hätten, hätte er den Text nicht so behandelt, daß er sich um die Nichtexistenz solcher Linsen »herumwinden« mußte, indem er die Bedeutung des Textes abänderte, so daß der Text nicht mehr das behandelte, was tatsächlich in ihm stand.

So etwas ist immer wieder passiert. Die Gelehrten, die alte griechische und lateinische Texte »bearbeiten«, haben viele optische Begriffe gestrichen — in der Annahme, es müsse sich um Schreibfehler handeln.

Dann, nachdem sie neue Begriffe erfunden und an die Stelle der alten gesetzt hatten, behaupteten sie, es gäbe keinen Textbeweis für die Existenz der Optik im Altertum. Doch genau sie waren es, die diese Beweise vernichtet haben!

Es wird sich noch herausstellen, daß dies eine ziemlich seltsame Geschichte ist. Doch lassen Sie uns nun beginnen. Da es sich hier natürlich auch um eine persönliche Angelegenheit handelt, werde ich zunächst bei mir und damit, wie für mich alles anfing, beginnen. Ich begab mich ziemlich nichtsahnend in dieses Labyrinth, und lange Zeit sah ich die offensichtlichen Fakten vor meinen Augen auch nicht klarer als alle anderen. Das ist so, weil die Geschichte der optischen Technologie des Altertums so umfangreich ist, daß die unmittelbare Reaktion darauf die ist, zu glauben, es sei unmöglich! Denn sonst *würde natürlich jeder davon wissen.*

ICH HÖRE VON DER LAYARD-LINSE

Alles begann mit in einem ganz anderen Gesprächsthema, nämlich über den äußeren Weltraum, obgleich, im nachhinein betrachtet, es mir scheint, als ob dies auf eine gewisse ironische Weise passend gewesen wäre. Wenn die Götter zu scherzen pflegen, dann wohl auf diese Weise. Im Frühjahr 1966 begann ich die Produktion des Films *2001: Odyssee im Weltraum* in den MGM-Studios in der Nähe von London während eines zweiwöchigen England-Besuchs zu beobachten.

Das Ergebnis war, daß ich den brillanten Visionär Arthur C. Clarke, der das Drehbuch zum Film, beruhend auf seiner Kurzgeschichte *The Sentinel* (Die Wache), geschrieben hatte, kennenlernte und mich mit ihm anfreundete. Arthur war nur selten anwesend, denn schon damals lebte er auf Sri Lanka (damals noch Ceylon genannt) und besuchte England nur von Zeit zu Zeit.

Irgendwann Ende 1966 oder Anfang 1967 wurden Arthur und ich gute Freunde. Damals traf sich Arthur regelmäßig mit einer Gruppe von Science-Fiction-Enthusiasten in einem Pub in Hatton Gardens, dem *Globe*. Davor traf sich Arthur mit seinen Freunden im *White Hart*, nach dem er auch eine seiner Science-Fiction-Stories benannt hatte, *Tales of the White Hart*. Doch zu dem Zeitpunkt, als ich ihn kennenlernte, war der Treffpunkt bereits das *Globe*.

Die Abende im *Globe* wurden wöchentlich abgehalten und waren eine Gelegenheit der Zusammenkunft für alle Science-Fiction-Schriftsteller. Da Arthur zu jenem Zeitpunkt der berühmteste englische Science-Fiction-Schriftsteller war, nahmen die Treffen mitunter die Form eines Menschenauflaufs um Arthur herum an. Auch Arthurs Bruder Fred war manchmal dabei, und auch er wurde zu einem guten Freund. Auch Isaac Asimov war manchmal in der Stadt und schloß sich dann allen Anwesenden an. Wenn Isaac sich angesagt hatte, waren die Clarke-Brüder immer in heller Aufregung. Und auch namhafte Science-Fiction-Autoren wie Brian Aldiss und John Brummer waren oft dabei, so daß die Clique der Bewunderer oft durch zu viele Stars auf einmal abgelenkt wurde. Ich erinnere mich daran, daß Michael Moorcock einer der am häufigsten Anwesenden war. Damals war er noch nicht so bekannt, und er machte den Eindruck, eher ein Fan als ein Autor zu sein, obwohl er bereits bemerkenswert produktiv war.

In jenen Tagen, bevor *2001* Arthur zum weltberühmten Science-Fiction-Guru machte, sprach er wie ein Bankier und sah auch entsprechend aus. Ich mochte Arthurs brummige Stimme schon immer, besonders weil er die ungeheuerlichsten Aussagen über das Universum im Ton eines Mannes abgab, der Sie in einem kleinen Büro in einer Provinzstadt darüber informiert, daß der Zinssatz sich um ein Viertel Prozent erhöht hat.

De facto war ich ein Mitglied des losen Gefolges um Arthur Clarke geworden, und Arthur begann, mich bei verschiedenen Anlässen zum Lunch mit einigen seiner interessanteren Akademiker-Freunde einzuladen, denn es hatte sich herumgesprochen, daß ich einen Abschluß in Sanskrit hatte. Arthur traf sich gewöhnlich zum Lunch mit Freunden gern im *Arts Theatre Club* in der Nähe des Leicester Square, und von da aus gingen wir dann ab und zu für eine Portion Pasta zu einem kleinen Italiener einige Minuten entfernt. So kam es, daß ich Derek de Solla Price kennenlernte, einen Professor der Geschichte an der *Yale University*. Es war, glaube ich, im Frühjahr 1967, als Arthur, Derek und ich während des Mittagessens über interessante Artefakte des Altertums sprachen. Dies war Beginn und Auslöser für das, was ich Jahre später zu diesem Buch zusammengetragen hatte.

Derek erzählte, er wüßte von einem seltsamen Bergkristall-Objekt, das sich hier in London im *British Museum* befinden würde. Er meinte, es sei eine Art Bergkristall-Linse, wahrscheinlich aus Babylonien oder Assyrien, aber niemand wisse genau, um was es sich dabei handelt. Es schien tatsächlich als eine Linse gefertigt worden zu sein, obwohl es die zu jener Zeit noch gar nicht gegeben haben soll. Eines Tages, so Derek, wenn er die Zeit dafür habe, werde er das Objekt einmal genauer studieren. Ich brachte mein Erstaunen zum Ausdruck. Arthur nickte weise, da Derek ihm schon davon erzählt hatte. Arthur sagte: »Weißt Du, von diesen seltsamen Objekten aus dem Altertum gibt es wirklich eine ganze Menge, irgendwie unerklärlich. Alan Mackay fand heraus, daß in China eine Gürtelschnalle ausgegraben wurde, die Aluminium enthielt — ein Metall, das es zu jenen Zeiten noch gar nicht gegeben haben kann. Oder diese alte elektrische Batterie aus dem Irak. Auch in Indien und Ceylon habe ich einige seltsame Dinge gesehen. Und Dereks Entdekkung des Antikythera-Mechanismus ist ein klassischer Fall, wie das Unmögliche hinsichtlich Wissen und Technologie des Altertums bewiesen wurde, denn es handelt sich dabei um eine alte griechische Rechenmaschine. Ich werde mich auch mit diesen Dingen beschäftigen, sobald ich die Zeit dafür habe. Warum schreibst Du nicht auch etwas über all diese Rätsel?«

Wir kamen überein, unsere faszinierenden Gespräche fortzusetzen. Das nächste Mal, so Arthur, würde er mich noch einem weiteren Forscher, der sich mit diesen alten Artefakten beschäftigt, vorstellen. Derek versprach, in Kontakt zu bleiben, und tatsächlich schickte er mir kurze Zeit später sein Papier über *Das Überleben babylonischer Mathematik in Neu-Guinea*.

Leider hatten wir später nicht mehr so oft die Gelegenheit zu gemeinsamen Mittagessen, wie wir uns das gewünscht hätten. *Das Leben* kam uns dazwischen. Artur wurde mit *2001* zu berühmt, und die Medien weltweit interviewten ihn rund um die Uhr.

Bevor wir nun jedoch weitermachen und uns mit Optik und Linsen befassen, angefangen mit der Layard-Linse, möchte ich zunächst zusammenfassen, welche verschiedenen Linsentypen existieren, so daß der Leser sich orientieren kann. Im Grunde gibt es zwei Arten von Linsen: *konvexe* und *konkave*. Konvex-Linsen sind nach außen gewölbt, Konkav-Linsen nach innen. Wenn eine Linse nur auf einer Seite gewölbt ist und plan oder eben geschliffen auf der anderen, spricht man entweder von einer *plan-konvexen* oder von einer *plan-konkaven* Linse. Mit anderen Worten: »plan« bedeutet, die Linse ist auf einer Seite eben bzw. flach. Wir werden feststellen, daß die Layard-Linse von diesem Typ ist. Bevor sie beschädigt wurde, war sie auf einer Seite absolut eben, deshalb beschreiben wir die Layard-Linse als eine *plan-konvexe* Linse.

Zum besseren Verständnis gebe ich hier als Abbildung 1 eine Reproduktion aus einem alten viktorianischen Lehrbuch wieder, welches die verschiedenen Linsentypen zeigt. Falls nötig, kann sich der Leser von

Zeit zu Zeit auf diese Darstellung rückbeziehen, um sich in Erinnerung zu rufen, welche Linsentypen es gibt, die in den folgenden Kapiteln angesprochen werden. Weitere Informationen finden Sie unter der Abbildung.

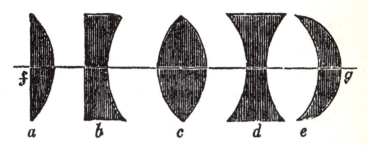

Abbildung 1: Die fünf verschiedenen Linsentypen. a) eine *plan-konvexe Linse*, eben auf einer Seite und nach außen gewölbt auf der anderen; b) eine *plan-konkave Linse*, eben auf einer Seite und nach innen gewölbt auf der anderen; c) eine *bi-konvexe Linse*, auf beiden Seiten nach außen gewölbt; d) *eine bi-konkave Linse*, auf beiden Seiten nach innen gewölbt (diesen werden wir in diesem Buch nicht begegnen); e) eine *konvexe Meniskuslinse*, nach innen gewölbt auf der einen und nach außen auf der anderen (dies ist die Art von Linse, die das Bergkristallauge des Rhyton-Stierkopfes aus dem minoischen Kreta bildet). Einfach ausgedrückt: Eine Konvex-Linse vergrößert und eine Konkav-Linse verkleinert das betrachtete Bild oder Objekt. Abgesehen von einer beträchtlichen Anzahl von Konkav-Bergkristall-Linsen (Typ b), die offensichtlich in Griechenland, der Ägäis und Kleinasien gefertigt wurden, waren alle anderen bisher gefundenen Linsen vom Typ a), c) und (selten, als Augen in Menschen- oder Tierköpfen) vom Typ e). Die waagerechte Linie f – g zeigt die Richtung des Lichteinfalls. Die Layard-Linse ist von der Beschaffenheit her komplizierter als diese einfachen Linsen; sie ist eine plan-konvexe Linse, der durch einen Toroidal-Schliff (ein Torus sieht aus wie ein Kranzkuchen) absichtlich bestimmte Lichtbrechungseigenschaften gegeben wurden, um einen Fall von Astigmatimus [Sehstörung infolge krankhafter Veränderung der Hornhautkrümmung, A. d. Ü.] auszugleichen. Hilfreich ist sicher auch, hier noch den Begriff »lentoid«, also linsenartig, hinzuzufügen, der von einigen benutzt wird, ein Objekt herabzusetzen, das wie eine Linse aussieht, von dem sie aber leugnen wollen, daß es sich tatsächlich um eine Linse handelt. Es ist ein bißchen so, als ob man einen Menschen, den man nicht mag, als *Humanoiden* bezeichnet.

Eine weitere wesentliche Sache, die ich für den Leser herausstellen muß, ist die allgemeine Annahme, daß Brillen und Teleskope Erfindungen aus der jüngeren Vergangenheit seien. Uns wurde gesagt, daß Teleskope irgendwann im 17. Jahrhundert, ungefähr zur Zeit von Galilei, erfunden und verwendet wurden. Und was Brillen betrifft: Ob nun die Chinesen oder die Italiener die klugen Erfinder waren — allgemein wird akzeptiert, daß Brillen zum ersten Mal etwa im 13. Jahrhundert in Italien aufkamen. Seitdem gibt es viele Beweise für ihre Existenz. Das sind also die heutzutage allgemein angenommenen Sachverhalte, was diese Erfindungen betrifft. Wenn Sie jedoch am Ende dieses Buches angekommen sind, wird die Wahrheit für Sie nur allzu offenkundig sein. Lassen Sie uns nun jedoch die Geschichte der Bergkristall-Linse im *British Museum* weiter verfolgen, die überhaupt erst der Anlaß für dieses Buch war.

DIE GESCHICHTE DER LAYARD-LINSE

Im folgenden werde ich die Layard-Linse eingehender beschreiben, denn sie war die erste, auf die ich traf, und ihre Geschichte ist auf vielerlei Weise typisch für die Fehler und Irrtümer, denen die Linsen des Altertums bei ihrer Untersuchung zum Opfer fielen. Es ist eine lange Geschichte; wer an allen Details interessiert ist, sollte wissen, daß ich, um den Text nicht zu lang werden zu lassen, [im englischen Original, A. d. Ü.] Einzelheiten unter den jeweiligen Fußnoten angegeben habe.

Die Layard-Linse ist Objekt Nr. 12091 in der Abteilung »westasiatische Altertümer« des *British Museum*. Der Beginn der Geschichte ist recht einfach, denn wir wissen, daß die Layard-Linse 1849 von Austen Henry Layard (1817–1894) ausgegraben wurde. (Es wird oft gesagt, sie sei im Jahre 1853 gefunden worden, doch war das vielmehr der Zeitpunkt, als er seinen Bericht veröffentlichte.) Zu verschiedenen Zeiten wurden der Linse unterschiedliche Namen gegeben: die Nineveh-Linse, die Nimrud-Linse, die assyrische Linse und die Sargon-Linse. Doch die beste Richtlinie ist sicher, sie nach Layard zu benennen, wie es die Autoren in jüngerer Zeit getan haben, und wie ich es hier auch tun werde.

Layard fand die Layard-Linse in einer Kammer (bezeichnet als Raum AB) des Nordwest-Palastes in der alten assyrischen Hauptstadt Kalhu, öfter auch Nimrud genannt; zu Layards Zeit nahm man an, es handelte sich um die Stadt Nineveh. Dies war zur Zeit seiner zweiten archäologischen Expedition im Irak für das *British Museum*. Er zögerte keinen

Moment, das gefundene Objekt als Linse zu bezeichnen. Hier folgt, was er selbst in seinem 1853 veröffentlichten Bericht dazu sagte:

»Zwei ganz erhaltene Glasschalen, zusammen mit Bruchstücken von anderen, wurden ebenfalls in dieser Kammer gefunden. (...) Diese Schalen stammen wahrscheinlich aus derselben Zeitperiode wie eine kleine Flasche, die während früherer Ausgrabungen in den Ruinen des Nordwest-Palastes gefunden wurde und nun im British Museum *ist. Auf diesem hochinteressanten Relikt befindet sich der Name von Sargon, zusammen mit seinem Titel ›König von Assyrien‹, in Keilschrift, sowie das Bild eines Löwen. Deshalb können wir bestimmen, daß sie aus dem späten 7. Jahrhundert v. Chr. stammt. Insofern handelt es sich um das älteste bekannte Exemplar aus* transparentem *Glas (...). Zusammen mit ihr fanden wir zwei größere Vasen aus weißem Alabaster, mit dem Namen desselben Königs darauf (...). Mit den Glasschalen wurde eine Linse aus Bergkristall entdeckt, plan auf der einen und konvex auf der anderen Seite. Die optischen Eigenschaften solch einer Linse waren den Assyrern wohl kaum verborgen geblieben, weshalb wir konsequenterweise davon ausgehen, daß wir hier das älteste Exemplar eines Brenn- und Vergrößerungsglases vor uns haben.* [An dieser Stelle erscheint in seinem Bericht eine Fußnote, die ich gleich wiedergeben werde.] *Die Linse befand sich unter einem Haufen von Bruchstücken aus schönem Opal-Glas, offensichtlich die Glasur eines Gegenstandes aus Elfenbein oder Holz, der aber zerfallen war. In der anderen Ecke der Kammer, links, befand sich der königliche Thron.«*

Wer war dieser Sargon, König von Assyrien? Tatsächlich war es Sargon II.; er regierte 17 Jahre lang, von 722 bis 705 v. Chr. Wir wissen nicht, ob er der jüngere Bruder des vorangegangenen Königs (der nur vier Jahre regierte) oder ob er ein unrechtmäßiger Machthaber war.[1]

Bis zum letzten Jahr seiner Regentschaft lebte Sargon in seiner Hauptstadt Kalhu (Nimrud), die im wesentlichen ein militärisches Zentrum war. Den größten Teil seiner Zeit verbrachte Sargon mit einer Kampagne zur Ausweitung und zum Schutz seines Reiches, und man glaubt, er wäre auf einer dieser Kampagnen gegen die Cimmerianer [eine weiße, ursprünglich aus dem Kaukasus stammende Rasse, A. d. Ü.] und die Tabal-Konföderation (in der Bibel Tubal genannt) im Taurus-Gebirge umgekommen. Einige Assyriologen hielten es für wahrscheinlich, daß Sargon zu jener Zeit tatsächlich das Opfer eines Attentats geworden war. Sargon war offensichtlich anfällig für eine Form von Größenwahn (ähnlich wie sein heutiger Amtsnachfolger Saddam Hussein): Mitten im Niemandsland ließ er eine neue Hauptstadt errichten, Dur-Sharrukin (heute Khorsabad). Er lebte dort nur noch ein Jahr bis zu seinem Tod. Sein Sohn benutzte den Ort als Festung, zog es ansonsten aber vor, Nineveh zur Hauptstadt zu machen. So war Sargons Traumstadt, innerhalb von zehn Jahren von Tausenden von Kriegsgefangenen erbaut, tatsächlich nur ein kurzer Traum. Doch werden wir später bei der Einschätzung der Layard-Linse noch sehen, daß wir uns daran erinnern müssen, daß Sargon am Ende seines Lebens seine Residenz an diesen Ort verlegt hat. Denn zum Zeitpunkt seines Todes wurde das Thronzimmer im Palast von Kalhu nicht mehr als solches benutzt, sondern als Lagerraum für wertvolle Gegenstände. Und wie wir sahen, wurden sicher auch einige persönliche Besitzgegenstände Sargons hier verwahrt.

Layards Expeditionen in den Irak und seine aufsehenerregenden Entdeckungen (die das *British Museum* mit dem größten Teil seiner monumentalen babylonischen und assyrischen Skulpturen füllten) wurden in einer Reihe von reich illustrierten Bänden veröffentlicht. Die erste Expedition wurde in *Nineveh und seine Überbleibsel* (zwei Bände) veröffentlicht, die zweite Expedition wurde in *Entdeckungen in den Ruinen von Nineveh und Babylon* beschrieben. Die von Layard gesetzte Fußnote zum Bericht über die Entdeckung der Linse sagte folgendes (ich habe die im Original erscheinenden mathematischen Brüche in Dezimalzahlen umgewandelt):

»*Ich bin Sir David Brewster zu Dank verpflichtet, der die Linse untersucht und folgende Stellungnahme zu ihr abgegeben hat:* ›*Dies ist eine plan-konvexe Linse mit leicht ovaler Form, Länge etwa 4, Breite etwa 3,5 cm. Sie ist etwa 2,25 cm stark und an einer Seite etwas dicker als an der anderen. Die plan geschliffene Oberfläche ist ziemlich glatt, wenn auch schlecht poliert und zerkratzt. Die Konvex-Fläche wurde nicht auf einer sphärischen Konkav-Scheibe geschliffen oder poliert, sondern auf dem Rad eines Steinschneiders oder auf ähnlich primitive Weise. Die Konvex-Fläche ist relativ gut poliert, und obwohl sie durch die verwendete Schleif- und Poliermethode Unebenheiten aufweist, erzeugt sie doch einen ziemlich genauen Brennpunkt, etwa 11 cm hinter der plan geschliffenen Seite. Es gibt etwa zwölf Hohlräume in der Linse, die durch den Schleifprozeß geöffnet wurden. Zweifellos enthielten diese Hohlräume entweder Naphta* [alte Bezeichnung für Erdöl, A. d. Ü.] *oder dieselbe Flüssigkeit, wie man sie in Topas, Quarz und anderen Minerali-*

en findet. Da die Linse bei schrägem Einfallswinkel der Lichtstrahlen nicht wie üblich die polarisierten Strahlen zeigt, muß die plan geschliffene Fläche gegenüber der Hexagonalprisma-Achse des Quarz, aus dem sie gefertigt wurde, stark geneigt gewesen sein. Von Form und Rohschliff der Linse her ist es offensichtlich, daß sie nicht als Zierschmuck oder ähnliches gedacht war. Berechtigterweise können wir deshalb davon ausgehen, daß sie tatsächlich als optische Linse verwendet werden sollte — entweder zur Vergrößerung oder zur Bündelung von Sonnenstrahlen, was sie allerdings nur sehr unvollkommen tut.‹«

Sir David Brewster (1781–1868) war ein hochrangiger schottischer Wissenschaftler seiner Zeit, der sich auf die Optik spezialisiert hatte. Leider schlich sich ein Schreib- bzw. Druckfehler in die hier wiedergegebenen Bemerkungen von Brewster ein, nämlich die Aussage, daß die Linse eine Stärke von 2,25 cm aufwies – was mit Sicherheit nicht stimmt! (Ihre maximale Stärke war an keinem Punkt größer als 6,2 mm.) Dieses inkorrekte Zitat von Brewsters Angaben hat offensichtlich eine Menge Leute lange Zeit davon abgehalten, sich näher mit der Linse zu beschäftigen, denn man war der Meinung, ein Bergkristall von dieser Stärke wäre nur von fragwürdigem optischen Interesse, angesichts der anderen Abmessungen und der Tatsache, daß der Bergkristall nicht bi-, sondern plan-konvex ist. Und dies deutete auf eine nur unwesentlich konvex geschliffene Oberfläche hin.

Brewster veröffentlichte seinen eigenen Artikel über die Layard-Linse im Jahre 1853, im selben Jahr, als Layards Buch erschien. Unter dem Titel »Über eine Bergkristall-Linse und Glasurreste, die in Nineveh gefunden wurden« erschien dieser Artikel im Oktober 1883 im *American Journal of Science*. Er enthielt dieselben Aussagen, die auch Layard zitierte, beinhaltete aber auch denselben Schreibfehler hinsichtlich der Stärke der Linse. Der Fehler fand sich also ursprünglich in Brewsters Manuskript, nicht bei Layards Verleger.

Die erste illustrierte Veröffentlichung über die Linse erschien, wie gesagt, im Oktober 1883. Im *Journal of the Royal Microscopic Society* erschien in einem Abschnitt mit dem Titel »Abriß der gegenwärtigen Forschungen auf den Gebieten Zoologie, Botanik, Mikroskopie, etc.« eine kurze anonyme Notiz über die Layard-Linse mit der Überschrift »Assyrische Linse«. Sie begann so:

»*Sir A. Henry Layard beschreibt in seinem Werk* Nineveh und Babylon *eine Linse, die er im Zuge seiner Ausgrabungsarbeiten fand und die sich nun im* British Museum *befindet. Mit freundlicher Genehmigung von Dr. Birch, Kustos der Antiquitäten des Orients am British Museum, waren wir imstande, zwei Zeichnungen von dieser Linse hier als Darstellungen 131 und 132 wiederzugeben* [siehe Abbildung 2]. *Sir A. H. Layard bezieht sich auf diese Linse (...).«*

Er beginnt mit den Bemerkungen »zusammen mit den Glasschalen wurde eine Linse aus Bergkristall entdeckt (...)« und erwähnt in einer Fußnote auch Brewster.

Es folgen zwei Ansichten der Linse, die deshalb so interessant sind, weil sie die damalige Beschaffenheit der Oberfläche mit ihren abgeschlagenen Stellen zeigen. Die im Bergkristall enthaltenen Fehler und Einschlüsse wurden jedoch vom Zeichner überbetont, so daß eine Fußnote dazu angab:

»Die Schattierungen in Darstellung 131, die die inneren Furchungen der Linse wiedergeben sollen, sind zu stark; sie erscheint dadurch weniger lichtdurchlässig, als es tatsächlich der Fall ist.«

Der Bericht in diesem *Journal* berichtigte auch den Druckfehler bezüglich der angeblich von Brewster gemessenen Stärke der Linse, indem der Text von Layards Fußnote, in der er Brewster zitiert, daß die Linse 0,6 cm stark gewesen sei, abgeändert und ihm eine Fußnote hinzugefügt wird, die besagt, daß sie »im Original« mit 2,25 cm angegeben wurde. Es brauchte allerdings dreißig Jahre, bis die Korrektur dieses Meßergebnisses im Druck erschien. Und die vielen Leser von Layards Büchern über faszinierende Ausgrabungen im Mittleren Osten haben wohl kaum *en masse* das *Journal of the Royal Microscopic Society* abonniert, das selbst für die hellsten Köpfe unter den Wissenschaftlern beileibe keine leichte Lektüre ist. Die Berichtigung der Meßergebnisse von Brewster haben infolge dessen wahrscheinlich nur eine verschwindend kleine Zahl von Menschen erreicht, die tatsächlich an der Linse interessiert waren und sind. Keines der Mitglieder der Gesellschaft für Mikroskopie hat sich zu diesem Anlaß je geäußert, und es stellt sich die Frage, ob sie es je tun werden.

Die Franzosen waren die ersten, die ein Gespür für die Wichtigkeit der Layard-Linse entwickelten, und der helle, vielseitige François Arago erfuhr von den Berichten durch ein Gespräch mit Brewster über die Linse im Jahre 1852. Eine Zusammenfassung davon auf französisch zirkulierte unter den Mitgliedern der Französischen Akademie der Wis-

Abbildung 2: Die ersten je veröffentlichten Zeichnungen der Layard-Linse, die im Oktober 1883 im *Journal of the Royal Microscopic Society*, London, erschienen. Sowohl die Seitenansicht als auch die Aufsicht zeigen deutlich die Furchungen, die offenbar von der Konvex-Fläche abwärts in die Linse eingeritzt wurden, wahrscheinlich von jemandem, der die Linse aus einem Metallband, wohl aus Gold, herausgebrochen hatte. (Wäre es irgendein minderwertiges Metall gewesen, hätte kein Grund bestanden, dies zu tun.) Die Zeichnung gibt auch korrekt wieder, wie flach die Linse tatsächlich ist, was andere Beobachter nicht zu würdigen wußten. Nur die Fehler und Einschlüsse im Bergkristall wurden vom Zeichner überbetont.

senschaften in Paris und wurde im *l'Athenaeum Français* veröffentlicht. Die Veröffentlichung dieser französischen Übersetzung ging der Veröffentlichung von Brewsters Originalbericht in englisch tatsächlich um ein Jahr voraus, so daß die erste Veröffentlichung von Materialien über die Layard-Linse auf französisch war! So war Arago imstande, die Layard-Linse in seinem Buch *Astronomie Populaire*, das in vier Bänden zwischen 1854 und 1857 in Paris veröffentlicht wurde, zu erwähnen. Aragos Werk wurde im Jahre 1855 auf englisch als *Popular Astronomy* in zwei Bänden veröffentlicht. Ich zitiere seine Anmerkungen in der englischen Ausgabe:

»Beim Treffen der British Association *in Belfast im Jahre 1852 zeigte mir Sir David Brewster ein Stück Bergkristall, das zu einer Linsenform*

ausgearbeitet und vor kurzem unter den Ruinen von Nineveh gefunden worden war. Sir David Brewster, dessen kompetente Urteile zu Fragen wie diesen bekannt sind, behauptete, daß diese Linse für optische Zwecke gefertigt wurde und daß sie nie ein Kleidungsgegenstand war. Diese Erwähnung von Arago erscheint im Kontext einer Diskussion über römische Linsen, die aus Italien bekannt wurden, wie auch lateinische Texte hierzu.«

Die nächste schriftliche Erwähnung der Layard-Linse folgte dann 1871, als der Klassizist Thomas Henri Martin seine skeptische, langatmige und launenhafte Abhandlung *Sur les Instruments d'Optique Faussement Attribués aux Anciens par Quelques Savants Modernes* (Zu optischen Instrumenten, die von neuzeitlichen Gelehrten fälschlicherweise dem Altertum zugeschrieben werden). Er veröffentlichte diese in Italien, nicht in Frankreich, wohl weil er gegenüber vielen anerkannten französischen Gelehrten so ätzend und sarkastisch aufgetreten war. Martin konnte offensichtlich kein Englisch lesen; sein Wissen von Brewsters Gesprächen stammte allein von der französischen Übersetzung von Brewsters Anmerkungen im *l'Athenaeum Français* (Martin gibt sein Wissen über Aragos frühere Diskussion nicht preis, obwohl er mit Aragos Buch vertraut war, das er aber ganz offensichtlich nicht guthieß, und es scheint, als hätte er nicht gewollt, daß dem Buch Aufmerksamkeit geschenkt würde).

Martin lehnt Brewsters Schlußfolgerungen rundheraus ab und sagt (Übersetzung):

»Sir David Brewster glaubt, daß dieses kleine Stück Quarz tatsächlich zu einer optischen Linse geformt worden war und nicht nur ein Schmuckstück oder dergleichen darstellt. Diese Hypothese des englischen Gelehrten erscheint uns unwahrscheinlich. Der Bergkristall war zweifellos ein Schmuckstück, wie auch die anderen Objekte aus Bronze und ähnliche wertvolle Gegenstände, die man zusammen mit diesem assyrischen Edelstein gefunden hatte, und wie viele römische Steine, über die wir noch sprechen könnten. Unterdessen ist es aber nicht unwahrscheinlich, daß der Bergkristall als Brennglas benutzt wurde.«

Es wird Ihnen nicht entgangen sein, daß Martin sich in dieser kurzen Passage selbst widerspricht. Einerseits besteht er darauf, daß die Layard-Linse »zweifellos ein Schmuckstück« war; andererseits gibt er zu, es könnte sich um ein Brennglas handeln. In diesem Fall scheint dann aber das zuvor benutzte Wort »zweifellos« unangebracht zu sein. Martin widmete seine gesamte Abhandlung einzig und allein dem Zweck, zu widerlegen, daß es im Altertum bereits optische Technologie gegeben haben könnte. Martin war ein bekannter Altphilologe mit einem Wissen über viele schwer verständliche spätgriechische Texte wie zum Beispiel die Kommentare des Aristoteles. Es ist schade, daß ein Gelehrter seines Formats einen beträchtlichen Teil seiner Energien in etwas investierte, das sich bei genauerem Hinsehen als peinlich in die Länge gezogene emotionale Hetztirade herausstellt. Bemerkenswert ist in diesem Zusammenhang auch, daß Martin nie irgendeine antike Linse untersucht hat.

Im Jahre 1884 veröffentlichten Georges Perrot und Charles Chipiez Band II ihres Mammutwerks *Histoire de l'Art dans l'Antiquité* (Die Kunstgeschichte des Altertums). Bei der Abhandlung über die Kunst von Chaldäa und Assyrien erwähnen sie auch kurz die Layard-Linse. Bei der Erwähnung von Layards Ausgrabungen (von denen sie korrekt angeben, daß sie bei Nimrud und nicht bei Nineveh stattgefunden haben) sagen sie (Übersetzung):

»Es ist eine Linse aus Bergkristall, deren Konvex-Fläche ziemlich grob bearbeitet wurde, wie auf einem Steinschneider. Sie hätte trotz ihres unvollkommenen Schliffs als Vergrößerungsglas oder, bei sehr hellem Sonnenlicht, als Brennglas dienen können.«

Im Jahre 1901 veröffentlichte Pierre Pansier in Paris sein Buch *Histoire des Lunettes* (Geschichte der Brille), von dem in der Britischen Bibliothek kein Exemplar existiert. Das einzige Exemplar in Großbritannien befindet sich in der Bibliothek der *British Optical Association* in London. Pansier schreibt in seinem Buch:

»Die Menschen des Altertums waren mit konvex geformten Glas vertraut, das ist unbestreitbar. In den Ruinen von Nineveh wurde eine Linse aus Bergkristall gefunden. Sie war oval, 16 mm lang, 12 mm breit; ihre Form ist plan-konvex. Ihre Oberfläche ist rauh und matt. Die Konvex-Fläche wurde offenbar recht grob auf einem Schleifstein bearbeitet. Sie ist recht gut poliert, auch wenn sie über die Jahre schon etwas gelitten hat. Trotz dieser Unvollkommenheiten und ihres angeschlagenen Zustandes kann man die Brennweite bestimmen, die ungefähr 15 cm beträgt.«

Im Jahre 1903 erscheint die Layard-Linse wiederum in der Literatur, diesmal in Österreich. Emil Bock erwähnt sie in seiner 62seitigen Abhandlung *Die Brille und ihre Geschichte*.[2] Bock erwähnt verschiedene antike Linsen, die bis zu jenem Zeitpunkt gefunden worden waren, und akzeptiert alle mit Ausnahme einer als echte Linsen, indem er sagt: »Wir müssen davon ausgehen, daß diese Konvex-Linsen als Vergrößerungs- oder Brenngläser verwendet wurden.« Neben einer Reihe anderer antiker Linsen erwähnt er auch die Layard-Linse mit den Worten: »(…) Schließlich eine plan-konvex geschliffene Linse aus Nineveh mit einem Durchmesser von 3 cm und einem Brechwert von 10 Dioptrien. Es ist erstaunlich, daß dies alles Konvex-Linsen sind.«

Es sollte hier angemerkt werden, daß Bocks Maßangabe von 3 cm für den Durchmesser der Linse nahelegt, daß sie kreisförmig sei, wohingegen sie tatsächlich oval ist. Ihre genauen Maße betragen: Durchmesser entlang der Längsachse 4,2 cm, entlang der Querachse 3,43 cm. Wir können hier sehen, daß die meisten Diskussionen über die Layard-Linse ohne direkte Untersuchung derselben stattfinden. Nur wenige Forscher unternehmen den Versuch, die Linse eingehend zu studieren und eine genaue Beschreibung von ihr anzufertigen. Es scheint jedoch so, als habe Pansier die Linse persönlich untersucht.

Im Jahre 1922 erschien der *British Museum Guide* (Britischer Museumsführer). Die Layard-Linse findet hierin Erwähnung als Objekt Nr. 222. Hier folgt die Beschreibung:

»Eine ovales plan-konvex geformtes Stück Bergkristall mit Fehlern und Furchungen. Die Kante wurde schräg abgeschliffen, vermutlich um den Bergkristall einzufassen. Als dieses Objekt um das Jahr 1850 aus Nimrud mitgebracht wurde, gingen einige davon aus, es handle sich um eine optische Linse, die vielleicht Teil eines astronomischen Instruments gewesen sein könnte. Dies ist jedoch nicht der Fall. Der Bergkristall war wahrscheinlich Teil eines persönlichen Schmuckstücks.«

Die Länge wird mit 1 5/8 Inch (4,05 cm), die Breite mit 1 3/8 Inch (3,43 cm) angegeben, und die maximale Stärke mit 3/16 Inch (0,47 cm). Dies ist der Hinweis darauf, daß jemand geglaubt hat, die Linse hätte Teil eines astronomischen Instruments gewesen sein können. Dies muß eine mündlich wiedergegebene Meinung von jemandem im Museum gewesen sein, denn ich habe nie irgend etwas Schriftliches von irgendjemandem vor 1930 gefunden, das diese Sicht vertritt (siehe Barker unten).

Im Jahre 1924 wurde die Linse kurz vom deutschen Assyriologen Meissner erwähnt. In Band II seines Werks *Babylonien und Assyrien* sagt er:

»*(...) Die alten Babylonier und Assyrer hatten wahrscheinlich schon Gebrauch von geschliffenen Linsen zur Behandlung von Kurz- und Weitsichtigkeit gemacht. Tatsächlich wurde in den Ruinen von Kalach eine aus Bergkristall gefertigte plan-konvex geformte Linse gefunden, die — nach ihrem rohen Schliff zu urteilen — nicht irgendein Schmuckgegenstand war, sondern vielleicht tatsächlich als Vergrößerungs- oder Brennglas gedient haben könnte.*«

Meissner zitierte in einer Fußnote tatsächlich den *British Museum Guide* aus dem Jahre 1922, als er diese Anmerkungen machte. Seine Ansichten waren deshalb eine unmißverständliche Herausforderung an den anonymen Offiziellen des *British Museums*, der die Linse im Katalog lediglich als Schmuckstück bezeichnet hatte. Die Tatsache, daß die Anmerkungen im *British Museum Guide* nicht einmal zwei Jahre lang ohne Herausforderung innerhalb der Assyriologie blieben, zeigt, daß es einige Menschen gab, die der Meinung waren, daß der betroffene Offizielle die Grenzen gelehrten Desinteresses überschritten hatte, indem er eine dogmatische Stellungnahme abgab, die im Widerspruch zu Brewster, Layard und Pansier stand — ohne tatsächliche Beweise zu haben, die seine Position stützten. Dies stellte einen Mißbrauch seiner Position dar, denn er versteckte sich hinter seiner Anonymität und verfaßte eine offizielle Beschreibung (die er nur aufgrund seiner Position als Bevollmächtigter für den *Guide* herausgeben konnte), die auf arrogante Weise und ohne nähere Begründung gegensätzliche Ansichten abtat. Zumindest Meissner war darüber sehr ungehalten und stellte seinen Standpunkt auch öffentlich klar.

Schließlich, im Jahre 1927, schenkte ein britischer Gelehrter der Layard-Linse endlich wieder etwas mehr Aufmerksamkeit. Abgesehen von der Erwähnung im *Museum Guide* waren 44 Jahre seit der letzten schriftlichen Erwähnung der Linse in Großbritannien vergangen — im *Journal of the Royal Microscopic Society* 1883. In diesem Fall war es der Autor H. C. Beck, der am 1. Dezember 1927 in London vor der *Gesellschaft der Antiquitätensammler* einen Vortrag über »Die ersten Vergrösserungsgläser« hielt. Er wurde im *Antiquaries Journal*, Jahresausgabe 1928, veröffentlicht. Beck vertrat mit Nachdruck und Enthusiasmus den Standpunkt, daß es im Altertum bereits Vergrößerungsgläser gegeben habe, und lieferte mehrere Beispiele dafür: ägyptische, karthagische und minoische. Doch die Layard-Linse, die er »das sogenannte Vergrößerungsglas von Sargon« nannte, gehörte für ihn nicht dazu:

»Gegenwärtig haben wir keine Vergrößerungsgläser aus Mesopotamien. Das sogenannte Vergrößerungsglas von Sargon ist falsch benannt, denn obwohl es poliert ist, ist seine Oberfläche vollkommen unregelmäßig, und es vergrößert nicht. In diesem Land befindet sich das Glas, vor allem das transparente früherer Ausgrabungsschichten, gewöhnlich in einem ziemlich schlecht erhaltenen Zustand.«

Im Jahre 1930 veröffentlichte der angesehene Optiker W. B. Barker, der Präsident des *College of Optometrists* (Optiker-Kolleg) in London, einen Artikel mit dem Titel »Die Nineveh-Linse«. Dies war die erste eingehendere Studie und Abhandlung über dieses Thema, seit Brewster die Linse erstmals im Jahre 1852 untersucht hatte. Obwohl Barker denselben Fehler wie jeder andere beging — indem er angab, die Linse wäre 1853 entdeckt worden, wohingegen dies in Wirklichkeit das Datum von Layards Veröffentlichung war —, gab er doch die bis dahin detaillierteste Beschreibung der Linse. Er gab als Abmessungen an: »4 cm lang, 3,5 cm breit und 0,6 cm stark.« Barker merkte an, daß Brewsters Bericht einen Fehler enthielt, und sagte dazu: »Einige der von Brewster angegebenen Maße sind inkorrekt und sind wahrscheinlich Schreibfehler.«

Barker war der erste, der den wichtigen Punkt aufgriff, daß die Linse »von unregelmäßiger Toroidalform« sei, »mit einem durchschnittlichen Brechwert von + 5,0, einem Maximalwert von + 8,0 und einem Minimalwert von + 4,0 Dioptrien«. Dieser Punkt wurde später vom Augenoptiker Walter Gasson wieder aufgegriffen, und wir werden feststellen, daß genau dieser Punkt bei der Betrachtung des wahren Zwecks der Linse von grundlegender Bedeutung ist. Der Begriff »toroidal« stammt vom Wort »Torus«, ein Körper mit der Form eines Krapfens oder Kranzkuchens. Es ist offensichtlich, daß die Form eines Torus sich von einer Sphäre deutlich unterscheidet. Wenn die Oberfläche einer Konvex-Linse nicht sphärisch, sondern toroidal abgeschliffen wird, ist das Ergebnis im herkömmlichen Sinne und für den oberflächlichen Betrachter keine »gleichmäßige« Fläche, und doch ist sie auf ihre eigene Weise »gleichmäßig«, denn sie wurde absichtlich zu dieser bestimmten Form geschliffen. Solche Linsen sind nämlich notwendig, um die Unebenheiten und Verzerrungen in den Augen von Menschen, die an krankhafter Hornhautverkrümmung (Astigmatismus) leiden, auszugleichen, also zu entzerren. Es reicht, allein dies zu wissen, ohne weiter auf den Schleifprozeß im Detail einzugehen.

Barker deutete »die Fehler und Unreinheiten im inneren Aufbau« des Bergkristalls falsch, weil er mit diesen alten Bergkristall-Linsen nicht vertraut war (seine Erfahrungen beruhten auf dem Umgang mit Glas), denn er gibt an, daß es »auf dem Stück Mineral, das als Rohling diente, offensichtliche Fissuren (Furchungen, Risse) gab«. Doch nach meinem Studium von mindestens 150 solcher alten Bergkristall-Linsen bis zum heutigen Tage bin ich mir voll bewußt darüber, daß solche offensichtlichen »Fehler«, wie er sie erwähnt, und die frühere Autoren als »Furchungen« oder »Schrammen« bezeichneten, ursprünglich nicht auf der Linse vorhanden waren, sondern das Ergebnis von Stoß, Schlag, Abrieb und Druck sind, dem die Linse durch die lange Zeit hindurch ausgesetzt war. Wenn man dies nicht erkennt, kann man leicht zu falschen Schlußfolgerungen über den ursprünglichen Zweck der Linse kommen.

Barkers Beobachtungsgabe war ansonsten sehr ausgeprägt, und selbst wenn er die Furchungen falsch deutete, so konnte er doch erkennen, daß damals viel zu viel Aufmerksamkeit auf die besondere Fertigung der Linse verwendet wurde, als daß sie nur ein Schmuckgegenstand gewesen wäre. Schleifen und Polieren von Bergkristallen ist harte Arbeit, und es würde keinen Sinn ergeben, wenn so viel Aufmerksamkeit auf dieses kleine Objekt verwendet worden wäre, wenn es sich nur um eine Einlegearbeit gehandelt hätte — abgesehen davon, daß es ursprünglich vollkommen klar und transparent gewesen war und von daher als Inlay nahezu unsichtbar gewesen wäre! (Einige männliche Archäologen haben neuerdings versucht, viele griechische Linsen, die die Zeit überdauert haben, als Schmuckgegenstände für Frauen zu deuten, doch übersehen sie dabei vielleicht den Kernpunkt, daß Frauen nicht unbedingt dafür bekannt sind, unsichtbaren Schmuck zu tragen!)

Hier sind Barkers Anmerkungen:

»Verschiedene Autoritäten haben behauptet, daß diese und ähnliche Linsen höchstwahrscheinlich als Schmuckstücke oder Brenngläser verwendet wurden. Der Verfasser ist eindeutig der Meinung, daß keine dieser Mutmaßungen korrekt ist. Zunächst einmal ist für die Fertigung der Linse zu viel zielgerichtete Absicht aufgebracht worden, als daß sie lediglich irgendwelchen Zwecken wie Schmuck oder Ornament gedient haben könnte. Außerdem stützen Form und Abmessungen der Linse eine

solche Annahme nicht. Es ist auch überhaupt nicht offensichtlich, daß sie als Brennglas gedient haben soll, denn sie bildet keinen genauen Brennpunkt, und eine Linse von hoher Dioptrienzahl hätte dies viel besser vollbracht. Auch wäre sie aufgrund ihrer relativ kleinen Abmessungen für solch einen Zweck überhaupt nicht sinn- und wirkungsvoll (...). Es ist möglich, daß Herkunft und Geschichte dieser Linse viel romantischer sind; ihre Form und Größe legen nahe, daß sie so gefertigt wurde, daß sie genau in die Augenhöhle eines Menschen paßt, und ihre Brennweite läßt darauf schließen, daß sie absichtlich so entworfen wurde, um Objekte aus nächster Nähe, an denen man arbeitet, zu vergrößern (...). Man kann berechtigterweise davon ausgehen, daß (...) Meisterstücke antiker Kunst (wie die Portland-Vase) nur mit einem großen Erfahrungshintergrund und entsprechenden Fertigkeiten hergestellt werden konnten, und daß der Künstler deshalb viele Jahre brauchte, sich diese anzueignen. Er hätte ein Alter erreicht, in dem er an Altersweitsichtigkeit gelitten hätte, was für einen modernen Menschen eine Brille oder ein Monokel erforderlich gemacht hätte. Eine Linse wie diese, unmittelbar vor das Objekt seiner Arbeit gehalten oder fixiert, hätte es ihm ermöglicht, kleinste Details genau zu erkennen. Nur die Annahme, daß solche Vergrößerungshilfen für die künstlerischen Gestalter jener Zeit verfügbar waren, erklärt, wie diese Gestalter imstande waren, so feine Schleifarbeiten an vielen alten Edelsteinen und ähnlichen Schätzen vorzunehmen.«

Barker geht dann auf mögliche Bedeutungen der Entdeckung der Layard-Linse für die antike Astronomie ein, und so erfahren wir auch mehr über den Hinweis im *Museum Guide* aus dem Jahre 1922 zu diesem Thema:

»*Das Alter der Linse wurde noch nicht abschließend bestimmt, aber möglicherweise stammt sie aus dem 7. Jahrhundert vor unserer Zeitrechnung. Dieses angenommene Datum war Anlaß zu einer weiteren Mutmaßung hinsichtlich ihres wahrscheinlichen Verwendungszwecks. Mr. A. C. [sic, sollte eigentlich R. Campbell heißen] Thompson, ein früherer Assistent in der Assyrischen Abteilung des British Museums, hat eine Reihe von Berichten über die ›Astronomen von Nineveh und Babylon‹ veröffentlicht, die auf einer großen Anzahl von Tafeln aus der Zeitperiode von Assur-barri-pal [sic, sollte Assurbanipal heißen] 668–625 v. Chr. aufgezeichnet sind. Auf diesen Tafeln finden sich Aufzeichnungen über Beobachtungen des Planeten Dilbat, der mit bloßem Auge nicht gesehen werden kann, in einem relativ starken Fernglas jedoch sichtbar wird. Diese Tatsache führt uns zu einer weiteren Annahme eines Assyriologen, nämlich daß Linsen wie die aus Nineveh von Astronomen der Antike als Vergrößerungshilfe benutzt wurden. Doch die zuvor genannte Theorie hat ihren Reiz, und die Annahme, daß diese historische Linse vor 25 Jahrhunderten zur Unterstützung bei der Feinarbeit an Objekten aus nächster Nähe benutzt wurde, ist gerechtfertigt. Als solches verdient sie die Aufmerksamkeit der Optiker unserer Zeit. Aufgrund der freundlich-kooperativen Haltung des Direktors des* British Museum *waren wir imstande, eine Darstellung der Linse, die das Objekt in der Seitenansicht und Aufsicht zeigt, hier abzudrucken.«*

Barker war es also, der Ende 1929 offensichtlich die bekannten frühen Fotos von der Layard-Linse in Auftrag gab, und er war der erste, der ein Foto von ihr veröffentlichte — siehe Tafel 34.

Die astronomischen Texte, auf die Barker sich bezog, wurden von R. Campbell Thompson im Jahre 1900 veröffentlicht.[3] Man geht davon aus, daß der Planet mit Namen Dilbat nun die Venus sei, die allerdings kein Teleskop benötigt, um gesehen zu werden. Doch die Frage nach »unsichtbaren« äußeren Planeten, nach den galileischen Monden des Jupiter und den Saturnringen, die den Astronomen der Antike bekannt waren, wurde nie abschließend geklärt, ebenso wie die Möglichkeit eines Gebrauchs rudimentärer Teleskope in der Antike.[4] Sowohl bei den antiken Griechen als auch bei den antiken Chinesen gab es Überlieferungen, die auf ein astronomisches Wissen um diese planetaren Phänomene in unserem Sonnensystem hinweisen — Phänomene, die mit bloßem Auge nicht sichtbar sind. Auch die Dogon, ein Stamm im westafrikanischen Mali, kannten diese beiden Phänomene, und antike Teleskope könnten die Quelle dieses Wissens gewesen sein. Antike Teleskope können jedoch auf keinen Fall erklären, wie die Dogon zu ihrem Wissen um den weißen Zwergstern Sirius B gelangt sind, denn die unmittelbare Nähe des hellsten Fixsterns an unserem Himmel, Sirius A, hätte dies unmöglich gemacht. Auch die Layard-Linse allein hätte nicht die erforderlichen physikalischen Eigenschaften mitgebracht, um in einem Teleskop Verwendung zu finden (ihr Toroidal-Schliff macht sie dafür ungeeignet), so daß sich diese Frage hier überhaupt nicht stellt.

Es war das Jahr 1957, als einer der herausragendsten Wissenschaftshistoriker erstmals seine Aufmerksamkeit der Layard-Linse widmete. R. J. Forbes veröffentlichte Band V seiner *Studies in Ancient Technology* (Studien zur Technologie der Antike). Forbes' Abhandlung war jedoch äußerst kurz gefaßt. Trotz der Tatsache, daß er viele Bände zum Thema Technologie der Antike verfaßt hatte, widmete Forbes dem gesamten Thema antiker Linsen gerade mal zwei magere Seiten! Trotz seines Rufs, gründliche Abhandlungen zu verfassen, hatte Forbes zu diesem Thema weit weniger zu sagen als die meisten anderen Menschen. Er akzeptierte, daß verschiedene antike Linsen, die er erwähnt, Vergrößerungsgläser waren, die »ausgezeichnet für Gravurarbeiten geeignet gewesen wären«. Über die Layard-Linse sagt er nur dies: »Diese ›plan-konvexe Linse aus Nineveh‹, das sogenannte Glas von Sargon, hat einen Durchmesser von etwa 3 cm, und wenn ihre polierte Oberfläche glatt und eben wäre, hätte sie einen Brechwert von ungefähr 10 Dioptrien, doch in ihrem gegenwärtigen Zustand vergrößert sie nicht.« Diese Aussage ist nicht korrekt (wie wir später noch erörtern werden).

Ein Jahr später, 1958, schrieb ein weiterer bedeutender Geschichtsforscher der Astronomie und Optik, Henry C. King, einen Artikel mit dem Titel »Linsen in der Antike«. Seine Abhandlung zeigt einen Mangel an Bewußtsein über die meisten Literaturquellen, erwähnt allerdings eine Reihe antiker Linsen. Er behandelte die Layard-Linse eingehend und sagte:

»Assyrische Handwerker fertigten eine kleine Anzahl von Objekten aus Glas an, die noch nicht einmal den Eigenbedarf im Lande deckten. Aus Assyrien stammt auch das älteste bekannte Beispiel der Linsenschleifkunst. Bei Ausgrabungsarbeiten im Jahre 1853 am großen Hügel, der die antike Stadt Nimrud überdeckt, fand Sir Henry Layard eine primitive Form einer Linse (...). Sie stammt aus dem 7. Jahrhundert vor unserer Zeitrechnung (...). Gefertigt wurde sie aus einem Stück durchsichtigem Quarz. Ihre Form ist oval, ihre Abmessungen sind 4 mal 3,4 cm, und sie ist ungefähr 0,6 cm stark. Eine der beiden Flächen ist nahezu perfekt plan, während die andere konvex ist, allerdings mit Unebenheiten. Die Konvex-Fläche ähnelt einem unregelmäßigen Toroiden, was bedeutet, daß an verschiedenen Punkten auf der Linse verschiedene optische Eigenschaften bestehen. Die Brennweite ist deshalb für jede einzelne Richtung, aus der die Lichtstrahlen auf die Linse treffen, unterschiedlich. Je nach Winkel ergibt sich eine maximale Brennweite von 42 und eine minimale von 20 cm. Die Beschaffenheit der Konvex-Fläche läßt darauf schließen, daß sie auf einem Steinschneider bearbeitet wurde. Das wäre auch ein Grund für die zahlreichen Facetten, die ihrerseits Unterschiede in der Krümmung der Linsenoberfläche verursachen. Trotzdem ist die Linse ziemlich gut poliert. Ursprünglich mag diese Linse

vielleicht nur als Schmuckgegenstand oder, weniger wahrscheinlich, als Brennglas gedient haben. Noch unwahrscheinlicher ist, daß sie als Sichthilfe gedient haben könnte. Obwohl der Quarz gegenwärtig starke Fehler und Verunreinigungen aufweist, war er in der Vergangenheit doch offensichtlich ein klares Stück Bergkristall. Wenn seine Oberfläche sphärisch gewesen wäre, wäre er für die optische Vergrößerung von Feinarbeiten, wie zum Beispiel Gravuren oder Lesen von klein geschriebener Keilschrift, nützlich gewesen. Die Nimrud-Linse ist keinesfalls das einzige bekannte Beispiel eines durchsichtigen Steins in Linsenform.«

Dr. King war der erste, der klar zum Ausdruck brachte, daß die Layard-Linse ursprünglich »ein klares Stück Bergkristall« war — ein Punkt, den frühere Autoren nicht berücksichtigt hatten. Er wiederholte nicht die abwegigen Theorien über innere Fehler und Verunreinigungen — Naphta, das aus Furchungen oder Rissen austrat und dergleichen. Er führte den Grund, weshalb die Linse heute Fehler und Verunreinigungen aufweist, auf *Beschädigungen* zurück. Als ich Henry King im Mai 1980 kontaktierte, um ihm zu den verschiedenen Linsen, die er untersucht hatte, einige Fragen zu stellen, war er seit einem Monat in Pension gegangen. Er schrieb mir einen Brief (datierend vom 21. Mai 1980), der folgende ernüchternde Informationen enthielt:

»Die Artikel, auf die Sie sich beziehen, besonders meine eigenen, waren von keinem großen akademischen Verdienst. Für meine Arbeiten zog ich Quellen aus zweiter Hand heran, was man kaum als ernsthafte Forschung bezeichnen könnte. Als ein Ganzes skizzieren sie wohl das Feld der Erkundigungen und öffnen sicher auch verschiedene mögliche Studienfelder, doch allgemein mangelt es ihnen an Striktheit. Ich ziehe es vor, meine Arbeiten in Vergessenheit geraten zu lassen! Das wurde in der Tat umgesetzt. Nahezu all meine Materialien zum Thema Optik und noch vieles andere, wurde zerstört (...). Trotzdem wünsche ich Ihnen bei Ihren Untersuchungen allen erdenklichen Erfolg, und meine Gratulation zum Auffinden der Linsen aus der Woodward-Sammlung.«

Kings weitere unveröffentlichte Informationen waren somit verloren. King hatte tatsächlich eine ganze Anzahl antiker Linsen selbst untersucht, was mehr ist als das, was seine Vorgänger getan hatten, und im nachhinein glaube ich, er war mit sich selbst etwas zu hart ins Gericht gegangen.

Im Jahre 1962 veröffentlichte ein großer Gelehrter der Geschichte der chinesischen Wissenschaften, Joseph Needham, mit dem ich später zusammenarbeitete und sogar nach China gereist bin, einen Band, der sich mit Physik befaßte, aus seiner Serie von Bänden *Science and Civilisation in China*. Im Abschnitt über Optik erwähnt er beiläufig verschiedene westliche Linsen der Antike und beginnt wie folgt:

»Im Westen ist man mit Bergkristallen schon seit der Antike vertraut; Layard beschrieb ein berühmtes Stück babylonischer [sic, sollte assyrischer heißen] Herkunft (schätzungsweise aus dem 9. Jahrhundert vor unserer Zeitrechnung).«

Im Jahre 1965 veröffentlichte der Optiker James R. Gregg sein Buch *The History of Optometry* (Geschichte der Optik) in Amerika. Kapitel Zwei trägt den Titel »Frühes Wissen um Glas und Linsen«. Hierin schreibt er:

»In den Ruinen von Ninevah (sic) fand man die wohl berühmteste aller antiken Linsen, die sich nun im British Museum *befindet. Diese Linse ist plan auf der einen und konvex auf der anderen Seite und zu einem bestimmten Zweck poliert. Es gibt jedoch immer noch keinen Hinweis darauf, wofür die Chaldäer sie benutzten. Ihr irgendeine optische Funktion zuzuschreiben, wäre spekulativ, obgleich sie sich ideal als Brennglas eignen würde.«*

In den späten sechziger Jahren des letzten Jahrhunderts erfuhr eine Reihe von Menschen, die sich für interessante Phänomene begeisterten, von der Layard-Linse. Viele Diskussionen und Spekulationen außerhalb akademischer Kreise und abseits der Optiker-Gilde ergaben sich daraus. Das war auch der Zeitpunkt, als Derek Price mit Leuten wie mir und Arthur Clarke darüber zu sprechen begann. Wie ich schon zuvor sagte, war Derek zu jener Zeit Professor für Wissenschaftsgeschichte an der *Yale University*, und seine Ansichten hatten schon Gewicht. Er hatte den Antikythera-Mechanismus entdeckt, einen verzwickten griechischen Rechenmechanismus, der in einem Schiffswrack gefunden worden war, und den er zu der Zeit, als ich ihn kennenlernte, eingehend studierte. Seine Ergebnisse veröffentlichte er 1974. Derek sagte mir, er würde gern eine angemessene Studie der Layard-Linse vornehmen. Unglücklicherweise starb er früh, bevor er die Aufgabe, um die er sich verdient gemacht hätte, ausführen konnte. In diesen Jahren war die Linse auch lange Zeit nicht verfügbar, was es ihm in jedem Fall sowieso unmöglich gemacht hätte, sie zu untersuchen.

Als Ergebnis der brodelnden Gerüchteküche in den sechziger Jahren über seltsame Phänomene — es war ein blühendes Jahrzehnt für solche Dinge — zirkulierten die Neuigkeiten über die Layard-Linse auch weit draußen unter Grenzwissenschaftlern und -gelehrten und selbst unter völlig unqualifizierten Personen, die lediglich ihre Sensationslust befriedigen wollten. Eine Reihe von »Verrückten« fing an, das *British Museum* zu belagern und Anfragen zur Layard-Linse zu stellen. Natürlich kamen auch andere Interessierte auf das Museum zu, die überhaupt nicht verrückt waren, doch unter den Mitarbeitern des Museums schien eine gewisse Panik wie auch Verachtung einzusetzen. Und wer konnte schon zweifelsfrei die »Verrückten« von den »Normalen« unterscheiden? Die Situation erreichte ihren Höhepunkt, als Erich von Däniken 1969 in seinem Buch *Erinnerungen an die Zukunft* — ein weltweiter Bestseller, der sich millionenfach verkaufte und nach Presseberichten sogar die Bibel toppte —, die Layard-Linse am Rande erwähnte. Von Däniken war überzeugt davon, »daß Gott ein Astronaut war« und daß zahllose ungewöhnliche Objekte von weitgereisten Raumfahrern, die die Erde besucht hatten, hinterlassen worden waren. Über antike Linsen stellte er die folgende vage und etwas verwirrende Behauptung auf:

»In Ägypten und im Irak fand man geschliffene Bergkristall-Linsen, die heute nur unter Verwendung von Cäsiumoxid hergestellt werden können, also mit einem Oxid, das nur auf elektrochemischen Wege hergestellt werden kann.«

Er gibt für diese seltsame Aussage keine weitere Erklärung, und ich muß gestehen, daß ich nicht weiß, wovon er sprach; er scheint aber meiner Meinung nach anzudeuten, daß zur Fertigung der Layard-Linse (die er nicht namentlich erwähnt) Elektrizität erforderlich war! Im Bildteil zeigt von Däniken dann allerdings ein Foto der Layard-Linse mit dem Begleittext: »Eine assyrische Bergkristall-Linse aus dem 7. Jh. v. Chr. Um solch eine Linse zu schleifen, sind Kenntnisse einer komplizierten mathematischen Formel erforderlich. Woher hatten die Assyrer solches Wissen?« Es scheint nur wenige Zusammenhänge zwischen Buchtext und Begleittext im Bildteil zu geben. Es war eindeutig die bildliche Wiedergabe der Linse, die die meiste Aufmerksamkeit erregte. Das Bild zeigte nämlich die Linse und direkt daneben, um ihre Dimensionen wiederzugeben, ein Lineal mit der Aufschrift des *British Museums* darauf. Da das Buch Millionen von Lesern gefunden hatte, war es somit garantiert, daß das *British Museum* von Spinnern und Exzentrikern, die das Objekt sehen wollten, nur so überschwemmt wurde. Ich persönlich erinnere mich an die frühen siebziger Jahre, als Dutzende von Leuten auf Dinner-Parties, in Bussen und nahezu überall über die Bergkristall-Linse im *British Museum* sprachen. Zu jenem Zeitpunkt begann die Layard-Linse schon kurz in der Öffentlichkeit Furore zu machen, obgleich niemand ihren Namen oder die Einzelheiten wußte. Ich erinnere mich daran, wie Leute das Mysterium der im *British Museum* versteckt gehaltenen Bergkristall-Linse genossen — eine Linse, eifersüchtig bewacht von paranoiden Archäologen, die von der Öffentlichkeit zu Tausenden belagert worden wären, hätten die Menschen nur die entsprechende Energie oder Neigung gehabt. Aber natürlich war ein Teil der Anziehung, die dieses Mysterium ausmachte, die, daß es auf gar keinen Fall gelüftet werden durfte; das hätte alles zunichte gemacht. Ohne Wissen und Wollen hat das *British Museum* — dadurch, daß es jahrelang niemanden auch nur in die Nähe der Linse ließ — so zur öffentlichen Hysterie beigetragen!

Ein weiterer ernsthafter Forscher, jedoch ein wichtigerer, der zu jener Zeit ebenfalls über die Situation frustriert war, war Walter Gasson, ein Augenoptiker, der auf seinem Gebiet ein führender Historiker war. In den sechziger Jahren des letzten Jahrhunderts hatte er seine historischen Studien fortgesetzt (sein erstes veröffentlichtes Werk dieser Art stammte aus dem Jahre 1939) und ein großen Teil wichtiger Arbeit zum Abschluß gebracht. Er konnte sich jedoch keinen Zugang zur Layard-Linse verschaffen, die — so wurde ihm gesagt — »neu eingefaßt« würde. Diese »Neueinfassung« dauerte viele Jahre!

Ungefähr 1972 gab das *British Museum* dem beträchtlichen Druck, dem es jahrelang ausgesetzt gewesen war, endlich nach und stellte die Layard-Linse wieder aus. In jenem Jahr fand Gasson sie restauriert und zur Ansicht ausliegend als Ausstellungsstück Nr. 6 in der Babylonischen Galerie, datierend aus der Zeit von *etwa* 900 bis *etwa* 700 v. Chr. Der Kustos für westasiatische Antiquitäten erlaubte 1972 dann Walter Gasson, die Linse wissenschaftlich zu untersuchen und zu vermessen. Dies war die erste wirkliche eingehende Untersuchung der Linse seit Brewster im Jahre 1852 — also 120 Jahre zuvor. Die Ergebnisse veröffentlichte Gasson Ende 1972 in seinem ertragreichen Artikel »Die älteste Linse der Welt: eine kritische Studie der Layard-Linse«, erschienen im Journal *The Ophthalmic Optician* (Der Augenoptiker). Leider ist der Titel der Studie unglücklich gewählt, da die Layard-Linse beileibe *nicht* die älteste Linse der Welt ist.

In seinem Artikel erwähnt Gasson, wie schwierig es für ihn war, Zugang zur Linse zu erhalten (was er mir später noch eingehender im Gespräch erzählte). Nach einer längeren Einführung und Brewsters Bericht, den er zitiert, kommt er dann zu den Ergebnissen seiner Analyse:

»Diese leicht getrübte Bergkristall-Linse war nicht eingefaßt wie in der Darstellung (1930) [das Barker-Foto], *sondern auf einem Acrylglas-Stativ montiert* [wie in der Darstellung auf Tafel 34 wiedergegeben]. *Die Abmessungen der Linse stimmen mit denen von Barker aus dem Jahre 1930 überein.* [Meine eigenen kürzlichen Messungen waren präziser, doch nahezu identisch; die maximale Abweichung war 2 mm.] *Bei genauer Beobachtung unter einem Vergrößerungsglas konnte man eine leichte periphere Abschrägung erkennen, wie in der Seitenansicht erkennbar* [Tafel 36]. *Dies legt nahe, daß die Linse wahrscheinlich früher in etwas eingefaßt gewesen war — wobei die Einfassung schon lange zerfallen ist. Nicht ohne ein Gefühl der Beklommenheit wurde dem Autor schließlich gestattet, die Linse mit einem sogenannten Sphärometer (einem Instrument mit drei justierbaren Stiften, das eine genaue Messung der Oberflächenkrümmung der Linse, angegeben in Dioptrien, ermöglicht) zu vermessen. Die einigermaßen gut polierte Seite, die auch Brewster erwähnt, hat eine recht glatte, plan geschliffene Oberfläche. Die andere, leicht zerkratzte Konvex-Fläche war von ihrer Krümmung her toroidal; die Brechwerte lagen zwischen + 4,0D und + 8,0D (D = Dioptrien), was wiederum die Messungen von Barker aus dem Jahre 1930 bestätigt. Der Einfallswinkel bei 4,0 Dioptrien betrug etwa 165° zur kürzeren der beiden Linsenachsen. Die beiden dioptrischen Meridiane standen ungefähr im rechten Winkel zueinander. Wenn man die Linse um einen Winkel von 90° in die Richtung drehte, in der sie als Monokel benutzt würde, könnte man sie in der Optikersprache bezeichnen als: + 4,0D sph/+ 4,0D cyl Achse 75°. Der dioptrische Unterschied, der durch den Brechungsindex 1,523 für Quarz bestimmt wird (auf den das Sphärometer kalibriert war), ergibt einen kleinen Unterschied in den Brechwerten* [ausgedrückt in Dioptrien; an dieser Stelle liefert Gasson Berechnungsformeln und korrigiert die Brechwerte der Linse zu 4,25D bzw. 8,5D, was keinen großen Unterschied ausmacht]. (...) *Es scheint etwas widersinnig, daß ein herausragender Wissenschaftler wie Sir David Brewster den Druckfehler hinsichtlich der Linsenstärke (nicht 2,25, sondern 0,6 cm) übersehen hätte. Dies zeigt, daß keine letztendliche Korrekturlesung erfolgt sein könnte. Denn in jedem Fall wäre selbst bei oberflächlicher Untersuchung auch einem Laien aufgefallen, daß hier*

ein grober Fehler in der Maßangabe vorlag — selbst aus einer Entfernung betrachtet. (...) Die nahezu perfekt ovale Form der Linse gibt Anlaß zu einigen interessanten Spekulationen. Eine kreisrunde Linse, die auf einem Steinschneider geschliffen wird, ist viel leichter zu formen. Eine sphärische Krümmung ist auch leichter zu schleifen als eine Toroidalform, vor allem weil dieser Handwerker imstande war, eine recht gute plan geschliffene Rückseite anzufertigen. Jeder gute Dreher weiß dies aus Erfahrung. (...) Dem Verfasser erscheint es, als ob Form und optische Eigenschaften der Linse genauso beabsichtigt gewesen sind. Die nahezu perfekte Ovalform und die Maße von 41 x 35 mm entsprechen ziemlich genau der Größe der Augenhöhle. Die Möglichkeit, daß die Linse vielleicht von einem Schreiber in der Palast-Bibliothek benutzt wurde, der an Weitsichtigkeit litt, ist eine Mutmaßung, die von Interesse ist. (...) Die Linsenform selbst ist interessant, da die 41 x 35 mm fast genau dem alten optischen ›000‹-Standard aus der Zeit vor 1930 entsprechen. Augenoptiker der älteren Generation werden sich zweifelsohne an die Gestelle und an die alten pince-nez-*Monokel für die Augengrößen ›0‹, ›00‹ und ›000‹ erinnern. Diese Ovalform von 41 x 35 mm stimmt nahezu vollständig mit den Maßen überein, die das* Optical Standards Committee *1927 festgelegt hatte, mit einer Axialdifferenz von ungefähr 6 mm.«*

An diesem Punkt verweist Gasson auf eine Fußnote in einem 1935 erschienenen Buch über Linsen in der Augenoptik. Es zeigt eine Zeichnung einer Linsenform, wie sie die Layard-Linse repräsentiert, was erstaunlich ist. Der visuelle Beweis ist noch beeindruckender als Gassons Ausführungen, da die Ähnlichkeit schon mit einem einzigen Blick feststellbar ist.

Gasson weist darauf hin, daß die Linse als Brennglas von nur geringem Nutzen gewesen wäre:

»Die Linse würde aufgrund ihres speziellen Schliffs (wie zuvor beschrieben, zur Korrektur krankhafter Hornhautverkrümmung) die Strahlen der Sonne nicht allzu gut fokussieren; die Brennweiten liegen, je nach Einfallswinkel, zwischen 12 und 24 cm. Die durchschnittliche Brennweite beträgt 16 cm. Das Licht der Sonne wird also von dieser Linse nicht ausreichend gebündelt, um effektiv als Brennglas verwendet werden zu können. Die minoische Linse andererseits, die Forsdyke 1927 auf Kreta entdeckt hat, war kreisförmig, mit einem Durchmesser von etwas über 2,5 cm, mit einem Brechwert von + 40,0D. (...) Antike Brenngläser

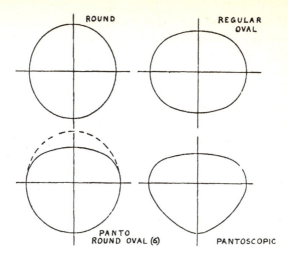

Abbildung 3: Die vier verschiedenen Arten von Monokel-Linsen der Größe »000« aus der Zeit vor dem Zweiten Weltkrieg, wie von Emsley und Swaine in ihrem Buch *Ophthalmic Lenses* (Linsen in der Augenoptik, 1935/1940) dargestellt. Die »regelmäßige Ovalform« oben rechts ist praktisch identisch mit der Form der Layard-Linse, wie von Walter Gasson erstmals festgestellt. Sowohl die moderne als auch die antike Linse sind präzise regelmäßige Ovale. Längs- und Querachse der modernen Linsen haben die Maße 3,85 bzw. 2,95 cm, wohingegen die Layard-Linse die Maße 4,2 bzw. 3,43 cm aufweist, was bedeutet, daß die Abweichungen für die Längsachse weniger als 3,5 mm und für die Querachse weniger als 5 mm betragen. Eine präzisere »Passung« für eine typische Monokel-Linsenform kann wohl kaum erreicht werden.

hatten im allgemeinen eine viel kürzere Brennweite (als die Layard-Linse) zur besseren Bündelung der Sonnenstrahlen.«

Außerdem weist Gasson auf folgendes hin:

»Nach Angaben der Museumsautoritäten wie auch früherer Autoren wurde davon ausgegangen, daß diese Linse aus dekorativen Gründen (Schmuck, etc.) als Plakette oder Medaillon angefertigt wurde. Vielleicht wurde sie als Dienstmarke benutzt oder einfach als Schmuckstück wie ein Amulett zur Abwehr unheilvoller Einflüsse. Für diese Annahmen gibt es jedoch keinerlei schlüssige Beweise.«

Gasson identifizierte die Fehler und Verunreinigungen in der Linse korrekt als das, was sie sind:

»Die Verunreinigungen und Fehler erscheinen unter dem Vergrößerungsglas auf der plan geschliffenen Seite. Es besteht kein Zweifel, daß physischer Druck von außen und Oberflächenabnutzung über die vielen Jahrhunderte, seitdem die Linse gefertigt wurde, für diese Fehler verantwortlich sind.«

Gasson hebt ebenfalls hervor, daß die Linse bei Nimrud gefunden wurde und nicht bei Nineveh, wie Layard damals annahm, und schlägt vor, der beste Name für die Linse sei »Layard-Linse, nach ihrem gefeierten viktorianischen Entdecker«.

In den siebziger Jahren des letzten Jahrhunderts sprachen Menschen, die an seltsamen Phänomenen und Kuriositäten interessiert waren, viel über den Amerikaner William R. Corliss und seine *Sourcebooks* (Quellensammlungen). In diesen Büchern stellte er eine Zusammenfassung von seltsamen Fakten über Mensch und Natur zusammen, denn er war ein unermüdlicher Erforscher solcher Dinge. 1976 veröffentlichte Corliss privat eine Schrift mit dem Titel *Strange Artifacts: A Sourcebook on Ancient Man* (Seltsame Artefakte: Eine Quellensammlung über den Menschen der Antike). Dies war sein zweites Werk zum Thema seltsame Artefakte des Altertums. Er war auch auf Brewsters Bericht über die Layard-Linse aus dem Jahre 1853 im *American Journal of Science* gestoßen und faßte ihn zusammen. Corliss hatte Brewsters Angaben nichts hinzuzufügen. Doch aufgrund der Tatsache, daß Corliss die Linse erwähnt hatte, erfuhr ein großer Kreis von Menschen außerhalb akademischer Kreise zum ersten Mal von der Linse. Viele Amerikaner, die das Foto von der Linse mit einem Begleittext von von Däniken veröffentlicht gesehen hatten, waren nun zum ersten Mal imstande, einige harte Fakten über das mysteriöse Objekt in Erfahrung zu bringen.

Im Jahre 1978 sah der Katalogeintrag für die Layard-Linse, den ich mir zu jener Zeit abschrieb, so aus: »Nimrud. NW-Palast, Raum AB. Ovale Linse aus geschliffenem Bergkristall mit einer plan und einer konvex geschliffenen Seite. Wahrscheinlich ein Inlay-Element aus einem Schmuckstück. Durchmesser 4,0 x 3,4 cm, Stärke 0,6 cm.« Die *Gewißheit* von 1922, daß die Linse nur ein Schmuckstück gewesen sein könne (wie im *Museum Guide* von damals noch beschrieben), war einer *Wahrscheinlichkeit* gewichen, was sehr viel wissenschaftlicher ist! Der frühere Dogmatismus war offensichtlich für zu peinlich und arrogant befunden worden und wurde fallen gelassen. Im Jahre 1978 gelangte ich zu neuen Fotos der Layard-Linse. Eins davon zeigt, wie sie vor die Augenhöhle eines Menschen gehalten wird (Tafel 35), wodurch Gassons Standpunkt visuell demonstriert wird. Ein weiteres Foto zeigt, wie die Linse die Schrift einer Zeitung vergrößert (Tafel 37). Diese Fotos wurden bisher nie veröffentlicht; die Urheberrechte für sie liegen bei mir.

Im Jahre 1980 sagte die Ausstellungs-Karte für die Layard-Linse — zu jener Zeit in der Assyrischen Abteilung als »Vitrine 4, Objekt Nr. 13« geführt — wiederum etwas anderes, was ein weiterer Schritt weg vom Dogmatismus ist:

»*Aus dem NW-Palast, Kalhu (Nimrud). Plakette aus Bergkristall mit einer ebenen und einer konvex geformten Seite. Sie verfügt über einige optische Eigenschaften und könnte eine Linse darstellen. Alternativ dazu könnte es sich um ein dekoratives Inlay handeln.*«

Zu guter Letzt hatten die Mitarbeiter des *British Museums* also zu einer Beschreibung gefunden, die in ihrer Art nicht mehr einseitig oder tendenziös, sondern hinsichtlich des Verwendungszwecks des Objekts endlich neutral war.

Im Jahre 1981 veröffentlichten Leonard Gorelick und A. John Gwinnett zwei Artikel in dem amerikanischen Archäologie-Magazin *Expedition*, in dem sie das Problem erörterten, wie in der Antike Miniaturarbeiten durchgeführt wurden. Sie verwarfen die Idee, daß vielleicht Linsen benutzt worden waren, und kamen zum Schluß, daß antike Graveure kurzsichtig waren! Sie kamen zu dieser außergewöhnlichen Schlußfolgerung, indem sie die Existenz aller antiken Linsen, mit Ausnahme der Layard-Linse, ignorierten. Sie sagten, »ausgegrabene Beispiele [von Linsen] wären nötig«, um sie davon zu überzeugen, daß Linsen tatsächlich benutzt worden waren. Keine weitere Publikation zu diesem Thema ist von den beiden bekannt; offensichtlich erfuhren sie also nie von den Hunderten von bereits existierenden Linsen, die sich in den Museen überall auf der Welt finden. Unter Verwendung von nicht genauer angegebenen Maßen, die über die Layard-Linse veröffentlicht wurden, beauftragten Gorelick und Gwinnett »einen Experten der Steinschneidekunst, Mr. Martin Walter, eine Kopie der Linse aus Bergkristall anzufertigen. (…) Diese Linse wurde dann von einem Optiker auf ihre Lichtbrechungseigenschaften getestet. Er berichtete, die Linse würde einen Brechwert von 2 Dioptrien, jedoch ebenso beträchtliche Verzerrungen aufweisen«.

Sie gehen an dieser Stelle nicht näher darauf ein, welche der verschiedenen veröffentlichten Maßvorgaben sie benutzten, noch geben sie irgendeinen Hinweis diesbezüglich, so daß die berichteten Ergebnisse nutzlos sind. Wir wissen zum Beispiel nicht, ob sie dem Druckfehler in Brewsters Bericht aufgesessen sind, wonach die Linse eine Stärke von 2,25 cm gehabt haben soll. Die Anfertigung einer Kopie klingt gut, doch der Bericht bleibt anekdotenhaft und unkalibriert, weil keine Detailangaben gemacht wurden! Und doch scheinen die Autoren zu denken, daß sie in dieser vagen Angelegenheit angemessen vorgegangen sind und daß ihre Ergebnisse als korrekt und abgeschlossen betrachtet werden könnten. Das Niveau an Untermauerung dieser Meinungen ist nicht höher als das von Erich von Däniken; auch er fertigte Kopien von Dingen an und stellte auf dieser Basis Behauptungen auf, ohne Details anzugeben.

Im Jahre 1996 veröffentlichten Peter James und Nick Thorpe ihr Buch *Ancient Inventions* (Erfindungen des Altertums), für das ich im *Nature*-Magazin eine positive Rezension schrieb. Sie veröffentlichen ein Foto der Layard-Linse und eine Seite Kommentar dazu. Ihre Schlußfolgerung:

»(...) Ihr wahrscheinlichster Verwendungszweck war Vergrößerung. Wofür die alten Assyrer solche optischen Hilfen benutzt haben, ist recht einfach zu erraten. Ihre Handwerker folgten einer langen mesopotamischen Tradition der Herstellung von kompliziert geschnitzten Siegeln. (...) Im Zuge ihrer Forschungsarbeiten studieren Archäologen diese Arbeiten mit fotografischen Vergrößerungen oder unter Zuhilfenahme eines Vergrößerungsglases — einfach weil die Einzelheiten auf vielen Siegeln nicht fürs bloße Auge klar sichtbar sind. Die Annahme ist berechtigt, daß die Handwerker ihrerseits optische Sichthilfen bei ihrer Feinarbeit benutzten. (...) Die von Layard gefundene Linse ist, was die Vergrößerung betrifft, extrem schwach — gerade stark genug, um überhaupt einen Vergrößerungseffekt zu zeigen. (Sie vergrößert Objekte um etwa das 1,5-fache.) [Anmerkung des Autors: dies ist nicht korrekt; Teile der Linse vergrößern Objekte bis auf das Doppelte. James und Thorpe haben eindeutig nicht den Vergrößerungswert selbst gemessen.] *Trotzdem reichte dies aus, eine Kontroverse in Gang zu setzen, die noch weit über ein Jahrhundert andauerte.«*

James und Thorpe üben scharfe Kritik an Gorelick und Gwinnett (1981) und weisen ausführlich auf die haarsträubenden Widersprüchlichkeiten in ihrer Logik hin.

Dies beendet unseren Überblick über die Literatur zur Layard-Linse von 1852 bis in die Gegenwart. Nun wird es Zeit, unsere Aufmerksamkeit auf eine physische Beschreibung des Objekts zu richten, die über das, was bisher versucht wurde, hinausgeht. Leser, die nur an den Ergebnissen und Schlußfolgerungen interessiert sind, sollten den nächsten Abschnitt überschlagen. Hier ist mein Bericht über das Objekt, wonach wir erfahren werden, um was es sich wirklich handelt:

BERICHT ÜBER DIE LAYARD-LINSE, 1998

Ort: Abteilung für westasiatische Antiquitäten, Britisches Museum, London
Objekt-Nr. 12091

BERGKRISTALL, PLAN-KONVEX, OVAL

Maximale Stärke: 6,2 mm
Minimale Stärke: 4,1 mm
Durchmesser an der Längsachse: 4,2 mm
Durchmesser an der Querachse: 3,43 mm
Halbierung der beiden Achsen, die ein Andreaskreuz bilden, ergibt identische Abmessungen von 4,17 mm, was auf einen regelmäßig geformten Ellipsoiden hinweist.

Beschreibung: Die Linse weist unterschiedliche Stärken auf, und der Rand ist auffallend scharf, aber gleichmäßig durch tiefe, parallel verlaufende Furchungen gekennzeichnet, die in einem Winkel von 20° zur Horizontalen verlaufen. Dies wurde zweifellos absichtlich, methodisch und sorgsam so gemacht. Die Absicht war vielleicht, eine Fassung mit einer rauhen, aber gleichmäßigen Oberfläche anzufertigen, die den Bergkristall in jedem Fall sicher hält. Es ist sehr ungewöhnlich, dies mit einem Bergkristall zu tun, und würde darauf hinweisen, daß ein unnatürlich hohes Maß an Furcht bestand, die Linse würde aus ihrer Fassung treten. Es wäre eine Erklärung, wenn der ursprüngliche Besitzer zum Beispiel ein sehr machtvoller Potentat gewesen wäre.

Allgemeiner Zustand: Am oberen Rand finden sich abgeschlagene oder abgestoßene Stellen von beträchtlicher Größe, besonders an einem Ende der Querachse. Hier findet sich kein tiefsitzender Schmutz und keine Abnutzung; diese Stellen scheinen aus jüngerer Zeit zu sein oder zumindest aus einer Zeit nach der Ausgrabung. Eine passendere Bezeichnung für sie wäre Furchen. Die tiefste dieser Furchen wurde von der oberen Fläche abwärts geritzt, offensichtlich mit einem scharfkantigen Werkzeug, doch sie scheinen auf das begrenzt zu sein, was möglich war, solange die Linse sich noch in einer Fassung befand, da die Furchen nicht ganz hinunter bis zur Kante verlaufen. Sie wecken den Eindruck, jemand habe die Linse aus einer stabilen Fassung herausgebrochen. Das Muster dieser Furchen deutet darauf hin, daß der Rand der Linse geschützt und sehr stramm eingefaßt war, als diese Furchen ins Material geritzt wurden, so daß die Furchen auf den Bereich beschränkt sind, den man mit Abwärtsbewegungen von oben erreichen konnte. Obwohl die Layard-Ausgrabungen offensichtlich von einer großen Anzahl Menschen ausgeführt wurden — und es schwer vorstellbar ist, daß einer der Mitarbeiter seine Kollegen getäuscht hat —, muß die Möglichkeit in Betracht gezogen werden, daß die Linse in einer wertvollen Fassung aus einem Edelmetall eingefaßt war, die Linse jedoch aus dieser Fassung herausgedrückt und die Fassung gestohlen wurde, bevor Layard die Linse zu Gesicht bekam. Es gibt hierfür einen Präzedenzfall: Im Jahre 1834 wurde von einem der Mitarbeiter an den Ausgrabungen an einem griechischen Grab in Süditalien eine Goldfassung von der plan-konvexen Nola-Linse entfernt und zum Einschmelzen an einen Händler weiterverkauft. Die Linse wurde ohne Fassung dem Archäologen übergeben — so als ob sie nie eine gehabt hätte. Er fand später heraus, was passiert war, und vermerkte in seinem Bericht, daß »die Linse deshalb an einem Punkt etwas beschädigt war«, was, wie wir sehen, auch auf die Layard-Linse zutrifft. (Der Vorteil dabei, eine Fassung von einer Linse zu entfernen, statt das ganze Objekt einzustecken, ist, daß eine Fassung aus Edelmetall eingeschmolzen und verkauft werden kann und ihre Herkunft somit nicht zurückverfolgbar ist.) Die Layard-Linse hat einen so starken Rand, daß die Fassung mindestens 5 mm Breite hätte aufweisen müssen. Dies hätte für einen armen Arbeiter einen hohen Wert dargestellt, und als Ganzes wäre es sicher soviel Material wie ein halbes Dutzend Goldringe gewesen.

Rund um die obere und untere Seite des Randes befindet sich etwas, das auf den ersten Blick wie eine Reihe feinster »Furchungen« erscheint, doch eine genauere Untersuchung zeigt, daß dies nur die oberen und unteren Enden der Randlinien sind und keine wirklichen Furchungen. An diesen Enden hatte sich etwas Schmutz eingefräst und ist dort geblieben, trotz der Tatsache, daß die Linse offensichtlich mehrmals nach der Ausgrabung gewaschen wurde. Vom gefurchten Rand selbst wurde der Schmutz so gründlich entfernt, daß der Eindruck entsteht, die Linse wurde sehr kräftig und mit Entschlossenheit gewaschen und gesäubert.

Auf der Grundfläche finden sich sehr kleine abgeschlagene Stellen entlang der Randfläche, die größer als die »offensichtlichen Stellen« von den heraustretenden gefurchten Randlinien sind, aber sehr viel kleiner als die von oben verursachten Furchen, die wir darauf zurückführen, daß jemand versucht hat, die Linse aus einer Fassung herauszudrücken. Diese Furchungen könnten aus der Zeit stammen, als die Linse eingefaßt wurde und in dieser Fassung über die Jahre etwas Spielraum hatte.

Es gibt zwei unterschiedliche Muster von Abnutzung auf den Linsenoberflächen. Beide Flächen sind durch über Kreuz verlaufende Linien stark abgewetzt, was auf zu exzessives Waschen, Schrubben und Trokkenreiben nach der Ausgrabung hindeutet. Es hat den Anschein, daß zu einem bestimmten Zeitpunkt eine Bürste (nicht gerade eine weiche) benutzt wurde (wahrscheinlich im 19. Jahrhundert). Unter der Reihe von abgewetzten Stellen kann man — besonders auf der Grundfläche — eine Menge mikroskopisch kleiner Vertiefungen erkennen, die vermutlich das Ergebnis des langen unterirdischen Aufenthalts der Linse sind — eine Zeitperiode von zweieinhalb Jahrtausenden, während derer der Quarz diese kleineren Abnutzungserscheinungen an seinen Oberflächen erlitt. Die nahezu mikroskopisch kleinen Vertiefungen enthalten Schmutz in so kleinen Mengen, daß beim makroskopischen Säubern der Linse diese Vertiefungen nicht erreicht wurden. Der Sammeleffekt dieser Verunreinigungen in den fast unsichtbaren Vertiefungen ist eine sehr subtile Verdunkelung der Linse. Die Ursache dafür — wenn auch nur oberflächlich und nicht Teil des Quarzes — ist selbst mit starken Vergrößerungsgläsern kaum auszumachen. Dies, zusammen mit den durch das Abwetzen verursachten Unklarheiten, bedeutet, daß die Linse heute nicht perfekt lichtdurchlässig ist. Zusätzlich gibt es noch die bekannten, durch physischen Druck erzeugten und sehr sichtbaren Risse und Fehler im Material selbst, was die Linse milchig durchscheinend aussehen läßt. Die beträchtliche Anzahl von Vertiefungen auf der Grundfläche deutet darauf hin, daß die Linse zu der Zeit, als sie verschüttet wurde, keinen Schutz auf der Rückseite hatte, und es ist sehr unwahrscheinlich, daß sie je einen hatte, denn wäre dies der Fall gewesen, hätten sich die kleinen Abschürfungen, die durch Bewegung innerhalb der Fassung verursacht wurden, weiter über den Rand hinausgezogen. Es sollte auch darauf hingewiesen werden, daß der Quarz in seinem ursprünglichen Zustand vollkommen durchsichtig gewesen wäre — und vollkommen unsichtbar, wenn seine Rückseite abgedeckt gewesen wäre, so daß man nur die rückwärtige Abdeckung, nicht aber den Quarz gesehen hätte, es sei denn, man wäre nah genug gewesen, um ihn zu erkennen.

Die Linse ist heute durch zwei Druckrisse und einige Fehler getrübt, was nicht ein ursprüngliches Merkmal des Objekts gewesen sein kann. Der Druckriß, der mehr oder weniger entlang der Längsachse verläuft (etwa 30° zur Längsachse geneigt), können wir als einen lateralen Druckriß bezeichnen; er ist 3,2 cm lang. Er bildet ein schräggestelltes »T« zusammen mit einem quer verlaufenden zweiten Druckriß, der ebenfalls 3,2 cm lang ist. Dieser zweite Riß ist der stärkere von den beiden, da er sich — im Gegensatz zum lateralen Riß — bis zur Grundfläche durchgearbeitet hat. Schaut man von oben auf die Konvex-Fläche, findet man über und unter der rechten Seite des »T«-Kreuzes eine Menge Fehler aufgrund von Druck, der auf die Linse ausgeübt wurde.

In der Nähe des Zentrums der Konvex-Fläche findet sich ein Muster von rauhen Vertiefungen (jetzt von Schmutz befreit) von etwa 2,5 mm Länge, das ungewöhnliche Fächerungen zeigt; da dies direkt über dem lateralen Druckriß liegt, könnte es die Spur eines harten, unebenen Gegenstands — wahrscheinlich aus Metall — sein, der die Linse (wahrscheinlich schon vor längerer Zeit) getroffen und die Druckrisse erzeugt haben könnte. Der Schlag war keinesfalls breit oder flach, wie ich es auch schon bei anderen Bergkristall-Linsen, die ich untersuchte, entdeckt habe. Das Fächermuster könnte mit einem Schlag durch einen Metall-Gegenstand zu erklären sein, der auf eine bestimmte Weise gerippt oder angespitzt war, mit vielen kleinen Vorsprüngen, wie man sie zum Beispiel manchmal bei anspruchsvollem Schmuck oder Metallarbeiten an kleinen Objekten findet. Das Muster könnte auch auf wiederholte Schläge mit einem winzigen harten Stück Metall zurückzuführen sein, die mehrmals in schneller Folge auf das Material eingewirkt haben, da die Markierungen auf schnelle Wiederholung einzelner harter kleiner Schläge zurückzuführen sein könnten, als ob das spitze Ende einer langen Metallstange zum Beispiel mit großer Wucht auf den Bergkristall gefallen wäre (die Linse könnte am Ende einer auf sie fallenden langen Stange gelegen haben, was genügend Schwung erzeugt hätte). Aufgrund der Härte des Quarzes wäre die Stange abgeprallt und hätte mehrmals hintereinander auf den Quarz aufschlagen können, wobei der Punkt des Einschlags bei jedem Auftreffen sich leicht verschoben hätte. In der Nähe dieser Stelle befindet sich eine bogenförmige Absplitterung, die vielleicht, vielleicht auch nicht mit dieser Reihe größerer Aufschläge in Verbindung stehen könnte.

Schließlich gibt es auf der Konvex-Fläche noch eine andere Stelle mit oberflächlicher Beschädigung: schaut man von oben auf die Konvex-Fläche, erscheint sie über der rechten Hälfte des quer verlaufenden »T«-Risses. Von dieser Stelle aus erstrecken sich die meisten der (zum Zentrum verlaufenden) parallelen Linien von Abwetzungen, die deshalb aus neuerer Zeit zu stammen scheinen. Es sieht aus, als wäre eine harte Stahlbürste auf die Oberfläche aufgeschlagen und zum Zentrum hin gezogen worden. Etwa acht parallele »Zähne« irgendeiner Art scheinen die Linse hier gleichzeitig getroffen und Schleifspuren auf ihr hinterlassen zu haben. Man könnte spekulieren, daß im 19. Jahrhundert Objekte wie dieses Gegenstand einer groben Säuberung unmittelbar nach der Ausgrabung gewesen sein könnten.

Konfiguration: Tests mit einem Sphärometer beweisen, daß die Grundfläche in allen Richtungen und an allen Punkten perfekt eben ist, mit einer Ausnahme, die durch eine Beschädigung verursacht wurde: Wenn die drei Spitzen des Sphärometers entlang des quer verlaufenden »T«-Druckrisses ausgerichtet werden, ergibt sich eine sehr kleine Abweichung von + 0,25 Dioptrien als Ergebnis dieses Risses, der sich bis zur Grundfläche durchgearbeitet und diese entsprechend in Mitleidenschaft gezogen hat.

Entlang der Längsachse weist die Konvex-Fläche einen Brechwert von + 4,25 Dioptrien auf. Entlang der Querachse sind es + 6,25 Dioptrien. Folgt man der Linie des späteren Druckrisses, kommt man auf + 4,0 Dioptrien. Rechtwinklig dazu ergeben sich + 7,25 Dioptrien. Rechtwinklig dazu vorgenommene Diagonalabmessungen in der Form eines Andreaskreuzes, durch die Längsachse in zwei Hälften geteilt, ergeben + 4,75 Dioptrien, mit dem »T«-Kreuz-Druckriß auf der linken für die NW- zu SO-Messung, und + 5,75 Dioptrien für die SW- zu NO-Messung.

Wie in früheren Studien von Walter Gasson — mit dem ich einige gemeinsame Arbeiten vor seinem Tode realisierte, und mit dem ich in der Vergangenheit ausgiebige Diskussionen über diese Linse geführt habe — schon beobachtet, wurde die Konvex-Fläche dieser Linse »toroidal geschliffen«. Linsen werden heutzutage toroidal geschliffen, um bewußt Linsenoberflächen von unebener Konvexität zu erzeugen. Der Zweck ist, Fälle von Astigmatismus (krankhafte Verkrümmung der Hornhaut des menschlichen Auges) auszugleichen. Die Konvex-Fläche dieser Linse (wenn sie nach oben gehalten wird) verjüngt sich von ihrer Stärke her zur linken Seite des »T«-Kreuzes Richtung Seitenkante, und verstärkt sich im Bereich begrenzt von der unteren linken Seite des »T«-Kreuzes und des lateralen Druckrisses. Diese von der Stärke her »schwankende« Oberfläche scheint überhaupt nicht zufällig so beschaffen zu sein; vielmehr wurde der Toroidal-Schliff anscheinend genau so beabsichtigt. Siehe dazu auch die *Anmerkungen*.

Vergrößerung: Wird die Linse hoch genug über das Objekt gehalten, läßt sich überall ein Vergrößerungswert von 1,25 x leicht erreichen. Hält man sie noch etwas höher und mit der Längsachse waagerecht über dem Objekt, erreicht man Werte von bis zu 1,5 x, jedoch mit sichtbaren Verzerrungen. Hält man die Querachse waagerecht, ergibt sich in der rechten Hälfte (mit dem »T«-Kreuz oben) ein Wert von 1,25 x und in der linken Hälfte ein Wert von 1,5 x, der jedoch ohne nennenswerte Verzerrungen 2 x erreichen kann, wenn die Linse noch weiter angehoben wird. Dies könnte heutzutage jedoch leicht übersehen werden, denn die milchige Trübung der Linse, verursacht durch die Beschädigung der Oberfläche, macht diese Beobachtung schwierig (was ursprünglich wohl nicht zugetroffen hat).

Ursprünglicher Zustand: Die Linse wäre vor ihrer Beschädigung vollkommen durchsichtig, klar und glänzend gewesen. Es war ursprünglich ein hervorragendes und in der Tat perfektes Stück Bergkristall.

Anmerkungen: Bei der ursprünglichen Herstellung dieses Objekts wurde äußerste Sorgfalt angewendet:
    1. Ein makelloses Stück Bergkristall wurde gefunden, ohne sichtbare Fehler oder Einschlüsse nach dem ersten Schnitt. (Es ist wichtig anzumerken, daß der Zustand eines Bergkristalls im allgemeinen unbekannt ist, bis Schneide- und Schleifarbeiten ausreichend weit fortgeschritten sind. Diese Information stammt aus einem Bericht eines Linsenschleifers aus dem 18. Jahrhundert.)
    2. Als nächstes wurde eine perfekt plan geschliffene Grundfläche geschaffen. Dies ist höchst ungewöhnlich. Die meisten »plan-konvexen« Linsen aus der Antike, ob aus Bergkristall oder Glas, haben leicht konvex geschliffene Grundflächen. Eine perfekt plan geschliffene Grund-

fläche ohne Abweichungen herzustellen, erfordert Erfahrung und Technologie, ebenso wie zielgerichtetes Handeln.

3. Äußerste Sorgfalt wurde angewendet, um die Randfläche der Linse anzufertigen. Der Parallel-Abschliff muß sehr zeit- und arbeitsaufwendig gewesen sein. Es ist schwer, sich vorzustellen, warum dies als notwendig angesehen wurde — es sei denn, der Handwerker wurde durch eine gewisse Furcht motiviert, zum Beispiel der Furcht vor dem Zorn irgendeines Potentaten.

WER WAR ES ALSO?

Wir können zu mehreren Schlußfolgerungen kommen, manche eindeutig, andere als mögliche Gründe. Die eindeutigen sollten die Tür zu weiteren nutzlosen Diskussionen über diese Punkte schließen, was nur noch die verbleibenden Aspekte zur Betrachtung durch zukünftige Forscher übrigläßt. Hier sind einige der eindeutigen Schlußfolgerungen, die wir mit Sicherheit ziehen können:

1. Entdeckung und Bekanntmachung der Linse: Die Linse wurde im Jahre 1849 entdeckt. Die erste öffentliche Verlautbarung geschah 1852 durch Brewster, und die erste schriftliche Veröffentlichung war 1852 auf französisch, gefolgt von einer englischen Publikation durch Brewster und Layard im Jahre 1853. Die erste Veröffentlichung einer Eingravierung erfolgte im Jahre 1883. Die erste Veröffentlichung eines Fotos von der Linse war 1930.

2. Eingehende Studien, die an der Linse vorgenommen wurden: In 146 Jahren haben nur vier Individuen eingehende physische Studien an der Linse vorgenommen: Sir David Brewster, W. B. Barker, Walter Gasson und ich selbst. Brewsters Bericht wurde durch einen ernsthaften Druckfehler hinsichtlich seiner Messungen ruiniert — ein Fehler, der noch jahrzehntelang danach unkorrigiert weiter fortbestand.

3. Zeit, aus der die Linse datiert: nicht später als 7. Jahrhundert v. Chr.

4. Ursprünglicher Zustand der Linse unmittelbar nach Fertigung: vollkommen klar und transparent, ohne Fehler. Sie wurde aus einem Stück hochwertigen Bergkristalls hergestellt, offensichtlich in der Hoffnung ausgewählt, daß es keine »geisterhafte Trübung« enthielt, und, als dies nach dem Schneiden sichergestellt war, poliert. (Man kann sich erst nach dem Schneiden eines Bergkristalls sicher sein, daß er nicht solche »geisterhaften Trübungen« enthält, da man im unbearbeiteten Zustand nur raten kann, ob der Bergkristall fehlerfrei ist. Die letztendliche Entscheidung wird deshalb nach dem Schneiden und vor dem Polieren getroffen.)

5. Eingefaßt oder nicht? Zweifellos war die Linse eingefaßt gewesen, jedoch nicht von der Rückseite her abgedeckt. Ein näheres Studium von Schleifmustern und Abnutzungserscheinungen weist darauf hin, daß die Linse zu dem Zeitpunkt, als sie gefunden wurde, in eine Fassung aus Edelmetall eingefaßt war und mit Gewalt aus dieser Fassung herausgebrochen wurde, bevor man sie Layard überreichte. Es wurde eine unglaubliche Sorgfalt an den Tag gelegt, um sicherzustellen, daß die Linse stabiler als sonst bei normalem Gebrauch erforderlich in ihrer Fassung sitzen würde. Dies weist darauf hin, daß man um die Sicherheit der Linse äußerst ängstlich besorgt war.

6. War die Grundfläche der Linse vollkommen glatt und eben? Ja. Es gibt nur ganz kleine Abweichungen aufgrund eines Druckrisses. Die perfekte Ebenheit der Grundfläche weist auf große Sorgfalt bei der Fertigung hin sowie auf eine Menge professioneller Erfahrung in der Herstellung und Bearbeitung solcher Objekte. Ich habe eine ganze Menge Linsen untersucht, die nahezu plan-konvex waren, doch aufgrund fehlender Erfahrung oder eines Mangels an Fertigkeiten sind die meisten gewöhnlich bikonvex, mit einer leichten Ausbuchtung der Grundfläche. Perfekt ebene Grundflächen finden sich auf den mykenischen Linsen, die ich in Griechenland untersucht habe, und die Layard-Linse wurde von Handwerkern gefertigt, die mindestens über ebenso große Erfahrung und Fertigkeiten verfügten wie die antiken Griechen.

7. Wurde die Linse ursprünglich als Brennglas entworfen oder benutzt? Nein. Zu diesem Verwendungszweck ist sie nicht effektiv genug.

8. Hat die Linse wirklich die Größe und Abmessungen einer menschlichen Augenhöhle? Ja. Tatsächlich entspricht sie den Normen der Linsenform, wie sie in britischen Standards im Jahre 1927 festgelegt wurde, und paßt sich der Form der menschlichen Augenhöhle an, wie man zweifelsfrei auf einer Fotografie erkennen kann (Tafel 35).

9. Vergrößert die Linse? Ja. Obwohl einige Leute darauf bestanden haben, daß sie entweder gar nicht oder nur in einem nicht nennenswerten Ausmaß vergrößert, kann man demonstrieren, daß sie sehr wohl vergrößert, und das in einem meßbaren Ausmaß. Ein Vergrößerungsfaktor von 1,25 x ist überall auf der Linse erreichbar, und dies reicht bereits aus, um einer leicht weitsichtigen Person zu helfen, ohne eine Brille zu lesen. Hält man die Linse in einem bestimmten Winkel, wird eine Vergrößerung von 1,5 x erreicht. Wird die Linse hoch genug über das zu vergrößernde Objekt und in einem bestimmten Winkel gehalten, lassen sich Vergrößerungen bis zu 2 x ohne nennenswerte Verzerrungen erreichen. Der gegenwärtige milchig-trübe Zustand der Linse, hervorgerufen durch viele Beschädigungen, macht es allerdings schwierig, dies zu bestimmen, es sei denn, man verfügt über beträchtliche Erfahrung mit alten Linsen und weiß mit ihnen und ihren speziellen Eigenschaften umzugehen. Im ursprünglichen unbeschädigten Zustand wäre die Linse vollkommen klar und durchsichtig gewesen und hätte so einer weitsichtigen Person als Sehhilfe dienen können, wenn auch mit beträchtlichem Verdruß aufgrund der unregelmäßigen Vergrößerungswerte entlang der Linsenoberfläche, die durch den Toroidal-Schliff zustandegekommen sind. Der genaue Zweck dieser Art von Schliff ist Gegenstand einiger Mutmaßungen und noch nicht anschließend bestimmt, aber die Tatsache, daß die Linse ohne stärkere sphärische Aberration (optische Verzerrung) Vergrößerungswerte zwischen 1,25 und 1,5 x erreicht, ist eine eindeutige Tatsache.

Nachdem wir das obige als unbestreitbare Tatsachen festgestellt haben, können wir nun die folgenden möglichen Schlußfolgerungen ziehen. Dies sind jedoch weiterhin Meinungen und Interpretationen.

1. Wurde die Konvex-Oberfläche der Linse absichtlich »toroidal« geschliffen, oder war der Handwerker unerfahren? Auch wenn mehrere Autoren, einschließlich Brewster, glauben, daß die Konvex-Oberfläche der Linse auf sehr grobe und primitive Weise geschliffen worden sei, stimmten doch alle überein, daß sie ausgezeichnet poliert wurde. Dies stellt allerdings einen gewissen Widerspruch dar, denn warum wollte man eine derart grob geschliffene Linse so wunderschön polieren? Warum sie nicht als erstes besser zurechtschleifen? Die Feinpolitur deutet darauf hin, daß man den Zustand der Linsenoberfläche so akzeptiert hat, wie sie war. Und nachdem man soviel Sorgfalt aufgewendet hat, eine perfekt plangeschliffene Grundfläche herzustellen — warum sollte man sich mit einer so unvollkommenen Konvexfläche zufriedengeben, wenn man sie doch leicht hätte korrigieren können? Und warum wurde soviel Mühe aufgebracht, den Linsenrand so für eine Fassung zu präparieren, daß diese »primitive« Linse nie aus derselben herausspringen kann? All diese Faktoren sprechen dagegen, daß die Linsenoberfläche tatsächlich »grob« oder »primitiv« ist; vielmehr weisen sie auf einen zielgerichteten Verwendungszweck hin. Meine Annahme, weshalb so viele Autoren den Toroidal-Schliff der Konvexfläche als »primitiv«

bezeichnet haben, ist, daß sie erwiesenermaßen unregelmäßig in ihren optischen Eigenschaften war. Die Schlußfolgerung, die Linse sei »primitiv«, ist nur verständlich und natürlich — es sei denn, man ist vertraut mit dem *optischen Zweck* von toroidal geschliffenen Linsen. Nur wenn man dies erkennt, wird aus der »Primitivität« ein Musterbeispiel zielgerichteter Maßarbeit. Meine Schlußfolgerung ist von daher — und hier wird jeder seine oder ihre eigene Ansicht vertreten —, daß die Konvex-Oberfläche dieser ansonsten sorgfältig bearbeiteten Linse absichtlich so geschliffen wurde, wie es geschah. Dies führt uns allerdings zu einer weiteren überraschenden Schlußfolgerung:

2. *Was war der eigentliche Verwendungszweck der Layard-Linse?* Meiner Meinung nach — und alle Hinweise sprechen dafür — wurde die Linse absichtlich toroidal geschliffen. Und solche toroidal geschliffenen Linsen haben nur einen einzigen Verwendungszweck: *nämlich Astigmatismus, die krankhafte Verkrümmung der Hornhaut des Auges, zu korrigieren.* Die genaue Bedeutung dieser Tatsache wurde mir etwa 1980 klar, als ich mit dem verblichenen Walter Gasson lange Diskussionen über die Layard-Linse geführt habe. Ich kannte Walter schon gut, auch wenn wir zu dem Zeitpunkt 1972, als er die Layard-Linse studiert hatte, noch nicht befreundet waren. Gasson hatte sich auch nach der Veröffentlichung seiner Studie 1972 noch viele Gedanken zur Layard-Linse gemacht, doch da er seine Anmerkungen zu ihr zu jener Zeit bereits veröffentlicht hatte, hatte er keine Gelegenheit, weitere zu veröffentlichen. In einem Gespräch erzählte er mir, daß er im nachhinein dazu neigt, hinsichtlich der Layard-Linse einen positiveren Gesichtspunkt einzunehmen, daß sie tatsächlich für eine an Astigmatismus leidende Person so toroidal geschliffen wurde, wie es mit ihr geschah. Die Tatsache, daß die Linse in bezug auf jeden anderen Aspekt mit so großer Sorgfalt gefertigt worden war, jedoch diese als »primitiv« gedeutete Anomalie ihrer Oberfläche aufwies (weil niemand aufgrund des Alters und der Herkunft der Linse den Mut hatte zu schlußfolgern, daß dies absichtlich so geschah), gab Walter zu denken. 1980 tendierte er dann schon mehr zu der Ansicht, daß es wahrscheinlicher sei, daß die Linse für ein astigmatisches Individuum gefertigt worden war. Er sagte, es wäre heute möglich, auf die Straße hinauszugehen und — wenn man genügend Menschen anspräche — jemanden zu finden, der an Astigmatismus leidet und für den diese Linse genau passend geschliffen ist, um seine oder ihre Hornhautverkrümmung mit der Layard-Linse auszugleichen. Das Problem bei der Geschichte ist nur, daß man erst Mitte des

19. Jahrhunderts in Europa damit begonnen hatte, toroidal geschliffene Linsen zur Korrektur von Astigmatismus zu fertigen, und daß solche Linsen erst um das Jahr 1900 herum in größerer Menge erhältlich waren. Und doch hatten wir es hier offensichtlich mit einer Linse zu tun, die anscheinend nicht später als im 7. Jahrhundert v. Chr. gefertigt worden war! Dies ist ein Dilemma, das man korrekterweise als ziemlich verwirrend beschreiben kann. Walter und ich hatten dieses Problem noch eingehender diskutiert und kamen zu der Übereinkunft, daß wir nicht davon ausgehen können, die Assyrer (oder wer auch immer die Linse für sie gefertigt hatte, vielleicht ein ausländischer Handwerker) hätten über ausreichende Optik-Theorie verfügt, um eine toroidal geschliffene Linse *auf der Grundlage von Berechnungen entwerfen und herstellen* zu können.

Die etwas konservativere und auch sicherere Annahme in Abwesenheit jegliches anderen Beweises war, zu schlußfolgern, daß die Fertigung einer solchen Linse auf Versuch und Irrtum basierte, einer eher empirischen als theoretischen Grundlage. Doch selbst dann kann die technologische Errungenschaft, für die eine toroidal geschliffene Linse zur Korrektur von Astigmatismus repräsentativ steht, nicht unterschätzt werden. Da dies wirklich eine phantastische Leistung gewesen wäre, muß das Individuum, für das diese Linse gefertigt wurde, in der Tat äußerst wichtig gewesen sein. Um dieses Ergebnis durch Versuch und Irrtum zu erhalten, müssen eine große Anzahl von Linsen bearbeitet und immer wieder über Monate hinweg ans Auge des Eigentümers gehalten worden sein, bis der perfekte »Sitz« ermittelt worden war. Alle nicht perfekt passenden Linsenrohlinge hätten Gegenstand eines »Recycling« gewesen sein können, indem man sie ganz normal konvex geschliffen und in normale Vergrößerungsgläser umgewandelt hätte.

Die Tatsache, daß man die Layard-Linse im Thronzimmer des Königs gefunden hat, könnte deshalb bedeuten, daß die Linse in ein »Monokel« eingefaßt worden war, das der König — möglicherweise Sargon, dessen Name auf einigen Objekten gefunden wurde, oder eine andere wichtige Person — vor das Auge hielt. Es könnte sogar sein, daß der oberste Hofschreiber des Königs wichtig genug war, um in den Genuß eines solchen handgefertigten, für ihn genau passenden Monokels zu kommen. In assyrischen Ausgrabungsstätten haben wir nicht so viele Bergkristall-Linsen gefunden, doch eine große Anzahl haben wir aus Troja (Schliemann fand 49), Ephesos (etwa 30 oder 40) und Knossos (eine große Anzahl einschließlich der Überreste einer Steinschneidewerkstatt, so daß die Gesamtzahl abhängig davon ist, ob man bestimmte Arten von

Bergkristallen mitzählt oder nicht). Die drei gerade erwähnten Städte waren allesamt Zentren der Herstellung von Bergkristall-Linsen zu verschiedenen Zeitpunkten in der Antike (wobei Knossos das älteste der drei ist und aus minoischer Zeit stammt).

Solche Versuch-und-Irrtum-Ansätze zur Korrektur von Astigmatismus wären an irgendeinem dieser Orte prinzipiell nicht so schwierig gewesen, denn jeder von ihnen verfügte über eine große Bergkristall-Linsen-»Industrie«. Doch der damit verbundene Zeit- und Arbeitsaufwand legt nahe, daß es sich bei der betroffenen Person um einen König oder einen anderen hochrangigen Offiziellen des Königs gehandelt haben muß. Die beste Annahme ist wohl, daß die assyrische Hauptstadt von einem ausländischen Handwerker besucht wurde, der mit einer ausreichenden Anzahl von Bergkristallen versorgt wurde. Nach einer beträchtlichen Zeitperiode gelang es ihm dann, eine den Astigmatismus des Königs oder königlichen Offiziellen, der auf einer Korrektur seines Sehfehlers beharrte, perfekt ausgleichende Linse herzustellen. Nachdem durch Versuch und Irrtum der richtige Schliff für die Konvex-Fläche erreicht wurde, um den Sehfehler auszugleichen, wurde die Linse wunderschön poliert und mit großer Sorgfalt der Rand in oben beschriebener Weise geschnitten, um sie in ein Material aus Edelmetall — wahrscheinlich Gold — einzufassen. Und ganz offensichtlich sollte die Linse unter gar keinen Umständen wieder aus der Fassung geraten. Man hätte nicht all diese Anstrengungen aufbringen wollen, um dann die wertvolle Linse aus der Fassung zu verlieren und sie einer Beschädigung auszusetzen oder die Gefahr von Kratzern auf der Oberfläche heraufzubeschwören. (Und wenn es das persönliche Monokel des Königs gewesen wäre, hätte er vielleicht zu ernsthaftem Zorn darüber geneigt.)

Doch war die Layard-Linse tatsächlich König Sargons persönliches Monokel? Lassen Sie uns dies genauer betrachten. Die Tatsache, daß Sargon in eine andere Stadt gezogen ist und die Linse am alten Ort zurückgelassen hat, scheint darauf hinzudeuten, daß sie nicht wirklich seine war. Da er außerdem im Taurus-Gebirge umgebracht worden ist, hat er sich offenbar ohne das Monokel dorthin begeben. Deshalb glaube ich, daß das Monokel *ein Erb- oder Beutestück war, das ursprünglich einem anderen Potentaten gehörte.* Vielleicht war es das seines verstorbenen Bruders, wenn man davon ausgeht, daß der vorangegangene König tatsächlich sein Bruder war. Oder vielleicht gehörte es seinem Vater. In einem beiläufigen Gespräch wies mich ein Assyriologe (dessen Name ich hier nicht erwähnen werde, damit er sich nicht kompromittiert fühlt) darauf hin, daß König Hoshea von Israel, der von Sargon besiegt worden ist, vielleicht der Besitzer des Monokels gewesen sei, und daß es deshalb königliche Beute gewesen sei. Ich glaube, etwas in dieser Art ist wahrscheinlich. Einige Länder, die der maßgerechten Herstellung von Bergkristall-Linsen näherstanden als die Assyrer (wie wir später noch in diesem Buch sehen werden), schickten Sargon während seiner Herrschaft Geschenke des Dankes und der Anerkennung, einschließlich König Midas von Phrygien. Es ergibt mehr Sinn, wenn man davon ausgeht, daß die Linse ursprünglich von irgendwo weiter westlich oder nordwestlich gekommen ist, wo Bergkristall-Linsen routinemäßig seit Jahrhunderten hergestellt wurden. So waren zum Beispiel, wie schon gerade erwähnt, Ephesos und Troja bekannte Zentren der Herstellung von Bergkristall-Linsen, und Ausgrabungen bei Troja brachten 49 Exemplare hervor. Die Zahl der bei Ephesos gefundenen Linsen übersteigt nun schon 30, auch wenn nicht alle der Öffentlichkeit zugänglich gemacht wurden. Vielleicht war es das persönliche Monokel irgendeiner hochrangigen Figur, die verstorben war, so daß einzig der Wert des polierten Bergkristalls eine Empfehlung als Geschenk darstellte. Seine maßgeschneiderten optischen Eigenschaften wurden mit dem Tode des Besitzers nutzlos, selbst wenn dieser Besitzer vielleicht der König selbst gewesen wäre. Die Linse hätte ein Geschenk sein können, mit der Beschreibung »Das Okular von König Soundso«, zu jener Zeit eine wertvolle kleine Kuriosität und immer noch imstande zu vergrößern, wenn auch unregelmäßig für jemanden, der nicht an Astigmatismus leidet.

Meine Schlußfolgerung ist also, daß die Layard-Linse ein mit großer Sorgfalt hergestelltes Monokel war, das die Hornhautverkrümmung eines bestimmten Individuums, vielleicht eines Königs, ausgleichen sollte. Es wurde so gefertigt, daß es genau in die Augenhöhle paßte, wurde mit Hilfe einer Fassung vor das Auge gehalten — vielleicht so ähnlich wie eine Lorgnette (eine bügellose Brille mit Stiel). Sie wurde in einem langwierigen und mühsamen Versuch-und-Irrtum-Verfahren hergestellt, stellt jedoch trotzdem eine technologische Meisterleistung dar, selbst bei Fehlen theoretischer Berechnungen aus der Wissenschaft der Optik. Deshalb ist es wohl eines der bemerkenswertesten technologischen Artefakte der Antike, das uns erhalten geblieben ist.

Das ist es also, was ich über dieses erste optische Objekt, dem wir in diesem Buch begegnen, zu sagen habe — ein Bericht, den ich hier gern wiedergebe, mehr als drei Jahrzehnte nachdem ich erstmals von seiner Existenz erfuhr.

Wir werden hier noch einer verblüffenden Sammlung weiterer Linsen begegnen, die aus der Antike überlebt haben — tatsächlich so viele, daß wir uns ernsthaft wundern, wie sie nicht als das erkannt wurden, was sie sind!

LINSEN, LINSEN UND NOCHMALS LINSEN

Eine riesige Anzahl antiker Linsen existiert in zahllosen Museen überall auf der Welt. Ich selbst bin sogar im Besitz einer antiken Linse aus Griechenland (siehe Tafel 11). Die große Anzahl dieser antiken Objekte, die die Zeit überdauert haben, führt die unachtsame und weitverbreitete Annahme ad absurdum, daß »es keine antiken Linsen gibt«. Antike Linsen finden sich nahezu überall. Weshalb erkennt sie dann keiner als das, was sie sind?

Diese Situation ist wirklich rätselhaft. Einer der Direktoren eines Museums im Mittelmeerraum hat einen Artikel veröffentlicht, in dem er davon ausging, daß es antike Linsen gegeben hat, doch verschweigt er, daß sich in seinem eigenen Museum einige Bergkristall-Linsen in Ausstellungsvitrinen befinden! Ich nehme an, er hat sie einfach noch nicht *gesehen*! Und so ignoriert er sie einfach.

Und im *British Museum* waren oder sind sich die verschiedenen Abteilungen untereinander nicht darüber bewußt, daß andere Abteilungen im Besitz antiker Linsen sind und daß es neben der Layard-Linse tatsächlich noch einige andere im Gebäude gibt. Die optischen Artefakte sind im *British Museum* auf vier oder fünf Abteilungen verteilt, die untereinander nur wenig Informationen austauschen. So finden sich in den Ausstellungsvitrinen in diesem Museum tatsächlich griechische Bergkristalle — von denen jeder Besucher erkennen kann, daß sie *ein vergrößertes Bild ihrer Einfassung erzeugen* —, doch noch nie hat jemand, soweit ich weiß, auf ihre vergrößernden Eigenschaften hingewiesen.

Um Ihnen eine Vorstellung vom wahren Ausmaß dieser seltsamen Massen-Blindheit zu geben, stelle ich hier eine Auswahl der bekannteren antiken Linsen vor — Linsen, denen im Laufe der Zeit bestimmte Namen gegeben wurden und die ich deshalb als »Linsen mit Namen« bezeichne.

Es gibt viele faszinierende antike Artefakte, einschließlich der »wandernden« Mainz-Linse, die 1875 in Deutschland ausgegraben wurde; die gegenwärtig nicht vorhandene Linse des Königs von Neapel, erstmals im 18. Jahrhundert erwähnt; die Cuming-Linse, die in London ausgegraben wurde; Linsen, die Sir Flinders Petrie in Ägypten ausgegraben hat, und eine bemerkenswerte Linse in meinem Besitz, die ich die »Prometheus-Linse« nenne.

Nachdem all dies gesagt ist, folgt nun ein kurzer Hinweis auf die Vielfalt antiker Linsen und ihr wechselvolles Schicksal. Ich werde nur *zwei* andere Linsen hier kurz beschreiben: die Nola- und die Kairo-Linse.

DIE NOLA-LINSE

Aus einem griechischen Grab bei Nola in Süditalien wurde im Jahre 1834 eine plan-konvexe Linse ausgegraben. Sie hatte einen Durchmesser von 4,5 cm und war in eine Goldfassung eingepaßt. Allerdings »wurde die Fassung später vom Arbeiter, der die Linse fand, entfernt, um sie bei einem Second-Hand-Händler zu verkaufen, weshalb das Glas der Linse etwas beschädigt worden war«, nach Aussage von Professor A. Kisa, der hinzufügt: »Mit Sicherheit waren die in Nola und Mainz gefundenen Objekte Vergrößerungsgläser.« Die Nola-Linse ist allerdings seitdem verschwunden. Kisa, ein deutscher Professor, der schon vor einigen Jahrzehnten verstorben ist, vergaß zu erwähnen, *wo dies war!* Hierin ähnelt er Mach und Sacken, die ebenfalls vergessen hatten, uns zu sagen, wo die Mainz-Linse war, trotz der Tatsache, daß sie die einzigen beiden Menschen waren, die sie bis heute je zu Gesicht bekommen haben (ich habe die Mainz-Linse wieder auffinden können; sie befindet sich jetzt in Wien).

Der ursprüngliche Bericht über die Nola-Linse stammte von Baron Heinrich von Minutoli. Er lebte in der Nähe von Neapel, als die Linse bei Nola entdeckt wurde, und er hatte Gelegenheit, sie vor Ort zu untersuchen. Er war von der Nola-Linse so beeindruckt, daß sie ihn zu der Überzeugung brachte, »die Menschen der Antike wußten, wie man Glas schleift«.[5] Wie jedoch von Minutoli auf deutsch schrieb, war die Nola-Linse 67 Jahre lang nur unter deutschsprachigen Menschen bekannt, wie auch im Falle der Mainz-Linse. Tatsächlich waren es die Deutschen, die an den Linsen selbst interessiert waren, wohingegen die Franzosen mehr Interesse an antiken Texten zeigten, über die sie auch endlos diskutierten. Wir werden uns mit antiken Texten in einem späteren Kapitel befassen und dabei noch viele Gelegenheiten haben, die Franzosen zu zitieren.

Im Jahre 1936 erwähnte Donald B. Harden die Nola-Linse beiläufig in seinem Buch über römisches Glas. Er glaubte, daß Konvex-Linsen aus der minoischen Kultur stammen und daß ihr Gebrauch zu Zeiten des römischen Reichs »weitverbreitet« war. Er erwähnt noch verschiedene andere Linsen aus römischer Zeit.

Im Jahre 1961 erwähnte der Erz-Skeptiker Emil-Heinz Schmitz kurz die Nola-Linse, widmete ihr jedoch keine Aufmerksamkeit und tat sie ab, wie er es auch schon mit anderen Linsen getan hatte. Er bestand darauf, daß dies alles lediglich »Schmuck- und Kunstgegenstände« seien. Überflüssig zu sagen, daß er nie auch nur ein einziges Stück »Nola-Schmuck« selbst untersucht hat.

Es ist sehr schade, daß die Nola-Linse gegenwärtig nicht aufzufinden ist. Das letzte Mal wurde sie offensichtlich von Kisa gesehen, der seinen Bericht über sie im Jahre 1908 veröffentlichte, und, wie ich gerade schon sagte, zu sagen vergaß, wo er sie gesehen hatte. Oder ist es vielleicht sogar möglich, daß er sie nicht wirklich gesehen hatte, sondern seine Informationen von von Minutoli bezogen hat und daß die Nola-Linse seit 1834 oder 1835 nicht mehr untersucht worden ist? Vielleicht schmachtet sie in irgendeiner Schublade eines süditalienischen Museums ein einsames Dasein, unbenannt und ungeliebt. Und das ist beileibe kein Einzelfall.

DIE KAIRO-LINSE

Ich habe diese Linse selbst untersucht und fotografiert — eine von vier Linsen, die zwischen 1924 und 1929 bei Karanis in Ägypten gefunden wurden — und zwar im November 1998 im Ägyptischen Museum am Tahrir-Platz in Kairo, vormals genannt das *Kairo-Museum* (siehe Tafel 5). (Da in Kairo ein neues Museum gebaut wird, wird das Objekt höchstwahrscheinlich in einigen Jahren woandershin gebracht werden.) Die Mitarbeiter des Ägyptischen Museums waren wohl die hilfreichsten und effizientesten, die mir je irgendwo begegnet sind, und sie brauchten nur wenige Minuten, um anhand der Katalognummer, die ich ihnen gab, die Linse aufzufinden. Mir wurde gesagt, sie befände sich in einer Ausstellungsvitrine in der *première étage*, dem ersten Obergeschoß. Die Ägypter verwenden die französische Sprache immer noch sehr ausgiebig. Wir gingen also nach oben, und innerhalb von zehn Minuten nach meinem Eintreffen im Museum fanden wir die Linse. Sie war in Vitrine B, Raum 49, in »Abteilung 2« des Museums. Am nächsten Tage schloß sich der Kustos der Abteilung 2, Dr. Mahmoud el Helwagy, mir an, und so standen wir gemeinsam vor der Vitrine. Zu unseren beiden Seiten waren Bänke aufgestellt, so daß der Publikumsverkehr umgeleitet wurde. Ein Tisch und ein Stuhl wurden bereitgestellt, und die Vitrine wurde nicht nur mit einem Schlüssel geöffnet, sondern ein Drahtsiegel wurde ebenfalls entfernt. Die Linse wurde aus der Vitrine genommen, und ich hatte Gelegenheit, sie genauer zu untersuchen.

Die beiden Katalogeinträge zu dieser Linse in Kairo gaben folgendes an: »Objekt, das einer plan-konvexe Linse ähnelt; blaßgrünliches Glas. Durchmesser 5 cm« sowie »linsenförmiges Objekt – blaßgrün, Glas, 3. Jahrhundert n. Chr.« (Die Ausgrabungsleiter aus Michigan dachten, sie wäre etwa aus dem Jahr 100 n. Chr.)

Ich war überrascht, als ich die Linse sah, denn ich konnte nirgendwo eine grünliche Färbung des Glases erkennen, trotz der Tatsache, daß sowohl Donald B. Harden in seinem Buch mit dem Titel *Roman Glass from Karanis* (1936) als auch beide Kataloge in Kairo behaupteten, sie wäre von grünlicher Farbe. Vielleicht werde ich farbenblind! Doch alles, was ich tun kann, ist zu beschreiben, was ich tatsächlich sehe — unabhängig davon, ob es mit dem, was ich sehen *soll*, übereinstimmt oder nicht. Harden sagte auch, die Linse hätte irisierende Flecken sowie viele Blaseneinschlüsse und schwarze Verunreinigungen, wie ich gerade oben zitierte. Aber ich sah weder Blasen noch Verunreinigungen und auch keine irisierenden Stellen, obgleich sich eine Menge Schmutz auf der Oberfläche fand, den er allerdings nicht erwähnt. Ich prüfte die Stärke der Linse und stellte eine Maximalstärke von 72 mm fest, wohingegen Harden auf 75 mm kam. Ich maß den Durchmesser, der an verschiedenen Stellen unterschiedlich war (etwas, das Gelehrte und Experten nie zu tun scheinen) und stellte fest, daß dieser zwischen 4,93 und 5,03 cm lag, da die Linse nicht perfekt kreisrund war. Harden sagte lediglich, der Durchmesser betrüge 5 cm. Die Randstärke lag zwischen 0,6 mm und 1 mm; Harden sagte nur, der Rand wäre scharfkantig und weniger als 1 mm stark.

Die Grundfläche der Linse erscheint perfekt eben und weist auffällige kreisrunde Schleifmuster auf der ganzen Fläche auf, was klar darauf hindeutet, daß die Linse bei ihrer Herstellung mit einer Drehbewegung geschliffen wurde. Doch diese kreisförmigen Muster haben eine Menge eingefrästen Schmutz in ihren Furchen. Es finden sich überhaupt keine Absplitterungen oder Beschädigungen irgendwelcher Art, und die Linse ist in einem hervorragenden Zustand. Sie zeigt auch keine Spuren von Einfassungen. Die Linse wurde ausgezeichnet poliert, und beide Oberflächen sind perfekt eben und glatt. Das wunderbarste aber an dieser exzellenten römisch-ägyptischen Linse ist, daß *das Glas immer noch vollkommen durchsichtig ist*; nur der Schmutz ist im Wege. So war es einfach, die Vergrößerungswerte direkt zu messen — was mit antiken *Glas*-Linsen nicht allzu oft möglich ist. Lag die Linse flach auf dem Tisch, war der Vergrößerungswert nahezu Null; wurde sie aber ausreichend angehoben, ergab sich ein Wert von 1,5 x. Deshalb war sie eine perfekte Leselupe für eine kurzsichtige Person. Die Linse ist von erstklassiger Qualität, das Glasmaterial ist ausgezeichnet. Dies alles weist auf ein hohes anspruchsvolles Niveau der Fertigung von Linsen in Karanis im 3. Jahrhundert n. Chr. hin.

LINSEN OHNE NAMEN

Dem Leser mag es erscheinen, als hätte ich viele Linsen besprochen, doch die existierenden »Linsen mit Namen« sind nur ein kleiner Teil der bekannten antiken Linsen. Es gibt über 450 optische Artefakte der Antike, die überlebt haben, und ich habe irgendwo aufgehört, weiter zu zählen. Wo ich auch hingehe, erscheinen weitere; es ist wie eine Lawine. Zu einem bestimmten Zeitpunkt dachte ich, ich könnte jede einzelne von ihnen auflisten, und jahrelang habe ich unerschütterlich an diesem Ideal festgehalten. Doch schließlich überwältigte mich das Ganze, und ich mußte meine Niederlage eingestehen. Niemand kann sie alle aufzählen — die Arbeit ist einfach zu umfangreich. Ich habe an diesem Problem seit über 30 Jahren gearbeitet, und es kamen immer neue Linsen dazu. Und mehr. Und noch mehr.

Es gibt große Massensammlungen, es gibt die Karthago-Linsen, die Mykene-Linsen, die minoischen Linsen, die Rhodos-Linsen und die Ephesos-Linsen, die eher konkav als konvex sind und das Objekt um 75 Prozent *verkleinern*, weshalb sie sich für kurzsichtige Personen eignen. In Skandinavien gibt es über 100 Bergkristall-Linsen, von denen ich eine Handvoll selbst studiert und vermessen habe (ich brauchte dazu einen Monat und besuchte drei Länder). Es gibt auch eine umfangreiche Zahl antiker britischer Linsen. Und dann sind da noch all die römischen Glasobjekte, die zur Vergrößerung gebraucht wurden, von denen man zum Beispiel in Deutschland große Mengen finden kann. Die Liste könnte beliebig weitergehen. Es brauchte *zehn*, nicht ein Buch, um sie alle auch nur kurz zu beschreiben. Selbst ein Katalog mit Kurzbeschreibungen der Linsen, die ich gefunden habe, würde den Rahmen des Möglichen sprengen.

In diesem Buch ist leider kein Platz für Berichte über größere Linsensammlungen, die ich gefunden habe. So wurden zum Beispiel 48 konvexe Bergkristall-Linsen bei Troja von Schliemann ausgegraben, und einige sind auf Tafel 40 wiedergegeben, einschließlich der glänzenden Linse mit dem Mittelloch, durch das ein Graveur sein Werkzeug hindurchführen und gleichzeitig alles darunter vergrößert sehen konnte. Seit 20 Jahren bin ich den trojanischen Linsen auf der Spur, und zweimal schickte ich einen Freund ins düstere Ost-Berlin, damals noch unter der Herrschaft des alten sozialistischen Regimes, um die Mitarbeiter des dortigen Museums zur Kooperation einzuladen und herauszufinden, was mit den 48 Linsen dort passiert ist. Man tischte uns allerdings nur Lügen auf, zum Beispiel wie die Linsen durch das Bombardement der Alliierten im Zweiten Weltkrieg zerstört worden waren. Später gaben dann die Russen zu, daß sie im Besitz des berühmten von Schliemann ausgegrabenen Troja-Goldes seien, und schließlich stellte sich Mitte der neunziger Jahre heraus, daß die Bergkristall-Linsen zusammen mit dem Gold verschwunden waren. Farbfotos von und Messungen an vielen dieser Linsen kann man im Buch *The Gold of Troy* finden.[6] Doch wird das Wort »Linse« überall in diesem Buch nur in Anführungszeichen geschrieben, denn die Autoren können sich nicht zum Glauben durchringen, daß sie den Beweis vor ihren Augen haben, nämlich daß es tatsächlich und wahrhaftig Linsen sind! Es erscheint mir bemerkenswert, daß Menschen, die mit 48 Linsen konfrontiert werden, immer noch sagen, sie würden sie nicht »sehen«! Es ist unwahrscheinlich, daß diese »unsichtbaren« Linsen je ihren Weg aus Rußland herausfinden werden, denn ihr Schicksal scheint eng mit dem Troja-Gold verknüpft zu sein, und die russische Regierung verspürt offensichtlich keinen Wunsch danach, die Objekte an Deutschland zurückzugeben.

Meine Entdeckungen werde ich für die drei Berichte reservieren müssen, die ich für skandinavische Archäologie-Publikationen anfertige. Wann werde ich zum Beispiel die Gelegenheit haben zu beschreiben, wie die Wikinger auf See navigierten, wenn der Himmel bedeckt war? Wer weiß, daß sie dazu einen »Sonnenstein« aus Quarz benutzten, mit dem es möglich war, die Sonne hinter den Wolken zu »sehen«? Vielleicht werde ich das mal für ein schwedisches Journal zusammenfassen. Sie benutzten polarisiertes Sonnenlicht, um die Sonne hinter den Wolken zu lokalisieren.

Das Material, das wahrscheinlich am häufigsten zur Herstellung eines »Sonnensteins« benutzt wurde, war ein als »Wassersaphir« bekanntes Mineral, das man in Skandinavien findet. Es ist auf atomarer Ebene ein zweipoliger Stoff, und eine dünne Schicht davon polarisiert das Licht, das durch die Wolken scheint, so daß die Position der Sonne leicht bestimmt werden konnte und die Wolken kein Hindernis mehr für die Navigation auf offener See darstellten. In einer der isländischen Sagen gibt es eine klare Beschreibung zum Gebrauch eines »Sonnensteins«, die nicht ins Englische übersetzt wurde, doch eine Übersetzung der entsprechenden Passage wurde für mich von einem schwedischen Freund aus Gotland angefertigt. Ich hoffe, zu irgendeinem Zeitpunkt einen angemessenen Bericht zu diesem Thema schreiben zu können. Dies war die Geheimtechnologie, die es den Wikingern ermöglichte, Amerika zu erreichen.

Wie ich bereits klarstellte, habe ich versucht, mich mit einigen Linsen zu befassen, die aus dem einen oder anderen Grund individuelle persönliche Züge angenommen haben. Doch genau wie die Anzahl von Menschen in einer Menge, die unwiderstehlich faszinierende Individuen sind, nur ein kleiner Prozentsatz ist, genauso ist die Anzahl an »Linsen mit Namen« nur ein kleiner Teil aller bekannten antiken Linsen. Und natürlich gibt es sicher auch noch eine Menge, deren Existenz noch nicht bekannt ist. Man sagt, daß Menschen, die sich ein bestimmtes Auto kaufen, plötzlich genau dieses Auto überall sehen, während sie umherfahren. Ähnlich verhält es sich mit antiken Linsen. Wenn du einmal weißt, wonach du Ausschau hältst, ist es unmöglich, es nicht weiterhin zu finden. Wir werden noch mehr über die große Anzahl von Linsen erfahren, die noch nicht besprochen wurden, wenn wir fortfahren.

GLAS-BRENNKUGELN

Zusätzlich zu den vielen Linsen, mit denen ich in Berührung gekommen war, ist bis zum heutigen Tag kaum jemandem die große Anzahl an Glas-Brennkugeln bekannt, die zu Zeiten des römischen Reiches existiert haben. Und doch fand ich mindestens 200 ganze und zerbrochene Kugeln, die in verschiedenen Museen überlebt haben — bis ich zu zählen aufhörte, genauer gesagt. Doch sie werden nicht als das erkannt, was sie sind. Im allgemeinen werden sie »Make-Up-Kugeln« genannt, denn man fand viele von ihnen zusammen mit den getrockneten Überresten eines rosafarbenen Pulvers. So nahm man an, diese Kugeln enthielten früher einmal eine Art von Make-Up. Ich glaube, dieses Pulver ist der

Rest eines Konservierungsmittels oder Farbstoffs, das in Wasser gegeben wurde, entweder um es zu färben, oder um bakterielle Verkeimung zu verhindern. Tatsächlich kann ich sogar *beweisen*, daß die Glaskugeln keine Make-Up-Behälter gewesen sind — und Beweise sind in solchen Angelegenheiten schwer zu erbringen! Wie kann ich dies tun? Ich werde Ihnen erzählen, was in Bonn passierte, wo alles enthüllt wurde.

Ich war auf einer Tour durch mehrere deutsche Museen — und ich empfehle Ihnen sehr den Besuch der Museen in Köln und Trier —, um römische Glasobjekte zu studieren. Eines Tages ging ich dann zu einem kleinen Museum in dem verschlafenen Städtchen Bonn, eigentlich bekannter durch die Politik als durch Antiquitäten. Und in diesem gemütlichen kleinen Museum ging es etwas menschlicher und weniger bürokratisch zu als in den größeren. Ich verwickelte also eine Frau, die dort arbeitete, in ein Gespräch über die Glaskugeln. Ich sagte, ich könne ihr beweisen, daß diese Kugeln nicht die Make-Up-Behälter seien, für die man sie hält. Sie war fasziniert. Außerdem sagte ich, ich könne ihr zeigen, wie so eine Kugel optisch funktioniert. Es fiel ihr schwer, meinem Angebot zu widerstehen, als ich die Bedingungen nannte: Um den Beweis anzutreten, müßte ich lediglich die kleine Glaskugel, die ich in meinen Händen hielt, mit Wasser füllen. Sie war einverstanden, daß ich zu einem Waschbecken in der Nähe ging, wo sich Besucher nach Kontakt mit den Antiquitäten die Hände waschen, und füllte die Kugel mit Wasser. Ich brachte sie zu ihr zurück und zeigte ihr, wie sie Objekte hinter der Kugel vergrößerte (siehe Tafel 50) und wie sie selbst die Lichtstrahlen, die von einer schwachen Schreibtischlampe ausgingen, bündelte (siehe Tafel 49). Leider wurde mir nicht gestattet, sie mit nach draußen in die Sonne zu nehmen und etwas Feuer mit ihr zu machen.

Die Frau war erstaunt, wollte dann aber wissen, wie ich beweisen könne, daß die Kugeln niemals Make-Up enthalten hätten. Ich drehte die immer noch mit Wasser gefüllte Kugel mit der Öffnung nach unten und schüttelte sie kräftig. Die Frau sprang zurück in der Erwartung, daß das Wasser aus der Kugel fließen und sie naß spritzen würde. Doch es trat kein Wasser aus der Kugel aus. Nun war sie wirklich überrascht, denn egal wie stark sie oder ich die Kugel schüttelten — kein einziger Tropfen Wasser konnte aus der winzigen Öffnung herausgelockt werden, in die ich es ursprünglich hineingegossen hatte. Ich erklärte der Frau dann das Phänomen der *Oberflächenspannung*. Die Öffnung in der Kugel war tatsächlich so klein, daß das Wasser sie sozusagen »ignorierte«, und die Oberflächenspannung hielt das Wasser weiterhin in der Kugel. Wenn die Kugel also tatsächlich als Make-Up-Kugel benutzt worden wäre, hätte keiner etwas mit ihr anfangen können, denn man hätte das Make-Up gar nicht aus der Kugel herausbekommen können!

Ich erklärte, daß so eine kleine handliche Kugel in die Tasche gesteckt und überall mit hin genommen werden könnte, und nicht ein einziger Tropfen würde aus ihr austreten. Außerdem wurden diese Kugeln in großen Mengen hergestellt (tatsächlich in einer »Glashütte« in Deutschland) und waren von daher so günstig, daß es nichts ausmachte, wenn man seine eigene zerbrochen hatte und eine neue kaufen mußte.

Wir stellten plötzlich fest, daß die Zeit doch schon vorangeschritten war, da wir so eingenommen waren, und ich war im Begriff, meinen letzten Zug in die nächste Stadt zu verpassen. Und sie mußte außerdem schon bald schließen. Also nahm ich meine Sachen zusammen und verabschiedete mich. Doch nachdem alles wieder an Ort und Stelle und ich schon im Hinausgehen begriffen war, geriet die Frau in Panik: »Wie bekomme ich denn nun das Wasser wieder aus der Kugel? Und wenn nicht, was soll ich dem Direktor erzählen?«

Ich sagte, sie brauche nur einen kleinen Stift in die Öffnung zu stecken, dann würde das Wasser an ihm entlang wieder aus der Kugel herauslaufen. Doch ich mußte mich beeilen und konnte es nicht mehr für sie tun. Das letzte, was ich von ihr zu sehen bekam, war eine Frau in Angst darüber, ihren Job zu verlieren, weil sie es erlaubt hatte, daß mit einem ihr anvertrauten Objekt herumhantiert wird. Hätte es irgendeine Möglichkeit für mich gegeben, länger zu bleiben, abgesehen davon, meine Verabredungen zu streichen, hätte ich ihr natürlich aus ihrer prekären Lage herausgeholfen. Doch ich mußte zum Bahnhof, und tatsächlich schaffte ich es gerade noch zu meinem Zug, Sekunden bevor er abfuhr. Ich machte mir lange Zeit Sorgen um sie. Und ich hoffe, mir wird weiterhin Zugang zu diesem Museum gewährt, wenn ich später einmal wiederkommen sollte.

Die Glaskugeln sind nicht die einzigen römischen Vergrößerungsobjekte aus Glas, denn es gab auch einige Vasen auf Ständern, die vergrößernde Eigenschaften hatten. Und ein Objekt, das ich in Deutschland studiert hatte, war eine Vase, die *in sich* eine perfekt geschliffene Konvex-Linse enthielt. Dieses Objekt konnte also zur Vergrößerung oder als Brennglas dienen, während es auf einer Oberfläche ruhte, so daß es nicht festgehalten oder irgendwo eingespannt werden mußte. Die Römer waren, was die verschiedenen Formen dieser Objekte angeht, sehr geschickt und erfinderisch, und bis heute hat kein einziger Archäologe diese Objekte als das erkannt, was sie sind. Von Zeit zu Zeit geben die Archäologen zu, daß eine bestimmte Art von Objekten »seltsam« sei, und bei einer vergrößernden Vase in der Form eines Vogels, die man aufnehmen und auf der Schwanzspitze wieder absetzen konnte, wurde zugegeben, »ihr Verwendungszweck ist unklar«. Einige vergrößernde Objekte waren aus gefärbtem Glas, doch das störte ihre optischen Eigenschaften nicht.

Lassen Sie uns nun voranschreiten und den Textbeweis zu antiken Linsen und andere Aspekte der antiken Optik untersuchen.

Anmerkungen

[1] Roux, Georges, *Ancient Iraq*, 3. Auflage, Penguin, 1992, S. 310
[2] Bock, Emil, *Die Brille und ihre Geschichte,* Verlag von Josef Šafár, Wien, 1901, S. 2
[3] Campbell Thompson, R., *The Reports of the Magicians and Astrologers of Nineveh and Babylon in the British Museum*, 2 Bände, Luzac's Semitic Text and Translation Series, Bände VI und VII, Luzac & Co., London, 1900.
[4] Siehe mein Buch *Das Sirius-Rätsel* zu der Diskussion über erstaunliche astronomische Kenntnisse in der Antike.
[5] Minutoli, Heinrich Carl Freiherr von, *Über die Anfertigung und die Nutzanwendung der Farbigen Gläser bei den Alten*, Berlin, 1836, Nachdruck Altenberg, 1838.
[6] Antonova, Irina; Tolstikow, Vladimir und Treister, Mikhail, *The Gold of Troy: Searching for Homer's Fabled City*, Thames and Hudson, 1996

Teil Zwei

DER TEXTBEWEIS

KAPITEL ZWEI

WIRKLICH IN EINER NUSS-SCHALE

»Cicero hat geschrieben, daß eine Pergament-Kopie von Homers Gedicht Ilias *in einer Nußschale eingeschlossen war.«*[1]

Das ursprüngliche Werk von Cicero (1. Jahrhundert n. Chr.), das diese Tatsache erwähnt, ist verlorengegangen, doch diese Anmerkung findet sich in der *Naturkunde* von Plinius (1. Jahrhundert n. Chr.). Plinius' Bericht scheint der Ursprung der geläufigen Redewendung zu sein, die heutzutage täglich in Gebrauch ist: »in einer Nußschale« [A. d. Ü.: engl. *in a nutshell*, im Englischen ein Idiom für »kurz und bündig« oder »konzentriert«]. Shakespeare, der die Klassiker gut kannte, machte offensichtlich auf seine Weise im *Hamlet* Gebrauch von dieser Redewendung aus der Passage bei Plinius. Im zweiten Akt, zweite Szene, sagt Hamlet zu Rosencrantz und Guildenstern:

»Oh Gott, ich könnte in einer Nußschale gefangen sein und mich als König des endlosen Raumes zählen, wenn ich nur keine schlechten Träume hätte.«

Die Vorstellung, in einer Nußschale gefangen zu sein, stammt zweifellos aus der alten Geschichte der oben genannten *Ilias*-Kopie, die so mikroskopisch klein geschrieben wurde, daß sie in eine Nußschale paßt.

Die Tatsache, daß überhaupt eine so kleine Kopie der *Ilias* im Altertum angefertigt werden konnte, ist sicherlich eine erstaunliche Information, und ohne eine gewisse Vertrautheit mit antiker Miniaturarbeit und der Existenz antiker Linsen wäre man vielleicht geneigt, es als pure Phantasie abzutun. Doch die Menge an mikroskopisch kleinen Schriften und Schnitzereien aus der Antike ist gewaltig. Und nun wissen wir auch, daß mit Sicherheit Linsen existierten, um diese Arbeit getan zu bekommen.

Weil es für den Leser vielleicht fremdartig ist, über etwas zu sprechen, das so klein ist, daß es tatsächlich in eine Nußschale passen könnte, habe ich mir die Mühe gemacht, ein entsprechendes modernes Beispiel zu finden, und es mit einer Spezial-Linse fotografiert. Auf Tafel 1 finden Sie es. Es zeigt die Figur einer Frau, die in einer Walnußschale steht. Dieses von mir entdeckte Exemplar ist chinesisch, und ich habe die Frau getroffen, die es angefertigt hat. Tatsächlich sah ich noch andere Exemplare ihrer Arbeit, insgesamt 16 menschliche Figuren, die alle in einer Walnußschale stehen. Hamlet hätte also 15 Freunde neben sich haben können. Diese Art von »Walnuß-Kunst« hat in China seit Jahrtausenden Tradition und ähnelt stark dem, was Plinius im antiken Rom beschreibt.

In derselben Passage gibt Plinius weitere Beispiele für Miniaturarbeiten:

»Kallikrates fertigte Elfenbeinmodelle von Ameisen und anderen Kreaturen an, die so klein waren, daß ihre Körperteile für jeden anderen Menschen unsichtbar waren. Ein gewisser Myrmezides erntete ebenfalls in dieser Disziplin Ruhm, indem er aus demselben Material eine vierspännige Pferdekutsche anfertigte, die unter die Flügel einer Stubenfliege paßte, und ein Schiff, das eine winzige Biene mit ihren Flügeln verbergen konnte.«

Plinius erwähnt das Thema an anderer Stelle mit weiteren Details:

»Ruhm wurde auch erlangt durch die Anfertigung von Marmor-Miniaturen, nämlich durch Myrmezides, dessen vierspännige Kutsche unter die Flügel einer Stubenfliege paßten, und durch Kallikrates, dessen Ameisen Füße und andere Körperteile haben, die für das bloße Auge zu klein sind, um sie sehen zu können. Soviel zu den Bildhauern der Marmor-Miniatur und den Künstlern, die hierin den meisten Ruhm erlangt haben.«

Der Schriftsteller Aelian (2./3. Jahrhundert n. Chr.) beschreibt einige dieser Objekte mit zusätzlichen Details in seiner *Historical Miscellany* (Historische Sammlung) und fügt noch andere hinzu:

»Das folgende sind die bewunderten Werke von Myrmezides von Milet [Plinius hatte nicht aufgezeichnet, daß der Mann aus Milet stammte] *und Kallikrates von Lazedaemonien* [Plinius erwähnte auch hier nicht seinen Heimatort]*, ihre Miniaturen: Sie fertigten vierspännige Pferdekutschen an, die man unter den Flügeln einer Stubenfliege verbergen konnte, und sie schrieben einen elegischen (schwermütigen) Vers in Goldlettern auf ein Sesam-Samenkorn. Keiner von diesen beiden wird meiner Meinung nach den Zuspruch einer ernsthaften Person erhalten. Was sind solche Dinge anderes als Zeitverschwendung?«*

Aelian, der lange nach Plinius lebte, hatte aus Plinius' Werk offensichtlich nicht diese Informationen erhalten, denn er fügt seinem Bericht Details hinzu, um die Plinius sich nicht bemüht hat. Beide haben also ihre Informationen aus einer gemeinsamen, aber verlorengegangenen Quelle, die mindestens aus dem 1. Jahrhundert v. Chr. datiert.

Aelian reagiert sehr abweisend auf die Künstler, die solche Miniaturen anfertigen, und nennt ihre Anstrengungen »Zeitverschwendung«, die nicht den Zuspruch »einer ernsthaften Person« erhalten würde. Da zwischen den Werken Plinius' und Aelians 250 Jahre liegen, bedeutet die Tatsache, daß sie beide dieselben Geschichten über berühmte Miniaturarbeiten wiederholen, daß diese Geschichten weit verbreitet und viele Jahrhunderte in der Antike bekannt waren.

Der Übersetzer Aelians erkannte, daß an dieser Passage etwas seltsam war, und weise fügte er dieser Stelle eine Fußnote hinzu:

»Diese Künstler werden gewöhnlich zusammen erwähnt. Wann sie ihre Werke vollbrachten, ist ungewiß. [Markus] Varro [1. Jahrhundert v. Chr.] spricht in seiner De Lingua Latina, 7.1 so, als ob er einige Werke von Myrmezides gesehen hätte, aber er erwähnt nicht wo. Man ist geneigt zu spekulieren, daß die beiden ursprünglich Fachmänner in Miniatur-Schnitzarbeiten waren, und daß sie für ihre Arbeit sogar Linsen benutzt haben könnten.«

Die Miniaturarbeiten werden auch von Gaius Julius Solinus (etwa 200 n. Chr.) in seiner *Collectanea Rerum Memorabilium* (Sammlung von Denkwürdigkeiten) erwähnt. Leider existiert von diesem Werk keine neuzeitliche Übersetzung, doch wenn wir die malerische und wundervolle Übersetzung von Arthur Golding aus dem Jahre 1587 heranziehen, finden wir in Kapitel Fünf das folgende:

»Cicero schrieb, daß die Ilias von Homer so fein auf Pergament geschrieben worden war, daß sie in eine Nußschale gepaßt hätte. Kallikrates fertigte so feine Elfenbein-Schnitzarbeiten von Ameisen an, daß einige von ihnen nicht von anderen Ameisen unterschieden werden konnten.«

Klassische Gelehrte gehen mit Solinus gewöhnlich recht rüde um und behaupten, er hätte einfach alles von Plinius abgekupfert und wäre im Grunde ein Plagiator (Dieb geistigen Eigentums) gewesen. Doch ich habe eine Menge faszinierenden Materials bei Solinus gefunden, das ich höher einstufe, und ich glaube, der Mangel einer neuzeitlichen Übersetzung und Bearbeitung ist eine Schande. So oder so — ein weiteres Detail ist in dem Obigen ersichtlich, was weder von Plinius noch von Aelian aufgezeichnet wurde, nämlich daß die Miniatur-Ameisen von Kallikrates nicht von echten unterschieden werden konnten. Dies zeigt, daß sowohl Solinus als auch Aelian sich auf eine gemeinsame Quelle bezogen statt auf Plinius selbst.

Der französische Astronom François Arago wies Mitte des 19. Jahrhunderts auf die Passagen von Plinius und Aelian (jedoch nicht Solinus) hin.[2] Arago fügte hinzu:

»*In einem Medaillen-Kabinett soll sich ein Siegel befinden, von dem gesagt wird, es habe Michelangelo gehört. Die Anfertigung dieses Siegels soll in einer weit zurückreichenden Epoche liegen. Auf diesem Siegel sind kreisförmig 15 Figuren auf einer Fläche mit einem Durchmesser von 14 mm eingraviert. Für das bloße Auge sind diese Figuren überhaupt nicht sichtbar.*«

Arago zitiert aus der zweiten Auflage (1776) des Buchs *Origine des Découvertes Attribuées aux Modernes* (Ursprung der Entdeckungen, die der Moderne zugeschrieben werden) von Louis Dutens. Von dieser Ausgabe existiert kein Exemplar in britischen Bibliotheken, und ich besitze offenbar das einzige Set im Land. (Nur die erste und die dritte Auflage findet man in der Britischen Bibliothek, und alle drei Exemplare weichen in der Diskussion über die Optik voneinander ab. Arago erwähnt die *Ilias* in einer Nußschale und die Schnitzarbeiten von Myrmezides und schließt:

»*(...) Diese Tatsachen stellen klar, daß die vergrößernden Eigenschaften von Linsen den Griechen und Römern vor nahezu 2000 Jahren bekannt waren.*«

Der erste »neuzeitliche« Autor, der von der mikroskopisch kleinen Künstlerarbeit der Antike auf die Verwendung von Vergrößerungsgläsern schloß, war der Italiener Francesco Vettori im Jahre 1739. Vettori war ein Kenner antiker Edelsteine, und er erwähnt, er hätte einige gesehen, die »die Größe einer halben (Gemüse-)Linse« gehabt hätten und auf denen trotzdem Gravuren zu finden waren. Er weist darauf hin, daß solche Arbeiten nicht möglich sind — es sei denn, die antiken Künstler hätten Vergrößerungshilfen benutzt. Vettori wurde durch die

Lektüre eines ein Jahr zuvor veröffentlichten Buchs eines anderen Italieners, Domenico Manni, dazu ermutigt, seine Ansichten offen zu vertreten. Manni hatte eine Reihe alter Texte studiert und zitierte Seneca, Plinius und Plautus als Beweisquellen für die Existenz von Linsen zur Zeit Roms.

Fünfzehn Jahre später brachte ein französischer Experte auf dem Gebiet der Edelsteine, Laurent Natter, dieselbe Meinung wie Vettori zum Ausdruck. In seinem Buch über die antike Methode der Edelstein-Gravurarbeiten, *Traité de la Méthode Antique de Graver en Pierres Fines Comparée avec la Méthode Moderne* (Eine Abhandlung über die antike Methode der Gravur auf Edelsteinen), 1754 zeitgleich auf französisch und englisch herausgebracht, sagte Natter:

»Die Edelstein-Gravurkunst ist für einen jungen Menschen zu schwierig, als daß er schon ein perfektes Stück anfertigen könnte. Wenn er das entsprechende Alter erreicht, um es hierin zum Meister zu bringen, beginnt allerdings seine Sehstärke nachzulassen. Deshalb haben die antiken Künstler höchstwahrscheinlich Gebrauch von Vergrößerungsgläsern oder Mikroskopen gemacht, um diese Schwäche auszugleichen.«

Alle Kunsthistoriker haben schon einmal von Johann Winckelmann gehört, der Ende des 18. Jahrhunderts lebte, denn er wird allgemein als der Begründer der modernen Kunstgeschichte angesehen. Im Jahre 1776 erwähnte er auch, er glaube, daß die Menschen der Antike Vergrößerungsgläser gehabt haben müssen, um ihre Edelsteingravuren anfertigen zu können. Mehr als ein Jahrhundert später trat ein anderer wichtiger deutscher Kunsthistoriker, Karl Sittl, mit derselben Ansicht hervor. 1895 schrieb er:

»Eine interessante Frage stellt sich in Verbindung hiermit (der Edelsteingravur der Antike), nämlich, ob die Graveure der Antike optische Vergrößerungshilfen benutzten. Hierfür gibt es jedoch keinen Nachweis. Und doch gibt es geschliffene Steine mit unglaublich kleinen Dimensionen, wie zum Beispiel das Porträt von Plotina [Plotina Pompeia, römische Kaiserin und Gattin des Trajan, die 122 n. Chr. starb]*, welches nur 6 mm im Durchmesser mißt.«*[3]

Sittl kannte offensichtlich nicht die Passagen bei Plinius und Aelian, ebensowenig wie die spezifischen Textbeweise für die Existenz optischer Vergrößerungshilfen in der Antike und Linsen, die uns aus dieser

Zeit erhalten sind. Genau wie Winckelmann stellte auch Sittl lediglich fest, daß die Miniaturarbeit der Antike mit bloßem Auge nicht hätte vollbracht werden können und daß es Vergrößerungshilfen bedurft hätte.

Wir sehen also, daß seit zweieinhalb Jahrhunderten Vermutungen geäussert wurden, daß zur Zeit der Antike Vergrößerungshilfen existiert haben müssen, um diese Miniaturarbeiten zu verrichten. Die Museen der Welt sind gefüllt mit mikroskopisch kleinen Arbeiten von antiken und modernen Künstlern. Im Historischen Museum von Stockholm, wo ich zwei Wochen lang eine Sammlung von Bergkristall-Linsen aus der Zeit der Wikinger studierte, zeigte man mir eine Goldarbeit der Wikinger aus dem 8. Jahrhundert, deren Anfertigung ohne Vergrößerungsglas schlichtweg unmöglich gewesen wäre. Genauso fand ich in Skandinavien ungefähr 100 Bergkristall-Linsen, die ich bis auf wenige Ausnahmen selbst untersucht und vermessen habe. Ich fand sogar eine Schleifscheibe bei Sigtuna, einer alten Stätte der Wikinger in Schweden. Doch am wichtigsten waren wohl die Beweise für eine echte mikroskopisch-optische »Industrie«, die ich bei Sigtuna fand. Denn dort fanden sich mehrere polierte Bergkristall-Linsen in der Größe von Wassertropfen, die erstaunlicherweise bis zu 3,0 x vergrößerten. Die schwedischen Archäologen sind wahrscheinlich die gründlichsten der Welt. Es ist schwierig, sich Archäologen anderswo auf der Welt vorzustellen, die Artefakte von der Größe eines Wassertropfens überhaupt bemerken, geschweige denn, sie für eine Auslage im Museum aufbewahren. Und dies alles taten sie, ohne sich über die Bedeutung dieser Objekte bewußt zu sein. Es war einfach ihr innerer Sinn für Gründlichkeit und ihr Perfektionismus.

Im chinesischen *Shanghai-Museum* wurden mir antike Bronzearbeiten aus der Han-Dynastie (den letzten beiden Jahrhunderte vor und nach unserer Zeitrechnung) gezeigt, die ebenfalls so kleine Feinarbeiten aufwiesen, daß sie mit bloßem Auge nicht hätten angefertigt werden können. Auch hier wurde diese Arbeit zu einer Zeit und in einem Kulturkreis angefertigt, von der und über den man weiß, daß Bergkristall-Linsen existiert haben, denn es gibt viele Textbezüge, die optische Artefakte beschreiben. Eine dieser Beschreibungen findet sich in einem Text aus der Han-Periode, dem *Lun Heng*, auf den ich später noch eingehen werde. Leider waren 1998 all meine Bemühungen, die sechs Bergkristall-Linsen, die in chinesischen Gräbern gefunden worden waren, zu sehen, vergebens. Die einzige, von der ich sicher war, wo sie sich befand, war in einem Provinz-Museum in Hubei, das zu jenem Zeitpunkt von den stärksten Überflutungen des Jangtsekiang seit einem halben

Jahrhundert bedroht wurde, so daß ein Besuch in dieser Region unmöglich war. Doch gibt es überhaupt keinen Zweifel daran, daß es in China in derselben Epoche der Bronzearbeiten auch Linsen gegeben hat, um die Arbeit an den mikroskopisch kleinen Bronzedekorationen zu erleichtern.

Der berühmte Heinrich Schliemann, der Entdecker von Troja, spekulierte 1884 in seinem Buch *Troja*: »Diese Art, Gold mit Gold zu verlöten, ohne Silber oder Borax zu verwenden, war dem antiken trojanischen Goldschmied bestens bekannt, denn alle Lötarbeiten an den trojanischen Schmuckstücken sind absolut rein; auch mit dem stärksten Vergrößerungsglas sind keine dunklen Verfärbungen zu erkennen. In der Tat können wir nur mit Bewunderung die trojanische Filigranarbeit betrachten, wie zum Beispiel ... [er nennt an dieser Stelle einige Beispiele aus einem anderen seiner Bücher mit dem Titel *Ilios*], wenn wir sehen, daß die Goldschmiede der Antike ohne Vergrößerungsglas solch mikroskopisch kleine Perlen verarbeiten konnten — eine Kunst, die das Verständnis selbst der Besten unter den Besten dieser Kunstdisziplin übersteigt. Diese Kunst ist verlorengegangen, und es ist zu bezweifeln, ob sie je wieder neu erfunden wird.« Es ist bemerkenswert, daß Schliemann, der in Troja nicht weniger als 48 geschliffene und polierte Bergkristall-Linsen ausgegraben hatte, hier keine Verbindung zu den Miniaturarbeiten herstellt, doch vielleicht machte er diese Bemerkungen, bevor er die Linsen selbst entdeckte. Selbst wenn wir den notwendigen Gebrauch von Linsen akzeptieren, stellt sich immer noch die Frage, welche Löttechnik für solch mikroskopisch kleine Arbeiten verwendet wurde. Dies ist wohl das Problem, das Schliemann in dieser Passage beschäftigt, doch scheint er selbst nie eine schriftliche Meinung zu den trojanischen Linsen abgegeben zu haben. Wahrscheinlich war er vollkommen sprachlos über den Fund.

Man kann auf diese Weise von Kultur zu Kultur voranschreiten und mikroskopisch kleine Feinarbeiten finden, und im allgemeinen kann man auch die Linsen finden, die dies möglich machten. Die meisten Exemplare sind wohl aus Griechenland und Rom übriggeblieben. Kunsthistoriker und Archäologen werden mit vielen vertraut sein oder sich plötzlich daran erinnern können, wenn man sie kurz in die Rippen stößt. Es wäre eine langwierige Aufgabe, alle Vorkommnisse dieser Art zurückzuverfolgen, und da ich schon sehr früh erkannte, daß dies ein endloses Unterfangen wäre, habe ich davon Abstand genommen. Zu früheren Zeiten meiner Forschungsarbeiten hielt ich solche Vorkommnisse für selten und wandte viel Zeit und Energie auf, antike Miniaturarbeiten zu finden und zu studieren. In Köln verbrachte ich einen ganzen Tag in einer Bibliothek mit dem Studium eines Kodex in Miniaturschrift, der eindeutig mit einer Vergrößerungshilfe geschrieben worden war. Doch dann fand ich heraus, daß es auf babylonischen und assyrischen Tontafeln und Zylindern massenweise Keilschrifttexte von mikroskopisch kleiner Größe gab, und einige griechische Münzen enthielten geheime, für das bloße Auge unsichtbare Inschriften, die nur durch ein Vergrößerungsglas gelesen werden konnten. Und aus Griechenland und Rom stammen viele Siegelgravuren und Edelsteinarbeiten, die entweder unheimlich winzig — wie das Porträt von Plotina — sind oder mikroskopisch kleine Einlegearbeiten enthielten. So wurde mir klar, daß es sinnlos wäre, den Versuch zu unternehmen, all diese Beispiele aufzufinden. Statt dessen konzentrierte ich mich auf die Suche nach den Vergrößerungsgläsern selbst. Doch nachdem die Zahl der Linsen 450 überstieg, wußte ich, daß auch das unmöglich sein würde.

Seitdem mußte ich zugeben, daß ich von der Lawine an Beweisen schlichtweg überwältigt worden war, doch es stellte sich mir auch die Frage: Warum wurde sonst niemand von diesen Beweisen überwältigt?

Es ist leichter, jene zu entschuldigen, die sich nicht bewußt waren, daß antike Linsen in Museen überlebt haben (schließlich haben die meisten Museumsdirektoren sie nicht als solche erkannt; wie hätte man also erwarten können, daß andere es tun?), als jene Gelehrten, die die sehr klaren Angaben in der antiken Literatur, die diese Vergrößerungshilfen beschreiben, nicht bemerkten.

Ein Beginn in dieser Richtung wurde 1599 von dem bemerkenswerten Autor Guidone (oder Guido) Pancirollo (auch Pancirollus, Pancirolo, Pancirolli, etc.) in seinem erstaunlichen Buch *Rerum Memorabilium Iam Olim Deperditarum & Contra Recens Atque Ingeniose Inventarum: Libri Duo* (Die Geschichte vieler denkwürdiger verlorengegangener Dinge, die in der Antike in Gebrauch waren, und ein Bericht über viele hervorragende Dinge, die gefunden wurden und nun in der Moderne verwendet werden, sowohl natürliche als auch künstliche) gemacht, das in der ostbayerischen Stadt Amberg im Jahr von Pancirollos Tod veröffentlicht wurde und anschließend von seinem Freund Heinrich (Henricus) Salmuth bearbeitet wurde. Pancirollo und Salmuth waren Juristen und sehr gelehrte Menschen. Pancirollo war wohl am bekanntesten für sein beeindruckendes Werk über die Geschichte Konstantinopels. Salmuth konzentrierte sich mehr auf einzelne bestimmte Themen und veröffentlichte mehrere einschlägige Werke zum hochspezialisierten Thema Eherecht.

Pancirollos Werk ist heute größtenteils in Vergessenheit geraten, doch für nahezu eineinhalb Jahrhunderte nach seinem ursprünglichen Erscheinen im Jahre 1599 übte es noch einen sehr starken Einfluß aus und erschien bis 1727 in vielen Ausgaben und verschiedenen Sprachen — also nicht weniger als 128 Jahre lang. Ich habe viele Ausgaben herangezogen, kann aber nicht behaupten, alle gesehen zu haben — und ich bezweifle, ob Gewißheit darüber existiert, wie viele es wirklich gab. (Zwei Kopien im Britischen Museum fielen dem deutschen Bombardement zum Opfer, was den Vergleich der Ausgaben nicht gerade einfacher machte.)

Wenn man die Werke von Pancirollo studiert, muß man zwischen seinem eigenen Text und dem noch umfangreicheren von seinem Freund Salmuth unterscheiden (der wohl von Pancirollos Notizen vieles übernommen, jedoch aufgrund des plötzlichen Todes seines Freundes nicht weiter verarbeitet hatte). Die meisten Ausgaben differenzieren zwischen den beiden Texten, doch leicht ist es nicht. Ein sehr irreführendes Bild wurde der französischen Leserschaft durch das Erscheinen der einzigen französischen Übersetzung von Pancirollo im Jahre 1617 vermittelt, denn in dieser Veröffentlichung fehlten die Angaben von Salmuth zur Gänze. Französische Leser, die sich nicht die Mühe machten, ins lateinische Original zu schauen, hätten noch nicht einmal von ihrer Existenz gewußt.

Jeder, der Pancirollo studiert, sollte auch eine zweite Sammlung ausführlicher Anmerkungen kennen, nicht bezogen auf Pancirollos Text, sondern auf Salmuths Kommentare dazu. Diese wurden 1663 von Michael Watson veröffentlicht, über den ich leider — außer daß er ein Engländer oder Schotte war, seine Bücher aber in Deutschland verlegte, also wohl dort lebte — nichts weiß. Watsons umfangreiche Kommentare wurden nur auf lateinisch veröffentlicht und nie übersetzt.

Soweit ich es also bestimmen kann, war Pancirollo der erste »moderne« Autor, der einen klassischen Text als Beweis für die Existenz von Vergrößerungshilfen in der Antike zitierte. Was Pancirollo selbst in seinem oben genannten Werk schrieb (ich benutze hier die englische Übersetzung aus dem Jahre 1715), war:

»*Viele bezweifeln, ob die Menschen der Antike bereits Brillen hatten, weil Plinius, der fleißigste von allen Schriftstellern, kein Wort darüber verlor. Doch Plautus erwähnte sie, als er sagte ›vitram cedo, necesse est conspicilio uti‹, was nicht anders verstanden werden kann als die Art von Gläsern, die man Brillen nennt.*«

Diese Anmerkungen erscheinen in dem Kapitel, das im lateinischen Original *De Conspiciliis* (Über Augengläser) genannt wird. Plautus war ein römischer Komödienschreiber, der *ungefähr* von 254 bis 184 v. Chr. gelebt hat. 21 seiner Stücke sind uns erhalten geblieben. Nachdem Pancirollo ihn erwähnt hatte, folgte in Gelehrtenkreisen ein langer Disput über diese Textstelle. Man machte die seltsame Entdeckung, daß obiges Zitat in keinem bekannten Werk von Plautus gefunden werden kann. Es gibt bei Plautus andere Passagen, doch diese können anscheinend nicht lokalisiert werden. Pancirollo gibt für diese Textstelle keine tatsächliche Quelle an; es scheint, als habe er sich diese Passage von einem früheren französischen Autor, Robert Etienne, notiert. Es scheint keinen Zweifel zu geben, daß Etienne falsch lag und Pancirollo die Textstelle unbesehen übernahm. Leider findet man im Britischen Museum keine Werke von Etienne.

Einer, der Pancirollo schon früh angriff, war William Molyneux im Jahre 1692. In seinem Werk *Dioptrica Nova* schüttet er Hohn und Spott über diejenigen, die behaupten, es hätte in der Antike Vergrößerungshilfen gegeben. (Er kannte nicht die Stelle bei Seneca, wo er diese klar und deutlich beschreibt, was wir gleich noch genauer untersuchen werden.) Molyneux ereifert sich über den Gebrauch des optischen Begriffs *conspicilio*, der fälschlicherweise Plautus zugeschrieben wird; er sieht darin eine falsch interpretierte Textstelle, die vom Abt Michele Giustiani aufgedeckt und später auch von Christian Beckmann besprochen wurde. Molyneux weist jedoch leider nicht auf Giustiani oder Beckmann hin, und das eine (lateinische) Werk von Christian Beckmann (1612 veröffentlicht), das in der Britischen Bibliothek existiert und das ich Zeile für Zeile durchgegangen bin, enthält keinen Hinweis hierauf. Und von Giustiani existieren in der Britischen Bibliothek nur seine 1683 veröffentlichten Briefe, die ebenfalls nichts über dieses Thema zu enthalten scheinen. Man könnte Molyneux also kaum als eine Hilfe in dieser Angelegenheit bezeichnen, außer daß er spekuliert, daß das in Frage stehende Werk von Christian Beckmann vielleicht seine *Oratio de Barbarie & Superstitione Superiorum Temporum* gewesen sei, doch er gibt zu, das nicht überprüft zu haben. (Ich konnte kein Exemplar seines Werks finden.)

In seinen Anmerkungen zu Pancirollo schreibt Salmuth:

»Conspicilia: *Manche behaupten, es sollte* Conspicillum *geschrieben werden, ähnlich wie* Baculus, Bacillus, Furcula, Furcilla, *ebenso wie* Speculum *und* Specillum. *Obwohl das Wort* Conspicillum, *das unser*

Autor hier benutzt, gewöhnlich einen Ort beschreibt, von dem aus wir uns einen Überblick über etwas verschaffen können, wie in Plautus' Medic. In conspicilio adservabam Pallium, *weist es jedoch hier auf ein Instrument hin, das Objekte vergrößert. In diesem Sinne ist Plautus zu verstehen* (Vitrum cedo, *etc.*), *so daß es also wahrscheinlich ist, daß optische Hilfen im Altertum tatsächlich in Gebrauch waren, wie es auch beim Glas von Ptolemäus erscheint (...).«*[4]

(Das Glas von Ptolemäus ist eine andere Geschichte, auf die wir später noch eingehen werden. An dieser Stelle dürfen wir uns nämlich nicht ablenken lassen. Nur soviel im Moment dazu, daß dieses Thema in der Neuzeit zum ersten Mal 1558 von della Porta angesprochen wurde.)

Der irrtümliche Bezug auf Plautus trug nicht zu einer Klärung der Sache bei, und ein Fehler, der seinen Ursprung entweder bei Etienne oder bei unkorrigierten Notizen von Pancirollo hat (der verstarb, noch bevor er sein Werk vollenden konnte), führte zu unnötiger Verwirrung, die sich bis heute nicht gelöst hat. Ich nehme an, daß die Textstelle, die Plautus zugeschrieben wird, von einem anderen Autor genommen wurde, vielleicht von einem anderen lateinischen Stückeschreiber. Pancirollo hätte dies nicht einfach erfunden, ebensowenig wie Etienne. Der Fehler muß bei der ursprünglichen Textstelle liegen. Vielleicht gibt Etienne sie sogar richtig an, wenn man nur das entsprechende Werk von ihm finden könnte.

Doch vielleicht ist es nicht so lohnenswert, noch weitere Mühe auf diese frustrierende Thematik zu verwenden, da es letztendlich keine Rolle spielt. Ob Plautus nun Vergrößerungshilfen erwähnt hat oder nicht oder ob die Passage, die ihm zugeschrieben wird, bei einem anderen Autor auftaucht oder nicht — aus der Sicht des geschichtlichen Nachweises für die Existenz antiker Linsen ist es völlig irrelevant. Denn wir haben andere Textstellen, die vollkommen in Ordnung und unbestritten sind, wie die von Seneca (1. Jahrhundert n. Chr.), der in seinem wissenschaftlichen Werk *Naturfragen* eine unzweideutige Beschreibung antiker Vergrößerungshilfen gibt. Und ich wäre überhaupt nicht überrascht, wenn man durch die verbliebenen lateinischen Texte von Plautus' alten Stücken ginge und dort vielleicht die Passage, die ihm zugeschrieben wird, entdeckte.

Seneca sagt in seinen *Naturfragen*:

»Obst erscheint viel größer, wenn man es durch Glas betrachtet.«

Anschließend (I, 6, 5) wird er noch spezifischer:

»*Ich möchte hinzufügen, daß alles viel größer erscheint, wenn man es durch das Wasser betrachtet. Buchstaben, egal wie klein oder schwer lesbar, erscheinen durch eine mit Wasser gefüllte Glaskugel größer und klarer. Obst erscheint schöner als es tatsächlich ist, wenn man es in einer Glaskugel schwimmen läßt. Sterne erscheinen größer, wenn man sie durch eine Wolke hindurch betrachtet, weil unsere Sicht von der Feuchtigkeit beeinträchtigt wird und Objekte nicht mehr klar ausmachen kann. Dies kann man demonstrieren, indem man eine Tasse mit Wasser füllt und einen Ring hineinwirft. Denn, obwohl der Ring sich am Tassenboden befindet, wird sein Bild von der Wasseroberfläche reflektiert. Alles, was man durch Feuchtigkeit hindurch betrachtet, erscheint viel größer als in der Realität. Warum ist es so bemerkenswert, daß das Bild der Sonne größer reflektiert wird, wenn man sie durch eine Wolke mit ihrer Feuchtigkeit betrachtet — vor allem, weil dies das Resultat zweier Ursachen ist? Denn in einer Wolke gibt es etwas wie Glas, das imstande ist, Licht zu übertragen; und es gibt auch so etwas wie Wasser.*«

Hier haben wir also eine unzweideutige Beschreibung einer mit Wasser gefüllten Glaskugel, die von den Römern als Lesehilfe benutzt wurde. Tatsächlich waren diese Kugeln zu römischen Zeiten weit verbreitet, und ich bin in Museen auf etwa 200 von ihnen gestoßen, entweder ganz oder in Bruchstücken. Sie waren eine Massenanfertigung und sehr billig. Denn es war zur Zeit Roms, daß die enorm große »Glasindustrie« einen Massenvertrieb von Vergrößerungshilfen möglich machte und nicht länger auf die teuren geschliffenen und polierten Bergkristall-Linsen zurückgegriffen werden mußte.

Seneca ist nicht der einzige römische Schreiber, der genaue Angaben zu den mit Wasser gefüllten Glaskugeln als Vergrößerungshilfen macht. Macrobius (frühes 5. Jahrhundert n. Chr.) schrieb in seiner *Saturnalia* (VII, 14, 1):

»*Soeben sprachen wir über Wasser, und ich möchte Sie fragen, wie es kommt, das Objekte in Wasser größer erscheinen, als sie wirklich sind. So sehen zum Beispiel die meisten Leckereien, die wir in Gasthäusern präsentiert sehen, größer aus, als sie wirklich sind — das heißt, in kleinen wassergefüllten Gläsern scheinen Eier größer zu wirken, kleine Stücke Leber scheinen dickere Faserungen zu haben und Zwiebelringe wirken riesig. Und in der Tat: Auf welchen Prinzipien beruht eigentlich unser Sehsinn selbst? (...) Wasser, so antwortete Disarius, ist dichter als Luft; deshalb passiert das Licht es mit langsamerer Geschwindigkeit. Der auf die Wasseroberfläche auftreffende Lichtstrahl wird zurückgeworfen, aufgebrochen und schnellt zurück. Wenn er so aufgebrochen zurückkehrt, trifft er nun auf die Umrisse des Objekts, nicht direkt von einem Punkt ausgehend, sondern von allen Seiten, und so kommt es, daß der optische Eindruck größer zu sein scheint als das Objekt selbst. Denn auch die Sonne erscheint uns am Morgen größer als gewöhnlich, weil die Luft über dem Boden zwischen uns und der Sonne von der Nacht noch feucht ist, so daß die Sonnenscheibe größer erscheint, genauso als würden wir sie (durch) Wasser betrachten.«*

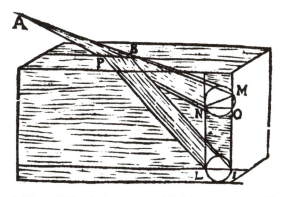

Abbildung 4: Dieser Holzschnitt aus dem 17. Jahrhundert, veröffentlicht von Pfarrer Athanasius Kircher in seinem wundervoll illustrierten Werk *Ars Magna Lucis et Umbrae* (Die große Kunst des Lichtes und Schattens), zeigt die Brechung von Lichtstrahlen an einer Wasseroberfläche. Wir sehen Dinge »geknickt«, wenn wir durch Wasser schauen, denn die Strahlen gehen nicht vom Punkt B in der Darstellung zum Kreis N – M, sondern werden durch das wässerige Medium am Punkt P gebrochen und gehen zum Kreis L – I. (Aus der zweiten erweiterten Folio-Ausgabe 1671, Amsterdam, S. 593. In der Ausgabe von 1646 erscheint dieser Holzschnitt auf S. 662.) Gespräche über »geknickte Paddel« von Booten und andere optische Phänomene aufgrund von Lichtbrechung gehen bis zu den griechischen Philosophen zurück und können zum Beispiel bei Aristoteles gefunden werden.

Der Autor Aulus Gellius (2. Jahrhundert n. Chr.) erwähnt in seinem Buch *Attische Nächte* (XVI, 18) ebenfalls die Vergrößerung beim Betrachten durch Wasser hindurch:

»Ein Bereich der Geometrie, der mit dem Sehen zu tun hat, wird optike *oder ›Optik‹ genannt. (...) Diese Wissenschaft nennt auch Gründe für optische Täuschungen, wie zum Beispiel die Vergrößerung von Objekten im Wasser und die kleine Größe solcher Objekte, die weiter vom Auge weg sind.«*

Die Griechen und Römer waren sich über die Ähnlichkeiten zwischen einer mit Wasser gefüllten Bergkristall- oder Glaskugel und dem ebenfalls mit Wasser gefüllten menschlichen Auge bewußt. Priskian von Lydien schrieb im sechsten Jahrhundert n. Chr. in seinem Kommentar über ein Werk von Theophrastus (der Nachfolger von Aristoteles), das sich mit Sinneswahrnehmung befaßt:

»Warum besteht das Innere des Auges aus Wasser?«

Im weiteren Verlauf werden wir uns noch viele außergewöhnliche optische Phänomene aus dem alten Ägypten anschauen. Doch angesichts der Bemerkungen von Priskian lassen Sie uns nun einen Blick auf einige der Pyramiden-Texte werfen, Ägyptens älteste religiöse Schriften, die aus der zweiten Hälfte des dritten Jahrtausends vor Christus stammen. Sie werden als »Äußerungen« bezeichnet und sind so, wie sie in den Pyramiden vorzufinden sind, durchnumeriert. Sie wurden in die Wände der inneren Kammern der Pyramide der 5. Dynastie eingeschrieben. Vor nicht allzu langer Zeit saß ich sechs Stunden lang in der Pyramide von Unas bei Sakkara. Von außen wirkt diese Pyramide größtenteils wie eine Ruine, aber ihre inneren Schächte und Kammern sind auf atemberaubende Weise intakt. Es war eine ungewöhnliche Erfahrung, stundenlang unter der Kammerdecke mit ihren Darstellungen von Sternen zu sitzen und von Hunderten dieser hieroglyphenartigen »Äußerungen« umgeben zu sein. Hier ist Äußerung 144:

»Oh König Osiris, nimm das Auge des Horus, aus dem er das Wasser herausgedrückt hat (...)«

Äußerung 68 sagt außerdem:

»Oh König Osiris, nimm das Wasser aus dem Auge des Horus (...)«

Doch Äußerungen 62 und 62a sind es, die nachdenklich stimmen:

»*Oh König Osiris, nimm das Wasser aus dem Auge des Horus; lasse nicht von ihm ab. Oh König Osiris, nimm das Auge des Horus, in dessen Wasser Thoth sah (...)*«

Diese Texte scheinen anzudeuten, daß die Ägypter sich auf durchsichtige, mit Wasser gefüllte Kugeln bezogen, die vergrößerten. Warum hätte der Gott Thoth sonst mit Hilfe des Wassers im Auge *gesehen*? Wir müssen nicht davon ausgehen, daß die Ägypter zu solch früher Zeit die Kunst der Herstellung von Glaskugeln beherrschten — obwohl dies möglich sein könnte —, da sie die Kugeln auch aus Bergkristallen hätten anfertigen können. Wir haben schlüssige Beweise aus der Archäologie, daß sie bereits zur Zeit der *ersten* Dynastie die Kunst der Herstellung komplizierter Gefäße aus Bergkristall beherrschten. Diese eindeutigen Beweise fand ich 1998 im Ägyptischen Museum zu Kairo (vormals genannt *Kairo-Museum*). In Raum 43 dieses Museums, Vitrine 13, befindet sich als Objekt Nummer 37 ein schönes kleines Kelchglas aus Bergkristall, das aus dem Grab von Hemaka bei Sakkara ausgegraben wurde. Es ist ungefähr 5 cm hoch und erweitert sich nach oben hin von einem kleinen Glasboden aus. Das Innere ist perfekt ausgehöhlt und poliert. Man mag nicht annehmen, daß solche großartigen Objekte weit verbreitet waren, doch unbestreitbare Tatsache ist, daß dieses Objekt aus frühester ägyptischer Zeit — etwa 3000 v. Chr. — eine absolute technische Beherrschung der kompliziertesten Schleif- und Polierarbeiten an Bergkristall-Material zeigt, ebenso wie die Fähigkeit, solches Material erfolgreich auszuhöhlen und die Innenseite so perfekt zu polieren wie die Außenseite. Es wäre schwer, heute einen Kristallschleifer zu finden, der auch nur annähernd eine solche Arbeit wie das Kelchglas von Hemaka zustandebrächte. Deshalb kann kein Zweifel daran bestehen, daß die Ägypter Bergkristall-Kugeln hätten anfertigen können, wenn sie gewollt hätten.

Ich habe viele Bergkristall-Konvexlinsen aus Ägypten aus der Zeit des Alten und des Mittleren Reichs gesehen, doch werden wir diese später besprechen. Lassen Sie uns nun zu den griechischen und lateinischen Textmaterialien zurückkehren.

Man könnte annehmen, Brillen wären in alten griechischen Schriften nie erwähnt worden, doch da könnte man falsch liegen! Sie scheinen in einem Epigramm (Sinngedicht) erwähnt zu werden, das in einer sehr großen antiken griechischen Gedichtsammlung mit dem Titel *The Greek Anthology*, auch bekannt unter dem Namen *The Palatine Anthology*, bewahrt wurde. Es ist eine Sammlung von Gedichten vieler Poeten aus der Zeit von 700 bis 300 v. Chr. In der Ausgabe der Klassischen Loeb-Bibliothek füllt sie fünf Bände. Die Sammlung enthält in Band VI mehrere Gedichte von Phanias, die er als Widmungen verfaßt hatte. Phanias war ein Grammatiker des 3. Jahrhunderts v. Chr. (nicht zu verwechseln mit Phanias oder Phaenias von Eresos auf Lesbos, einem Cousin von Theophrastus, der im 4. Jahrhundert v. Chr. ein Schüler von Aristoteles war, oder dem Phanius, der im 1. Jahrhundert n. Chr. medizinische Abhandlungen schrieb). Die Epigramme haben eine Neigung zum ironischen Humor. In einem von ihnen, einem alten Lehrer namens Callon gewidmet, erwähnt Phanias »die Fenchelzweig-Rute, die stets einsatzbereit in seinem Schoß lag, um kleine Jungen zurechtzuweisen«, ebenso wie »sein Pantoffel«. Doch das Gedicht, was uns hier interessiert, ist eine Satire über einen Schreiber namens Askondas, der seine Schreibutensilien beiseite gelegt hat, weil er sich dem einträglicheren Beruf eines Steuereintreibers gewidmet hat. Es folgt Patons Übersetzung:

»*Als Askondas hereinkam* [um seinen Steuereintreibungs-Job zu machen, was damals sehr einträglich war], *hing er in den Musentempel* [dem dieses satirische Epigramm gewidmet war] *die Gerätschaften seiner* [früheren] *Not: sein Taschenmesser, den Schwamm, mit dem er gewöhnlich seine Schreibfedern abwischte, das Lineal zur Markierung der Ränder, seinen Briefbeschwerer, der den Ort markiert (?), sein Tintenfaß, seine Zirkel* [für Geometriearbeiten], *seinen Bimsstein zum Glätten* [des Papyrus als Vorbereitung zum Schreiben] *und seine blauen Brillengläser (?), die süßes Licht geben.*«[5]

Wir sehen hier, daß Paton das Wort »Brillengläser« verwendet, aber auch ein Fragezeichen in Klammern eingefügt hat — wohl aus Überraschung, daß es sich tatsächlich um Brillengläser handeln könnte, worüber er sich wohl nicht sicher war. Doch was ist das griechische Wort, das er als »Brillengläser« übersetzt hat? Und warum sind sie blau? Die Übersetzung des Begriffs »kallainan« als »blau« sollte wohl zu »grün« gewandelt werden, denn das 1996 überarbeitete Liddel-and-Scott-Lexikon hat die Bedeutung des selten herangezogenen Wortes *kallainopoioi*, das sich im Epigramm findet, korrigiert. In früheren Auflagen des Lexikons ging man davon aus, es bedeute »Hersteller blauen Farbstoffs«, doch wurde es danach abgewandelt zu »Hersteller grünen Farbstoffs«. Das Wort ist eine Variation von *kalainos* oder *kallainos*, was soviel bedeutet wie »zwischen blau und grün« oder »blaugrün«, und fand

Anwendung auf Plinius' Türkis (37, 151). Paton liegt also nicht ganz richtig, das Wort mit »blau« zu übersetzen. Tatsächlich sollte es »grün« oder »blaugrün« heißen.

Das von Paton übersetzte Griechische »und seine blauen Brillengläser (?), die süßes Licht geben«, ist in seiner Gesamtheit *kai tan hadyphae plinthida kallainan*. Das Wort *plinthida* übersetzt Paton als »Brillengläser«. Es ist eine Form von *plinthis*, und das Basiswort ist *plinthos*, was »Backstein« bedeutet. Doch von diesem Wort leiteten sich eine Reihe anderer ab, zum Ausdruck gebracht durch variierende Wortformen wie *plinthis*, was vom Grundkonzept eines Quadrats oder rechteckigen Backsteins her Bedeutungen hat wie »Quadrat«, »Rechteck«, »rechteckige Box« oder sogar »Frontrahmen einer Torsionsmaschine«. Ein *plintheion* war sogar ein »Fensterrahmen«. *Plinthida* hatte nach Paton demnach mit grünlichen Quadraten oder Rechtecken oder eingerahmten Dingen zu tun, durch die man hindurchsah. Im Lidell-and-Scott-Lexikon wird gemutmaßt, daß das Wort, so wie es in diesem Epigramm benutzt wurde, vielleicht »Briefbeschwerer« (?) bedeuten könnte (Bedeutung 4, unter *plinthis*). Doch da ein Briefbeschwerer zuvor bereits erwähnt worden war, ist dies sehr unwahrscheinlich und wurde von Paton rundheraus abgelehnt.

Wenn dies die einzige isolierte Textstelle zu grünlichen Linsen in antiker Kultur wäre, wäre man geneigt, es als Zufall, einen Übersetzungsfehler, ein Mißverständnis oder irgend etwas dieser Art abzutun. Doch tatsächlich gibt es noch andere Textstellen, sowohl zur Natur grünen Glases für die Augen, als auch für tatsächliche Korrekturlinsen, die eine grünliche Färbung haben. Und ich selbst habe viele antike römische Linsen untersucht, die aus grünlichem Glas bestanden. Die Schlußfolgerung ist also, daß die Textstelle bei Phanias korrekt übersetzt wurde, auch wenn die Terminologie schwer durchschaubar ist.

Das lateinische Wort für das Material, das allgemein bei der Herstellung von grünlichen Linsen verwendet wurde, ist *smaragdus*, vom griechischen *smaragdos*. Allgemein bedeutet dieses Wort »Smaragd«, obgleich es in seiner erweiterten Bedeutung auch andere grüne Mineralien und sogar grünes Glas meint. Das Wort ist ägyptischer Herkunft (was ich als erster entdeckte). Das griechische Wort kommt vom Ägyptischen *shma* (»Smaragd« stammt vom Wort für »Süden«, da der Smaragd der »Stein des Südens« ist) und *rages* (»ein buntscheckiger Stein«). *Rages* bezog sich wohl nicht nur auf buntscheckige, sondern auch auf gefärbte Steine. Das griechische *smaragdos* ist also *shmarages*, »ein smaragdartiger buntscheckiger (oder gefärbter) Stein«. Der allen gemeinsame Bezug auf »Smaragd« läßt daran keinen Zweifel. Ein weiterer Mangel an Unzweideutigkeit besteht aufgrund der Tatsache, daß das ägyptische Wort *rages* anscheinend der einzige Fall im Ägyptischen ist, wo ein Wort durch Hinzufügung des seltenen Konsonanten »g« zur Silbe *ra* gebildet wird und deshalb vom Klang her völlig unzweideutig ist, was im Labyrinth der ägyptischen Sprache äußerst selten ist. Diese ungewöhnliche Tatsache könnte wiederum auf eine anderssprachige Herkunft für das ägyptische Wort deuten!

Das Wort *smaragdos* findet sich zum ersten Mal in der griechischen Sprache in der *Geschichte* von Herodot (5. Jahrhundert v. Chr.) verzeichnet, der es zweimal benutzt (bei II, 44 und III, 41). Dies paßt, denn Herodot lebte einige Zeit in Ägypten und schrieb in diesem Jahrhundert umfassende Texte. Es macht vollkommen Sinn, daß Herodot derjenige war, der diesen Begriff ins Griechische eingeführt hatte. Paul Jablonski, ein Gelehrter des frühen 19. Jahrhunderts, glaubte, daß das griechische Wort für »Bergkristall« und »Glas«, *hyalos*, einen ägyptischen Ursprung hatte und ebenso von Herodot eingeführt worden war (III, 24). Wenn dies so war, stammten die griechischen Begriffe für die drei Materialien, die zu optischen Zwecken der Vergrößerung und Strahlenfokussierung verwendet wurden — Glas, Bergkristall und »smaragdus« — alle aus der älteren und höheren Kultur Ägyptens, die schon 3300 v. Chr. Linsen besaß.

Bei Plinius (dem Älteren, 1. Jahrhundert v. Chr.) findet sich eine Menge faszinierender Legenden über den *smaragdus*. Hier sind einige seiner Anmerkungen:

»Der dritte Rang unter den Edelsteinen wird aus einigen Gründen dem ›smaragdus‹ zugewiesen. Mit Sicherheit hat keine Farbe ein angenehmeres Erscheinungsbild. Denn obwohl wir uns mit Begeisterung junge Pflanzen und Blätter anschauen, blicken wir mit umso mehr Freude auf den ›smaragdus‹, denn verglichen mit ihm gibt es nichts, was von intensiverer grüner Farbe ist als er. Er ist außerdem der einzige unter den Edelsteinen, der — wenn wir ihn intensiv betrachten — dem Auge schmeichelt, ohne es zu überreizen. Selbst nachdem wir unsere Augen angestrengt haben, indem wir auf ein anderes Objekt geschaut haben, können wir sie wieder in den normalen Zustand zurückversetzen, indem wir den ›smaragdus‹ betrachten. Edelsteingraveure sind ebenfalls der Meinung, daß der Smaragd sich am besten zur Wiedererfrischung der Augen eignet. Das milde Grün ist offensichtlich sehr zur Beruhigung und Erholung der ermüdeten Augen geeignet. Abgesehen davon erscheinen

Smaragde größer, wenn man sie aus der Entfernung betrachtet, weil sie ihre Farbe auf die sie umgebende Luft reflektieren [im Original: ›ein Hauch von Tönung um sie herum, von dem die Luft zurückprallt‹, eine alte Theorie über die Beteiligung von Luft an optischen Phänomenen]. *Ob im Sonnenlicht, im Schatten oder unter einer Lampe — er scheint immer sanft und erlaubt dem Augenlicht, bis auf die andere Seite durchzudringen, da es dem Licht so leicht fällt, durch ihn hindurch zu scheinen — eine Eigenschaft, die uns auch am Wasser Freude macht. ›Smaragdi‹ sind von ihrer Form her normalerweise konkav, so daß sie das Sichtfeld konzentrieren.«*[6]

Mein Freund Buddy Rogers hat einige nichteingefaßte Smaragde in seiner Edelsteinsammlung, was mir die Gelegenheit gab, durch einige größere Exemplare hindurchzuschauen — etwas, das nicht möglich ist, wenn sie eingefaßt sind. Ich glaube, nicht allzu viele Menschen hatten je dazu die Gelegenheit. Buddy hatte einen Smaragd von 52 Karat (10 Gramm) Gewicht, der plan-konvex geschliffen war. Wäre er aus Bergkristall gewesen oder sogar durchsichtig, hätte er ein wirkungsvolles Vergrößerungsglas abgegeben. Leider ist dieser Smaragd jedoch nicht durchsichtig, sondern eher durchscheinend. Ich hielt ihn nah an mein Auge und schaute durch ihn hindurch ins Licht. Die faszinierende Erfahrung, durch einen großen Smaragd ins Licht zu schauen, ist schwer zu beschreiben. Die Farbe ist unbeschreiblich schön und beruhigend, irgendwie anders als jede andere Erfahrung mit Farbwahrnehmungen. Es stimmt wirklich, was Plinius sagte, daß »keine andere Farbe ein angenehmeres Erscheinungsbild hat«. Es ist wie ein Bad in einem optischen Balsam, der den ganzen Raum durchflutet.

Buddy besitzt auch einen Smaragd von 24,32 Karat (4,8 Gramm), der einen normalen Brillantschliff hat. Er ist durchsichtig. Als ich ihn auf eine Zeitung legte, wirkte er wie ein Vergrößerungsglas. Smaragde sind mit Sicherheit imstande, ausgezeichnete Linsen abzugeben.

Bevor ich mein Treffen mit Professor Eichholz, dem Übersetzer der obigen Plinius-Passage, beschreibe, und die wichtigen Veränderungen, die er nach unseren Gesprächen an seiner Übersetzung vornehmen wollte, möchte ich zunächst seine veröffentlichte Fußnote (1971) zum letzten Satz oben zitieren:

»Deutet Plinius an, daß der konkav geformte Stein als Linse hätte verwendet worden sein können? Dies ist unwahrscheinlich, denn ein

grüner Edelstein könnte kaum diesem Zweck dienen. Auch wenn man in der Antike schon Vergrößerungsspiegel kannte, gibt es keinen sicheren Beweis dafür, daß so etwas wie Vergrößerungslinsen bekannt war, obwohl Vergrößerungslinsen mit kurzen Brennweiten vielleicht von Graveuren verwendet worden sein könnten. Plinius stellt wohl nur Theorien über die angenehmen Wirkungen des ›smaragdi‹ auf das Auge.«

Ende der siebziger Jahre gelang es mir, Professor Eichholz aufzufinden. Er hatte an der Fakultät für klassische Geschichte an der Universität von Bristol in England gearbeitet, war jedoch schon in den Ruhestand getreten. Er lebte in einem Seniorenwohnheim in Clifton/Bristol, wo er an den Rollstuhl gefesselt war. Er war begeistert darüber, Besuch empfangen zu können, besonders jemanden, der mit ihm über seine größte Leidenschaft, nämlich Plinius, sprechen wollte. Wie in Seniorenwohnheimen leider üblich hatte auch Eichholz' kleiner Raum gerade genug Platz für einige Bücher. Eine Reihe von Loeb-Bibliotheksbänden leistete dem einsamen Mann Gesellschaft, und wenn es möglich gewesen wäre, hätte ich ihn gern häufiger für Gespräche über die Klassiker besucht, doch ich glaube, ich sah ihn nur zweimal. Zu jener Zeit war er auf der Welt der führende *lebende* Experte in Sachen Plinius, aber es war klar, daß er nie konsultiert und auch nur gelegentlich besucht wurde. Ich glaube, er hatte eine Nichte, die ihn von Zeit zu Zeit besuchte, so daß er nicht völlig allein auf der Welt war.

Anders als einige Gelehrte, die sehr von sich eingenommen sind und nicht den leisesten Zweifel an ihren einmal getroffenen Urteilen zulassen, war Eichholz völlig aufgeschlossen für neue Ergebnisse und nicht im mindesten ego-orientiert. Er war fasziniert und erfreut, als ich ihm sagte, ich hätte einige antike Linsen gefunden, und er sagte, wenn er nur zur Zeit, als er Plinius übersetzt hatte, von ihrer Existenz gewußt hätte, wäre er bei seinen Übersetzungen der vielen Passagen über die Optik nicht so vage und zurückhaltend gewesen, und natürlich hätte er die Fußnoten abgewandelt. Er sagte, auf die Loeb-Übersetzer wurde ständig Druck ausgeübt, zu allererst den übersetzten Text »flüssig« zu schreiben und nicht zu wörtlich zu übersetzen. Er fügte hinzu, daß dies sein Gewissen jahrelang belastet hätte, da er nicht das Gefühl hatte, den Passagen zur Optik bei Plinius die volle Geltung zukommen lassen zu dürfen. Wir holten zusammen die entsprechenden Plinius-Bände hervor und grübelten über ihnen. Ich hatte Notizen zu allen Textstellen mitgebracht, so daß uns dies schnell von der Hand ging. Er ging dann Wort für Wort des Materials mit mir durch und fertigte überarbeitete Übersetzungen der Passagen an. Er sagte, sein Wunsch wäre es, daß ich diese Übersetzungen eines Tages unter seinem Namen veröffentliche, so daß die Menschen wüßten, er hätte seine Fehler wieder gut gemacht und dem Material volle Gerechtigkeit zukommen lassen. Ich schrieb sie nieder und werde mich im weiteren Verlauf auf sie beziehen. Professor Eichholz' wissenschaftliche Demut und Ernsthaftigkeit berührte mich zutiefst. Dies ist in seinem Beruf äußerst selten. Ich wünschte, er wäre immer noch unter uns, um sein Exemplar dieses Buchs zu erhalten — er wäre wohl einer der eifrigsten Leser gewesen. Ich möchte hier die Gelegenheit nutzen, ihm zu danken, sowohl für die Mühe, die er sich gegeben hatte, als auch für seine unverwechselbare Einstellung zum Lernen. Leider steigen gute Männer wie er nicht allzu oft zu höheren akademischen Ehren auf, denn solche Menschen sind wirklich ernsthaft bei der Sache und mehr interessiert an ihrer wissenschaftlichen Arbeit und dem Vermitteln von Wissen als davon, sich selbst hervorzuheben.

Ich hörte oben mit der Plinius-Passage und dem Satz über »smaragdi« auf, die konkav waren und die Sicht konzentrierten. Eichholz überarbeitete diese Passage und fertigte eine revidierte Übersetzung an:

»Dieselben Steine [»smaragdi«] *sind im allgemeinen* [von der Form her] *konkav, so daß sie das Sichtfeld sammeln (oder gruppieren).«*

Die Bedeutung ist hier, daß der Stein nicht einfach die Sicht »konzentriert«, sondern das Sichtfeld im Sinne von Strahlen, die fokussiert werden, »sammelt«. Dies ist eine wichtige Nuance, die in Eichholz' veröffentlichter Version fehlte.

Die Frage nach Konkav-Linsen in der Antike hatte mich seit Jahren beschäftigt. Viele, besonders deutsche Gelehrte, die über die Möglichkeit der Existenz optischer Linsen in der Antike sprachen, bestanden darauf, daß — selbst wenn es Konvex-Linsen gegeben hätte — nie irgendwelche Beweise für Konkav-Linsen gefunden worden seien. Deshalb schenkte man Plinius' Ausführungen keinen Glauben.

Erst 1997 fand ich endlich heraus, daß es eine Reihe von Konkav-Linsen gab, die aus der Antike überlebt hatten. Ich konnte sie daraufhin in einigen Museen finden. Siehe Abbildung 5 und Tafel 45 als Beispiele. Die größte Anzahl solcher Linsen wurde bei Ephesos in der Türkei ausgegraben. Insgesamt muß es etwa 40 von ihnen geben. Von Zeit zu Zeit finde ich immer noch einige unbekannte und unveröffentlichte

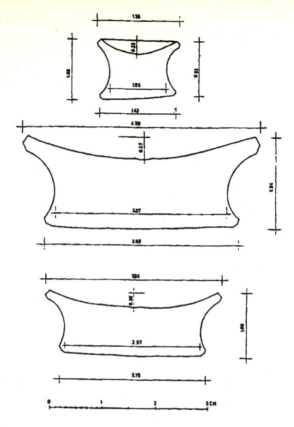

Abbildung 5: Zeichnungen von drei der Konkav-Linsen, die von Anton Bammer bei Ephesos ausgegraben wurden. Siehe seinen Artikel »Die Entwicklung des Opferkultes am Altar der Artemis von Ephesos« in den *Istanbuler Mitteilungen* des Deutschen Archäologischen Instituts zu Istanbul, Band 23/24, 1973/74, S. 53–62. Diese Zeichnungen finden sich auf Seite 60. Bammer sagt zu den Linsen: »Ihre Oberseite ist konkav, ihre Unterseite leicht konvex (…). Ein Kristall ist milchig-trüb, die anderen durchsichtig und klar (…). Ihre optischen Eigenschaften sind gut (…). Physikalisch gesehen sind sie verkleinernde zerstreuende Linsen. Vielleicht wurden sie von kurzsichtigen Edelsteinschleifern als Sehhilfe benutzt. Die Augen der Kunsthandwerker wurden durch die Feinarbeiten an Steinen, Elfenbein usw. nah vor dem Auge ohne Sehhilfe in kurzer Zeit ruiniert. Die verschiedenen Vergrößerungswerte der Bergkristalle könnten darauf hindeuten, daß sie für die damaligen Kunsthandwerker angefertigt wurden. Die im Tempel gefundenen perforierten Stücke wurden mit Sicherheit aus optischen Gründen ausgehöhlt.«

Linsen wie die bei Brauron in der Nähe von Athen. Sie sind alle aus Bergkristall und perfekt durchsichtig.

Die Fähigkeit, Konkav-Linsen zu schleifen, wurde schon zu minoischen Zeiten demonstriert, *etwa 1500 v. Chr.*, denn das Bergkristall-Auge im berühmten Stierkopf Rhyton, das bei Knossos gefunden wurde, ist eine »konvexe Meniskus-Linse«, was bedeutet, sie ist konvex auf der Ober- und konkav auf der Unterseite.

Da Konkav-Linsen sich zum Zentrum hin verjüngen, sind sie normalerweise nicht so robust und zerbrechen leichter. Das mag der Grund sein, warum mir keine Konkav-Linse *aus Glas* bekannt ist und alle Exemplare, die überlebt haben, aus dem viel härteren Bergkristall sind.

Konkav-Linsen werden zur Korrektur von Kurzsichtigkeit verwendet, Konvex-Linsen bei Weitsichtigkeit, wie sie zum Beispiel gewöhnlich bei Menschen über 45 anzutreffen ist. Grund ist eine allmähliche Verhärtung der Augenlinse mit zunehmendem Alter. Menschen, die ihr ganzes Leben lang gute Sehkraft hatten, stellen fest, daß sie nicht länger ohne Sehhilfe lesen können, weil das Auge nicht mehr auf sehr nahe Objekte fokussieren kann. Das war mit Sicherheit der schwerwiegendste visuelle Defekt in der Antike — just zu der Zeit, als Edelsteingraveure und andere Künstler den Höhepunkt ihres Könnens erreicht hatten, und so wie Gelehrte mit zunehmendem Alter wirklich Erfahrungen sammeln konnten und weise wurden, ließ in dem Maße auch ihre Sehkraft nach, und sie konnten weder Feinarbeiten verrichten noch lesen. Daher die große Anzahl an Konvex-Linsen, die aus der Antike überlebt haben.

Doch wie jeder weiß, werden manche Menschen kurzsichtig geboren oder entwickeln schon in jungen Jahren Kurzsichtigkeit. Ohne Konkav-Linsen können sie nicht einmal scharf genug sehen, um sich zu orientieren oder das Gesicht eines Menschen, der sich ihnen nähert, zu erkennen. Wir haben eine Beschreibung des römischen Kaisers Nero (15–68 n. Chr.), die klar zeigt, daß der Regent kurzsichtig war. Plinius notierte die folgende Information (XI, 54) zu den Augen der Kaiser, die in der Information zu Nero kulminiert:

»Manche Menschen sind weitsichtig, doch andere wiederum können nur Dinge scharf sehen, die ganz nah vor ihr Auge gehalten werden (Kurzsichtigkeit). Für viele Menschen hängt die Sehkraft von der Stärke des Sonnenlichts ab; sie können an einem bewölkten Tag nach Sonnenuntergang nicht mehr klar sehen. Andere sehen am Tage nicht gut, dafür aber umso besser bei Nacht (…). Blaugraue Augen sehen bei Dunkelheit besser. Es wurde gesagt, daß Tiberius Caesar als einziger Mensch die

Fähigkeit hatte, bei Nacht, wenn er aufwachte, für kurze Zeit alles so klar und scharf wie bei hellem Tageslicht sehen zu können. Der verblichene und betrauerte Augustus (Caesar) hatte graue Augen wie die von Pferden; das Augenweiß war größer als beim Menschen allgemein üblich, was oft dazu führte, das er zornig wurde, wenn Menschen ihm zu lange in die Augen schauten. Die Augen von Claudius Caesar waren oft blutunterlaufen und hatten in den Ecken ein fleischliches Schimmern. Der Kaiser Gaius hatte einen starrenden Blick. Neros Augen waren stumpf, außer wenn er sie zusammenkniff, um auf Objekte in seiner unmittelbaren Nähe zu schauen.«

Dies beweist, daß Nero kurzsichtig war — ein Punkt, der, wie wir noch sehen werden, äußerst wichtig ist. Wäre Nero weitsichtig gewesen, hätte er nicht fokussiert »auf Objekte in seiner unmittelbaren Umgebung« schauen können. Hätte er also seinen Sehfehler korrigieren wollen, dann hätte es konkaver und nicht konvexer Linsen bedurft, um dies zu erreichen. Und dies bringt uns zurück zu der Passage zu den »smaragdi« und macht uns mit einer berüchtigten Kontroverse bekannt. Hier ist die Stelle über »smaragdi«, an der wir das letzte Mal Plinius verlassen hatten (XXXVII, 64):

»Aufgrund dieser Eigenschaften (die Fähigkeit Lichtstrahlen zu bündeln) hat die Menschheit verfügt, daß ›smaragdi‹ in ihrem Naturzustand bewahrt werden müssen. Gravuren an ihnen wurden untersagt. So oder so: Smaragde aus Skythien [heute das Gebiet um das Schwarze Meer, Südasien und Westrußland, A. d. Ü.] *und Ägypten sind so hart, daß sie schlagunempfindlich sind.* [Dies waren die einzigen echten Smaragde. Wie Eichholz hier in einer Fußnote sagt: ›Nur wenige Edelsteine sind härter als der Smaragd.‹] *Wenn ebenflächige ›smaragdi‹ flach hingelegt werden, reflektieren sie das Licht ähnlich wie Spiegel. Kaiser Nero benutzte gewöhnlich einen ›smaragdus‹, um sich die Kämpfe der Gladiatoren anzusehen.«*

An genau diesem Punkt gibt es im Lateinischen eine umstrittene Textstelle; der Text erscheint in den Manuskripten in zwei Versionen. In einer schaut Nero »in smaragdo«, in der anderen schaut er einfach »smaragdo«. Abhängig davon, welche Version man akzeptiert, ist die Grammatik wie auch die Bedeutung unterschiedlich. Eichholz' veröffentlichte Fußnote sagt:

»*Textstelle* in smaragdo *im* [Manuskript] *B. Der Kontext zeigt, daß Plinius an einen Licht reflektierenden Stein dachte. Wahrscheinlich schaute Nero nur auf den Stein, um die Augen von der Anstrengung, gegen das helle Sonnenlicht in der Arena zu sehen, zu entspannen. Die andere Textstelle* [das andere Manuskript] smaragdo *ließ die Überzeugung aufkommen, Nero hätte einen grünen Stein als Sehhilfe benutzt.*«

Nach unseren Gesprächen gestand Eichholz mir gegenüber, er hätte das Konzept der Reflexion nur in dem Bemühen eingefügt, Klarheit zu erreichen. Hier ist Eichholz' revidierte Übersetzung:

»*Jedoch [*vero; *nicht ›wahrhaft‹, was* vere *wäre] die flach darniederliegenden Steine, wenn sie auf ihrer Unterseite [*supini*] wie Spiegel liegen, reflektieren tatsächlich die Bilder von Objekten. Kaiser Nero schaute sich die Gladiatorenkämpfe gewöhnlich in einem ›smaragdus‹ an.*«

Wir können erkennen, daß dies eine völlig andere Interpretation ist als jene, die Eichholz zuvor gab. Die Aussage, daß der ›smaragdus‹ wie ein Spiegel als eine Oberfläche zur Reflexion fungierte, wurde gestrichen. Es ist nun für Nero nicht mehr notwendig, den Gladiatoren den Rücken zuzukehren (was ein römischer Kaiser sowieso nicht ohne weiteres hätte tun können), um ihre Kämpfe als teilweise Reflexion in einem kleinen Stein zu sehen. Nun schaut er *durch* den Stein *auf* die Gladiatoren. Vorbei ist es auch mit der »Sonnenbrillen-Theorie«, wonach der Stein lediglich wegen seiner aufgrund der grünen Farbe entspannenden Wirkung auf die Augen benutzt wurde. Wir wissen bereits aus einer anderen Textstelle, daß Nero kurzsichtig war; er hätte also die Gladiatoren überhaupt nicht ohne eine korrigierende Konkav-Linse sehen können, bestenfalls unscharf und verschwommen. Und wir haben gerade gesehen, daß »smaragdi« speziell als Konkav-Linsen geschliffen wurden. Außerdem existieren etwa 40 Konkav-Linsen aus klaren durchsichtigen Edelsteinen, die alle aus der Zeit vor der Regentschaft Neros stammen, so daß wir wissen, daß solche Linsen zuhauf zu seiner Zeit existierten. Es bleibt uns also keine andere Schlußfolgerung als die, daß Nero einen durchsichtigen Stein benutzte — oder vielleicht ein grünes durchsichtiges Stück Glas —, konkav geschliffen, um seine Kurzsichtigkeit auszugleichen, so daß er die Gladiatoren scharf sehen und den eigentlichen Kampf mitverfolgen konnte, statt ihn sich aufgrund der Geräusche nur vorzustellen. Und als Kaiser von Rom hätte er — gerade er — Anweisungen geben können, ihn mit einer solch einfachen Sehhilfe auszustatten. Es ist schwer vorstellbar, daß er *nicht* solche Anweisungen gegeben hätte.

Neros Smaragd wurde 1896 weltberühmt, als Henryk Sienkiewicz seine internationalen Bestseller-Roman *Quo Vadis* veröffentlichte. Obwohl er 1896 zunächst nur in polnischer Sprache erschien, war er doch so sensationell, daß noch im selben Jahr in London eine englische Übersetzung von Jeremiah Curtin erschien. Für diesen berühmten historischen Roman erhielt Sienkiewicz (1846–1916) im Jahre 1905 den Literatur-Nobelpreis. Der Roman erschien später in nicht weniger als 27 Auflagen allein zwischen 1896 und 1905. Die Massenhysterie und öffentliche Verherrlichung des Autoren sowie die Bewunderung für das Buch waren so erstaunlich, daß die Presse zu jener Zeit das Phänomen als *epidemia Sienkiewicziana* (Sienkiewicz-Epidemie) bezeichnete. Es ist zu bezweifeln, daß es irgendeine größere Sprache auf der Welt gibt, in die nachfolgende Auflagen dieses Romans nicht übersetzt und herausgebracht wurden; sie scheint sich unzählige Millionen Mal verkauft zu haben. In den fünfziger Jahren des letzten Jahrhunderts war der Roman als Lektüre immer noch weit verbreitet und populär, und in Hollywood wurde ein Film dazu gedreht, in dem Peter Ustinov die Rolle des Nero spielte.

Sienkiewicz war ein bemerkenswerter Experte auf dem Gebiet römischer Antiquitäten, und er schrieb einen unheimlich genauen Roman über die Zeit Neros, in dem der Kaiser von Zeit zu Zeit als Nebencharakter erschien. Sienkiewicz hatte offensichtlich Plinius und Suetonius äußerst sorgfältig gelesen. Er erwähnte sowohl ihre Beschreibungen von Neros Augen als auch Plinius' Beschreibung des »smaragdus«. Hier ist die entsprechende Passage aus dem Roman:

»Doch in dem Moment war die Stimme von Acte zu hören, die sich auf der anderen Seite von Lygia zurücklehnte: ›Caesar beobachtet euch beide.‹ (...) Vinicius wurde alarmiert. (...) Caesar beugte sich über den Tisch, schloß ein Auge halb, hielt vor das andere einen runden polierten Smaragd und schaute sie durch diesen an. Einen Moment traf sein Blick den von Lygia und das Herz des Mädchens durchzuckte nackte Angst. Als sie noch ein kleines Kind war und in Aulus' sizilianischem Anwesen gewohnt hatte, hatte ihr ein alter ägyptischer Sklave von Drachen erzählt, die in Berghöhlen wohnen würden. Und nun erschien es ihr plötzlich, als ob das grünliche Auge solch eines Monsters auf ihr ruhte. (...) Nach einer Weile legte er den Smaragd nieder und wandte seinen Blick von ihr ab. Dann sah sie seine hervorstechenden blauen Augen,

blinzelnd wegen des hellen Lichts, glasig, gedankenlos, wie die Augen eines Toten.«

Abbildung 6: Der römische Kaiser Nero (Amtszeit 54–68 n. Chr.), eine zeitgenössische Büste. Er war für seinen Stiernacken bekannt. Plinius gibt Informationen über seine Augen, die zeigen, daß er an Kurzsichtigkeit litt. Sein grünes, konkav geformtes Stück Glas korrigierte seine Kurzsichtigkeit. Er benutzte es in der Öffentlichkeit, wenn er im römischen Kolosseum den Gladiatorenkämpfen beiwohnte.

Nach der weltweiten Aufmerksamkeit, die Neros Smaragd durch diesen populären Roman geschenkt wurde, fühlten sich die Autoren, die das Thema antike Optik behandelten, veranlaßt, sich auf diese Textstelle zu beziehen, wollten sie nicht als unkultiviert oder uninformiert gelten oder nicht auf der Höhe der Zeit. Dies war die eine Sache, die die Öffentlichkeit über antike Optik wußte, und die eine Sache, über die sie Fragen stellte. Und von diesen Autoren wurde sicher eine Menge Unsinn zusammengeschrieben! Es wäre zu langwierig, die Diskussionen zu verfolgen, weil sie so umfangreich war. Doch bereits neun Jahre vor Erscheinen von Sienkiewiczs Roman wurde eine verläßliche Zusammenfassung über Neros Smaragd verfaßt, und zwar in einem technischen Buch von Jakob Stilling. Es ist schade, daß das Werk so wenig bekannt war; besonders englische Autoren wußten so gut wie gar nichts davon. Es trug den Titel *Untersuchungen über die Entstehung der Kurzsichtigkeit* (Wiesbaden, 1887), und der Autor war ein Experte, ein Professor der Ophtalmologie (Augenheilkunde) und ein kompetenter klassischer Gelehrter und Wissenschaftshistoriker.

Hier sind einige der Schlüsselbeobachtungen von Stilling, die meiner Meinung nach die Situation sehr gut zusammenfassen:

»*Kapitel Zehn. Zur Geschichte von Brillen mit Konkav-Linsen.*
Es gab eine Kontroverse darüber, ob die Römer Gebrauch von konkav geschliffenen Smaragden zur Korrektur von Kurzsichtigkeit gemacht haben, und diese Frage wurde größtenteils negativ beantwortet. Ich glaube jedoch, daß dies ungerechtfertigterweise geschah, und ich glaube, das kann ich auch beweisen.
Plinius sagt zum Thema Smaragde: Iidem plerumque concavi ut visum colligant. *Dieser Ausdruck ist meiner Meinung nach bisher nicht gründlich genug betrachtet worden, denn die Philologen (Sprach- und Literaturwissenschaftler) sind mit antiker Medizin überhaupt nicht vertraut. Er ist typisch für spätere Autoren, und zuviel folgt dem Gebrauch des Ausdrucks durch sie, als daß wir nicht davon ausgehen können, Plinius hätte eine gegenteilige Sicht der Dinge zum Ausdruck gebracht, die später auch von Galen* [berühmter Verfasser von medizinischen Texten aus dem 2. Jahrhundert n. Chr., hundert Jahre nach Plinius] *von den Peripatetikern (wörtlich übersetzt ›die Umherwandelnden‹: die Gefolgsleute von Aristoteles) übernommen wurde. Spätere Autoren benutzen regelmäßig* spiritus colligere *statt* visum colligere. *Zweifellos bedeutet dieser Ausdruck ›das Gesichtsfeld zu erweitern‹. So erklärt auch* [Hieronymus] *Mercurialis* [Autor vieler Bücher zur Medizin aus dem späten 16. und frühen 17. Jahrhundert] *die Funktion von Konkav-Linsen mit den Worten* quare perspicilla [Augengläser] faciunt pro istis, ut congregentur illi spiritus seu radii pauci et subtiles, ita ut congregati et uniti longius ferantur.
Ich glaube, die meisten Interpretatoren verstehen diese Zeilen nicht. [Gotthold Ephraim] *Lessing interpretiert sie* [1769] *als* radios colligere *und nicht im Sinne Mercurialis', sondern im modernen optischen Sinn, und versucht zu beweisen, daß Nero weitsichtig war und dieser Smaragd, durch den er schaute, eine Konvex-Lorgnette (Stielbrille) gewesen sein muß. Röttger macht diesen Fehler nicht, liest jedoch zuviel in Plinius' Bemerkungen hinein (...). Deshalb kam er zum Schluß, daß* visum colligere *›den Blick ruhen lassen‹ bedeutet, und daß Neros Smaragd ein kleiner Spiegel gewesen sein muß, was kaum Sinn ergibt. Horner* [ein schweizer Ophtalmologe, der an die Existenz von antiken Konvex-Linsen glaubte, die Existenz von Konkav-Linsen allerdings bezweifelte] *dachte 1887, es muß eine Art Schutzglas gewesen sein. All diese Männer waren mit der medizinischen Bedeutung des Begriffs* visum colligere *nicht vertraut.*
Die Römer wußten, daß sich Kurzsichtigkeit mit konkav geschliffenen durchsichtigen Steinen verbessern ließ. Sonst gäbe die Passage bei

Plinius keinen Sinn [darüber, daß diese Steine nicht graviert werden]. *Es war verboten, den* smaragdus *zu gravieren, da er eine Sehhilfe war. Deshalb wurde er ausgiebig geschliffen. Diese Passage weist auf einen offensichtlich schon sehr weit verbreiteten Gebrauch von* smaragdi *als Konkav-Lorgnetten hin. Hätten sie nur dem Schutz der Augen vor den hellen Sonnenstrahlen oder der Beruhigung des Blicks gedient, hätte es keinen Sinn gegeben, sie konkav zu schleifen oder ein Verbot von Gravuren auszusprechen. (...) Die bekannte Kontroverse darum, ob Nero kurzsichtig und sein Smaragd eine Konkav-Lorgnette war, scheint mir (...) nur untergeordneter Natur zu sein* [im Vergleich zu dem Wissen um und Verständnis von Lichtbrechung, etc. in der Antike]. *Es wurde nur deshalb so ausführlich behandelt, weil die wahre Bedeutung von* visum colligere *nicht akzeptiert worden war. Übrigens kann diese Frage bejahend beantwortet werden. Nach Suetonius* [*Das Leben des Nero*, 51] *war Nero* oculis caesiis et hebetioribus [›*seine Augen waren grau und trüb*‹], *woraus absolut nichts geschlossen werden kann. (...)* [Doch wissen wir von Plinius, daß] *Neros Augen schwach waren, außer wenn er aus nächster Nähe blinzelnd auf Objekte schaute (...). Tatsächlich kann es aller Wahrscheinlichkeit nach akzeptiert werden, daß die konkav geschliffenen Smaragde die älteste Form von Konkav-Brillengläsern waren.*«

Auf Tafel 45 sehen Sie eine antike griechische Konkav-Linse aus Bergkristall, die bei Ephesos gefunden wurde. Sie verkleinert Objekte um 75 Prozent.

Im Jahre 1899 veröffentlichte ein weiterer angesehener deutscher Ophtalmologe, Vincenz Fukala, seinen Bericht mit dem Titel *Die Refraktionslehre im Alterthum*. Auch er schloß:

»*Die Aussage von Plinius zu Neros Konkav-*smaragdus *ist allgemein bekannt und beweist, daß solche Gläser schon vor unserer Zeitrechnung bekannt waren. (...) Es gibt ausreichend Beweise, die darauf schließen lassen, daß die Menschen der Antike schon lange vor Christi Geburt mit Konvex- und Konkav-Linsen vertraut waren und sie vielleicht sogar in Brillengestelle eingefaßt hatten, um Feinarbeiten zu vergrößern oder die Sicht zu verbessern.*«

Fukala zitiert sogar zwei Passagen aus einem Stück des bereits erwähnten Autors Plautus (240 v. Chr.) — jedoch nicht die »nicht auffindbare«, sondern eine, von der er glaubt, sie beziehe sich auf Brillen. Die erste Passage findet sich im Stück *Cistellaria* (Die Geschichte eines Schmuckkästchens), Akt Eins, Szene Eins, wo das junge Mädchen Silenia ein *conspicillum* erwähnt, von dem Fukala annimmt, es sei eine Brille oder ein linsenförmiges Instrument, durch das man hindurchschaut. Die zweite Passage ist ein Fragment aus dem verlorengegangenen Stück *Medicus*; obwohl uns nur drei Zeilen dieses Stücks erhalten geblieben sind, enthalten auch sie eine Erwähnung eines *conspicillum*, von dem Fukala glaubt, es sei eine optische Linse.

Pierre Pansier setzte sich 1901 mit Fukalas Ansichten zu den Plinius-Passagen auseinander, stimmt aber nicht mit seiner Interpretation überein. Die erste Passage aus *Cistellaria* kann übersetzt werden als: »Als ich zum Haus zurückkehrte, folgte er mir mit einem Blick durch sein *conspicillum*, bis ich die Tür erreichte.« Die Passage aus dem *Medicus* kann übersetzt werden als: »Ich beobachtete (...) durch mein *conspicillum*, ich paßte auf.« Pansier wirkt unnatürlich und überanstrengt bei seinen Bemühungen zu behaupten, die Bedeutung der ersten Passage sei »er folgte in einiger Entfernung«, und die der zweiten sei »Ich beobachtete (...) aus einiger Entfernung«. Dies ist nicht sehr überzeugend und erscheint mir wie ein verzweifeltes Ausweichen, um die von Plautus erwähnte Existenz von optischen Sehhilfen nicht anerkennen zu müssen. Andererseits gibt es einige, die glauben, ein *conspicillum* ist ein günstiger Aussichtspunkt oder eine Beobachtungsplattform — eine weitere offensichtlich überzogene Interpretation, denn warum sollte Plautus sagen, daß das Mädchen von einer Beobachtungsplattform aus betrachtet worden war? Warum nicht einfach von einem Balkon oder einem Fenster?

Im Jahre 1900 veröffentlichte Jakob Stilling in einem Ophtalmologie-Journal eine weitere Studie zu Neros Smaragd mit dem Titel »Neros Augenglas«. In dieser Studie führte er seine Analyse der klassischen Beweise und der modernen Diskussionen noch viel weiter. Er stimmt mit Fukala überein, daß Neros Smaragd unmöglich ein Spiegel irgendeiner Art hätte gewesen sein können, und daß die Behauptung lächerlich sei, Nero hätte sich herumgedreht und im Spiegel die Gladiatoren hinter sich betrachtet! Er schließt:

»*Die Frage, ob Nero ein Konkav-Glas benutzt hat, ist letztendlich, trotz allen philologischen Interesses, nebensächlich. Die Hauptfrage ist: Waren die Römer mit Kurzsichtigkeit und der Wirkung konkav geschliffenen Glases vertraut? Das erste können wir ohne Zweifel feststellen, das zweite ist, wenn man sich die Beschreibung von Plinius und die medizinische Bedeutung von* visum colligere *betrachtet, zumindest sehr wahrscheinlich.«*

Einige Schriftsteller, die sich mit antiker Optik beschäftigt haben, haben sich gefragt: Wenn es in der Antike optische Linsen gegeben haben soll, weshalb wurden sie dann nicht ausdrücklich bei Euklid (etwa 300 v. Chr.) in seinem Werk *Die Optik* erwähnt? In diesem Zusammenhang müssen einige Bemerkungen gemacht werden. Zunächst: *Die Optik*, so wie sie überlebt hat und heute existiert, ist unvollständig. Was wir heute haben, ist eine stark reduzierte Version zu diesem Thema. Euklid schrieb ein Werk *Über Spiegel*, das verlorengegangen ist (ein Werk auf diesem Gebiet, das ihm zugesprochen wird, scheint doch nicht von ihm zu sein). Es scheint wenig Zweifel daran zu geben, daß Euklid über die Optik weit mehr geschrieben hat als das, was überlebt hat, zusätzlich zu dem offenbar verlorengegangenen Werk über Spiegel. *Die Optik*, so wie sie uns heute erhalten geblieben ist, ist ein sehr eigenartiges Werk, das sich nur auf Dinge wie Perspektive und einfache optische Täuschungen konzentriert; man kann es kaum als eine gründliche Abhandlung der Optik als Ganzes bezeichnen. Wie man es von einem solch berühmten Geometer (Fachmann für Geometrie) erwarten könnte, ist das Werk sehr auf die Geometrie konzentriert. Es enthält eine verwirrende Sammlung von Zeichnungen und Diagrammen bezogen auf Blickwinkel und Sichtlinien und beschäftigt sich mit Fragen wie »zu wissen, wie groß eine gegebene Erhöhung ist, wenn die Sonne scheint«, oder »wenn ein an seiner Basis kreisförmiger Kegel mit seiner Achse senkrecht zur Grundfläche mit nur einem Auge betrachtet wird, ist nur weniger als die Hälfte des Kegels sichtbar«. Dies sind äußerst esoterische Dinge, und Euklid macht auch überhaupt keine Zugeständnisse an diejenigen Leser, die keine kompetenten Geometer sind. Doch am Ende seiner Abhandlung finden sich einige faszinierende Anmerkungen unter dem Lehrsatz »vergrößerte Objekte scheinen sich auf das Auge zuzubewegen«. Nach seinen gewohnten Ausführungen anhand eines geometrischen Diagramms gibt Euklid folgenden Kommentar ab:

»Doch Dinge, die anscheinend größer als sie selbst sind, erscheinen vergrößert, und Dinge, die dem Auge näher sind, erscheinen größer. Vergrößerte Objekte scheinen sich also auf das Auge zuzubewegen.«

Was meint Euklid mit dem letzten Satz? Es ist schwierig, sich vorzustellen, worauf er sich vielleicht bezog, wenn er meint, daß etwas an Größe zunehmen würde, während es gleichzeitig still ruht — es sei denn, er bezieht sich auf die Vergrößerung eines Bildes mittels einer Vergrößerungslinse. Und wie wir alle wissen, ist es tatsächlich so, daß ein so vergrößertes Objekt »sich auf das Auge zuzubewegen scheint«. Ich neige zur Ansicht, daß dies ein beiläufiger Hinweis auf vergrößerte Bilder ist — in Euklids gewohnt knappem Stil.

Bevor wir die antiken Texte zum Thema Vergrößerung und Sichtkorrekturen zu jener Zeit wieder verlassen, wollen wir noch kurz einen Blick auf einige verbliebene Texte werfen. Der frühe christliche Kirchenvater Klemens von Alexandrien (2. Jahrhundert n. Chr.) spricht in seiner *Stromata* (*Sammlungen*, Buch I) von »durch das Wasser gesehenen Bildern, und Bildern, die durch klare transparente Körper gesehen werden«. Dies erscheint im Kontext einer theologischen Diskussion über den ersten Korintherbrief, 13, 12, im Neuen Testament: »Der göttliche Apostel [Paulus] schreibt in Übereinstimmung und Anerkennung unserer Sicht: ›Denn nun schauen wir wie durch ein Glas und erkennen uns durch Reflexion‹ [er meinte Refraktion, denn Reflexion findet nicht statt, wenn man *durch ein Glas hindurch* schaut]«.

Klemens scheint also sowohl mit Glas als auch mit Kristall-Linsen und Kugeln zur Vergrößerung sehr vertraut zu sein, und er schlägt sogar eine Übersetzung der berühmten Passage aus dem ersten Korintherbrief vor, die einen anderen Aspekt im Zusammenhang mit dem Schauen durch ein Glas betont; statt »durch ein dunkles Glas zu sehen«, mit Betonung auf die Dunkelheit und Trübung eines halbdurchsichtigen Mediums, scheint Klemens nahezulegen, daß Paulus sich in Wirklichkeit auf eine völlig durchsichtige Linse bezieht, deren Notwendigkeit als Sehhilfe hinfällig ist, wenn wir vor das Angesicht Gottes treten. Vielleicht war Paulus weitsichtig und benutzte eine Lorgnette, die ihm lästig war und von der er hoffte, im Himmel ohne sie auszukommen!

Und dieser kurze Ausflug ins Biblische bringt uns zu den letzten Textbeweisen für Vergrößerungshilfen in der Antike, die im Alten Testament und in einigen Texten jüdischer Rabbiner zu finden sind.

Diese jüdischen Textstellen sind recht kompliziert, und da ich nicht Hebräisch spreche, hätte ich all dies nicht ohne die Hilfe von Dr. Michael Weitzman vom *University College* (London) aussortieren können. Sie können sich vorstellen, wie geschockt ich war, als ich nur wenige Monate später seine Todesanzeige in der *London Times* vom

16. April 1998 las. Weitzman war der brillanteste hebräische Experte in Großbritannien, starb jedoch schon im Alter von 51 Jahren an einer Thrombose. Ich möchte Michael Weitzman, auch wenn es leider nur posthum möglich ist, meinen herzlichsten Dank und seiner Familie mein tiefstes Beileid zu dem plötzlichen und frühen Verlust eines bemerkenswerten Mannes aus ihrer Mitte aussprechen.

Ich entdeckte die seltsamen Textstellen in einer der verworrensten Referenzen, die man sich vorstellen kann. Es war ein auf deutsch verfaßter Artikel, der 1859 in den *Memoiren der Imperialen Akademie der Wissenschaften St. Petersburg* in Rußland erschienen war. Das Ganze wurde noch zusätzlich verkompliziert, weil der jüdische Verfasser seinen Nachnamen auf nicht weniger als drei verschiedene Weisen geschrieben hatte, so daß er in jedem Namens- oder Stichwortverzeichnis an alphabetisch völlig unterschiedlichen Stellen auftaucht.

Der Autor war Daniel Avraamovich Chwolson / Chwolsohn / Khvol'son — suchen Sie sich eine Schreibweise aus! (Die zweite Version ist eingedeutscht. Ich habe mich zum Zweck der Einfachheit für Chwolson entschieden.) Der Artikel hat den Titel »Über Fragmente antiker babylonischer Literatur in arabischen Übersetzungen«. Der sehr belesene Chwolson war also ein hebräischer Gelehrter, der gleichzeitig auch Arabist war, ähnlich wie auch der ältere Professor, unter dem ich einst islamische Geschichte studierte, Professor S. D. Goitein — ein Jude, der über den Islam mehr wußte als die meisten Araber, und der immer wieder die Ansicht vertrat, Araber und Juden sollten Freunde sein und aufhören, sich wie zänkische Geschwister zu verhalten.

Hier ist zunächst die Passage, die ich aus Chwolsons Artikel übersetzte:

»In der Zer-ha-Mor von Abraham Sab'a, einem jüdischen Schriftsteller aus Spanien am Ende des 15. Jahrhunderts (vgl. Wolf, Bibl. Hebraea, I, S. 93, Nummer 127, und III, S. 57, Nummer 127), finden sich ebenfalls drei interessante Fragmente eines ägyptischen Buchs [ich lasse Sie den Titel gleich wissen]*, auf die mich der aufmerksame Herr Doktor Steinschneider hingewiesen hat, und die ich hier aufgrund ihrer Interessantheit wiedergebe.* [Ich lasse das erste und dritte aus, da es hier irrelevant ist.] *(...) In der zweiten Passage (Blatt 72, Kolumne 4) macht der Autor einige erklärende Bemerkungen zum Wort (...)* [hier nennt er ein hebräisches Wort, transliteriert zu *totafot*] *in Exodus 13, 16 wie folgt:*

[An dieser Stelle sind im Original vier Zeilen Hebräisch, deren Übersetzung hier folgt:]

›*Gewöhnlich akzeptiert man sicherlich, daß die Erfindung von Au-*

gengläsern ins 13. Jahrhundert n. Chr. gehört, doch aus dieser [Passage] läßt sich ersehen, daß sie schon seit viel längerer Zeit in Gebrauch sind.‹«

Soweit konnte ich mich allein durch das Manuskript durcharbeiten. Ich kontaktierte Michael Weitzman mit meinen handgeschriebenen Versuchen, das Hebräische aus dem Original herauszukopieren, was ich in der *Bibliothèque Nationale* in Paris getan hatte. Das Material konnte dort nicht fotokopiert oder gescannt werden, weil das Buch im Begriff war auseinanderzufallen. Doch Weitzman konnte meine hebräische Handschrift leider nicht lesen — und ich muß zugeben, für mich sehen alle hebräischen Buchstaben ungefähr gleich aus! In seinem Brief sagte Weitzman:

»*Ich habe es versucht, aber ich kann aus dieser Quelle leider nicht den Text identifizieren. Dies ist nicht überraschend: Man verwechselt die Buchstaben leicht, und ein Punkt oder Häkchen, das für die Bedeutung wichtig ist, könnte leicht übersehen werden, wenn man kein Experte im mittelalterlichen Hebräisch ist, besonders aufgrund der verschlüsselten Abkürzungen bestimmter Wörter. In dunkleren Momenten fragte ich mich, ob das seltsame Wort fehlen würde.*«

Wie überaus höflich von Weitzman! Doch wenigstens konnte er das einzelne Wort aus dem Exodus lesen und informierte mich darüber wie folgt:

»*So wie ich es sehen kann, bezieht sich der Kommentar auf das Objekt (…) [hier nennt er das hebräische Wort] (…) (Exodus 13, 16), das im biblischen Text erwähnt wird. Die Bibel hebt hervor, daß dieses Objekt ›zwischen deinen Augen‹ plaziert werden sollte. Die jüdische Tradition identifiziert dies als die sogenannten Phylakterien* [im Judentum Gebetsschachteln mit biblischen Texten, A. d. Ü.]*, die von den Männern während des Gebets auf der Stirn — nicht wortwörtlich zwischen den Augen — getragen werden. Offensichtlich haben aber manche das Wort so verstanden, als bedeute es eine Sehhilfe, die —* [wie ein Monokel] *zwischen den Augen plaziert — Augengläser hätten sein können. Zu dieser Interpretation gelangte man durch Gleichsetzung des hebräischen Wortes (das transliteriert werden könnte mit* totafot*) mit dem ähnlich klingenden arabischen Wort* tuataf. *Letzteres ist eine Pluralform eines Substantivs, doch leider ist dieses Wort im Arabischen selten. Da* *ich keine Zeit habe, in Spezialwörterbüchern nach ihm zu suchen, kann ich nicht mit letzter Sicherheit sagen, was es bedeutet, und von daher auch nicht erklären, wie man zu einem angeblichen Hinweis auf Augengläser kam.*

Um es zusammenzufassen: Sowohl Chwolson als auch Steinschneider waren herausragende Gelehrte, bei denen man davon ausgehen kann, daß ihre Werke wohlfundiert sind. Doch aus dem zur Verfügung gestellten Text kann ich nicht wirklich rekonstruieren, was sie gesagt haben.«

Drei Tage später gelang es mir, das St. Petersburger Periodikum in der Britischen Bibliothek zu finden, wo es auf seltsame Weise katalogisiert worden war (weshalb meine früheren Anstrengungen, es zu finden, fehlgeschlagen waren und ich nach Paris gehen mußte). Das bedeutete, ich konnte nun endlich eine Fotokopie des hebräischen Textes anfertigen, die für Weitzman lesbar sein würde und die ich ihm auch am 29. Mai 1997 zukommen ließ. Nachdem er am 24. September ein Buch zu Ende geschrieben und einen Stapel Prüfungen durchgearbeitet hatte, antwortete Weitzman mir, er hätte das Material gründlich durchstudiert und wäre nun schließlich imstande gewesen, die hebräische Passage zu entziffern und die nötigen Forschungsarbeiten durchzuführen. Er schrieb mir:

»Die Fußnote, die Sie mir geschickt haben, befaßt sich mit drei Fragmenten eines mittelalterlichen hebräischen Werkes, genannt das Buch des ägyptischen Landbaus. *Drei Fragmente dieses Buchs sind als Zitate in einem Werk von Rabbi Abraham Saba', der unter den Juden war, die 1492 aus Spanien vertrieben wurden. (Der Apostroph repräsentiert einen Gutturalklang, genannt Ayin.) Das zweite Zitat bespricht das hebräische Wort (...)* totafot, *welches nach dem fünften Buch Mose, 6, 8, ein Objekt bezeichnet, das man zwischen seinen Augen plazieren soll. Die Herkunft und damit auch die Bedeutung dieses Wortes bleiben bis zum heutigen Tag geheimnisumwoben. Traditionell wird* totafot *als die Phylakterien interpretiert, die allerdings hoch auf der Stirn statt direkt zwischen den Augen plaziert werden. Ich denke, dies erwähnte ich bereits. So oder so — die von Rabbi Abraham Saba' zitierte Passage erwähnt die Vermutung, daß das Wort ›Augengläser‹ bedeutet:*

[Weitzman zitiert an dieser Stelle einen Auszug aus der Passage:] *Und dann gibt es noch die, die sagen, das Wort wäre ägyptisch. Im* Buch des ägyptischen Landbaus, *zehnter Abschnitt, finden Sie es in der Beschreibung fortgeschrittenen Alters, (nämlich) daß die Augengläser, die Men-*

schen zwischen ihren Augen plazieren, um besser zu sehen, mit dem Namen tuataf *im Plural und* tafaf *im Singular bezeichnet werden, ebenso wie* totafot. *Die Wurzel der drei Wörter ist dieselbe.* [Dies ist Weitzmans Übersetzung des hebräischen Textes. Er fährt fort:]

Die hier in Ägypten gesprochene Sprache ist offensichtlich Arabisch, da das besondere Verhältnis von Singular zu Plural — aus tafaf *wird* tuataf *— typisch fürs Arabische ist. Ich weiß jedoch nicht, ob es für die Existenz dieses Wortes im Arabischen irgendwelche bekräftigenden Beweise gibt. Der Grund, weshalb ich hier ein arabisches Wort zitiere, ist, daß es seit langem bekannt ist, daß Hebräisch und Arabisch miteinander verwandte Sprachen gleicher Herkunft sind. Deshalb ist ein Weg, ein schwer verständliches hebräisches Wort zu klären, der, das entsprechende Wort im Arabischen zu finden, das als Sprache viel besser dokumentiert ist. Auf dieser Basis vermutet der Autor, daß das arabische* tafat/ tuataf *das Gegenstück zum mysteriösen hebräischen* totafot *ist und uns vielleicht zu seiner wahren Bedeutung führt.*

Ich sollte noch erwähnen, daß es sowohl im Hebräischen als auch im Arabischen zwei Arten von t *gibt: das eine hat einen rauhen kehligen Klang, anders als das gewöhnliche* t, *das auch in beiden Sprachen existiert. Sie werden als zwei verschiedene Klänge wahrgenommen und schreiben sich auch mit zwei unterschiedlichen Buchstaben. Das als ›Augengläser‹ übersetzte Wort* [Hebräisch an dieser Stelle ausgelassen] *ist (…)* mar'ot, *sein Plural* mar'eh *bedeutete ursprünglich ›Sicht‹, hier jedoch in der Bedeutung von Sehhilfe. Die Übersetzung ›Augengläser‹ korrespondiert also gut hiermit.*

Obwohl Rabbi Abraham Saba' im 15. Jahrhundert lebte, gibt es offensichtlich einige Gründe, das Buch des ägyptischen Landbaus *dem 13. Jahrhundert zuzuschreiben. Zweifellos wird der Artikel* [von Chwolson] *dies irgendwo auf einer Seite erklären, die ich nicht habe.*

Ich hoffe, dies beantwortet Ihre Fragen, und ich wünsche Ihnen bei Ihren Forschungsarbeiten einen schnellen Verlauf.«

Diese Informationen faszinierten mich, und schon am nächsten Tag antwortete ich ihm und stellte fleißig weitere Fragen:

»Es war faszinierend für mich zu sehen, daß Rabbi Abraham Saba' tatsächlich ein gut informierter Mann war, denn besonders er sagt, die Terminologie sei ägyptisch. (…) Ich war imstande, die ägyptische Herkunft dieser Wörter nachzuschlagen. Als erstes das Wort mar'eh, *das ›Sicht‹ bedeutet, jedoch hier, wie Sie sagen, ›Sehhilfe«. Dies scheint aus*

dem Ägyptischen mar *oder* maar *zu stammen, was ›sehen‹ bedeutet. Mar-ti bedeutet ›zwei Augen‹ und hat ein Doppelaugen-Determinativ* [Determinativ: hier Zeichen in der ägyptischen und sumerischen Bilderschrift, die die Zugehörigkeit eines Begriffs zu einer bestimmten Kategorie festlegen, A. d. Ü.]. *Mau-her bedeutet ›Ding womit man das Gesicht sieht, d. h. Spiegel‹. Oder erweitert: ›eine Sehhilfe‹. (Ich bin nicht sicher, ob Wallis Budge ›d. h. Spiegel‹ aufgrund seiner eigenen Spekulationen hinzugefügt hat.)*

Was die Wörter totafot, tafaf *und* tuataf, *die ›Augengläser‹ bedeuten, betrifft: im Ägyptischen bedeutet* teti *›sehen‹, und* tet, tut *und* thut *bedeuten alle ›Bild‹.* [Anmerkung: In einem späteren Kapitel werde ich auf das *Tet* als eine mögliche Sehhilfe bei der Landvermessung im antiken Ägypten eingehen.] *Besonders* tut ma *bedeutet ›die Augen sammeln‹, d. h. ›etwas intensiv betrachten, die Augen auf etwas fixieren‹. Ich brauche wohl kaum darauf hinzuweisen, daß die Linsen von Augengläsern den Blick ›sammeln‹ (*colligere*). (Erinnern Sie sich an die Passage bei Plinius, der diesen Begriff benutzt.) Da antike Linsen häufiger von Edelsteinschneidern als von Lesern benutzt wurden, ist es interessant, daß das ägyptische Wort* teftefa *›Edelsteine in Stein einarbeiten, einfassen, schmücken‹ bedeutet. Linguistisch gesehen erscheint es mir, als ob* teftefa *als verwandt mit* tuataf *angesehen werden könnte. Ich wäre daran interessiert, von Ihnen zu erfahren, wie das hebräische Wort für* »Edelsteinschneiden« *lautet, und ob es ein verwandtes Wort ist.«*

Leider fand Michael Weitzman keine Zeit mehr, weitere Forschungen in dieser Sache zu betreiben, und ich bekam auf meine Fragen keine Antwort. Nur fünf Monate später starb er. Die Sorgfalt, mit der er seine Antworten an mich vorbereitete, zeigt mir eine sehr wohlwollende und großzügige Einstellung zur Gelehrsamkeit, doch wenn er sich mit jedem so große Mühe gemacht hat wie mit mir, war es sicher des Guten zuviel. Noch einmal: Ich verspüre den starken Wunsch, ihm zu danken, auch wenn er nicht mehr unter uns weilt, um meinen Dank entgegennehmen zu können.

Und dabei müssen wir es belassen. Ich persönlich glaube, daß diese Begriffe rund um optische Sehhilfen ägyptischen Ursprungs sind, und sie haben sowohl im Hebräischen als auch im Arabischen überlebt. Ob sie im klassischen Arabischen existieren, weiß ich nicht. Es ist klar, daß auf diesem Gebiet noch eine beträchtliche Menge an Forschungsarbeit verrichtet werden könnte. Doch die müßte von hebräischen und arabischen Gelehrten geleistet werden; ich bin dazu nicht qualifiziert.

Es scheint also tatsächlich so, als ob sowohl im zweiten als auch im fünften Buch Mose — das Alte Testament bei den Christen und die Thora bei den Juden — Augengläser erwähnt werden.

Ich möchte betonen, daß wir uns Augengläser des Altertums nicht so wie diejenigen vorstellen sollten, die wir heutzutage tragen. Es gibt überhaupt keine Beweise dafür, daß in der Antike Brillengläser mit Gestellen, wie wir sie heute benutzen, verwendet worden sind. Antike Augengläser, die meiner Meinung nach sicher nicht weit verbreitet waren, scheinen eher eine Art Monokel gewesen zu sein, das auf der Nase ruhte, oder Lorgnetten, die vors Auge gehalten und wieder abgelegt wurden. Antike Lorgnetten mögen oft Monokel mit einer einzelnen Linse gewesen sein, wie, so glaube ich, auch die Layard-Linse eine gewesen ist. Ich habe viele antike Linsen untersucht, die entweder eingefaßt waren oder untrügliche Zeichen dafür tragen. Doch moderne Brillengestelle? Niemals! Es gibt jedoch klare Hinweise darauf, daß Linsen tatsächlich mitunter paarweise benutzt wurden. Bei Karthago wurden 16 Linsen ausgegraben (siehe Tafel 3), und unter diesen wurde ein in bestimmter Weise passendes Paar gefunden, das die richtige Größe hatte, um in die Augenhöhlen zu passen (Tafel 2). Gefunden wurden sie in den Überresten einer Mumie in der Totenstadt. Es besteht nur wenig Zweifel daran, daß dieses Paar Linsen die »Augengläser« dieses Menschen waren. Doch leider haben wir von den frühen französischen Ausgrabungsleitern keine Informationen darüber, welche Art von Einfassung benutzt worden war. Es könnte gut sein, daß man weiche, schnell verrottende Einfassungen benutzt hat, da Leder, Haut und ähnliche Materialien in jener Zeit bequemer auf der Nase zu tragen waren, bevor die klassischen Brillengestelle erfunden wurden.

Doch ich glaube, die große Mehrzahl antiker Konvex-Linsen aus Bergkristall und Glas zur Korrektur von Weitsichtigkeit wurden niemals im Gesicht getragen. Ich glaube, die Gläser, die von Lesern benutzt wurden, wurden meistens in der Hand gehalten und gleitend übers Papier bewegt, so daß nur die jeweiligen Worte direkt unter der Linse zu sehen waren. Der Wissenschaftler Roger Bacon (*etwa* 1214–92) hat eine präzise Beschreibung einer Gebrauchsanweisung für eine Leselupe dieser Art bewahrt, eine Art von Lupe, die meiner Meinung nach schon 3000 Jahre in Gebrauch war, bevor Bacon sie im 13. Jahrhundert beschrieb:

»*Das Instrument* [eine Vergrößerungslinse] *ist für alte Menschen und solche mit schlechtem Sehvermögen nützlich. (...) Wenn jemand durch einen Kristall, ein Stück Glas oder einen anderen durchsichtigen Körper auf darunter befindliche Wörter oder andere kleine Dinge schaut, und wenn solch ein Objekt ein Ausschnitt aus einer Sphäre ist, deren Konvex-Seite dem Auge zugewandt und in die Luft hochgehalten wird, werden ihm die Buchstaben klarer und größer erscheinen (...).«*

Das ist es, was die meisten unserer Vorfahren taten, und es funktioniert immer noch. Ich habe dies mit vielen antiken Linsen getan, nun, da ich selbst an Weitsichtigkeit leide, und kann auf diese Weise ausgezeichnet lesen — selbst mit einer Linse, die nur 1,25fache Verstärkung aufweist. Die meisten antiken Linsen vergrößern 1,5- bis 2fach. In früherer Zeit lasen die Menschen nicht, wenn sie in Zügen oder Flugzeugen auf Reisen waren, und sie trugen auch keine Taschenbücher mit sich. Lesen war etwas, das an einem Tisch stattfand, mit unhandlichen Manuskripten überall vorm Leser ausgebreitet. Deshalb war es bequem, die Leselupe — ob eingefaßt oder nicht — auf dem Tisch liegen zu haben, und man nahm sie auf, wenn man mit ihr über den Text gehen wollte. Doch für Edelsteinschneider und andere Künstler wurden ausgefeiltere Methoden zur Benutzung von Vergrößerungslinsen ausgearbeitet, wie zum Beispiel mit Wasser gefüllte Glaskugeln, die direkt vor der zu verrichtenden Arbeit aufgehängt wurden. Manchmal wurde durch die Mitte der Linse ein Loch gebohrt, so daß man das Gravurwerkzeug direkt durch das Loch führen und so die Arbeit am Objekt unmittelbar vergrößert sehen konnte (wie es auch bei der bei Troja ausgegrabenen Linse auf Tafel 40 der Fall war). Die Bohrung tat der Vergrößerungswirkung der Linse keinen Abbruch. Noch cleverer waren — wie bei einigen antiken britischen Linsen zu finden — »Auflageflächen«, die von der Linse hervorragten, so daß während der Arbeit Gravurwerkzeuge unter die Linse geschoben werden konnten. Doch dazu später mehr.

Wir können also nach unserem Studium antiker Textbeweise sehen, daß die Texte das erhärten, was wir schon als physische Beweise gefunden hatten. Und natürlich erhärten die physischen Beweise umgekehrt die Textbeweise. Obwohl die Texte schon seit der Antike existieren, haben ihnen nur wenige Menschen Glauben geschenkt, da sie nicht davon ausgingen, daß physische Beweise tatsächlich existierten. Es wurde angenommen, die Texte sagten entweder nicht wirklich das, was sie sagten, oder es gab Schreibfehler, oder die Schreiber der Antike hatten übertrieben oder phantasiert. Doch nun stellt sich heraus, daß es die modernen Gelehrten waren, die phantasierten, da sie die Realität der Vergangenheit verleugneten, einfach um es sich selbst bequemer zu

Abbildung 7: Dies ist wahrscheinlich eine der frühesten Beschreibungen von Augengläsern, die in einem Buch veröffentlicht wurde, obgleich noch ältere Darstellungen auf Gemälden existieren. Speusippus, ein Neffe von Plato, sieht hier aus wie ein kräftiger deutscher Bürger, der sich gerade zum Mittagessen eine gute Bratwurst einverleibt hat. Diese Darstellung erschien in Hartmann Schedels *Liber Chronicarum* (Nürnberger Chronik), die 1493 bei Nürnberg veröffentlicht wurde. Es war eine Weltgeschichte vom Beginn der Schöpfung bis zum Jahre 1492.

machen. Auf der Strecke blieb bei solch rücksichtslosem Verhalten seitens träger und arroganter Intellektueller die Wahrheit.

Nur wenige Tage, bevor dieses Buch in Druck ging, konnte ich noch einen Bericht über eine sensationelle Entdeckung in bezug auf antike Optik-Technologie mit einfügen. Die Neuigkeiten erreichten mich mehr oder weniger zufällig als Ergebnis des Besuchs einer archäologischen Stätte im November 1999. Ich besuchte die Archäologin Barbara Adams bei ihren Ausgrabungen bei der alten prädynastischen Hauptstadt Hierakonpolis in der Nähe von Edfu, eine Stätte, die geschlossen ist und von niemandem besucht wird. (Meine Frau Olivia und ich waren 1999 die zweiten und dritten Besucher.) Hierakonpolis erstreckt sich über 140 Quadratkilometer und besteht — soweit das Auge reicht — größtenteils aus Hügeln mit zerborstenem Tongeschirr, im wellenförmigen Wechsel mit zahllosen Senken, in denen sich ausgeraubte Gräber befinden. Das Ganze wirkt wie ein Schlachtfeld des Ersten Weltkriegs, allerdings ohne den Schlamm, denn das ganze Gebiet ist zu einer Wüste vertrocknet. In dieser Saison fand man dort ein Elefanten-Begräbnis — ein Grab, mit dem antike Grabplünderer ihre Schwierigkeiten gehabt haben müssen —, sowie eine Kuh, die auf einem Bett aus geflochtenen Palmwedeln lag, mit Blumen überschüttet. Beides stammt aus der ersten Hälfte des vierten Jahrtausends vor Christus.

Als ich mit Dr. Adams über antike Optik sprach, erzählte sie mir von einer Entdeckung, die so erstaunlich war, daß ich nach meiner Rückkehr nach Luxor ans Telefon sprang, um mit dem Entdecker, dem Direktor des Deutschen Instituts in Kairo, Dr. Günter Dreyer, einen Termin zu vereinbaren. Er ist ein sympathisch lächelnder Mann, der gern Analogien aus der Natur heranzieht, um die Symbolik im frühesten Altertum zu erklären: »In den alten Schriften war Anubis ›auf seinem Hügel‹, weil Schakale entlang der Gebirgsausläufer umherstreunen«, und so weiter.

Bei Ausgrabungen auf dem prädynastischen Friedhof bei Abydos in Oberägypten, bekannt als Omm el Kabb — »Mutter der Töpfe«, denn er enthält im wahrsten Sinne des Wortes Millionen von Tonscherben — fand Dreyer im Grab eines unbekannten prädynastischen Königs aus der Zeitperiode genannt Nakada II den Elfenbeinknauf eines Messers. Er wurde aus Elefanten-, nicht aus Flußpferd-Elfenbein gefertigt und datiert von *etwa* 3300 v. Chr.

Was diesen Messerknauf so besonders machte — denn Dreyer hatte im Verlauf seiner zwanzig Jahre in Ägypten schon so einige Messerknaufe gefunden —, war, das er von mikroskopisch kleinen Schnitzereien übersät war! Jawohl: Ich sagte, mikroskopisch klein.

Als Barbara Adams mir dies zunächst erzählte, sagte sie, Dreyer hätte ihr bei Abydos den Knauf gezeigt. Sie war erstaunt, denn sie konnte die Schnitzarbeiten nur mit einem Vergrößerungsglas sehen.

In den Abbildungen 8 und 9 können Sie Zeichnungen finden, die mir Dr. Dreyer freundlicherweise zur Verfügung gestellt hat. Fotos finden Sie auf den Tafeln 38a – c. In der ersten Zeichnung (Abbildung 8) haben die vorbeiziehenden, Opfergaben darbringenden Figuren Köpfe, die auf dem Original *nur einen Millimeter Durchmesser* haben. Dreyer sagte mir, er hätte Wochen gebraucht, um den Knauf mit größter Sorgfalt von allem Schmutz zu befreien und die Details der Schnitzereien auf beiden Seiten freizulegen. Zu diesem Zweck mußte er auf eine Nadelspitze zurückgreifen, das einzige Werkzeug, das für diese Arbeit klein genug war. Mit Recht ist er stolz auf die Resultate.

Dieser außergewöhnliche Fund, so könnte man sagen, schiebt das zeitliche Datum für den physischen Beweis des Gebrauchs von Vergrößerungshilfen in der Antike noch einmal um *weitere 700 Jahre zurück*. Davor waren die im letzten Kapitel dieses Buches erwähnten ägyptischen Bergkristall-Linsen, datierend von *etwa* 2600 v. Chr., der älteste physische Beweis für Vergrößerungshilfen in der Antike. Doch nun haben wir diese mikroskopisch kleinen, 3300 v. Chr. angefertigten Schnitzarbeiten, die nur von einem Kunsthandwerker verrichtet werden konnten, der eine Vergrößerungshilfe benutzt hat.

Zu jener Zeit gab es in Ägypten keinen Mangel an Bergkristallen. Dr. Dreyer versicherte mir, daß zu jener Zeit viele Kristallobjekte angefertigt und später ausgegraben worden sind, auch wenn bisher noch

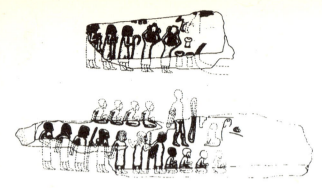

Abbildung 8: Zeichnungen der Schnitzarbeiten auf einer Seite des 5300 Jahre alten Elfenbein-Messerknaufs, der von Günter Dreyer bei Abydos gefunden wurde. Die Schnitzereien sind zu klein, um sie ohne Vergrößerungsglas sehen zu können, und hätten auch nicht ohne Vergrößerungshilfe angefertigt werden können. Die Köpfe der Figuren haben ungefähr einen Millimeter Durchmesser. Die Figuren bieten Opfergaben dar und sind nicht-ägyptischer Herkunft, vermutlich Kanaaniten. Der Bug eines Schiffes ist gerade noch sichtbar. In der unteren Hälfte der Zeichnung sind die meisten der Figuren aneinander gefesselt, offensichtlich Kriegsgefangene. Dieser Messerknauf wurde bei Abydos im Grab eines unbekannten prädynastischen Königs gefunden, aus der Zeitperiode, die Archäologen als Nakada II bekannt ist, und datiert von *etwa* 3300 v. Chr. Die Tatsache, daß zu jenem Zeitpunkt schon Vergrößerungshilfen benutzt worden sind, bedeutet, daß Optik-Technologie von Beginn an ein integraler Bestandteil von Hochzivilisationen war. Sie war zu frühesten Zeiten, die durch Ausgrabungen bekannt wurden, dabei. Dreyers aufsehenerregender Fund versetzt den Beweis für eine solche Optik-Technologie noch einmal um 700 Jahre weiter in die Vergangenheit zurück, als bisher bekannt war.

keine Linsen gefunden wurden (oder zumindest nichts als solches erkannt wurde). Es wurden jedoch schon Becher aus Bergkristall angefertigt, was beweist, daß die Kunst der Quarzkristall-Bearbeitung schon weit fortgeschritten und hochprofessionell war, so daß die Herstellung von Linsen im Vergleich dazu eine einfache Sache gewesen wäre.

Glücklicherweise kann ich über diese Entdeckung berichten, da es sich nicht um unveröffentlichtes Material handelt und deshalb publik gemacht werden kann. Dr. Dreyer hat bereits 1999 einen Vorab-Bericht über den Fund im Kontext eines Artikels über prädynastische Messerknaufe veröffentlicht.[7]

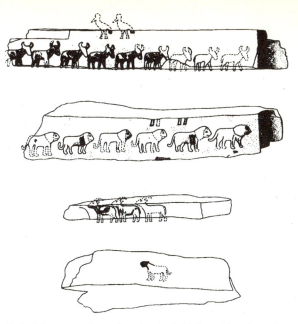

Abbildung 9: Zeichnungen der mikroskopisch kleinen Schnitzereien auf der anderen Seite des Elfenbein-Messerknaufs aus Abydos. Auf dieser Seite findet man Prozessionen von Löwen und anderen Tieren. Erweisen diese Tiere ebenfalls dem König ihren Respekt? Vielleicht sind sie aber auch nur Dekoration.

Die Funde von Dreyer bei Abydos sind äußerst wichtig, wie dieser schon zeigt. Doch erst als ich Dreyer besuchte, ging ihm auf, welche Tragweite und Wichtigkeit seinem Fund zukommt. Denn nur im Kontext antiker Miniaturarbeiten und der Existenz von Vergrößerungshilfen kann die wahre Wichtigkeit dieses Fundes eingeordnet werden. Ich bin dankbar, daß das Schicksal dafür sorgte, daß ich gerade noch rechtzeitig von diesem Fund erfuhr, um ihn zu erwähnen, so daß dem Leser der Beweis für Vergrößerungshilfen, die schon vor 5300 Jahren in Ägypten benutzt wurden, nicht vorenthalten wird!

Anmerkungen

[1] Plinius, *Naturkunde*, Buch VII, Kapitel 21, übersetzt von H. Rackham, Band II der Loeb-Klassik-Bibliothek von Plinius, Harvard University Press, USA, 1969, S. 561.

² Arago, Dominique François Jean, *Astronomie Populaire*, 4 Bände, Paris, 1854–1857, Band II, Buch IV.

³ Sittl, Karl, *Archäologie der Kunst*, in Band VI des *Handbuch der Klassischen Altertums-Wissenschaft*, herausgegeben von Iwan von Müller, München, 1895, S. 195.

⁴ Salmuth, Heinrich (Henricus), Kommentare zu Pancirollo in *The History, op. cit.* von Pancirollo (1715 auf englisch), S. 372–373.

⁵ Phanias, Gedicht 295 in Buch VI der *Greek Anthology* (Griechische Anthologie), ins Englische übersetzt von W. R. Paton, Loeb Classical Library, Harvard University Press, USA, Band I, 1960, S. 457.

⁶ Plinius der Ältere, *Naturkunde*, übersetzt von D. E. Eichholz, Band X, Loeb Classical Library, Harvard University Press, 1971, S. 213.

⁷ Dreyer, Günter, »Motive und Datierung der dekorierten prädynastischen Messergriffe« in *L'art de l'Ancien Empire Égyptien* (Die Kunst des altägyptischen Reichs), Actes du Colloque, Louvre-Museum, 1998/1999, S. 195–226.

Kapitel Drei

DAS FEUER DES PROMETHEUS

Neben der Funktion als Vergrößerungsglas war ein weiterer Hauptverwendungszweck antiker Linsen der als Brennglas. Dies nahm zwei Formen an: die Kauterisierung [Zerstörung von krankhaftem Gewebe durch Brennen oder Ätzen, A. d. Ü.] von Wunden, bevor die neuzeitliche Antiseptik verfügbar war, und das Entzünden heiliger Feuer. Doch der älteste griechische Text, der Brenngläser erwähnt, tut dies im Kontext einer absurden Komödie mit dem Titel *Die Wolken* von Aristophanes, einem Komödienschreiber aus Athen. Erstmals aufgeführt wurde dieses Stück 423 v. Chr. in Athen. Dies ist vielleicht das berühmteste Stück von Aristophanes, denn es enthält eine Parodie auf den Philosophen Sokrates.

Die Erwähnung von Brenngläsern erfolgt in den Zeilen 765–772 des Textes, im Akt Zwei, Szene Eins, im Kontext eines Geplänkels zwischen Sokrates und einer Figur namens Strepsiades. Strepsiades sagt, er werde von Schulden geplagt, hat aber eine Idee, wie er sie loswerden kann, beruhend auf der Tatsache, daß Schuldeneintreiber gewöhnlich die ausstehenden Schulden auf einer Wachstafel notierten. Sokrates fordert ihn auf, ihm zu sagen, was es sei:

Sokrates: »Was ist es?«

Strepsiades: »Hast Du je einen wunderschönen durchsichtigen Stein beim Drogisten gesehen, mit dem Du ein Feuer entzünden könntest?«

Sokrates: »Du meinst eine Bergkristall-Linse [*hyalon*]?«

Strepsiades: »Ja.«

Sokrates: »Nun, was ist damit?«

Strepsiades: »Wenn ich mich mit diesem Stein in die Sonne begebe, weit weg vom Schuldeneintreiber, während der die Forderungen niederschreibt, könnte ich das gesamte Wachs, auf dem die Beträge geschrieben sind, zum Schmelzen bringen.«

Sokrates: »Bei allen Grazien, gut ausgedacht!«

Strepsiades: »Ah, mit Freuden habe ich die fünf Talente, die ich noch schuldete, verschwinden lassen.«

Wie schon im letzten Kapitel erwähnt, wurde das Wort *hyalos*, was »Bergkristall« bedeutet, durch den Historiker Herodot (5. Jahrhundert v. Chr.) in die griechische Literatur eingeführt und ist ägyptischer Abstammung. *Hyalos* bedeutete später auch »Glas«, doch zu Zeiten Aristophanes' waren Brenngläser aus Bergkristall statt aus Glas.

Die oben wiedergegebene Passage bei Aristophanes wurde von Autoren, die über antike Optik schrieben, oft erwähnt, da sie die Existenz von optischen Linsen im 5. Jahrhundert v. Chr. so klar dokumentiert. Der erste neuzeitliche Forscher, der dies im Kontext der Geschichte der Optik bemerkte, scheint 1708 der französische Wissenschaftler Gabriel-Philippe de la Hire gewesen zu sein. Er regte eine Diskussion dazu beim Treffen der Mitglieder der Französischen Königlichen Akademie der Wissenschaften an, über das im darauffolgenden Jahr ein Bericht veröffentlicht wurde. Er konsultierte auch einen Scholiasten (einen anonymen antiken Kommentator im Griechischen) des Stücks, und de la Hire sagt:

»*Der Scholiast von Aristophanes sagt zu dieser Passage, daß er sich auf ein rundes dickes Stück Glas bezöge, genau zu diesem Zweck gemacht (...).*«

Doch 30 Jahre später, 1738, bemerkte Robert Smith in seinem Werk *A Compleat System of Optics* (Ein komplettes System der Optik) mit viel Einfühlungsvermögen:

»*Der berühmte M. de la Hire hat sich die Mühe gemacht, die frühe Existenz von Linsen oder linsenförmigen Brenngläsern weit in die Antike hinein zu verlagern, indem er glaubt, er habe sie in den* Wolken *von Aristophanes, im Akt II, gegen Ende der Szene 1 entdeckt. (...) Der Scholiast sagt an dieser Stelle, es sei ein rundes (trochoeides, ›rund wie ein Rad‹) dickes Stück Glas gewesen, speziell für diesen Zweck angefertigt (...). Der Scholiast stellte fest, es war konvex, was zeigt, daß sie zu seiner Zeit, obwohl nach Aristophanes, solche Gläser benutzten, um Feuer zu entfachen. Er (de la Hire) leitet auch aus den Worten* apotero stas *(›in einiger Entfernung stehen‹) ab, daß dieses Glas eher linsen- als kugelförmig war, denn eine Sphäre (Kugel) hat eine sehr kurze Brennweite direkt hinter sich.*«

Der Kristall muß eher eine Linse als eine Kugel gewesen sein, denn es wäre ziemlich unmöglich gewesen, eine Wachstafel mit einer Kugel zu schmelzen — es sei denn, die Tafel hätte sich in unmittelbarer Nähe zur Kugel befunden.

Prantl, ein Deutscher, der den Text von Aristophanes bearbeitet hatte, wies auch richtigerweise auf die Tatsache hin, »daß es für Aristophanes selbstverständlich war, daß sein Publikum mit diesen Geräten völlig vertraut war, und daß dies aus seinen Beschreibungen vollkommen offensichtlich sei (...).«

Deshalb ist es unmöglich, nicht zu der Schlußfolgerung zu gelangen, daß im Athen des fünften vorchristlichen Jahrhunderts für jeden Menschen, der eines haben wollte, Kristall-Brenngläser in den örtlichen Geschäften erhältlich waren. Und eine Linse, die das Licht bündelt, so daß Feuer mit ihr gemacht werden kann, kann natürlich auch als Vergrößerungsglas dienen.

Die beiden anderen Haupttexte zu Brenngläsern sind von Plinius (1. Jahrhundert n. Chr.). In Wirklichkeit geht es bei ihnen um Brennkugeln oder Brennsphären statt Linsen. Zu jener Zeit, also 500 Jahre nach Aristophanes, nahm Glas die Stelle von Bergkristall für viele Verwendungszwecke ein, weil es sehr viel günstiger war. Hier sind Eichholz' bisher veröffentlichte Übersetzungen der beiden Passagen:

»(1) Das am meisten geschätzte Glas ist jedoch farblos und durchsichtig und ähnelt so weit wie möglich dem Bergkristall. Doch obwohl Glas für die Herstellung von Trinkgefäßen Metalle wie Gold und Silber verdrängt hat, kann es keine Hitze ertragen, es sei denn, man gießt zunächst eine klare Flüssigkeit ins Gefäß. Und doch werden mit Wasser gefüllte Glaskugeln in der Sonne so heiß, daß sie Kleidung in Brand setzen können. (XXXVI, 67, 199.)

(2) Wie ich feststellen konnte, gibt es für Ärzte keine effektivere Methode, Körperteile zu kauterisieren, die eine solche Behandlung brauchen, als daß man eine Kristallkugel so auf der Haut plaziert, daß sie an der gewünschten Stelle die Sonnenstrahlen bündelt. (XXXVI, 10, 28–29.)«

Hier sind nun Eichholz' revidierte Übersetzungen der obigen Passagen:

(1) [Eichholz wies mich darauf hin, daß die Passage in Wirklichkeit in der Form eines Paradoxons geschrieben wurde, und die korrekte Übersetzung des letzteren Teils sollte in dieser Form sein:] *(...) »(Glas) kann Hitze nicht widerstehen, es sei denn, kalte Flüssigkeit wird zuerst ein-*

geschüttet, obwohl Glaskugeln, die man mit Wasser füllt und der Sonne aussetzt, so heiß [candescant] zu strahlen beginnen, daß Kleidung sich entflammt.

(2) Ich konnte feststellen, daß Teile des Körpers, die kauterisiert werden müssen, nicht auf nützlichere Weise gebrannt werden können als mittels einer Kristallkugel, die man in den Strahlengang des Sonnenlichts hält.«

Vielleicht sollte ich kurz einiges zu Plinius' *Naturkunde* sagen, was ich schon mehrmals erwähnte und weshalb ich mich bemüht hatte, die revidierten Übersetzungen von Professor Eichholz in seinem Seniorenheim zu bekommen. Es ist ein gigantisches Werk von 37 Bänden, das zehn Loeb-Bibliotheksbände (die Harvard University Press-Klassikerreihe) füllt. Es ist das längste und umfangreichste Werk, das über die antike westliche Wissenschaft existiert. Der Wissenschaftshistoriker George Sarton sagte von diesem immensen Werk, daß es »vielleicht die wichtigste einzelne verfügbare Quelle zur Geschichte der antiken Zivilisation ist«. Die Lektüre dieses Werks ist wunderbar und faszinierend, doch es für wissenschaftliche Zwecke zu benutzen ist ein Alptraum größeren Ausmaßes. Die neuzeitliche Ausgabe und Übersetzung der Loeb-Bibliothek wurde 1938 erstmals veröffentlicht, und erst 33 Jahre später, im Jahre 1971, erschienen endlich die Schlußteile des Textes und ihre Übersetzung (Eichholz' Band). Doch Band XI sollte ursprünglich der Index sein, und nun, 29 Jahre später oder *62 Jahre* nach der erstmaligen Veröffentlichung des Werkes warten wir immer noch auf seine Erscheinung! In einem solch umfangreichen Werk ist es deshalb *unmöglich, irgend etwas nachzuschlagen!*

Nun haben Sie vielleicht eine Vorstellung davon, womit man es hier zu tun hat. Wenn Sie herausfinden wollen, was Plinius zu Linsen oder Kristallkugeln sagte, sind Sie »auf sich allein gestellt«; Sie müssen sich dann durch alle zehn Bände durcharbeiten und selbst nachschauen. Deshalb greifen nur so wenige Leute auf Plinius zurück — denn niemand hat die Zeit sich hinzusetzen, alle zehn Bände durchzulesen und sich Notizen zu irgendeinem Thema zu machen, das man in Zukunft noch nachschlagen will. Meine eigenen Bände sind gespickt mit Lesezeichen, die überall oben aus den Bänden herausragen — mitunter 20 bis 30 pro Band —, auf die ich Anmerkungen wie diese geschrieben habe:

Zeichen, die sich aus dem Verhalten von Mäusen ableiten lassen
Stierblut zu trinken ist schädlich, denn es dickt schnell ein und wird hart

Die Erde, in Parallelen eingeteilt — einer verläuft durch Delos
Statuen der Sibyllinen bei Rom
Prinzip von Spiegeln
Der Maler, der ein Porträt von Aristoteles' Mutter gemalt hat
Obelisk repräsentiert Sonnenstrahlen
Delphische Lorbeerblätter verbrannt
Die Sonne ist die Seele oder der Geist der ganzen Welt
Wie die Menschen der Vorzeit bestimmte Eigenschaften der Pflanzen entdeckt hatten
Pompeius hatte zwei Doppelgänger, die fast nicht von ihm zu unterscheiden waren

Von diesen kleinen Kostproben können Sie sich einen Eindruck von Plinius' verrückten Interessen verschaffen und weshalb es so lustig ist, seine Werke zu lesen.

Man ist auf Methoden beschränkt wie meine Lesezeichen-Taktik, einfach weil es schlichtweg unmöglich ist, irgend etwas in den 37 Bänden nachzuschlagen — die Informationen sind zu zerstreut. Was das Thema Optik angeht, wird es bei Plinius sogar noch schlimmer, denn da schien eine Art Fluch auf ihm zu lasten, der schon so manche, die sich auf ihn bezogen, geistig völlig entkräftet zurückließ. Die Autoren von Texten zur Optik, die in den letzten eineinhalb Jahrhunderten Plinius zitierten, haben eine erstaunliche Anzahl von Fehlern bei der Identifizierung von Passagen, aus denen sie zitieren, gemacht, so daß es ziemlich unmöglich ist, diese Passagen aufzufinden. Diese schlechte Angewohnheit scheint ihren ernsten Anfang mit dem deutschen Autoren Emil Wilde genommen zu haben, der in seiner *Geschichte der Optik*, veröffentlicht 1838 in Berlin, in Fußnote 1 auf Seite 68 ein schlechtes Vorbild abgab, wo er sich irrtümlicherweise auf Plinius bezieht. Von da an ging es den Rest des Weges bergab. (Ich rate allen Autoren eindringlich, in ihren Werken auf die Seite 68 zu achten. Es scheint, als ob fast alles ab da falsch laufen könnte.)

Hat man einmal — trotz aller Hindernisse und Schwierigkeiten — bei Plinius die nötigen Passagen gefunden, beginnen die Schwierigkeiten erneut. Denn es scheint, als ob nahezu jede relevante Passage unterschiedlich ausgelegt wird. Übersetzungen und Interpretationen weichen stark voneinander ab oder waren Gegenstand erbitterter Kontroversen unter Gelehrten. Selbst die Loeb-Übersetzungen sind nicht wortwörtlich oder notwendigerweise korrekt, denn nach Eichholz gaben die Verleger den Übersetzern die Auflage, möglichst flüssig und leicht lesbar zu übersetzen — falls nötig auch auf Kosten der wortwörtlichen Bedeutungen. Für Trivialliteratur mag so etwas angemessen sein; für wissenschaftliche Werke wie Plinius' *Naturkunde* ist dies jedoch eine Richtlinie, die dem ernsthaften Studium, das Wissenschaftshistoriker betreiben wollen, abträglich ist.

Da es wichtig ist, Informationen über die antike Präparation von Glas, das für Linsen verwendet werden kann — sei es als Brenn- oder Vergrößerungsglas —, zu finden, fragte ich Professor Eichholz zu der Passage von Plinius, die in seiner Loeb-Version so lautet:

»*Manches wird durch Blasen geformt, anderes maschinell auf einer Drehbank, wiederum anderes ziseliert* [mit einem Meißel o. ä. in Metall eingearbeitet, A. d. Ü.] *wie Silber. Sidon (Hafenstadt im heutigen Libanon) war einst berühmt für seine Glasarbeiten, da hier — abgesehen von anderen Errungenschaften — Glasspiegel erfunden wurden.*«

Das Wort, das oben als »maschinell« wiedergegeben wurde, ist im Original *teritur*, was »geschliffen« (oder »poliert«) bedeutet (XXXVI, 66, 193). Eichholtz' wörtliche Übersetzung ist deshalb:

»*Einiges wird mit Hilfe einer Drehscheibe geschliffen und einiges davon wird danach wie Silber ziseliert.*«

Das Wort *teritur* wird von Plautus verwendet, um auf das Mahlen von Mehl zwischen Mühlsteinen, das Zerkleinern von Dingen in einem Mörser oder das Aneinanderreiben von Holz zum Feuermachen hinzuweisen. Das Wort *tornus*, in Eichholz' veröffentlichter Version als »Drehbank« übersetzt, bedeutet auch »Drehscheibe«. Hier haben wir also die Bestätigung dafür, was es an Werkzeugen und Techniken zur Herstellung von geschliffenen polierten Linsen bedarf.

In der antiken Literatur findet sich noch eine Anzahl weiterer expliziter Hinweise zu Brennkugeln, doch entstammen viele dieser Materialien recht obskuren Quellen. Zum Beispiel haben wir da den Kirchenvater Lactantius, der 314 n. Chr. die theologische Abhandlung *Über den Zorn Gottes* verfaßte. Ich glaube, dieses Werk wäre heute für den Mann oder die Frau auf der Straße nicht gerade ein Bestseller-Anwärter. Er sagt, »daß eine mit Wasser gefüllte Glaskugel, die man gegen die Sonne hält, selbst bei kältestem Wetter ein Feuer entzündet«. Ein früherer Hinweis zur Optik bei Lactantius findet sich in seinem Werk *De Opificio Dei* (Über Gottes Handwerkskunst), das er 304 v. Chr. schrieb.

Die älteste uns noch erhalten gebliebene wissenschaftliche Beschreibung der Entzündung von Stoffen mittels Brenngläsern und -spiegeln findet sich in der Abhandlung *De Igne* (Über das Feuer) von Theophrastus, der Kollege und Nachfolger von Aristoteles (4. Jahrhundert v. Chr.) war. Seine Kommentare erfolgen im Kontext eines Versuchs zu verstehen, wie eine Entzündung auf diese Weise einfacher zu vollbringen wäre als mit herkömmlichen Methoden:

»*73. Was die Tatsache betrifft, daß bestimmte Substanzen aufgrund der Reflexion von Sonnenlicht an glatten Oberflächen, jedoch nicht durch Flammen selbst, Feuer fangen: Der Grund dafür ist, daß die Sonnenstrahlen aus feinen Partikeln bestehen, und wenn diese reflektiert werden, ist das Feuer beständiger als ein herkömmliches Feuer aufgrund der Unregelmäßigkeit seiner Partikel. Ersteres dringt aufgrund seiner Konzentration an feinen Partikeln tiefer in den Brennstoff ein und kann ihn so zur Entzündung bringen, während letzteres aufgrund dieser fehlenden Eigenschaften dazu nicht imstande ist. Ein Feuer kann durch Bergkristall* [-Linsen, Lichtbrechung] *und (durch) Kupfer und Silber* [-Spiegel, Lichtreflexion]*, die auf eine gewisse Weise gefertigt sind, entzündet werden, doch nicht, wie Gorgias* [ein früherer Philosoph] *und andere glauben, dadurch, daß Feuer durch ihre Poren nach außen dringt.*«

Der frühe Kirchenvater Klemens von Alexandrien (geboren *etwa* 150 n. Chr.) schrieb in seiner faszinierenden und lehrreichen *Stromata* (Sammlungen), Nummer VI:

»*Doch wie es scheint, kennen die griechischen Philosophen Gott nicht, obwohl sie ihm einen Namen geben. Nach Empedokles ›ergießen sich ihre philosophischen Spekulationen aus Mündern, die wenig über das Ganze wissen‹ (ein Fragment von Empedokles, das nirgendwo anders bewahrt worden war). Denn so wie die Kunst das Licht der Sonne in Feuer verwandelt, indem das Licht durch ein mit Wasser gefülltes Gefäß gelenkt wird, so ist die Philosophie, die einen Zündfunken aus den göttlichen Schriften erhält und Feuer fängt, in einigen wenigen sichtbar.*«

Ein weiterer Kirchenvater, Gregor von Nyssa (4. Jahrhundert n. Chr., jüngerer Bruder des Heiligen Basilius), erwähnt in seinen *Einwänden gegen Eunomius* die Entzündung eines Feuers durch Wasser, das in die Sonne gehalten wird. Ebenso erwähnt dies ein anderer Kirchenvater,

Caesarius (den Franzosen als St. Césaire bekannt), der Bruder von St. Gregor von Nazianzus (4. Jahrhundert n. Chr.), in seinem *Ersten Dialog*.

Der sehr obskure Bischof Titus von Bostra in Asien, von dem ich nicht mehr weiß, wann er gelebt hat, schrieb ein Buch mit dem Titel *Wider die Manichäer*. Hierin erwähnt er die Kauterisierung von Wunden, offensichtlich mit Hilfe einer Brennkugel (II, 13):

»*Der Arzt macht sich keine Sorgen darüber, daß er eine Wunde durch Herausbrennen kauterisieren muß (…)*«

Philostratus (geboren *etwa* 170 n. Chr.) gibt in seinem mystischen Werk *Das Leben des Apollonius von Tyana* zwei Beschreibungen des Gebrauchs von Linsen durch die Brahmanen Indiens, um ein heiliges Feuer zu entzünden:

»*(…) Und auf (diesem Hügel) verehren sie das Feuer mit mysteriösen Ritualen, indem sie nach ihren eigenen Angaben das Feuer aus den Strahlen der Sonne ziehen; und jeden Tag zur Mittagszeit singen sie der Sonne eine Hymne [III, 14].*
Außerdem verwenden sie das Feuer, das sie aus den Sonnenstrahlen ziehen, nicht auf einem Altar oder in einem Ofen, obwohl es ein materielles Feuer ist. Doch so wie die Sonnenstrahlen beim Eintritt ins Wasser gebrochen werden, so kann man dieses Feuer aufsteigen und im Äther tanzen sehen. (…) Bei Nacht bewahren sie das Feuer, so daß ihnen die Nacht nichts anhaben kann; es bleibt bei ihnen, so wie sie es vom Himmel heruntergebracht haben, und sie genießen das Sonnenlicht, wann immer sie wollen (…) (III, 15).«

Diese Passagen sind typisch für die phantastischen Ideen aus diesem Buch voller Magie, Hörensagen und imaginären Abenteuern. Die Hinweise zum Gebrauch von Linsen, um »das heilige Feuer aus den Strahlen der Sonne zu ziehen«, sind verläßlich, da es zu jener Zeit überall auf der Welt der Antike getan wurde — mit Sicherheit von Großbritannien bis nach China. Philostratus' bizarres Werk enthält interessanterweise einen Schlüssel zu dem, was vielleicht eine Erklärung für eines der Rätsel in der *britischen* Archäologie sein könnte. Denn die vielen Kristallkugeln, die in Großbritannien aus den Gräbern von Personen weiblichen Geschlechts ausgegraben wurden, waren oft zusammen mit Sieben gefunden worden. Niemand hat je für diese seltsame Tatsache eine Erklärung hervorgebracht. Doch diese Passage mag dazu einen Hinweis geben:

»(...) Es gibt bestimmte alte Frauen, die mit Sieben in ihren Händen zu Schafhirten gehen, manchmal auch zu Kuhhirten, und vorgeben, sie würden durch Weissagung, wie sie es nennen, die Herde heilen, wenn sie krank ist, und sie behaupten, man nennt sie die weisen Frauen, sogar noch weiser als die echten Propheten« (VI, 11).

Dieses Einzelstück antiker Überlieferungen könnte sogar auf ganz Europa Anwendung finden. Wofür die alten Frauen die Siebe genau benutzt haben, oder wie sie mit ihnen Weissagungen betrieben: Es ist möglich, daß sie geschmolzenes Blei in kaltes Wasser gegossen haben, so daß es seltsame Formen annahm — Bleigießen, eine Methode der Weissagung, die auch heute noch in Österreich unter dem Landvolk praktiziert wird. Vor einigen Jahren zeigte mir meine Freundin Mia Agee, eine Österreicherin, diese Methode. Die Siebe werden dazu benutzt, die erkalteten Bleistücke aus dem Wasser zu fischen. Doch das ist nur eine Vermutung. Die Siebe könnten sonst dazu benutzt worden zu sein, Eiweiß oder Eigelb aus dem Wasser abzusieben, nachdem man genau studiert hatte, wie ein aufgeschlagenes Ei im Wasser herabsank und welche Formen das gerinnende Eiweiß dabei annahm.

Ein weiteres Stück Überlieferung in bezug auf Frauen und Brennlinsen findet sich in dem faszinierenden fünfbändigen Werk *The Cults of the Greek States* (Die Kulte der griechischen Staaten) von Lewis Farnell. In Band II sagt Farnell an einer Stelle:

»Bevor wir die Ergebnisse dieser Untersuchung attischer Rituale [im alten Athen] *zusammenfassen, müssen wir schauen, ob die Aufzeichnungen des Thesmophoria-Festes* [ein jährliches Frauenfest] *in anderen Teilen Griechenlands dem allgemeinen Bericht noch irgendwelche wichtigen Tatsachen hinzufügen können, abgesehen von dem, was bereits angemerkt wurde, nämlich dem überall einheitlichen Ausschluß von Männern* [aus diesen Zeremonien]. *Vom Eretria-Ritus* [Eretria in Griechenland] *ist ein weiteres Detail von anthropologischem Interesse: Die Frauen benutzten kein Feuer, sondern die Hitze der Sonne, um ihr Fleisch zu kochen. (...) Das Feuer der Sonne war reiner als das des heimischen Herdes.«*

Farnell versteht offensichtlich nicht, was dies bedeutet, und spekuliert, daß es vielleicht etwas mit dem Trocknen von Fleisch in der Sonne zu tun haben muß. Doch es scheint klar, daß die Information in Wirklichkeit bedeutet, daß das Feuer, welches zum Kochen des Fleisches benutzt wurde — und er sagt, das Fleisch wurde *gekocht*; wie könnte also *getrocknet* gleichbedeutend sein mit *gekocht*? — durch den Gebrauch von Brenngläsern erzeugt wurde und von daher ein »rein himmlisches« Feuer war. Farnell gibt keine Referenzen zu dieser Information über die Thesmophoria-Traditionen in Eretria an, und obwohl ich es bei Pausanius überprüft habe, konnte ich es dort nicht finden; ich weiß also nicht, woher er dies hat.

In Band V seines Werks bezieht sich Farnell klar auf antike Brenngläser:

»(...) *Nach Plutarch war in Griechenland die* [fürs Entzünden der heiligen Flamme auf einem Altar] *übernommene Methode die Entzündung flammbaren Materials mit Hilfe eines Brennglases. Da nun ein Ritual so starke konservative Züge trägt, mag dies zur ursprünglichen Einführung dieses Ritus gehört haben. Doch ein Volk, das soweit gekommen ist, daß es Brenngläser benutzt, steht nicht mehr unter dem Zwang, für Gebrauchszwecke ständig ein Feuer zu unterhalten. Wir können vielmehr den direkten Einfluß irgendeines religiösen Gefühls annehmen.*«

An diesem Punkt sollten wir Plutarch (1. Jahrhundert n. Chr.) konsultieren, und wir finden die entsprechende Passage in seinem *Leben des Numa*, Kapitel 9. Numa war der zweite König Roms, der von 715 bis 673 v. Chr. gelebt haben soll. Sein Name ist etruskisch. Einige Überlieferungen über ihn haben eher Legendencharakter, als daß sie einen genauen historischen Abriß lieferten. Der Text von Plutarch bezieht sich mehr auf Brennspiegel als auf Brenngläser:

»*Er war auch der Oberaufseher der heiligen jungfräulichen Priesterinnen, Vestalinnen genannt; Numa wird die Priesterweihe der Vestalinnen zugeschrieben und im allgemeinen die Verehrung und Unterhaltung des ewigen Feuers, das ihnen anvertraut wurde. Dies war so, weil er entweder die Natur des Feuers als rein und unkorrumpiert ansah und es deshalb keuschen und unbefleckten Personen anvertraute, oder weil er es als unfruchtbar und steril betrachtete und es von daher mit Jungfräulichkeit assoziierte. Wo immer in Griechenland ein ewiges Feuer unterhalten wurde, wie bei Delphi und Athen, wurde es nicht Jungfrauen, sondern Witwen anvertraut, die das heiratsfähige Alter bereits über-*

schritten hatten. Und wenn das Feuer durch irgendeinen Vorfall erlosch, so wie in Athen während der Tyrannei von Aristion [88–86 v. Chr.], sagte man, die heilige Lampe sei gelöscht worden. Als der Tempel bei Delphi von den Medern [altertümliches Volk aus dem westlichen Teil des antiken Persiens] *abgebrannt worden und während der Bürgerkriege gegen die Mithridater* [auch Mithradater, Reich entlang der Südküste des Schwarzen Meeres im 2. und 1. Jahrhundert v. Chr.] *und die Römer der Altar zerstört worden und das Feuer gelöscht worden war, sagten sie: Das Feuer darf nicht von einem anderen Feuer entzündet werden, sondern muß frisch und neu entfacht werden, indem mit Hilfe der Sonnenstrahlen ein neues, reines und unvergiftetes Feuer entzündet wird. Und das brachten sie gewöhnlich mit Hilfe von Metallspiegeln zustande, deren konkave Form den Seiten eines rechtwinkligen Dreiecks folgte, deren Außenkanten zu einem einzelnen Punkt im Zentrum verliefen. Richtet man deshalb diese Anordnung so aus, daß die Sonnenstrahlen auf diese Spiegel treffen, werden die Strahlen im Zentrum gebündelt. An dieser Stelle ist die Luft sehr dünn, und wenn dort sehr leichte und trockene Substanzen plaziert werden, entzünden diese sich schnell, und die Sonnenstrahlen vereinnahmen die Substanz aufgrund der Kraft des Feuers«* (Numa, IX, 5–8).

Brennspiegel, Brenngläser und Brennkugeln waren unter diesen Umständen weitgehend austauschbar (erinnern Sie sich an meine Beschreibung der Brennkugel in Kapitel Eins). Es scheint klar, daß Plutarch den Gebrauch eines konkaven Brennspiegels beschreibt, den er persönlich gesehen hatte. Es spielte keine so große Rolle, welche Mittel zur Konzentration der Sonnenstrahlen verwendet wurden, solange es die Sonnenstrahlen waren, die zur Entfachung des heiligen Feuers benutzt wurden.

Plutarchs Verweis auf ein rechtwinkliges Dreieck ist seltsam, und vielleicht steckt mehr dahinter, als man zunächst vermutet. Gegen Ende dieses Buches, wenn ich die optischen Phänomene der antiken Ägypter beschreibe, werden wir sehen, daß eine meiner Entdeckungen in Ägypten einen Bezug zu optischen Effekten und einem ganz bestimmten Dreieck aufweist. Zum Zeitpunkt der Wintersonnenwende wirft die Chephren-Pyramide bei Sonnenuntergang einen Schatten auf die Große Pyramide, der das Dreieck ihrer Südseite beschneidet und so ein Goldenes Dreieck bildet (siehe Tafel 30). [»Goldenes Dreieck«: ein rechtwinkliges Dreieck, dessen Seitenlängen in einem bestimmten Verhältnis stehen: senkrechte Kathete 1, waagerechte Kathete 2, Hypotenuse Qua-

Abbildung 10: Zwei Gravurarbeiten aus dem 17. Jahrhundert, die Darstellungen von römischen Opferhandlungen auf kleinen Altären wiedergeben. Oben sehen wir eine in der antiken Kunst oft wiedergegebene Szene, in der der Mann rechts im Bild aus einer kleinen Schale, die er in der Hand hält, ein Trank-Opfer in die heilige Flamme des Altars schüttet. In diesem Bild spielt ein Mann heilige Harfenmusik und ein anderer hinter ihm eine Flöte. Links wird ein Ochse festgehalten, während ein Mann im Begriff ist, ihn mit einer Axt zu schlachten. Dahinter befindet sich ein idealisierter Tempel. Die Opferszene in der unteren Darstellung (1. Jahrhundert n. Chr.) scheint jedoch etwas anders zu sein. Hier haben wir wieder den kleinen Altar mit einem Feuer, und eine Figur spielt eine Flöte (oder agiert er als menschlicher Blasebalg?). Eine römische Patrizierfamilie steht um diesen kleinen Altar herum, ein Junge hält ein Kästchen, wahrscheinlich mit Räucherwerk gefüllt, das wohl in Kürze dargeboten werden soll, und die Matrone – ja, was tut sie genau? Zunächst erscheint es, als ob sie ebenfalls aus einer kleinen Schale ein Trank-Opfer in die Flamme schüttet. Doch bei näherem Hinschauen beginnt man sich zu wundern. Ein runder Gegenstand mit einem kleinen Kreis in der Mitte, der ein Duplikat des Gegenstands zu sein scheint, den sie in der Hand hält, erscheint wieder im Zentrum des Feuers. Nach dem, was wir über Linsen zur Entfachung von heiligen Feuern wissen, könnte dieses Bild die Matrone zeigen, wie sie die Sonnenstrahlen bündelt, und der kleine Kreis innerhalb des größeren könnte den Fokus darstellen, der die Entzündung des Materials verursacht.

dratwurzel aus 5. Solch ein Dreieck hat einen Innenwinkel von 26° 33' 54", A. d. Ü.] Dies hat vielfältige Bedeutungen, die später noch erklärt werden, und es zeugt von bewußter Planung beim Bau und der Anordnung der Pyramiden, so daß dieser Effekt eintreten würde.

Abbildung 11: Eine sehr entschlossene Sonne entfacht durch ihre Strahlen den Zunder auf dem Altar der Göttin Vesta, so wie es sich ein Künstler des 17. Jahrhunderts vorstellt. Der Trichter enthält anscheinend ein Brennglas, obwohl die Inspiration für dieses Thema in Wirklichkeit Plutarchs Beschreibung eines Brennspiegels der vestalischen Jungfrauen war, der aus Licht reflektierenden dreieckigen Metallplatten bestand. Diese Darstellung findet sich im Artikel »Über Vesta« von Justus Lipsius, die in dem Kompendium *Graevius Thesaurus Antiquitatum Romanorum*, Band V, 1696, S. 639–40 erschien.

Die Erwähnung eines Dreiecks in Verbindung mit Optik könnte Teil eines Kults sein, der ursprünglich aus Ägypten stammte und überlebt hat. Mein Freund Robert Lawler hat gründliche Studien an antiker ägyptischer Tempel-Architektur vorgenommen, und in einem Artikel zu diesem Thema gibt er Darstellungen wieder, die sich auf den Grundriß des Luxor-Tempels beziehen. Dieser zeigt eine einfache geometrische Methode zur Erzeugung einer Reihe von harmonischen Progressionen durch schrittweise Beschneidung eines Dreiecks (hier in Abbildung 12 wiedergegeben). Robert sagt in seinem Artikel »Ancient Temple Architecture«[1] dazu:

»Aus dieser rein geometrischen Gestik einer wiederholten diagonalen Kreuzung innerhalb eines dreieckigen Rahmens können wir sehen, daß alle bedeutenden musikalischen Harmonien und Obertöne erzeugt wer-

den können, ohne auf Mathematik oder Algebra zurückgreifen zu müssen.«

Dies ist genau, was der Schatten auf der Südseite der Großen Pyramide macht, während er sich in den Wintermonaten täglich über sie hinwegbewegt. Und es könnte sein, daß einmal im Jahr — vielleicht zur Wintersonnenwende, dem kürzesten Tag des Jahres mit dem niedrigsten Stand der Sonne, um ihre Macht der Wiedergeburt aufzuzeigen — mit Hilfe der Sonnenstrahlen ein heiliges Feuer entfacht wurde. Wenn das so gewesen wäre, wäre das Feuer »am Tag des Goldenen Dreiecks« entfacht worden. Und wir können nicht ausschließen, daß Plutarch, der in seinen Schriften teilweise heilige Geheimnisse enthüllte, die nicht vollständig gelüftet werden durften, uns hier eine Art Hinweis gegeben hat. Oder Plutarch hatte vielleicht keine Ahnung von den weiteren Auswirkungen eines überlebenden Kults, über den er lediglich berichtet hat.

Heilige Dreiecke und die ägyptischen Pyramiden werden wir später in Kapitel Neun noch eingehender behandeln.

Ein weiterer Hinweis auf ein grundlegendes optisches Phänomen im Kontext einer astronomischen Beschreibung findet sich in den esoterischen Werken des Philosophen Makrobius (5. Jahrhundert n. Chr.) mit dem Titel *Anmerkungen zu einem Traum des Scipio*; der *Traum des Scipio* ist eine kosmologische Passage aus Ciceros Werk *Über die Republik*. Tatsächlich ist Makrobius der einzige, der den Traum bewahrt hat. *Über die Republik* überlebte als Manuskript nicht, und Teile davon wurden im 19. Jahrhundert in der Bibliothek des Vatikan gefunden, wo sie sich unterhalb eines anderen Textes geschrieben befanden. Doch was gefunden wurde, enthielt nicht den Abschnitt über den Traum. Ich habe selbst einen Bericht über den *Traum des Scipio* veröffentlicht, in dem ich bereits viele Dinge von Interesse beschrieben habe, die ich hier nicht wiederholen möchte.

In Kapitel XII schreibt Makrobius:

»*An diesem Punkt werden wir die Reihenfolge der Schritte besprechen, mit denen die Seele aus den höheren Himmelsregionen in die niedere Ebene dieses Lebens herabsteigt, [um wiedergeboren zu werden]. Die Milchstraße umgibt den Tierkreis, der die Galaxis zweimal, bei den Sternzeichen Steinbock und Krebs, unter einem bestimmten Winkel schneidet. Naturphilosophen nannten diese Schnittpunkte die ›Portale der Sonne‹, weil die Punkte der Sonnenwenden quer über den Pfad der Seele auf jeder Seite liegen, von wo aus die Seele nicht weiter voran-*

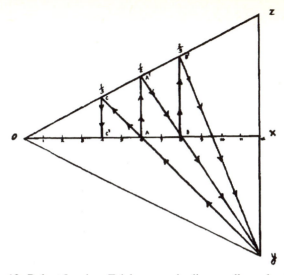

Abbildung 12: Robert Lawlors Zeichnung, wie die grundlegenden harmonischen Verhältnisse in der Musik durch ein Dreieck wiedergegeben werden können, das von mehreren Diagonalen geschnitten wird. Dazu zog er zunächst die waagerechte Linie, die 0 mit X verbindet. Dann zeichnete er senkrecht dazu eine Linie von X bis Z (und eine entsprechende Linie von X nach Y). Diese können alle beliebige Längen haben, denn was gebildet wird, ist lediglich ein dreieckiger Rahmen. Als nächstes halbiert er die Strecke 0 – X und markiert diesen Punkt mit einem in der Zeichnung kaum sichtbaren A. Dann zieht er von diesem Punkt eine Senkrechte nach oben, die die Strecke 0 – Z schneidet. Diesen Punkt verbindet er über eine weitere Linie mit Punkt Y, wobei diese Linie die Strecke 0 – X diagonal schneidet. Am Schnittpunkt der Diagonale mit der Strecke 0 – X entsteht so ein bestimmtes musikalisches Verhältnis — in diesem Falle wird die Strecke 0 – X im Verhältnis 2:3 geteilt, was in der Musik eine reine Quinte ist. Die anderen Diagonalen geben eine große Terz und andere grundlegende musikalische Intervalle wieder. Solche dreieckigen Rahmen unterschiedlicher Verhältnisse erzeugen auf diese Weise eine Reihe von musikalischen Intervallen. Lawlor meint, daß die alten Ägypter solche Techniken der Dreiecksabschnitte beim Entwurf des Grundrisses des Luxor-Tempels verwendet hätten. Dies ergibt Sinn, und der Dreiecksabschnitt, den ich zum Zeitpunkt der Wintersonnenwende auf der Südseite der Großen Pyramide entdeckt habe, muß ein Teil solcher Bräuche und Traditionen gewesen sein, da er ein »Goldenes Dreieck« bildet. Lesen Sie bitte dazu auch im Kapitel Neun die ausgiebige Diskussion über den Schatten der Großen Pyramide.

schreitet, sondern denselben Weg entlang des Gürtels, dessen Grenzen sie nie überschreitet, zurückgeht. Man glaubt, daß Seelen bei ihrer Reise vom Himmel zur Erde und zurück diese Portale passieren. Deshalb wird eins dieser Portale das Portal der Menschen und das andere das Portal der Götter genannt: Im Krebs ist das Portal der Menschen, denn durch dieses Zeichen gelangt die Seele zur Erde; im Steinbock ist das Portal der Götter, denn durch dieses Zeichen gelangen die Seelen zu ihrem angestammten himmlischen Domizil der Unsterblichkeit zurück (...). Beim Abstieg der Seele von dem Punkt, wo sich Milchstraße und Tierkreis schneiden, zur Erde wird sie aus ihrer Sphärenform — die einzige göttliche Form — zu einem Konus in die Länge gezogen (...).« (XII, 1–5)

Der Originaltext beschreibt, wie die Seele *in conum* herabsteigt — und dieses Bild leitet sich ab aus dem Konus, den Licht bildet, wenn Sonnenstrahlen durch die lichtbrechenden Kräfte einer Kristallkugel zu einem Punkt gebündelt werden. Und um die optische Natur seiner Konzepte noch zu unterstreichen, schreibt Makrobius an späterer Stelle:

»Wenn ein Lichtstrahl uns von seinem Ausgangspunkt, der Sonne, direkt erreicht, führt er die Essenz des Feuers, dem er entstammt, mit sich (...). Ebenso wie mit dem Spiegel (speculum): Wenn er eine helle Flamme in einiger Entfernung spiegelt, reflektiert er nur das Bild der Flamme ohne die Hitze.« (XIX, 13)

Das Bild der herabsteigenden Seele als Lichtkegel, der von einer »Kristallkugel« oder sogar einer »Mini-Kristall-Sonne« als natürlichem spirituellem Zustand ausgeht und in den Bereich der Materie eintritt, bewahrt eine Tradition tiefgehender metaphysischer Licht-Theologie, die ursprünglich aus Ägypten stammt und von den Griechen in ihren Mysterienschulen und von neuplatonischen Philosophen wie Makrobius und Numenius von Apamea (2. Jahrhundert n. Chr., der für einen großen Teil der pythagoräischen Betonung auf dem Neu-Platonismus verantwortlich war) bewahrt.

Die pythagoräische Auffassung, die Sonne sei in Wirklichkeit eine gigantische Kristallkugel im Raum, weit größer als die Erde, werden wir später noch untersuchen. Doch Einzelseelen sah man als kleine Kristall-Sonnen, die ihr eigenes göttliches Licht und Feuer in Form eines Konus abwärts in die Materie aussendeten, wenn sie sich reinkarnierten.

Dieses Thema wird auch im Buch *Makrobius und Numenius* von Herman de Ley angesprochen:

»In ihrem reinen Zustand ist die Seele eine Sphäre (...). Die Vorliebe der Griechen für die Sphärenform als ›perfekteste aller Formen‹ ist wohlbekannt, und ihre Verbindung mit der göttlichen Substanz wird schon von Xenophanes bestätigt [6. Jahrhundert v. Chr.; de Ley fügt in einer Fußnote hinzu: ›Es ist wahrscheinlich pythagoräisch (...)‹; er zitiert dann den Philosophen Proklus (5. Jahrhundert n. Chr.)]. *(...) Denn wo nous (Geist) ist, dort ist auch die Sphäre (...). Alles, was geistig oder verstandesmäßig ist, muß sphärisch sein (...).«* [Anmerkungen zur Timaios von Plato, II, S. 77.7–18.]

Herman de Ley spekuliert in frustrierter und hoffnungsloser Manier über viele Seiten hinweg, wie ein Konus von einer Sphäre ausgesandt werden kann, und zitiert viele andere Gelehrte, die dies erfolglos zu verstehen versucht haben. Er zitiert einen von ihnen, Professor Leemans, wie folgt: »Es ist nicht klar, wie ein Konus durch Ausdehnung aus einer Kugel heraustreten kann«. Und de Ley selbst äußert sich verzweifelt:

»Die philosophische Bedeutung (...) der ziemlich einzigartigen Beschreibung der Seele als Konus wird von Elferink nicht besprochen, sondern als Detail, ›das noch nicht erklärt wurde‹, abgetan (...). Doch warum ein Konus? Soweit ich weiß, wurde in keinem anderen Text aus der Antike das Wissen um die Verbindung dieser Form mit dem Hervortreten der Seele bewahrt (...).«

Alles, was diese Gelehrten hätten wissen müssen, wären einige wenige Tatsachen zur Optik gewesen.

In einem späteren Kapitel werden wir die wahre Bedeutung der Prometheus-Mythen im alten Griechenland erfahren. Doch an diesem Punkt möchte ich nur auf zwei Dinge zu Prometheus hinweisen: a) er brachte den Menschen das Feuer vom Himmel zur Erde; b) er wurde oft der Schöpfer der Menschen genannt. Wie wir jetzt wissen, hat die Aussage »das Feuer vom Himmel zur Erde bringen« eine ganz bestimmte Bedeutung, denn das ist genau das, was ein Brennglas oder eine Brennkugel tun. Und die metaphysische Licht-Theologie, der wir gerade begegnet sind, befaßt sich mit der Wiedergeburt des Menschen als Lichtkegel, der vom Himmel herabsteigt. Zur Figur des Prometheus, zu dem wir noch einmal zurückkehren, wenn wir uns mit der möglichen Existenz von Teleskopen beschäftigen, gibt es einige bisher nicht wahrgenommene Aspekte. Doch müssen wir immer daran denken, daß selbst hinter den banalsten Versionen vieler antiker Mythen tiefere esoterische

Bedeutungen stecken, die in diesen Mythen überlebt haben. Sie waren vielleicht den meisten Autoren, die sie wiederholt haben, unbekannt, doch wurden sie aus frühen Zeiten bewahrt, als die Priester in Ägypten und anderswo spirituelle Wahrheiten, die der Masse unbekannt waren, in solche rätselhaften Mythen und Mysterien verhüllten.

Bevor wir Makrobius verlassen, lassen Sie uns darüber nachdenken, daß er der einzige Autor der Antike ist, der die Überlieferung der sich als Lichtkegel in die Materie inkarnierenden Seele bewahrt hat. Wer war Makrobius, daß er derjenige ist, der uns dies erzählt? Obwohl er in lateinischer Sprache schrieb, wissen wir, daß er nicht aus Italien war; vielleicht kam er aus Nordafrika. Obwohl er im 5. Jahrhundert n. Chr. gelebt hat, war er von christlichen Glaubensansätzen überhaupt nicht berührt und erwähnt sie auch nirgendwo. Er war durch und durch ein herkömmlicher »Heide« und unternahm sichtbare Anstrengungen, vorchristliche Bräuche und Traditionen zu bewahren, die zu seiner Zeit ernsthaft bedroht waren. Unter den anderen esoterischen Bräuchen, die Makrobius bewahrt hat, befindet sich der »Heilige Bruch« 256/243, dessen Quotient genau das »Komma des Pythagoras« [eine universelle Verhältniszahl wie *Pi*; siehe Kapitel Neun, A. d. Ü.] ergibt, eine universelle Konstante in der Harmonikallehre, eine heilige Zahl, die Makrobius selbstbewußt Menschen zuschreibt, die für ihn »die Alten« waren. (Wir werden diese Zahl ausführlich im letzten Kapitel behandeln.) Makrobius war also der Bewahrer umfassenden esoterischen Wissens, von dem er zu glauben schien, daß die teilweise Enthüllung dieses Wissens von Nutzen sein könnte, denn er befürchtete, daß dieses Wissen ansonsten vollkommen verloren gehen könnte.

Eine weitere mystische Überlieferung, in der optische Linsen spirituelle Essenzen in der Form gebündelten Lichts herabziehen, ist in Irland aufgezeichnet. Im 18. Jahrhundert untersuchte Charles Vallancey, ein Antiquar, eine spektakuläre Gravurarbeit (siehe Abbildung 12a) auf einem antiken heiligen keltischen Stein mit dem Namen *Liath Meisicith*. Vallancey läßt Menschen wie mich, die der irischen Sprache nicht mächtig sind, wissen, daß das irische Wort für »Kristall« *criost-al* ist, was »heiliger Stein« bedeutet. Ich habe die philosophische Bedeutung dieser unerwarteten Wortverwandtschaft, die ganz offensichtlich auf das altgriechische *krystallos* zurückgeht, noch nicht ergründet. Haben die Iren das Wort von den Griechen? Ist das Wort älteren indo-germanischen Ursprungs? Ich neige zur Auffassung, daß das Wort zu christlichen Zeiten einfach dem Englischen entliehen wurde. Doch um da sicher zu gehen, sollte man einen Experten der irischen Sprache konsultieren.

Vallancey sagt, daß die Druiden Kristalle als Brenngläser benutzten, »um die *Logh*, die Essenz des spirituellen Feuers« in religiösen Zeremonien herabzuziehen. Er beschreibt den *Liath Meisicith* oder »den magischen Stein der Spekulation«, eine große antike irische Kristall-Brennlinse, die damals (1784) im Besitz von T. Kavenagh von Ballyborris war. Vallancey sagt uns, daß *liath* »Stein« bedeutet (verwandt mit dem griechischen *lithos*, »Stein«). *Meisi* bedeutet »Druidentum« und *cith* »eine Vision«. Daher scheint die wortwörtliche Bedeutung des Namens dieses Steins »Druiden-Visionsstein« zu sein. Ich weiß nicht, was bis zum heutigen Tag, mehr als zwei Jahrhunderte später, mit dem Stein passiert ist. Angesichts seiner Wichtigkeit gehe ich davon aus, daß er irgendwo in einem irischen Museum ausliegt.

Vallancey zitiert auch zwei seltsame Bibelstellen über Moses, wie er den Israeliten verbietet, weiterhin ihren heiligen Stein, der auf hebräisch *Mashcith*, in der Septuaginta [eine altgriechische Version des Alten Testaments, A. d. Ü.] *lithos skopos* und im Samaritischen *ebn mithnaggedah* genannt wird. Diese Angaben scheinen in keiner englischen Version des Alten Testament richtig übersetzt worden zu sein. Leider kann ich nicht mit weiteren Fragen zu Michael Weitzman zurückgehen. Ich bedaure es auch, daß ich nur so wenig über alte irische Überlieferungen weiß, so daß ich zum Begriff *logh* — das spirituelle Feuer, das durch ein Brennglas herabgezogen wird — nicht mehr sagen kann. Doch ist dies ganz eindeutig ein Feld für weitere Forschungsarbeiten.

Ich weiß nicht, ob *logh* wortverwandt mit dem griechischen *logos* sein könnte. Doch die Stelle in der Genesis (9, 6), wo es heißt, daß der Mensch nach dem Angesicht Gottes geschaffen wurde, wird vom jüdischen Philosophen Philo (Philon von Alexandrien, geboren *etwa* 20 v. Chr.) in seinem Buch *Fragen und Antworten zur Genesis* auf höchst interessante Weise interpretiert:

»Denn nichts Sterbliches kann nach dem Bilde des Einen Höchsten, dem Vater des Universums, geschaffen werden, sondern (nur) nach dem des zweiten Gottes, welcher sein Logos ist. Denn es war richtig, daß der rationale (Teil) der menschlichen Seele wie ein Abbild des göttlichen Logos geformt sein sollte, da der Prä-Logos Gott jeder rationalen Natur übergeordnet ist.«

Man könnte sagen, menschliche Seelen seien Abbilder des Logos in der Materie; der Abstieg des Logos erinnert an das Herabziehen des *logh* und kann eine verwandte Überlieferung sein, die ebenfalls auf optischer Symbolik beruht und vielleicht auch in Beziehung zu den von Makrobius erwähnten Lichtkegeln steht.

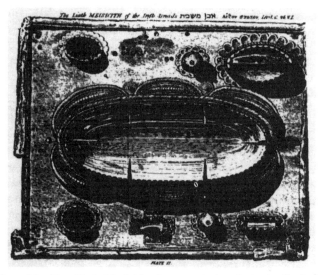

Abbildung 12a: Der *Liath Mesicith* oder »magischer Stein der Spekulation« der Iren. Eine wortgetreue Übersetzung seines Namens bedeutet offensichtlich »Druiden-Visionsstein«. Das Bild zeigt einen Stich aus Charles Vallanceys *Collectanea de Rebus Hibernica*, Band XIII, Teil 3, Dublin, 1784, Tafel II, nach der Seite 20. Dies ist der mit Einlegearbeiten versehene Deckel eines etwa 5 cm hohen Metallkästchens. Ursprünglich trat der große zentrale Kristall aus dem Deckel hervor, doch zu dem Zeitpunkt, als Vallancey Ende des 18. Jahrhunderts das Kästchen untersuchte, war die Unterseite des Kristalls im Kästchen abgedeckt worden. 1784 war dieses außergewöhnliche Objekt im Besitz von Mr. T. Kavenagh von Ballyborris, über den ich nichts weiter weiß. Falls irgend jemand weiß, wo sich dieses wertvolle Objekt heute befindet, möchte er oder sie bitte den Verfasser kontaktieren! Der zentrale Kristall ist mehr als 3 cm stark, 13 cm lang und mehr als 5 cm breit. Er sollte als Brennglas das *logh* oder »himmlische Feuer« herabziehen. Doch wäre er auch ein gutes Vergrößerungsglas gewesen.

Für den Fall, daß irgend jemand glaubt, ich wäre hier zu wohlwollend, und Philo hätte keine Gedanken zur Licht-Theologie geäußert, kann ich eine Passage aus seinen *Fragen und Antworten zum Exodus* zitieren, die über jeden Zweifel hinaus klarmacht, daß er Seelen in Lichtgestalten sah:

»(...) Das Licht aller strahlenden Sterne entstammt den Bereichen der Himmelssphäre. Denn was immer in den Augen leuchtet, wird von der Seele benetzt [ardetai — eine bessere Übersetzung wäre ›bewässert‹], denn Seelen leuchten stark, ebenso wie das strahlend helle Licht der Sterne sein Licht gewöhnlich aus dem reinsten Äther bezieht.«

Philo glaubte eindeutig daran, daß das Leuchten in unseren Augen von der selbst leuchtenden Seele ausging, und er scheint geglaubt zu haben, daß diese Seele als Abbild des göttlichen Logos in das Reich des Materiellen eintritt. Deshalb muß der Logos selbst ein leuchtender Körper gewesen sein. Philos Ansichten unterscheiden sich deswegen nicht sehr von denen Makrobius', wenn man darüber nachdenkt.

Einige Aspekte dieser Bündelung von Sonnenlicht durch wassergefüllte Glaskugeln wurden vom Konzept her als so erstaunlich betrachtet, daß einige Philosophen viel Aufhebens darum machten. Ein perfektes Beispiel hierfür ist Alexander von Aphrodisias, allgemein als der berühmteste antike Kommentator von Aristoteles bekannt, der Ende des zweiten und Anfang des dritten Jahrhunderts unserer Zeitrechnung lebte. Er befaßte sich intensiv mit der Natur von Substanzen und wollte in seinen *Anmerkungen zur Meteorologie des Aristoteles* (I, 3) »beweisen, daß ein Körper eine Eigenschaft übertragen kann, die er selbst ursprünglich nicht an sich hatte, und sagte, Objekte könnten durch die Hitze von Sonnenstrahlen, die durch eine [durchsichtige Glas-]Vase, gefüllt mit kaltem Wasser, hindurchgehen, in Brand gesetzt werden, ohne daß das Wasser in der Vase überhaupt erhitzt wird, oder zumindest nicht genug, um den Entzündungsvorgang zu erklären«.

Die wirklich dramatischen Vorfälle von Verbrennungen mittels optischer Methoden ereigneten sich mit den antiken Brennspiegeln des Archimedes und des Proklus (nicht derselbe Proklus, der philosophische Texte schrieb). Doch mit diesen werden wir uns später in Kapitel Fünf beschäftigen.

Es gibt eine Unzahl von theologischen Überlieferungen zum Thema Brenngläser und -sphären unter einer Gruppe von antiken Griechen, genannt Orphiker. Die Orphik [religiös-philosophische Geheimlehre in der griechischen Antike, A. d. Ü.] war eine religiöse Bewegung außerhalb der herkömmlichen heidnischen Kulte. Die olympischen Götter wurden von den Orphikern weitgehend ignoriert. Die Bewegung bezog ihren Namen von der legendären Figur des Orpheus, und es gab eine Menge poetischer Literatur, die von Orphikern geschrieben wurde. Einiges davon hat überlebt. Im klassischen Athen waren die Orphiker für ihre Mitmenschen mitunter eine Belästigung. So wie es auch heute bestimmte »New Ager« tun, brachten die Orphiker oft eine Art Flugblatt unters Volk, mit dem sie für einen Erlösungskult eintraten, und wie die Zeugen Jehovas gingen sie sogar von Tür zu Tür, um ihre Glaubenslehren zu verbreiten. Sie waren sehr auf rituelle Reinheit bedacht und dem Vegetarismus zugeneigt. Viele Orphiker waren ohne Ausbildung oder sogar umherziehende Vagabunden. Doch gab es auch hochausgebildete Orphiker, besonders in den griechischen Städten Süditaliens.

Im Zentrum des orphischen Kults steht das Bild eines kosmischen Eies, von dem Licht und Feuer abstrahlen. Dieses Ei ist offensichtlich eine Kristallkugel oder eine mit Wasser gefüllte Glaskugel. In einigen der orphischen Hymnen, die uns erhalten geblieben sind, bricht ein Schöpfergott namens Protogonos (»der Erstgeborene«) aus einem kosmischen Ei, genannt Phanes (eine Form von *phanaios*, »Licht gebend«), heraus. Die Haut von Phanes wird manchmal erwähnt; das griechische Wort hierfür ist *chros*. Dies ist nicht ein normales Wort für »Haut«, sondern bedeutet eher »die Oberfläche (eines Körpers)«. Und das Verb, das für das Herausbrechen des Protogonos aus dem Phanes benutzt wird, ist *apestrapten*, »hervorblitzen«. (Dies ist ein seltenes Wort, das von Johannes Tzetzes zu byzantinischen Zeiten benutzt wurde, um sich auf Lichtblitze zu beziehen.)

Die uns verbliebenen orphischen Textfragmente wurden von Isaac Preston Cory, einem bemerkenswerten Mann, gesammelt und 1832 auf griechisch mit englischer Übersetzung veröffentlicht. Corys bewundernswerte Sammlung, *Ancient Fragments* (Antike Fragmente), ein Versuch, die Überbleibsel wichtiger historischer und mythologischer Werke aus den Zitaten klassischer Autoren zu sammeln, wurde erstmals im Jahre 1828 in einem kleinen 129seitigen Band veröffentlicht. Doch Cory war mit seinem Buch nicht zufrieden und arbeitete unermüdlich an seiner Erweiterung. 1832 veröffentlichte er dann seine zweite Ausgabe, die bereits auf 362 Seiten angewachsen war. In diese erweiterte Ausgabe brachte Cory dann auch die verbliebenen orphischen Textfragmente mit ein, die zwölf Seiten seines Buchs füllen (S. 289–300). Nach seinem Tode wurde das Buch 1876 von einem recht dreisten Verleger namens E. Richmond Hodges neu herausgegeben, der eine Menge Dinge, von denen er offensichtlich nichts hielt, einfach aus dem Buch hinauswarf —

darunter auch die orphischen Fragmente, für die er folgenden lächerlichen Kommentar übrig hatte:

»Zum Schluß bleibt mir nur zu sagen, daß ich Corys Vorwort vollständig entfernt habe, (…) ebenso wie ich auf alle neuplatonischen Fälschungen verzichtet habe, die Cory ans Ende plaziert hatte und die die Titel trugen: Orakel von Zoroaster, das hermetische Glaubensbekenntnis, die orphischen, pythagoräischen und anderen Fragmente von zweifelhafter Authentizität und geringem Wert (…). Ich zog es deshalb bei der neuen Ausgabe vor, dieses Allerlei aus metaphysisch-philosophischem Unsinn wegzulassen (…).«

Hodges behauptete auf der Titelseite, daß seine dritte Ausgabe »eine neue erweiterte Ausgabe« sei, doch obwohl sie einiges neues Material enthielt, schrumpfte sie von 362 Seiten auf 214 Seiten mit viel größerer Schrift, so daß man kaum von einer »erweiterten« Ausgabe sprechen kann. »Neu« könnte insofern zutreffen, als daß Hodges in paranoider und arroganter Manier alles vermeintlich Gefährliche oder Unheilvolle gestrichen hat. Ich bin in der glücklichen Lage, von allen drei Ausgaben je ein Exemplar zu besitzen, so daß ich Vergleiche anstellen kann. Anderen, die nur eine der Ausgaben konsultieren können, könnte man vergeben, daß sie vom Werk einen falschen Eindruck erhalten, abhängig davon, welche Ausgabe sie heranzogen.

Kehren wir also für die anderweitig nicht verfügbaren orphischen Fragmente zur zweiten Ausgabe zurück. Das Fragment einer Hymne besagt:

»Niemand hat Protogonos je zu Gesicht bekommen, nur die heilige Nacht allein; alle anderen waren verwundert, als sie im Äther das unerwartete Licht wahrnahmen, wie die Oberfläche des unsterblichen Phanes fortblitzte.«

Eine weitere orphische Hymne sagt:

»Ich rufe Protogonus (…). Aus dem Ei geboren, jubilierend in deinen goldenen Flügeln (…). Das berühmte Licht, (…) unaussprechlich, okkult, (…) überall glitzernd (…). Du, der du das reine und brillante Licht bringst, weshalb ich dich als Phanes anrufe, (…) und als blendender Springbrunnen der Pracht. Komme denn, gesegnetes Wesen voll Weisheit und Reife, komme in Freude zu deinem heiligen, immerfort wandelnden Mysterium. Sei anwesend mit den Priestern deiner Orgien.«

Dies ist ein klarer Hinweis auf den einen Lichtstrahl formenden Teil einer religiösen Zeremonie der Orphiker. Doch ein anderes Fragment stellt klar, daß es eigentlich eine Imitation des Schöpfungsaktes sein sollte:

»*Was Orpheus behauptet hat (...) ist folgendes: (...) ›Die Erde war wegen der Dunkelheit unsichtbar, doch das Licht brach durch den Äther und erleuchtete die Erde und alles Material der Schöpfung; durch sein Licht signalisierte es (...) das Wesen, welches über allen Dingen stand, und seinen Namen, der — so lernte es Orpheus vom Orakel — Metis, Phanes, Ericapaeus war, was sich im herkömmlichen Griechischen mit* Wille *(oder* Rat), Licht *oder* Lichtgeber *übersetzen ließe (...).‹*«

In der Abhandlung *Klementinische Predigten*, wahrscheinlich aus dem 1. Jahrhundert n. Chr. datierend und von Apion in Alexandria verfaßt, finden wir folgende Beschreibung dessen, was zuerst aus dem Wirbel der Schöpfung hervorging:

»*Denn genau wie eine Blase im Wasser gemacht wird, so sammelte sich von allen Seiten eine sphärenförmige Hohlform. (...) Innerhalb ihres Umkreises bildete sich eine lebendige männlich-weibliche Kreatur (...), die Orpheus den Manifestor (*Phanes*) nennt, denn wenn er manifest ist, scheint das Universum aus ihm hervor, durch den schimmernden Glanz des Feuers, des glorreichsten aller Elemente, vollendet in der Feuchtigkeit* [Wasser als Element]. *Dies ist nicht unglaublich, denn auch im Falle von Glühwürmchen gestattet uns die Natur, ein ›feuchtes Licht‹ zu sehen.*«

Wir können also sehen, daß die Schöpfungsmythen einiger esoterischer Sekten in antiken Zeiten auch Ideen enthielten, die sich aus den mysteriösen Phänomenen gebündelter Lichtstrahlen, die von Kristallkugeln oder mit Wasser gefüllten Glaskugeln ausgingen, ableiteten. Teil des »Mysteriums« war, daß Feuer tatsächlich aus Wasser hervorgehen könne, was anscheinend ein Widerspruch in sich selbst war — ein »feuchtes Licht«. Feuer und Wasser wurden als gegensätzliche Elemente aufgefaßt, und die Tatsache, daß Sonnenlicht durch Wasser fokussiert werden konnte, um Feuer zu erzeugen, war ein erstaunliches Mysterium, das in Beziehung zur göttlichen Schöpfung stand.

Diese geheimnisvollen Phänomene und Eindrücke wurden in die »ketzerischen« Gnostiker-Sekten des frühen Christentums übertragen.

Eine dieser faszinierenden Sekten waren die Sethier, auch bekannt als die Sethier-Ketzerei, obwohl es einige Zweifel daran gibt, ob sie je Christen gewesen sind, da sie nie Jesus erwähnt haben. In seiner *Widerlegung aller Ketzereien* beschreibt der christliche Autor Hippolytus von Rom im 3. Jahrhundert n. Chr. die Lehren der Sethier auf eine Weise, die — wenn wir uns durch den Treibsand von Allegorien hindurchkämpfen — uns an die Operation mit der Brennkugel erinnert. Er sagt, sie hätten ein Prinzip, genannt »Dunkelheit«, und daß das »Licht in die Dunkelheit hinabsteigt, die sich unter ihm ausbreitet«. Doch die Dunkelheit hat hier keine herkömmliche Bedeutung; er sagt, es sei ein spezifischer Name für »ein ehrfurchtgebietendes Wasser, in das das Licht hineingezogen und umgewandelt wird«. Diese Dunkelheit »erzeugt einen Sklaven des Lichtfunkens (...)«. Etwas später im Text kommen wir zu einem verstümmelten Abschnitt, wo »ein sehr kleiner Funken (...), wie ein Strahl« erwähnt wird. Und das Licht, welches in den »unreinen Schoß« mit seinem Wasser eintritt, wird zu einer »Schlange«.

Es gibt einige Fragmente eines phönizischen Autors namens Sanchoniathon, die von Eusebius bewahrt wurden. In einem spricht er von dem orphischen Protogonos und sagt, er würde drei Kinder gebären: Feuer, Licht und Flamme. Diese drei haben in ihrer personifizierten Form »die Methode zur Erzeugung von Feuer herausgefunden (...) und dem Menschen den Gebrauch beigebracht«, was genau der Prometheus-Überlieferung entspricht. Protogonos wird auch als jemand beschrieben, der »seine Hände zum Himmel emporstreckt, zur Sonne (...)«. Ein weiteres Fragment von Sanchoniathon mit dem Titel »Über die Schlange« hebt hervor, daß die Schlange »feuriger Natur« sei und »eine unglaubliche Geschwindigkeit« habe und »sich allein durch Geisteskraft bewegt, ohne Hände oder Füße oder andere äußere Organe, die andere Tiere zur Fortbewegung benutzen. Und in ihrer spiralförmigen Fortbewegung bewegt sie sich so schnell wie sie will. (...) Und wenn die ihr zugewiesene Zeit abgelaufen ist, verschlingt sie sich selbst in einem Flammenblitz«.

Jeder, der schon einmal eine Lupe oder eine Glaskugel benutzt hat, um ein Feuer zu entzünden, wird gesehen haben, daß der Brennpunkt des gebündelten Lichts in Spiralbewegungen umhertanzt. Dies tritt deutlicher zum Ausdruck, wenn man es mit einer aufgehängten Sphäre oder Kugel macht statt mit einer in der Hand gehaltenen Lupe. Da das Obige Hinweise auf frei aufgehängte Brennkugeln zu sein scheinen (es ist schwierig, dem Licht nicht im Weg zu sein, wenn man versucht, sie in der Hand zu halten), können wir uns vorstellen, daß »die feurige Schlange«, die sich rasch in Kreisen bewegt, der fokussierte Lichtpunkt ist. Beim ersten Versuch, den Brennpunkt zu finden, nimmt das Licht, wie der zuletzt zitierte Text besagt, *eine Reihe verschiedener Formen* an. Und schließlich, nachdem die »zugewiesene Zeit« abgelaufen ist, kommt es zur Entzündung — es »verschlingt sich selbst«.

Wir sollten uns immer daran erinnern, welch starken Eindruck solche Phänomene im Geiste der Menschen der Antike hinterlassen haben müssen. »Wie kann man Feuer aus Wasser erzeugen?«, haben sie sich gefragt. Und das Wasser könnte sogar *recht kalt* sein — es machte keinen Unterschied! Außerdem kombiniert das Phänomen der Brennkugel auf einzigartige Weise Licht mit allen vier »Elementen«: Licht kommt aus der *Luft*, tritt in *Wasser* ein, erzeugt *Feuer*, das Stoffe zu Asche verbrennt, die eine Form von *Erde* ist.

Wenn wir uns das Phänomen aus der Sicht der Menschen der Antike betrachten, stellen wir fest, daß es wahrscheinlich unausweichlich war, daß alles, was mit Brenngläsern, Brennkugeln und -sphären zu tun hatte, von einer Aura des Sakrosankten (Unantastbaren) umgeben war. Es ist ein natürlicher Vorgang, daß dies auch in religiöse Allegorien Einzug hielt, wie wir anhand der Textbeispiele gesehen haben.

Man wundert sich tatsächlich über solch berühmte Texte wie diesen aus der Genesis:

»Und der Geist Gottes schwebte über den Wassern. Und Gott sprach: Es werde Licht! Und es ward Licht.«

Hätten »die Wasser« sich in einer Hohlkugel befinden können? In unseren Untersuchungen von Plinius und anderen lateinischen Texten, die den Gebrauch von Linsen behandeln, sahen wir bereits, daß das Wort *spiritus* durch das Wort *visum* ersetzt wurde, so daß es nicht die »Vision« war, die zu einem Brennpunkt gebündelt wurde, sondern der Geist (*spiritus*). Man könnte die Passage aus der Genesis als einen Hinweis auf ein optisches Phänomen ansehen — das von Gott ausstrahlende Licht trifft auf die *Oberfläche* (*chros* im Griechischen, wie in den Beschreibungen des Phanes) der wassergefüllten Kugel, *und es ward gebündeltes Licht*. Ich bestehe nicht darauf, daß dies so stimmt; ich möchte nur darauf hinweisen, daß Lichtphänomene und Lichttheologie an vielen Stellen gefunden werden können, nicht nur bei Makrobius! Vielleicht war das Bild der Seele als herabsteigender Lichtkegel in den meisten Religionen ein Motiv, und uns ist es nur nicht aufgefallen, weil wir den optischen Phänomenen, die unsere Vorfahren so in Erstaunen versetzten, keine Aufmerksamkeit geschenkt haben. Doch *der Abstieg des Lichts in die Materie*, der in so vielen Religionen als Schöpfung (entweder allen Lebens oder individueller reinkarnierender Seelen als Lichtkegel) angesehen wird, wird in jeder Religion in Zusammenhang mit den ehrfurchtgebietenden optischen Phänomenen gebracht, die diese so perfekt zu symbolisieren scheinen.

Das Bild der Schlange im Zusammenhang mit Licht und Feuer ist etwas, zu dem wir noch einmal zurückkehren, wenn wir die alten Ägypter und zum Beispiel ihre *Uräus*-Schlange betrachten, die symbolisch Licht repräsentiert, das von der Stirn ausgeht. Vielleicht war es auch ein Hinweis auf die tanzende Schlange aus Licht, die von einer Kristallkugel ausgeht, die man dem Sonnenlicht aussetzt. Der mysteriöse Name Phanes könnte sich sogar aus dem ägyptischen Wort *fennu*, was »Schlange« bedeutet, ableiten. Doch werden wir uns diesen Lichtschlangen später noch einmal widmen.

Eine mystische »Lichttheologie« durchdrang jüdische, urchristliche und frühe christliche Traditionen, und obwohl sie oft auftauchte, wurde sie von den Organisatoren, ob es nun rabbinische Juden oder katholische Christen waren, als »Ketzerei« ins Abseits verbannt. Ihr Hauptanliegen war die Erschaffung systematischer Glaubensgebäude, die von ihnen selbst als Gedankenpolizei bequem überwacht werden konnten. Die »Lichttheologie« schien für diejenigen, die durch Schaffung von Denksystemen aus zweiter Hand — bekannt als Kirchen oder religiöse Institutionen — andere unter Kontrolle bringen wollten, schon immer eine Bedrohung darzustellen. Abweichende Meinungen wurden oft mit einem Bann belegt und resultierten mitunter sogar in der Ermordung solcher Abweichler (so wurde auch Giordano Bruno vor gerade etwas mehr als 400 Jahren von der Inquisition auf dem Scheiterhaufen verbrannt). Zweite-Hand-Denksysteme haben die Kontrolle der Massen durch eine rücksichtslose Elite zum Ziel.

Obwohl der Judaismus, der bis heute überlebt hat, eine etwas blasse und verwässerte Form des pharisäischen Rabbinismus zu sein scheint (die Chassidim, die Ringellocken tragen, sind eine Ausnahme und sind eher einer mehr mystischen kabbalistischen Tradition zugeneigt), war der frühe Judaismus reicher an interessanten philosophischen und theologischen Ideen. Viele der faszinierenden Ideen, die vor 2000 Jahren aus dem Judaismus verschwanden, überlebten auf die eine oder andere Weise im ketzerischen Christentum für viele Jahrhunderte. Die Ideen, auf die ich mich beziehe, werden allgemein als »gnostisch« bezeichnet, und diese beinhalten eine Menge zum Thema Licht und Bilder, was sich letztendlich aus den antiken ägyptischen Traditionen ableitet.

Es ist unmöglich, diesem weiten Feld annähernd gerecht zu werden; es ist hochkomplex und erfordert Kenntnisse der aramäischen, koptischen, syrischen, hebräischen und sogar der äthiopischen Sprache. Ich hoffe, daß Gelehrte, die mit diesem Feld vertraut sind, nun, da ich diesen Bericht zum optischen Hintergrund in der Antike verfaßt habe, sich wieder diesem Feld widmen und viele der Passagen und Ideen im Hinblick auf das, was wir über antike optische Einflüsse auf die Theologie wissen, neu interpretieren. Ich werde dazu kurz auf einige Beispiele anspielen.

Eines der faszinierenden Mysterien des frühen Judentums ist die Figur und Tradition, die mit dem Namen Melchisedek verbunden ist. F. Legge klärt uns auf, daß sein voller Name, Zorocothora Melchisedek, übersetzt »Lichtsammler« bedeutet. Könnte es sein, daß es ein Teil der Absicht war, auf die »Licht sammelnde« Eigenschaft von Linsen hinzuweisen? Der frühe Kirchenvater Hippolytus von Rom (3. Jahrhundert n. Chr.) behauptete, daß es zu seiner Zeit eine ketzerische christliche Sekte gegeben haben soll, deren Mitglieder Gefolgsleute eines gewissen Theodotus waren, der »die größte Macht namens Melchisedek, der größer als Christus ist«, verehrte.

Heilige Licht-Metaphorik durchzieht all diese Traditionen und ihre Schriften. Nehmen Sie zum Beispiel das gnostische Buch *Pistis Sophia*, bewahrt in einem koptischen [zur christlichen Kirche Ägyptens gehörend, A. d. Ü.] Manuskript aus dem 7. Jahrhundert n. Chr., das jedoch eine faszinierende gnostische Form des sehr frühen Christentums präsentiert, das einige Jahrhunderte älter ist als das Manuskript. Im vierten Abschnitt dieses mystischen Werks lesen wir:

»Es begab sich also, als der Erlöser diese Worte zu seinen Jüngern gesagt hatte, daß Maria antwortete und zu Jesus sagte: ›Die, die die Mysterien des Unaussprechlichen empfangen, oder die die Geheimnisse des Ersten Mysteriums empfangen, zu Flammen von Lichtstrahlen werden und alle Regionen durchdringen, bis sie die Region ihres Erbes erreichen.‹

Der Erlöser antwortete und sagte zu Maria: ›Wenn sie das Mysterium noch zu Lebzeiten empfangen, und wenn sie dann aus dem Körper austreten, werden sie zu Lichtstrahlen und alle Regionen durchdringen, bis sie die Region ihres Erbes erreichen. Doch wenn sie Sünder sind, aus dem Körper austreten und bis dahin nicht umgekehrt sind, und wenn man für sie das Mysterium des Unaussprechlichen ausführt, so daß sie von allen Züchtigungen befreit und in einen heiligen Körper geleitet werden, der gut ist und das Licht-Königreich erbt oder sie in die letzte Ordnung des Lichts führt, dann werden sie nicht imstande sein, diese Regionen zu durchdringen, denn sie führen das Mysterium nicht (selbst) aus. Doch die Empfänger der Melchisedek-Priesterschaft folgen ihnen und führen sie vor die Jungfrauen des Lichts (...).‹«

Hier finden wir eine klare, Jesus zugeschriebene Aussage, daß sich die Seelen der Verblichenen in Lichtstrahlen verwandeln, was eine Art umgekehrter Makrobius-Tradition ist, daß Seelen, die sich inkarnieren, dies ebenfalls als Lichtstrahlen tun. Es ist offensichtlich, daß das geläufige Konzept von der mystischen Natur des Lichts all diesen weitverbreiteten Traditionen, die man unter griechischen und römischen Heiden findet — bei Juden genauso wie bei Christen — zugrundeliegt.

Schließlich möchte ich in diesem Zusammenhang noch auf die besondere jüdische Schrift hinweisen, die als *Das Buch des Enoch* bekannt ist, das seine Ursprünge im 2. Jahrhundert v. Chr. hat. Dieses bizarre Buch enthält viele faszinierende Passagen; einige beziehen sich auf Licht-Metaphorik in einer Weise, die optische Konzepte nahelegt. Dieses Buch ist ein Mischmasch verschiedenster Texte, und die Abschnitte, von denen man glaubt, daß sie die früheste Schicht darstellen, sind diejenigen von möglichem Interesse, was die Optik betrifft. Enoch ist ein heiliger Schreiber, der von Gott gerufen wird, um die gefallenen Engel zurechtzuweisen, die gewöhnlich »die Wächter« oder »die Wächter des Himmels« genannt werden. Die Idee, daß gefallene Engel mit dem Bringen des Lichts verbunden sind, wird im Namen »Luzifer« bewahrt — ein lateinisches Wort, daß »Lichtbringer« bedeutet und deshalb auch für Prometheus eine passende Beschreibung ist. (Luzifer wurde auch ein Name für die Venus in der Morgendämmerung, den »Morgenstern«.)

Enoch hat während seiner Unterweisung eine Reihe von Visionen, die er aufzeichnet, und der Text, der erhalten geblieben ist, gibt diese seltsamen wirren Berichte wieder, die dadurch, daß der ursprüngliche Text (man vermutet auf Aramäisch, doch möglicherweise auf Hebräisch) seit nahezu zwei Jahrtausenden verloren ist, noch verwirrender sind. Wir müssen auf eine äthiopische Übersetzung und griechische Fragmente zurückgreifen, so daß die ursprüngliche Terminologie nie mit völliger Sicherheit bekannt sein wird.

In seiner ersten Vision sagt Enoch, daß er »sich einer Wand näherte, die aus Kristallen gebaut und von züngelnden Flammen umgeben war (…); sein Portal stand in lodernden Flammen (…). (Sein) Himmel war Wasser (…) und es war heiß wie Feuer und kalt wie Eis (…).«

Wir erinnern uns wieder an die vielen Hinweise bei frühen Kirchenvätern und Neuplatonikern auf das Mysterium, wie eine mit Wasser gefüllte Glaskugel Hitze und Feuer erzeugen kann, während das Wasser in der Kugel kalt bleibt.

Enoch hat dann eine zweite Vision: Er sieht ein Haus, in dem sich ein Thron befindet, »der ganz aus Kristall zu sein scheint«. Dann geht er auf visionäre Reisen und begegnet vielen Edelsteinen und einem »flammenden Feuer«. Schließlich wird er in die Sheol, die Unterwelt gebracht. Dort stößt er auf Hohlräume, »tief, weit und mit sehr glatten Wänden«. Einer der glatten Hohlräume war hell und hatte in seiner Mitte Wasser. Es war »tief und dunkel anzuschauen«. Der Erzengel Raphael sagt Enoch dann, daß »diese Hohlräume für diesen ganz bestimmten Zweck geschaffen wurden, nämlich, daß sich die Geister der Toten hierin versammeln können (…)«. Enoch fragt, warum sie sich unterscheiden, und Raphael antwortet, daß der Hohlraum, der »die helle Wasserquelle« enthält, für die Sammlung der rechtschaffenen Seelen geschaffen wurden. Enoch sah dann »ein loderndes Feuer, das ohne Unterbrechung weiterbrannte«.

Für diejenigen, die in den antiken Texten mit den Anspielungen auf die Optik vertraut sind, kann der Eindruck entstehen, daß diese Enoch-Passagen eine wirre Aufzeichnung optischer Phänomene sind. Die »Hohlräume«, die Wasser enthalten und »die Geister versammeln«, erinnern uns an die Sammlung des *spiritus* im Zusammenhang mit der Beschreibung der optischen Eigenschaften wassergefüllter Glaskugeln. Die vielen Hinweise auf Kristalle und Lichtstrahlen können auch optisch interpretiert werden. Es scheint, als ob für den Gebrauch im Buch des Enoch auf frühere heilige Schriften oder Traditionen zurückgegriffen wurde — eine Apokalypse, verursacht von einem Autor, der entweder die Hinweise nicht voll verstand oder die wahre Bedeutung verschleiern wollte.

Die Chinesen hatten über die mystische Natur des Lichts und seinen Abstieg ähnliche Überlieferungen wie die westliche Kultur, oft ausgedrückt im Zusammenhang mit der Entzündung eines Feuers mittels Brennspiegeln wie denen, die bereits zuvor bei Plutarch erwähnt wurden. Diese Traditionen existierten zur gleichen Zeit wie die in Rom und sind mindestens 2200 Jahre alt. Eines der faszinierendsten chinesischen Bücher ist das *Huai-Nan Tzu*. An vielen Stellen ist es sehr undurchschaubar und verworren, doch es enthält wissenschaftliche, kosmologische und mystische Ideen aus frühester Zeit, die von großem Interesse sind. Es datiert aus dem 2. Jahrhundert v. Chr. — der als frühe Han-Dynastie bekannten Zeitperiode.

Eine der ersten Beschreibungen dieses antiken philosophischen Werks erschien 1867 auf englisch, zu einer Zeit, als das System der Transliteration des Chinesischen ins Englische noch nicht standardisiert war. Das Buch trug den Titel *Hwae nan tsze*. Veröffentlicht wurde das Werk von A. Wylie, der in jenem Jahr seinen umfangreichen Sammelkatalog zur chinesischen Literatur herausbrachte, damit die »weißen Teufel« (so haben uns die Chinesen wirklich einmal genannt, nun jedoch nur noch im Spaß) etwas über dieses Thema erfahren konnten.

Wylies Anmerkungen, hier in der modernisierten Form der Transliteration (nach dem Wade-Giles-System wiedergegeben, nicht nach dem Pinyin-System), korrigiert und ohne chinesische Schriftzeichen, waren:

»Ein Nachfahr des ersten Kaisers der Han-Dynastie, Liu An, hat eine vorrangige Position unter den Schreibern dieser Klasse (›Sammlungen‹) inne. Sein 21 Bände umfassendes Werk trägt den Titel Huai-Nan Tzu, *und er war ein Prinz von Huai-Nan. Es befaßt sich allgemein mit der Lehre des* Tao *oder dem* Logos *der Griechen und seiner Entwicklung innerhalb der Schöpfung und Aufrechterhaltung des materiellen Universums. Ursprünglich existierte ein zweiter Teil des Werkes, doch ist dieser nun verloren. Die ältesten und wertvollsten Anmerkungen dieser Abhandlung sind die von Kuan Yu.«*

Es existiert keine vollständige englische Übersetzung des *Huai-Nan Tzu*, aber es gibt zwei Teilübersetzungen und viele einzelne Passagen, die von Derk Bodde und Joseph Needham (ersterer mein Professor, letzterer mein Kollege) übersetzt wurden. Boddes Übersetzungen finden sich in seiner Übersetzung des Mammutwerks *Eine Geschichte der chinesischen Philosophie* von Fung Yu-Lan, das auf chinesisch verfaßt wurde, und welches Bodde nicht nur allein übersetzt hat, sondern ebenso die vielen in ihm enthaltenen Zitate — eine der Übersetzungs-Meisterleistungen unserer Zeit. Fung war sehr beeindruckt vom *Huai-Nan Tzu* und sagte dazu:

»Das Buch namens Huai-Nan Tzu *(...) wurde in der ehemaligen Han-Dynastie von den Gästen am Hofe des Liu An, des Prinzen von Huai-Nan*

geschrieben. Nach einem Komplott um den Thron, in das er verwickelt war, beging er 122 v. Chr. Selbstmord. Dieses Buch (...) ist eine Sammlung aller Schulen des Denkens, dem es jedoch an Einheitlichkeit mangelt. Trotzdem enthält es Passagen, die den Ursprung des Universums deutlicher erklären als irgendeine andere frühere philosophische Abhandlung darüber.«

Er zitiert dann im weiteren Verlauf einige erstaunlich tiefgründige Passagen aus Kapitel Zwei, das sich mit Ontologie (die Lehre vom Sein) befaßt, und zwar in einer Weise, daß selbst Martin Heidegger sprachlos gewesen wäre (zum Beispiel bei Ideen wie »es gab ›noch keinen Beginn des Nicht-Seins‹«). Schließlich fließen auch Anspielungen auf die Optik in den Bericht über den Schöpfungsakt ein:

»(5) Der Zustand des Nicht-Seins wird so genannt, weil bei seiner Betrachtung keine Form erkennbar war; wenn das Ohr lauschte, war kein Geräusch hörbar (...). Es war grenzenloser Raum, eine große tiefe Leere, eine stille subtile Masse von unermeßlicher Lichtdurchlässigkeit (...). (7) In der Zeitperiode des ›es war da noch kein Beginn des noch nicht begonnenen Nicht-Seins‹ waren Himmel und Erde noch nicht voneinander getrennt, das Yin und das Yang waren noch nicht Gegensätze, die vier Jahreszeiten waren noch nicht unterschiedlich in Erscheinung getreten, und die Myriaden von Dingen waren noch nicht geboren worden. Es war wie Licht in der Mitte des Nicht-Seins, das sich zurückzieht und aus den Augen verloren wird (...).«

Fung zitiert dann weitere Passagen aus Kapitel Drei:

»Als Himmel und Erde noch nicht diese Form besaßen, existierte ein Zustand amorpher Formlosigkeit. Deshalb wird dies ›der Große Beginn‹ (t'ai shih 太始) genannt. Dieser Große Beginn erzeugte eine leere Weite, und diese wiederum erzeugte den Kosmos. Der Kosmos erzeugte die ›Primärflüssigkeit‹ (yüan ch'i 元氣), die ihre Grenzen hatte. Das, was klar und leicht war, sammelte sich, um den Himmel zu bilden. Das, was schwer und trübe war, erstarrte, um die Erde zu bilden. Die Vereinigung des Klaren und Leichten war besonders einfach, wohingegen die Erstarrung des Schweren und Trüben besonders schwierig war, so daß zuerst der Himmel und dann die Erde gebildet wurden (...). Die heiße Kraft des Yang, die sich über eine lange Zeit ansammelte, erzeugte Feuer, und die Essenz des Feuers bildete die Sonne. Die kalte Kraft des Yin, die sich über eine lange Zeit ansammelte, erzeugte Wasser, und die

Essenz des Wassers bildete den Mond (...). Die Beschaffenheit des Himmels ist rund, während die der Erde rechteckig ist. Eckige Formen beherrschen die Dunkelheit, während runde das Licht beherrschen. Licht ist eine Art Ausströmen von Flüssigkeit, weshalb Feuer nach außen hell ist. Dunkelheit absorbiert Flüssigkeit, weshalb Wasser nach innen hell ist. Das, was Flüssigkeit ausströmen läßt, gibt etwas weg. Das, was Flüssigkeit absorbiert, transformiert. Deshalb gibt Yang *etwas weg und* Yin *transformiert (...). Die Sonne ist die Herrin des Yang (...). Wenn deshalb ein* yang sui 陽 燧 *(eine Art Spiegel) in die Sonne gehalten wird, wird er heiß und erzeugt Feuer.«*

Hier haben wir einen Hinweis auf einen konkav geformten Brennspiegel im 2. Jahrhundert v. Chr. in einer tiefgehenden Diskussion über die Kosmologie und die Erschaffung der Welt. In einer kürzlich von Charles le Blanc angefertigten Übersetzung dieser Passage, wird der Brennspiegel nicht mehr *yang sui* sondern *fu-sui* 夫 燧 genannt:

»*Das* fu-sui 夫 燧 *(Brennspiegel) sammelt Feuer von der Sonne (...).*«

Le Blanc erklärt diese Veränderung in einer Fußnote:

»*Moderne Ausgaben schreiben* fu yang sui 夫陽燧. *Ich stimme mit Wang Nien-sun überein (...), daß* yang *weggelassen werden sollte, den im Originaltext heißt es einfach* fu-sui 夫 燧. *Das* yang *wurde später von Gelehrten hinzugefügt, die* fu *hier als ein Initialpartikel mißverstehen (im zweiten Bedeutungstonfall zu lesen), was ›jetzt‹, ›dann‹ oder ein betonendes ›dies‹ bedeutet. (...) Diese Gelehrten, so Wang, wurden auch von einer ähnlichen Passage im* Huai-Nan Tzu, *Teil 3/2b, beeinflußt, wo der Ausdruck* yang-sui *geschrieben wurde. Wang meint,* [daß die Anmerkungen in einem anderen alten Buch genannt Chou Li] *(...) erklären, daß* fu-sui *und* yang sui *zwei Namen für dasselbe Objekt sind (...). Die Anmerkungen zu* Huai-Nan Tzu *3/2b beschreiben* yang sui *so: ›Yang sui ist aus Metall gefertigt. Nimmt man eine Metallschüssel ohne Rand (einen leicht konkav geformten Spiegel), poliert sie gründlich, so daß sie heiß wird, plaziert sie zur Mittagszeit direkt in der Sonne und legt Reisig davor, dann wird es Feuer fangen.‹*

Daß wir es hier mit Hitzereflexion und zu einem Brennpunkt gebündelten Lichtstrahlen zu tun haben, wird durch Huai-Nan Tzu, *Teil 17/19a – b bestätigt: ›Die richtige Art und Weise, Männer (für Regierungsdienste) zu rekrutieren, könnte man mit dem Erzeugen von Feuer mittels eines* yang sui *vergleichen; ist er zu weit* [vom Reisig] *entfernt, erzeugt er kein Feuer. Wird er zu nah plaziert, trifft er nicht das Zentrum* [den Brennpunkt]. *Es muß also genau in der Mitte zwischen ‚zu nah' und ‚zu weit weg' plaziert werden.‹ Neben der Verwendung in Begriffen wie* fu-sui *und* yang sui *wurde das Wort* sui *auch benutzt, um im alten China Brennspiegel zu bezeichnen. Es wurde manchmal* 燧 *geschrieben (...). Needham übersetzte die beiden Passagen, die hier zitiert werden, aus dem* Huai-Nan Tzu. *Ich habe diese Übersetzung abgewandelt.*«

Ein weiteres Phänomen mit optischer Bedeutung, das von Archäologen aus einer viel früheren Zeitperiode »übersehen« wurde, ist das Doppelaxt-Motiv (genannt *Labrys*) des antiken Kreta. Dieses bekannte religiöse Symbol steht meiner Ansicht nach für das Muster, das Sonnenlicht erzeugt, wenn es durch ein Brennglas scheint. Siehe Tafel 6; dies ist ein Foto, das ich von diesem Lichtmuster, erzeugt von einer Linse in meinem Garten, aufgenommen habe. Sie können sehen, wie es der Doppelaxt der Minoer ähnelt, die auf Tafel 7 zu sehen ist. Dies ist übrigens ein *prä*-minoisches Artefakt, wie ich später noch erklären werde.

Im Kernland Griechenlands fand ich einige Beweise, die meine Meinung untermauern. Ich besuchte die seltsame prähistorische Siedlung Lerna in der Nähe von Argos auf dem Peloponnes. Die Ausgrabungen sind weit vorangeschritten, und vieles ist der Öffentlichkeit unter einem Wellblechdach zugänglich, obwohl ich annehme, daß die Zahl der Reisenden, die tatsächlich zu der sehr abgelegenen Stätte gehen, eher gering ist. In antiker Zeit war diese Siedlung an der Bucht von Argos, obwohl es nun Inland ist. Die Ausgrabungen ergaben, daß diese Stätte schon im Paläolithikum (Altsteinzeit), vor vielen tausend Jahren, bewohnt war. Zu sogenannten »prähistorischen« Zeiten, *etwa* 3000 v. Chr., lebte dort ein Volk, das wichtige heilige Artefakte hinterließ, die ich im in der Nähe befindlichen Museum von Argos ausgestellt fand. Um herauszufinden, wer diese prä-griechischen Menschen von Lerna waren, sollte man das Buch *Die Menschen von Lerna* konsultieren, auch wenn es ziemlich verwirrend und extrem technisch verfaßt ist.

Was fand ich? Auf Tafel 7 können Sie es sehen. Dieser große, schöne und offenbar heilige Feuerstein oder Altarstein hat in seiner Mitte eine Vertiefung zum Verbrennen von Opfergaben — und diese Vertiefung hat die perfekte Form einer Doppelaxt. Am Rand des Steins finden sich kleine Bilder von züngelnden Flammen. Dieser Stein diente der Absicht, die mystische Form gebündelter Sonnenstrahlen, die von einer Linse ausgehen, zu feiern. Wenn eine Linse ausreichender Größe verfügbar gewesen wäre, um ein Doppelaxt-Muster von dieser Größe zu erzeugen, hätten die gebündelten Sonnenstrahlen, die dem Umriß der Vertiefung exakt entsprochen hätten, die Opfergabe vollständig verzehrt. Doch da dieser Altarstein so groß ist, stand die Form wahrscheinlich nur symbolisch für diesen Vorgang. (Kleinere Versionen hätten die Aufgabe, das Dargebotene »perfekt zu verbrennen«, bewältigt, doch sind keine Exemplare bekannt, die die Zeit überdauert haben.)

Ich betrachte diesen außergewöhnlichen Altarstein als ein optisches Artefakt, und angesichts seines Alters mag es das zweitälteste der Welt nach dem Messerknauf von Abydos sein. Denn die ältesten Linsen, die ich bis jetzt gefunden habe, datieren erst von der 4. und 5. Dynastie in Ägypten und sind etwas jüngeren Datums als der Stein.

Die große Anzahl minoischer Kristall-Linsen, die auf Kreta ausgegraben wurden — der traditionellen Heimat des Doppelaxt-Motivs —, unterstützen ebenfalls die optische Interpretation dieses Motivs. Denn die Menschen, für die das Doppelaxt-Symbol von solch elementarer Wichtigkeit war, waren Teil eines Volkes, für das Kristall-Linsen eine weitverbreitete und geläufige Sache waren.

Nun werden wir uns dem Thema »Teleskope« widmen.

Anmerkung
[1] Erschienen bei: Bamford, Christopher, Hrsg., *Homage to Pythagoras: Rediscovering Sacred Science*, Lindisfarne Press, Hudson, New York, USA, 1994.

KAPITEL VIER

DER FALL MIT DEM VERSCHWINDENDEN TELESKOP

Bevor wir anfangen, sollten wir kurz überlegen, was ein Teleskop genau ist, denn viele Menschen wissen dies nicht wirklich. Bevor es Menschen leicht fallen kann zu glauben, daß die Menschen der Antike tatsächlich Teleskope hatten, müssen sie wissen, was zum Bau eines solchen Instruments erforderlich war. Und die Antwort ist überraschend einfach: Alles was man zum Bau eines Teleskops braucht, sind zwei Linsen, eine in jeder Hand. Nimmt man zwei gewöhnliche Konvex-Linsen, ob aus Kristall oder Glas, und hält eine von ihnen näher ans Auge und die andere weiter davon entfernt, und schaut man durch beide gleichzeitig hindurch, dann hat man ein einfaches Teleskop! Mehr braucht es nicht. Natürlich muß man die Linsen vor- und zurückbewegen, um den Brennpunkt zu treffen, doch das ist schon alles. Und da wir wissen, daß Hunderte von antiken Linsen überlebt haben, stellt sich die Frage, ob es wirklich möglich sei, daß niemand in der Weltgeschichte vor Galilei sich je gefragt hat: *Ich frage mich, was wohl passieren würde, wenn ich durch zwei dieser Linsen gleichzeitig durchschauen würde?*

Ich sollte darauf hinweisen, daß ein Teleskop von der gerade beschriebenen Art ein umgekehrtes Bild erzeugt — alles was oben ist, ist unten, und umgekehrt. Nimmt man allerdings eine dritte Linse, eine sogenannte Umkehrlinse, und plaziert sie entlang der optischen Achse genau zwischen die beiden anderen Linsen, dann wird ein aufrecht stehendes Bild erzeugt. Wenn Sie jedoch den Mond oder die Sterne beobachten, spielt dies keine Rolle, denn beim Beobachten von Himmelskörpern macht es keinen Unterschied, ob die Dinge umgekehrt oder aufrecht sind. Dies ist wohl auch der Fall mit den astronomischen Teleskopen, die im antiken Britannien zur Mondbeobachtung benutzt wurden, worauf wir später in diesem Kapitel noch einmal eingehen werden. Doch werden wir uns nun zunächst mit dem antiken Schreiber Strabo [Strabon, griechischer Geograph aus dem 1. Jahrhundert n. Chr., Verfasser der *Geographia* (Erdkunde), A. d. Ü.] befassen.

»Strabo« war ein lateinischer Kosename für jemanden, dessen Augen deformiert oder getrübt waren und der stark schielte. Über den Schreiber

Strabo wissen wir nicht viel. Er lebte zur Zeit des frühen römischen Reichs. Er wurde 64 oder 63 v. Chr. in einem Gebiet, das heute zur Türkei gehört, geboren und starb etwa 25 n. Chr. Er war ein wohlhabender Mann und offensichtlich Grieche, da er Griechisch statt Latein schrieb. Aber wir wissen nicht, warum er Strabo genannt wurde, da dies auch ein römischer Nachname war. Und aus irgend einem verrückten Zufall, wie sie manchmal in der Geschichte auftreten, und angesichts der Wichtigkeit dieses Mannes für unsere Geschichte und die Beweise, die er uns in bezug auf die Optik liefert, hatte er einen »optischen Namen«.

Strabo war sehr reich, und zunächst verwendete er sein großes geerbtes Vermögen dazu, Philosophie zu studieren und dann die Welt zu bereisen, um über Menschen und Orte in unglaublichen, fast schon pedantischen Details zu schreiben. Er war wohl der größte Geograph der Antike. Und damals konnte man nicht wirklich ein erfolgreicher Geograph sein — es sei denn, man war reich und hatte genug privates Geld, um überallhin zu reisen. Er hatte ebenfalls das Glück, zu einer Zeit zu leben, in der das Mittelmeer durch die römische Flotte vollständig von Piraten »gesäubert« war, so daß es wieder sicher war, überallhin zu reisen, ohne auf hoher See von Mord oder Entführung bedroht zu werden.

Strabos erstes großes Werk war eine Weltgeschichte in 47 Bänden, die allerdings vollständig verloren gegangen ist. Doch ist dies wiederum auch nichts ungewöhnliches, da etwa 98 Prozent aller Schriften aus der westlichen Antike verloren sind. Mit seinem zweiten Werk hatte Strabo allerdings mehr Glück, denn dieses blieb uns erhalten. Unter Experten und Fachleuten ist dieses Werk berühmt, trotz der Tatsache, daß wohl kaum irgendein Mensch in der Öffentlichkeit je von Strabo und diesem Werk gehört hat.

Doch er sollte nicht so unbekannt bleiben, denn sein großes Werk, *Geographia*, ist für neugierige Leser, die schon an den von Strabo beschriebenen Orten waren oder sich dort hinbegeben möchten, spannende Lektüre. Und er beschreibt Orte, die so weit auseinander liegen wie Marokko und die Krim, Britannien und Afrika, mit allem, was dazwischen liegt. Er beschreibt genau, was zu sehen war und wer im 1. Jahrhundert n. Chr. in welcher Stadt lebte. Für neugierige Menschen, die historische Gerüchte mögen, ist es sehr empfehlenswert. In der Loeb-Bibliotheksversion füllt es acht Bände; die Übersetzung findet sich jeweils gegenüber der Originalseite. Man kann Bände zu bestimmten Ländern, die einen interessieren, erwerben, und diese Bücher sind klein genug, um in die Jackentasche zu passen.

Im Band III, und zwar im Abschnitt über Spanien, bespricht Strabo etwas, das er »das Heilige Kap« nennt, heute »Kap São Vicente« genannt. Er sagt dazu:

»Dies ist der westlichste Punkt nicht nur Europas, sondern der ganzen bewohnten Erde.«

Er erwähnt die Megalithen und Dolmen (prähistorische Grabkammern), die dort zu finden sind, erzählt Anekdoten zu ihnen und sagt, es sei verboten gewesen, sich diesen Steinen nachts zu nähern, da »die Götter sich bei Nacht hier zurückziehen«. Solche kleinen Leckerbissen von örtlichen Überlieferungen sind für Strabos Werk typisch. Dies führt ihn zur Betrachtung eines Sonnenuntergangs, wie er über dem Atlantischen Ozean von der spanischen Küste aus erscheint. Zunächst kommentiert er, was der berühmte römische Philosoph Posidonius (dessen Name all seinen Lesern wohl vertraut gewesen ist, auch wenn die meisten seiner Werke heute verloren sind) zu diesem dramatischen Anblick zu sagen hatte. Hier ist, was Strabo dazu sagt:

»Posidonius erzählt uns, daß die Sonne beim Untergang größer erscheint und ein Geräusch macht, das dem eines heißen Metallgegenstands ähnelt, der in kaltem Wasser abgeschreckt wird, als ob das Meer zischt, während die Sonne ins Wasser eintaucht. Die Aussage von Artemidorus [von Ephesus, Verfasser von elf Büchern zum Thema Geographie, der von sich sagt, daß er ebenfalls an diesem Ort gewesen sei], *daß die Nacht unmittelbar nach Sonnenuntergang hereinbricht, ist falsch. Sie bricht nicht unmittelbar danach herein, auch wenn der Zeitraum sicher recht kurz ist, wie auch anderswo auf den großen Meeren. Denn wenn die Sonne hinter Bergen untergeht, verlängert sich der Tag aufgrund des indirekten Lichts für eine längere Periode. Über dem Meer hält das Zwielicht nicht so lang an, doch auch hier bricht die Nacht nicht sofort herein. Dasselbe kann man auf großen Landebenen beobachten. Die Sonnenscheibe erscheint sowohl bei Sonnenauf- als auch -untergang größer, denn zu diesen Zeitpunkten entsteigt Dunst und Nebel dem feuchten Element, und das Auge, das durch diese Feuchtigkeit Dinge anschaut, sieht sie aufgrund der Lichtbrechung größer, so als ob man etwas durch eine Röhre betrachtet. Dasselbe tritt ein, wenn man die untergehende Sonne oder den Mond durch eine dünne, trockene Wolke betrachtet und diese Himmelskörper rötlich aussehen. Posidonius erzählt uns, daß er, nachdem er 30 Tage bei Cadiz* [damals Gades genannt]

verbrachte und in dieser Zeit die Sonnenuntergänge aufmerksam beobachtete, davon überzeugt sei, daß Artemidorus' Bericht falsch sei. Dieser Schreiber erzählt uns, daß die Sonnenscheibe zur Zeit des Sonnenuntergangs hundertmal größer erscheine als gewöhnlich, und daß die Nacht unmittelbar nach Sonnenuntergang hereinbreche. Wenn wir diesem Bericht Aufmerksamkeit schenken, können wir nicht glauben, daß er selbst dieses Phänomen am Heiligen Kap [Kap São Vicente] beobachtet hat, denn er sagt uns ja, daß sich niemand bei Nacht dem Kap nähern darf. Deshalb können sie sich nicht bei Sonnenuntergang dort befinden, da ja die Nacht unmittelbar danach hereinbrechen soll. Er beobachtete dies auch nicht von irgend einer anderen Stelle an der Küste, denn Cadiz liegt direkt am Meer, und sowohl Posidonius als auch viele andere bestätigen, daß dieses Phänomen dort nicht auftritt.«

Der aufmerksame Leser wird vielleicht bemerkt haben, was an dieser von mir gerade zitierten Passage eigenartig ist. Es ist die Erwähnung von »Röhren«; was meint er mit »als ob man etwas durch eine Röhre betrachtet«? Der griechische Text ist eindeutig: Er besagt *di 'aulon*. Das Wort *aulos* bedeutet »Röhre« und wurde auch für eine Art von Flöte verwendet. Und der gegebene Ausdruck bedeutet »durch Röhren« (das Substantiv steht im Plural). Es gibt keinen anderen Weg um dies herum, als den Text abzuändern, und viele Versuche wurden in dieser Richtung unternommen!

Diese Passage gab den Anlaß zu einigen klassischen Fällen von Veränderungen in griechischen und lateinischen Originaltexten durch Wissenschaftler; sie lesen etwas, das sie nicht glauben können, dann verändern sie es, und da es nun nicht mehr länger das sagt, was es ursprünglich sagte, wird es als Beweis gegen die Existenz des Objekts verwendet, von dem sie nicht glaubten, daß es existiere. Dies führt dann dazu, daß alle Stellen, an denen dieses Objekt noch erwähnt wurde, entfernt wurden. Mit anderen Worten: Sie selbst bewirken einfach durch Abändern oder Weglassen, daß der eigentliche Beweis nicht mehr existiert!

Ich gebe Ihnen ein Beispiel für solchen Unsinn. Gehen wir mal davon aus, ich hätte folgendes geschrieben:

»*Von der Straße aus konnte ich klar eine Eule ausmachen.*«

Lassen Sie uns nun annehmen, daß in 200 Jahren ein Wissenschaftler davon überzeugt ist, Eulen wären zu meinen Lebzeiten ausgestorben gewesen und ich hätte deshalb nie eine sehen können. Er würde also zu meinem Text einen »Bearbeitungsvorschlag« machen und nahelegen, daß sich das Wort »Eule« aufgrund eines Schreib- oder Druckfehlers in meinen Text eingeschlichen hat. Vielleicht habe ich etwas sehr ähnliches geschrieben, und deshalb schlägt er vor, daß meine ursprüngliche Aussage wohl war:

»Von der Straße aus konnte ich klar eine Erle ausmachen.«

Der Wissenschaftler würde darauf hinweisen, daß der Buchstabe »u« in antiken Zeiten dem Buchstaben »r« sehr ähnlich sah; der Schreiber oder Übersetzer würde dann aus dem »u« tatsächlich ein »r« machen und darauf hinweisen, daß er bewiesen habe, daß ich nie eine Eule gesehen haben kann — die war ja schon ausgestorben —, daß ich aber sicher eine Erle gemeint habe, denn die sei zu meinen Lebzeiten ja ganz sicher gewachsen, und größeres Interesse an der Ornithologie (Vogelkunde) habe ich ja auch nie an den Tag gelegt.

Und so wird »Geschichte« produziert, indem Texte auf diese typische Weise abgeändert werden.

Ich glaube, die erste Übersetzung von Strabo ins Englische war die dreibändige *Geography of Strabo* für George Bell und Söhne, London im Jahre 1887 (später aufgegangen in der berühmten Bohn-Bibliotheksserie). Obwohl das gesamte Werk von W. C. Hamilton und W. Falconer in Gemeinschaftsarbeit übersetzt wurde, war es Hamilton, der für die Passage mit den »Röhren« verantwortlich war, und es war seine Übersetzung, die ich oben wiedergegeben habe. Hier folgt, wie er mit den »Röhren« in seiner Fußnote umgegangen ist:

»Wir entnehmen [Baron von] Humboldt (Kosmos, Band III, S. 54 in der Bohn-Ausgabe) die folgende Notiz zu dieser Passage: ›Diese Passage wurde vor kurzem von G. Kramer [deutscher Verleger der Strabo-Ausgabe 1844–52, Berlin] für korrumpiert erklärt. Di hyalon (durch Glassphären) wurde durch di aulon ersetzt (siehe [Johann Gottlob] Schneider, Physicae Historicum, 1801, Band II, S. 273). Die vergrößernden Eigenschaften von wassergefüllten Glas-Hohlkugeln (siehe Seneca, [Naturfragen], I, 6) waren den Menschen der Antike so vertraut wie die Wirkung von Brenngläsern oder Kristallen (siehe Aristophanes, Die Wolken, *V, 765) oder Neros Smaragd (siehe Plinius, [Naturkunde], XXXVII, 5). Doch diese wassergefüllten Hohlkugeln wurden ganz sicher nicht als astronomische Meßinstrumente eingesetzt (vergleiche [von*

Humboldts] Kosmos, *Band I, S. 619). Die Höhe des Sonnenstandes, gesehen durch dünne Wolken oder vulkanische Dämpfe, zeigen keine Spur eines Lichtbrechungs-Einflusses.‹«*

Beachten Sie, wie ernst es genommen wird, daß G. Kramer etwas für korrumpiert erklärt. Und beachten Sie die Wortwahl: »erklärt«. G. Kramer stellt keine Vermutungen an, noch äußert er Gedanken; nein, er *erklärt*. Er spekuliert nicht und deutet auch nicht vorsichtig an, er *erklärt*.

Seitdem Strabos Werk ab dem 16. Jahrhundert ernsthaft studiert wurde, wurden große Mühen und Anstrengungen aufgebracht, seine Erwähnung von Vergrößerungsrohren loszuwerden, damit wir nicht gezwungen wurden, die Existenz von Teleskopen in der Antike anzuerkennen. Die antiken Teleskope mußten um jeden Preis verschwinden. Wie wir noch sehen werden, waren die verschiedenen Versuche in dieser Richtung schon fast von Verzweiflung und komischer Ironie gekennzeichnet. Und Kramers Versuch aus dem Jahre 1801, die Worte »durch Glaskugeln« mittels Abänderung der griechischen Buchstaben durch andere zu ersetzen, ist ganz besonders ironisch, denn wie wir im letzten Kapitel gesehen haben, ist das Wort *hyalos*, das Kramer einzusetzen wünschte, genau das Wort, das Aristophanes in seinem Stück *Die Wolken* zur Beschreibung einer Brennlinse benutzte. Kramer hatte also — ohne es zu wissen — einen Begriff aus der Optik entfernt, nur um ihn durch einen anderen aus der Optik zu ersetzen!

Ich glaube, es war ursprünglich der französische aristokratische Gelehrte und Mitglied der Königlichen Akademie der Wissenschaften in Paris, der Graf de Caylus, der 1756 der erste Forscher (außer dem, der den griechischen Text bearbeitet hatte) war, der feststellte, daß Strabo eine beiläufige Bemerkung gemacht hatte, die von großem optischen Interesse ist.

Lassen Sie uns anschauen, was er zu der Strabo-Passage als Teil einer Diskussion über Optik in der Antike zu sagen hatte. Der Bericht mit seinen Anmerkungen vom Dezember 1756 für die französische *Königliche Akademie für Inschriften* und *Belle Lettres* wurde erst 1761 veröffentlicht:

»Es ist nicht nur der Herr Graf de Caylus, der sich fragt, ob die Menschen der Antike Augengläser benutzten; eine Textpassage bei Strabo (III, S. 138) gab Anlaß zu dieser Idee. Dieser Geograph wünschte zu erklären, weshalb die Sonnenscheibe am Meer größer erschien, wenn sie auf- oder unterging. Er schrieb die Ursache dem feuchten Dunst zu,

der vom Wasser aufstieg. Und er erklärte den physikalischen Effekt mit folgenden Begriffen [Zitat aus dem griechischen Text]: (...) Man kann diesen Aspekt nicht richtig wiedergeben: ›Die aufsteigenden Dünste haben dieselbe Wirkung wie Röhren; sie vergrößern die Erscheinung von Objekten.‹ Das Wort aulos *gibt sehr gut und sehr korrekt ›eine Röhre‹ wieder* [dies ist korrekt: nach dem Liddell-und-Scott-Lexikon bedeutet *aulos* ›Hohlröhre‹]. *Man kann dieser Passage keinen anderen Sinn verleihen als anzunehmen, daß die Menschen der Antike über das Wissen um den Gebrauch dieses Instruments verfügten. Graf de Caylus hat diese Meinung schließlich nicht als einfache Mutmaßung abgegeben, sondern er beobachtete, daß Père Mabillon* [Vater Jean] *in einem aus dem frühen 13. Jahrhundert stammenden Manuskript Ptolemäus'* [Claudius Ptolemäus, 2. Jahrhundert n. Chr.] *gesehen hatte, wie er die Sterne mit einem Teleskop oder besser einer Röhre beobachtete. Dieses Manuskript war 300 Jahre älter als Galilei und Jacques Métius, der Erfinder von Teleskopen. Die Figur auf der Titelseite wurde seit Ptolemäus' Zeiten von Kopie zu Kopie weitergereicht.«*

Danach floß das Wissen, daß Strabo offensichtlich Teleskope erwähnt hat, in die Diskussionen über antike Optik als ein gelegentlich wieder auftauchendes Thema ein, obgleich es für die Gelehrten nicht erforderlich war anzuerkennen, wer Strabo war, geschweige denn, seinem Manuskript Aufmerksamkeit zu schenken, was bedeutet, daß Hinweise auf seinen Text nicht oft vorkamen. Es ist das Verdienst des aristokratischen Amateurforschers de Caylus, daß er dieses Thema unter den Gelehrten wieder hoffähig machte. Zweieinhalb Jahrhunderte später fahren wir nun mit der Diskussion fort.

Der Bärendienst, der Strabos Text erwiesen wurde, indem alle »unbequemen« Worte aus seinem Text entfernt wurden, begann schon mit Isaac Vossius, der als erster im 16. Jahrhundert Strabos griechischen Text bearbeitete. Er unternahm den Versuch, alle Stellen, wo Teleskope erwähnt wurden, herauszueditieren, ebenso wie eine Reihe ihm folgender »Bearbeiter«. Leider sind nicht alle diese bearbeiteten Ausgaben in der Britischen Bibliothek, so daß es notwendig ist, sie in französischen oder deutschen Bibliotheken aufzufinden. Ich habe also keine definitive Liste zusammenstellen können, wie ich es gern getan hätte, wenn die äußeren Umstände nicht so erschwerend hinzugekommen wären.

H. L. Jones, der Herausgeber und Übersetzer der Loeb-Bibliothek, veröffentlichte den Text in seiner abgewandelten Form als *di yalon* statt als *di 'aulon*. Das bedeutete, es gab keine Röhren, doch ironischerweise führte dies Jones noch weiter ins Dickicht optischen Territoriums. Hamilton sprach von den Strahlen, wie sie »gebrochen« werden. Jones macht dies offensichtlich nervös, und er übersetzt: »die sichtbaren Strahlen (…) werden gebrochen«, fügt dem aber zur Klärung noch eine Fußnote bei: »Wir sollten sagen ›refraktiert‹«.

Jones' Übersetzung dessen, was die Strahlen beschreiben soll, wie sie durch die Röhre gesehen werden, liest sich allerdings so: »(…) die sichtbaren Strahlen, die durch diesen Dunst wie durch eine Linse verlaufen (…)«, und er fügt eine Fußnote hinzu, die besagt: »Eine offensichtlich mit Wasser gefüllte Kugel.«

Wir können sofort erkennen, daß Jones beschlossen hatte, sich für seine eigene Bearbeitung und Übersetzung auf G. Kramers *Erklärung* zu verlassen.

Wann begann die neuzeitliche Diskussion um antike Teleskope? Es war mindestens fünf Jahrhunderte, bevor Graf de Caylus die Passage bei Strabo 1756 bemerkte. Der früheste Hinweis auf Teleskope in der Antike, den ich bisher in der Literatur finden konnte, ist etwas rätselhaft. Er stammt von Roger Bacon aus dem 13. Jahrhundert. Es ist nicht überraschend, daß Bacon dieses Thema diskutiert, da er selbst ein Teleskop gebaut hatte, als er in Oxford war. Das ist für sich selbst noch ein Thema für eine spätere Diskussion — da er eine so lange Zeit vor Galilei lebte. Bacons rätselhafte Kommentare sind die, wo er behauptet, Julius Cäsar hätte ein Teleskop gehabt, mit dem er von der französischen die englische Küste beobachtete, bevor er sich zur Invasion entschloß. Das Problem ist, daß es hierzu keine Erwähnung seitens irgend eines römischen Historikers gibt, die uns erhalten geblieben ist; wo hat Bacon also diese seltsame Geschichte her? Vielleicht ist es am besten, einigen Diskussionen zu diesen beiden Themen — Bacons Teleskop und Cäsars Teleskop — zu folgen, die ihren Anfang, soweit ich es bestimmen kann, 1551 nahmen, um zu sehen, wie frühere Schreiber diese Sache verstanden.

Im Jahre 1551 schrieb der erstaunlich vielseitige Robert Recorde (oder Record) in seinem Buch *The Path-way to Knowledge, Containing the First Principles of Geometry* (Der Pfad zum Wissen, mit den Ersten Prinzipien der Geometrie) in seinem urigen Tudor-Englisch, das ich hinsichtlich der Schreibung der Wörter an mehreren Stellen klären mußte, folgendes:

»Ich sollte auch über solche Dinge sprechen, die ohne Wissen um die Prinzipien der Geometrie nicht leicht verstanden werden können. Doch ich verspreche, daß, wenn mein Buch gut aufgenommen wird, ich nicht nur über solch nette Erfindungen schreiben werde, sondern auch lehren werde, wie eine große Zahl von ihnen funktioniert, so daß sie auch heutzutage praktiziert werden können. Hier wird auf einfache Weise wahrnehmbar, daß viele Dinge, die zunächst unmöglich erscheinen, mit etwas Kunstverstand recht einfach sind. Die gewöhnlichen Menschen, die nicht verstehen, wie die Dinge funktionieren, sagen, diese Dinge geschehen durch schwarze Magie oder Nekromantie [Weissagung durch Beschwörung von Geistern (Toter)]. *Und so kam es, daß Bruder Bacon beschuldigt wurde, solch ein großer Schwarzmagier zu sein, obwohl er nie schwarze Magie betrieb. Er war allerdings ein Experte in der Geometrie und anderen mathematischen Wissenschaften, so daß er in den Augen vieler Menschen wundervolle Dinge vollbringen konnte. Viel wird hier über das Glas* [ein alter Ausdruck für ein Teleskop] *gesprochen, das er in Oxford angefertigt hat. Mit diesem Glas konnte man Dinge sehen, die sich in großer Entfernung befanden, doch urteilten viele, daß dies ein Werk böser Geister sei. Doch ich weiß, daß der Grund, weshalb es funktioniert, guter Natur ist und auf die Perspektive* [altenglisches Wort für die Geometrie der Optik] *zurückzuführen ist. Die Gründe verhalten sich ähnlich wie bei einem gewöhnlichen Spiegel, in den man hineinschaut. Doch diese Schlußfolgerung und einige andere ähnlicher Art sind mehr für höhergestellte Menschen wie Prinzen als für andere und sollte nicht unter der allgemeinen Bevölkerung gelehrt werden. Um es zu wiederholen: Ich hielt es in diesem Falle für gut, den Wert der Geometrie bekannter zu machen und zu einem teilweisen Verständnis beizutragen, was für wundervolle Dinge mit ihr möglich sind, wie angenehm und auch notwendig sie sind.«*

Obwohl er mehrere andere Bücher schrieb und als Erfinder des modernen Gleichheitszeichens (=) berühmt ist, schrieb Robert Recorde doch nie das Buch über »seltsame Erfindungen«, das er seinen Lesern versprochen hatte, in dem er die Prinzipien des Teleskops und vieles mehr enthüllt hätte. Er hatte ein hartes Leben und starb noch jung. Wie die meisten Genies, so stieß auch er auf viel Opposition und Entmutigungen. In seinem *Path-way to Knowledge* erwähnte er auch den Brennspiegel des Archimedes, den er, wie andere Dinge, seiner Leserschaft erklärt hätte, »wenn sein Buch gut aufgenommen würde«. Den Brennspiegel des Archimedes werden wir im nächsten Kapitel besprechen.

Im Jahre 1558 schrieb das vielseitige Genie Giambattista (eigentlich Giovanni Battista) della Porta in der ersten Ausgabe seines berühmten Buchs *Magia Naturalis* (Naturmagie) offensichtlich zum ersten Mal über das »Teleskop des Ptolemäus«. Er bezog sich auf das seltsame optische Objekt, das sich einst auf der Spitze des Leuchtturms von Pharos bei Alexandria in Ägypten befand. Der Ptolemäus, den er meint, ist nicht der Astronom Claudius Ptolemäus, sondern der ägyptische Pharao Ptolemaios III. Euergetes (geboren zwischen 288 und 280 v. Chr., gestorben 221 v. Chr.). Ich erwähne dies hier aus chronologischen Gründen, da wir die zeitliche Reihenfolge der Schriften untersuchen. Doch um in unserer Diskussion zum eigentlichen Punkt zu kommen, befassen wir uns mit dem Teleskop des Ptolemäus später im Kapitel und kommen nun zurück zu den Teleskopen von Roger Bacon und Julius Cäsar.

An dieser Stelle sollte ich die tatsächliche Passage und die neuzeitliche Übersetzung dessen, was Roger Bacon wirklich in seinem *Opus Majus* über Cäsars optische Abenteuer sagte, einfügen. Was Bacon sagt ist auf lateinisch, weshalb er nicht so präzise ist, wie er es sein könnte, hätte er auf griechisch geschrieben. Das Wort, das er für Cäsars optisches Instrument benutzt, ist *specula*. Die gewöhnliche Bedeutung von *specula* ist »Spiegel«. Im Sinne von »Glas« kann *specula* jedoch auch auf eine Linse hinweisen. Hätte Bacon griechisch geschrieben und das Wort *katoptron* benutzt, hätte es keine mögliche Doppeldeutigkeit gegeben, da dieses Wort im Griechischen »Spiegel« bedeutet und sonst nichts. Die Griechen hatten eine wissenschaftliche Veranlagung, an der es den Römern mangelte, und die griechische Sprache verfügt über eine wissenschaftliche Präzision, die dem Lateinischen völlig abgeht.

Nehmen wir jedoch den gesamten Kontext von Bacons Anmerkungen — der von William Camden und Anthony à Wood nicht beachtet wurde, wie wir gleich noch sehen werden —, erkennen wir, daß es um die Verwendung von Spiegeln statt Linsen geht. Bacon sagt, er werde sowohl Refraktion (Lichtbrechung) als auch Reflexion (Lichtspiegelung) behandeln, und Cäsar wird während der Diskussion um Reflexion in Kapitel 3 des Teils über optische Wissenschaft erwähnt, bevor er in Kapitel 4 seine Diskussion zur Refraktion beginnt. Es folgt die moderne Übersetzung von Burke[1]:

»So wie die Weisheit Gottes die Richtung bestimmt, in die das Universum geht, so ist diese neue Wissenschaft der Optik offensichtlich und nützlicherweise von ihrer Schönheit bestimmt. Ich werde für Refraktion und Re-

flexion je einige Beispiele anführen. (...) In ähnlicher Weise könnten Spiegel auf Anhöhen gegenüber von feindlichen Städten und Armeen aufgestellt werden, so daß alles, was der Feind unternimmt, sichtbar wäre. Dies kann mit jeder gewünschten Entfernung bewerkstelligt werden, da nach dem Buch der Spiegel [er meint offensichtlich die *Catoptrica*, die Euklid zugeschrieben wird; siehe Sätze 13–15] *ein und dasselbe Objekt mit Hilfe von so vielen Spiegeln wie wir wünschen gesehen werden kann, wenn sie in der erforderlichen Weise plaziert werden. Deshalb kann man sie näher zusammen- oder weiter auseinanderstellen, so daß wir ein Objekt so weit weg sehen können, wie wir möchten. Denn man sagt, Julius Cäsar hätte beim Versuch, England zu unterwerfen, sehr große Spiegel aufgestellt, so daß er schon von der gallischen Küste aus die Anordnung der englischen Städte und Lager erkennen konnte.«*

Wenn wir später in diesem Kapitel zu unserer Diskussion um den Leuchtturm von Pharos bei Alexandria kommen, werden wir sehen, daß in den Leuchttürmen der Antike große Spiegel erforderlich waren, um das Licht bei Nacht für die Seeleute aufs Meer hinaus zu reflektieren, doch bei Tag konnten diese riesigen optischen Instrumente anderen Verwendungszwecken zugeführt werden — die antike Form der Fernwahrnehmung, so daß man Schiffe sehen konnte, die aufgrund ihrer Entfernung mit bloßem Auge nicht sichtbar waren. Es scheint also, als ob einer der römischen Leuchttürme, von denen wir wissen, daß sie an der Nordküste Frankreichs existierten (siehe Abbildung 13), seinen grossen Spiegel Cäsar zur Verfügung gestellt hat. Und er hat seine Funktion vielleicht noch durch Kombination mit anderen Spiegeln verbessert. Dies ist die wahrscheinlichste Erklärung zum »Teleskop Julius Cäsars«: Es war ein Spiegel-, kein Linsen-Teleskop.

Doch dies sollte uns nicht davon abhalten festzustellen, daß Cäsar auch mit Leichtigkeit ein Linsen-Teleskop hätte haben können, egal ob es sich um ein tragbares handelt, das er auf seine Eroberungszüge mitnehmen konnte, oder ein zusätzliches Linsen-Teleskop, das routinemäßig in römischen Leuchttürmen benutzt wurde, auf dieselbe Weise wie die karthagischen Teleskope, die sich ebenfalls auf Festungstürmen befanden und zu denen wir gleich noch kommen.

Die nächste Person nach Robert Recorde, die sich im Zusammenhang mit Teleskopen auf Roger Bacon bezieht, und zwar im Verlauf von Bacons Bericht über Julius Cäsars Teleskop, war der große Historiker William Camden. Sein berühmtes historisch-topographisches Werk *Britannia* wurde 1596 auf Latein in London veröffentlicht. Heutzutage wird das Buch fast immer als *Camdens Britannia* bezeichnet. Im Kapitel über »Cantium« (d. h. die Grafschaft Kent) bezieht sich Camden auf Roger Bacons Bericht darüber, wie Julius Cäsar ein Teleskop benutzte, um die Küste der Grafschaft Kent von der Normandie aus zu beobachten. Hier folgt, was er sagte, und was ich hier in der modernisierten Fassung der Übersetzung von Philemon Holland aus dem Jahre 1610, die er unter Camdens Aufsicht anfertigte, wiedergebe:

»*Im Jahre 54 v. Chr. und nochmals ein Jahr darauf marschierte (Julius Cäsar) in Britannien ein, nachdem er durch seine Spione Häfen für seine Schiffe ausfindig gemacht hatte, wie Suetonius und Cäsar selbst bestätigen. Es war nicht so, wie Roger Bacon fabuliert, daß bestimmte Gläser oder Spiegel an der Küste von Gallien aufgestellt wurden und mit Hilfe der optischen Wissenschaft durch Reflexion versteckte oder unsichtbare Objekte sichtbar gemacht worden wären.*«[2]

Aus obigem sehen wir, daß Camden Bacons Bericht streng verleugnet, denn er wußte, daß Cäsar in seinen eigenen Werken wie auch der römische Historiker Suetonius (1. Jahrhundert n. Chr.) sagten, daß es Spione waren, die Cäsar in die Lage versetzten, die Umstände um die Häfen und die englische Küste bei Kent in Erfahrung zu bringen und seine militärische Invasion über den Ärmelkanal entsprechend vorzubereiten. Doch bleibt immer noch die Frage: *Woher bekam Bacon seinen Bericht?*

Dies ist unbekannt. Bacon schrieb 350 Jahre vor Camden, als alle Klosterbibliotheken in England noch intakt waren und bevor diese Sammlungen durch König Heinrich VIII., der alle Klöster konfiszierte, zerstreut und zu einem großen Teil zerstört wurden. Bacon hätte eine solche Story nicht einfach erfunden. Er muß den Bericht in einer alten Chronik gelesen haben, die nicht mehr existiert. Das heißt nicht, daß die Story wahr ist, sondern lediglich, daß wir darauf vertrauen können, daß Bacon sich die Geschichte nicht aus den Fingern gesogen hat. Wir werden jedoch im weiteren Verlauf sehen, daß es keinen Grund gibt, weshalb der Bericht gänzlich fiktiv sein sollte. Die Römer hatten mehrere Leuchttürme entlang der Küste von Frankreich, und die Trajanssäule in Rom porträtiert solch einen römischen Leuchtturm, der in Abbildung 13 wiedergegeben ist.

Ein römischer Leuchtturm existiert heute sogar noch an der englischen Küste, und zwar in der Nähe von Dover Castle. Man kann davon ausgehen, daß die römischen Leuchttürme an ihrer Spitze über optische Sehhilfen verfügten, ähnlich wie der Pharos-Leuchtturm bei Alexandria unter Pharao Ptolemaios III., worauf wir gleich noch eingehen werden. Diese optischen Sehhilfen zu den nächtlichen Feuern an der Spitze dieser Leuchttürme — ob nun reflektierende Spiegel oder lichtbrechende Linsen — konnten tagsüber zur Beobachtung der Schiffe oder der Küste benutzt werden. Der Leser wird sich mit dieser Idee leichter anfreunden können, sobald ich den Beweis für die Existenz der karthagischen Armee-Teleskope erbringe, die zu römischen Zeiten auf Wachttürmen benutzt wurden, ebenso wie den Bericht über das »Archimedes-Teleskop« an der Küste Kroatiens, das bis vor einigen Jahrhunderten erhalten geblieben war.

Abbildung 13: Ein römischer Leuchtturm aus dem 1. Jahrhundert n. Chr. Diese Darstellung findet sich auf der berühmten Säule des Kaisers Trajan (regierte von 98–117), die immer noch in Rom steht, wo sie eine der Haupt-Touristenattraktionen ist. Es war genau solch ein Leuchtturm an der Küste der Normandie, von dem aus nach Roger Bacon Julius Cäsar vor seiner Invasion die englische Küste mit einem Teleskop oder großen Teleskop-Spiegel studiert hat. (Aus *l'Antiquité Expliquée et Présentée en Figures* von Bernard de Montfaucon, Paris, 1722, Band VI, Tafel CXXXVIII. Sammlung Robert Temple.)

Um uns die Beschaffenheit eines Teleskops in seiner einfachsten Form zu vergegenwärtigen, lassen Sie uns nun eine griechische Linse betrachten. Wenn Sie auf Tafel 11 schauen, finden Sie die Fotografie einer antiken plan-konvexen griechischen Kristall-Linse aus dem 6. Jahrhundert v. Chr. (Vergrößerung zwischen 1,5 und 1,75 x), deren glücklicher Besitzer ich bin. Auf der Planfläche können Sie eine Figur erkennen, die durch die Luft fliegt und dabei in jeder Hand etwas hält. Diese Figur würde von einem klassischen Archäologen als ein »fliegender Eros« interpretiert werden. Ich glaube jedoch, daß einige der Darstellungen eines erwachsenen fliegenden Eros nicht unbedingt Eros darstellen. Und in diesem Fall neige ich zu der Ansicht, daß die Figur in Wirklichkeit Prometheus und nicht Eros darstellen soll. Natürlich spielt es keine große Rolle, weil die tatsächliche Identität der Figur unerheblich ist.

Die fliegende Figur hält diese beiden Objekte in den Händen — was sind sie? Sie sind eindeutig rund. Sind es Scheiben oder Sphären? Es könnte sich um beides handeln. Ich gehe davon aus, daß es Linsen sind, ob rund oder sphärisch, zur Vergrößerung oder als Brennglas — oder beides. Schließlich ist die Figur selbst *auf einer Linse eingraviert*. (Das grob gedrillte Bohrloch durch den Kristall wurde zu einem späteren Zeitpunkt angefertigt, als sie auf einem Schwenkring montiert werden sollte.)

Warum würde also jemand durch die Luft fliegen, eingraviert auf einer Linse, zwei runde Gegenstände in den Händen haltend? Ich glaube, die Figur hält zwei Linsen in ihren Händen, und die Absicht hier ist, die Eingeweihten darauf hinzuweisen, daß, wenn man eine Linse nah ans Auge hält und die andere weiter weg und durch beide hindurch schaut, man ein rudimentäres Teleskop hat. Prometheus holte das Feuer vom Himmel — *mit Hilfe einer Linse*. Doch da war noch mehr zu dieser Geschichte. Und diese antike Linse versucht uns etwas zu erzählen.

Ich brachte meine Linse mit in die griechische und römische Abteilung des Britischen Museums, um herauszufinden, wann ungefähr diese Gravurarbeit auf der Linse, von der ich annahm, sie sei »archaisch«, angefertigt worden war. Ich traf eine Frau, die einen Blick auf meine Linse warf, sie in ihrer Hand fühlte und sagte: »Dies ist eine Fälschung, denn dieses Objekt ist nicht aus Bergkristall, sondern aus Glas. Und zu jener Zeit stellten sie kein Glas her.« — »Zu welcher Zeit?«, fragte ich. Sie antwortete: »Es ist zwecklos, darüber überhaupt zu reden. Das Objekt ist aus Glas, eine billige moderne Kopie, mit der man Touristen an der Nase herumführt. Haben Sie das Objekt letztes Jahr oder so in Griechenland erworben?« Ich sagte, es wäre schon seit mindestens 50 Jahren in Großbritannien, soweit ich es wüßte. Sie nochmals: »Nun, es ist wertlos. Einfach nur Glas.«

Ich setzte sie etwas unter Druck: warum sie sich so sicher sei, das es wirklich Glas wäre, da ich glaubte, es sei Bergkristall. »Ich sollte Glas erkennen, wenn ich es sehe«, sagte sie. Ich versuchte mehrere Male auf taktvolle Weise, eine hypothetische Frage zu stellen: »Doch mal einfach angenommen, es wäre Bergkristall — von wann würde es dann ungefähr datieren?« Mehrmals ging sie nicht auf meine Frage ein, um schließlich folgendes zu antworten: »Wenn es Bergkristall wäre — was es mit größter Sicherheit nicht ist —, dann würde es natürlich aus dem 6. oder 7. Jahrhundert v. Chr. datieren, archaisch, nach dem Stil der Gravurarbeit zu urteilen —, doch eher 6. Jahrhundert v. Chr. So oder so, es ist einfach eine Fälschung aus Glas, also brauchen wir nicht weiter darüber zu diskutieren. Ich bin auch sehr beschäftigt, falls es Ihnen nichts ausmacht.«

Ich nahm meine Linse mit zum Museum für Naturgeschichte, um einen Röntgen-Lichtbrechungstest mit ihr durchführen zu lassen. Das Ergebnis war, daß die Linse aus Bergkristall ist. Mit Schrecken denke ich an all die Menschen in der Öffentlichkeit, die mit eingezogenem Schwanz davonziehen, wenn sie mit solch vernichtender Kritik von »Experten« konfrontiert werden.

Nun wollen wir zu Julius Cäsar und seinem Teleskop zurückkehren. Es ist etwas ermüdend für die Arme, zwei Linsen vor die Augen zu halten und ihre entsprechenden Brennpunkte zu finden, so daß man die Dinge scharf sieht. Deshalb ist es natürlich einfacher, sie in korrekter Entfernung voneinander in einem gemeinsamen Behältnis, hohl und länglich, zu befestigen — einer Röhre, oder im Griechischen *aulos*. Dies ist auch das von Strabo erwähnte *aulos*, das aus dem Text entfernt wurde, weil »es nicht wahr sein konnte«. Erinnern Sie sich?

Wir werden gleich sehen, *welche Art von* Röhren benutzt wurden. Doch lassen Sie uns noch die restliche Diskussion um Cäsar zum Abschluß bringen. Wir können jetzt die Idee akzeptieren, daß, wenn Cäsar die Küste von Kent mit einem Teleskop hätte beobachten wollen, dies überhaupt nicht schwierig gewesen wäre, da Vergrößerungslinsen weit verbreitet waren, und alles, was es gebraucht hätte, wäre etwas Erfindergeist, um zwei Linsen zusammen in einer Röhre zu montieren und sie dem obersten Kriegsherrn zu überreichen. So oder so; wie ich gerade schon sagte, werden wir die Beweise dafür untersuchen, daß solche Teleskope schon vor Cäsar zu militärischen Zwecken von den Karthagern benutzt worden waren. Und wir werden auch untersuchen, welche Art von optischen Sehhilfen an der Spitze von Leuchttürmen existierte, von denen es in römischen Zeiten gegenüber der englischen Küste viele gab. Und so werden wir die Geschichte über Julius Cäsar, der die Küste von

Kent mit einer dieser Sehhilfen beobachtet hat, als sehr wahrscheinlich betrachten, und genauso werden wir betrachten, daß Roger Bacon Zugang zu einer historischen Quelle hatte, die für uns nun verloren ist.

Lassen Sie uns nun zu der Frage zurückkehren, *welche Art von Röhren* in der Antike für einfache Teleskope hätte verwendet werden können. Denn dies ist Gegenstand unerwarteten Interesses und hat einige bizarre Wendungen.

Wenn wir noch einmal an die legendäre Figur des Prometheus denken, erinnern wir uns vielleicht daran, daß er nach dem Mythen das Feuer in einer speziellen Röhre zur Erde brachte. Diese wurde *narthex* genannt. Was ist nun ein *narthex*? Die Antwort hierauf ist recht eigenartig. Es stellt sich heraus, daß es tatsächlich eine ausgestorbene Pflanze ist, bekannt als der echte Riesenfenchel. Ich stieß nur zufällig auf diese eindeutige Information. Da ich eine Reihe von Artikeln zur Geschichte der Medizin für zwei internationale medizinische Magazine verfaßt und gelegentlich Buchrezensionen für sie vorgenommen hatte, schickten sie mir zur Besprechung aus heiterem Himmel ein Buch mit dem außergewöhnlichen Titel *Contraception and Abortion from the Ancient World to the Renaissance* (Empfängnisverhütung und Abtreibung von der Antike bis zur Renaissance) von John M. Riddle. Ich war erstaunt, auf solch ein Buch zu treffen, wie es wohl jeder gewesen wäre, da ich nicht vermutet hätte, daß Empfängnisverhütung in der Antike schon eine entwickelte Wissenschaft gewesen war.

Der interessanteste Teil des Buchs betrifft den Riesenfenchel, der den antiken griechischen Botanikern als *narthex* bekannt war. Er produzierte eine Droge, die als Cyrenaika-Saft oder *silphion* oder *silphium* bekannt war (der Name, den Dioskurides, der antike Naturheilkundige, für sie benutzte). Riddle sagt dazu:

»*Cyrenaika-Saft wird aus* Ferula *(Riesenfenchel) gewonnen, der von Dioskurides und anderen* silphion *oder* silphium *genannt wird. Die Pflanze ist ausgestorben. Früher wuchs die Pflanze in der Nähe des griechischen Stadtstaats Cyrene in Nordafrika. Tatsächlich machte silphium Cyrene berühmt. Herodot sprach von der Ernte der Wildpflanze, und andere griechische Quellen sagten, daß Versuche, die Pflanze zu kultivieren, fehlschlugen. Im Jahre 424 v. Chr. sprach Aristophanes vom hohen Preis für die Pflanze, und im 1. Jahrhundert n. Chr. sagte Plinius, die Pflanze sei nur selten zu finden. Jahrhundertelang zierte die Pflanze die Münzen der Stadt; es war ihr charakteristisches Symbol. Man könnte sich fragen, warum eine Pflanze eine Stadt berühmt macht.*

Soranus sagte uns, es sei ein Kontrazeptivum (Empfängnisverhütungsmittel) — eines der besten in der Antike. Ihre Popularität führte allerdings schon kurz nach Soranus' Zeiten dazu, daß sie ausstarb.«

Wir brauchen an dieser Stelle nicht weiter in die Details über Empfängnisverhütung in der Antike einzugehen, doch nun verstehen wir die Wichtigkeit dieses Riesenfenchels und weshalb er nicht mehr existiert. Der echte Riesenfenchel war offensichtlich wirklich eine riesige Pflanze, so groß wie der falsche Riesenfenchel (*Heracleum giganteum*), die bis zu fünf Meter hoch wird und ein Doldengewächs ähnlich wie der Fenchel ist. Siehe Tafel 12.

In seinem Buch *Legend: The Genesis of Civilisation* (Legende: Die Entstehung der Zivilisation) argumentierte der Historiker David Rohl, daß die alten Ägypter eine kaukasische Herkunft hätten. Er belegte dies mit der Tatsache, daß es zur Zeit der 3. Dynastie bei Sakkara in Stein gehauene Darstellungen eines mysteriösen Doldengewächses gab, das von den Griechen *silphium* genannt wurde. Rohl schließt, daß — weil diese Pflanze der falsche Riesenfenchel sein muß, der nicht in Ägypten wächst —, die Ägypter von irgendwo hergekommen sein müssen, wo die Pflanze wuchs. Rohl ist sich überhaupt nicht der Tatsache bewußt, daß *silphium* eine ausgestorbene Pflanze war, die in der Cyrenaika im Osten Libyens — nicht weit weg von Ägypten — in üppiger Fülle wuchs und im antiken Ägypten leicht verfügbar war.

Die Pflanze, die auf den Skulpturen des alten ägyptischen Reichs erscheint und ein weit verbreitetes Kontrazeptivum war (weshalb sie auch bis zum Aussterben abgeerntet worden ist), und die von Prometheus getragene Röhre sind ein und dasselbe — der nun verschwundene Riesenfenchel.

Ich bin meinem Freund Tony Anderson zu Dank verpflichtet; er bereiste den Kaukasus und kennt sich dort sehr gut aus. Er informierte mich, daß es im Kaukasus ein weiteres Doldengewächs, wenn auch nicht so groß, gibt, offensichtlich eine große Form von Fenchel, auch »Milchpetersilie« und anders genannt. Ihr lateinischer Name ist *Peucedanum*. Es ähnelt der Angelika, ist ein sehr aromatisches Kraut und wächst mindestens zwei Meter hoch. Große Mengen davon wachsen an den Hängen des Kaukasus. Es ist überhaupt nicht unmöglich, daß eine Riesenform dieses oder eines anderen Doldengewächses mit Prometheus assoziiert wurde. Eine weitere botanische Untersuchung könnte sich lohnen.

Der kaukasische Name für Prometheus ist Amiran oder auch Amirani.

Es ist interessant, daß er in den Überlieferungen mit den beiden höchsten Bergen in Verbindung gebracht wird: (1) dem Elbrus, dem größeren der beiden, dessen Gipfel in Südrußland liegt, und (2) dem Kasbek in Nordgeorgien. (Später werden wir noch erfahren, daß der klassische Autor Philostratus etwas wichtiges über die Verbindung von Prometheus mit *zwei* Bergen zu sagen hatte. Die modernen folkloristischen Informationen und die klassische Quelle bestätigen sich also gegenseitig.) Im Französischen existiert ein ganzes Buch über Prometheus und den Kaukasus: G. Charachidzé, *Prométhée ou le Caucase* (Prometheus, oder der Kaukasus), Flammarion, Paris, 1986. Leider haben wir aber nicht den Raum für eine ausgiebige Diskussion dieses interessanten Themas.

Nun, welche bestimmten Eigenschaften konnte dieser Riesenfenchel gehabt haben, das er überhaupt für Prometheus von so großem Interesse hätte gewesen sein können? Wir sprachen schon über die Beschaffenheit von Prometheus' *narthex*-Röhre. Der große Gelehrte Sir James Frazer, dessen vielbändiges Werk *The Golden Bough* (Der Goldene Zweig) von mir gestrafft wurde, schrieb in einem seiner eher schwer verständlichen Bücher, *Myths on the Origin of Fire* (Mythen über den Ursprung des Feuers):

»*Die Pflanze (*narthex*), in der Prometheus das gestohlene Feuer* [vom Himmel zur Erde] *trug, wird allgemein mit dem gemeinen Riesenfenchel (Ferula communis) gleichgesetzt (...).*«

Frazers Gleichstellung des antiken Riesenfenchel mit dem, was heute als »Riesen-«Fenchel bezeichnet wird, der in der griechischen Region weit verbreitet ist, ist falsch. Denn wie Rohl war auch Frazer sich nicht über die Existenz einer viel größeren Fenchelart bewußt, die ausgestorben war. Ein Echo der Prometheus-Überlieferung kann man allerdings in Frazers Beschreibung des kleineren neuzeitlichen »Riesen-«Fenchel als Feuerbehältnis finden:

»*Der französische Reisende Tournefort fand diese Fenchelart als Rankengewächs in Skinosa, dem alten Schinussa, ein kleines verlassenes Eiland südlich von Naxos. Er beschreibt den Stiel als etwa 1,50 Meter hoch (weniger als ein Drittel der Höhe des ursprünglichen Riesenfenchels) und etwa 8 cm dick, mit Knoten und Zweigen etwa alle 25 cm, gänzlich bedeckt von einer relativ harten Rinde. ›Dieser Stiel ist mit einem weißen Mark gefüllt, das aufgrund seiner Trockenheit so schnell Feuer faßt wie ein Docht. Das Feuer bleibt im Stiel perfekt am Brennen und brennt den Stiel nur sehr langsam herunter, ohne die Rinde zu beschädigen. Deshalb benutzten Menschen die Pflanze, um Feuer von einem Ort zum anderen zu tragen. Unsere Schiffsleute hatten sich immer einen ganzen Vorrat davon angelegt. Dieser Brauch ist schon sehr alt, und er kann zur Erklärung einer Passage bei Hesiod dienen, der im Zusammenhang mit dem Feuer, das Prometheus vom Himmel gestohlen hat, sagt, daß er das Feuer in einem Fenchelstiel davongetragen hat.‹ Auf Naxos sah der englische Reisende J. T. Bent Orangengärten, unterteilt von Hecken aus einem hohen Schilfrohrgewächs, und er fügt hinzu: ›Auf Lesbos wird dieses Rohr immer noch* narthēka (narthex) *genannt, ein Überbleibsel des alten Wortes für das Rohr, mit dem Prometheus das Feuer vom Himmel herab holte. Man kann die Idee gut verstehen: Ein Bauer, der heutzutage ein Licht von einem Haus zu einem anderen tragen will, wird es mit einem dieser Rohre tun, damit das Feuer nicht ausgeblasen wird.‹ Offensichtlich hielt Mr. Bent den Riesenfenchel für ein Rohrgewächs.«*

Dies ist eine ausgezeichnete Entdeckung und gibt uns eine der Bedeutungen, die mit Prometheus' Transport des Feuers zur Erde in einem Fenchelrohr verbunden sind. Doch ich glaube, die *andere* Bedeutung ist, daß der Stiel des Riesenfenchels als Teleskop-Rohr benutzt wurde. Denn bis zu dem Zeitpunkt, als der Riesenfenchel ausstarb, diente er vielen Funktionen, denen Bambus immer noch in China dient. Obwohl nicht so stark wie Bambus (der auch heute noch überall in China zur Errichtung von Baugerüsten verwendet wird), waren die Stiele des Riesenfenchels doch relativ stark, gerade, leicht auszuhöhlen und von ausreichender Länge, um zwei einfache Linsen zu beherbergen — eine vorn und eine hinten, um ein rudimentäres Teleskop zu bilden.

Tafel 13 zeigt eine Darstellung aus der 4. ägyptischen Dynastie, die vielleicht den Stiel der Pflanze darstellt.

Wenn Sie einen Blick auf Tafel 10 werfen, die einen Griechen aus dem 5. Jahrhundert v. Chr. zeigt, wie er durch ein Rohr schaut, dann, so denke ich, sehen Sie einen Griechen, der ein Teleskop-Rohr benutzt, das aus einem kleineren oberen Teil eines Riesenfenchel-Stiels angefertigt wurde. Dieses Scherbenstück eines geborstenen Tontopfes ist im Akropolis-Museum bei Athen seit einigen Jahren ausgestellt (Vitrine 6, Raum 5, im Alkoven). Es wurde zwischen 1955 und 1960 ausgegraben. Es ist Objekt Nr. NA.55.Aa.4, ein Fragment von schwarz und rot bemalter Töpferarbeit, das nach offizieller Beschreibung folgendes ist:

»Teil der neuen Funde aus dem Heiligtum der Nymphe am Südhang der Akropolis. Ausgegraben im Zuge des Baus des Areopogitou-Boulevards, südlich des Theaters von Herodes Attikus. Der Schrein der Nymphe befand sich unter freiem Himmel und wurde vom römischen Genral Sulla im Jahre 86 v. Chr. zerstört. Er war einer weiblichen Unterwelt-Gottheit unbekannten Namens geweiht, jedoch auf einem Grenzstein als »die Nymphe« bezeichnet, ebenso wie auf Malereien verschiedener Vasen-Fragmente. Ihr wurden Opfergaben dargereicht, und sie wurde besonders mit Familie und Fruchtbarkeit in Verbindung gebracht.«

Es scheint doch wirklich bemerkenswert zu sein, daß eine Tonscherbe, die offensichtlich eine Person zeigt, wie sie durch ein Teleskop schaut und seit Jahren von Millionen von Menschen im Akropolis-Museum betrachtet wird, von genau diesen Menschen nicht als das erkannt wird, was es ist. Niemand scheint es je »bemerkt« zu haben.

Doch es ist nicht nur die Person mit dem Teleskop, die in Athen nicht »bemerkt« wurde. Das Archäologische Museum Athen hat mehrere Bergkristall-Linsen in seinen Auslagen in einem der am meisten besuchten Räume, dem Mykene-Raum (Raum 4), und auch hier hat sie noch keiner »bemerkt«. Siehe Tafel 43. Im Mykene-Raum findet sich folgendes:

In Vitrine 1, Objekt Nr. 4910. Zwei Linsen: Die größere nenne ich A, die kleinere B. Beide sind rund und plan-konvex. A ist ein perfekt durchsichtiger Kristall, ebenso wie B es wäre, wenn man ihn reinigte, hätte er nicht einen geisterhaften Fehler im Zentrum entlang der Oberseite. Der Vergrößerungswert von A ist 2,5 x, der von B 2,0x.

In Vitrine 5 befindet sich Objekt 8652. Es ist ein wie ein Auge geformter Kristall, plan-konvex, der vielleicht einmal als vergrößerndes Auge an einer Statue gedient haben könnte. Sein Vergrößerungswert ist 1,5 x.

In Vitrine 8 befindet sich Objekt 5662. Dies ist ein leicht ovaler, plan-konvexer Kristall mit einem ungewöhnlichen Merkmal: Sein Rand ist eine regelmäßige Sinuskurve mit zwei Maxima und zwei Minima. Er vergrößert 2 x mit der Querachse in horizontaler Position und 1,5 x mit der Längsachse in horizontaler Position. Moderner Klebstoff, der aus einem früheren Versuch stammt, dieses Objekt für die öffentliche Ausstellung an etwas zu befestigen, beeinträchtigt in erheblichem Maß die Durchsichtigkeit dieser Linse. Die Oberseite hat sehr starken Abrieb erfahren, mit tiefen Rillen, in denen sich Schmutz festgesetzt hat, so daß die vormals perfekt durchsichtige Linse nun getrübt ist und es heute schwierig ist, durch die Linse hindurchzuschauen.

In Vitrine 1 befindet sich Objekt Nr. 3192, ein durchbohrter, abgeplatteter sphäroider Kristall, der trotz starker Verschmutzung und des später hinzugefügten Bohrlochs immer noch 2 x vergrößert.

In Vitrine 23 befindet sich Objekt Nr. 104, ein weiterer durchbohrter, abgeplatteter sphäroider Kristall, der 2 x vergrößert, wenn er flach auf einer Oberfläche liegt, und 2,5 x, wenn er angehoben wird, trotz der Tatsache, daß er hoffnungslos ungeschickt von zwei Seiten angebohrt wurde, die sich gerade noch in der Mitte trafen, wohingegen der Kristall selbst von einem Kunsthandwerker aus einer viel früheren Zeit fachmännisch geglättet und poliert wurde.

In Vitrine 14 befinden sich die Objekte Nr. T51/6571 und 6572. Das klare nenne ich A, das rauchig-trübe B. Beide sind leicht abgeplattete Sphäroide; ersteres vergrößert 2 x in dem kleinen Bereich, wo dies noch sichtbar ist, da das Objekt durch Druck und Verwitterung stark in Mitleidenschaft gezogen wurde. Das letztere, ebenfalls stark beschädigt, ist teilweise noch durchsichtig und vergrößert in Ruhelage 2 x. (Wird die Linse angehoben, kann keine klare Vergrößerung mehr ausgemacht werden.)

Diese Objekte datieren aus dem 16. bis 13. Jahrhundert v. Chr.

Doch nicht nur in Griechenland befinden sich »unsichtbare Linsen« in öffentlich zugänglichen Auslagen. Im Britischen Museum, Raum 69, Vitrine 9, unmittelbar außen vor der Tür, die zur griechischen und römischen Abteilung führt und wo sich einige Menschen finden, die nicht an die Existenz antiker Linsen glauben, sind einige »unsichtbare« antike Linsen aus Bergkristall. Diese wurden im nachhinein noch graviert. Objekt GR 1923.4.4-1.47 (rund, bi-konvex) vergrößert 3 x. Objekt GR 1923.4-1.22 (rund, bi-konvex) vergrößert 3 x. Das stark beschädigte Objekt GR 1890.9-21.16 (rund, bi-konvex) vergrößert immer noch 2 x. Objekt BM GEM CAT. 3990 = 1923.4-1.157 (rund, bi-konvex) ist perfekt klar, schön geschliffen und poliert und vergrößert 2 x. Das leicht ovale und stark bi-konvexe Objekt BR GEM CAT. 3991=1923.4-1.238 vergrößert 2 x. In dieser Abteilung befinden sich noch fünf weitere Linsen mit Vergrößerungswerten zwischen 3 und 1,5 x. (Einige der oben erwähnten Linsen sind nicht in der Auslagenvitrine, sondern wurden eingelagert.) Doch bis jetzt waren all diese Linsen im Britischen Museum, das auch noch andere antike Linsen in anderen Abteilungen zu bieten hat — neben der Layard-Linse auch die ägyptische —, »unsichtbar«. Offensichtlich sehen die Menschen nur das, was sie zu sehen wünschen, und sind blind gegenüber dem, was ihrer Überzeugung nach nicht existieren kann. Ich nenne dies »kollektive Blindheit«.

Ich versprach, die militärischen Verwendungszwecke von Teleskopen seitens der Karthager während der römischen Zeitperiode zu erklären, und das werde ich nun tun. Ich stieß auf sehr unerwartete Weise auf diese extrem undurchsichtige Information. Ein deutscher Augenoptiker, der über antike Optik schrieb, hatte einen Griechen namens Andreas Anagnostakis erwähnt, der ein Werk in neugriechisch geschrieben hatte. Der übersetzte Titel lautet *Studien zur Optik in der Antike*. In Großbritannien existiert hiervon keine Kopie (mit Ausnahme meiner jetzigen eigenen Fotokopie), doch ich war schließlich in der Lage, ein Exemplar dieses extrem seltenen 28-Seiten-Werks in der Pariser *Bibliothèque Nationale* zu finden. Es brauchte sehr lange, bis ich den Mikrofilm des Exemplars erhielt. Ich mußte es dann ausdrucken und konnte es trotzdem nicht lesen. Auch die meisten meiner griechischen Freunde konnten den Text nicht entziffern, da er nicht im demotischen (volkstümlichen) Griechisch abgefaßt wurde, das heutzutage gesprochen wird, sondern — da es 1878 von einem Intellektuellen verfaßt wurde, der der Direktor der Universität von Athen war — in der im 19. Jahrhundert üblichen Form von Griechisch, die nur wenige Menschen heute lesen können. Ich kämpfte also zumindest mit den Fußnoten, fand dann aber eine auf französisch, die sich auf ein Buch eines Mannes mit dem Namen Daux bezog, von dem ich noch nie etwas gehört hatte. Mein Freund, Professor Ioannis Liritzis, der das formale moderne Griechisch lesen kann, hat seitdem die einzigen beiden Sätze von Anagnostakis, die sich auf Daux beziehen, übersetzt:

»*Die Hypothese von Herrn Daux, daß die Menschen der Antike eine Art von elementarem Teleskop besessen hätten, ist unwahrscheinlich, da es sich nach Polynaeus und Polybius, auf denen Daux' Idee beruht, einfach um Telegraphie mittels Fackeln handelt. Mit Sicherheit war es nicht der Gebrauch komplizierter* dioptra.«

Das griechische Wort *dioptra* ist eines, von dem mehrere Leute gedacht hatten, es wäre von griechischen Autoren für Teleskope verwendet worden. Und so wurde es auch von Polybius (2. Jahrhundert v. Chr.) und anderen benutzt, wie wir noch sehen werden.

Wer ist nun dieser Herr Daux? Er ist auf der Titelseite seines Buchs nur als »A. Daux« bekannt. Ich kann seinen Vornamen nicht finden, nur die Initialen. Er war ein Karthago-Archäologe und veröffentlichte 1869 ein bemerkenswertes Buch auf französisch, das die karthagischen Ruinen beschreibt. Im Verlauf dessen beschrieb er den Gebrauch von Teleskopen durch die karthagische Armee. Daux fand diese seltsame Information in einem Buch mit dem Titel *Stratageme* (Kriegslisten) von einem völlig unbekannten griechischen Militärhistoriker namens Polynaeus (2. Jahrhundert n. Chr.). Kaum irgendein Klassiker wird je von ihm gehört haben. Seine Werke sind praktisch unbekannt, da nur wenige Menschen antike militärische Werke dieser Art lesen wollen. Eine weitere Bestätigung von Polynaeus' Berichten kann man in den historischen Werken von Polybius (2. Jahrhundert n. Chr.) und in anderen Quellen finden, wie Aelian (2./3. Jahrhundert n. Chr.), die ich selbst entdeckt habe und die Daux unbekannt gewesen sind.

Was Daux dazu veranlaßte, seine Textentdeckung zu machen, war seine Leidenschaft für die karthagischen Ruinen, die er als Archäologe studieren und verstehen wollte. Er durchforstete die klassische Literatur nach Hinweisen und Schlüsseln. An einer Stelle beschreibt Daux einen eigenartigen alten karthagischen Turm und meint: »(...) Er hat eine ganz bestimmte Form (...), die mich darauf kommen läßt, daß es vielleicht eine Signalstation gewesen sein könnte.«

Dann fügt er hinzu:

»Einer dieser Türme scheint für Signale benutzt worden zu sein und wurde im 4. oder 5. Jahrhundert v. Chr. durch die Phönizier auf Sizilien und in Afrika an der Küste zum Zwecke der telegraphischen Übertragung errichtet. Der Begriff ›telegraphische Übertragung‹ wirkt auf den ersten Blick etwas seltsam, denn es könnte scheinen, als ob der Sinn des Ausdrucks neuzeitlich gemeint ist, wohingegen wir von einer Epoche sprechen, die 2300 Jahre zurückliegt [er schrieb dies 1867]. *Ich muß jedoch vorsichtig sein, keine Behauptungen ohne die entsprechenden Beweise aufzustellen, es sei denn, ich zitiere einen Schreiber der Antike, auf dessen Autorität ich mich berufen kann. Diese geniale Methode der Kommunikation über große Entfernungen hinweg ist, soweit ich weiß, wenig bekannt. Und wenn wir dem* [antiken] *Autor, um den es hier geht, Glauben schenken, ist es bemerkenswert genug, uns eine Vorstellung vom intuitiven Genie dieser Menschen zu vermitteln, über die die Römer uns nur wenig haben wissen lassen. Ich zitiere nun die vollständige Passage bei Polynaeus* [griechischer Autor des militärhistorischen Werks Stratageme aus dem 2. Jahrhundert n. Chr.].

Zu Beginn des 4. Jahrhunderts v. Chr., als die Karthager auf dem Höhepunkt ihrer Macht waren, wollten sie die gesamte Insel Sizilien erobern, von der sie bis dahin 4/5 eingenommen hatten. Syrakus war nahezu die letzte Stadt, die noch Widerstand leistete, und ihr Führer

Denys hatte Schwierigkeiten, den Karthagern die Stirn zu bieten. Dieser lange Krieg, voll von Überraschungen, Listen und unvorhergesehenen Ereignissen, erschöpfte die Karthager wegen der großen Entfernung bis nach Afrika, von wo aus sie auf dem Seewege für Nachschub sorgten. In Karthago selbst war man sich auch nicht über die Bedürfnisse der Armeen auf Sizilien sicher, die sich oft unerwarteterweise änderten. Um diese Mißstände zu beheben, und in der Hoffnung, den Krieg bald zu beenden, taten die Phönizier folgendes:

›Während sie auf Sizilien im Krieg waren‹, schreibt Polyaenus im Buch VI, Kapitel 16, ›beschlossen die Karthager — um aus Libyen schneller Hilfe zu bekommen —, zwei Wasseruhren derselben Bauart anzufertigen. Jede war senkrecht in mehrere Kreise eingeteilt. In jeden Kreis schrieben sie hinein: ‚Wir brauchen Schiffe‘, (...), in andere ‚Wir brauchen Gold‘, (...), ‚Belagerungsgerät‘, ‚Verpflegung‘, ‚Lasttiere‘, ‚Infanterie‘, ‚Kavallerie‘ usw. usw. Von den beiden so markierten Wasseruhren behielten sie eine auf Sizilien und schickten die andere nach Karthago. Es ergingen Anweisungen, daß, wenn jemand ein Signalfeuer entzündete, er auf die Skala der Wasseruhr schauen und feststellen sollte, bis zu welcher Höhe das Wasser steigen würde, wenn das zweite Signalfeuer entzündet wird. Auf diese Weise wußte man in Karthago sofort, was auf Sizilien benötigt wurde, und trat dementsprechend in Aktion. So erhielten die Phönizier prompt alle Hilfe, die notwendig war, um den Krieg fortzuführen.‹

Dies ist der Bericht von Polynaeus. Diese Einzelheiten, die ein völlig neues Licht auf die Fernübertragungsmöglichkeiten werfen, die den Menschen der Antike zur Verfügung standen, geben uns Anlaß zu einigen Beobachtungen, was ihre Verwendung betrifft. Vom äußersten Punkt des Kap Bon [heute Tunesien, A. d. Ü.] bis zur Küste von Sizilien beträgt die Entfernung 134 Kilometer. Die Insel Pantelleria liegt nahezu auf der Hälfte dieser Entfernung; sie ragt sehr hoch über den Meeresspiegel hinaus, und nach diesem Bericht hätte sie eine Zwischenstation für die Signalfeuer sein können. So scheint es, daß man die Feuer in einer klaren Nacht sowohl von der einen als auch von der anderen Seite hätte sehen können. Von dort aus wurden die Neuigkeiten schnell weitergeleitet, sogar nach Karthago selbst. Der besagte Turm an der Küste in der Nähe von Utica hätte für diesen Zweck verwendet werden können. Utica war lange Zeit wegen dieser Möglichkeit eine wichtige Stadt. Den Phöniziern waren offensichtlich auch einige Präzisionsinstrumente bekannt, nach den Sonnenuhren zu urteilen, die sie in der Stadt Catania und davor sogar noch für Achaz, den König von Judäa, bauten.«

Damit sind wir am Ende von Daux' Hauptpassage. In seinen Anmerkungen, S. 281–289, zitiert er den zusätzlichen Beweis, den Polybius erbracht hat:

»*Diese Methode telegraphischer Übertragung wurde wenig später von vielen anderen Ländern imitiert. Vor allem die Griechen gingen weiter und erfanden weitere mehr oder weniger perfekte Methoden. Polybius zitiert einige davon, die 250 Jahre nach der phönizischen Erfindung in Gebrauch waren. Vielleicht wird es in unserer Zeit nicht mehr von so großem Interesse sein, da die Kunst der Telegraphie ihren Höhepunkt erreicht zu haben scheint, über die Einzelheiten der antiken Methoden zu lesen, die zur Zeit des Polybius die besten Ergebnisse hervorbrachten. Ich übergebe das Wort an den Historiker (Buch 10, Fragmente xlv und xlvi):*

›*Die Urheber des letzten Systems waren Cleoxenus und Demoklitus* [unbekannte Namen], *doch die Römer perfektionierten es. Es ist eine sichere Methode, die bestimmten Regeln folgt, und mit ihr kann man alles signalisieren, was geschieht. Sie erfordert lediglich Wachsamkeit und Aufmerksamkeit. Hier folgt, woraus sie besteht: Man nimmt alle Buchstaben des Alphabets und unterteilt sie in fünf Gruppen zu je fünf Buchstaben. Eine der Gruppen hat nur vier, doch hat das fürs angestrebte Ziel keine Konsequenzen. Diejenigen, die nun fürs Geben und Empfangen von Signalen vorgesehen sind, schreiben diese fünf Gruppen von Buchstaben auf je fünf Tafeln. Man kommt überein, daß der Sender zunächst zwei Signallampen gleichzeitig in die Höhe halten muß, und zwar so lange, bis der Empfänger auf der anderen Seite ebenfalls zwei Signallampen gleichzeitig in die Höhe hebt, so daß sie sich gegenseitig mitteilen können, wann sie bereit sind. Dann werden die Signallampen wieder gesenkt, und derjenige, der das Signal senden wird, hebt die Lampe in seiner linken Hand hoch, um bekannt zu machen, auf welche Tafel geschaut werden sollte. Wenn es die erste ist, hebt er nur eine Lampe; ist es die zweite, hebt er zwei, und so weiter. Dasselbe macht er mit seiner rechten Hand, um dem Empfänger zu zeigen, welchen Buchstaben auf der Tafel er auswählen und niederschreiben soll. Eine Konsequenz dieser Regeln ist die Notwendigkeit, daß beide Signalgeber über ein Teleskop verfügen* [dioptran], *ausgestattet mit zwei Röhren* [duo aulischous], *so daß der Sender durch das eine Rohr zur Rechten hindurch blickt und durch das andere zur Linken der Person, die ihm antworten muß. In der Nähe dieses Teleskops sollten die Tafeln, von denen wir sprechen, aufrecht auf dem Boden plaziert sein. Jeweils zur*

Rechten und Linken davon wird eine Palisade von etwa 2,50 m Länge und von der Höhe der Körpergröße des Signalgebers aufgestellt. So geben die gehobenen und gesenkten Signallampen unmißverständliche Signale, denn wenn sie gesenkt werden, sind sie hinter den Palisaden vollständig verborgen. Dieses Verfahren wird von beiden Männern auf sorgfältigste Weise durchgeführt. Nehmen wir beispielsweise an, man möchte kommunizieren, daß eine Truppe von etwa 100 Mann zum Gegner übergelaufen ist, dann würde man die Worte wählen, die dies mit den wenigsten Buchstaben möglich machen, wie zum Beispiel ‚100 Kreter übergelaufen'. Dies würde man auf eine kleine Tafel schreiben und dann auf diese Weise verkünden: der erste Buchstabe ist ein ‚K', das sich in der zweiten Reihe, also auf der zweiten Tafel, befindet. Man würde also mit der linken Hand zwei Laternen anheben, um dem Empfänger zu zeigen, daß es sich um die zweite Tafel handelt, auf der sich der Buchstabe befindet. In der rechten Hand würde der Sender fünf Signallampen hoch halten, um dem Empfänger zu signalisieren, daß der Buchstabe ‚K' gemeint ist, den er notieren soll. Für das folgende ‚R' würde der Sender mit der linken Hand vier Lampen in die Höhe halten (Tafel 4) und zwei mit der rechten (Buchstabe ‚R') usw. Mit dieser Methode können Nachrichten in festgelegter und unmißverständlicher Weise übertragen werden. Jeder Buchstabe wird also durch den Gebrauch von zwei Gruppen von Signallampen übertragen, doch mit den nötigen Vorkehrungen verläuft dies problemlos und zufriedenstellend. Ob man nun Gebrauch von der einen oder einer anderen Methode macht — notwendig ist eine gewisse Erfahrung im Umgang mit der Methode, bevor man das entsprechende System benutzt, damit man im Ernstfall keine Fehler begeht oder unvollständige Botschaften sendet.‹«

Daux sagt auch:

»›*Zwei Säulen, unterteilt durch Kreise, von denen jeder signalisierte, für welche Dinge Bedarf bestand, wurden jeweils am äußersten Punkt auf Sizilien und gegenüber an der nordafrikanischen Küste plaziert.*‹ *Die Entfernung zwischen diesen beiden Punkten beträgt nun allerdings 134 Kilometer. Es war von daher physisch unmöglich, über eine solche Entfernung Sichtkontakt zu haben, besonders, wenn es um das Heben und Senken der Laternen in der jeweils linken und rechten Hand ging. Es muß also zugegeben werden, daß die Phönizier, die Erfinder dieser Form der Telegraphie vor 2268 Jahren [er schrieb dies 1868/69] diese Methode der Signalübertragung von Küste zu Küste mit Hilfe von Teleskopen bewerkstelligt haben. Die hinderliche Wirkung der Krümmung der Erdoberfläche wurde durch Wahl zweier hoch über dem Meeresspiegel liegenden Punkte umgangen. Ich hatte die Gelegenheit, einen dieser beiden Punkte, nämlich das alte Hermes-Kap (Kap Bon) zu besteigen; an einem klaren Tag mit gutem Wetter konnte ich die sizilianische Küste nur mit einem starken Teleskop ausmachen, das ich bei mir hatte. Letztendlich weisen die Ausdrücke, die Polybius benutzt, ohne großen Zweifel auch auf den Gebrauch von Teleskopen hin: (...) deesei osoton men dioptran echein, duo aulischous echousan (...): Das Instrument, mit dem man schaut, ist ein* dioptran, *und die zwei kleinen Röhren (das Wort bedeutet auch ›Flöten‹) sind die* duo aulischous. *Allem Anschein nach weist dies auf zwei Teleskope hin. Und der Rest der Passage sagt uns, daß sie parallel oder leicht divergierend, doch zum Gebrauch paarweise montiert (d. h. wie ein Feldstecher) waren.«*

Man sollte besonders Polybius' Beschreibung beachten, daß eine *dioptra* in Röhren »eingefaßt worden« war. Mit anderen Worten: die *dioptra* war der optische Teil des Teleskops und die Röhren die Linsenhalter — wie wir es auch im Zusammenhang mit Prometheus besprachen, bei dem die Röhren das Behältnis für die Linsen waren.

Daux lieferte nicht das vollständige Bild von Polybius. Er zitierte nur die Abschnitte 45 und 46 aus seinem Buch Zehn, doch die Diskussion begann schon in Abschnitt 43, wo Polybius erklärt, weshalb er über diese Dinge überhaupt spricht:

»Die Methode, Feuer zu Signalzwecken zu verwenden, die bei Kriegsoperationen von größtem Nutzen ist, wurde nie zuvor klar erläutert. Ich denke, ich tue der Sache einen Gefallen, wenn ich sie nicht übergehe, sondern entsprechend ihrer Wichtigkeit einen Bericht dazu liefere. (...) Nichts ist wirkungsvoller als Feuersignale. Denn mit ihnen kann man schnell übermitteln, was sich vielleicht gerade zugetragen hat. Und bei entsprechender Aufmerksamkeit kann man Informationen über eine Entfernung hinweg erhalten, für deren Überbrückung eine drei- oder viertägige Reise notwendig wäre — oder sogar noch länger. (...) Da die Kunst der Feuersignale früher auf eine einzige Methode beschränkt war, stellte sie sich in vielen Fällen für diejenigen, die sie anwandten, als nicht dienlich heraus (...).«

Er beschreibt dann verschiedene Verbesserungen, auch den Einsatz von Teleskopen im Zusammenhang mit Feuersignalen. Die erste vollständige Übersetzung von Polybius ins Englische war die von Evelyn S. Shuckburgh im Jahre 1899. Sie nimmt sich der *dioptran* und seiner Röhren an, indem sie einen englischen Ausdruck verwendet, von dem ich befürchte, daß ich ihn nicht verstehe, da sie eine Art von viktorianischem Wort benutzt. Über die beiden Signale austauschenden Parteien sagt sie, daß »jede von ihnen zunächst ein Stenoskop mit zwei Trichtern haben muß (...)«. Ich habe keine Ahnung, was ein Stenoskop ist; im Jahre 1899 bedeutete dieses Wort offensichtlich etwas, das heute schon lange vergessen ist. Ganz offensichtlich hatte Shuckburgh damit selbst einen Kampf auszutragen und konnte sich nicht dazu durchringen, einfach zu sagen »ein Teleskop mit zwei Röhren«, da sie davon ausging, daß diese zu jener Zeit nicht existiert hätten.

Eine weitere Quelle, die ich ausfindig gemacht habe und die auf die Karthager und ihre Fertigkeiten mit Teleskopen hinweist, ist die *Historische Sammlung* von Aelian (2./3. Jahrhundert v. Chr.). Es ist amüsant zu sehen, wie Aelian einen unverständlichen Bericht empfangen hat:

»Es wird gesagt, auf Sizilien hätte es einen Inselbewohner mit so scharfem Blick gegeben, daß nichts seinem Auge entging, wenn er von Lilybaeum nach Karthago blickte. Sie sagen, er hätte die genaue Anzahl von Schiffen angeben können, die Karthago verließen, und dabei nie einen Fehler gemacht.«

In den 400 Jahren zwischen Polybius und Aelian hatte diese Geschichte ihre technologische Erklärung verloren und überlebte lediglich als faszinierende Story. Die Bearbeitung und Übersetzung von Aelian wurde erst 1997/98 veröffentlicht, und der Wissenschaftler, der sie angefertigt hat, Nigel Wilson, fügt dem gerade von mir wiedergegebenen Zitat eine Fußnote hinzu:

»Andere Schreiber, die diese Geschichte erzählen, geben als Namen des Mannes Strabo an und versetzen die Geschichte in die Zeit der Punischen Kriege. Doch lassen sie dabei eine Frage offen: Selbst vom Gipfel eines hohen Berges — und bei Lilybaeum gibt es keine — hätte der Mann kaum den nächstgelegenen Punkt an der afrikanischen Küste in 140 Kilometern Entfernung sehen können, ganz zu schweigen von Karthago, das 215 Kilometer entfernt ist. Strabo sagt (in 6.2.1., 267), der Mann hätte von einem Ausguck aus die Küste beobachtet, da ihm dies ausreichend Höhe verschafft hätte.«

Dies ist sehr scharf beobachtet von Wilson, der, obwohl er nichts von Polynaeus, Polybius oder Daux weiß, intuitiv wußte, daß es zu dieser Sache noch mehr gibt, als mit bloßem Auge sichtbar war (im wahrsten Sinne des Wortes). Und obwohl er nicht mehr als einen der »anderen Schreiber« identifiziert, verweist Wilson in hilfsbereiter Manier auf die *Geographia* von Strabo (1. Jahrhundert v./n. Chr.), die auch Daux unbekannt war. Bei Strabo lautet die Passage wie folgt:

»Die kürzeste Entfernung beträgt 1500 Stadien [antikes Längenmaß, A. d. Ü.] *von Lilybaeum (auf Sizilien) bis zur afrikanischen Küste bei Karthago, und nach einer Überlieferung konnte eine besonders scharf sehende Person auf einem Wachturm den unter Belagerung stehenden Karthagern in Lilybaeum die genaue Anzahl von Schiffen verkünden, die Karthago verließen.«*

Im Jahre 1887 fügten die ersten Übersetzer von Strabo eine Fußnote hinzu, die uns einen weiteren Hinweis gibt:

»Diese Person wurde nach Varro Strabo genannt.«

Und er verweist uns auf eine Stelle, wo Plinius ein verlorenes Werk von Varro zitiert. Dieses Zitat aus Plinius' *Naturkunde* (VII, 21) besagt wiederum:

»Cicero (...) hatte den Fall eines Mannes aufgezeichnet, der 123 Meilen weit sehen konnte. Marcus Varro (1. Jahrhundert n. Chr.) gibt auch den Namen dieses Mannes an, der Strabo war, und sagt, daß er in den Punischen Kriegen gewöhnlich vom Kap von Lilybaeum auf Sizilien die tatsächliche Anzahl von Schiffen ausmachen konnte, die den Hafen von Karthago verließen.«

Mit dem, was wir nun wissen, können wir den Scherz des Mannes, der in diesem wirren Bericht Strabo genannt wird, akzeptieren. Denn wie ich schon eingangs dieses Kapitels erwähnte, bedeutet »Strabo« » der Schielende«. Und dieser Name war eine Anspielung auf das Binokular-Teleskop!

Schließlich hat auch unser Freund Solinus (*etwa* 200 n. Chr.) einige Informationen bewahrt. Er sagt, zitiert aus Arthur Goldings reizender Übersetzung aus dem Jahre 1587 (denn eine neuere gibt es nicht):

»Der schnellste Seher war Strabo, von dem Varro sagt, er konnte 135 Meilen weit sehen, und daß er gewöhnlich vom Wachturm in Lyliby auf Sizilien die punische Flotte beim Auslaufen aus dem Hafen von Karthago beobachten und sogar die genaue Anzahl der Schiffe angeben konnte.«[3]

Wir sehen also, daß es in der klassischen Literatur viele Hinweise auf die Teleskope der Karthager gibt, doch nur Polybius und Polynaeus hatten es richtig verstanden. Alle anderen Berichte waren verworren, zu reinem Hörensagen verkommen und hatten all ihre technologischen Fakten verloren.

Nachdem wir all diese Beweise für den mutmaßlichen Gebrauch von Linsen durch die Karthager untersucht haben, stellt sich natürlich eine Frage: Waren die Karthager tatsächlich im Besitz von Linsen, die von Archäologen entdeckt worden sind?

Der Leser wird nicht überrascht sein festzustellen, daß die Antwort auf diese Frage »Ja!« ist. Auf Tafel 3 finden Sie die Linsen. Sechzehn plan-konvexe polierte Glas- und Bergkristall-Linsen wurden bei Karthago ausgegraben, zusätzlich zu vielen runden oder ovalen plan-konvexen Glasstücken, die nicht poliert worden waren. Unter den sechzehn Linsen sind zwei, die nach wie vor klar sind und vergrößern, ebenso wie mit ihnen ein Feuer entzündet werden kann. Die Linsen werden allesamt im Museum von Karthago aufbewahrt (vormals *Lavigerie-Museum* genannt), obwohl sie dort nicht in einer Vitrine ausliegen, sondern in einer separaten Box aufbewahrt werden. Sie wurden alle von den sogenannten Weißen Vätern ausgegraben, einem religiösen französischen Orden, dessen Mitglieder zu der Zeit, als Tunesien (wo die Karthago-Stätte sich befindet) noch französische Kolonie war, auch als Archäologen arbeiteten. Über die Karthago-Linsen existieren heute keine Aufzeichnungen mehr, und die französischen Ausgrabungs-Aufzeichnungen befinden sich wahrscheinlich irgendwo in Paris.

Soweit ich weiß, war die erste öffentliche Erwähnung der Karthago-Linsen ein Artikel des Augenoptik-Historikers Harry L. Taylor aus dem Jahre 1924, obwohl er zu jenem Zeitpunkt berichtete, er hätte die Linsen ursprünglich schon im April 1914 untersucht, als sie alle noch klar waren. Doch schon um 1930 waren die Linsen aufgrund von Luft- und Witterungseinflüssen trübe geworden. (Lesen Sie dazu auch seine beiden aus dem Jahr 1930 stammenden Artikel, die gleich folgen.) Die interessantesten der karthagischen Linsen (besonders wenn man sich an die Binokular-Tradition der Karthager erinnert) waren ein Paar runder

Konvex-Linsen von derselben Größe wie die, die ich als Sarkophag-Paar bezeichnet habe. Taylor berichtet, Pfarrer Delattre von den Weißen Vätern hätte sie im Jahre 1902 ausgegraben, der sie in einem Stein-Sarkophag gefunden hatte, den er auf das 4. Jahrhundert v. Chr. zurückdatiert. Dies war zwei Jahrhunderte vor Polybius. Die Linsen wurden eingebettet in die Überreste eines Harzes gefunden, der zur Konservierung des Körpers verwendet worden war. Beck erwähnte die karthagischen Linsen im Jahre 1928.[4] Taylor besprach sie nochmals in einem Artikel aus dem Jahre 1930. Taylor sagt auch, daß die karthagischen Linsen die frühesten *Glas*-Linsen seien, die erhalten geblieben sind. Vielleicht lernten die Römer tatsächlich ihre Kunst der Linsenherstellung von den Karthagern. Taylor gibt weitere Einzelheiten und sagt, daß es drei kleine ovale Linsen gab. Das Sarkophag-Paar hatte einen Durchmesser von etwa 3,75 cm und einen Dioptrienwert von 5,5. (Er maß dies mit einem Sphärometer.) Es wird niemanden überraschen, daß ein anonymer Verfasser eines Artikels für das *Nature*-Magazin im Jahre 1930 spekulierte, daß der Mann im Sarkophag weitsichtig gewesen war und den Wunsch gehabt hatte, mit Hilfe dieser Augengläser sein Sehvermögen im Nachleben zu verbessern. Das Gestell war bereits verrottet. Auf Tafel 2 ist dieses Paar abgebildet. Dies ist ein amüsantes Foto von William Graham, das die Linsen auf dem antiken Bild eines Mannes zeigt. Sie sind genau auf den Augenhöhlen plaziert (wo sie perfekt passen).

Die letzte Person, die offensichtlich die karthagischen Linsen schriftlich erwähnte, war R. J. Forbes, der 1957 sagte, daß es insgesamt neun Linsen gab, allesamt Vergrößerungsgläser, die sich »ausgezeichnet für Miniatur- und Gravurarbeiten eignen«. Drei von ihnen waren aus Bergkristall und sechs aus Glas.[5] Forbes war sich der Existenz weiterer sieben karthagischer Linsen nicht bewußt.

Es gibt also viele archäologische Beweise, welche die Geschichten von Polynaeus und Polybius bekräftigen und die die späteren Legenden um die scharfsichtigen Karthager erklären.

Soviel zu den Karthagern. Lassen Sie uns nun schauen, wer sonst noch das Wort *dioptra* benutzt hat, um sich auf Teleskope zu beziehen. Da ist zunächst einmal Jambiklus, der neuplatonische Philosoph und Tutor des Kaisers Julian, der im 2. Jahrhundert n. Chr. lebte und sich in seinem *De Vita Pythagorae* (Leben des Pythagoras) auf Teleskope bezog.

Es existiert keine Loeb-Bibliotheksübersetzung irgendeines der Werke von Jambiklus, was auf einer Linie mit der offensichtlichen Voreingenommenheit dieser Bibliothek gegenüber den neuplatonischen Philosophen liegt. Ich weiß auch von keiner Textausgabe und Übersetzung. Man muß also auf einen alten Band, oft einen sehr alten, zurückgreifen. Ich befürchte, daß mein Text sehr altmodisch ist, denn er stammt aus einem 1598 veröffentlichten Buch. Doch dies ist der einzige Text, in dessen Besitz ich bin und den ich benutze. Es ist eine lateinische Übersetzung, die dem griechischen Originaltext gegenübergestellt ist. Die Passage stammt aus Kapitel 26, wo Pythagoras beschrieben wird, wie er über Musik und Harmonie nachsinnt. Er fragt sich, ob man etwas erfinden könnte, was das Gehör genau in derselben Weise verbessert, wie es ein Kompaß, ein Metermaß und ein Teleskop (*dioptra*) für das Sehvermögen tun! Es existieren zwei englische Übersetzungen. Zunächst die von Kenneth Sylvan Guthrie aus dem Jahre 1919:

»*Während wir Pythagoras' Weisheit bei der Unterweisung seiner Schüler beschreiben, dürfen wir nicht übersehen, daß er die Wissenschaft der Harmonikallehre und der entsprechenden Verhältnisse begründete. Doch um dies zu erklären, müssen wir uns in der Zeit ein Stück zurückbewegen. Als Pythagoras einmal intensiv über Musik nachsann, fragte er sich selbst, ob es möglich sei, ein Instrument zur Unterstützung des Gehörs anzufertigen, genauso wie das Sehvermögen durch den Kompaß, das Metermaß und das Teleskop präzisiert wird, und so wie der Tastsinn durch Waagen und Maßstäbe greifbar wird (...).*«

Eine etwas altmodischere Übersetzung wurde von Thomas Taylor im Jahre 1818 angefertigt:

»*Da wir über die Weisheit erzählen, die Pythagoras bei der Unterweisung seiner Schüler an den Tag gelegt hat, ist es nicht unangebracht, das, was diesem als nächstes folgt, wiederzugeben, nämlich wie er die Wissenschaft der Harmonik und der entsprechenden Verhältnisse erfunden hat. Doch zu diesem Zweck müssen wir etwas weiter oben (früher) beginnen. Pythagoras sann einmal intensiv darüber nach, ob es möglich wäre, ein bestimmtes Instrument zu erfinden, das das Gehör unterstützen würde, und zwar nachhaltig und fehlerlos, genauso wie das Sehvermögen durch Kompaß und Metermaß oder, bei Jupiter, durch ein dioptrisches Instrument verbessert wird, oder wie der Tastsinn durch die Waage oder Verwendung von Maßstäben (...).*«

Taylor achtete darauf, nicht die Übersetzung des Ausdrucks *ne Dia* auszulassen, den die Griechen ständig benutzten und der »bei Gott«

bedeutet, obgleich er technisch »bei Zeus« bedeutet. Taylor hatte ihn mit dem lateinischen Namen von Zeus als »bei Jupiter« übersetzt. Guthrie hat diese Passage als überflüssig ausgelassen. Doch es ist interessant, daß der Ausdruck an dieser Stelle auftaucht, denn es zeigt, daß Jambiklus seiner Erwähnung des Teleskops eine auf sanfte Weise hervorgebrachte »Verwünschung« vorausschickt. Er hielt sozusagen den Atem an und traute sich, »bei Jove, bei Jupiter«, das Ding trotzdem zu erwähnen, obwohl man darüber schweigen sollte.

Taylors Gebrauch des Begriffs »dioptrisches Instrument« ist korrekt, auch wenn es keine wortgetreue Übersetzung ist. »Dioptrisches Instrument« bedeutet nicht wirklich etwas bestimmtes, sondern behält lediglich das griechische Wort bei und stellt klar, daß damit ein Instrument gemeint ist. Guthrie ging einfach weiter und übersetzte »dioptra« als Teleskop, ohne als Resultat davon eine Magenverstimmung oder andere Nebenwirkungen zu verspüren.

Stellen Sie sich meine Überraschung vor, als ich zufällig bei der Bearbeitung dieses Buchs in einem anderen antiken Werk auf die Jambiklus-Passage stieß! Ich hatte nach Kapitel Vier eine Pause eingelegt, und bevor ich das Kapitel abschließend bearbeitete, las ich ein Buch, und zwar eigentlich nur zur Entspannung und ohne irgendwelche Forschungsarbeiten zu beabsichtigen. Es war das *Handbuch der Harmonik* von Nicomachus von Gerasa (2. Jahrhundert n. Chr.). Im Kapitel Sechs dieses Werks taucht die ursprüngliche Passage von Jambiklus auf, der ein Zeitgenosse von Nicomachus war — einfach so übernommen, ohne Jambiklus zu zitieren. In der Übersetzung von Flora Levin liest sie sich so:

»*Eines Tages war er* [Pythagoras] *in Gedanken versunken und fragte sich ernsthaft, ob es möglich sei, eine Art Hilfsinstrument für die Ohren zu entwerfen, das sicher und fehlerlos wäre, genauso wie durch Kompaß, Metermaß oder* dioptra *das Sehvermögen verbessert wird, oder der Tastsinn durch den Waagebalken oder ein System von Maßstäben.*«

In ihrer Fußnote schreibt Flora Levin:

»*Der von Jambiklus dargebotene Bericht in seiner* De vita Pyth. *(Über das Leben des Pythagoras), 115–120 (Deubner, 66–69) wurde wortwörtlich dem Bericht von Nicomachus entnommen.*«

Ein weiterer griechischer Autor, der unter Verwendung des Begriffs *dioptra* Teleskope erwähnt zu haben scheint, ist Geminus (1. Jahrhundert v. Chr.), Autor der *Einführung in die Astronomie*. Im Jahre 1630 wurde der griechische Text mit einer lateinischen Übersetzung in einer Sammlung alter astronomischer Texte veröffentlicht, die vom Jesuiten Dionysius Petavius zusammengestellt worden waren. Der berühmte französische Historiker der Astronomie, Jean Sylvain Bailly, besprach dies 1779 in seiner *Histoire de l'Astronomie Moderne depuis la Fondation de l'École d'Alexandrie* (Geschichte der modernen Astronomie seit der Gründung der Schule von Alexandria). Bailly war über Roger Bacons Teleskop verwirrt; zunächst verleugnete er es, schien es dann aber später in seiner Abhandlung fast zu akzeptieren. Er übernimmt von Bacon die Geschichte über Julius Cäsars Teleskop und spricht davon, wie Cäsar durch eine optische Röhre die Häfen und Küstenstädte Englands von der französischen Küste beobachtet. Bailly erwähnt Bacons Behauptung, daß Konvex-Gläser uns die Oberflächen von Sonne und Mond näher bringen können, und daß der Bau solcher astronomischen Instrumente eine Kenntnis der Optik erforderte. Er sagt dann:

»*Diese Passagen sind sehr seltsam, besonders wenn man sich daran erinnert, daß man von Zeit zu Zeit in der Geschichte auf diese Röhre stößt; es scheint wie die Spuren einer alten bewahrten Erfindung. Diese Röhren scheinen auch Hipparch* [2. Jahrhundert v. Chr.] *und* [Claudius] *Ptolemäus* [2. Jahrhundert n. Chr.] *bekannt gewesen zu sein. Auch in China begegnet man ihnen zu verschiedenen Zeiten. Es gibt auch ein Zitat aus der Zeit von Cäsar. Gerbert* [ein großer Mathematiker und Philosoph, der später Papst Sylvester II. wurde und 999 n. Chr. starb] *machte im zehnten Jahrhundert unserer Zeitrechnung beim Bau seiner Uhr bei Magdeburg davon Gebrauch. Vielleicht fand sich das Wissen um diese Röhren in der* Optik *von Ptolemäus, die zur Zeit von Bacon* [im 13. Jahrhundert, seitdem verschwunden] *noch existierte. Die Mutmaßung von Monsieur* [Graf] *de Caylus* [dem wir zuvor schon begegnet sind], *daß die Menschen der Antike Kenntnis vom Teleskop hatten, steht damit in Einklang. Das Wissen hätte bis in die Zeit von Bacon weitergegeben werden können, entweder über die* Optik *von Ptolemäus oder über ein anderes verlorengegangenes Werk. Es hätte seinen Weg zu Bacon gefunden, genau wie zu allen anderen mit Vorstellungskraft ausgestatteten Menschen, die über die Berichte anderer schreiben und die über Dinge sprechen, die sie selbst nicht gesehen haben.*«

Durch diese seltsame Anmerkung macht Bailly seine eigene Theorie bekannt, daß Bacon den Gebrauch von Teleskopen beschreibt, die er selbst nicht gesehen, sondern über die er nur in der verlorenen *Optik* gelesen hatte. Der Beweis scheint aber zu sein, daß Bacon, wie wir schon sahen, in Oxford tatsächlich ein Teleskop gebaut hat, was dazu führte, daß er der Hexerei beschuldigt wurde. Dies kann möglicherweise die Vernichtung aller Exemplare von Ptolemäus' *Optik* nach sich gezogen haben, die er herangezogen hatte (vielleicht sogar das allerletzte?), da es »das Werk des Teufels« gewesen sei.

In seinen Anmerkungen sagt Bailly, daß Pater Jean Mabillon ein aus dem 13. Jahrhundert stammendes Manuskript von einem Mönch namens Conrad gesehen hatte, in dem dieser sagte, er wäre auf ein altes Manuskript gestoßen, das eine Darstellung von Claudius Ptolemäus (2. Jahrhundert n. Chr.) enthielt, wie er durch eine lange Röhre die Sterne beobachtet. Bailly glaubt, daß die von Hipparch und Ptolemäus zusammengestellten Sternkataloge durch individuelle Beobachtung einzelner Sterne durch solche langen Röhren angefertigt wurden. Dies waren die klassischen Versuche dieser frühen griechischen Astronomen, umfassende Listen aller Sterne, die am Himmel gesehen werden konnten, anzufertigen. Er sagt: »Man weiß aus Erfahrung, daß diese aus Papier hergestellten Röhren die Sicht erleichterten.« (Bailly war sich nicht bewußt, daß Papier, eine chinesische Erfindung, in Europa vor dem 11. Jahrhundert unbekannt war und erst durch die Araber bekannt wurde, die es nach Europa brachten. Erst ab dem 12. Jahrhundert wurde Papier in Europa hergestellt.) Er spricht hier von astronomischen Sehröhren ohne Linsen. Dann geht er jedoch weiter und sagt, einige Sehröhren hätten tatsächlich auch Linsen enthalten, und er sei überzeugt, daß auch die von Gerbert im 10. Jahrhundert benutzten Röhren Linsen enthielten:

»Diese Röhre war sehr bemerkenswert. Man kann sicher annehmen, daß sie Glas verwendeten. Da wir auf diese Idee der Benutzung von Röhren gestoßen sind, fanden wir bei Geminus eine Passage, die dies zu bestätigen scheint (…).«

Bailly versucht dann seine Gedanken weiter zu verdeutlichen, nachdem er angedeutet hat, daß Geminus im 1. Jahrhundert v. Chr. eine *dioptra* mit Linsen für astronomische Beobachtungen benutzt hat. Geminus hat vielleicht in seiner *dioptra* Linsen benutzt, doch die von Hipparch ein Jahrhundert zuvor erfundene *dioptra* ist ein anderes Instrument — es war eine lange Sehröhre, die ihren Namen von der griechischen Bedeutung »hinübersehen« erhielt und die zur Beobachtung und Zählung von

Sternen und zur Betrachtung von Mondfinsternissen verwendet wurde. Bailly schließt eine Benutzung von Linsen durch Hipparch in seinem Instrument nicht grundsätzlich aus, obgleich er offensichtlich glaubt, sie wären nicht benutzt worden. Er glaubt jedoch, daß Geminus *tatsächlich* Linsen benutzt und ein echtes Teleskop gehabt hat.

Spätere französische Gelehrte, die immer sehr viel Respekt vor Bailly hatten, erwähnten die von ihm entdeckte Geminus-Passage. 1853 schrieb Félix Pouchet in seiner *Histoire des Sciences Naturelles*:

»*Einige Gelehrte gingen sogar noch weiter und schrieben ohne Umschweife Roger Bacon die Erfindung des Teleskops und astronomischer Linsen zu. Nach ihnen werden diese Instrumente in seinem Werk so präzise beschrieben, daß es scheint, er hätte oft Gebrauch von ihnen gemacht (…). Cuvier selbst sah es als sicher an, daß es das Reflexions-(Spiegel-)Teleskop war, von dem Bacon sprach, und daß er dieses Instrument für seine astronomischen Beobachtungen benutzte. Er sagte, er verwende es, um den Himmel zu beobachten, was ihn zur Erkenntnis führte, daß der Kalender Unregelmäßigkeiten aufweise. (…) Allgemein glaubt man, daß Hipparch und Ptolemäus irgendein Instrument zu ihren Sternbeobachtungen verwendet hätten, doch man geht darüber hinweg, was die Natur und Beschaffenheit dieses Instruments war. Pater Mabillon sagt* [in seiner *Voyage d'Allmagne*, die nicht in der Britischen Bibliothek aufzufinden ist], *daß er in einem aus dem 13. Jahrhundert stammenden Manuskript eine Figur sah, die Ptolemäus darstellte, wie er mit Hilfe eines langen Rohrs die Sterne betrachtete. Dieses Manuskript, das Werk eines Mönchs namens Conrad, von dem man annimmt, daß es eine Kopie eines früheren Original-Manuskripts ist, hat einige Leute zu der Annahme geleitet, daß schon zu früheren Zeiten Teleskope verwendet worden waren. (…) Und ab dem zehnten Jahrhundert benutzte Gerbert eine ähnliche Apparatur bei Magdeburg, um den Polarstern zu beobachten und die Uhr zu stellen, die er in dieser Stadt gebaut hatte. Doch seit Bailly glaubt man fälschlich, daß diese optischen Röhren mit Glas versehen waren; nach ihm bestanden sie lediglich aus einem Zylinder, der den klaren Blick auf Objekte erleichtern sollte. (…) Eine Passage aus den Werken von Geminus, in der dieses Instrument* dioptra *(ein Wort aus dem Griechischen, das ›durch etwas hindurchsehen‹ bedeutet) genannt wird, scheint in der französischen Astronomie von entscheidender Bedeutung zu sein. Die Schlußfolgerung ist, daß man in der Antike einfach von langen Röhren mit diesem Namen Gebrauch machte, um die Sterne zu beobachten.*«

Pouchet scheint also die Verwirrung um die *dioptra* noch vergrößert zu haben, da er nicht begriffen hatte, daß Bailly davon ausging, daß das Geminus-Instrument *tatsächlich* Linsen enthielt. Ein Jahr später wurde das Thema wieder von François Arago in seiner *Astronomie Populaire* aufgegriffen:

»*Geminus, ein Zeitgenosse von Cicero, spielt auf ein Instrument namens ›Dioptra‹ an, das sich um eine Achse parallel zur Himmelssphäre dreht, als Mittel zum Beweis, daß die Sterne in ihrem Tagesverlauf Kreise beschreiben. Die eingesetzten Mittel waren ausgezeichnet. Es ist das Instrument, das heute als ›Äquatorial‹ bekannt ist. Geminus behauptet nicht, daß er es* [persönlich] *benutzt hätte.*«

Arago erwähnt auch das von Pater Mabillon gesehene Manuskript, zieht jedoch den Schluß, »daß die Menschen der Antike die Gewohnheit hatten, die Himmelskörper durch lange Röhren zu beobachten«. Dann bezieht er sich auf eine seltsame Stelle in Aristoteles' *Schöpfung der Tiere*, die wir selbst als nächstes untersuchen werden.

Aristoteles (starb 322 v. Chr.) war der größte Philosoph der Antike. Ich habe eine persönliche Vorliebe für seine zoologischen Werke. In seiner langen Abhandlung *Die Schöpfung der Tiere* versucht Aristoteles der Fruchtbarkeit auf den Grund zu gehen, ein Thema, das er auch anderswo behandelt und von dem er eindeutig das Gefühl hatte, es wäre ein wichtiges Geheimnis des Lebens. (Seine andere Abhandlung, *Über das Versagen zu erschaffen*, von der man dachte, sie sei verloren gegangen, wurde nun als das sogenannte Buch Zehn der *Geschichte der Tiere* identifiziert. Seine *Schöpfung der Tiere* ist nicht für die Zartbesaiteten, und Aristoteles scheute nicht davor zurück, in allen Details die Genitalien aller Kreaturen, ihre Körperflüssigkeiten, ihren Samen, ihre Ovarien und ihre menstruellen Entladungen zu beschreiben. Viele Altphilologen erkennen nicht, wie weit Aristoteles in seiner Leidenschaft für die Naturwissenschaften ging, denn für die meisten klassischen Gelehrten, die selbst keine Wissenschaftler sind, sind diese Dinge nicht von allzu großem Interesse. Aus seinen zoologischen Niederschriften konnte ich ableiten, daß Aristoteles persönlich mindestens 300 verschiedene Tierspezies seziert haben muß, und natürlich hatte er an allen Exemplaren auch die Genitalien studiert. Ich entdeckte, daß der einzige vollständige Sektionsbericht von ihm, der uns erhalten geblieben ist, der über das Chamäleon war, das er an anderer Stelle als Sezierprobe erwähnte (nun als Kapitel Elf seiner *Geschichte der Tiere*). Die anderen 299 Berichte sind verloren gegangen.

In der *Schöpfung der Tiere* ergeht sich Aristoteles als Ergebnis eines Gesprächs über Kinder in einem langen Exkurs über seine Theorien zum Gesichtssinn und über verschiedene Arten von Augen und weist darauf hin, daß »die Augen aller Kinder unmittelbar nach der Geburt bläulich« seien; »später im Leben verändert sich die Augenfarbe dann zu der, die für den Rest des Lebens ihre natürliche Augenfarbe bleibt«. Dies veranlaßt ihn, sich mehrere Seiten lang über verschiedene Aspekte des Sehens auszulassen. Dies wiederum bringt ihn dazu, das Thema »Sehschärfe« aufzugreifen, und genau an dieser Stelle macht er einige seltsame Kommentare über *Röhren*. Hier sind einige seiner Anmerkungen, zunächst in der Übersetzung von A. L. Peck:

»*Die Tatsache, daß manche Tierarten sehr gut sehen können und andere nicht, hat zwei Ursachen, denn ›sehr gut‹ hat an dieser Stelle zwei Bedeutungen (wenn es auf den Hör- und den Geruchssinn angewendet wird). ›Sehr gut sehen‹ bedeutet (a) die Fähigkeit, etwas aus großer Entfernung zu sehen, und (b) so genau wie möglich zwischen zwei gesehenen Objekten unterscheiden zu können. Diese beiden Fähigkeiten treten nicht zusammen in ein und derselben Person auf. Der Mann, der seine Augen mit seiner Hand vor zu hellem Licht schützt oder durch eine Röhre* (aulos) *schaut, wird den Unterschied von Farben nicht mehr so erkennen können, doch dafür wird er weiter schauen können. In manchen Fällen können Menschen in Gruben oder Brunnen die Sterne sehen. Wenn ein Tier also über seinen Augen beträchtlich hervortretende Augenbrauen hat, (…) wird es besser über eine große Entfernung sehen können (ebenso gut wie aus der Nähe) wie andere Tiere, die nicht solch hervortretende Augenbrauen haben.*«

Arthur Platt fertigte von dieser Passage eine frühere Übersetzung an:

»*Die Ursache dafür, daß manche Tiere sehr gut sehen und andere nicht, ist nicht einfach, sondern vielfältig. Denn das Wort ›gut‹ hat eine doppelte Bedeutung (in derselben Weise, wie es aufs Gehör und den Geruchssinn zutrifft). Eine Bedeutung ist die Fähigkeit, über größere Entfernung scharf zu sehen; eine andere ist die Fähigkeit, zwischen zwei gesehenen Objekten so genau wie möglich unterscheiden zu können. Diese beiden Fähigkeiten finden sich nicht unbedingt im selben Individuum wieder. Denn wenn dieselbe Person ihre Augen mit vorgehaltener Hand vor zu hellem Sonnenlicht schützt oder durch eine Röhre (aulos) schaut, kann sie Unterschiede zwischen Farben nicht genauer ausmachen, doch wird sie weiter schauen können. Tatsächlich sehen Menschen in Gruben oder Brunnen manchmal die Sterne [der Übersetzer fügt in einer Fußnote hinzu: ›‚während der Tageszeit‘ ist hier natürlich gemeint‹]. Wenn ein Tier also weit hervortretende Augenbrauen hat, (…) wird dieses Tier über eine größere Entfernung (ebenso wie über eine kürzere) besser sehen können als jene (…), die nicht solch hervortretende Augenbrauen haben.«*

Es scheint klar, daß sich Aristoteles hier nicht auf Teleskope bezieht. Das ist jedoch etwas anderes, als zu sagen, Aristoteles wäre mit Teleskopen nicht vertraut gewesen. Aristoteles war sehr darauf bedacht, jegliche Themengebiete aus einer anderen Kategorie aus seinen Diskussionen auszuschließen. Niemand sonst in der ganzen Geschichte legte so besonderen Wert darauf, in seinen Diskursen Verwirrungen über verschiedene Themen zu vermeiden. Lassen Sie uns nun sehen, welche weiteren Anmerkungen er zu den Röhren machte, denn diese sind sogar noch bemerkenswerter. Als erstes weist er darauf hin, daß es zwei grundlegende Theorien zum Sehen gibt: eine, daß von den Augen ein Licht ausgesandt wird; die andere, wonach das Auge Empfänger von Licht ist. Er sagt dann:

»Es macht keinen Unterschied, welche dieser beiden Theorien wir übernehmen. Wenn wir also, wie einige Leute [wie zum Beispiel Plato] es tun, sagen, daß Sehen dadurch hervorgerufen wird, daß Licht vom Auge zum Objekt geht, dann können wir nach dieser Theorie behaupten, daß das ›Augenlicht‹ sich mit zunehmender Entfernung zerstreut und von daher weniger auf das betrachtete Objekt trifft — mit dem Ergebnis, daß Objekte in größerer Entfernung schlechter gesehen werden. Wenn wir umgekehrt davon ausgehen, daß Sehen dadurch hervorgerufen wird, daß ›eine Bewegung des Lichts vom sichtbaren Objekt zum Auge stattfinde‹, dann können wir nach dieser Theorie behaupten, daß die Klarheit, mit der wir Dinge sehen, von der Klarheit der Bewegung [d. h. der Lichtemission vom Objekt] abhängig ist. Entfernte Objekte könnten am besten betrachtet werden, wenn es eine Art von durchgehender Röhre [aulos] gäbe, die sich vom Auge zu dem erstreckt, was betrachtet wird, denn dann würde die von sichtbaren Objekten ausgehende Bewegung [d. h. Lichtemission] nicht zerstreut werden. Je weiter hinaus sich die Röhre erstreckt, desto genauer kann man weit entfernte Objekte sehen.«

Die Platt-Übersetzung dieses letzten Satzes lautet:

»*Dinge in einiger Entfernung könnte man also am besten sehen, wenn es eine Art durchgehender Röhre vom Auge zu seinem Objekt gäbe, denn die vom Objekt ausgehende Bewegung würde nicht zerstreut werden. Doch wenn dies unmöglich ist: Je weiter hinaus sich die Röhre erstreckt, desto genauer kann man weit entfernte Objekte sehen.*«

Platt enthüllt in einer Fußnote, daß das Wort, das er mit »sich erstreckt« übersetzt, für ihn eine Abänderung des griechischen Textes erforderlich machte. Der Text benutzte das Verb *apecho*, was etwas ganz anderes bedeutet: »weit weg sein von«. Was die ursprünglichen Manuskripte von Aristoteles also wirklich sagen, ist: »Je weiter die Röhre entfernt ist, desto genauer kann man Dinge in größter Entfernung sehen.« Platt änderte deshalb den Text um einen Buchstaben ab (*epecho* statt *apecho*), so daß es hieß: »Je weiter hinaus sich die Röhre erstreckt.« *Epecho* hat nämlich die Bedeutung von »sich über einen weiten Raum erstrecken«. Hier sehen wir wieder einmal einen entscheidenden antiken Text, der sich auf das Sehen durch Röhren bezieht, der von einem neuzeitlichen Übersetzer entscheidend abgeändert wurde. Peck übernahm den neuen Text und zitierte Platt in einer Fußnote als Anlaß für die Abänderung. Doch es gibt noch mehr dazu als dies. Peck merkt in einer Fußnote kurz an, daß es noch andere Abänderungen an diesem entscheidenden Punkt in verschiedenen Manuskripten gäbe. Peck weist auf eine abweichende Wiedergabe hin, die sich im Corpus-Christi-Manuskript, Oxford, bekannt als »Z«, befindet, schreitet dann aber zu einer weiteren Abweichung voran. Es scheint, als ob der Schreiber ursprünglich *eonapachei* geschrieben hatte, dies dann jedoch ausradierte und statt dessen *pleonapachei* darüber geschrieben hatte, doch der letztere Teil dieses Verbs wurde dann von neuzeitlichen Bearbeitern des Textes abgewandelt: von »weit weg sein« zu »sich erstrecken«, so daß die beiden Versionen des ursprünglichen Verbs nun insgesamt vier verschiedene Versionen hervorgebracht hatten, wenn man auch das von *eonapechei* zu *pleonapechei* abgewandelte Wort berücksichtigt. Vier Verben scheinen mir aber doch zuviel! Was ist hier los? Mein Griechisch steht an dieser Stelle kurz vor dem Kollaps, doch es scheint mir, als ob das vom Schreiber korrigierte Verb sich auf eine »Vervielfachung mit der Entfernung« bezieht. Im Zusammenhang mit dem Blick durch eine Röhre müßte dies ein Hinweis sein auf vergrößerte Objekte, so wie man sie durch Linsen in einer solchen Röhre sehen würde.

Im ersten Teil seiner Aussage scheint Aristoteles über die Verhinderung der Zerstreuung von Lichtstrahlen mittels einer einfachen — wenn auch imaginären und gänzlich hypothetischen — Methode zu sprechen, nämlich indem zwischen Auge und Objekt eine Röhre gebracht wird. Ich denke, darüber können wir uns ziemlich klar sein. Doch im zweiten Teil seiner Aussage gehen die Übersetzungen und Bearbeitungen lediglich davon aus, daß er immer noch über diese Idee spricht, was, wie ich glaube, *überhaupt keine* sichere Annahme ist. Entsprechend seiner Gewohnheit, eindeutige Alternativen einander gegenüberzustellen, glaube ich, daß es an diesem Punkt Aristoteles' Absicht war, eine weitere und realistischere Möglichkeit anzubieten — eine, die in keiner Weise hypothetisch war: daß die am weitesten entfernten Objekte *tatsächlich* ganz genau gesehen werden, wenn wir eine Röhre verwenden, die — wenn wir durch sie durchschauen — eine »Vervielfachung mit der Entfernung« erzeugt, d. h. ein Teleskop darstellt.

Platt und Beck, die nicht die leiseste Ahnung davon hatten, daß Teleskope in der Antike existiert haben könnten, versuchten dem Text einen Sinn abzugewinnen, indem sie Worte abänderten, so daß Aristoteles offensichtlich weiterhin von einer imaginären endlosen Röhre sprach, die so lang wie möglich sein sollte. Doch ich glaube, seine Absicht war eine andere. Er wechselte das Thema von einer rein imaginären hypothetischen Röhre — physisch unmöglich — zu tatsächlichen Röhren, die Leute benutzten und die die beiden Funktionen, nämlich Zerstreuung von Lichtstrahlen auszuschließen (die Röhren-Funktion) und Objekte zu vergrößern (die Linsen-Funktion) in sich kombinierten. Mit anderen Worten: Ich denke, daß das Wort *apecho* überhaupt kein mutmaßlicher Fehler war, der korrigiert werden mußte, sondern entscheidend für das war, was Aristoteles eigentlich sagen wollte. Es war wesentlich für das, was er meinte, daß das Konzept »weit weg sein von« in seiner Aussage beibehalten wurde.

Ein weiteres griechisches Wort, das wir betrachten müssen, ist das, von dem man glaubte, es werde für ein Teleskop benutzt, nämlich *dioptra*. Dieses Wort stammt vom Grundverb *diopteuo* ab, was »genau beobachten, auskundschaften« bedeutet, wie es von Homer in seiner *Ilias* (10.451) verwendet wurde, und woraus das Substantiv *diopter* entstand, »ein Spion oder Pfadfinder«, wie es ebenfalls in der *Ilias* verwendet wird (10.562). Mit fortschreitender Zeit erweiterte sich jedoch die Bedeutung des Wortes hin zu anderen damit in Bezug stehenden Gebieten. Zur Zeit von Sophokles (441 v. Chr., mehrere Jahrhunderte nach Homer) hatte das Verb *diopteuo* die erweiterte Bedeutung »hineinschauen« (in seinem Stück *Ajax*, 307), und 425 v. Chr. wurde das Substantiv *dioptes* im Stück *Acharnians* (435) von Aristophanes zum ersten Mal für das Konzept von Transparenz benutzt, und zwar im Zusammenhang mit einem zerlumpten Stück Stoff, das gegen das Licht gehalten wurde und durch das man »hindurchsehen« konnte.

Wie wir sahen, hatte Polybius bereits im 2. Jahrhundert v. Chr. das Wort *dioptra* zur Beschreibung der Linsenkomponenten karthagischer Teleskope benutzt. Und im 1. Jahrhundert n. Chr. verwendete Strabo (54) das Wort *dioptra*, um einen durchsichtigen Stein zu beschreiben, in diesem Fall eine Fensterscheibe, und Plutarch (2.1093E) verwendete *dioptrikos*, um auf die »Wissenschaft der Dioptrik« hinzuweisen. Das von Horaz wiederholte Wort *dioptron* für ein »Beobachtungsglas« wurde jedoch dem griechischen Dichter Alcaeus (7. Jahrhundert v. Chr.; siehe sein Fragment 53), dem Freund von Sappho, entliehen. Es könnte deshalb sein, daß das Verschwinden eines so großen Teils antiker griechischer Literatur die Tatsache verschleiert hat, daß dieses Wort mindestens drei Jahrhunderte vor Polybius technisch in bezug auf Teleskope angewendet wurde, und daß *dioptra* lediglich eine spätere Variation von *dioptron* ist. Das entsprechende Verb *diorao* bedeutet »hindurchschauen« (wie es zum Beispiel von Plato im 4. Jahrhundert v. Chr. benutzt wurde).

Betrachtet man die Geschichte dieser Wortformen, ist es sehr unwahrscheinlich, daß das Wort *dioptra* auf *leere* Sehröhren, die auf astronomische Instrumente plaziert werden, angewendet worden wäre — wenn überhaupt, dann vielleicht in einer viel späteren Phase des Gebrauchs, und dann auch nur in erweiterter Bedeutung. Die Tatsache, daß diese Wörter speziell auf durchsichtige Steine angewendet wurden (denn zur Zeit von Alcaeus hätte ein »Beobachtungsglas« aus Bergkristall statt aus Glas bestehen müssen), ob als optische Sehhilfen oder als Fensterglas, und die Tatsache, daß sie von Polybius schon im 2. Jahrhundert v. Chr. im technischen Sinne auf Teleskop-Linsen angewendet wurden, verbindet die Wortformen stark mit dem Konzept von *Transparenz*. Es gibt hier keinen Hinweis darauf, daß durch Röhren geschaut wird. Und Polybius hat seine Probleme mit der Unterscheidung der beiden Röhren der karthagischen Instrumente von der *dioptra*, welches eindeutig die in den Röhren befestigten Linsen waren. Wenn in der Entwicklung astronomischer Instrumente leere Sehröhren die Bedeutung von *dioptra* angenommen hatten, dann muß dies eine ziemlich späte Entwicklung gewesen sein. Eine leere Röhre war viele Jahrhunderte lang ein *aulos*, nicht eine *dioptra*.

Erwähnungen der *dioptra*, wie zum Beispiel bei Nicomachus von Gerasa und wiederholt von Jambiklus in seinem *Leben des Pythagoras*, sind deshalb mit großer Sicherheit *Röhren, die Linsen enthalten, nicht leere Röhren*. Doch selbst wenn jemand über ein *aulos* sprach — wie Aristoteles im letzten Teil seiner Anmerkungen —, ist es möglich, daß durch Hinzufügung bestimmter relativierender Bemerkungen diese Person von einer Röhre sprach, die so *modifiziert* wurde, daß aus ihr eine *dioptra* wurde. Die Passage bei Aristoteles wird jedoch für den Moment eine »Grauzone« im philologischen Disput bleiben, bis mehrere verschiedene Manuskripte in diversen Ländern von einem Gelehrten konsultiert werden können, der der Aufgabe gewachsen ist und eine angemessene unvoreingenommene Einschätzung der präzisen Bedeutung der vier Verben vornehmen kann, von denen sogar noch weitere Varianten existieren könnten, so daß dann genau betrachtet werden kann, was Aristoteles genau sagte. Bis dies geschehen ist, ist alles, was wir offensichtlich tun können, eine Art Lesezeichen über der Passage anzubringen, um darauf hinzuweisen, daß sie Gegenstand einer Untersuchung ist.

Nun wird es Zeit, unsere Aufmerksamkeit auf eine weitere Verwendung von Teleskop-Röhren in der Welt der Antike zu lenken. Wir tun dies, indem wir zum Prometheus-Mythos zurückkehren, der in Texten zur Optik immer wieder auftaucht, doch diesmal nähern wir ihm uns auf sehr unerwartete Weise und ausgehend von einer ziemlich bizarren Quelle. Der klassische Prometheus-Mythos existiert in mehreren Variationen. Vieles, was wir über diesen Mythos wissen, stammt aus einem kurzen Schauspiel, das Aischylos (6./5. Jahrhundert v. Chr.) zugeschrieben wird, nämlich *Der gefesselte Prometheus*. Ich sage »Aischylos zugeschrieben«, weil es über die wahre Urheberschaft beträchtliche Kontroversen gibt, über die wir uns hier aber keine Sorgen machen brauchen. Das Thema »Prometheus« ist sehr umfangreich, und ich bezog mich auf einige seiner Aspekte in einigen Fußnoten der Übersetzung der *Fabeln des Aesop*, die meine Frau und ich bei *Penguin Books* veröffentlicht hatten, in denen Prometheus gelegentlich als Gestalt erscheint. Die verschiedenen Überlieferungen, die Prometheus zum Schöpfer des Menschengeschlechts machen, erscheinen erstmals in der Aesop-Fabel 322, »Prometheus und die Menschen« und wird danach vom komischen Dichter Philemon im 4. Jahrhundert v. Chr. erwähnt.

Im Zuge der Forschungsarbeiten für ein viel früheres Buch von mir mit dem Titel *Conversations with Eterninty* (Gespräche mit der Ewigkeit), das ich 1984 nur in Großbritannien veröffentlicht hatte und an dem ich zur Zeit eine umfangreiche Bearbeitung mit Ergänzungen vornehme, und das Anfang 2001 neu erscheinen soll, studierte ich die wichtigsten verschiedenen Weissagungsmethoden antiker Kulturen, in der Absicht, einen zusammenfassenden Bericht über diese wichtige, aber außer Acht gelassene »Kehrseite der Geschichte« zu liefern. Bei meinen Forschungsarbeiten entdeckte ich, daß die wichtigste Technik der Weissagung in der Weltgeschichte ohne Frage die Methode war, die Innereien von Tieren zu untersuchen, technisch *Extispizie* (Eingeweideschau) genannt. Diese Form der Weissagung wurde jahrtausendelang angewendet und datiert bis ins Steinzeitalter zurück. Sie war über die ganze Welt verbreitet. Ich hatte keine andere Wahl, als dies detailliert nachzuverfolgen. Es handelt sich um ein Forschungsgebiet, um das frühere Gelehrte, die beim Anblick von Blut zurückschrecken, verständlicherweise einen großen Bogen gemacht haben.

Meine ersten Ergebnisse wurden in dem esoterischen Magazin *The Journal of Cuneiform Studies* (Journal für Keilschriftstudien) veröffentlicht, in dem ich einen Disput um babylonische/assyrische Terminologie und Lamm-Eingeweide beilegen konnte, der unter Gelehrten, die zu ängstlich waren, die Sache in einem Schlachthof zu klären, so wie ich es tat, ein Jahrhundert lang andauerte.

Eine meiner überraschendsten Entdeckungen machte ich, als mir gestattet wurde, frisch geschlachtete Lämmer zu studieren, indem ich ihnen die Leber entnahm, während ihre Körper auf der Seite lagen und der Magen aufgeschnitten worden war. Ich hatte nicht vorhergesehen, was ich zu Gesicht bekommen würde. Ich entnahm den Tieren lediglich die Leber mit der Absicht, ihre verschiedenen Formen und anderes zu studieren. Zu meiner Überraschung stellte ich fest, daß ich mein Gesicht ziemlich deutlich auf jeder Leber sehen konnte. Sie waren schwarz und reflektierten das Licht perfekt wie schwarze Spiegel, die leicht dampften. 15 bis 20 Minuten, nachdem sie dem Luftsauerstoff ausgesetzt sind, trüben sich diese »Leber-Spiegel« ein und nichts wird mehr reflektiert. Mir wurde klar, daß nur Leute, die auf einem Schlachthof arbeiten (und die haben wohl weder die Zeit noch das Interesse), Zugang zu der Leber von frisch geschlachteten Lämmern haben und deshalb um diese reflektierenden Eigenschaften dieses Organs wissen können. Dies war ein Stück Wissen, das aufgrund sozialer Entwicklungen verlorengegangen ist. Doch für unsere Vorfahren war es ein ganz wichtiges Stück Wissen.

Die Menschen der Antike waren sehr nüchtern, wenn es um Naturphänomene ging, im Gegensatz zu ihrem weitverbreiteten Aberglauben in anderen Bereichen des Denkens und der Erfahrungen. Und da jeder Mensch der Antike oft sah, wie Tiere geschlachtet wurden, hatte auch jeder die Gelegenheit zu sehen, daß die frisch entnommene Leber wie ein Spiegel aussah.

Der Punkt, den ich hier betonen möchte, ist, daß die Dinge sich verändert haben, und daß es eine Zeit gab — noch gar nicht so lange her und in vielen Teilen der Welt verbreitet —, in der jeder die einfache und offensichtliche Tatsache kannte, daß die frisch entnommene Leber von Tieren wie ein reflektierender Spiegel wirkte.

Bewaffnet mit dieser überraschenden Entdeckung machte ich mich in der antiken griechischen Literatur auf die Suche und fand heraus, daß sie voll von Berichten über die menschliche Leber war, die ebenso wie ein Spiegel wirkt, der die göttlichen Strahlen reflektiert, die die Götter immer auf uns ausstrahlen. Man ging davon aus, daß die Zeichen dieser göttlichen Strahlen auf der Leber von Tieren Spuren hinterlassen würden. Das war der Grund, weshalb dieses Organ jahrtausendelang mit solch einer Intensität studiert wurde, um Aussagen über die Zukunft machen zu können, denn natürlich verfügten die Götter über das Wissen um die Zukunft, so daß die Spuren, die ihre Strahlen hinterlassen hatten, vielleicht darüber Auskunft geben konnten. Das war also der Grund für die Eingeweideschau und die schon fanatisch betriebene »Leber-Wissenschaft« der Babylonier. In meinem oben erwähnten Buch aus dem Jahre 1984 findet sich die Reproduktion eines babylonischen Modells einer Leber aus Ton aus der Zeit um 2000 v. Chr., die die 55 einzelnen Zonen zeigt, auf die der Weissagende achten sollte, um entsprechende Zeichen zu erhalten.

In diesem Zusammenhang hier eine interessante Passage des jüdischen Schreibers Philo Judäus von Alexandria (1. Jahrhundert v./n. Chr.):

»(...) Die Natur der Leber, ihr erhabener Charakter und ihre glatte Oberfläche wird mit einem Spiegel verglichen, so daß der Geist, der sich von den Besorgnissen des Tages zurückzieht (während der Körper entspannt schläft und kein äußerer Wahrnehmungssinn ein Hindernis darstellt), beginnt umherzuwandern und ohne Unterbrechung die Objekte seiner Gedanken zu betrachten. So schaut er in die Leber wie in einen Spiegel und sieht dann deutlich und ohne Einschränkungen jedes der entsprechenden Objekte des Intellekts. Er schaut auf all diese eitlen Idole und sieht, daß ihm keine Schande anhaften kann. Doch ist er bedacht, dies zu vermeiden und das Gegenteil zu wählen, und im Zu-

stand der Zufriedenheit und Freude über das, was er sieht, erlangt er über Träume eine prophetische Sicht der Zukunft.«

Diese einzelne Passage sollte genügen, um die Idee zu vermitteln, denn ich möchte hier nicht in lange Diskussionen über »Leber-Legenden« geraten; dies habe ich bereits in meinem früheren Buch behandelt. Aber beachten Sie bitte zwei Dinge: (1) Prometheus hatte angeblich die Gabe der Prophetie und Zukunftsschau, denn sein Name kommt von *prometheia*, was im Griechischen »Vorausschau, Vorausdenken« bedeutet. (2) Prometheus' Leber spielte in der Überlieferung eine wichtige Rolle. Es kann keinen Zweifel geben, daß Prometheus' Leber mit Weissagung, Vorauswissen und seiner Spiegelfunktion, die göttlichen Strahlen zu reflektieren, in Verbindung stand. So gibt es zu ihm also einen weiteren optischen Aspekt. In der Mythologie ist Prometheus an einen Berggipfel gekettet, als Strafe dafür, daß er den Menschen das Feuer gebracht hat. Jeden Tag kommt ein Vogel vorbeigeflogen und frißt einen Teil seiner Leber, die sich jedoch über Nacht regeneriert und wieder zu ihrer alten Größe heranwächst. Schließlich, nach Jahren der Qual, kommt Herkules vorbei und befreit Prometheus letzten Endes von seinem Schicksal. All dies soll der Überlieferung nach im Kaukasus stattgefunden haben, wo der Prometheus-Mythos unter den dort lebenden Menschen immer noch sehr vorherrschend ist.

Wir sollten hier feststellen, daß Prometheus' Leber *auf einem Berggipfel der Sonne ausgesetzt ist.* Den ganzen Tag über ist die Leber wie ein reflektierender Spiegel, wird dann aber vom Vogel verschlungen. Sie regeneriert sich zwar bei Nacht, doch ist aufgrund der Dunkelheit keine Lichtreflexion möglich. Prometheus wird auch damit in Verbindung gebracht, mit Hilfe von Linsen oder Spiegeln das himmlische Feuer zur Erde gebracht zu haben, ebenso wie mit einem langen Rohr einer heute ausgestorbenen Pflanze, deren Stiele für den Bau von Teleskopen verwendet wurden. Doch warum befindet sich Prometheus auf einem Berggipfel?

Die Antwort hierauf scheint mit geodätischen Vermessungen in Bezug zu stehen, die ihrerseits mit einer Art Teleskop vorgenommen werden müssen. Es würde uns in unserer Diskussion zu weit ins Abseits führen, alle Beweise für die Wichtigkeit von Berggipfeln in antiken religiösen Überlieferungen, besonders im Zusammenhang mit Orakel-Zentren, anzuführen. In drei früheren Büchern habe ich bereits darauf hingewiesen, daß die großen griechischen Orakel-Zentren von Dodona,

Delphi und Delos zu archaischen und prähistorischen Zeiten (also weit vor der Zeit der Klassik) auf Breitengrad-Linien im Abstand von genau einem Grad voneinander positioniert worden waren. Da Delos ab dem 7. Jahrhundert v. Chr. kein funktionierendes Orakel mehr hatte, ist es klar, daß ein jegliches Positionierungsschema, das auch Delos mit einbezogen hat, viel weiter zurück in der Vergangenheit liegen muß. Und in der Tat verdeutlichen die Ausgrabungen minoischer Überreste bei Delphi, daß dieser Ort schon im 12. Jahrhundert v. Chr. von großer Wichtigkeit war. Mein Freund, Professor Ioannis Liritzis, und ich haben in der unmittelbaren Umgebung von Delphi einen bedeutsamen prähistorischen Bau entdeckt (allerdings nicht an der Stätte von Pytho aus dem 8. Jahrhundert, die das Ziel der Touristenbusse ist), der bisher nicht öffentlich gemacht wurde, so daß ich leider keine Einzelheiten geben kann. Doch scheint es wenig Zweifel zu geben, daß Delphi schon lange vor den Minoern ein wichtiger Ort war. Datierungsprobleme im prähistorischen Griechenland sind zu komplex, als daß wir uns an dieser Stelle damit befassen wollten. Es soll reichen festzustellen, daß der Lageplan von Dodona/Delphi/Delos geodätisch ausgelegt ist und aus prähistorischer Zeit stammen muß, lange vor der Zeit, als Menschen, die erkennbarerweise Griechen genannt wurden, Griechenland bevölkerten. Zu prä-klassischen Zeiten war man intensiv mit Vermessungen beschäftigt und etablierte auf diese Weise heilige Punkte und Orte auf der Erde. Ich glaube, daß sich der Prometheus-Mythos letztendlich darauf bezieht.

Vorhin versprach ich, daß ich in einer recht bizarren Quelle einige neue Beweise gefunden hätte, und diese müssen wir uns nun anschauen. Die besagte Quelle ist *Das Leben des Apollonius von Tyana* von Philostratus (2. Jahrhundert n. Chr.).

Ein großer Teil seines Werks wird den Aufzeichnungen von Informationen über ungewöhnliche Orte gewidmet, die selbiger Apollonius und sein Freund Damis auf ihren ausgiebigen Reisen besucht hatten. Im dritten Kapitel von Buch II gibt es interessante Informationen, die von den Ureinwohnern des südlichen Kaukasus stammten:

»Und über diesen Berg (Mykale) werden von den Barbaren Legenden erzählt, die auch in den Gedichten der Griechen über ihn widerhallen. Prometheus wurde hier wegen seiner Liebe zur Menschheit an den Berg gekettet, und Herkules — natürlich ein anderer Herkules als der aus Theben — konnte die Mißhandlung von Prometheus nicht länger erdulden und schoß den Vogel ab, der regelmäßig seine Eingeweide fraß.

Abbildung 14: Eine Darstellung auf der Rückseite eines etruskischen Spiegels (*etwa 500 v. Chr.*), die Prometheus (etruskisch *Prumathe*) angekettet an den Felsen im Kaukasus zeigt. Er trägt einen Bart und Kleidung am unteren Teil seines Körpers. Er schaut auf Herkules (*Hercle*), der sich auf eine große Keule stützt, die er in der rechten Hand hält, und über seiner linken Schulter ein Löwenfell trägt. Auf der anderen Seite ist der Gott Apollo (*Aplu*), der sich an einen Lorbeerbaum anlehnt. Herkules ist gekommen, um Prometheus zu befreien. Er bittet Apollo um Mithilfe und schießt den Adler, der Prometheus' Leber gefressen hat, ab. Der Pfeil, mit dem er dies tut, wird später am Himmel als Sternkonstellation des Schützen plaziert. Dann wird Prometheus schließlich befreit, unter der Bedingung, daß er immer einen Ring trägt, der aus dem Material seiner metallenen Fesseln besteht, und daß er immer ein Bruchstück des Felsgesteins, an das er gekettet war, bei sich trägt — mit anderen Worten, eine Bergkristall-Linse wie auf Tafel 11 zu sehen. Der Kaukasus war eine bekannte Quelle für Bergkristalle, weshalb man davon ausgehen kann, daß ein Kristall als das besagte Bruchstück des Felsgesteins betrachtet werden könnte. (Aus Eduard Gerhard, *Etruskische Spiegel*, Berlin 1863, wiederveröffentlicht, Rom 1966, Abb. CXXXIX; die Beschreibung erscheint in Band III, S. 133–134. Zur Zeit der Veröffentlichung seiner Bücher befand sich dieser Spiegel in der Privatsammlung von Eduard Gerhard.)

Manche sagen, er wäre in einer Höhle festgekettet gewesen, was übrigens in einem der Bergausläufer gezeigt wird. Damis sagt, seine Ketten hätten immer noch von den Felsen heruntergehangen, obwohl es nicht leicht war zu erraten, aus welchem Material sie gemacht worden waren. Doch andere sagen, daß er am Berggipfel angekettet gewesen sei. Der Berg hat zwei Gipfelspitzen, und es wird gesagt, daß seine Hände an diese beiden festgekettet worden waren, obwohl sie nicht weniger als 240 Meter auseinander liegen; so groß war er von Gestalt. Doch die

Bewohner des Kaukasus betrachten den Adler aus der Legende als einen feindseligen Vogel. Sie brennen die Nester aus, die die Vögel in die Felsspalten bauen, indem sie brennende Pfeile in sie hineinschießen, und sie stellen auch Fallen für sie auf und erklären, sie würden Prometheus rächen. So sehr sind ihre Gedanken und Fantasien von dieser Fabel beherrscht.«

Dies ist ein unerwartetes, aber sehr wertvolles kleines Stück Information über den Prometheus-Mythos, das uns hilft, seinen Sinn zu verstehen. Das Schlüsselelement ist die Aussage, daß Prometheus *zwischen zwei Berggipfeln angekettet war*. Ich sehe dies als einen eindeutigen Hinweis auf den Gebrauch eines optischen Vermessungsinstruments für eine Sichtung zwischen zwei Berggipfeln. Die Röhre des Prometheus hätte den notwendigen Teleskop-Anteil geliefert, den wir heute als Theodoliten bezeichnen würden — das zu Vermessungen benutzte Grundinstrument. Es ist unmöglich, in der Vermessungsarbeit ohne optische Instrumente ein einigermaßen genaues Ergebnis zu erzielen. Doch das Teleskop-Teil eines solchen Instruments kann rudimentär sein; es besteht keine Notwendigkeit, daß der optische Teil des Instruments besonders anspruchsvoll ist. Die Art einfacher Teleskope, wie sie in der Antike verwendet wurden, hätte ausgereicht. Was die Ketten betrifft: Da auf Berggipfeln fast immer starke Winde wehen, ist es offensichtlich, daß antike Landvermesser ihre Instrumente mit Hilfe von Ketten sehr fest im Felsen hätten verankern müssen, um präzise, wackelfreie Sichtungen und Messungen vornehmen zu können. Deshalb mußte »Prometheus« angekettet werden. Und das Verschlingen der Reflexion des Spiegels [die glänzenden Innereien, A. d. Ü.] während der Tageszeit kann ein Hinweis auf das vom Spiegel ausgehende Lichtsignal eines Teams sein, das durch die Teleskop-Röhre des Teams auf dem anderen Berggipfel beobachtet wird.

Für jede Art von Vermessungsarbeit ist es grundsätzlich notwendig, eine genaue Horizontalebene (Niveau) bestimmen zu können. Jeder Konstrukteur und Heimwerker hat heutzutage eine Wasserwaage. Wenn eine genaue Horizontale oder Waagerechte erreicht wird, befindet sich die Luftblase in der Wasserwaage genau zwischen den beiden dafür vorgesehenen Markierungen. Ich bezweifle allerdings, ob die Menschen der Antike je solch ein handliches Instrument erfunden haben. Der einzige Grund, weshalb ich nicht absolut sicher bin, ist, daß etwas ähnliches wie eine Wasserwaage ab und zu in der Natur vorkommt, und davon habe ich einiges in meiner Sammlung. Ich beziehe mich hier auf

Wasserblasen, die in Quarzkristallstücken eingeschlossen sind. In einigen meiner Exemplare verschieben sich kleine Wasserblasen, wenn der Quarz hin- und herbewegt wird, doch tun sie das auf eine Weise, die zur Bestimmung einer genauen Horizontalen nicht besonders nützlich wäre. Trotzdem ist es erwähnenswert, daß dieses Phänomen existiert, da wir innerhalb eines komplexen Themas nie ein Detail unbeachtet lassen sollten. (Blaseneinschlüsse in Quarzkristallen werden im Kapitel über die »Donnersteine« noch behandelt. Tafel 9 zeigt solch einen typischen Einschluß.)

Ich glaube jedoch, die Art und Weise, wie man in der Antike eine genaue Horizontale erreichte, war mittels Waagebalken und Gewichten, indem man die Schwerkraft auf eine andere Art nutzte, wie es eine moderne Wasserwaage tut. Auf Tafel 58 finden Sie ein Foto, das ich von einer Tempelinschrift in Oberägypten aufgenommen habe. Es zeigt den *Ankh*-Schlüssel (Zeichen des Lebens) in Form einer Person mit zwei Armen, wobei an beiden Ellbogen schwere Gewichte herunterhängen. Ich glaube, dies repräsentiert die ägyptische Methode, ein Niveau zu erreichen. Bei Vermessungsarbeiten für ein Gebäude ist das zweite, was man braucht, eine Grundlinie, also eine Basis, wie bei allen Maurerarbeiten. Das »Spannen der Schnur« zu diesem Zweck an der Basis eines jeden Tempels und Palastes wird auf so vielen ägyptischen Wandinschriften und in Texten gefeiert, daß Beweise für diese Praxis offensichtlich überall vorhanden sind. Sein anderer Gebrauch stand natürlich in Verbindung mit bestimmten Ausrichtungen — zum Punkt des Sonnenaufgangs oder des Aufgangs eines bestimmten Sterns, oder was immer hinsichtlich des in Frage kommenden Gebäudes angebracht war.

Wenn wir also die Vermessung von Berggipfeln in der Antike betrachten, glaube ich, daß man nicht mit einer herkömmlichen Wasserwaage, sondern wie oben beschrieben mit Gewichten ein Niveau erreicht hat. Und um dies richtig zu tun, hätte die gesamte Apparatur fest im Felsen verankert werden müssen, so daß sie stabil positioniert ist. Ich glaube, daß dies die wahre Bedeutung von »Prometheus« ist, der an die Berggipfel gekettet ist. Der Name »Prometheus« ist in diesem Zusammenhang ein Wortspiel, und »Vorausschau« oder »nach vorn schauen« bezieht sich auf die tatsächliche Tätigkeit der Sichtung seitens der Vermessungsarbeiter.

Bevor wir Prometheus verlassen, möchte ich noch eine Sache erwähnen. Plinius berichtet in seiner *Naturkunde*, Buch 37, Kapitel 1, über eine weitere Überlieferung, wonach Prometheus die erste Person in der Geschichte war, die einen Ring mit einem eingefaßten Edelstein trug. Ich sehe dies als einen weiteren esoterischen Hinweis auf Brenn- und Vergrößerungsgläser aus Bergkristall — von denen so viele in der Antike gebohrt und eingefaßt wurden, wie es die Griechen getan haben. (Ich habe in verschiedenen Museen, einschließlich des Britischen Museums, einige weitere ausgezeichnete Kristall-Linsen untersucht, die nach ihrer Anfertigung gebohrt und in Ringe eingefaßt wurden. Sie alle aufzulisten wäre jedoch mühsam. Sie können in den meisten größeren Museen gefunden werden, die Sammlungen klassischer Antiquitäten führen.) Bei meinen ausgiebigen Studien von etwa 100 Kristall-Linsen in Skandinavien war ich manchmal aufgrund klarer Beweise imstande, drei aufeinanderfolgende Stufen des Gebrauchs zu demonstrieren, indem ich die Oberflächen der Linsen mikroskopisch auf Abnutzungserscheinungen usw. untersuchte. Ich veröffentliche in Schweden drei technische Papiere über all dies, werde deswegen das meiste davon hier nicht mit einbringen, da für solch langwierige Studien und Berichte in diesem Buch kein Platz ist.

Es gibt also unwiderlegbare Beweise dafür, daß Kristalle mitunter zu Linsen geschliffen und poliert und später zur Herstellung von Schmuck »recycled« wurden, manchmal in zwei verschiedenen Phasen der Wiederverwendung.

Die griechischen Edelsteine, die in Ringe eingefaßt sind, haben vielleicht zu minoischen oder mykenischen Zeiten als einfache polierte Linsen (von denen eine große Anzahl bei Ausgrabungen gefunden wurde) ihr Dasein begonnen, wurden dann zu archaischen Zeiten mit Gravurarbeiten versehen (so wie meine Linse mit ihrer reizenden fliegenden Figur) und schließlich zur Einfassung in Goldringen gebohrt — oft auf unglaublich ungeschickte Weise und von Leuten, die keine Ahnung vom Umgang mit Kristallen haben, ganz im Gegensatz zu den ursprünglichen Herstellern der Linsen und Edelsteine. Nachdem ich eine Anzahl von Ringen untersucht und versucht hatte, sie auf meine Finger zu schieben, kam ich zu der Schlußfolgerung, daß sie nur selten auf diese Weise getragen wurden. Ich glaube eher, sie wurden an Gürteln getragen oder in Taschen aufbewahrt. Ihre Abmessungen und Eigenschaften sind in vielen Fällen für das Tragen an Fingern oder Händen ungeeignet, und ich bin sicher, daß viele von ihnen nie zu dem Zweck entworfen worden waren, einen menschlichen Finger zu zieren. Von daher waren sie nicht wirklich »Ringe« im ursprünglichen Sinn.

Ich glaube, daß es ein Trugschluß war anzunehmen, diese Objekte seien Ringe, nur weil die Kristalle drehbar in Goldschleifen eingefaßt wurden. Vielleicht hingen diese Schleifen von Halsketten oder -bändern herab. Doch können wir sie natürlich immer noch »Ringe« nennen, wenn wir wollen, und bei einigen scheint es wirklich so, als ob sie als Ringe getragen wurden. Wir müssen uns auch daran erinnern, daß jeder, der reich genug gewesen wäre, einen dieser antiken Ringe zu besitzen, auch Sklaven gehabt hätte, die die gesamte Arbeit für ihn getan hätten, und daß für ihn keine weitere Notwendigkeit bestand, die Finger für mehr als ein Weinglas bei einem Bankett frei zu haben, so daß der mühevolle Aspekt dieser Objekte wohl für ihn weniger ein Hindernis gewesen wäre als für uns heutzutage.

Ein letzter Punkt sollte noch zu Plinius' kaukasischen Überlieferungen genannt werden: Er veranlaßt mich, weiterhin zu glauben, daß einige der archaischen »Fliegender-Eros«-Figuren in Griechenland in Wirklichkeit Prometheus darstellen sollen, aus dem feierlichen Anlaß, daß er »die erste Person, die einen Ring trägt«, war, wie auch aus anderen mehr esoterischen Gründen wie zum Beispiel seine Verbindung mit dem Feuer vom Himmel. Und das rechtfertigt meine Annahme, daß mein antiker Kristall vielmehr Prometheus statt Eros zeigt, mit einer Linse in jeder Hand.

Bevor wir nun auch *Das Leben des Apollonius von Tyana* hinter uns lassen, sollte ich noch sagen, daß im Buch III, Kapitel 14, ein heiliges Feuer erwähnt wird, das im 1. Jahrhundert von den indischen Brahmanen, die Apollonius bei seinen weiten Reisen besuchte, mittels Brenngläsern oder -spiegeln erzeugt wurde:

»*Sie sagen, sie bewohnen das Herzstück von Indien, und sie betrachten den Hügel als Nabel dieses Berges, und auf ihm verehren sie das Feuer mit mysteriösen Riten; nach ihren eigenen Berichten ziehen sie das Feuer aus den Strahlen der Sonne, der sie jeden Tag zur Mittagszeit eine Hymne singen.*«

Wir werden noch einmal zum Thema antiker optischer Landvermessung zurückkehren, wenn wir im letzten Kapitel die alten Ägypter eingehender betrachten. Im Moment verlassen wir dieses Thema.

Nun kommen wir zum überraschenden, bis zum 17. Jahrhundert noch vorhandenen Beweis für die Existenz eines alten Teleskops, von dem gesagt wird, Archimedes hätte es im 3. Jahrhundert v. Chr. hergestellt. Kann das Instrument wirklich 2000 Jahre alt sein? Oder wurde der Name »Archimedes« nur wegen seines Ruhms mit dem Instrument in Verbindung gebracht? Es scheint tatsächlich so, als ob das besagte Teleskop wirklich aus der Antike stammt, doch das ist so ziemlich alles, was wir mit Sicherheit schlußfolgern können. Der Beweis stammt aus einer recht obskuren Quelle: ein privater Brief, 1672 auf italienisch geschrieben, an einen französischen Astronomen namens Ismaël Boulliau und verfaßt von einem italienischen Linsenschleifer namens Tito Livio Burattini. Dieser Brief wurde von einem namhaften italienischen Wissenschaftler, der in Paris lebte und auf französisch unter dem Namen Guillaume Libri schrieb, ins Französische übersetzt und 1835 veröffentlicht. Sein wirklicher Name und Titel waren Guglielmo Bruto Icilio Timoleone, il Conte Libri Carrucci dalla Sommaia. Er verfaßte auf französisch eine *Geschichte der mathematischen Wissenschaften in Italien von der Renaissance bis zum Ende des 17. Jahrhunderts*, ein sehr gelehrtes Buch, das in einer zweiten Ausgabe 1838 erschien.

Hier ist die Einführung in die Materie durch Graf Libri und seine Beschreibung, wie er diese Informationen entdeckt hat:

»Ein Originaldokument, das wir im Schriftwechsel mit [Ismaël] *Boulliau entdeckt haben, scheint zu demonstrieren, daß bereits einige Jahrhunderte vor* [Isaac] *Newton und* [Nikolai] *Zucchi die Existenz einer Art reflektierenden Teleskops bekannt war, das zur Beobachtung von Schiffen weit von der Küste entfernt benutzt wurde. Dieses Dokument ist ein unveröffentlichter Brief von* [Tito Livio] *Burattini (Autor der Schrift* Das universelle Maß *und ein begabter Mechaniker) aus dem Jahre 1672 und von ihm adressiert an Boulliau. Burattini antwortet in diesem Brief dem französischen Astronomen, der ihm schrieb, um auf die Entdeckung des Spiegelteleskops durch Newton hinzuweisen. Burattini antwortet, daß es bei Raguse (nicht das Ragusa auf Sizilien, sondern das heutige Cavtat an der Küste Kroatiens) auf einem Turm ein Instrument derselben Art gegeben habe, das den Dorfbewohnern half, Schiffe in einer Entfernung von 25 oder 30 Meilen von der Küste zu sehen, und daß sie dort einen Hüter dieses Instruments hatten, der die ursprüngliche Anfertigung dieses Teleskops Archimedes zuschreibt. Diese Tatsache, die Burattini und Paul von Buono, einem Mitglied der* Akademie von Cimento, *von mehreren Leuten (unter anderem von Gisgoni, dem ersten Arzt der Kaiserin Eleonora) bestätigt wurde, beweist unserer Meinung nach auf unbestreitbare Weise die Existenz antiker Instrumente, mit denen weit entfernte Objekte nähergeholt werden konnten. (...) Hier ist der Brief von Burattini, dessen Original in der* Bibliothèque du Roi *bewahrt wird* (Correspondance de Boulliau, Vol. XVI, Supplément Français, Nr. 987), *und den wir hier übersetzt wiedergeben.«*

Ich nehme an, daß dieses Manuskript sich nun in der *Bibliothèque Nationale* in Paris befindet:

»*Varsavia* [Italien], *7. Oktober 1672*
 Monsieur,
 Ich habe den Entwurf, den Sie mir zu schicken so freundlich waren, erhalten, zusammen mit der Erklärung für die von Signore Newton erfundenen Röhre, und ich danke Ihnen vielmals dafür. Die Erfindung ist sehr schön und ehrt den Erfinder sehr. Bei Raguse (dem antiken Epidauros, einer sehr berühmten Stadt in Illyrien [Dalmatien] *und dem Land des Äskulap) wird immer noch — falls es nicht durch das letzte Erdbeben zerstört wurde — ein Instrument derselben Art aufbewahrt, mit dem man Schiffe in der Adria in einer Entfernung von 25 und 30 Meilen von der italienischen Küste beobachtete, als wenn sie im selben Hafen von Raguse wären. Als ich 1656 in Wien war, wurde mir gegenüber dieses Instrument von jemandem aus Raguse erwähnt. Signore Paulo del Buono, den Sie, Monsieur, ebenfalls kennen, war während dieses Gesprächs dabei. Es wurde gesagt, dieses Instrument hätte die Form einer Waage* (misura/boisseau)*, wie sie zum Abwiegen von Getreide verwendet wird, doch so wie er wußte auch ich nicht mehr darüber. Signore Paulo und ich glaubten dann, daß dies eine Art Seemannsgarn sei, und dachten nicht weiter darüber nach. Es ist nun zwei Jahre her, daß Signore Dottore Aurelio Gisgoni, der führende Leibarzt Ihrer Majestät, hierher nach Varsavia kam. Dieser Arzt hatte in Raguse acht oder zehn Jahre lang praktiziert. Eines Tages, mitten im Gespräch mit ihm, erschütterte ein schreckliches Erdbeben dieses Dorf. Nach einem langen Gespräch fügte er zum Schluß noch hinzu: ›Gott weiß von so vielen Kuriositäten hier bei Raguse; man würde dieses bewundernswerte Instrument, das ursprünglich Archimedes zugeschrieben wird, nicht verlieren wollen. Es hat Menschen geholfen, Schiffe in einer Entfernung von 20 oder 30 Meilen von der Küste so genau zu sehen, als lägen sie im Hafen.‹ Ich fragte ihn, wie dieses Instrument gebaut ist; er antwortete, es hätte die Form einer Trommel* (tamburo/tambour) *mit nur einer Unterseite. Man schaute seitlich hinein, und die Überlieferung besagt, es wäre erstmals von Archimedes gebaut worden. Ich erinnere mich an das, was mir 1656 in Wien erzählt wurde, denn der Unterschied zwischen einem Gefäß zum Abwiegen des Weizens und einer Trommel mit nur einer Unterseite liegt nur in den Worten. Signore Gisgoni lebt noch und steht immer noch in Diensten Ihrer Majestät, Ihrer Hoheit. Was mich sehr in Erstaunen versetzte, ist, daß man sich nie vorstellen könnte, wie ein solch phanta-*

stisches Instrument hergestellt wird, obwohl es in Raguse nicht an brillanten Mathematikern mangelte. Früher waren es Marino Ghettaldo und einige andere Experten der Geometrie, und heute ist es Signore Giobatta Hodierna [hier irrt Burattini, denn Hodierna lebte im sizilianischen Ragusa und nicht an der dalmatischen Küste], *der, soweit ich weiß, immer noch in Palermo auf Sizilien lebt. Keiner von ihnen hat meines Wissens nach dieses Instrument erwähnt. Doch hat Signore Hodierna einiges über Archimedes und Teleskope und Mikroskope geschrieben. Ich schreibe Ihnen dies nicht, um Signore Newton um seinen wohlverdienten Ruhm zu bringen; ich bin nur erstaunt, daß eine solch bewundernswerte Erfindung für so lange Zeit unbekannt bleiben konnte. Was mich betrifft, glaube ich weiterhin, daß das besagte Instrument dasselbe ist, das bei mehreren Autoren in Frage steht, und das sich zur Zeit des Ptolemäus auf der Spitze des Leuchtturms von Alexandria befand, der es benutzte, um 50 oder 60 Meilen entfernte Schiffe zu beobachten. Vielleicht ging es in der allgemeinen Dekadenz des römischen Reiches verloren, wurde versteckt und im Ort Raguse* [südlich von Dubrovnik] *aufbewahrt, wo es, wie Signore Dottore Gisgoni mir sagt, auf einem Turm plaziert und von einem Magistrat bedient wurde.*

Das [von Newton] *in England hergestellte Instrument* [ein Spiegelteleskop] *ist schmaler als das, was sich bei Raguse befindet — oder befand. Wir wissen aus Erfahrung, daß metallene Brennspiegel umso besser funktionieren, je größer sie sind (wie man an dem von Monsieur Villette bei Lyon hergestellten Spiegel sehen kann, der sich nun, wie ich gehört habe, im Besitz Ihrer Majestät befinden soll). In ähnlicher Weise glaube ich auch, daß ein Objektiv-Spiegel* [›Objektiv-Spiegel‹ und ›Objektiv-Linsen‹ sind in der Optik Begriffe, mit denen die dem beobachteten Objekt näherliegenden Spiegel bzw. Linsen bezeichnet werden] *viel besser ist, weil er mehr Lichtstrahlen sammelt. Ich habe diese Idee auch Monsieur Hevelius mitgeteilt, der nun im Begriff ist, ein solches Instrument zu bauen; er teilt meine Meinung. Er möchte hyperbolische und parabolische Spiegel anfertigen, doch denke ich persönlich, daß die sphärischen immer besser sind. Monsieur Hevelius war sogar darangegangen, die klangvolle Trompete anzufertigen, ebenfalls eine britische Erfindung. Ich warte auf die Ergebnisse, denn ich weiß, Monsieur Hevelius wird ausgezeichnete Arbeit leisten (...).«*

Mir ist keine andere schriftlich festgehaltene Diskussion zu diesem Thema bekannt, obwohl es gut möglich sein kann, daß nach der Veröffentlichung von Libris Werk verschiedene andere italienische Autoren sich dieser Sache annahmen — wofür ein italienischer Gelehrter die Bibliotheken Italiens hätte aufsuchen müssen. Ich bin auch nicht nach Cavtat gereist, um etwa herauszufinden, ob örtlich ansässige Antiquare jemals von diesem Teleskop gehört haben oder vielleicht wissen, was mit ihm geschehen ist. Ich habe auch nicht die leiseste Idee, wo die Papiere von Burattini gelandet sein könnten, die vielleicht noch mehr Informationen enthalten.

Hier gibt es mit Sicherheit Arbeit für jemanden, der es mit Kroatien gut meint. In der Zwischenzeit ist das, was wir gerade gesehen haben, das einzige, an das wir uns halten können. Was sicher scheint, ist, daß die Neuigkeiten von Newtons Erfindung sich in diesem Bericht über ein bereits existierendes ähnliches Instrument niederschlagen, und daß der Bericht wahrscheinlich echt ist. Es ist auch möglich, daß das Teleskop bei Raguse in der Tat schon sehr alt ist und mindestens ins Mittelalter zurückgeht. Sonst hätte man nicht davon ausgehen können, daß es so alt sei. Dies ist der konservative Standpunkt. Doch ist es genauso möglich, daß das Teleskop zumindest aus der späteren Römerzeit überlebt hat, und es ist nicht völlig unmöglich, daß es tatsächlich aus der Zeit von Archimedes stammt. Ohne weitere Beweise können wir allerdings nicht mehr dazu sagen. Deshalb hoffe ich, daß wir eines Tages weitere Beweise haben werden.

Beachten Sie übrigens auch, daß Burattini die Möglichkeit erwähnt, daß das Teleskop bei Cavtat, unmittelbar südlich von Dubrovnik in Kroatien, dasjenige sein könnte, das aus dem Pharos-Leuchtturm bei Alexandria gerettet worden war. Der Leuchtturm war in der Antike durch ein Erdbeben erschüttert worden und ins Meer gestürzt. Trümmerstücke wurden vor kurzem von Tauchern am Meeresgrund gefunden. Obwohl diese Mutmaßung von Burattini vielleicht weit hergeholt ist, ist es doch nicht so unwahrscheinlich, daß beide Instrumente sich in einem gewissen Maße ähnelten. Überhaupt: Woher wußte Burattini von diesem optischen Instrument bei Pharos? Wann kam die Diskussion darüber in der Neuzeit in Gang?

Die erste neuzeitliche Erwähnung des Pharos-Instruments findet sich offensichtlich bei dem brillanten Renaissance-Landsmann Burattinis, Giambattista (Giovanni Battista) della Porta, einem der großen ungebärdigen Genies dieses Zeitalters in Italien. Im Jahre 1558 veröffentlichte della Porta in Neapel die erste Ausgabe seines berühmten Werks *Magia Naturalis* (Naturmagie). Es gibt heutzutage nur noch sehr wenige Kopien dieser Ausgabe auf der Welt. Ich selbst habe bisher noch keine gesehen. Der Inhalt dieser frühen Version erstreckte sich nur über vier

Bände, und obwohl ich weiß, daß einiges an Material über die Optik Teil dieses Werks war, erschien die volle Behandlung dieses Gebiets durch della Porta erst 31 Jahre später, als er 1589 die überarbeitete und stark erweiterte Version der *Naturmagie* in 20 Bänden herausbrachte, ebenfalls in Neapel. Sie wurde anonym von »John Baptista Porta« als *Natural Magick* ins Englische übersetzt und 1658 in London veröffentlicht. Diese Ausgabe wurde von *Basic Books*, New York, im Jahre 1957 fotografisch reproduziert, bearbeitet und mit einer Einführung von Derek Price versehen. Mit anderen Worten: Hier schließt sich der Kreis wieder und wir kommen zurück zu Derek de Solla Price, den ich schon im ersten Kapitel erwähnte, da er in den sechziger Jahren an der Layard-Linse interessiert war und mich ebenfalls dafür begeisterte. Er hatte della Porta Mitte der fünfziger Jahre bearbeitet, und als Ergebnis davon wurde wohl sein Interesse an antiker Optik geweckt, obwohl er mir gegenüber della Porta nie in unseren Gesprächen erwähnt hat. Ich entdeckte seine Verbindung mit der *Natural Magick* erst in den achtziger Jahren, als ich imstande war, meine eigene Kopie der Neuauflage zu erwerben.

Ich weiß nicht, ob della Porta es bereits in seiner Originalausgabe erwähnt hat, aber in der Neuauflage, Buch 17, Kapitel 11, unter der Überschrift »Über Augengläser, mit deren Hilfe man sehr weit blicken kann, jenseits der Vorstellungskraft« erwähnt er das Pharos-Instrument (ich habe die Buchstabierung der Übersetzung von 1658 modernisiert, und die Passage findet sich auf Seite 369):

»*Ich möchte eine sehr nützliche und bewundernswerte Sache nicht unterschlagen, nämlich, wie Menschen mit trüben Augen sehr weit sehen können, weiter als sie vielleicht glauben wollen. Ich spreche über das Glas des Ptolemäus, auch Teleskop genannt, womit er die Bewegung der Schiffe des Feindes schon aus 600 Meilen Entfernung erkennen konnte, und ich werde versuchen zu zeigen, wie so etwas möglich ist, so daß wir unsere Freunde schon in einigen Meilen Entfernung sehen können und die kleinsten Buchstaben aus größter Entfernung, die sonst kaum identifiziert werden können. Es ist ein für den Menschen nützliches Instrument und beruht auf den Gesetzen der Optik.*«

Porta beschreibt dann die Konstruktion eines Teleskops, viele Jahre vor Galilei, obgleich er keine Quelle für seine Informationen nennt. Er ist von der Optik so begeistert, daß er mutmaßt, ein passend konstruierter Spiegel könnte eine geschriebene Botschaft bis auf den Mond projizieren!

Zehn Jahre später zitierten Guido Pancirollo und sein Verleger Heinrich Salmuth, die wir schon in einem früheren Kapitel kennengelernt haben, della Portas Bericht über das Pharos-Instrument:

»*Das (lateinische) Wort* Conspicilium *(...) weist (manchmal) auf ein Instrument hin, das Objekte vergrößert (...), so daß es wahrscheinlich ist, (...) daß es bereits in der Antike im Gebrauch war, wie es auch mit dem Schauglas des Ptolemäus (erwähnt von Baptista Porta) der Fall zu sein scheint, mit dem er Schiffe in über 600 Meilen Entfernung sehen konnte und mit dessen Hilfe wir unsere Freunde schon auf große Entfernung ausmachen und die kleinsten Buchstaben lesen können.*«

Es wird deutlich, daß diese Anmerkungen direkt von della Porta übernommen wurden, ohne weitere Hinzufügung anderer Informationen. Pater L. P. Pezenas, der französische Übersetzer von Robert Smiths *A Compleat System of Opticks*, im Jahre 1767 als *Cours Complet d'Optique* veröffentlicht, erwähnt beiläufig ein Teleskop an der Spitze des Pharos-Leuchtturms bei Alexandria und nennt della Porta als Referenz, fügt dem aber nichts weiter zu. Doch im Jahre 1763, also vier Jahre zuvor, war es Bonaventure Abat, der in seinem (französischen) Buch *Amusemens Philosophiques sur Diverses Parties des Sciences* (Amüsante philosophisch-wissenschaftliche Zerstreuungen) eine weit ausgedehntere Diskussion zum Thema offerierte. Abat zieht den Schluß, daß das Objekt ein Spiegel und keine Linse war. Und er sagt dazu:

»*Bei mehreren Autoren liest man, daß Ptolemaios Euergetes einen Spiegel auf der Spitze des Leuchtturms von Alexandria anbrachte, der wohl so ziemlich alles wiedergab, was zur damaligen Zeit in Ägypten getan wurde, sowohl auf See als auch an Land. Einige Autoren sagen, daß man mit diesem Spiegel die Flotte des Feindes in über 600 Meilen Entfernung sehen könne; andere meinen, es wären 500 Parasangs, was 100 Stadien [400 Kilometer] entsprechen würde. Nahezu alle, die ich hierüber habe sprechen hören, betrachteten dies als einen Wunschtraum und ein Ding der Unmöglichkeit. Es gibt sogar berühmte Optiker, die glauben, daß, wenn dies wahr wäre, es nur die Wirkung von Magie und das Werk des Teufels sein könnte. Neben anderen ist dies auch die Ansicht von Pater [Athanasius]* Kircher, *der dies in dieselbe Kategorie verweist wie auch einigen anderen Aberglauben (...). [Kircher war ein Jesuit des 17. Jahrhunderts.] In seiner* Ars Magna Lucis et Umbrae *(Die große Kunst des Lichtes und des Schattens) brachte er dies zum Ausdruck. Die Erfahrung hat mich gelehrt, daß eine große Zahl von Dingen, die von anderen Gelehrten als Phantasiegebilde abgetan, dann aber von anderen Gelehrten eingehender untersucht werden, sich nicht nur als möglich herausgestellt, sondern nachweisbar existiert haben. Ich denke, dieser Spiegel des Ptolemäus gehört in dieselbe Kategorie. (...) Den Beweisen, die belegen, daß der von Ptolemäus auf dem Leuchtturm angebrachte Spiegel tatsächlich existiert hat, wird normalerweise nicht die erforderliche Authentizität zugesagt, um eindeutig zu bestimmen, ob dies eine wahre historische Tatsache ist. Man könnte zwei Gründe anführen, weshalb es plausibel erscheint, diese Beweise anzufechten.*

Der erste ist, daß einige Autoren diesen Spiegel Ptolemäus zuschreiben und andere wiederum Alexander dem Großen. Giambattista della Porta, in seiner Naturmagie, *Pater [Athanasius] Kircher und Pater Gaspar Schott [in seiner Magia Optica, 1657] sind unter denen, die die Zeit der Herstellung dieses Spiegels in die Zeit von Ptolemäus verlegen. Monsieur de la Matiniere zitiert in seinem* Dictionnaire Géographique (Geographisches Lexikon) *Martin Crusius, der in seinem Eintrag für ›Turko-Grèce‹ [Türkei-Griechenland, S. 231] auf der Grundlage des Beweismaterials der Araber sagt, daß ›Alexander der Große auf der Spitze des Leuchtturms einen Spiegel mit einer solchen Kunst plazierte, daß man von dort die Flotten des Feindes, die gegen Alexandria oder Ägypten segelten, auf 500 Parasangs Entfernung sehen konnte, was mehr als 100 Stadien [400 Kilometer] entspricht. Nach dem Tode Alexanders wurde der Spiegel von einem Griechen namens Sodore zerbrochen und gestohlen, als die Wachsoldaten schliefen.‹*

Doch diese Meinungsverschiedenheiten zur Urheberschaft des Spiegels können die Wahrheit der eigentlichen Tatsache nicht in Zweifel ziehen. Denn in der Geschichte passiert es häufig, daß verschiedene Autoren dieselbe Sache verschiedenen Leuten zuschreiben, ohne daß wir deshalb die Tatsache selbst ins Land der Fabeln verweisen müssen. Die Konstruktion des Leuchtturms, die von einigen Leuten Alexander und von anderen Ptolemäus zugeschrieben wird, ist solch ein Beispiel. Es scheint, als ob die, die über diesen Spiegel gesprochen haben, seine Konstruktion *anhand des* Konstrukteurs *dieses hervorragenden Bauwerks beurteilt haben.*

Der zweite Grund, der auch für diejenigen, die die tatsächliche Existenz dieses Turms leugnen, der gewichtigere zu sein scheint, betrifft die Umstände und die unmöglichen Eigenschaften, die Historiker ihm zugeschrieben haben. Paul Arese, Bischof von Tortonne, sagt in seinem Buch mit dem Titel Imprese Sacre, *Abdruck 54, Nummer 1 und 2, zitiert von Monsieur Scarabelli in seiner* Museo Settaliano, *daß er wußte, daß ›Ptolemäus aus 600 Meilen Entfernung die Schiffe sehen konnte, die den Hafen von Alexandria anliefen; nicht aufgrund seiner Sehkraft, sondern mit Hilfe eines Kristalls oder eines Glases‹. Er fügt hinzu: ›Die Wahrheit dieser Tatsache ist suspekt, weil die Erde rund ist und dies unmöglich macht.‹*

Doch ich gehe davon aus, daß, selbst wenn es unmöglich ist, 600 Meilen weit zu schauen, dies überhaupt nicht die Möglichkeit schmälert, daß der Spiegel tatsächlich existiert hat. Denn wenn dieser Spiegel tatsächlich existiert hat, ist es wahrscheinlich, daß er in seiner Art einzigartig war; daß es keinen anderen mit denselben Eigenschaften gab und daß man keine andere Möglichkeit gehabt hätte, weit entfernte Objekte so deutlich zu sehen. Man sollte ihn deshalb als einen Juwel seiner Zeit betrachten, und alle, die seine Wirkung erfahren konnten, wären wohl sehr erstaunt gewesen. (...) Man kann davon ausgehen, daß diese Effekte über ein vernünftiges und sogar mögliches Maß hinaus übersteigert wurden. Denn oft werden gewöhnlichen Maschinen und seltenen bewundernswerten Erfindungen mehr Eigenschaften zugeschrieben, als sie wirklich haben — manchmal sogar unmögliche Eigenschaften. Wenn wir also aus Ptolemäus' Bericht das entfernen, was offensichtlich Übertreibung aufgrund von Nichtwissen ist, dann bezieht sich das Entfernte nur auf die Distanz, über die man die Objekte sichten konnte. Vorausgesetzt, es hätte sich nichts zwischen den Objekten und dem Spiegel befunden, hätte man die Objekte immer noch deutlicher sehen können als mit bloßem Auge, und so hätte man viele Dinge sehen können, die aufgrund ihrer Entfernung sonst nicht wahrnehmbar gewesen wären. Und dann enthält der Bericht nichts, was unmöglich oder unlogisch gewesen wäre. (...) Was die Katoptrik und die Dioptrik [die Wissenschaften von Spiegeln und Linsen] betrifft, sage ich, daß das Wissen der Menschen in der Antike um diese Dinge etwas weiter in der Zeit zurückliegt, als normalerweise geglaubt wird (...), (und dies hilft) die Existenz des Ptolemäus-Spiegels glaubwürdig erscheinen zu lassen.«

Graf Guillaume Libri (den wir vor kurzem im Zusammenhang mit dem Teleskop bei Raguse zitierten, da er Burattinis Brief veröffentlichte) besprach den Pharos-Leuchtturm im Jahre 1835 ebenfalls:

»*Nun bleibt uns ein sehr interessanter Punkt in der Geschichte der Astronomie zur Diskussion, nämlich, ob die Menschen des alten Orients mit einem Instrument vertraut waren, mit dessen Hilfe sie weit entfernte*

*Objekte sehen konnten. Nach einer sehr alten muslimischen Überlieferung gab es auf dem Leuchtturm von Alexandria einen riesigen Spiegel, mit dessen Hilfe man sehen konnte, wie Schiffe die Häfen von Griechenland verlassen. Dieser von Hafez zitierte Spiegel, auch sehr detailliert beschrieben von Abd-allatif (*Rélation de l'Égypte, *S. 240), Masoudi (*Notices de Manuscrits de la Bibliothèque du Roi*) *(Notizen zu den Manuskripten in der Königlichen Bibliothek), Band I, S. 25–26) und Benjamin von Tudela (*Itinerarium, *S. 121), erscheint wieder in der* Adjaïb-Alboldan *von Kazwini, die in Manuskriptform in der* Bibliothèque du Roi *existiert (*MSS. Arabes, *Nummer 19, S. 89). Aus jüngerer Zeit finden wir Hinweise bei* [Gaspar] Schott (Magia Naturalis, Bamberg, 1677, Quartformat, S. 443) *[hier ist die zweite deutsche Ausgabe und nicht die lateinische dieses Werks aus dem Jahre 1657 gemeint], bei* [Athanasius] Kircher *(*Ars Magna Lucis et Umbrae, Amsterdam, 1671, Folio, S. 790) *und vielen anderen: Montfaucon, Buffon, Herbelot, die Aïneh-Iskanderi, Langlès, Reinaud — sie alle haben sich um dasselbe Objekt Gedanken gemacht. (…) Es wurde auch angemerkt, daß Abulféda im Gespräch über den Spiegel von Alexandria sagte, er sei aus chinesischem Metall gefertigt — siehe seine* Descriptio Aegypti, *Göttingen 1776, Quartformat, S. 7 des arabischen Textes.«*

Unterm Strich läßt sich also feststellen, daß der Pharos-Leuchtturm mit an Sicherheit grenzender Wahrscheinlichkeit einen großen Spiegel oder eine große Linse an der Spitze hatte, der oder die tagsüber, wenn das Licht nicht für die Seefahrer zur Orientierung gebündelt werden mußte, benutzt werden konnte, um über große Entfernungen hinweg Dinge zu sehen und somit als sehr lichtstarkes Teleskop zu fungieren. Der Astronom François Arago machte 1854 die vernünftige Bemerkung:

»Aus der Geschichte wird überliefert, daß Ptolemaios Euergetes veranlaßt hatte, daß an der Spitze des Leuchtturms von Alexandria ein Instrument installiert wurde, mit dem man Schiffe auf eine große Entfernung hin sehen konnte. Lassen wir einmal die übersteigerten Aussagen zu der Entfernung in diesen Berichten beiseite, dann bleibt immer noch, daß das fragliche Instrument nichts anderes gewesen sein kann als ein konkav geformter Spiegel. Pater [Bonaventure] *Abat bemerkte, wie viele vor ihm auch, daß es möglich sei, mit bloßem Auge die Bilder weit entfernter Objekte zu sehen, die sich im Brennpunkt des Spiegels bilden, und daß solche Bilder sehr hell sind. In den Experimenten von Pater Abat wie auch anderen ist das Teleskop auf seine einfachste Form*

reduziert; das heißt, die Augenlinse [das Okular, A. d. Ü.] *fällt weg. So muß auch die Konstruktion im Leuchtturm von Alexandria beschaffen gewesen sein, wenn es wirklich wahr sein sollte, daß je ein Spiegel zur Beobachtung weit entfernter Objekte benutzt wurde.«*

Und wir sollten auch nicht vergessen, daß der Leuchtturm von Pharos eines der »Sieben Weltwunder« der Antike war. Nun, da seine Ruinen unter Wasser erforscht werden, hoffe ich, daß genügend Begeisterung aufkommt, um einige der Steine zu heben und zumindest die Basis des Gebäudes zu rekonstruieren. Und in Verbindung damit könnte man einen Versuch unternehmen, das wundersame optische Instrument, das sich auf seiner Spitze befand, wiederherzustellen.

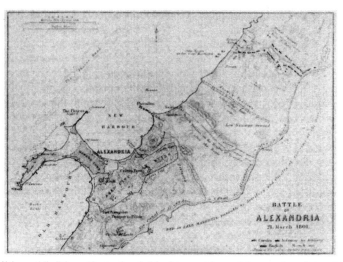

Abbildung 15: Diese Karte der Schlacht um Alexandria aus dem Jahre 1801 zeigt die Topographie des Gebiets um die Stadt aus der Vogelperspektive. Mitte links im Bild ist der Pharos-Leuchtturm an der Spitze der Landzunge zu sehen.

Ich neige zu der Ansicht, daß der Pharos-Spiegel ein Glasspiegel mit einer rückwärtigen Silberbeschichtung gewesen ist, von der Art, wie sie bekanntermaßen damals existierten, mit einer maximalen Reflexionskraft. Ich habe in diesem Buch bereits gezeigt, daß die optische Technologie zur Konstruktion eines solchen Spiegels mit Sicherheit existierte. Im nächsten Kapitel gebe ich einen Bericht über die phantastischen

Brennspiegel der Antike, angefangen mit dem von Archimedes im 3. Jahrhundert v. Chr. konstruierten, zeitlich vor der Konstruktion des Pharos-Spiegels durch Ptolemaios III. (Die Verwechslung mit Alexander dem Großen ist wohl auf Verwirrungen in den Überlieferungen zurückzuführen, denn er war der Begründer von Alexandria, nicht jedoch der Erbauer des Pharos-Leuchtturms.) Mein Freund Ioannis Sakas führte in den siebziger Jahren ein berühmtes Experiment durch, um zu zeigen, daß bestimmte Anordnungen von Spiegeln in der Tat innerhalb von Sekunden Boote und Schiffe in Brand setzen konnten (siehe Tafel 47 und nächstes Kapitel). Diese alten optischen Experimente können mit Erfolg und auf recht dramatische Weise wiederholt werden. Vielleicht ist es also an der Zeit, den Spiegel und den Pharos-Turm in Ägypten wieder aufzubauen.

Abbildung 16: Ein aus dem 19. Jahrhundert stammender Stich, der einen Blick auf den Hafen von Alexandria wiedergibt. Der Turm vorn im Bild ist nicht der antike Pharos-Leuchtturm; dieser befand sich links davon, wo ein kleineres Gebäude auf der anderen Seite der Landzunge sichtbar ist.

Kommen wir nun zu einer anderen Aufzeichnung astronomischer Beobachtungen, die in der Antike offensichtlich mit Hilfe von Linsenteleskopen gemacht wurden. Hier haben wir es mit einer noch ungewöhnlicheren Überlieferung durch den griechischen Historiker Diodorus Siculus (1. Jahrhundert v. Chr.) zu tun. Er bezog sich in seinem Bericht auf den Schreiber und Reisenden Hekataeus von Milet (6./5. Jahrhundert v. Chr.), von dem auch Herodot einen großen Teil seines Materials bezog. Leider sind Hekataeus' Werke bis auf wenige Fragmente verlorengegangen.

Der Tempel, der hier zur Diskussion steht, wird beschrieben als ein großer runder Tempel in dem Land, von dem wir wissen, daß es Britannien gewesen ist. Es muß Avebury, Stonehenge oder Stanton gewesen sein, es sei denn, es wäre ein jetzt verschwundenes Woodhenge. Ich neige zu Stonehenge als Stätte, und zwar wegen seiner astronomischen Charakteristika. Diodorus erwähnt diese Angelegenheit in Buch II, (47) seiner *Bibliothek der Geschichte*.

Das Thema scheint in neuerer Zeit zum ersten Mal wieder durch Godfrey Higgins in seinem hervorragend illustrierten Buch *The Celtic Druids* (Die keltischen Druiden), London, 1827 erwähnt worden zu sein, von dem ich glücklicherweise eine Kopie habe und dem die Abbildungen 17–21 entnommen sind. Higgins sagt:

»*Viele Personen haben geglaubt, daß die Druiden und die Menschen der Antike von Teleskopen Gebrauch gemacht haben.*

Nach Strabo [Buch 17] *wurde auf dem Sonnentempel von Heliopolis ein großer Spiegel errichtet, um die volle Pracht seines Meridianstrahls in den Tempel hinein zu reflektieren, während ein anderer von noch größeren Dimensionen auf dem Pharos-Leuchtturm von Alexandria plaziert wurde, in solch einer Weise, daß Schiffe, die sich aus großer Entfernung Ägypten näherten und fürs bloße Auge unsichtbar waren, reflektiert wurden. (…) Diodorus Siculus sagt, daß auf einer Insel westlich des Gebiets der Kelten die Druiden die Sonne und den Mond näher zu sich heranholten, wobei manche Leute annehmen, daß ihnen Teleskope bekannt waren.*

Die Menschen der Antike wußten, daß die Milchstraße aus einzelnen kleinen Sternen bestand [er bezieht sich hier auf Demokrit, ohne ihn jedoch zu nennen]. *Man glaubt, daß ihnen das ohne Teleskope nicht hätte bekannt sein können.*

Der Ausdruck in einer der Triaden [in der Verslehre eine Gruppe aus drei Strophen, A. d. Ü.], *daß sich der Mond nahe der Erde befinde, ist seltsam, und Mr. Davies leitet daraus ab, daß die Druiden über den Gebrauch von Teleskopen Bescheid wußten. Jeder muß eingestehen, daß diese Triaden schon lange vor der neuzeitlichen Entdeckung des Teleskops existiert haben. In einer von ihnen heißt es:* ›*Drych ab, Cibddar oder Cilidawr, das Augenglas des Sohnes mit dem forschenden Blick, oder des nach dem Mysterium Suchenden, als eines der Geheimnisse der Insel Britannien.*‹ *Da ich nicht viel über antike britische und walisische*

Manuskripte und Legenden weiß, kann ich die Triaden und das, was sie aussagen, nicht wirklich kompetent besprechen. Doch die Tatsache, daß es einen antiken britischen Hinweis gibt, der die Aussage von Diodorus über den Mond, der näher herangeholt wurde, bekräftigt (die dem früheren Schreiber Hekataeus entnommen wurde), offensichtlich mittels eines rudimentären Teleskops, scheint den griechischen Bericht auf dramatische Weise zu bestätigen.«

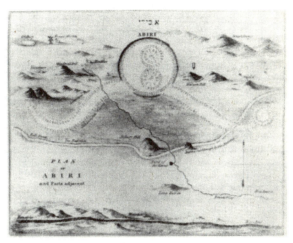

Abbildung 17: Eine 1827 veröffentlichte Rekonstruktion der britischen Stätte von Avebury (hier in der alten, örtlich üblichen Buchstabierung »Abiri« geschrieben), wie sie beschaffen war, bevor die ansässigen Bauern sie zerstörten. Es ist unwahrscheinlich, daß dies die Stätte ist, auf die Hekataeus sich bezieht, denn obgleich sie rund ist, ist es eine komplexe Struktur mit Ringen innerhalb von Ringen. (Aus: *The Celtic Druids* von Godfrey Higgins, London, 1827. Dies ist Tafel 13, die S. xviii folgt. Sammlung Robert Temple).

Das Thema der antiken britischen Teleskope wurde als nächstes von einem recht obskuren deutschen Autoren namens Christian Karl Barth wieder auf den Plan gebracht. Im Jahre 1818 veröffentlichte er ein Buch mit dem Titel *Teutschlands Urgeschichte* — zu einer Zeit, als »Deutschland« noch mit einem »T« geschrieben wurde. Mich macht dieses Buch etwas nervös, weil die Begeisterung von Leuten wie Barth, mit der sie die Vergangenheit des deutschen Volkes glorifizieren, später von den Nazis mißbraucht und für heimtückische politische Zwecke eingesetzt wurde. Barth war ein früher Vertreter dessen, was sich später in eine gigantische Flutwelle deutscher Inbrunst für die glorreiche Vergangenheit des deutschen Vaterlandes verwandelte. Man kann Barth jedoch wegen dem, was 100 Jahre später passierte, keinen Vorwurf machen, denn das wäre übertrieben.

In der ersten Ausgabe seines Buchs im Jahre 1818 schrieb Barth über die Wunder des alten Landes der »Hyperboreer«, die auch von Klassikern wie Diodorus erwähnt worden waren. »Hyperborea« bedeutet »über Borea hinaus«, und »Borea« war der griechische Name für den Nordwind. Gemeint war damit ein Land »jenseits des Nordwindes«, ein Land mit einer weit fortgeschrittenen Zivilisation, eine Insel, die beträchtlich größer gewesen sein soll als Sizilien. Die meisten Gelehrten neigen dazu, das von den Griechen erwähnte Volk der »Hyperboreer« mit den Briten gleichzusetzen. Wir haben hier leider nicht den Raum dafür, über dieses faszinierende Thema einen detaillierten Bericht abzugeben, aber wir sollten darauf hinweisen, daß die Hyperboreer schon zu extrem früher Zeit mit den Griechen in Kontakt waren — weit vor der klassischen Epoche. Regelmäßig ließen sie der Insel Delos besondere Geschenke zukommen, denn sie verehrten Apollo (natürlich unter einem anderen Namen, wahrscheinlich dem britischen Gott Bran), und Delos, so hieß es, sei Apollos Geburtsstätte gewesen. Mehr können wir zu diesem Thema hier nicht sagen. Doch sollte noch darauf hingewiesen werden, daß Delos nach dem 7. Jahrhundert v. Chr. nicht mehr länger eines der größeren Orakel-Zentren war, und daß die hierhin geschickten »hyperboreischen Geschenke« lange Zeit vorher überbracht worden waren.

In seiner ersten Ausgabe erwähnte Barth keine optischen Instrumente, doch er bezog sich auf die Passage bei Diodorus, die dies beinhaltet, und schrieb:

»Das [hyperboreische] *Land war fruchtbar und lieferte zwei Ernten pro Jahr. Latona* [die Mutter von Apollo und Artemis], *so wurde gesagt, war hier geboren, wo sie in der Gestalt einer Wölfin den Sonnengott* [Apollo] *gebar. Deshalb wurde er Lykogenos genannt, und im Tempel zu Delphi stand deshalb eine Wolfsstatue. Er wurde von allen Göttern des Landes am meisten verehrt* [es stimmt, daß Bran der höchste Gott der Briten war], *ein heiliger Wald wurde ihm geweiht, und ein runder Tempel wurde mit Opfergaben geschmückt (...).«*[6]

Im Jahre 1840, also 22 Jahre später, gab Karl Barth, wie er sich in der Zwischenzeit nannte (er unterschlug seinen zweiten Vornamen Christian; vielleicht war er ihm nicht heidnisch genug?), eine stark erweiterte und, wie er selbst sagte, vollständig neu verfaßte zweite Ausgabe von *Teutschlands Urgeschichte* heraus. Zu diesem Zeitpunkt wurde er auf der Titelseite als »Königlich Bayrischer Ratsherr« bezeichnet. In der neuen Ausgabe erzählt Barth noch mehr über den kreisförmigen Tempel der Hyperboreer. Er bezog sich dabei auf Diodorus Siculus (II, 47) und sagt, daß die alten Hyperboreer von ihrem Tempel aus den Mond mit Vergrößerungslinsen beobachteten, die den Mond näher erscheinen liessen, weshalb sie rudimentäre Teleskope benutzt haben müßten. Dies war das zweite Mal, daß dies in der Neuzeit offen gesagt wurde. (Higgins war der erste, wie wir gerade gesehen haben.)

Es ist wichtig, daß wir uns beim Lesen von Diodorus' Anmerkungen daran erinnern, daß es für die meisten Gelehrten als wahrscheinlich angesehen wurde, daß die Hyperboreer die Briten waren und daß ihr kreisförmiger Tempel Stonehenge war. Hier sind Diodorus' tatsächliche Anmerkungen in der Übersetzung von Oldfather:

»(...) Wir glauben, es ist in bezug auf unsere Absicht nicht unangebracht, die legendären Überlieferungen zu den Hyperboreern zu besprechen. Hekataeus und andere, die über diese alten Mythen geschrieben haben, sagen, es gebe ein Land jenseits der Kelten [d. h. Gallien, das heutige Frankreich] *im Ozean, nicht kleiner als Sizilien. Diese Insel, so die Überlieferungen, liegt weiter nördlich und wird von den Hyperboreern bewohnt, die so genannt werden, weil ihre Heimat jenseits des Punktes liegt, bis zu dem der Nordwind (Borea) weht. Die Insel ist fruchtbar und läßt alles gedeihen, und da sie ein ungewohnt mildes Klima aufweist* [aufgrund des Golfstroms, wie wir nun wissen], *produziert es zwei Ernten im Jahr. Außerdem wird folgende Legende über das Land erzählt: Leto* [die Mutter von Apollo und Artemis] *wurde auf dieser Insel geboren, und deshalb wird Apollo* [als Sonnengott] *mehr als alle anderen Götter verehrt. Die Bewohner werden als Priester von Apollo angesehen, da sie diesen Gott ständig in Gesängen preisen und ihn so sehr ehren. Auf der Insel gibt es ein heiliges Areal für Apollo und einen bemerkenswerten Tempel, der mit vielen Opfergaben geschmückt und kreisförmig ist* [sphairoeide to schemati]. *Außerdem gibt es dort eine Stadt, die diesem Gott geweiht ist, und die Mehrzahl der Bewohner spielt die Cithara* [ein altes Saiteninstrument]. *Dieses Instrument spielen sie im Tempel ohne Unterlaß und singen dazu Hymnen, die diesen Gott und seine Taten verehren und glorifizieren.*

Die Hyperboreer haben auch eine Sprache, die ihnen zu eigen ist, und sind den Griechen gegenüber äußerst freundlich eingestellt, besonders den Bewohnern von Athen und Delos [der Geburtsstätte von Apollo und Artemis] *gegenüber, die seit frühesten Zeiten die Empfänger dieses Wohlwollens sind. Der Mythos erzählt auch, daß bestimmte Griechen die Hyperboreer besuchten und kostbare Opfergaben zurückließen, die Inschriften mit griechischen Buchstaben enthielten. So kam auch Abari, ein Hyperboreer, in alten Zeiten nach Griechenland und erneuerte den Wohlwollen und die Verwandtschaft seines Volkes mit den Bewohnern von Delos. Sie sagen auch, daß der Mond, wenn man ihn von dieser Insel aus betrachtet, der Erde näher zu sein und auf seiner Oberfläche Erhebungen zu haben scheint, ähnlich denen auf der Erde, die mit bloßem Auge sichtbar sind. Im Bericht heißt es auch, der Gott besuche die Insel alle 19 Jahre, was der gleiche Zeitraum ist, in dem die Sterne wieder an der gleichen Stelle am Himmel erscheinen. Deshalb wird dieser 19-Jahre-Zyklus von den Griechen auch ›das Jahr des Meton‹ genannt* [der Metonische Zyklus, im Jahre 432 v. Chr. in Griechenland eingeführt, um die lunaren und solaren Jahre miteinander in Einklang zu bringen, letzteres berechnet mit 365,2632 Tagen]. *Zum Zeitpunkt der Erscheinung des Gottes spielt er auf der Cithara und tanzt die ganze Nacht hindurch, von der Frühlings-Tagundnachtgleiche bis zum Aufgang der Plejaden, womit er seine Freude über seine Errungenschaften zum Ausdruck bringt. Die Könige der Stadt und die Hüter des heiligen Areals werden ›Boreae‹ genannt, da sie Abkömmlinge von Borea sind, und die Nachfolger dieser Könige und Hüter kommen immer aus ihren jeweiligen Familien.«*

Die Beschreibung des »mit bloßem Auge sichtbaren« Mondes in solcher Weise, daß seine Gebirge klar ausgemacht werden können, kann nur zufriedenstellend erklärt werden, wenn man dies als eine Beobachtung des Mondes durch ein Teleskop beschreibt. (Und wie ich zuvor schon erwähnt habe, spielt es keine Rolle, wenn man den Mond nur durch zwei Linsen beobachtet, da das umgekehrte Bild eines Himmelskörpers zur Untersuchung genauso geeignet ist wie ein aufrecht stehendes, auch wenn sie natürlich eine dritte Linse dafür hätten einsetzen können — aber das brauchen wir nicht anzunehmen.)

Wenn man einige der Bücher heranzieht, die nun über britische Megalith-Bauten verfügbar sind, würde man nicht allzu weit kommen, um diese Informationen zu entdecken. Ein Beispiel hierfür ist das große beeindruckende Buch über megalithische Wissenschaft *Sun, Moon and Standing Stones* von John Wood. Man sollte denken: Wenn irgend jemand Interesse an Beweisen für den Gebrauch von Teleskopen im antiken Britannien hätte, dann Wood, da sein Buch sich mit megalithischer Astronomie befaßt. Doch schon ganz am Anfang seines Buches verhält er sich ziemlich unverständlich. Auf Seite 4 zitiert er einen Teil der Passage von Diodorus, doch *entfernt* er jegliche Erwähnung, daß der Mond dem Auge näher gebracht wird, und setzt statt dessen Pünktchen an diese Stelle! Er verschlimmert die Situation noch, indem er keinen Textbezug zu Diodorus herstellt. Da Diodorus Siculus' Werke in der Loeb-Bibliothek zwölf Bände umfassen, ist dies alles andere als hilfreich. Er macht auch überhaupt keine Quellenangabe hinsichtlich seiner Übersetzung, die zwei Fehler enthält; einer ist ein Hinweis auf eine Sternkonstellation, die im Griechischen nicht existiert, der andere ist eine falsche Übersetzung der Beschreibung des Tempels als »kreisförmig«, wohingegen im griechischen Originaltext in Wirklichkeit »sphärisch«, also kugelförmig, steht. Wood liegt auch falsch, was die Zeit betrifft, in der Hekataeus gelebt hat; er glaubt, er hätte zwei Jahrhunderte später gelebt als er tatsächlich lebte, und sagt, er wäre aus Thrakien in Griechenland, wohingegen er in Wirklichkeit aus Milet in der Türkei war.

In dem Buch *Megalithic Science* von Douglas Heggie wird Diodorus nicht zitiert und nur zweimal beiläufig erwähnt, einmal als »ein bekanntes Zitat des klassischen Schreibers Diodorus Siculus zu einer als Hyperboreer bekannten Rasse«. Heggie gibt keine Hinweise, wo dieses »Zitat« zu finden sein könnte, doch zumindest bezeichnet er den Tempel als »sphärisch«. Er bezieht sich nur auf andere neuzeitliche Autoren und hat Diodorus selbst offensichtlich nicht konsultiert. Heggie scheint sich überhaupt nicht über die Passage bewußt zu sein, die den Beweis anführt, daß im antiken Britannien von Teleskopen Gebrauch gemacht worden war — etwas, von dem man glauben könnte, daß es ihn sicher interessiert, da er sich die Mühe gemacht hatte, ein ganzes Buch über die megalithische Wissenschaft zu verfassen!

Die vielen Jahre, die ich zum Auffinden der britischen Linsen benötigte, sind eine so umfangreiche Geschichte, daß für sie in diesem Buch kein Platz ist. Es gibt auch eine Menge Literatur zu ihnen. Als ich die Linsen schließlich in zwei Museen fand, die mit Archäologie nichts zu tun hatten, entdeckte ich, daß sie mit einem hohen Grad an Perfektion geschliffen und poliert waren. Es ist wahrscheinlich, daß Britannien das Zentrum einer ausgezeichneten Kristall-Linsen-»Industrie« war, obwohl man angeblich nie eine Fertigungsstätte gefunden hatte. Es ist genauso möglich, daß alle Linsen importiert worden waren. Archäologen sind mit zahlreichen Kristallkugeln vertraut, die in Großbritannien ausgegraben wurden, doch sehen sie sie in keinem Zusammenhang mit der Optik, sondern betrachten sie lediglich als »magische Utensilien«. Doch diese Kristallkugeln vergrößern allesamt und eignen sich auch als Brenngläser und sind im allgemeinen sehr professionell gefertigt. Sie sollten deshalb den verschiedenen britischen Linsen als aus Britannien stammende optische Artefakte hinzugefügt und als solche eingeschätzt werden. Auf Tafel 53 finden Sie eine der britischen Linsen, die ich analysiert habe.

Dem Leser kann versichert werden, daß der Textbeweis für den Gebrauch von Teleskopen in Britannien durch die Existenz von Kristall-Linsen im antiken Britannien voll bekräftigt wird. Jegliche zwei beliebige Linsen, die man auf bereits beschriebene Weise voreinander hält, hätten ausgereicht, um mit größter Leichtigkeit das zu leisten, was Diodorus beschrieb. Die britischen Linsen gehören außerdem zu den technologisch am weitesten fortgeschrittenen aller antiken Linsen, die ich je untersuchte. Eine wurde von mir bereits im Zusammenhang mit ihrer Fähigkeit, das, was vergrößert wird, zu beleuchten, erwähnt. Die Erfindung von »Auflagepunkten« — seltsame Vorsprünge auf den Linsen, deren Zweck zunächst nicht unmittelbar einleuchtet — befähigte die Handwerker, die Linse über der Oberfläche anzuheben, ohne sie festhalten zu müssen, und am Objekt mit eingeführten Werkzeugen zu arbeiten. Dies war einfach genial! Eine andere Linse schien zunächst scheibenförmig zu sein, doch mit Hilfe eines Sphärometers konnte man eine ganz leichte Wölbung ausmachen. Hält man die Linse vors Auge, wirkt sie wie ein hervorragendes Augenglas zur Korrektur von Weitsichtigkeit und befähigt einen, etwas sehr Nahes auf dem Tisch zu lesen. Ich muß jedoch betonen, daß keine der tatsächlichen Linsen (im Gegensatz zu den Kristallkugeln) mit einer Quellenangabe zum Fundort versehen ist, so daß sie nicht präzise datiert werden können. Die letztgenannte Linse bereitet mir Sorgen, und ich glaube, sie stammt aus jüngerer Zeit als die anderen. Vielleicht wurde sie später der Sammlung hinzugefügt und ist nur einige hundert Jahre alt. Sie »fühlt sich« für mich überhaupt nicht wie eine antike Linse an.

Die Passage bei Hekataeus enthält einige unerwartete und sehr spezifische Informationen über die Wichtigkeit, die ein astronomischer 19-Jahre-Zyklus für die Hyperboreer hatte. Dies wurde seit den sechziger Jahren durch Forschungen mehrfach bestätigt. Mit anderen Worten: Zweieinhalb Jahrtausende nach dem Tode von Hekataeus stellte sich heraus, daß die sehr spezifischen Informationen in seinem Bericht korrekt sind. Solch eine Verifikation bedeutet, daß wir seine Berichte als höchst korrekt und genau einstufen können. (Man kann auch leicht die Tatsache übersehen, daß er korrekt angab, es hätte bei den Hyperboreern runde Tempel gegeben, wie es für uns heute offensichtlich ist — doch für einen Griechen im 5. oder 6. Jahrhundert vor Christus war so etwas überhaupt nicht offensichtlich.)

Der Beweis für die Wichtigkeit des Metonischen Zyklus im antiken Britannien war das Resultat der Pionierarbeit von Professor Alexander Thom und wurde in seinen beiden Büchern *Megalithic Sites in Britain* (Megalith-Stätten in Britannien) aus dem Jahre 1967 und *Megalithic Lunar Observatories* (Megalithische Mondobservatorien) aus dem Jahre 1971 in vielfältiger Weise demonstriert, ebenso wie in zahlreichen seit 1966 erschienenen Artikeln. Ich kenne Alexander Thom und habe großen Respekt vor ihm. Er ist ein dünner, fast schon hagerer Mann mit einem Sinn für extrem trockenen Humor; er hatte einen ausreichend stark ausgeprägten schottischen Akzent, daß er schon exotisch anmutete, und die Integrität von zehn Männern. Er war Professor für Ingenieurwesen an der Universität Oxford gewesen, jedoch zu der Zeit, als ich ihn kennenlernte, bereits in Pension. Seit den dreißiger Jahren verbrachte er seine Freizeit mit dem Besuch und der Vermessung britischer Megalith-Bauten in ganz Großbritannien. Es war seine private Leidenschaft, doch als er damit an die Öffentlichkeit ging, schlug ihm von seiten der orthodoxen Archäologen bissige Häme entgegen. Es gibt nichts, was ein Archäologe weniger tun möchte, als Astronomie erlernen zu müssen; deshalb wehren sie sich bis aufs Blut, mit Klauen und Zähnen, um dieser Situation zu entgehen. Sie wollen nichts über die Beweise hören, daß diese Monumentalbauten einen astronomischen Hintergrund haben — sie wollen einfach ein leichtes Leben führen und sich um selbiges keine Sorgen machen.

Thom wurde diffamiert und verleumdet. Man unternahm sogar den Versuch, ihn als gefährlichen Irren abzustempeln. Bedauerlich — er war ein anerkannter Oxford-Professor gewesen, der wußte, wie man sich verhält, doch nach seiner Pensionierung war er in den Augen dieser Leute durchgedreht. Deshalb kam er mit diesem »Unsinn« herüber, daß die Megalith-Monumente nach astronomischen Phänomenen ausgerichtet sein sollen. Tatsächlich hätte es niemanden gegeben, auf den die Bezeichnung »verrückter Professor« weniger zugetroffen hätte als gerade auf Alexander Thom. Aus jeder Pore seines Körpers strömte gesunder schottischer Menschenverstand. Ihn als durchgedrehten Professor zu porträtieren war der wohl lächerlichste Versuch eines Rufmordes, den ich je erleben durfte. Doch in ihrer Verzweiflung tun diese Leute so ziemlich alles.

Nach Thoms Tod bat mich sein Sohn Archie, ihm bei der Bewahrung der Vermessungsdokumente zu helfen, die er und sein Vater von 600 Megalith-Bauten angefertigt hatten (denn Archie war über weite Strecken ein Arbeitspartner seines Vaters). Die Dokumente waren sehr umfangreich, und Archie hatte keinen Platz, um sie aufzubewahren. Auch glaube ich, er hat gewußt, daß seine Zeit bald abläuft, denn er lebte nicht mehr lange. Sein eigener Sohn war an Megalithen »nicht so interessiert«, wie es bei Archie und Alexander der Fall war. Ich sah die Notwendigkeit, diese unschätzbar wertvollen Dokumente zu bewahren, und fuhr zu vielen Gesellschaften, Bibliotheken und so weiter, um sie zur Entgegennahme und Aufbewahrung zu überreden. Ich erinnere mich noch daran, wie ich auf die dummdreisten Mitarbeiter an der *Royal Institution* zuging, die baß erstaunt über meinen Vorschlag waren, daß sie ihre Hände mit Material über Megalithen beschmutzen sollten — was waren denn schon Megalithen für sie? Und was den Rest der illustren Körperschaften betrifft, auf die ich zugegangen war — sie verhielten sich wie aufgebrachte Jungfrauen, die von einem Satyr geplagt werden. Megalith-Vermessungen? Was für ein Unsinn! Was glaubte ich, wer sie seien? Mitglieder einer extremistischen Randgruppe oder so etwas?

Ich versuchte vergeblich, mit diesen Leuten in ein vernünftiges Gespräch zu kommen und die Wichtigkeit dieses kostbaren britischen Megalithen-Erbes zu betonen. Ich wies darauf hin, daß viele der von Thom vermessenen Stätten sogar schon nicht mehr existierten und von Bauern mit Bulldozern platt gemacht oder zu Straßenbauzwecken entfernt worden waren. Ich sagte, es existieren Aufzeichnungen zu 600 solcher Megalith-Bauten, mit vollständigen Plänen und Orientierungsangaben — Material über frühe britische Zivilisationen, das niemals anderswo mehr erhältlich sein würde. Es waren Pläne, die zwischen den dreißiger und den siebziger Jahren zusammengetragen wurden und ein Lebenswerk darstellen. Nichts von alledem, was ich sagte, machte auf diese Leute irgendeinen Eindruck. Überall herrschte grenzenlose Arroganz. Dann starb Archie Thom, und ich weiß nicht, was mit all dem Material passiert ist. Wurde ein Freudenfeuer damit entzündet? Ich hoffe nicht. Doch die ganze Situation war unendlich bedrückend.

Was hatte Alexander Thom getan, daß er die Leben so vieler Menschen so unbequem gemacht hatte? Er hatte schlüssig bewiesen, daß man unmöglich gleichzeitig ein verantwortungsvoller britischer Archäologe sein und keine Ahnung von Astronomie haben könne. Denn er hatte bewiesen, daß die britischen Megalith-Bauten astronomische Monumente waren und auch nur als solche verstanden werden können. Die Botschaft an megalithische Archäologen war einfach: zurück in die Schule, um ein neues Fach zu erlernen, oder abzutreten!

Als das Buch *Megalithic Sites in Britain* 1967 veröffentlicht wurde, hätte es kein trockeneres, technischeres Buch als dieses geben können, voll mit Zahlen und Formeln, und doch wurde es nur von Leuten aus den »Randgruppen« willkommen geheißen, die schon die ganze Zeit davon ausgegangen waren, daß die Megalith-Bauten ein kleines bißchen mehr waren als nur willkürlich hier und dort zusammengestellte Steine, und daß ihnen eine tiefere Bedeutung innewohnen mußte. Doch inmitten all der technischen Details, zum Ausdruck gebracht mit der typisch schottischen Sparsamkeit an Worten, hatte Thom Aussagen wie diese gemacht:

»Über ganz Britannien verstreut gibt es Tausende von Megalith-Bauten. Einige wenige von ihnen sind bekannt, doch die große Mehrzahl liegt abseits der größeren Wege in Feldern und Mooren. Viele von ihnen sind nicht einmal als megalithisch erkannt worden (oder als solche erkennbar). (...) Das Aufstellen von 5000 bis 10 000 solcher Megalithen mußte die Erbauer dieser Stätten vor einige Herausforderungen gestellt haben. (...) Man braucht sich nur den immensen Organisationsaufwand vorzustellen, der für den Transport und das Aufstellen dieser Steine — von denen manche bis zu 30 Tonnen wiegen — notwendig war. Sumpfignachgiebiger Boden machte es vielleicht notwendig, im Winter zu arbeiten, wenn der Boden gefroren war. Denken Sie an Hunderte von Menschen, die ernährt werden mußten, und die Notwendigkeit, aufgrund der kurzen Wintertage schon vor Sonnenaufgang mit der Arbeit zu beginnen. Die Stunde war wichtig. Deshalb muß es ein gutes Verständnis der Zeitmessung nach den Sternen gegeben haben. Um nach den Sternen die Zeit messen zu können, muß das Datum bekannt gewesen sein, und dies, wie wir noch sehen werden, geschah mit Hilfe der Sonne bei diesen Megalith-Kalendern. (...) Es ist bemerkenswert, daß 1000 Jahre vor den frühesten Mathematikern des klassischen Griechenlands die Menschen auf diesen Inseln nicht nur über praktisches Wissen der Geometrie verfügten und imstande waren, ausgefeilte geometrische Anordnungen aufzustellen, sondern auch Ellipsen zu ziehen, die auf pythagoräischen Dreiecken beruhten. Wir brauchen nicht darüber überrascht zu sein herauszufinden, daß ihr Kalender ein hochentwickeltes Arrangement darstellte, das ein genaues Wissen über die Länge eines Jahres wiedergab, oder daß sie viele Stätten errichtet hatten, um den 18-Jahre-Zyklus

der Vorwärtsbewegung der Mondknoten zu beobachten (...), genannt die Knotenlinie. Diese Linie (...) vollendet in 18,6 Jahren eine vollständige Kreisbewegung. Die Rotation dieser Knotenlinie hat eine Auswirkung auf die Position des Vollmonds am Himmel. (...) Man kann fragen, wie sich die Veränderungen der Mondbahn innerhalb dieses 19-Jahre-Zyklus bemerkbar machen. Für eine Gruppe von Menschen, deren einzige effektive Lichtquelle während der langen Winternächte der Mond war, war die wohl wichtigste augenscheinliche Veränderung die, daß die Höhe des Mondes in der Mitte des Winters zwischen etwa 57° und 67° variierte. (...) Doch noch wichtiger als diese Phänomene war die Herausforderung der Finsternis. Für den frühen Menschen muß eine Sonnen- oder Mondfinsternis ein eindrucksvolles Spektakel gewesen sein, und der Wunsch, Finsternisse vorhersagen zu können, motivierte wahrscheinlich die Erbauer der Megalith-Stätten, sich mit Mondphänomenen auseinanderzusetzen. Da Finsternisse nur eintreten, wenn sich der Mond an einem der beiden Knotenpunkte befindet, wäre es schon bald augenscheinlich geworden, daß keine Finsternis um die Zeit der Sonnenwenden herum auftrat, wenn sich der Vollmond in einer dieser beiden Extrempositionen befand, sondern nur in den Jahren, wo er sich auf halbem Wege zwischen diesen Punkten befand.

Um einige der Mondbeobachtungs-Stätten zu verstehen [mit denen sich Thom befaßt hatte], *ist es notwendig, die Bewegungen des Mondes im Detail eingehender zu untersuchen. (...).«*

Etwas, das kein Archäologe zu tun wünschte!

Wir sehen hier, daß der »19-Jahre-Zyklus«, manchmal auch als »18-Jahre-Zyklus« bezeichnet, in Wirklichkeit jedoch genau 18,6 Jahre betragend — mit anderen Worten, der Metonische Zyklus —, der von Diodorus als wichtig für die Hyperboreer erwähnt wird, in der megalithischen Zeitperiode ein fundamentaler Bestandteil der britischen Kultur war und auch durch die druidische Zeitperiode hindurch blieb — bis zur Invasion der Römer. Die grundlegende Bestätigung dieser sehr spezifischen Information von Diodorus zeigt uns, wie verläßlich seine Quelle, Hekataeus, wirklich war, und stärkt unser Vertrauen in seinen Bericht über den Gebrauch eines Teleskops. Und die Tatsache, daß das Teleskop *zur Mondbeobachtung* benutzt wurde, ergibt noch mehr Sinn, denn wir sehen, daß die antiken Briten sehr viel Zeit gerade damit verbrachten.

Die Wichtigkeit von Teleskopen im antiken Britannien war aber offensichtlich noch größer und beschränkte sich nicht allein auf die

Mondbeobachtung. Thom betont die außerordentliche Genauigkeit der astronomischen Beobachtungen seitens der alten Briten und ihre noch größere Genauigkeit bei Vermessungen. In der Tat sagt er:

»Es ist ein glücklicher Umstand für uns, daß der Mensch der Megalith-Periode aus irgendeinem Grunde so viele Dimensionen seiner Konstruktionen wie möglich als Vielfache seiner Grundeinheit anlegte. Wir sind dadurch imstande, die genaue Größe dieser Grundeinheit eindeutig zu bestimmen. Tatsächlich ist uns gegenwärtig keine lineare Maßeinheit der Antike bekannt, die mit solch einer Präzision von uns bestimmt werden kann wie das megalithische Yard [2,72 Fuß = 68 cm]. *(...)*

[Die alten Briten waren] eine Zivilisation, die eine Längeneinheit [das megalithische Yard] *von einem Ende Britanniens zu einem anderen übertragen konnten, und vielleicht noch viel weiter, mit einer Genauigkeit von 0,1 Prozent. (...) [Unsere] Studien zeigen, daß der Mensch der Megalith-Periode mit den minimalen Abweichungen des Mondes vom Himmelsäquator vertraut war, und er hinterließ uns eindeutige Anzeichen dafür, so daß wir — allein mit Hilfe dieser — das Ausmaß dieser Abweichung bestimmen können.* Uns ist keine Technologie bekannt, mit der man diese Oszillation [hier: regelmäßige Abweichung, A. d. Ü.] des Mondes an den Knotenpunkten hätte untersuchen können. [Hervorhebung von mir.]

[Thoms Vermessungen] mußten mit derselben Präzision wie bei der ursprünglichen Aufstellung vorgenommen werden, und es wird gezeigt werden, daß einige Stätten, zum Beispiel Avebury, mit einer Genauigkeit von nahezu 1 zu 1000 aufgestellt worden waren. Nur ein erfahrener Vermessungsingenieur mit guter Ausrüstung ist imstande, solch eine Genauigkeit zu erreichen. Der Grad an Zugspannung, den verschiedene Individuen auf ein gewöhnliches Maßband ausüben, kann allein schon Längenabweichungen von dieser Größenordnung oder noch darüber herbeiführen. Die Notwendigkeit für diese Art von Genauigkeit wurde in der Vergangenheit nicht erkannt und wurde tatsächlich erst mit fortschreitender Arbeit hier offensichtlich.«

Wir sehen hier, daß Thom schon im Jahre 1967 herausgefunden hatte, daß es im antiken Britannien *offensichtlich eine Notwendigkeit* für Teleskope gab, und sei es auch nur zur Messung der Abweichungen der Mondbahn am Himmel und zum Gebrauch einer Art Theodolit, um Vermessungsarbeiten vorzunehmen, die ohne optische Instrumente physisch unmöglich gewesen wären. Wenn Thom angibt, daß die Genauig-

Abbildung 18: Ein Stich aus dem Jahre 1827, der die Stätte von Avebury (hier nach der örtlichen Schreibweise als »Abury« bezeichnet) zeigt. Dies ist W. Rays Wiedergabe einer Zeichnung von Philip Crocker, die sechs Jahre zuvor in Sir Richard Colt Hoares Buch *The Ancient History of North Wiltshire*, London, 1821 veröffentlicht wurde. Über diese Zeichnung sagt Aubrey Burl (*Prehistoric Avebury*, Yale University Press, 1979, S. 54): »Trotz der fehlenden Dämme über die Gräben und des inkorrekten konzentrischen Rings im südlichen Kreis gibt Crockers Rekonstruktion die ursprüngliche Stätte gut wieder.« Diese Zeichnung »restauriert« also die Stätte, indem sie viele bereits fehlende Steine an ihrem ursprünglichen Platz zeigt. Von den 650 Steinen, aus den Avebury ursprünglich gebildet worden war, sind bis 1815 von den örtlich ansässigen Menschen 317 weggenommen und als Baumaterial verwendet worden. (Den letzten zerstörten Stein ereilte sein Schicksal wahrscheinlich um 1828.) Bauer Griffin zerstörte 20 Steine, Bauer John Fowler zerstörte fünf, um ein Wirtshaus zu bauen, Bauer Green zerstörte einen ganzen Megalithen-Ring, um bei Beckhampton ein Wohnhaus zu errichten, usw. Trotz dieser und anderer Akte willkürlicher Zerstörung von seiten der kleingeistigen örtlichen Anwohner ist immer noch viel von der Stätte übrig geblieben, was uns zu einigen Schlußfolgerungen befähigt. Professor Alexander Thom zeigte mit seinen Vermessungsarbeiten, daß die Avebury-Stätte mit einer solchen Präzision aufgestellt worden war, daß ihre Genauigkeit 1 zu 1000 betrug. Ohne die Hilfe optischer Vermessungsinstrumente ist dies unmöglich. Deshalb liefert Avebury den Beweis dafür, daß im antiken Britannien rudimentäre Teleskope für Vermessungszwecke benutzt worden waren, zusätzlich zu den von Hekataeus bereits beschriebenen astronomischen Funktionen. (Aus: *The Celtic Druids* von Godfrey Higgins, London, 1827, Tafel 6, die Seite xviii folgt. Sammlung Robert Temple.)

keit der Vermessungen so groß war, daß allein die Anspannung im Arm eines Vermessungsassistenten, der ein Maßband mehr oder weniger straff hält, ausgereicht hätte, ein fehlerhaftes Ergebnis herbeizuführen, dann erkennen wir, daß die alten Briten diese phantastische Genauigkeit nur mit Hilfe eines Theodoliten erreicht haben können. Denn wieder einmal, ebenso wie bei den ägyptischen Pyramiden (siehe Kapitel Neun), gibt es keine andere Erklärung für diese Präzision — außer vielleicht Magie.

Wir brauchen uns an dieser Stelle nicht mit den weiteren danach herausgegebenen Publikationen von anderen zu befassen, die den Gebrauch des Metonischen Zyklus im antiken Britannien zum Thema haben, denn für unsere Zwecke hier haben wir dies ausreichend behandelt. Doch lassen Sie uns ein letztes Detail aus dem Bericht von Diodorus betrachten, bevor wir ihn verlassen. Was genau meinte er mit einem »sphärischen Tempel«? Rund ja, aber *sphärisch*? Diodorus unterscheidet klar zwischen drei Ringen:

1) das großartige heilige Areal des Apollo;
2) ein beachtenswerter Tempel, geschmückt mit vielen Opfergaben und von der Form her kreisförmig, und
3) eine Stadt, die diesem Gott heilig ist und sich in der Nähe des besagten (sphärischen) Tempels befindet, denn die Einwohner der Stadt spielen ihre Citharas und singen ihre Hymnen in dem Tempel, der zu Fuß erreichbar gewesen sein muß.

Ich denke, wir können mit Gewißheit davon ausgehen, daß Stonehenge dieser »sphärische« Tempel ist, denn eine große Anzahl antiker Siedlungen wurden nun in seiner Nähe gefunden, so daß die Stätte wahrscheinlich »die Stadt« bildete. Was das heilige Areal des Apollo betrifft, besteht keine Notwendigkeit, dieses in die Nähe von Stonehenge zu verlegen. Es könnte Avebury oder sogar Stanton Drew sein.

Dies läßt uns mit einem Geheimnis zurück: Was ist mit der Bezeichnung *sphärisch* gemeint?
Um diese Frage zu beantworten, möchte ich Ihre Aufmerksamkeit auf ein seltsames und einzigartiges Merkmal von Stonehenge richten: Es ist der einzige Megalithen-Ring in Britannien, der nicht nur aus Monolithen, sondern aus Trilithen [zwei senkrechte Steine, auf denen ein dritter waagerecht ruht, A. d. Ü.] besteht. Wir wissen, daß diese Trilithen später

als das früheste Stonehenge errichtet wurden, zu einer anderen Kulturphase. Sind diese Trilithen vielleicht errichtet worden, weil sie einen ästhetischen Anblick boten? Ich glaube nicht.

Abbildung 19: Stonehenge aus Blickrichtung Nordost im Jahre 1827. Warum hatte Stonehenge »Trilithen« — gebildet aus einer Aufeinanderfolge von Steinen, die waagerecht auf jeweils einem Paar aufrecht stehender Steine ruhten? Sie sind kein Originalmerkmal der frühesten Struktur; warum wurden sie hinzugefügt? Es stimmt, daß sie ein attraktives Merkmal darstellen, doch hatten sie irgendeinen Nutzen? (Aus: *The Celtic Druids* von Godfrey Higgins, 1827. Diese Abbildung ist Tafel 6, die der Seite xiv folgt. Sammlung Robert Temple.)

Ich denke, diese Trilithen wurden errichtet, um eine Basis für eine Art Kuppel aus einem nicht so dauerhaften Material zu bilden, das sich über die Stätte wölbte. Dies hätte aus dem runden Tempel einen sphärischen gemacht. An den Zentralstücken der horizontal aufgelegten Steine hätte man Seile oder Weidenruten befestigen können, um eine Kuppel aus Material wie Weidengeflecht, Holz oder einem mit Tierhaut bedeckten Rahmen zu bauen. Quer über die horizontal aufgelegten Steine hätte man Holzplanken legen können, um der Kuppel einen erhöhten Boden zu geben. Holz war damals in großen Mengen verfügbar — selbst heute stehen große Bäume nicht weit entfernt in verstreuten Wäldchen.

Eine sphärische Kuppel über den Trilithen von Stonehenge hätte aus dem ursprünglich für alle Elemente des Wetters offenen Tempel einen abgedeckten und geschützten gemacht. Die Opfergaben hätten von der Kuppel herunterhängen können, da es schwer gewesen wäre, Dinge an den riesigen Steinen aufzuhängen. Die über der Anlage befindliche Plattform der Kuppel hätte ein exzellentes Observatorium in der kalten Nachtluft abgegeben, in dem kluge Priester ihr Teleskop hätten benutzen können. Der Vorteil einer aus weichem Material angefertigten Kuppel ist, daß man überall, wo man wollte, ein Loch durch sie hätte hindurchstoßen können, um einen beliebigen Teil des Himmels zu beobachten. Man hätte Schlitze beibehalten und sogar Markierungen einsetzen können. Außerdem hätten sie nicht von Uneingeweihten bei ihren esoterischen Arbeiten beobachtet werden können. Doch was vielleicht noch wahrscheinlicher gewesen wäre, wäre eine Art abgedeckter Holzgalerie in der Form eines Hufeisens mit einer Öffnung hin zum Punkt des Sonnenaufgangs zur Sommersonnenwende, so daß die Priester im Zentrum dieses Bogens den Sonnenaufgang hätten beobachten können, den sie einige Sekunden früher als die Menschen am Boden gesehen hätten. Stellen Sie sich vor, wie sie ihre Arme heben und eine Hymne singen, wie ihre Cithara-Spieler und ihr Chor sich zu ihnen gesellt hätte, so daß jeder, der sich am Boden befand, das Anschwellen der Musik zum genauen Zeitpunkt gehört hätte, an dem die goldene Scheibe der Sonne sich über dem Markstein erhoben hätte, statt daß die Musik mit einigen Sekunden Verzögerung gespielt worden wäre. Der Oberpriester hätte so den Vorteil gehabt, als erster die Sonne zu sehen, und alle Augen wären auf ihn gerichtet gewesen, so daß er als Voraussignal zum Einsetzen der Musik seine Arme gehoben hätte, genauso wie die alten Ägypter die mit Goldspitzen versehenen Obelisken beobachtet hätten, um den »Blitz« vor Sonnenaufgang an der Obelisk-Spitze zu sehen — soweit wir wissen, ebenfalls von Musik begleitet —, als Vorankündigung, sich umzudrehen und dem phantastischen Anblick des Sonnenaufgangs gewahr zu werden. (Dies wird in unserem letzten Kapitel beschrieben.)

Dies gibt zumindest einen vernünftigen Grund für die auf die senkrecht stehenden Monolithen aufgelegten Quersteine als Basis für eine nicht dauerhafte Struktur, die eine sinnvolle Verwendung gehabt hätte. Und dies hat den weiteren Vorteil, die einzig überlebende Augenzeugen-Beschreibung zu erklären, von der wir glauben, sie sei Stonehenge gewesen, als »sphärisch« statt lediglich kreisförmig. Doch natürlich bestehe ich nicht darauf und muß betonen, daß ich hier nur Spekulationen anstelle, um Beweisanomalien miteinander in Einklang zu bringen.

Kurz bevor dieses Buch in Druck ging, stöberte ich in einem Laden für Bücher aus zweiter Hand und schaute durch einige alte Ausgaben des archäologischen Journals *Antiquity*. In der Ausgabe von März 1937 fand

Abbildung 20: Ein Rekonstruktionsversuch der Stätte von Stonehenge, wie sie ursprünglich beschaffen gewesen sein könnte, veröffentlicht im Jahre 1827. Sie wurde von William Cunnington, einem Wollhändler aus Heytesbury, Wiltshire, entworfen, der im 18. Jahrhundert ein Interesse an Stonehenge entwickelt hatte aufgrund der Notwendigkeit, aus Gesundheitsgründen tägliche Ausritte zu unternehmen. Es war Cunnington, der wohl als erster feststellte, daß Stonehenge in mindestens zwei Bauphasen zu unterschiedlichen Zeitperioden und aus verschiedenen Arten von Steinen errichtet wurde. Er sagte, die Trilithen »sind aus einer Art Stein namens *sarsen*«, die älteren Teile von Stonehenge nicht. Die kleineren Steine fehlen in dieser Zeichnung, um die Aufmerksamkeit auf die bemerkenswerte Beschaffenheit der Trilithen zu lenken, wie sie einstmals erschienen. Cunnington nahm noch im Jahre 1803 Ausgrabungen bei Stonehenge vor, als er menschliche Überreste, Bernsteinperlen und -ringe, Perlen aus Pechkohle, Pinzetten aus Elfenbein, »einen seltsamen Wetzstein« und einen Messingpfeil in nahegelegenen Hügelgräbern fand. (Aus: *The Celtic Druids* von Godfrey Higgins, London, 1827, Tafel 7, die S. xiv folgt. Sammlung Robert Temple.)

ich einen überraschenden Artikel. Ein Mann namens A. Vayson de Pradenne hatte etwas über den »Gebrauch von Holz in Megalith-Bauten« geschrieben, und in seiner Abbildung 1, die ich hier als Abbildung 22 im Buch wiedergebe, veröffentlichte er eine Zeichnung der »Rekonstruktion von Stonehenge«, die die Stätte mit einer Kuppel aus Holz zeigt! Das Außergewöhnliche an de Pradennes Artikel war seine Schlußfolgerung, daß Stonehenge solch einen Holzüberbau hatte, offensichtlich ohne etwas über den Bericht von Diodorus Siculus zu wissen.

Seine Beobachtung war demzufolge unabhängig von der offensichtlichen Beschreibung von Stonehenge als »sphärischem« Tempel. De Pradennes Schlußfolgerungen beruhten auf der Existenz anderer Kuppelbauten in verschiedenen Kulturen, auf seinen Untersuchungen der Wichtigkeit von Holz im Zusammenhang mit Megalith-Bauten und besonders auf der Natur von Stonehenge sowie den folgenden Betrachtungen:

»Die Kolonnade mit horizontal aufgelegten Decksteinen, die die Fassade des Monuments bildet, ist ein sehr charakteristisches architektonisches Merkmal und eines, das kaum in der Absicht errichtet wurde, einen offenen Raum abzugrenzen. Die Verbindung der Steine wurde über Zapfen bewerkstelligt, und dies sind Merkmale, die mit der Technik von Holzarbeiten in Verbindung gebracht werden. Es scheint darauf hinzuweisen, daß die Erbauer eher Zimmermänner als Maurer waren, was ein guter Grund ist anzunehmen, daß sie wohl an ein Holzdach dachten. Schließlich wurden auf dem Querstein, der die beiden höchsten Monolithen des Hufeisens verbindet, zwei unerklärliche Zapfen entdeckt; man könnte sie leicht als Stützen für die Dachstreben deuten. Wenn solche Zapfen nicht auf den anderen Trilithen auftauchen, könnte man annehmen, es wäre so aufgrund der besonderen Form der letzteren, die sich nicht auf derselben Höhe befinden und in der Nähe der zentralen Öffnung plaziert sind. Es brauchte spezielle points d'appui, *wohingegen man auf den anderen, die alle dieselbe Höhe aufweisen, letztendlich horizontale Balken hätte plazieren können, die die Dachstreben stützen.*

Würde der Bau eines Dachs über Stonehenge technisch unmöglich erscheinen? In den Augen bestimmter Personen offensichtlich schon, denn Ferguson verwarf die Idee von vornherein, ohne sie überhaupt genauer zu betrachten. Tatsächlich ist der Abstand zwischen den beiden ineinanderliegenden Kreisen von Stützsteinen 7,5 Meter; wenn man eine Neigung der Dachstreben von 30 bis 40 Prozent annimmt, was derjenigen der von A. C. Fletcher beschriebenen Erdhütten [der Omaha-Indianer in Amerika] entspricht, dann wären die Streben etwa 8 bis 9 Meter lang gewesen, was für Menschen, die bis zu 40 Tonnen schwere Steine aufrichteten und auf andere bis zu 7 Tonnen schwere Steine heben konnten, überhaupt nichts Unmögliches gewesen wäre. Man könnte auch heute noch in den Wäldern von England ohne die geringste Schwierigkeit Baumstämme finden, die sich dafür eignen. Die Abdeckung des gesamten Dachs mit Torf wäre wegen des existierenden Klimas sehr gut möglich gewesen. Außerdem wurde in Skandinavien [und auf den Hebriden vor der Küste von Schottland] ein ähnliches Verfahren verwendet.

So kommen eine Reihe von Tatsachen zusammen, die zeigen, daß das Monument von Stonehenge — ob es nun ein Hünengrab oder eine Wohnstatt [oder ein Tempel] *war — auf eine Weise erbaut worden sein muß, die sich mit den großen Holzhäusern vergleichen läßt, die bestimmte nordamerikanische Stämme erbauten. Es scheint zu dieser Hypothese nichts in ernsthaftem Widerspruch zu stehen.«*

Abbildung 21: Eine vollständigere Rekonstruktion von Stonehenge nach dem Modell von Mr. Waltire, »ein sehr ehrenwerter alter Philosoph und Astronom (…), der viele Jahre als Vortragsredner für Naturphilosophie durch das Land reiste. Er schlug vor Ort sein Lager auf und blieb dort zwei Monate lang, um das Thema zu meistern. Ein Modell, das nun im Besitz von Mr. Dalton of York ist, war die Frucht seiner Arbeit«. Dieser Stich aus dem Jahre 1827 zeigt Mr. Waltires Modell. Waltire war überzeugt, daß »dieser Bau für astronomische Beobachtungen von Himmelskörpern errichtet worden war. Durch sorgfältige Beobachtungen vor Ort fand Mr. Waltire heraus, daß die den Tempel umgebenden Hügelgräber genau die Größe und Anordnung bestimmter Fixsterne wiedergab und eine vollständige und korrekte Planisphäre bildete (…), und daß die Trilithen die Transite von Merkur und Venus darstellten (…)«. Leider hat Mr. Waltires Freund alle Schriften von ihm vor der Zeit von Godfrey Higgins verloren, so daß Higgins nur noch mündliche Zusammenfassungen blieben. Aus diesem Modell kann man ersehen, wie eine Kuppel passend auf dem horizontalen Steinring hätte errichtet werden können, und wie die fünf großen inneren Trilithen eine zentrale astronomische Beobachtungsplattform hätten tragen können. (Aus: *The Celtic Druids* von Godfrey Higgins, London, 1827, Tafel 7a, die S. xiv folgt. Sammlung Robert Temple.)

Es ist sicherlich äußerst interessant, daß de Pradenne zu denselben Schlußfolgerungen über Stonehenge kam wie ich auch — wenn auch aus ganz anderen Gründen. Die Beweise, die er und ich unabhängig voneinander vorbringen, sollten ernst genommen werden, vor allem in ihrer Kombination.

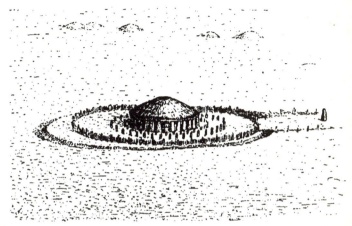

Abbildung 22: Der »Stonehenge-Rekonstruktionsvorschlag«, veröffentlicht 1937 von A. Vayson de Pradenne im britischen archäologischen Journal *Antiquity* (Gloucester, Band XI, Nr. 41, März 1937, Abb. 1, S. 89). Nachdem ich aus dem alten Text des griechischen Reisenden Hekataeus schlußfolgerte, daß der für astronomische Beobachtungen benutzte »sphärische« Tempel, den er beschrieb, Stonehenge mit einem kuppelartigen Dach aus Holzstreben, die auf den Quersteinen ruhen, gewesen ist, stieß ich auf diesen Artikel und die Darstellung von de Pradenne, der aus ganz anderen Gründen auf ein Stonehenge mit Kuppeldach gekommen war. Er kannte den Text von Hekataeus nicht. Es gibt vieles, was für ein überdachtes Stonehenge spricht, doch wird darüber kaum diskutiert.

Ein weiterer seltsamer Vorfall ereignete sich, unmittelbar bevor das Buch in Druck ging. Ein Buch über antike Relikte auf Malta, das ich erworben, aber noch nicht gelesen hatte, fiel offen zu Boden, als ich dabei war, einige Bücherstapel umzuräumen, und ich konnte nicht anders, als den Begleittext zu einem Foto zu lesen, das den Mitteltempel bei Tarxien auf Malta zeigte, der wie ein »eingedrücktes Stonehenge« aussieht, mit zusammengerückten, aufrecht stehenden und horizontal darüber liegenden Steinen. Das Ganze sieht aus wie ein Hufeisen und als ob ein Riese kleinere Stonehenge-Trilithen genommen und eng zu einem durchgehenden Ring mit einer Öffnung zusammengestellt hätte. Dieser Bau war bis zum Jahre 1914 vollständig verschüttet gewesen und bildet einen Teil eines Struktur-Komplexes, denn bei Tarxien gibt es vier separate Tempeleinheiten. Ich will hier nicht in die Archäologie von Malta abschweifen, doch die folgenden Anmerkungen im Begleittext zum Foto sind im Lichte meiner Mutmaßungen hinsichtlich einer Kuppel über Stonehenge doch recht interessant: »Linke Apsis [mit einer Halbkuppel überwölbter Raum, A. d. Ü.] am hinteren Ende des Mitteltempels bei Tarxien. Bemerkenswert ist, wie perfekt die aufrecht stehenden Steine zusammenpassen. Über ihnen hat der einzige Steinblock, der die Zeit überdauert hat, eine abgeschrägte Oberseite, die vermutlich die Stützbasis für eine Bogenkuppel gewesen sein könnte. Könnte es sein, daß am Ende der Tempel-Periode diese Kultur das Bogenkuppel-Prinzip verstanden hatte? Viele Prä-Historiker haben Zweifel an dieser Möglichkeit geäußert.« (Entnommen S. 43, Anthony Bonanno, *Malta: An Archaelogical Paradise*, La Valetta, 1997.) Vielleicht war es nicht das Bogenkuppel-Prinzip in Stein, was diese Relikte andeuten, sondern eher die Basis einer Kuppel, die aus vergänglichem Material gefertigt worden war. So oder so — der Widerhall der Stonehenge-Idee lag zu nahe, um dies hier unerwähnt zu lassen.

Somit verlassen wir an dieser Stelle die alten Briten. Im Verlauf dieses Kapitels haben wir viele verschiedene »verschwindende Teleskope« gesehen. Manchmal wurden die Angaben zu ihnen einfach weggelassen und durch Pünktchen ersetzt, dann wiederum wurden Worte abgeändert oder vollständig gestrichen, und mitunter sind offensichtlich ganze Manuskripte (wie Ptolemäus' *Optik*) verbrannt worden, und Leute wie Roger Bacon, die sich trauten, solches Material zu studieren und ihren Prinzipien zu folgen, wurden als Agenten des Teufels gebrandmarkt. Klassische Gelehrte manipulieren Texte, Übersetzer saugen sich Dinge aus den Fingern, und so weiter. Es scheint, als ob Leute so ziemlich alles unternehmen, um dem Undenkbaren nicht ins Auge schauen zu müssen.

Aus den Textfragmenten des Diodorus (5. Jahrhundert v. Chr.), die erhalten geblieben sind und mit denen wir Kapitel Sechs beginnen werden, war es immer offensichtlich, daß es schon in der Antike rudimentäre Teleskope gegeben haben muß. Diodorus brachte zahlreiche Ansichten zum Ausdruck, die darauf hinweisen, daß er Mond und Sterne durch ein Teleskop beobachtet hat. Er sagte wie die Hyperboreer (und vielleicht hatte er dies bei Hekataeus nachgelesen und überprüft), daß der Mond wie die Erde beschaffen war, mit Bergen, die Schatten werfen, und mit Tälern. Wie konnte er dies ohne den Blick durch ein Teleskop wissen? Er behauptete auch, es gebe unendliche Welten, und daß die Milchstraße nicht einfach eine Masse aus Licht darstelle, sondern aus zahllosen einzelnen kleinen Sternen bestünde. Wie konnte er das herausfinden — es sei denn, er hätte ein Teleskop benutzt, um die Milchstraße näher zu beobachten?

Die wohl beste Beschreibung von Demokrits Ansichten über die Milchstraße findet sich in dem etwas merkwürdigen Buch *Anmerkungen zum Traum von Scipio* von Makrobius (4./5. Jahrhundert n. Chr.). Ganz offensichtlich waren zu jenem Zeitpunkt einige der Schriften von Demokrit immer noch vorhanden:

»*Zur Milchstraße haben viele Leute unterschiedliche Ansichten geäussert; einige lieferten sagenumwobene Erklärungen zu ihrer Existenz, andere ganz natürliche. Wir werden zu den sagenumwobenen nichts sagen und uns nur mit denen befassen, die wesentlich sind, was ihre Natur betrifft. (...) Demokrit erklärte, daß zahllose kleine Sterne zu einer Masse komprimiert worden waren, so daß der knappe Raum zwischen ihnen nicht mehr sichtbar war. Durch ihre große Nähe zueinander verstreuten sie Licht in alle Richtungen und erschienen deshalb als ein durchgehender Lichtstrahl.*«

Seit 1796 hat man dies erkannt, als Louis Dutens die dritte überarbeitete Ausgabe seines Buchs *Origin of the Discoveries Attributed to the Moderns* (Ursprung der Entdeckungen, die den Menschen der Neuzeit zugeschrieben werden) veröffentlichte. Dutens kommentiert eine Passage von Strabo, mit der wir dieses Kapitel eröffneten, und setzt es zu Demokrits Beobachtungen in Beziehung:

»*In der ersten Ausgabe dieses Werks unterließ ich es, das Thema Teleskope zu behandeln. Aristoteles ist der erste Schreiber, bei dem ich Spuren dieses Wissens fand, daß die Menschen der Antike über solche Sehhilfen verfügten (...). Die Röhre, über die er spricht, ist das Teleskop in seinen Anfängen. (...) Doch eine Passage bei Strabo (III, 1, 5) war für mich besonders bemerkenswert, in der er eine so eindeutige Erklärung der Wirkung eines Teleskops gibt, daß ich nicht weiß, wie man diese Passage anders verstehen kann. (...) Beim Vergleich dieser Passage bei Strabo mit dem astronomischen Wissen, über das Demokrit verfügt zu haben scheint und das offensichtlich vom Teleskop abhängig war, ist es schwierig, nicht zu glauben, daß die Menschen der Antike Teleskope verwendet hatten (...).«*

Es ist mehr als 200 Jahre her, daß Dutens dies gesagt hat; lassen Sie uns hoffen, daß diese Idee letztendlich auf die Akzeptanz trifft, die sie verdient.

Anmerkungen

[1] Bacon, Roger, *The Opus Majus of*, übersetzt von Robert Belle Burke, University of Pennsylvania Press, Philadelphia, 2 Bände, 1928, Band II, S. 580–582.
[2] Camden, William, *Britannia* (lateinisch), London, 1586, S. 179–180.
[3] Solinus, Gaius Julius, *Collectanea Rerum Memorabilium*, Kapitel 5, übersetzt von Arthur Golding, London, 1587.
[4] Beck, H. C., »Ancient Magnifying Lenses«, im *The Antiquaries Journal*, The Society of Antiquaries, London.
[5] Forbes, R. J., *Studies in Ancient Technology*, Band V, 1957.
[6] Barth, Karl *Teutschlands Urgeschichte*, erste Ausgabe, Bayreuth, 1818, S. 10/11.

KAPITEL FÜNF

AUF DER SUCHE NACH DEN TODESSTRAHLEN

Archimedes war einer der größten Wissenschaftler der Weltgeschichte. Er wurde etwa 287 v. Chr. geboren und starb 212 v. Chr. Er erfand viele erstaunliche Maschinen und war ein so produktives Genie wie Leonardo da Vinci. Er wurde in Syrakus, einem sizilianischen Hafen, geboren. Man glaubt, er sei Verwandter des damaligen Königs der Insel, Hieron II., gewesen; in jedem Fall waren die beiden aber gute Freunde. Aus unserem Gesichtspunkt und im Zusammenhang mit diesem Buch ist uns Archimedes hauptsächlich deshalb wichtig, weil er eine äußerst große und tödliche Waffe erfunden und konstruiert hatte, mit der er seine Stadt gegen den Angriff der römischen Flotte verteidigte. Diese Waffe war ein Mehrfach-Spiegel, der die Sonnenstrahlen in konzentrierter Form reflektieren konnte und somit die erste »Todesstrahlen«-Waffe in der Geschichte darstellte. Denn Archimedes' Brennspiegel war tatsächlich erfolgreich darin, die römischen Schiffe in Brand zu setzen, als sie Syrakus angriffen. Insofern war dieser Brennspiegel der direkte Vorläufer der heutigen Laserstrahl-Waffen.

Nach Archimedes stellten viele andere Leute große Brennspiegel her. Der alte Grieche Proklus (nicht zu verwechseln mit dem platonischen Philosophen gleichen Namens) und Anthemius, die beide im 6. Jahrhundert n. Chr. lebten, taten dies. Und noch später konstruierten Peter Peregrine und Roger Bacon im Mittelalter eine kleine Version davon. In moderner Zeit wurden Brennspiegel von Athanasius Kircher und Gaspar Schott im 17. und vom Comte du Buffon im 18. Jahrhundert hergestellt. Schließlich hat dies auch Ioannis Sakas in den siebziger Jahren des letzten Jahrhunderts mit spektakulären Ergebnissen getan, wie wir noch sehen werden. In all diesen und vielen anderen Fällen wurde die Wirksamkeit von Archimedes' Erfindung auf eindrucksvolle Weise unter Beweis gestellt.

Viele Gelehrte haben Abhandlungen über Archimedes' Brennspiegel geschrieben und »modische« Skepsis zum Ausdruck gebracht, ob er je existiert hätte. Und selbst wenn dies der Fall gewesen wäre, so bestanden sie darauf, daß er keine Schiffe hätte in Brand setzen können. Doch der einfache physische Beweis und viele Texte sprechen gegen eine solche Sichtweise. Es wurde immer und immer wieder bewiesen, daß solche großen Brennspiegel in der Lage sind, Lichtstrahlen so zu bündeln, daß sie über große Entfernungen hinweg Holz innerhalb von Sekunden zur Entzündung und sogar Metall zum Schmelzen bringen können. Es kann überhaupt keinen Zweifel daran geben, daß Archimedes' Brennspiegel funktioniert haben könnte, und ich glaube, es gibt nicht den leisesten Zweifel daran, daß er es wirklich tat. Und dies war der Beginn der »Suche nach den Todesstrahlen«, die bis zum heutigen Tag andauert.

Im Jahre 212 v. Chr. belagerte der römische Konsul Markus Claudius Marcellus mit der römischen Flotte Syrakus. Syrakus wurde durch eine ganze Anzahl schlauer Erfindungen seines angesehenen Wissenschaftlers Archimedes verteidigt, einschließlich einiger seltsamer und bemerkenswerter Apparaturen, von denen gesagt wurde, sie hätten die römischen Schiffe aus dem Wasser gehoben und sie plötzlich wieder fallen lassen, in der Hoffnung, es würde das Schiffsholz zerbersten oder sie leckschlagen lassen. Ein uns erhalten gebliebener Bericht über die Belagerung von Syrakus wurde von Polybius verfaßt (VII, 5–7), dem wir schon bei den karthagischen Signal-Teleskopen begegnet sind. Obgleich auch Plutarch und Livius diese Belagerung beschreiben, wurde von einem klassischen Gelehrten darauf hingewiesen, daß letztere sich in ihren Berichten auf Polybius beziehen und von sich aus ihrem Bericht über die Belagerung nichts hinzugefügt hatten. Einige Gelehrte haben sich sehr darüber erregt, daß Polybius — und deshalb auch Plutarch und Livius — diese Brennspiegel überhaupt nicht erwähnen. Eine ganze Reihe von ihnen nahm deshalb an, sie hätten nie existiert. Doch haben wir schon festgestellt, daß Polybius' Schriften nicht vollständig erhalten geblieben sind, und wir können uns tatsächlich sehr glücklich schätzen, daß die Beschreibung der karthagischen Teleskope in zwei dieser Fragmente eines ansonsten verlorengegangenen Buchs erhalten geblieben sind. Nach allem, was wir wissen, sind die Brennspiegel in einem verlorengegangenen Fragment desselben Buchs beschrieben worden — eines Buches, das sich mit militärischen Methoden und Gerätschaften befaßte. Und in keinem Fall ist es logisch zu rechtfertigen, die Nichtexistenz eines solchen Beweises als Beweis für die Nichtexistenz dieser Spiegel anzusehen.

Der älteste uns erhalten gebliebene Text eines klassischen Schriftstellers, der sich auf diese Brennspiegel bezieht, ist einer von Luzianus (geboren *etwa* 120 n. Chr.). In seiner *Hippias 2* erwähnt er Archimedes, wie er »mit seinen Fertigkeiten« die Schiffe von Marcellus durch Feuer zerstörte. Um dieselbe Zeit herum gab der Medizin-Schriftsteller Galen (*etwa* 129–199 n. Chr.) einen genaueren Bericht, in dem er tatsächlich angibt, daß es Brennspiegel gewesen seien, die benutzt worden waren. Galens jüngerer Zeitgenosse Cassius Dio (2./3. Jahrhundert n. Chr.) erwähnt die Spiegel, genauso wie der später lebende Gelehrte Johannes Zonaras (ein Byzantiner aus dem 12. Jahrhundert) in seiner Zusammenfassung von Dios fünfzehntem Buch. (Dios Originaltext ist verlorengegangen; nur die Zusammenfassungen haben überlebt.)

Ein berühmtes Standard-Referenzwerk für klassische Gelehrte ist J. Lemprières *Classical Dictionary* (Klassisches Lexikon). Es wurde in zahllosen Ausgaben gedruckt, und nur wenige haben das Original gesehen. Der größte Teil der verfügbaren Informationen aus dem Jahre 1804 fehlte in späteren Ausgaben; die erste Ausgabe eines jeglichen Werks ist in bezug auf fast jedes Thema immer eine nützliche Ergänzung zu neueren Quellen. Hier folgt, was Lemprière unter seinem Eintrag für »Archimedes« über die Belagerung von Syrakus durch die römische Flotte sagt:

»Er setzte sie auch mit seinen Brenngläsern in Brand. Als die Stadt [von den Römern] e*ingenommen war, ergingen strikte Befehle vom römischen General an seine Soldaten, Archimedes zu verschonen. Er setzte sogar eine Belohnung aus für den, der ihm den Philosophen lebendig und unversehrt überbringen würde. All diese Vorsichtsmaßnahmen waren nutzlos; Archimedes war so beschäftigt damit, ein Problem zu lösen, daß er sogar übersah, daß die Stadt bereits in der Hand des Feindes war. Ein Soldat, der nicht wußte, wer er war, tötete ihn, da Archimedes sich weigerte, ihm zu folgen. Marcellus errichtete ihm zu Ehren ein Denkmal und plazierte einen Zylinder und eine Kugel darauf. Der Ort, an dem es sich befand, blieb jedoch lange Zeit unbekannt, bis Cicero während seiner Amtszeit als Quästor* [im antiken Rom die niedrigste Stufe der Beamtenlaufbahn, A. d. Ü.] *in Sizilien es in der Nähe der Tore von Syrakus fand, umgeben von Dornensträuchern. (...) Die Geschichte über seine Brenngläser war den Gelehrten der Neuzeit recht fabulös erschienen, bis Buffons Experimente in dieser Richtung die Wirksamkeit dieser Spiegel über jeden Zweifel hinaus aufzeigten. Diese gefeierten Instrumente waren anscheinend Reflektoren aus Metall und konnten ihre Wirkung über die Entfernung eines Bogenschusses hinweg erzeugen.«*

Neuzeitliche Schreiber beziehen sich nicht mehr auf den Comte du Buffon und seine faszinierenden Experimente mit Brennspiegeln, da er größtenteils in Vergessenheit geriet. Tatsächlich kennen außerhalb von Frankreich nur wenige seinen Namen, obwohl er im 18. Jahrhundert eine der größten Figuren in der Geschichte der französischen Wissenschaft und ein erstaunlich vielseitiges Genie mit scheinbar grenzenloser Energie war.

Es machte große Mühe, die beiden verbliebenen Brennspiegel von Buffon aufzufinden; dies wurde hauptsächlich von meiner Frau Olivia mit Hilfe unserer Freundin Fiona Eberts, die in Paris lebt, bewerkstelligt. Denjenigen, die mit den Annehmlichkeiten französischer Museumskultur nicht so vertraut sind, kommt nicht gleich das *Conservatoire des Arts et Mètiers* in den Sinn, schon gar nicht als unausweichliche Heimatstatt dieser Objekte. Doch tatsächlich befinden sich die Spiegel in seiner Sammlung. Ich fuhr zu seinem großen Lagerhaus in unmittelbarer Nähe des größten Pariser Fußballstadions — ironischerweise am selben Tag, als bei der Fußball-Weltmeisterschaft 1998 dort ein Schlüsselspiel stattfand. Als ich aus der Metro stieg, war ich nicht nur von Hunderten, sondern von Tausenden aufgeregter Fußballfans umgeben, und meine Freundin Jenny und ich waren die einzigen Leute, die gegen den Strom der zum Stadion pilgernden Menschen anliefen, *weg vom* kurz bevorstehenden Spiel statt zu ihm hin. Es war eine unheimliche Erfahrung; ich hatte das Gefühl, wir wären in einer Filmszene, in der Menschenmassen in Bewegung waren, um das Ende des Krieges zu feiern.

Von den beiden Buffon-Brennspiegeln im Besitz des Conservatoire war der größere der beiden aus dem Jahre 1741 (Tafel 52) nicht zugänglich, da er eingepackt und ausgelagert worden war und für einige Jahre nicht ausgepackt werden konnte. Doch der kleinere von den beiden aus dem Jahre 1740 (Tafel 51) war zugänglich; er stand vor einem der Wandregale in diesem Lagerhaus. Dieses Lagerhaus ist ganz neu, sehr sauber und ausgezeichnet organisiert und beleuchtet. Alles ist auf wundervolle Weise ausgestellt, obwohl es eingelagert ist! Ich hatte noch nie zuvor eine solch clevere Anordnung gesehen. Museumslager haben gewöhnlich den Ruf, schmuddelig, eng, vollgestopft mit allem möglichem oder völlig unzugänglich zu sein, ganz zu schweigen von der Beleuchtung, die genauere Untersuchungen unmöglich macht. Doch dieses Lager in Paris war das genaue Gegenteil — wahrhaft neu vom Konzept der Einlagerung, ein Juwel und Vorbild für alle anderen Museen auf der Welt.

Buffons kleinere Spiegelkombination aus dem Jahre 1740 war faszinierend. Die 48 kleinen Plan-Spiegel waren so angeordnet, daß man sie mit größter Leichtigkeit in Richtung auf jeden beliebigen Punkt ausrichten konnte. Man kann sich vorstellen, wie Buffon sie präzise einstellte, um die notwendige Bündelung der Lichtstrahlen zu erzielen. Buffon hatte viel Geld in diesen Spiegel gesteckt, denn das Rahmenholz war verziert, und alles wurde mit einer Sorgfalt angefertigt, wie man sie sonst nur bei der Herstellung von Mobiliar für einen Salon findet. Es war vielleicht diese elegante Konstruktion mit ihren 48 kleinen Spiegeln, die Buffon meinte, als er von einer Apparatur mit »45« Spiegeln zum Schmelzen eines drei Kilogramm schweren Zinngefäßes sprach. Der Begleittext zu den Tafeln 51 und 52 gibt noch mehr Einzelheiten zu den beiden Brennspiegeln.

Buffons verschiedene Ausführungen von Brennspiegeln, deren Design auch immer weiter verbessert wurde, und ihre Demonstration waren wirklich sehr spektakulär. Niemand, der damals mit ihnen vertraut war, zweifelte daran, daß das Prinzip von Archimedes' Brennspiegeln durchführbar und funktionsfähig war. Als Buffon im Jahre 1747 ein 60 Meter entferntes Stück Holz mit seiner Spiegelanordnung plötzlich zur Entzündung brachte, hatte er Archimedes' Errungenschaften, was sowohl Entfernung als auch Wirksamkeit betrifft, nachvollzogen.

Doch Buffon war keinesfalls der erste, der die Werke von Archimedes wiederholte — ein Punkt, den viele seiner Zeitgenossen nicht erkannten. Die Ironie ist hier, daß einige Leute, die Archimedes' Errungenschaften reproduzierten, nichts voneinander wußten. Die einzige heute noch lebendige Person, die dies tat, und die zu kennen ich das Privileg habe, ist Ioannis Sakas, den ich in seinem Haus in einem Vorort von Athen besucht hatte. Ich war erstaunt zu erfahren, daß Sakas nie von Buffon gehört hatte, auch nicht von Kircher, Anthemius, Proklus und anderen, die große Brennspiegel angefertigt hatten, egal ob aus Antike oder »Neuzeit«. Er kannte nur Archimedes und hatte sich ausschließlich mit ihm beschäftigt und glaubte, er wäre der erste gewesen, der zu reproduzieren versucht hat, was Archimedes ursprünglich erreicht hatte.

Auf Tafel 47 sehen Sie Sakas' außergewöhnliches Archimedes-Experiment aus den siebziger Jahren, ein Foto, das er uns hier freundlicherweise zur Verfügung stellte. Hier hat also nun ein sehr lebendiger Mann in unserer jetzigen Zeit das Werk des Archimedes auf sehr spektakuläre Weise nachvollzogen: Innerhalb von Sekunden setzte seine Spiegelanordnung ein Holzboot im Hafen von Piräus in Brand — wobei die Entfernung vom Spiegel zum Boot noch größer war als bei den Experimenten Buffons. Wir werden später noch einmal zu seinem Projekt zurückkommen.

Ich hielt es für das beste, gleich zu Beginn dieses Kapitels die Aufmerksamkeit auf einige Fragezeichen zu lenken, die im Zusammenhang mit den Berichten über Archimedes' Brennspiegel und ihren Wahrheitsgehalt aufkamen. Die skeptischen Schlußfolgerungen vieler Gelehrter haben die Diskussion um dieses Thema ziemlich vergiftet. Es wurde oft gesagt, daß »die führenden Historiker« diesen Brennspiegel nicht erwähnt hätten und er deshalb nur ein Mythos sei. Doch diese Bemerkungen sind irreführend, wie wir schon sahen, denn nur beim »führenden Historiker« Polybius fehlt dieser Bericht. Die anderen beiden »führenden Historiker«, Plutarch in seinem *Leben des Marcellus* und Livius in seiner *Geschichte Roms*, waren für ihre eigenen Berichte von Polybius abhängig und erwähnten das Thema deshalb genauso wenig wie er.

Ich habe auch darauf hingewiesen, daß ein großer Teil von Polybius' Werken verlorengegangen ist, doch stellt sich dann eine Frage. Wir gehen davon aus, daß ein großer Teil von Polybius Schriften verloren ist; doch besteht vielleicht die Möglichkeit, daß sie Plutarch und Livius noch zur Verfügung standen, die aus dem Gesamtwerk zitierten? Meine Antwort hierauf ist: Ich glaube, daß eine Besprechung von Archimedes' Brennspiegeln nicht in Polybius' Buch Acht erfolgte, in dem die Belagerung von Syrakus beschrieben wird, sondern in dem nur noch bruchstückhaft vorhandenen Buch Zehn, zusammen mit den Berichten über die karthagischen Teleskope, die uns glücklicherweise erhalten geblieben sind. Ich glaube, daß Polybius sein Material manchmal auf diese Weise unterteilte. Schließlich erscheint die detaillierte Beschreibung des Gebrauchs von Teleskopen durch die Karthager *nicht im Kontext einer Diskussion um den karthagischen Krieg bei Sizilien*. In den erhalten gebliebenen Textfragmenten erwähnt Polybius König Philip, der einen Versuch unternimmt, den Achäern bei einem drohenden Angriff der Ätolier in einer Allianz mit den Römern zu helfen. Veranlaßt durch eine Bemerkung, die er selbst zu einem Feuersignal machte, wechselt Polybius plötzlich das Thema und sagt unerwarteterweise (Buch Zehn, Kapitel 43):

»*Die Methode, Signale mit Feuer zu geben, die bei Kriegsoperationen von höchstem Nutzen ist, wurde nie zuvor klar dargelegt. Ich denke, ich erweise der Sache einen Dienst, wenn ich nicht darüber hinweggehe, sondern entsprechend ihrer Wichtigkeit einen Bericht dazu liefere.*«

Dann spricht er über die karthagische Belagerung von Sizilien! Dies ist ein klarer Beweis, daß Polybius mitunter plötzlich eine detaillierte technische Information über Militärtechnologie in eine Diskussion einfliessen ließ, die sich mit einem ganz anderen Ort und einer anderen Zeit befaßte als der, zu der die eigentliche Technologie von ihm mittels Darstellungen erwähnt wurde. Wir können deshalb nicht mit Sicherheit davon ausgehen, daß Polybius nicht über den Brennspiegel von Archimedes gesprochen hat, da wir nicht über seinen vollständigen Text verfügen.

Außerdem müssen wir uns daran erinnern, daß die Natur alter Manuskripte dergestalt war, daß zum Beispiel Buch Acht und Zehn von Polybius unmöglich auf derselben Buchrolle erschienen sein können. (Manuskripte wurden zu jener Zeit aufbewahrt, indem sie um runde Holzstücke gewickelt und in Hohlzylinder aus Holz gesteckt wurden, die in Regalen ruhten.) Die Bearbeiter antiker historischer Texte waren in der Anzahl an Materialien, die sie vor sich auf dem Tisch ausbreiten konnten, beschränkt. Um ein einzelnes Manuskript auf einer einzelnen Buchrolle auszubreiten, brauchte es leicht den ganzen Tisch — es sei denn, man ging sehr clever vor und beschränkte das Ausrollen des Manuskripts auf einen kleinen Bereich und rollte das bereits ausgebreitete andere Ende gleich wieder ein. Doch dies war recht unpraktisch und überaus mühsam. Man konnte sich nur auf recht unbequeme Weise im Text hin- und herbewegen, was es notwendig machte, ausgiebig Aufzeichnungen zu führen, die man mit Metallstiften auf Wachstafeln schrieb und hinterher wieder löschte. Wenn ein Historiker nicht einen brillanten Sekretär an seiner Seite hatte, wurden Dinge, die nicht Seite an Seite auf der Rolle präsentiert wurden, oft nicht zusammen aus einem Manuskript extrahiert.

Plutarch verspürte das Bedürfnis, über das *Leben des Marcellus* zu schreiben, nicht, Archimedes' Aktivitäten umfassend wiederzugeben, über dessen Leben er nicht schrieb. Hätte er deshalb eine Suche nach Buch Zehn von Polybius unternommen, um zusätzliche technische Informationen zu den Waffen von Archimedes zu suchen? Wahrscheinlich nicht. Er hätte sich an Buch Acht gehalten und es dabei belassen. Polybius sagt in Buch Acht nicht, daß er eine vollständige Beschreibung aller von Archimedes erfundenen Gerätschaften gibt. In Kapitel Fünf sagt er:

»*Archimedes hatte solche Verteidigungsanlagen sowohl in der Stadt als auch an Orten aufgestellt, wo von See aus ein Angriff hätte stattfinden können, so daß die Garnison jederzeit alles zur Hand hatte, was sie im jeweiligen Moment benötigen würde, bereit, ohne Verzögerungen allem entgegenzutreten, was der Feind gegen sie unternehmen würde.*«

Wir sollten hier bemerken, daß Polybius sich auf eine Reihe von Apparaturen zur Verwendung bei unterschiedlichen Entfernungen bezieht, und er gibt tatsächlich wundervolle Beschreibungen zum Beispiel der Benutzung von Katapulten unterschiedlicher Größe. Doch er beginnt seinen Bericht über solche Geräte zunächst mit denen, die auf nähere Entfernungen als die Brennspiegel benutzt werden. Was in der Reihenfolge davor passiert, erwähnt er nicht. Deshalb gibt er keine Beschreibung derjenigen Phase des Angriffs, in der die Brennspiegel verwendet wurden. Im erhalten gebliebenen Bericht hätte er die Verwendung des Brennspiegels nicht beschreiben können, denn das hätte sich auf eine Phase des Angriffs bezogen, die er überhaupt nicht beschrieb. Dieser Punkt wurde leicht und bequem von bestimmten Gelehrten übersehen, deren Wunsch, die Existenz eines Brennspiegels um jeden Preis zu verwerfen, sie blind für das Offensichtliche macht.

Lassen Sie uns nun schauen, was Livius schrieb, um herauszufinden, ob die Situation vielleicht nicht ganz so war, wie sie von manchen Kommentatoren gezeichnet wurde. Die detaillierte Beschreibung von Archimedes' cleveren Verteidigungsanlagen gegen Marcellus bei der Belagerung von Syrakus erscheint in einem kurzen Abschnitt in Kapitel 34 seiner *Geschichte Roms*. Wenn Sie dieses Kapitel sorgfältig lesen, erkennen sie sehr klar, daß Livius *Einzelheiten zu vielen von Archimedes verwendeten Waffen ausgelassen hat*. Er macht daraus auch absolut kein Geheimnis. Hier sind einige Schlüsselpassagen:

»Archimedes war ein Mann mit einzigartigen Fertigkeiten bei der Beobachtung des Himmels und der Sterne, verdient aber noch mehr Anerkennung als Erfinder und Erbauer von Kriegsgerät und -maschinen, mit deren Hilfe er ohne große Mühe die Anstrengungen des Feindes der Lächerlichkeit preisgab. Den Stadtwall, der über unterschiedlich hohe Hügel verlief und größtenteils hoch und unzugänglich war, stattete er mit jeglicher Art von Kriegsgerät aus, so wie es für den jeweiligen Ort passend war. Marcellus griff von seinen Kriegsschiffen aus den Wall von Achradina an, den, wie zuvor gesagt, das Meer umspülte. (…) Archimedes setzte dieser Armada zu See auf verschiedenen Abschnitten des Walls Gerätschaften verschiedener Größe entgegen.«[1]

An diesem Punkt erwähnt Livius verschiedene Verteidigungsmittel und Geschosse, die — je nachdem, ob ein Schiff näher oder weiter entfernt war — kleiner oder größer waren, und beschreibt eine Erfindung: einen Greifhaken, der die Schiffe unmittelbar am Wall emporzog und sie wieder fallen ließ, wobei sie mit Wasser überflutet wurden. Er erwähnt, aber beschreibt nicht tatsächlich »alle Arten von Kriegsgerät«. Er wendet sich dann der landseitigen Verteidigung zu und sagt von ihr: »Auch auf dieser Seite war der Ort mit einer ähnlichen Ansammlung von Geräten und Maschinen aller Art versehen, mit den Geldern von [König] Hieron zur Verfügung gestellt, der über viele Jahre hinweg diesen Objekten Aufmerksamkeit geschenkt hat, und gebaut mit Archimedes' einzigartigen Fertigkeiten.« Von den »Kriegsgeräten aller Art« beschreibt er allerdings kein einziges.

Aus einem sorgfältigen Studium von Livius wird deshalb sehr klar, daß er *indirekt* auf eine große Zahl militärischer Verteidigungsmaschinen hinweist, ohne mehr als eine von ihnen näher zu beschreiben. Und sein Bericht macht klar, daß es *noch sehr viele weitere Maschinen dieser Art gab* als die eine, die er für einen Moment beschreibt. Sein Bericht zu diesem Thema ist sehr kurz gehalten und umfaßt gerade eine Druckseite. Er hatte nicht die Absicht, eine vollständige Beschreibung der Verteidigungsgerätschaften bei Syrakus abzugeben, und machte auch keinen Versuch in diese Richtung. Die Tatsache, daß er an dieser Stelle keinen Bericht über die Brennspiegel abgibt, bedeutet deshalb genau *gar nichts*.

Den berühmten Edward Gibbon, Autor des Werks *The Decline and Fall of the Roman Empire* (Niedergang und Fall des römischen Reiches), ereilte eine Bewußtseinskrise zu diesem Thema, über das später nicht immer korrekt berichtet wurde. So behauptete zum Beispiel 1975 der Klassizist Thomas Africa:

»*Gibbon verwarf die Geschichten von Archimedes und Proklus. (…) Auch wenn er zugab, daß Archimedes solche Geräte erfunden haben könnte, lehnte Gibbon ihren tatsächlichen Gebrauch bei Syrakus oder sonstwo ab. Skeptizismus ist immer noch die Hauptwaffe des Historikers gegen Verlogenheit und Nachlässigkeit (…).*«

Hier sehen wir ein typisches Beispiel für jemanden, der nur allzu aufrichtig einem skeptischen Argument folgt, dem er eine hohe Autorität zuschreibt und das er als seine »Hauptwaffe« beschreibt. Doch lassen Sie uns nun sehen, was Gibbon tatsächlich schrieb:

»*Es hält sich eine Überlieferung, wonach die römische Flotte im Hafen von Syrakus durch die Brennspiegel von Archimedes in Schutt und Asche gelegt wurde. Und es wird behauptet, ein ähnliches Experiment wurde von Proklus unternommen, um die gotischen Schiffe im Hafen von Konstantinopel zu zerstören und seinen Gönner Anastasius vor der kühnen Offensive von Vitalian zu beschützen. Auf den Wällen der Stadt wurde eine Maschine errichtet, die aus einem sechseckigen Spiegel aus poliertem Messing bestand, mit vielen kleineren beweglichen Vielecken, um die Sonnenstrahlen zu reflektieren. Wie ein Pfeil zielten diese reflektierten Strahlen über eine Entfernung von fünfzig Metern auf einen gemeinsamen Punkt und entzündeten ein alles verzehrendes Feuer. Der Wahrheitsgehalt dieser beiden außerordentlichen Tatsachen wurde durch das Schweigen der meisten authentischen Historiker in Zweifel gezogen, und der Gebrauch von Brenngläsern wurde zum Angriff oder zur Verteidigung von Orten nie übernommen. Doch die bewundernswerten Experimente eines französischen Philosophen* [er meint den Comte du Buffon] *haben die Möglichkeit eines solchen Spiegels aufgezeigt. Und da die Möglichkeit besteht, bin ich mehr geneigt, diese Kunst dem größten Mathematiker der Antike* [er meint Archimedes] *zuzuschreiben, als den Verdienst irgendeinem launischen Mönch oder Sophisten anzurechnen.* [Mit anderen Worten: Er akzeptiert Archimedes als Erfinder, statt es der Fantasie eines späteren Historikers zuzuschreiben.] *(...) Ohne von Tzetzes* [einem Historiker, der Archimedes' Brennspiegel beschreibt] *oder Anthemius* [der selbst im 6. Jahrhundert n. Chr. Brennspiegel herstellte] *zu wissen, ersann und erbaute der unsterbliche Buffon eine Anordnung von Brenngläsern, mit der er über eine Entfernung von 80 Metern Holzplanken in Brand setzen konnte. (...) Welche Wunder hätte dieses Genie im Dienst der Öffentlichkeit mit königlichen Geldern und in der sengenden Sonne von Konstantinopel oder Syrakus eigentlich nicht vollbracht!*«

In nicht weniger als drei Sätzen oben verwechselt Gibbon Gläser mit Spiegeln. Man könnte sagen, sein Wissen um die Optik sei weniger als Null, und offensichtlich erkennt er nicht den Unterschied zwischen einer Linse und einem Spiegel. Er besteht darauf, daß Brenngläser zu keiner Zeit zum Angriff oder zur Verteidigung von Orten verwendet worden waren, nur um dann fortzufahren und zuzugeben, daß Archimedes *tatsächlich* einen Brennspiegel erfunden hatte. Doch was glaubt er, was Archimedes mit diesem Brennspiegel gemacht hätte? Ihn im Schrank gelassen? Gibbon ignoriert den wichtigen Beweis von Anthemius hierzu vollständig und zieht es statt dessen vor, auf Anthemius in einem ganz anderen Zusammenhang hinzuweisen, nämlich daß dieser mit starken Reflexionsspiegeln einen lästigen Nachbarn und seine Freunde vorübergehend blendete. Doch sind wir nicht verpflichtet, das, was Gibbon über die Optik zum Besten gibt, ernst zu nehmen — etwas, wovon er nicht das geringste versteht. Und es ist auch nicht korrekt zu sagen, Gibbon hätte die Existenz von Archimedes' Spiegel abgelehnt, denn seine Aussagen zu diesem Thema widersprechen sich selbst. Er verwarf sie — und einige Zeilen später akzeptierte er sie. Ich denke, die einzige Schlußfolgerung, die wir hier mit Gewißheit ziehen können, ist, daß Gibbon in bezug auf dieses Thema ziemlich verwirrt war und, im Gegensatz zu anderen Themen, einfach nicht wußte, wovon er sprach. Und dies ist sicher auch in bezug auf einige andere Gelehrte der Fall. Man werfe einen Gelehrten in die Wogen einer wissenschaftlichen Diskussion, und er wird meistens wie ein Stein untergehen.

An diesem Punkt wenden wir uns am besten dem bemerkenswerten Beweis zu, der uns aus den Schriften des byzantinischen Wissenschaftsgenies Anthemius von Tralles erhalten geblieben ist, der 534 n. Chr. gestorben ist. Er beschrieb als erstes die einfache Methode, eine Ellipse zu zeichnen, indem man einen Faden zu einer Schleife verknotet, diese um zwei Stöcke führt und mit einem Stift entlang der straff gezogenen Schleife eine Linie zieht.

Jeder Tourist, der Istanbul besucht, hat die Gelegenheit, das Genie von Anthemius unmittelbar zu würdigen, denn er war der Architekt, der die St.-Sophia-Kathedrale — jetzt als Hagia-Sophia-Moschee bekannt — für den Kaiser Justinian wieder erbaute. Er war demzufolge einer der größten Architekten der Geschichte. Doch er war noch viel mehr. Als universell begabter Mensch war Anthemius ein wahrer »Renaissance-Mann« und seiner Zeit weit voraus. Und wie es der Zufall so will, ist er in unserer Geschichte eine wichtige Figur. Denn von den wenigen uns erhalten gebliebenen Fragmenten seiner Werke sind Teile seines wichtigen Buchs *Über mechanische Paradoxien*, das eine vollständige Beschreibung der Herstellung eines Brennspiegels nach dem archimedischen Prinzip enthält, jedoch noch stark verbessert. Tatsächlich könnten wir denn Brennspiegel nach Anthemius als eine »Waffe der zweiten Generation« beschreiben.

Doch bevor wir uns dieser Beschreibung zuwenden, möchte ich kurz auf eine andere optische Erfindung von Anthemius hinweisen: die dauerhafte, frei bewegliche Lichtquelle. Er formuliert das Problem in einem seiner Fragmente wie folgt:

»Die Aufgabe hier ist, einen Sonnenstrahl so in eine gegebene Position zu lenken, daß er sich nicht [aufgrund der Bewegung der Sonne am Himmel, A. d. Ü.] fortbewegt, sondern an Ort und Stelle verweilt, zu jeder Stunde oder Jahreszeit [er meint offensichtlich tagsüber].«

Abbildung 23: Anthemius von Tralles (starb 534 v. Chr.) war nicht nur ein wissenschaftliches und mathematisches Genie, der erfolgreich Brennspiegel herstellte, um die Leistungen von Archimedes nachzuahmen. Er war auch der Chef-Architekt der eindrucksvollen byzantinischen Kathedrale St. Sophia, die hier in einem Stich aus dem 19. Jahrhundert zu sehen ist. Heute ist dieses Bauwerk in Istanbul in eine Moschee, die Hagia Sophia, umgewandelt worden und stellt eine der größten Touristenattraktionen in der Türkei dar. Anthemius' Brennspiegel mögen verlorengegangen sein — sein Bauwerk lebt weiter.

Ich werde hier nicht in die Einzelheiten gehen, was Anthemius' geometrische Vorstellungen über den Gebrauch von Spiegeln betrifft, um diese Aufgabe zu lösen, da sie sehr technischer Natur und nicht direkt von Belang sind. Ich erwähne dies nur, weil auch die alten Ägypter sich mit dem Problem konfrontiert gesehen haben mußten, das Innere von Grabstätten und Pyramiden, die sie dekorierten und bearbeiteten, permanent zu beleuchten. Denn viele Leute haben sich gefragt: Wie konnten sie im Innern sehen, was sie taten? Es gibt keinerlei Hinweise auf den Gebrauch von Fackeln. Als ich in Ägypten war, hörte ich zwar, wie eine Reiseleiterin zu ihrer Gruppe sagte, es hätte eine besondere Art von rauchfreiem Wachs gegeben, das verwendet wurde, um die Grabstätten zu beleuchten, doch als ich hinterher auf sie zuging und sie danach fragte, war ich nicht völlig zufriedengestellt. Es mag sehr wohl sein, daß es etwas in dieser Art gegeben hatte. Doch ich bezweifle, daß es für die Wandmalereien in den Gräbern hell genug gewesen wäre. Die Maler und anderen Künstler müssen für ihre Feinarbeiten Gebrauch von Spiegeln gemacht haben, um für das notwendige Licht zu sorgen.

Wie interessant es deshalb ist, daß Anthemius sich zu dem essentiellen Problem in bezug auf solch ein System Gedanken gemacht hat. Denn da die Sonne ihre Position am Himmel im Laufe des Tages ständig änderte, mußte der Spiegel, der die Lichtstrahlen zu Anfang sammelte, den ganzen Tag von jemandem nachbewegt werden. Was die Ägypter betrifft, müssen wir davon ausgehen, daß sie die für kontinuierliche Lichtversorgung nötigen Ausrichtungen des Spiegels von einer Person vornehmen ließen. Doch kann es auch gut sein, daß es ein berühmtes Problem war, und daß es die ägyptische Grabbeleuchtung war, die die tatsächliche Quelle des von Anthemius betrachteten Problems war.

Die für die Ägypter erforderliche Spiegelanordnung wird von vielen Schreibern erwähnt — oder ich sollte besser sagen, darüber spekuliert. Einige haben darauf hingewiesen, daß die verschlungenen Wege, die das Licht in einige der Gräber nehmen mußte, einer sehr großen Anzahl von reflektierenden Oberflächen bedurft hätten, um das entfernte Sonnenlicht in die weiter weg liegenden Ecken der Grabkammern zu lenken, wo die Mal- und Reliefarbeiten verrichtet wurden. Dies ist in der Tat eine mysteriöse Angelegenheit, und ich möchte nicht andeuten, daß daran irgend etwas einfach oder geradlinig ist. Ich habe jedoch einige persönliche Erfahrungen mit amüsanten und bizarren Fällen von Spiegeln gemacht, die zur Reflexion von Bildern benutzt wurden, die weiter entfernt waren, als man es für möglich hält. Es hatte mich zur Vorsicht gemahnt und mich erkennen lassen, daß wir manchmal glauben, Dinge seien nicht möglich, weil niemand auch nur im Traum daran denken würde, sie zu versuchen. Vielleicht sollte ich dazu ein kurzes seltsames Beispiel geben.

Eine entfernte Verwandte meiner Frau war vielleicht eine von Londons führenden Exzentrikerinnen der fünfziger, sechziger und siebziger Jahre. Ihr Name war Selina Kay-Shuttleworth, allgemein einfach »Mrs. Shuttleworth« genannt. Wir nannten sie »Shuttie«. Sie war eine tragische Person, die vor Trauer fast verrückt geworden war. Ihr Ehemann war im Ersten Weltkrieg getötet worden, ihre beiden Söhne im Zweiten. Einer ihrer Söhne war sogar ein Sammler von Flugzeugen — tatsächlichen, nicht Modellen! — gewesen, und die berühmte Shuttleworth-Sammlung, die jedes Jahr von Scharen von Touristen besucht wird, wurde von Shuttie der Nation übergeben. Shuttie war durch den Verlust ihrer Lieben verrückt geworden. Sie lebte in einer großen Villa in Clareville Grove in London, der sie im nachhinein die Hausnummer 999 gab, obwohl Clareville Grove nur aus etwa 20 Häusern besteht. Sie nannte die Villa nach dem Tod ihrer Söhne auch »Das Haus der Söhne Gottes«. Obwohl sie sich selbst als Buddhistin beschrieb, hatte sie etwas, das ich als biblischen Bilderfetischismus bezeichnen würde. Sie fertigte riesige — und sehr gekonnte — Bilder an von Szenen wie dem Fest des Belsazar aus glattgestrichenem mehrfarbigem Stanniolpapier, wie es zum Einwickeln von Süßigkeiten verwendet wird. Dies waren tatsächlich sehr erstaunliche Kreationen, und viele von ihnen waren mit farbig blitzender Weihnachtsbeleuchtung oder Neon versehen.

Über dem Kamin im ersten Stock (in Amerika als zweiter Stock bezeichnet) hatte Shuttie eines der schönsten Monet-Gemälde, die ich je gesehen habe: die Londoner *Houses of Parliament* in abendlichen Nebelschleiern. Eines Tages, als wir ihre biblischen Szenen bewundert hatten, fragte ich sie mehr aus Höflichkeit, ob dieses Gemälde auch eins von ihren sei. Sie zuckte nicht einmal mit der Wimper, als sie mit einer abweisenden Geste ihrer Hand — so als ob sie ein gerade ins Haus geflogenes Insekt verscheuchen wollte — sagte: »Oh nein, das ist ein Monet.«

Shuttie schloß ihre vordere Eingangstür nie ab, und wenn einige skrupellose Leute gewußt hätten, daß dort oben ein echter Monet hängt, hätte dies schlimme Folgen haben können. Tatsächlich stand ihre Eingangstür oft weit offen, wie wir eines Tages feststellen konnten, als wir zum Tee bei ihr erschienen. Wir schauten uns um und riefen nach ihr, doch sie gab keine Antwort. Das einzige Geräusch war das gewöhnliche furchtbare Geschrei ihrer Königsjakobiner-Tauben, die sie hinten im Hof in einem Verschlag hielt. Es sind sehr eigenartige Vögel mit großen Halskrausen im Nacken, die ohne Unterlaß so klingen, als ob sie getötet würden, selbst wenn sie mit aufgeplusterten Halskrausen wie Königin Elizabeth I. durch den Verschlag stolzierten.

Schließlich kam Shuttie von oben herunter. Sie offenbarte uns, daß sie jede unserer Bewegungen beobachtet hätte, und daß es eine ihrer Lieblings-Freizeitbeschäftigungen sei, ganz oben im Haus — im dritten oder vierten Stock — zu sitzen und die Eingangstür sowie das Erdgeschoß mittels eines ausgefeilten Spiegelarrangements zu beobachten. Dann nahm sie uns auf eine Tour durch ihr Haus mit, um uns dieses Arrangement zu zeigen, was beinhaltete, an der großen gerahmten Ahnentafel vorbei die Treppe hinaufzusteigen. Diese Ahnentafel zeigte ihre direkte Abstammung, so wie sie sie sich vorstellte, vom Propheten Abraham bis zu ihrem Großvater, dem Earl of Bradford. (Sie zeigte uns gewöhnlich die Alben seiner Frau: »Schaut, hier ist ein kleines Aquarell vom Schah von Persien, als er in den achtziger Jahren zu Besuch kam. Und hier ist ein Bild von Disraeli, ein guter Freund meiner Großmutter.«) Wir haben nie die Alben von Abrahams Frau gesehen, hätten aber fast erwartet, daß sie sie haben muß.

Wir hatten noch nie zuvor etwas ähnliches gesehen oder uns vorstellen können wie Shutties Spiegel-Arrangement. Wir waren sehr erstaunt darüber, wie klar man Bilder sehen konnte, die von vielleicht acht Spiegeln reflektiert wurden, von einem ursprünglichen Bild, das nicht allzu gut beleuchtet war. Der Punkt, den ich hier ansprechen möchte, ist: Wer außer Shuttie, die ein kleines bißchen verrückt war, hätte sich die Mühe gemacht, solch ein System von Spiegeln zu konstruieren? Und wenn man noch nie so etwas gesehen hat — wer könnte sich wirklich vorstellen, daß es so gut funktionieren würde? Ich erwähne diese Geschichte, weil man sehr vorsichtig mit der Annahme sein sollte, die alten Ägypter hätten ihre Grabkammern nicht mit einem ausgefeilten Arrangement von Spiegeln für ihre Künstler beleuchten können.

Nun kehren wir zurück zu Brennspiegeln, an Stelle von einfach reflektierenden Spiegeln. Das erste, was man sich vergegenwärtigen muß, ist, daß sie nicht dazu benutzt werden können, etwas in Brand zu setzen, das sich nicht in derselben Richtung wie die Sonne befindet. Wenn Sie also Archimedes wären und die römische Flotte im Hafen von Syrakus in Brand setzen wollten, könnten Sie dies nur tun, wenn die Schiffe und die Sonne sich beide gleichzeitig entweder westlich oder östlich von Ihnen befinden. Sonst ist es nicht möglich, die Sonnenstrahlen mit Ihren Spiegeln zu sammeln.

Darauf wies auch Anthemius hin, der Archimedes' Leistungen untersuchte und seinen eigenen Mehrfach-Spiegel in Anlehnung an Archimedes konstruierte. Das entsprechende Fragment im Text *Über mechanische Paradoxien* von Anthemius, das noch erhalten geblieben ist, stellt eingangs diese Frage:

»Wie können wir etwas mit Hilfe der Sonnenstrahlen in Brand setzen, das weiter entfernt ist, als ein von einem Bogen geschossener Pfeil fliegt?«

Anthemius beantwortet die Frage vollständig, wobei wir allerdings seine geometrischen Beschreibungen auslassen:

»*Nach denen, die die Konstruktion sogenannter Brennspiegel beschrieben haben, wäre das erforderliche Experiment unmöglich.* [Dies ist ein interessanter Beweis für viele solcher verlorengegangenen Abhandlungen zu diesen Themen.] *Denn wo immer etwas entzündet wird, sieht man, daß die Spiegel immer der Sonne zugewandt sind. Wenn folglich die gegebene Position nicht in Richtung der Sonne liegt, sondern seitlich davon oder dahinter ist, ist es unmöglich, mit besagten Brennspiegeln das Experiment erfolgreich durchzuführen. Außerdem macht es die Entfernung zum Objekt nach den Erklärungen der antiken Menschen erforderlich, Spiegel in einer Größe zu verwenden, die normal nicht erhältlich ist. Nach den vorangegangenen Erklärungen könnte man das vorgeschlagene Experiment nie als vernünftig ansehen.*

Doch da man Archimedes nicht seines Verdienstes, die feindliche Flotte mit Hilfe der Sonnenstrahlen in Brand gesetzt zu haben, berauben kann und dies auch einheitlich überliefert wurde [liebe skeptische Altphilologen: Beachten Sie diese klare Aussage über einheitliche Überlieferungen!], *könnte das Problem auf vernünftige Weise gelöst werden. Wir haben uns über diese Angelegenheit so viele Gedanken wie möglich gemacht und werden zu diesem Zweck eine Apparatur erklären und gehen im voraus von einigen Voreinstellungen für das Experiment aus (...)* [An dieser Stelle folgt seine geometrische Analyse, die wir hier aber auslassen wollen.] *(...) So kann demonstriert werden, daß, egal in welcher Position oder Richtung in bezug auf die Sonne der Punkt G* [der griechische Buchstabe *Gamma*] *liegt, das Licht mit Hilfe der Spiegel zum selben Punkt hin reflektiert werden kann. Und da eine Entzündung mit Hilfe von Brennspiegeln auf keine andere Weise möglich ist, als eine Reihe von reflektierten Strahlen auf ein und denselben Punkt zu richten, ist es natürlich, daß eine Entzündung stattfindet, wenn die Hitze am stärksten ist.*

Es ist genauso, als würde irgendwo ein Feuer brennen und die es umgebende Luft würde zu einem gewissen Grade eine Erhitzung erfahren. Wenn alle reflektierten Strahlen jedoch an einem zentralen Punkt zusammengeführt werden, sind sie kraftvoll genug, ein Feuer zu entfachen.

Es ist also erforderlich, an dem Punkt, der jenseits der Entfernung liegt, die ein Pfeil fliegen kann, mit Hilfe von glatten ebenen Spiegeln die Sonnenstrahlen zu reflektieren und zu bündeln, um ein Feuer zu entfa-

chen. Dieses Ergebnis kann man erzielen, indem mehrere Männer Spiegel in der erforderlichen Position halten und auf den Punkt G zielen.

Um die Schwierigkeiten zu vermeiden, die mit der Hilfe von vielen Personen verbunden sind — wir haben herausgefunden, daß es mindestens 24 solcher von Menschen gehaltener Spiegel bedarf, um eine Entzündung herbeizuführen —, haben wir die folgende Methode entwickelt.«

Nachdem er mit dieser Lösung vorgetreten war, die es erforderlich machte, daß 24 Männer Spiegel so halten, daß die reflektierten Strahlen alle auf denselben Punkt gerichtet sind, (ähnlich wie die Methoden, die Sakas in den siebziger Jahren verwendet hatte, obwohl er nie von Anthemius gehört hatte), schreitet Anthemius voran und entwickelt eine alternative Apparatur, die es überhaupt nicht mehr erforderlich macht, daß irgendwelche Männer herumstehen und Spiegel einer bestimmten Position halten. Es ist übrigens interessant, daß Anthemius über diese 24 Männer, die Spiegel halten, sagt, daß »wir herausgefunden haben, daß es mindestens 24 solcher von Menschen gehaltener Spiegel bedarf«, denn dies beweist, daß er tatsächlich eine Reihe von Versuchen mit einer zunehmenden Anzahl von Männern unternommen hatte, bis er bei 24 ankam, mit denen das Experiment gelang. Es ist wichtig, daß wir uns daran erinnern, daß Anthemius, der Architekt eines der größten Gebäude der Antike, kein Stubengelehrter war. Aus seinen eigenen Anmerkungen ist herauszulesen, daß es ihn über einen beträchtlichen Zeitraum große Mühe und auch finanzielle Ausgaben gekostet haben muß (in jenen Tagen müssen 24 Spiegel sehr viel Geld gekostet haben!), um Archimedes' Meisterleistung nachzuahmen. Nun zu dem, was Anthemius über seine alternative Erfindung sagt, die ohne Spiegel haltende Männer auskommt:

»Dazu braucht es einen sechseckigen ebenen Spiegel ABGDEZ und andere ähnliche Reflektoren unmittelbar daneben und verbunden mit dem ersten Spiegel entlang gerader Linien AB, AG, GD, DE, EZ, von denen jeder einen etwas kleineren Durchmesser hat und entlang dieser geraden Linien bewegt werden kann. Die Verbindung wird durch Lederriemen oder Kugelgelenke hergestellt. Wenn wir die umgebenden anderen Spiegel auf die gleiche Ebene ausrichten wie den zentralen, werden die Strahlen offensichtlich von jedem Spiegel in dieselbe Richtung reflektiert. Wenn wir dagegen den zentralen Spiegel unbewegt lassen und die ihn umgebenden Spiegel leicht einwärts zum Zentrum neigen, ist es

klar, daß die von den umgebenden Spiegeln reflektierten Strahlen zur Mitte des zentralen Spiegels gelenkt werden. Wenn wir dann fortfahren und dasselbe mit anderen Spiegelanordnungen wie dieser machen und dann die reflektierten Strahlen alle in einem gemeinsamen Punkt bündeln, dann wird an dieser Stelle ein Feuer entfacht werden können.

Dies kann noch effektiver erreicht werden, wenn das Feuer von vier oder fünf solcher Spiegel oder sogar sieben erzeugt wird, die in bezug auf den Punkt der Entzündung in einem proportionalen Verhältnis zu ihrer jeweiligen Entfernung voneinander stehen. Denn wenn die Spiegel so angeordnet sind, schneiden sich die reflektierten Strahlen unter einem sehr spitzen Winkel, so daß der ganze die gemeinsame Achse umgebende Bereich erhitzt wird und Feuer fängt. Die Verbrennung geschieht also nicht nur an einem einzelnen konzentrierten Punkt. Außerdem ist es mit solch einer Spiegelanordnung möglich, den Feind zu blenden, denn wenn er sich nähert, sieht er nicht, wie seine Widersacher ihrerseits mit Spiegeln, die an ihrem Oberkörper oder ihren Schilden befestigt sind, näher kommen und die Sonnenstrahlen auf die beschriebene Weise einfach zum Feind reflektieren.

Deshalb ist die Entfachung eines Feuers über größere Entfernungen hinweg durch Brennspiegel oder Reflektoren möglich, wie auch durch andere bereits beschriebene Effekte. Und in der Tat: Diejenigen, die sich an die Konstruktionen des gottgleichen Archimedes erinnern, erwähnen, daß er nicht mit einem einzelnen, sondern mit mehreren verschiedenen Spiegeln das Feuer entfacht hat. Und ich glaube, eine andere Methode, über solch große Entfernungen hinweg einen Brand zu verursachen, gibt es nicht.«

Wir können wohl den sicheren Schluß ziehen, daß der brillante Anthemius der erste war, der seit Archimedes dessen Techniken mit Brennspiegeln nachvollzog. Es ist zu bezweifeln, daß sonst irgend jemand in den acht Jahrhunderten zwischen Archimedes und Anthemius dieselbe Leistung vollbracht hat. Für Anthemius lag Archimedes zeitlich weiter zurück als für uns heute der mittelalterliche Roger Bacon. Dies hilft uns, das außergewöhnliche Genie von Anthemius zu schätzen; der Verlust seiner Schriften ist für die Geschichte der Wissenschaft eine große Tragödie.

Nach Anthemius waren Brennspiegel im Kriegseinsatz in Konstantinopel nicht länger ein Geheimnis. Anthemius war eine berühmte Figur. Seine Versuche mit den vielen Männern, die Spiegel hielten, bis er mit 24 von ihnen sein Ergebnis erreichte, wären zumindest in bestimmten Zirkeln schnell weit bekannt geworden. Er veröffentlichte anschließend einen Bericht, der für alle Menschen der Wissenschaften leicht verfügbar war. Eine ganze Zahl anderer Abhandlungen, die nun verloren sind, waren natürlich ebenso verfügbar. Darunter wären auch solche gewesen wie das Werk *Peri Pyreion* (Über Brennspiegel) von Diokles, etwa 200 v. Chr., nicht lange nach Archimedes. Das Werk ist nur noch in einer fehlerhaften arabischen Übersetzung erhalten, die ins Englische übersetzt wurde, und in zwei langen Auszügen auf griechisch von Eutozius, Anthemius' älterem Zeitgenossen (geboren etwa 480 n. Chr. bei Askalon in Palästina) vorliegt, der zu den Werken von Archimedes drei Kommentare verfaßt hat und wohl für Anthemius' erwachendes Interesse an diesem Thema verantwortlich war.

Neunzehn Jahre vor Anthemius' Tod im Jahre 515 n. Chr. soll sein Lehrer Proklus Brennspiegel benutzt haben, um die Flotte von Vitalian (oder auch Vitellus), der den Hafen von Konstantinopel belagerte, zu zerstören. Dies wurde von einem byzantinischen Historiker aus dem 12. Jahrhundert, Johannes Zonaras, verzeichnet (*Abriß der Geschichte*, I, 14, S. 55). Zonaras beschrieb Proklus, wie er »auf die feindlichen Schiffe abzielte, von der Oberfläche reflektierender Spiegel aus, die soviel Feuer erzeugten, daß es die Flotte in Schutt und Asche legte«. Nach dieser Beschreibung erscheint es, als ob Proklus viele Männer eingesetzt hatte, die Spiegel hielten, statt eine einzelne Apparatur zu verwenden, wie sie Anthemius ersonnen hatte. Da dies zu Lebzeiten von Anthemius passiert war, und da Proklus sein Lehrer war, ist es wahrscheinlich, daß die beiden diese Leistung zusammen vollbracht haben, und es kann sehr wohl mit dieser Notwendigkeit in Zusammenhang gestanden haben, daß Anthemius die Experimente unternahm, die in seiner Entdeckung resultierten, daß es mindestens 24 Spiegel haltende Männer brauchte, um Erfolg zu erzielen. Obwohl einige Verfasser grundlos Johannes Zonaras beschuldigt haben, sich die ganze Geschichte über Proklus nur ausgedacht zu haben, gibt es absolut keinen Grund, seine Angaben in Zweifel zu ziehen, denn wir haben den uns erhalten gebliebenen expliziten Beweis in Form von Anthemius' eigenem Text, der genau denselben Vorgang beschreibt, von dem Zonaras sagt, Proklus hätte ihn zur selben Zeit in derselben Stadt eingesetzt.

Es existiert noch eine Aufzeichnung über den Gebrauch von Brennspiegeln als Waffen im Einsatz gegen Schiffsflotten in der Antike, und zwar am anderen Ende der mediterranen Welt, an der Atlantikküste von Spanien. Und in diesem Falle waren die Brennspiegel tatsächlich auf Schiffen montiert und wurden gegen feindliche Schiffe eingesetzt! Keine Notiz von diesem außergewöhnlichen Ereignis ist je in die Diskussionen über antike Brennspiegel eingeflossen, und ich scheine der erste zu sein, der sich mit solchen Dingen beschäftigt und darauf gestoßen ist. Man findet den Bericht unerwarteterweise in den Quellen von Makrobius, einem lateinischen Autor des 4./5. Jahrhunderts n. Chr. Wir sind ihm schon begegnet, als wir seine Beschreibungen optischer Vergrößerungen in seiner *Saturnalia* betrachteten. Im selben Werk (Buch I, Kapitel 20), mitten in einer Diskussion über die Sonne, gibt uns Makrobius diese Information, die anscheinend nirgendwo anders in der antiken Literatur bewahrt wurde:

»Außerdem sprechen die vielfältigen Formen der religiösen Observanzen, die die Ägypter praktizierten, für die vielfältigen Mächte des Gottes und weisen hin auf Herkules als die Sonne, die ›in allem ist und durch alles geht‹. Ein weiterer Beweis für diese Identifizierung, und zwar ein stichhaltiger, wird durch ein Geschehnis geliefert, das sich in einem anderen Land ereignete. Denn als Theron, der König von Vorderspanien, von einem wilden Verlangen getrieben wurde, den Herkules-Tempel [bei Gades, dem heutigen Cadiz] einzunehmen, und eine Flotte zu diesem Zweck ausstattete, segelten ihm die Männer von Gades mit ihren Kriegsschiffen entgegen. Es entbrannte eine Schlacht, und ihr Ausgang war immer noch ungewiß, als die Schiffe des Königs plötzlich die Flucht ergriffen und zur selben Zeit ohne Vorwarnung in Flammen aufgingen. Die wenigen Feinde, die überlebt hatten und gefangen genommen wurden, sagten, sie hätten auf dem Bug der Schiffe, die aus Gades ausgelaufen waren, Löwen gesehen, und ihre eigenen Schiffe hätten plötzlich durch eine Art Entladung von Strahlen wie denen der Sonne Feuer gefangen.«

Ich muß gestehen, daß ich mir über die Identität dieses Königs Theron nicht im klaren bin. Er kann aber nicht derselbe Mann gewesen sein wie Theron, der Tyrann von Acragas auf Sizilien zwischen 488 und 472 v. Chr. Und da er so unbekannt ist und weder in den einschlägigen Referenzbüchern noch in den Indizes verschiedener Historiker erscheint, bin ich leider nicht in der Lage, dieses Geschehnis zu datieren. Gades (Cadiz) war eine Kolonie der Phönizier aus dem Stadtstaat Tyros. Da diesem Bericht zufolge die Einwohner von Gades kleine, aber sehr effektive Brennspiegel gehabt haben müssen, die sie auf dem Bug ihrer Kriegsschiffe montiert hatten, haben wir hier den Beweis für eine der Geheimwaffen dieses Volkes, was vielleicht hilft zu erklären, wie sie das Meer für so lange Zeit beherrschten. Doch wir müssen uns daran erinnern, daß die Karthager Phönizier waren, und in Kapitel Vier sahen wir bereits die klaren Beweise für ihre überragende Stellung, was optische Technologie betrifft — nämlich sowohl die vielen erhalten gebliebenen Linsen, die bei Karthago gefunden wurden, als auch die Textbeschreibungen zu ihrem Gebrauch von Teleskopen. Deshalb sollten wir wohl nicht überrascht sein, daß ihre Verwandten in Gades die Verwendung von Brennspiegeln in Seegefechten perfektioniert hatten. Meine Vermutung ist, daß sich dieses Ereignis zeitlich nach Archimedes zugetragen haben muß, denn sonst müßten wir einen anderen Erfinder postulieren. Doch überlassen wir es lieber einem Experten der frühen spanischen Geschichte statt mir, uns darüber aufzuklären, wer dieser König Theron war und wann er gelebt hat.

Nicht nur, daß neuzeitliche Autoren von Werken über antike Brennspiegel nichts von diesem Vorfall gewußt haben; auch byzantinische und später europäische Verfasser hatten keine Kenntnis davon. Das ist äusserst schade, denn Leute, die um der Skepsis willen zur Skepsis neigen, hatten viel Freude daran, die Berichte von Archimedes und Proklus im selben Atemzug abzutun, da sie von späteren Historikern immer zusammen erwähnt und deshalb auch mit derselben abweisenden Geste verworfen wurden. (Dies ist leichter, wenn sie keine Kenntnis von Anthemius' Werk haben und ihre Absichten nicht von unangenehmen Beweisen behindert werden.) Doch wäre man schon vorher auf den *gänzlich separaten* Bericht von Makrobius aufmerksam geworden, hätte man noch mehr hinwegerklären müssen.

Nach diesen Aufzeichnungen existieren keine weiteren mehr über den Gebrauch von Brennspiegeln in Kriegen. Es vergingen einige Jahrhunderte, bevor man die Diskussion um Archimedes und Proklus unter den späteren Byzantinern wiederfinden konnte. Die erste Spur in dieser Richtung, die ich finden konnte, führte mich zu dem Philosophen Michael Psellos, geboren 1018 n. Chr. Er studierte die Werke von Archimedes und Heron von Alexandria (1. Jahrhundert n. Chr.) und vielleicht auch die von Anthemius und führte tatsächliche Experimente durch. Unter anderem »demonstrierte er den Gebrauch eines Spiegels als Brennglas«. Da Psellos' Experimente im allgemeinen von extrem starkem Ehrgeiz geprägt waren, ist es wahrscheinlich, daß er die Ergebnisse von Anthemius und Proklus reproduzieren konnte — doch nur als Experiment, nicht als Waffe im Kriegseinsatz.

Im Jahrhundert danach, dem zwölften, zeichneten drei Gelehrte Informationen über Archimedes' Brennspiegel auf, die sie in alten Büchern entdeckt hatten: Johannes Zonaras, Johannes Tzetzes und Eustathius. Zonaras schrieb über Archimedes:

»Denn wenn man einen Spiegel der Sonne zuneigte, so sammelte er die Strahlen der Sonne auf sich; und aufgrund der Stärke und der glatten Oberfläche des Spiegels entzündete er die Luft durch seinen Strahl und entfachte eine große Flamme, die ganz auf die Schiffe gerichtet wurde, die im Wege des Feuers vor Anker lagen, und verzehrte sie voll und ganz.«[2]

Tzetzes schreibt über Archimedes:

»Als Marcellus (seine Schiffe) von den Stadtbefestigungen zurückzog, außerhalb der Entfernung eines Bogenschusses, konstruierte der alte Mann [Archimedes] *eine Art sechseckigen Spiegel, und in bestimmten Entfernungen im Verhältnis zur Größe des Spiegels stellte er ähnliche kleinere viereckige Spiegel auf, die über eine Art Scharnier beweglich miteinander verbunden waren, und er machte das Glas* [er meint den Spiegel] *zum Zentrum der Sonnenstrahlen — die Strahlen der Mittagsstunde, ob im Sommer oder im toten Winter. Als die Strahlen auf diese Weise reflektiert wurden, setzte auf den Schiffen ein fürchterlicher Brand ein, und sie wurden in einer Entfernung jenseits eines Bogenschusses in Schutt und Asche gelegt. Mit diesen Vorrichtungen bezwang der alte Mann Marcellus.«*[3]

Tzetzes sagt, daß die Autoritäten, die er hinsichtlich Archimedes' Brennspiegel konsultiert hatte, auch folgende Personen einschlossen: Dio Cassius (2. Jahrhundert n. Chr.), Diodorus Siculus (ein Historiker des 1. Jahrhunderts n. Chr., der in Sizilien, Archimedes' Heimat, ansässig war, und Autor des verlorenen Werks *Leben des Archimedes*), Anthemius, Heron von Alexandria (ein Mathematiker und Erfinder aus dem 1. Jahrhundert n. Chr. und Autor eines Buchs über Spiegel und eines anderen über Sehröhren), Philo/Philon von Byzanz (ein Wissenschaftler des späten 3. Jahrhunderts v. Chr. und somit ein Zeitgenosse von Archimedes; dieser von Tzetzes verwendete verlorene Text aus der Zeit von Archimedes muß von größter Wichtigkeit gewesen sein; wir wissen auch, daß Heron die Werke von Philon benutzt hatte und diese Quelle ebenfalls kannte) und Pappus von Alexandria (4. Jahrhundert n. Chr.; ein Wissenschaftler und Mathematiker, der unter anderem über Archimedes und Optik schrieb).

Ein dritter byzantinischer Autor aus dem 12. Jahrhundert hat uns ebenfalls einen Bericht über Archimedes' Brennspiegel hinterlassen. Dies war Eustathius, der zu der hohen kirchlichen Position des Erzbischofs von Thessaloniki aufstieg und im Jahre 1195 verstarb. Seine Berichte stammen alle aus der Zeit vor 1175, da er die 20 darauf folgenden Jahre seinen kirchlichen Pflichten widmete. Eustathius' Kommentare erscheinen unerwarteterweise im Kontext seines Werks *Anmerkungen zur Ilias* (S. 118 in der Baseler Ausgabe 1558), wo er sagt: »Mit Hilfe einer katoptrischen Maschine [d. h. eine Spiegel-Vorrichtung] brannte er die römische Flotte in der Entfernung eines Bogenschusses nieder.«

Doch schon lange vor den Byzantinern Zonaras, Tzetzes und Eustathius wurde das Thema vom berühmten arabischen Autor, den wir Alhazen nennen wollen, aufgenommen. Sein arabischer Name ist Ibn al-Haitham, oder, um seinen vollen Namen wiederzugeben, Abu Ali ibn al-Hasan ibn al-Haitham. Er wurde *etwa* 965 n. Chr. in Basra geboren, lebte jedoch sein aktives Leben in Ägypten und starb *etwa* 1039 in Kairo. Sein großes Werk über die Optik hatte auf arabisch den Titel *Kitab al-manazir* (Buch der Optik). Es wurde 1572 in einer lateinischen Übersetzung von Federico Risner/Risnero veröffentlicht, und die faszinierende imaginäre Szene, die die Sonnenstrahlen wiedergibt, wie sie von einer Vielzahl an Spiegeln bei Syrakus von Archimedes auf die Schiffe der römischen Flotte reflektiert werden, und die auch auf der zweiten Titelseite seines Werks zu sehen ist, können Sie in Abbildung 24 sehen. (Der Künstler ist allerdings in der Optik nicht so gut bewandert wie der Autor, da der Winkel, unter dem die Sonne steht, nicht akzeptabel ist; doch das ist die Freiheit des Künstlers.) Eine gleichermaßen imaginäre Sicht der Leistungen Archimedes', ein Bild, in dem er eine einzelne, gigantisch große Brennlinse verwendet, veröffentlicht 1646, sehen Sie in Abbildung 26.

Manuskript-Übersetzungen von Alhazens *Buch der Optik* ins Lateinische waren jahrhundertelang im Umlauf, bevor Risnero schließlich sein Werk veröffentlichte, und er übte einen starken Einfluß auf Roger Bacon im 13. Jahrhundert aus. Alhazens Abhandlung über Archimedes war wohl eine der Inspirationsquellen, die Bacon (1214–1292) dazu brachten, seinen eigenen Brennspiegel zu konstruieren. Zuvor hatten wir schon über Bacons Konstruktion eines Teleskops gesprochen und darüber, wie dies dazu führte, daß er der Ketzerei und der schwarzen Magie beschuldigt wurde. Deshalb sind Einzelheiten über seine Brennspiegel — in den Augen von Bacons Peinigern zweifellos nur ein weiteres Werk des Teufels — Mangelware.

Abbildung 24: Eine imaginäre Sicht der Brennspiegel des Archimedes, wie sie die römische Flotte im Hafen von Syrakus auf Sizilien zerstören. Dieser Stich wurde 1572 als Titelblatt eines großen Bandes veröffentlicht, der die lateinische Übersetzung der *Optik* des im 10. Jahrhundert lebenden arabischen Autors, der im Westen Alhazen genannt wird, enthält, sowie die *Optik* des im 13. Jahrhundert lebenden polnischen Autors Vitello. Im Hintergrund wird das optische Phänomen eines Regenbogens porträtiert. Im Vordergrund steht ein Mann mit den Beinen im Wasser und demonstriert die Brechung von Lichtstrahlen an einer Wasseroberfläche, wodurch seine Beine leicht nach außen gespreizt erscheinen. Neben ihm blickt ein Mann in einen Trickspiegel, der seinen Kopf an einer anderen Stelle zeigt. Die Elefanten sollen wohl symbolisch dafür stehen, diese Sachverhalte nie zu vergessen. (Aus: *Opticae Thesaurus, with Vitellionis Thurinopoloni Opticae libri decem,* herausgegeben von Federico Risner, 1572.)

Wir wissen nicht, wann Archimedes' eigenes Werk *Catoptrica* (Über Spiegel) verloren ging, aber es muß schon in der Antike gewesen sein, so daß es zur Zeit von Alhazen, den Byzantinern und Roger Bacon nicht mehr konsultiert werden konnte. Es mag vielleicht schon zur Zeit von Anthemius verloren gewesen sein, auch wenn die Tatsache, daß er es in den kurzen Fragmenten, die von seinem Werk erhalten geblieben sind, nicht erwähnt, kein Beweis dafür ist. Denn wir haben ja nur diese Fragmente und wissen von daher nicht, was er in seinen Gesamtwerken, die nicht mehr erhalten geblieben sind, gesagt haben mag.

Ein weiterer berühmter optischer Wissenschaftler und ein Zeitgenosse von Roger Bacon war ein Pole namens Witelo, außerhalb von Polen und Deutschland allerdings Vitelo oder Vitello geschrieben. Er wurde zwischen 1220 und 1230 geboren. Seine Familie war teils thüringischer, teils polnischer Abstammung, und er lebte in Polen. Über ihn persönlich ist nicht viel bekannt, offensichtlich noch nicht einmal sein Vorname. Seine *Optik* war in Latein geschrieben und umfaßte zehn Bände, von denen der neunte sich mit Brennspiegeln befaßte. Sein Werk wurde 1572 zusammen mit dem von Alhazen veröffentlicht — wie schon gesagt von Risner. Witelos Werk nimmt den größeren Teil dieses Bandes ein, da Alhazens *Optik* nur 288 Seiten, Witelos *Optik* aber 474 Seiten umfaßt.

Es scheint, als ob über Witelo nur ein einziges Buch geschrieben worden ist, und zwar vom deutschen Gelehrten Baeumker im Jahre 1906. Baeumker betont, daß Witelo von einer Licht-Theologie inspiriert worden und tief von gnostischen und neuplatonischen Ideen erfüllt war, die davon ausgingen, daß Licht die Quelle allen Raums und aller Materie war. Das war offensichtlich die Motivation, die ihn antrieb, sich in der Optik Fachwissen anzueignen. Er entwickelte die Geometrie der Optik zu einem sehr hohen Niveau und formulierte 137 geometrische Axiome der Optik.

Nach dem Zusammenbruch der byzantinischen Zivilisation mit der Eroberung Konstantinopels durch die Türken fanden einige byzantinische Gelehrte im 15. Jahrhundert ihren Weg nach Florenz, wo sie von den Medici willkommen geheißen wurden. Oft brachten diese Byzantiner, so wie Gemistos Plethon, Truhen voller griechischer Manuskripte mit sich, um sicherzustellen, daß sie willkommen waren. Die Medici bezahlten die Byzantiner dafür immer mit Freuden, und die Wiederentdeckung griechischer Überlieferungen verursachte einen Wandel in der italo-lateinischen Kultur. Die Wiedergeburt oder »Renaissance« der Kultur Griechenlands zu dieser Zeit gab dieser Zeitperiode der europäischen Geschichte ihren Namen, nach der wir sie heute benennen, die Renaissance.

Mitten unter diesen vielen Manuskripten, die vor dem Zusammenbruch der byzantinischen Welt gerettet werden konnten, waren einige von oder in bezug auf Archimedes, einschließlich einiger, die uns nicht erhalten geblieben sind. Wir wissen zum Beispiel, daß der byzantinische Gelehrte Leo der Philosoph (*etwa* 790 bis *etwa* 869 n. Chr.) im Besitz eines Manuskripts über eine wissenschaftliche Arbeit von Archimedes gewesen war, die offensichtlich ihren Weg nach Florenz gefunden hatte, bevor sie verloren gegangen war. Wie N. G. Wilson dazu gesagt hat: »Dieses Manuskript existierte vielleicht noch bis in die Renaissance hinein, denn wahrscheinlich ist es der sehr alte Kodex, der den Schreibern jener Zeit wegen seiner archaischen Schrift und den vielen Abkürzungen soviel Schwierigkeiten bereitete.« Tatsächlich wäre es sehr schwierig gewesen, die ältesten Originalmanuskripte von Archimedes zu lesen, denn er hatte in einem als dorisch bekannten griechischen Dialekt geschrieben. Selbst unmittelbar nach seinem Tod befanden es die Schreiber für notwendig, die Manuskripte im attischen Dialekt wiederzugeben, der von den größeren intellektuellen Kreisen des antiken Griechenlands benutzt wurde.

Tatsächlich existierte noch bis zum 6. Jahrhundert n. Chr., also 800 Jahre nach Archimedes, in Konstantinopel ein Manuskript von Archimedes mit dem sizilianisch-dorischen Originaldialekt! Es wurde von dem unermüdlich eifrigen Mathematiker und Gelehrten Eutozius von Askalon gefunden. Eutozius ist am bekanntesten für seine Kommentare zu dem mathematischen Werk *Kegelschnitte* von Apollonios von Perge, an dessen Manuskripten er ebenfalls hart arbeitete, um sie zu bewahren, und zu Claudius Ptolemäus' astronomischem Werk *Almagest*. Eutozius war ein Freund von Anthemius und widmete ihm seine *Anmerkungen zu Apollonios*. Dieses Werk liefert weiteres interessantes Hintergrundmaterial zu Anthemius' Versuchen, den Brennspiegel von Archimedes nachzubauen, denn offensichtlich gab es zu jener Zeit in Konstantinopel eine Gruppe von Wissenschaftler-Kollegen, die sich damit beschäftigten, das, was man von Archimedes' Werken noch finden konnte, zu retten und mit seinen Erfindungen zu experimentieren. Zu dieser Gruppe gehörte auch Isidor von Milet, der mit Anthemius am Bau der Hagia Sophia arbeitete. Ebenso mit von der Partie waren Proklus, der Wissenschaftler, der im Hafen von Konstantinopel Schiffe in Brand gesetzt hatte, Eutozius und Anthemius selbst. Jeder von ihnen war für sich selbst ein brillanter Wissenschaftler bzw. Mathematiker. Es scheint, als ob diese Gruppe, vereint für diese Ziele, bisher nicht als solche erkannt worden war.

Es wäre eine mühevolle Aufgabe, die Diskussionen über Brennspiegel, die seit dem 15. Jahrhundert vielleicht geführt wurden, nachzuvollziehen, da dies bedeuten würde, viele schwer verständliche Manuskripte durchzuforsten, und das wäre höchstwahrscheinlich nutzlos. Doch im Jahre 1550 habe ich den Faden wieder aufgenommen. Dies war das Jahr, in dem das faszinierende Renaissance-Genie Girolamo Cardano (1501–1576, im Lateinischen auch bekannt als Hieronymus Cardanus, im Englischen als Jerome Cardan) sein berühmtes Buch *De Subtilitate* (Über die Subtilität) veröffentlichte, welches unter den Myriaden anderer Themen, die diese schwindelerregende Enzyklopädie füllen, Diskussionen über Brennspiegel, inspiriert durch Archimedes, beinhaltet. An diesem Punkt, so könnte man sagen, wurde das Thema der archimedischen Brennspiegel Teil des Mainstreams dessen, was wir heute als »modernen« wissenschaftlichen Diskurs bezeichnen würden.

In *De Subtilitate*, Buch Vier, »De Lucine & Lumine« (was in der von ihm formulierten Terminologie »Über die Quelle des Lichts und der Lichtstrahlen, die von ihm fortströmen« bedeutet) spricht Cardano viele optische Phänomene an, einschließlich Linsen und Spiegel. Auf Seite 105 der ersten Ausgabe (1550) zählt er drei verschiedene Wege auf, unter Benutzung eines Spiegels ein Feuer zu erzeugen, und zitiert als Beweisquelle Archimedes. Auf Seite 106 erwähnt er das Thema: »Über einen Spiegel, der weit entfernte, sich nähernde Schiffe in Brand setzt.« Er zitiert den Bericht, der von Galen bewahrt wurde, und setzt ihn mit dem Prinzip von Parabolspiegeln in bezug, das er gerade angesprochen hatte und für das er ein Diagramm abdruckt. Da Cardano sich die Werke von Galen wegen seiner medizinischen Aktivitäten voll einverleibt hatte, war es unvermeidlich, daß er auf Galens Bericht über den Brennspiegel des Archimedes stieß. Es ist zu bezweifeln, daß auch nur ein einziger von Galen formulierter Satz Cardano unbekannt war. Cardano zitiert keine anderen Berichte über den archimedischen Brennspiegel aus der Antike und kannte sie wohl auch nicht.

Dies gab Anlaß zu den »modernen« Diskussionen über die Brennspiegel des Archimedes. Es brauchte nicht lange, bis die nächste Erwähnung ein Jahr später, 1551, erschien. Ein weiterer brillanter Mathematiker, Robert Recorde (Record) — der Mann, der das Gleichheitszeichen (=) erfunden hatte —, besprach die Angelegenheit in seinem Buch *The Pathway to Knowledge, Containing the First Principles of Geometrie*. Er lobt den Nutzen der Geometrie und hebt ihre Wichtigkeit im Krieg hervor:

»Und was Kriege betrifft: Ich denke, es ist ausreichend, daß Vegetius und nach ihm auch Vasturius sich lobend über den Gebrauch der Geometrie in Kriegen geäußert haben, doch all ihre Worte scheinen nichts auszusa-

gen, im Vergleich zum Beispiel mit Archimedes' wertvollen Arbeiten mit der Geometrie zur Verteidigung seines Landes (...). Er setzte auch die Kunst der Perspektive ein, die ein Teil der Geometrie ist [hier ist die Wissenschaft der Optik gemeint], und ersann in der Stadt Syrakus Gläser, die die Schiffe des Feindes weit weg von der Stadt in Brand setzten, was eine hervorragende politische Sache war.«

Der nächste, der den archimedischen Brennspiegel erwähnt, war ein weiterer berühmter Wissenschaftler der Renaissance, Giambattista della Porta, in seinem Bestseller mit dem Titel *Magia Naturalis* — eine weitere erstaunliche Enzyklopädie und noch sensationeller als die Sammlungen von Cardano, doch wissenschaftlich wohlfundiert. Die erste Ausgabe erschien 1558 in Neapel, als della Porta Anfang 20 war. Er sagte, er hätte das Werk mit 15 Jahren zu schreiben begonnen — zweifellos ein Wunderkind.

Manchmal muß man in bezug auf Forschung eine Linie ziehen. Ich habe nie die erste Ausgabe von della Portas Buch zu Gesicht bekommen, und in der Britischen Bibliothek zum Beispiel existiert von ihr keine Kopie. Ich glaube, auf der ganzen Welt existieren nur drei oder vier Kopien. Die erste Ausgabe war kurz (in vier Büchern) und nur ein Bruchteil der überarbeiteten Version (in zwanzig Büchern), die della Porta als reifer junger Mann im Alter von 31 Jahren 1589 herausbrachte. Ich bedaure, daß ich nicht sagen kann, ob della Porta den archimedischen Brennspiegel bereits 1558 erwähnt hat. Doch 1589 schrieb er ausgiebig über Brennspiegel in den Kapiteln 14, 15 und 17 von Buch 17. Er bezog sich auf den Gebrauch des Brennspiegels, nicht nur durch Archimedes in Syrakus, sondern auch durch Proklus in Konstantinopel. Und was am wichtigsten ist: Er erinnert sich daran, daß er selbst so wirkungsvolle Brennspiegel hergestellt hat, daß er glaubte, es wäre möglich, einen konzentrierten Lichtstrahl zum Mond zu richten und eine geschriebene Botschaft auf seine Oberfläche zu projizieren! (Da dies natürlich zur Tageszeit geschehen mußte, wenn die Sonne schien, konnten erwartungsgemäß nur Bewohner des Mondes diese Botschaft lesen.)

An diesem präzisen Punkt im Jahre 1589, so könnte man sagen, eskalierte das Konzept einer Waffe, die mit Hilfe eines Brennspiegels auf Entfernung Ziele in Brand setzen konnte, zu einer richtiggehenden Idee eines »Todesstrahls«, so wie wir sie heutzutage aus Science-Fiction-Stories und Pentagon-Forschungsarbeiten kennen. Zukünftige Historiker, die über die Geschichte des Laser-Strahls als Waffe schreiben werden, könnten diesen frühesten uns bekannten Hinweis auf einen Strahl zitieren, der in Form kohärenter [von der Frequenz her identischer, A. d. Ü.] Wellen den Mond erreichen und als Todesstrahl bezeichnet werden konnte, dem della Porta ohne zu zögern die Fähigkeit zuschreibt, »unendliche Entfernungen« zurücklegen zu können, »der alles, was ihm in den Weg kommt, verbrennt«.

Es ist wichtig zu betonen, daß die lebendige Vorstellungskraft dieses Wissenschaftlers der Renaissance direkt durch die Errungenschaften des Archimedes im 3. Jahrhundert v. Chr. inspiriert worden war, sowie durch ein fortlaufendes Band an Überlieferungen, von denen ich hier einen großen Teil präsentiert habe. Niemand, den ich kenne, hat je die bemerkenswerte Vorhersage bemerkt, die della Porta über kohärente Lichtstrahlen abgab — die heute in Form von Laser-Strahlen existieren und tatsächlich den Mond erreichen sowie als zerstörerische Strahlen im Krieg eingesetzt werden können. Della Portas Bemerkungen sind so interessant, daß ich hier einen Auszug aus einer englischen Übersetzung aus dem Jahre 1658 wiedergebe:

»Ich komme nun zu Brenngläsern, die, wenn man sie gegen die Sonnenstrahlen ausrichtet, Dinge entzünden, die unter sie gelegt werden; hierin liegen auch die größten bekannten Geheimnisse der Natur. Ich werde beschreiben, was von Euklid, Ptolemäus und Archimedes herausgefunden wurde, und ich werde unsere eigenen [d. h. seine eigenen; der Übersetzer benutzt hier den höflichen Plural] *Erfindungen hinzufügen, so daß der Leser beurteilen kann, wie weit die neuen Erfindungen die alten übertreffen. Feuer wird durch Reflexion, Refraktion und durch ein einfaches Glas entzündet (...). Dies nennt man einen Parabol-Ausschnitt eines Spiegels, der die Dinge in weiterer Entfernung und in kürzerer Zeit entzündet, die dem Spiegel gegenübergestellt werden. Er bringt Blei und Zinn zum Schmelzen. Meine Freunde sagten mir, er täte dies auch mit Gold und Silber, doch konnte ich sie nur zur Rotglut bringen. Wie es bei Galen und vielen anderen heißt, hatte Archimedes mit Hilfe dieser Erfindung die römische Flotte in Brand gesetzt, als Marcellus Syrakus belagert hatte. Plutarch sagt in seinem* Leben des Pompilius [er meint das Werk, das wir heute als Leben des Numa bezeichnen], *daß das Feuer, das in Dianas Tempel* [in Wirklichkeit der Tempel der Vesta] *brannte, durch dieses Glas* [»Glas« wird hier in der Bedeutung von »Spiegel« benutzt] *entzündet wurde, das heißt, durch Instrumente, die so geformt sind, daß das Licht, das auf sie fällt, ein gemeinsames Zentrum hat. Wenn*

man diese deshalb gegen die Sonne hält, (...) entzünden sie alle brennbaren Stoffe (...). Cardanus [Girolamo Cardano] lehrt, wie solch ein Glas angefertigt werden sollte. (...) Und wenn es wahr sein sollte, daß Archimedes mit Hilfe eines solchen Parabolglases [d. h. Parabolspiegels; Cardano empfiehlt diese Parabolform ganz besonders] *die Schiffe von den Stadtmauern aus in Brand gesetzt hat, hätte die Entfernung nicht größer als zehn Schritte sein können, wie es aus den Worten der Autoren selbst hervorgeht. (...) Zonaras, der Grieche, schreibt im dritten Band seiner Geschichte, daß Anastasius die Massen gegen Vitalian, einen Thraker, aufwiegelte, und daß er die Leute aus Mysia und die Skythier auf seine Seite bekam. Und im Land in der Nähe von Konstantinopel plünderte er das Gebiet und belagerte die Stadt mit einer Flotte. Marianus stellte sich ihm entgegen, und in einer Seeschlacht wurde mit einer von Proklus, einem ausgezeichneten Mann, erbauten Maschine die Flotte des Feindes vernichtet. Proklus war berühmt für seine Errungenschaften auf den Gebieten der Philosophie und Mathematik. Er kannte nicht nur alle Geheimnisse des in der Kriegskunst bewanderten Archimedes; er erfand auch von sich aus neue Dinge. Es wird berichtet, Proklus hätte Brenngläser* [Brennspiegel] *aus Messing hergestellt, sie an die Mauern gehängt und gegen die feindlichen Schiffe gerichtet. Und als die Sonnenstrahlen auf sie fielen, brach auf den Schiffen Feuer aus, als wenn ein Blitz eingeschlagen hätte, und brannte die Schiffe auf See mit ihrer gesamten Besatzung nieder, wie es auch Archimedes, nach dem Bericht von Dion* [Dio Cassius], *mit den Römern, die Syrakus belagerten, gemacht hat. Doch ich werde Ihnen einen noch exzellenteren Weg zum Abschluß zeigen, von dem, soweit ich weiß, noch nie jemand etwas geschrieben hat. Es übertrifft alle Erfindungen aus der Antike und auch aus unserer Zeit, und ich glaube, es liegt jenseits dessen, was der Mensch begrifflich verstehen kann. Dieses Glas* [Spiegel] *setzt nicht nur Dinge in einer Entfernung von zehn, zwanzig, hundert oder tausend Schritten in Brand, sondern Dinge, die unendlich weit weg sind. Es entzündet auch nicht Dinge in dem Konus, wo sich die Strahlen treffen; die Brennlinie erstreckt sich aus dem Zentrum des Glases heraus zu jeder beliebigen Länge, und es verbrennt alles, was sich in seinem Wege befindet. Außerdem entzündet es Dinge dahinter, davor und auf allen Seiten!«*[4]

Er beschreibt dann im weiteren, wie man diese Wunderwaffe baut, und deutet an, daß man im Prinzip mit ihr eine geschriebene Botschaft auf die Mondoberfläche projizieren könnte. Seine Beschreibungen aller Arten von Brennspiegeln und -gläsern sind sehr ausführlich, aber er erwähnt keinen der antiken Autoren oder Wissenschaftler mehr. Aus seinen Anmerkungen wird klar, daß nicht nur er, sondern auch seine »Freunde« — wer immer diese gewesen sein mögen — solche Brennspiegel zu Experimentierzwecken gebaut haben. Diejenigen, die seine Freunde gebaut haben, konnten offensichtlich auch Gold und Silber schmelzen, wohingegen della Porta dies nicht gelang; er konnte die Metalle lediglich bis zur Rotglut erhitzen. Es ist also offensichtlich, daß es mehrere Leute »gepackt« hatte, die Archimedes nicht in Frieden ruhen lassen wollten.

Dieser Anreiz war es, der das Interesse an Archimedes' Brennspiegeln und möglichen Verbesserungen entfachte und einen weiteren sehr bemerkenswerten Mann auf der Szene erscheinen ließ. Hier treffen wir auf Pater Athanasius Kircher (1602–1680), einen Jesuiten und Wissenschaftler und weiteren »Renaissance-Mann«, obgleich er nach der Renaissance-Zeit lebte. Er war deutscher Abstammung, lebte jedoch von 1630 bis zu seinem Tod 47 Jahre später in Rom. Er war ein enger Freund des Kardinals Barberini. John Fletcher schrieb in seinem Werk *Astronomy in the Life and Correspondence of Athanasius Kircher* dazu:

»Er wurde zum schwarzgewandeten Orakel Roms, engster Vertrauter von Päpsten und Kaisern, Korrespondent führender Gelehrter und Geister Europas und der Welt. Besucher der ewigen Stadt verließen dieselbe nur selten, ohne einen Versuch zu unternehmen, Pater Kircher zu sehen. Seine umfassenden Werke wurden immer mit großem Interesse erwartet, seine Briefe wurden unter anderem von Leibniz demütig erbeten.«

Jeder, der einen Blick auf Kirchers riesige Bücher warf, die sich mit so vielen verschiedenen Themen beschäftigten, konnte nur perplex sein angesichts seiner Gelehrsamkeit und seiner vielfältigen Interessen. Noch erstaunlicher mutet die scheinbar unbegrenzt zur Verfügung stehende Menge an Geld an, die ihm zur Vorbereitung zur Verfügung gestanden haben muß. Die Geldsäckel der römischen Kirche müssen vollständig von innen nach außen gedreht worden sein, daß soviel Mammon aus ihnen herausfloß. Die großartigen und zahlreichen Stiche und Gravuren der besten verfügbaren Künstler, das edle luxuriöse Papier und die Buchbindung machten Kirchers Bücher zu *objets d'art*. Zwei Stiche, die Brennspiegel wiedergeben, sehen Sie in den Abbildungen 25 und 26. Diese entstammen Kirchers Buch über Optik mit dem Titel *Ars Magna Lucis et Umbrae* (Die große Kunst des Lichtes und des Schattens), ein gigantischer Wälzer voll spektakulärer Stiche. Kircher hatte sogar ein eigenes Museum, voll mit seinen Geräten und Erfindungen, und für nahezu alles, was er konstruieren wollte, standen Geldmittel zur Verfügung. Dies beinhaltete auch Brennspiegel.

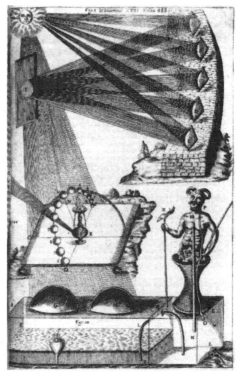

Abbildung 25: Einer der 1646 von Athanasius Kircher veröffentlichten Stiche, der seine Technik des Gebrauchs von mehrfachen Spiegelreflexionen wiedergibt, um Archimedes' Tat nachzuvollziehen. Hier werden fünf Spiegel gezeigt, die gemeinsam die Strahlen der Sonne von den Punkten A, B, C, D und E zum Brennpunkt F reflektieren, wo man erkennen kann, daß sie ein Loch durch ein Holzbrett oder eine Metallplatte brennen. Kircher hatte solche Experimente tatsächlich durchgeführt, indem er viele einzelne Spiegel nahm und die reflektierten Sonnenstrahlen in einem Punkt zusammenführte. Auf diese Weise setzte er Holz in Brand, das mehr als vierzig Meter von den Spiegeln entfernt war. Im unteren Teil des Bildes erhitzen die Sonnenstrahlen eine Apparatur zur Erzeugung von Dampf, an die verschiedene ausgeklügelte Geräte angeschlossen sind. (Aus: *Ars Magna Lucis et Umbrae* von Athanasius Kircher, Rom, 1646. Nachdruck Amsterdam, 1671.)

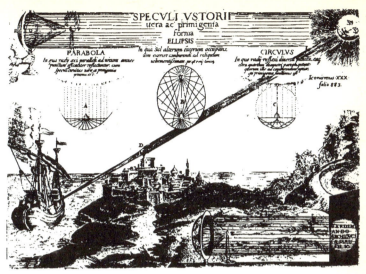

Abbildung 26: 1646 veröffentlichte Athanasius Kircher seine imaginäre Sicht einer gigantischen Linse (Punkt »D«) auf der Spitze eines Turms in Syrakus auf Sizilien, die die Strahlen der Sonne im Punkt »S« auf dem Schiff des römischen Admirals Marcellus bündelt. Man sieht, wie als Ergebnis der gebündelten Sonnenstrahlen Flammen und Rauch aus dem Schiff emporsteigen. Kircher veröffentlichte diese graphische Darstellung, wie Archimedes eine Linse statt eines Spiegels benutzt, obwohl er selbst bei seinen eigenen Versuchen, Archimedes' Tat nachzuvollziehen, Spiegel statt Linsen benutzte. Doch experimentierte Kircher auch sehr viel mit Brennlinsen. Links oben im Bild kommt eine mysteriöse Hand aus einer Wolke hervor und hält einen Parabolspiegel, der die Sonnenstrahlen bündelt und ein rundes Objekt zur Entzündung bringt. »Todesstrahlen« mittels Reflexion und Refraktion werden also beide in dieser dramatischen Szene wiedergegeben. Rechts unten im Bild reflektiert ein Parabolspiegel das Licht einer Kerze (Punkt »E«) auf eine Oberfläche und enthüllt so eine geheime Botschaft. Verschiedene Prinzipien der Reflexion an unterschiedlichen Oberflächen werden in A, B und C wiedergegeben. (Aus: *Ars Magna Lucis et Umbrae* von Athanasius Kircher, Rom, 1646. Nachdruck Amsterdam, 1671.)

In seinem Werk *Ars Magna Lucis et Umbrae* (Die große Kunst des Lichtes und des Schattens) widmete Kircher viele Seiten Archimedes und seinem Brennspiegel. Er veröffentlichte den in Abbildung 26 wiedergegebenen Stich, der nach seiner Vorstellung Archimedes' Heldentat wiedergibt, allerdings als Refraktion durch ein riesiges Brennglas statt durch Reflexion mittels eines Brennspiegels. Kircher sprach auch das Brennglas des Proklus bei Konstantinopel an. Und wo della Porta Zonaras zitierte, ging Kircher einen Schritt weiter und zitierte eine Passage auf griechisch von Tzetzes, für die er eine lateinische Übersetzung lieferte. Kircher hatte offensichtlich Cardano und della Porta gelesen, die er beide zusammen mit Galen, Diodorus Siculus, Livius und Polybius zitiert. Er verbringt sehr viel Zeit damit, della Portas Kommentare zu besprechen. Kircher war so sehr bestrebt, die Dinge richtig und vollständig zu verstehen, daß er sogar den Hafen von Syrakus besuchte, um das Terrain zu inspizieren!

Im Jahre 1766 liefert Louis Dutens eine interessante Zusammenfassung von Kirchers Anmerkungen zur Optik:

»*Pater Kircher, der aufmerksam Tzetzes' Beschreibung der archimedischen Brenngläser studiert hatte, entschloß sich zu beweisen, daß dies möglich ist. Mit Hilfe einer Anzahl von ebenen Spiegeln bündelte er die Sonnenstrahlen zu einem Brennpunkt; er verstärkte auf diese Weise die Hitze der Sonne zu einem höchst intensiven Grade (…). [Kircher] erwähnt ein Experiment, das er selbst mit fünf Spiegeln durchgeführt hat, mit denen er im gemeinsamen Fokus eine ausreichend große Hitze erzeugte, um Objekte zu entzünden. Er vermutet, daß Proklus mit solchen Mitteln vielleicht Vitellius' Flotte in Brand gesetzt haben könnte, und ermutigt die handwerklich Begabten, dies zu perfektionieren. Tzetzes Beschreibung des Glases, von dem Archimedes Gebrauch machte, ist sehr passend, um eine Idee, wie Kircher sie vorgeschlagen hat, auf den Plan zu rufen.*«

Zur Zeit jedoch, als Dutens dies schrieb, wurden noch spektakulärere Erfolge auf diesem Gebiet erzielt. Der Comte du Buffon konstruierte Brennspiegel, die aus vielen einzelnen Spiegelsegmenten bestanden und von denen, wie ich schon erwähnte, zwei in Paris erhalten sind. Eines seiner Instrumente besaß 168 einzelne Spiegelsegmente — alle ausgerichtet auf einen gemeinsamen Brennpunkt. Auch Kircher verwendete viele Spiegel, wie man in seinen Stichen sehen kann, Und er hatte Holz auf eine Entfernung von mehr als 40 Metern zur Entzündung gebracht. Doch Buffon sprengte auch diesen Rahmen noch; sein Erfolg war so eindrucksvoll, daß selbst der sonst so skeptische Edward Gibbon in sich hineingrummelnd seine Meinung über Archimedes schließlich änderte, wie wir schon sahen.

Ein Gelehrter der Neuzeit, Klaus Mielenz, hat die Situation sehr gut zusammengefaßt:

»*Buffon hat ursprünglich angenommen, daß es dazu eines Konkav-Spiegels bedarf. Er berechnete die Spiegelmaße und kam zu dem Ergebnis, daß solch ein Spiegel einen Krümmungsradius von 120 Metern und einen Durchmesser von 2,5 bis 3 Metern haben müßte. Solch ein Spiegel konnte jedoch weder zu seinen noch zu Zeiten Archimedes' gefertigt werden. Doch dann wurde Buffon eine wichtige Sache klar: Dadurch, daß die Sonne einen bestimmten Durchmesser am Himmel hat, würde der Brennpunkt in 120 Metern Entfernung etwa 60 cm im Durchmesser groß sein — so daß man denselben Effekt auch mit vielen kleinen ebenen Spiegeln erreichen kann. Wohingegen unendlich kleine Spiegel (wie zum Beispiel bei einer Lochkamera) dieselbe Punktgröße liefern wie ein Konkav-Spiegel, ist der Punkt von einem ebenen Spiegel lediglich so groß wie der größte dieser Spiegel, das heißt für einen 15-Zentimeter-Spiegel etwa 60 Zentimeter. Überzeugt davon, daß auch Archimedes dies wohl nicht entgangen sein dürfte, schritt Buffon voran mit der Anfertigung einer rechteckigen Konstruktion, bestehend aus 168 ebenen Spiegeln, jeder mit 25 cm Länge und 20 cm Breite und individuell justierbar, so daß sie alle auf einen gemeinsamen Brennpunkt gerichtet werden konnten. Diese Apparatur zusammenzubauen war beileibe nicht einfach, und aus 500 Spiegeln insgesamt mußten die besten 168, die in 45 Metern Entfernung noch einen kleinen Reflexionspunkt aufwiesen, ausgesucht werden. Einmal zusammengebaut, konnte man die tragbare Vorrichtung jedoch innerhalb einer halben Stunde aufstellen und auf das gewünschte Ziel ausrichten.*

Buffon berechnete für seine Spiegel eine Wirksamkeit bis zu 45 Metern Entfernung und bekräftigte dies mit einer Reihe von Tests, bei denen er verschiedene Segmente des Spiegels benutzte und unterschiedliche Ziele sowie Entfernungen aussuchte. Zur Mittagszeit des 23. März 1747 brachte er ein mit Kreosot [aus Holzteer destilliertes Öl, A. d. Ü.] *bestrichenes Stück Birkenholz mit nur 40 Spiegeln in fast 20 Metern Entfernung zur Entzündung, und eine Stunde später mit 98 Spiegeln ein mit Kreosot bestrichenes geschweseltes Stück Holz in fast 40 Metern Entfernung. Am 5. April um 16.00 Uhr — es war teils bewölkt — brachte er in weniger als 90 Sekunden mit 154 Spiegeln eine Mischung aus geschwefelten Pinienholzstücken und Kohle in 45 Metern Entfernung zur Entzündung. Am Nachmittag des 10. April brauchte es bei klarem Himmel nur 128 Spiegel, um ein mit Kreosot bestrichenes Stück Pinien-*

holz sofort zu entzünden. Am darauffolgenden Tag brauchte es 45 Spiegel, um über eine Entfernung von 6,5 Metern eine 3 kg schwere Zinnflasche zum Schmelzen zu bringen, und 117 Spiegel, um dasselbe mit Silberscheiben zu tun. Insgesamt führte Buffon etwa ein Dutzend solcher Experimente durch, die alle erfolgreich waren. Schlechtes Wetter zwang ihn dazu abzubrechen, doch er betrachtete sein Ziel als erreicht. Da er schon im Frühjahr bei noch relativ schwacher Einstrahlung auf Entfernungen von bis zu 45 Metern kam, hatte Buffon keinen Zweifel daran, mit seinen Spiegeln im Sommer Entfernungen von 60 oder sogar 120 Meter erreichen zu können. Archimedes hätte unter Verwendung von Metall- statt Glas-Spiegeln dasselbe getan haben können.«[5]

Eine andere Person sollten wir hier nicht unerwähnt lassen, nämlich Pater Gaspar Schott, einen Jesuiten und Wissenschaftler, der Kirchers Schüler war. Auch er konstruierte Brennspiegel, die sehr erfolgreich waren, doch ist er weniger bekannt. Ein Viertel von Schotts großem Buch *Magia Naturalis* war der Optik gewidmet. Das Buch enthielt einen sehr ausführlichen Bericht über den Brennspiegel oder das Brennglas des Archimedes, zusammen mit der allgemeinen Frage zu Spiegeln, die Dinge über eine Entfernung hinweg entzünden. Das Buch enthielt auch, wie Kirchers, einen Stich, der Archimedes' Apparatur zeigt, wie der Autor sie sich vorgestellt hat, und genau wie Kircher in seinem Buch ein Bild einer gigantischen Linse zeigte, so zeigte auch Schotts Bild eine auf einer Turmspitze angebrachte Linse statt eines Spiegels.

Wir können an dieser Stelle aus Platzgründen die weitere Geschichte der Brennspiegel nicht weiter verfolgen. Es gibt zu diesem Thema massenhaft Literatur. Es stimmt, daß spätere Versuche erstaunliche Entdeckungen hervorbrachten; ich fand einige außergewöhnlich obskure Veröffentlichungen voll mit Details, bei denen mir die Haare zu Berge standen. Der Umgang mit Brennspiegeln und -linsen erreichte ein faszinierendes Niveau. Viele der Experimentatoren waren Deutsche, und Berichte über ihre Aktivitäten kann man nur noch in alten vergessenen Zeitschriften aus dem 18. oder 19. Jahrhundert finden, die ich vielleicht zu gewissenhaft durchgekämmt habe, denn letztendlich habe ich nichts von diesem Material benutzt! Und ein englischer Experimentator des 19. Jahrhunderts fertigte eine Brennlinse an, die so groß und lichtstark war, daß sie nahezu jedes Metall innerhalb von Sekunden zum Schmelzen bringen konnte. Ein zeitgenössischer Stich davon ist in Abbildung 27 zu sehen. Das Original wird vermutlich irgendwo in der Verbotenen Stadt in Peking aufbewahrt, wo ich hoffe, es eines Tages finden zu können. Eine der kleineren Brennlinsen wird im *Ashmolean Museum* in Oxford aufbewahrt.

Abbildung 27: Samuel Parkers Brennglas, dargestellt in einem anonymen zeitgenössischen Stich aus dem Jahre 1840. Nach Parkers Freund, dem Reverend J. Joyce (*Scientific Dialogues*, 1844, S. 249–250), verfügte diese »von Mr. Parker aus der Fleet Street« angefertigte Linse über einen sehr großen Durchmesser: »Er fertigte eine Linse mit einem Durchmesser von über einem Meter an, und in ihrer Befestigung wies sie immer noch einen Innendurchmesser von 90 Zentimetern auf. Mit Hilfe einer weiteren Linse reduzierte er die Größe des Brennpunkts auf weniger als 1,5 Zentimeter. Die so im Brennpunkt erzeugte Hitze war so stark, daß Eisenscheiben innerhalb weniger Sekunden zum Schmelzen gebracht wurden. Schieferplatten und Ziegel erhitzten sich in Sekundenschnelle bis zur Rotglut und schmolzen oder verglasten. Schwefel, Pech und andere harzige Materialien wurden selbst unter Wasser geschmolzen. Die Asche von Holz und verschiedenen Pflanzen wurden augenblicklich in transparentes Glas umgewandelt. Selbst Gold verflüssigte sich in Sekunden. Trotz der intensiven Hitze im genauen Brennpunkt konnte man den Finger bis auf 2,5 Zentimeter an ihn heranhalten, ohne die geringste Verletzung zu erleiden. (…) Mr. Parkers Neugier führte ihn dazu auszuprobieren, wie sich die Hitze im exakten Brennpunkt anfühlen würde, und er beschreibt, sie fühle sich an wie die Hitze eines Feuers oder einer Kerze. (…) Ein Stück Holz, das sich in einem mit Wasser gefüllten Dekantiergefäß befindet, wird zu Kohle verbrannt. (…) Wenn man in ein Stück Holzkohle eine Vertiefung schneidet und die zu schmelzende Substanz in diese Vertiefung gibt, verstärkt sich der von der Linse erzeugte Effekt um ein Vielfaches. Jedes so eingefügte Metall schmilzt augenblicklich, und das Feuer schlägt Funken, so als ob man eine Esse mit dem Blasebalg entfacht.« Diese bemerkenswerte Apparatur ging vor 1840 in die Sammlung des Kaisers von China über, wo sie sich vermutlich neben all den teuren Uhren und mechanischen Gerätschaften befindet, die sich zu Hauf in den Ausstellungsvitrinen und Lagerräumen in Pekings Verbotener Stadt befinden. (Sammlung Robert Temple.)

Der Punkt, an den man sich bei all diesem erinnern sollte, ist, daß die ganze Sache im 3. Jahrhundert v. Chr. ihren Anfang genommen hatte, als Archimedes das bekannte Phänomen des Brennspiegels aufnahm und das Konzept erweiterte, um die erste Brennspiegel-*Waffe* der Weltgeschichte zu konstruieren. Alle späteren Leute, denen wir in dieser Geschichte begegnet sind und die lichtstarke Brennspiegel und -linsen gebaut haben, um phantastisch kraftvolle Brennpunkte zu erzeugen und Dinge über eine Entfernung hinweg in Brand zu setzen, hatten Archimedes nachgeahmt, ebenso wie alle anderen, die ihnen folgten und die wir hier unerwähnt lassen müssen. Dieses Konzept eines »Todesstrahls«, wie wir es umgangssprachlich bezeichnen können, hielt sich durch alle Jahrhunderte hindurch bis zum heutigen Tag. Und heute hat es seine wahre Form gefunden, denn dasselbe Konzept findet sich heute in den kohärenten Strahlen des Lasers. Das Wort »Laser« ist übrigens eine Abkürzung, zusammengesetzt aus den Anfangsbuchstaben der Worte »**l**ight **a**mplification by **s**timulated **e**mission of **r**adiation«, zu deutsch »Lichtverstärkung durch angeregte Ausstrahlung«. Es bedarf nicht mehr der Sonne, doch Spiegel werden immer noch benutzt, denn das kohärente Licht wird erst ausgestrahlt, nachdem es in einer kleinen Kammer mehrmals zwischen zwei Spiegeln hin- und herreflektiert wurde! Archimedes ist immer noch lebendig!

Zum Abschluß dieser Geschichte können wir nicht die faszinierende Geschichte von Ioannis Sakas unterschlagen. Er wußte nichts von Anthemius, Proklus, Kircher, Schott, Buffon oder irgendeinem anderen Menschen, der große Brennspiegel gebaut hatte. Tatsächlich war ihm nur Archimedes bekannt. Dr. Sakas wollte es auf eigene Faust versuchen, ebenso wie viele andere vor ihm. Doch er dachte, er wäre der erste gewesen! Ich entdeckte dies, als ich ihn in seinem Haus in einem verschlafenen Vorstadtbezirk von Athen besuchte. Er gab mir das auf Tafel 47 wiedergegebene Foto, viele Zeitungs- und Zeitschriftenausschnitte und seine eigenen Niederschriften. Es ist wichtig, einen kurzen Abriß seiner Errungenschaften einzuflechten, denn auf vielerlei Weise waren sie die eindrucksvollsten von allen, die den Versuch unternommen hatten Archimedes zu imitieren. Und letztendlich wurde er mit bemerkenswertem Erfolg belohnt, über den auf der ganzen Welt berichtet wurde.

Dr. Ioannis Sakas wurde 1925 in Lastros auf Kreta geboren, wo sein Vater George Sakas als Bauingenieur arbeitete. Auch Ioannis interessierte sich für das Ingenieurwesen und erlangte einen Doktortitel in Maschinenbau und Elektrotechnik. Er hatte einen Lehrstuhl für diese Gebiete an der griechischen Luftwaffen-Akademie in Athen, und von 1954 bis Juni 1973 arbeitete er als Ingenieur für die griechischen Elektrizitätswerke. Schon im Alter von sieben Jahren war Ioannis fasziniert von Brenngläsern, mit denen er als Junge ständig spielte. Zu dieser Zeit erzählte man ihm einige volkstümliche Legenden über die Region auf Kreta, wo er lebte. Eine davon war, daß der Grund, weshalb die Erde dort so dunkel war, der ist, daß die alten Griechen sie wiederholt verbrannt hatten, als sie ständig mit Brenngläsern in den Feldern umhergegangen waren, die sie auf den Boden gerichtet hatten. Diese Geschichte hinterließ bei ihm einen starken Eindruck, und er beschloß herauszufinden, wie sie das mit Brenngläsern, die viel größer waren als seine, bewerkstelligt haben konnten.

Als Kind hörte Ioannis auch die berühmte Geschichte über Archimedes, wie er die römische Flotte zerstört hatte. So begann er, seine Werke und Berichte eingehend zu studieren, um herauszufinden, wie die Felder verbrannt worden sein könnten. Schließlich entlarvte er die Legende als falsch. Es war wahrscheinlich nur eine verzerrte Wiedergabe des Gebrauchs von Brenngläsern, um Stoppelfelder abzubrennen, auf die die Kreter zur Erhöhung der Wirkung abgeschnittene Pinienzweige legten. Nachdem das Stoppelfeld abgebrannt ist, sieht die Erde darunter wirklich schwarz aus. Zu diesem Zeitpunkt war Ioannis von Archimedes geradezu besessen und war völlig eingenommen von der Idee, das Experiment mit den Schiffen, die Archimedes in Brand gesetzt hatte, nachzuvollziehen. Einige Jahrzehnte später verwirklichte er sich seinen Traum. Doch so begann das Ganze überhaupt.

Ioannis ist die Art von Person, die im Traum etwas Unmögliches ersinnt und dann alles daran setzt, das Unmögliche möglich zu machen. Sein großes Interesse galt auch Alexander dem Großen und seinen Wegen von Griechenland nach Indien und zurück nach Babylon im 4. Jahrhundert v. Chr. Doch Ioannis war alles andere als ein Stubengelehrter und lief *zweimal* zu Fuß den ganzen Weg von Griechenland bis ins Indus-Tal an der indisch-pakistanischen Grenze und zurück. Er ist jedoch so bescheiden, daß kaum jemand davon weiß.

1966 veröffentlichte Ioannis einen Artikel in der griechischen Zeitschrift *Technike Chronika*, in dem er behauptete, Archimedes hätte die römische Flotte mit Spiegeln aus Kupfer von der Größe eines Schildes zerstört haben können. (Es war ihm nicht bekannt, daß eine Beschreibung der Heldentat von Proklus tatsächlich erläutert, wie er Schilde an die Stadtmauern von Konstantinopel gehängt hatte, um Vitellus' Flotte zu zerstören, was darauf hinweist, daß Proklus' Spiegel auch die Größe von Schilden hatten.) Schon in diesem Jahr, 1966, prüfte Ioannis seine Hypothese mit solchen ebenen Spiegeln, bevor er sein Papier veröffentlichte, und bewies experimentell, daß Archimedes tatsächlich auf diese Weise seine Tat vollbracht haben könnte.

Ioannis' nächste Veröffentlichung hierzu (auf französisch) erschien im Jahre 1971, während einer Konferenz über die Kooperation der Mittelmeerländer auf dem Gebiet der Solar-Energie. Diese beschäftigte sich mit Berechnungen darüber, wie man mittels Konzentration von Sonnenlicht durch Verwendung von Spiegeln oder Linsen nutzbringend Energie erzeugen könnte. Der Artikel war extrem technisch gehalten, beinhaltete komplizierte mathematische Gleichungen und war deshalb nur für Wissenschaftler und Ingenieure verständlich.

Ab 1971 begann Ioannis dann damit, sein faszinierendes Projekt, Archimedes nachzuahmen, in die Tat umzusetzen. Er hatte herausgefunden, daß es am besten wäre, wenn einzelne Personen je einen ebenen Spiegel hielten. Er kam somit zu denselben Schlußfolgerungen wie Anthemius, obwohl er ihn und dessen Schriften nicht kannte. Er überredete die Technische Kammer von Griechenland in Athen für dieses Experiment zum Kauf vieler rechteckiger Spiegel von der Größe eines Menschen. Die Spiegel hatten alle eine Länge von 1,7 und eine Breite von 0,7 Metern. Es stellte sich als zu teuer heraus, die Spiegel aus massivem Kupfer anfertigen zu lassen; so beschränkte er sich auf Glasscheiben, auf die eine Kupferfolie aufgeklebt war. Von diesen stellte er 200 her.

Ioannis hatte für sich beschlossen, daß Archimedes die römische Flotte vernichtet haben muß, indem er auf den Stadtmauern von Syrakus Soldaten aufgereiht hatte, die jeweils einen Spiegel trugen. So beschrieb er es:

»Es war jedoch leicht für Archimedes, sich die ebenen Spiegel auszudenken, sie zu testen und einzusetzen, mit denen ich 1966 experimentierte. (...) So habe auch ich experimentell nachgewiesen, daß es Archimedes möglich war, die römische Flotte in Brand zu setzen.

Archimedes hatte wahrscheinlich lange flache Schilde aus poliertem Kupfer benutzt und so Spiegel aus ihnen gemacht. Diese Spiegel wurden auf Befehl von Soldaten auf den Wällen eingesetzt. Je nach Entfernung der Schiffe, die angegriffen werden sollten, wurde die Sonnenenergie durch Reflexion an einer variablen Anzahl an Spiegeln auf die Schiffe konzentriert. So wären zum Beispiel für eine durchschnittliche Entfer-

nung von 30 oder 40 Metern nicht mehr als 50 Spiegel notwendig; bei einer Entfernung von 100 Metern (die größte Entfernung, auf die man einen Pfeil erfolgreich schießen kann) wären 200 Spiegel ausreichend gewesen, um die Takelage der Schiffe innerhalb kurzer Zeit in Brand zu setzen, vor allem die schwarzen und verölten Teile des Tauwerks oder die mit Teer bestrichenen Teile des Schiffs, sowie auch, um die Bogenschützen und die anderen Männer an Bord der Schiffe einer unerträglichen Hitze auszusetzen.

Mittels solcher leicht herstellbarer ebenen Spiegel, die schnell von einem Ort zu einem anderen transportiert und von einem einzelnen Soldaten genau aufs Ziel ausgerichtet werden konnten, hätte Archimedes den Feind erfolgreich überraschen können*. Nichts hätte dem Feind die Existenz dieser Spiegel enthüllen können, genau bis zu dem Moment, wo sie eingesetzt wurden und Hunderte oder gar Tausende von Soldaten mit Hilfe ihrer Spiegel-Schilde die Sonnenstrahlen auf die nächstgelegenen Schiffe reflektierten, so daß der Effekt schnell und sicher gewesen wäre. Der tatsächliche Schaden an den Schiffen wäre vielleicht nicht so ausschlaggebend gewesen wie* die Wirkung auf die Moral der Crew an Bord der Schiffe.«

Um seine Ideen einer Prüfung zu unterziehen, erhielt Ioannis Unterstützung von Professor Stamatis, dem griechischen Herausgeber der *Werke des Archimedes*. Mit dieser geschlossenen Gelehrtenfront vor sich war der Präsident der Technischen Kammer von Griechenland überzeugt und einverstanden, Geld für das Experiment zur Verfügung zu stellen und die Herstellung der Spiegel zu bezahlen. Ein speziell für das Experiment bereitgestelltes kleines Holzboot wurde im Hafen von Piräus in Position gebracht und sollte als Zielobjekt dienen. Die erste Probe wurde am 26. Juni 1973 am Fuße des Hymettus-Berges in Athen mit nur 50 mit Kupferfolie beschichteten Glas-Spiegeln, die auf leichten Eisenrahmen montiert waren, durchgeführt. Das Zielobjekt war etwa 40 Meter von den Spiegeln entfernt. Obwohl es ein diesiger Tag war, begann das Zielobjekt bereits drei Sekunden nach Einwirkung der reflektierten Strahlen zu rauchen. Bei diesem Test waren die Spiegel schlecht ausgerichtet worden, weil zu wenig Leute daran teilnahmen. Jede Person (Seemänner waren zu diesem Zeitpunkt noch nicht involviert) mußte gleichzeitig fünf Spiegel ausrichten! Ioannis schätzte, daß deshalb nur etwa 65 bis 70 Prozent der Spiegel tatsächlich genau auf das Zielobjekt gerichtet waren. Die Lichtverhältnisse an jenem Tag waren aufgrund des Wetters wechselhaft, doch dessen ungeachtet fing das Zielobjekt schnell Feuer.

Ein zweiter Test wurde für den 17. Juli am selben Ort geplant; diesmal sollten 100 Spiegel ein mit Teer bestrichenes Zielobjekt in 85 Metern Entfernung treffen. Ein weiteres Experiment mit 200 Spiegeln und einem Zielobjekt in 175 Metern Entfernung war ebenfalls geplant. Stark auffrischende Winde machten jedoch diese Tests unmöglich. 57 Freiwillige hielten je einen Spiegel auf ein 70 Meter entferntes Zielobjekt, ein mit Teer bestrichenes Stück Sperrholz. Es rauchte, entzündete sich aber nicht. Die Freiwilligen hantierten sehr ungeschickt mit den Spiegeln. Ioannis berechnete, daß für diese Entfernung mindestens 70 Spiegel erforderlich wären, um das Zielobjekt in Brand zu setzen.

Ein dritter Versuch wurde am 22. Juli wieder am selben Ort unternommen. Jeder Freiwillige richtete fünf Spiegel aus; insgesamt bestand die Versuchsanordnung diesmal aus 130 Spiegeln. Das Zielobjekt war ein mit Teer bestrichenes Stück Holz in 100 Metern Entfernung. Das Zielobjekt fing an zwei separaten Punkten Feuer. Ein weiterer Versuch wurde mit zwei kleinen Zielobjekten in 170 Metern Entfernung unternommen, doch nur eines von ihnen gab etwas Rauch ab. Ioannis berechnete, daß für diese Entfernung 200 statt 130 Spiegel notwendig wären.

Ein letzter Versuch wurde am 3. November in der Bucht von Kepal mit Unterstützung der griechischen Marine unternommen. 60 Spiegel verursachten eine nahezu unmittelbare Entzündung des Zielobjekts in 55 Metern Entfernung. (Die größere Disziplin der Seeleute trug wohl zu diesem Erfolg bei; die zuvor eingesetzten Freiwilligen waren keine Soldaten.) An diesem Tag schien die Sonne ohne Unterbrechungen, und es war windstill.

Das offizielle Experiment fand dann am 6. November 1973, einem windstillen Tag mit teils bewölktem Himmel, wieder in der Bucht von Kepal (Skaramagas-Marinestützpunkt) in Zusammenarbeit mit der griechischen Marine statt (siehe Tafel 47). Siebzig Spiegel wurden von derselben Anzahl Matrosen auf ein 55 Meter entferntes Ziel — ein 2,3 Meter langes, mit Teer bestrichenes Boot — ausgerichtet. Innerhalb weniger Sekunden stieg Rauch aus dem Boot auf; drei Minuten später stand die ganze den Spiegeln zugewandte Seite des Bootes in Flammen. Das Experiment war ein kompletter und dramatischer Erfolg.

Weltweit wurde über dieses Vorkommnis in den Medien Bericht erstattet. Artikel über Ioannis und sein Experiment erschienen (wobei die meisten seinen Nachnamen mit »Sakkas« falsch schrieben) in der *New York Times* (Sonntag, 11. November, mit einigen kleinen Fehlern), im *Time*-Magazin (26. November, unter der Rubrik »Wissenschaft«), im *Newsweek*-Magazin (26. November, unter der Rubrik »Wissenschaft«), im Londoner *New Scientist* (22. November, mit korrekt geschriebenem Namen, jedoch mit vielen falschen Angaben), etc. *Time* und *Newsweek* gaben die Zahl der beteiligten Seeleute und Spiegel korrekt an, die anderen nicht. Ioannis schrieb seine Theorie, beruhend auf den ersten Versuchen, auf griechisch in der September-Ausgabe der *Technike Chronika* 1973 in Athen nieder (S. 771–779), doch der Bericht zum offiziellen Experiment erschien (auf griechisch) in Band III (*Tomos I*) der *Werke des Archimedes* in vier Bänden, herausgegeben von Professor Stamati und veröffentlicht 1974 in Athen mit fünf schlecht reproduzierten Fotos (S. 309–313). Seltsam genug, daß selbst in dieser offiziellen Publikation durch Ioannis' Freund sein Nachname mit »Sakkas« wieder einmal falsch buchstabiert worden war! Dies zeigt, wie ungewöhnlich die Schreibweise dieses Namens selbst für Griechen ist, und wie schwierig es auch für Griechen ist, eine Ausnahme zu machen.

Es gab eine Fortsetzung. Fünf Jahre später versuchten die Italiener, Ioannis' Experiment in Syrakus auf Sizilien mit kleineren Spiegeln nachzuahmen. Nach seinen ersten Versuchen schickte Ioannis einen Bericht an den Bürgermeister von Syrakus (sein Brief datiert vom 26. Juli 1973, von dem ich eine Kopie habe), doch erhielt er nie eine Antwort oder eine Bestätigung. 1978 erfuhr er auf Umwegen von dem italienischen Versuch, sein eigenes Experiment nachzuvollziehen, und war enttäuscht darüber, daß kein Italiener ihn je kontaktiert hatte und sie statt dessen lieber für sich zu arbeiten schienen. Ihre Bemühungen beruhten auf Presseberichten, die viele falsche Angaben enthielten. Keiner hat Ioannis je informiert, ob die Italiener erfolgreich waren. Wenn ich eines Tages mal Syrakus besuche, werde ich versuchen, mehr in Erfahrung zu bringen und die Informationen einer zukünftigen Auflage dieses Buchs hinzuzufügen. Doch jeder, der mal einer italienischen Behörde oder einem Beamten geschrieben hat, weiß, daß er lieber nicht fest mit einer Antwort rechnen sollte! Diese Lektion hatte ich schon vor vielen Jahren gelernt.

Ioannis Sakas' Schlußfolgerungen aus diesen Experimenten waren, daß Archimedes mit Sicherheit das hätte vollbringen können, was die Überlieferungen ihm zuschreiben. Obwohl Ioannis schon längst in Pension gegangen ist, ruht er sich nicht auf seinen Lorbeeren aus. Er hat Experimente zu einer anderen Waffe durchgeführt, von der er glaubt, Archimedes hätte sie erfunden und benutzt, nämlich einem Dampfgewehr, über das Petrarch schrieb, ähnlich dem, das Leonardo da Vinci später erfand. Er hat auch viel mit Sonnenuhren und Schattenstäben gearbeitet und ist zur Zeit noch damit beschäftigt. Gehen wir also mit Bewunderung für diesen faszinierenden »einsamen Wolf« und Erfinder, der vor laufenden Kameras eindrucksvoll bewiesen hat, das die archimedischen Brennspiegel nicht nur möglich waren, sondern in korrekter Entfernung ein Boot innerhalb von drei Minuten in Brand zu setzen vermochten, weiter. Jede Anzahl von Stubengelehrten kann herumkritteln, doch für den tatsächlichen physischen Beweis gibt es keinen Ersatz.

Ich möchte im folgenden kurz auf zwei Kurzgeschichten zum Thema »Todesstrahlen« von meinem Freund Arthur C. Clarke eingehen. Beide wurden in den sechziger Jahren in seiner Sammlung mit dem Titel *Tales of Ten Worlds* (Geschichten aus zehn Welten) veröffentlicht. Eine trägt den Titel »Es werde Licht«, die andere »Ein leichter Fall von Sonnenstich«. Arthur hat einen großen Sinn für ironischen knochentrockenen Humor und verbrachte viel Zeit seines Lebens in sich hineinkichernd. Beide Geschichten sind typisch für ihn und höchst amüsant. »Ein leichter Fall von Sonnenstich« ist eine leichtherzige Phantasie-Erzählung über eine südamerikanische Republik, in der jeder, nicht zuletzt vor allem Regierungsbeamte und Militärs, vom Fußball besessen ist. In der Geschichte gibt es ein Fußballstadion, das 100 000 Menschen fassen kann. In einem Match, bei dem die Ehre des Landes auf dem Spiel steht und das Nachbarland wie gewöhnlich den Schiedsrichter bestochen hat, haben 50 000 Angehörige der örtlichen Armee freien Eintritt zum Spiel. Jeder erhält ein aufwendig gestaltetes Programmheft mit einer metallisch glänzenden Rückseite. Als der bestochene Schiedsrichter dem eigenen Team ein gültiges Tor aberkennt, ertönt ein Horn, und alle Soldaten halten die Rückseite der glänzenden Programmhefte so, daß sie die Sonne auf den Schiedsrichter reflektieren. Mit Arthurs Worten war dies das Ergebnis: »Da, wo gerade noch der Schiedsrichter stand, war nun ein kleines glimmendes Häuflein, aus dem sich der Rauch in die windstille Luft hochringelte.« Was hätte Sakas mit 50 000 Seeleuten statt nur 70 erreichen können?

Und schließlich ist da auch noch Arthurs Geschichte »Es werde Licht«. Diese Story spielt in einem Pub. Mittelpunkt ist ein Mann namens Edgar, der sich, nachdem er ein Vermögen angehäuft hat, aus dem Geschäftsleben zurückzieht und in den Ruhestand geht. Danach war er nur noch an der Astronomie interessiert, schliff sich seine eigenen Linsen und ließ seine Frau völlig unbeachtet in einem weit entfernten Landstrich Englands. Seine Frau hatte eine Affäre mit einem jüngeren Mann namens de Vere Courtenay, und Edgar blendete ihn mit einem

Lichtstrahl, der von seinen Autoscheinwerfern in einem Teleskop-Spiegel reflektiert wird — »ein Lichtstrahl fünfzigmal stärker als jeder Suchscheinwerfer« —, der verursachte, daß der junge Mann mit seinem Wagen über eine Klippe fuhr. Am Ende der Geschichte sagt der Mann im Pub:

»Von einem Todesstrahl getötet zu werden, wäre ein Schicksal gewesen, das einem de Vere Courtenay viel besser gestanden hätte — und unter diesen Umständen kann ich nicht sehen, wie irgend jemand bestreiten kann, daß es ein Todesstrahl war, den Edgar benutzt hatte. Was wollt ihr mehr?«

Für jeden, der also glaubt, der Titel dieses Kapitels wäre überzogen — nehmen Sie sich Obiges zum Beispiel.

Anmerkungen

[1] Titus Livius, *The History of Rome* (Geschichte Roms), übersetzt von D. Spillan und Cyrus Edmonds, George Bell & Sons, 1875.

[2] Zonaras, Johannes, *Epitome of Histories*, Buch 9, Kapitel 4, übersetzt von E. Cary, in *Dio Cassius, Roman History*, Band II, Loeb Classical Library, Harvard University Press, 1914. S. 171–173.

[3] Tzetzes, Johannes, *Chiliades*, Buch 2, 35, 109–123, übersetzt von E. Cary.

[4] Porta, John Baptista (Giambattista, d. h. Giovanni Battista), *Natural Magick*, London, 1658, S. 371–375.

[5] Mielenz, Klaus D., »Eureka!«, ein Brief, veröffentlicht in *Applied Optics*, Band 13, Nr. 2, Februar 1974, S. A14.

Teil Drei

DIE ALTE SAGE

Kapitel Sechs

PHANTOMVISIONEN

Im 4. Jahrhundert vor Christus scheint der Philosoph Demokrit an visuellen Halluzinationen gelitten zu haben. Sie müssen ihm zu schaffen gemacht haben, denn um zu verstehen, was mit ihm geschehen war, wurde er dazu getrieben, die ersten aufgezeichneten Experimente im Bereich »Verlust von Sinneswahrnehmungen« durchzuführen. Ich entdeckte dies in einer beiläufigen Bemerkung in einer ansonsten verlorengegangenen Abhandlung über *Das Leben des Demokrit*, geschrieben von einem der Gefolgsleute von Sokrates:

»*Er übte, sagt Antisthenes, auf verschiedene Weise, um seine Sinneseindrücke zu testen, indem er bisweilen in die Einsamkeit ging und Grabstätten aufsuchte.*«

Diese Beobachtung ist uns aus Antisthenes' verlorengegangenem Werk *Über die Nachfolge der Philosophen* erhalten geblieben, bewahrt von einem Autor, der vermutlich in der ersten Hälfte des 3. Jahrhunderts n. Chr. gelebt hat, Diogenes Laertius. Ich fand noch eine weitere verzerrt wiedergegebene Passage aus demselben Bericht bei einem anderen Autor, Aulus Gellius, der zwei oder drei Generationen davor im 2. Jahrhundert n. Chr. lebte. Er sagt:

»*In den Aufzeichnungen der griechischen Geschichte steht, daß der Philosoph Demokrit, ein sehr ehrenwerter Mann und eine der besten Autoritäten, sich selbst aus freien Stücken seines Sehsinns beraubte, denn er glaubte, daß die in seinem Geist vorhandenen Gedanken und Meditationen bei der Untersuchung der Naturgesetze klarer und genauer sein würden, wenn er sie von den Reizen des Sehsinns und den Ablenkungen des Auges befreite. Dies und die Art und Weise, wie sich Demokrit mit Hilfe einer genialen Vorrichtung selbst geblendet hat, hat der Dichter Laberius in einer Farce mit dem Titel ›Der Seiler‹ in sehr eleganten und vollendeten Sätzen beschrieben. (...) ›Demokrit, Abderas Wissenschaftler, stellte einen Schild auf und richtete ihn gegen den aufgehenden Hyperion* [die Sonne]*, auf daß das vom glänzenden Messing reflektierte Licht seine Augen blende; so zerstörte er mit den Strahlen der Sonne sein Augenlicht.‹*«

Die hier beschriebene zeitweilige Beraubung des Augenlichts, indem man in verdunkelte Grabkammern steigt, wurde mit einem anderen Experiment von Demokrit durcheinandergebracht, in dem er Spiegel benutzte, um die aufgehende Sonne zu reflektieren. Aulus Gellius zog daraus den falschen Schluß, Demokrit hätte sich permanent seines Augenlichts beraubt. Doch mit einem Autor einer Bühnenfarce als Teil des Quellenmaterials ist es kein Wunder, daß die Informationen durcheinandergebracht wurden. Es mag schon sein, daß Demokrit auch damit experimentiert hat, in blendende Spiegel zu schauen, um Erfahrungen mit dieser Wahrnehmung zu machen, doch gibt es keine weitere Aufzeichnung, daß er permanent sein Augenlicht verloren hätte. Es ist interessant, daß Demokrit im verlorengegangenen Stück *Der Seiler* eine komische Figur auf der Bühne war, ebenso wie es Sokrates in dem Stück *Die Wolken* von Aristophanes war, das uns erhalten geblieben ist.

Antisthenes verzeichnete außerdem, daß Demokrit die ganze Welt bereiste und dabei sein Familienvermögen aufbrauchte. Er besuchte Priester und strebte offensichtlich nach einer Einweihung in ihre Geheimnisse. Man sagt, er hätte bei den ägyptischen Priestern Geometrie studiert und wäre auch bei babylonischen Priestern, den persischen Magiern, den pythagoräischen Weisen und sogar den Hindu-Brahmanen und den Äthiopiern in die Schule gegangen. Deshalb ist es möglich, daß Meditation und sogar Yoga ein regelmäßiger Bestandteil seiner Übungen waren.

Obwohl alle Werke von Demokrit verlorengegangen sind (mit Ausnahme umfassender Fragmente), wurde von ihnen noch davor ein Katalog in der Bibliothek von Alexandria angelegt, und diese Liste haben wir noch. Die folgenden faszinierenden Titel können auf dieser Liste gefunden werden:

»Beschreibung der Lichtstrahlen«; »Ursachen im Zusammenhang mit Feuer und Dinge im Feuer«; »Über verschiedene Formen von Atomen«.

Schon die bloße Erwähnung von Demokrits Namen versetzte Plato in Rage; er wollte am liebsten alle Abhandlungen von Demokrit, derer er habhaft werden konnte, verbrennen. Dies sagt uns der Historiker Aristoxenus, der ein Schüler von Aristoteles war. Doch einige Freunde von Plato, zweifellos einschließlich Aristoteles selbst, konnten ihn davon abhalten, dies zu tun, indem sie darauf hinwiesen, daß dies niemandem zum Vorteil gereichen würde, da seine Werke sich auch in den Händen vieler anderer Menschen befänden. Dies zeigt, wie emotional unausgeglichen Plato zuweilen war. Diogenes Laertius, der antike Historiker der Philosophie, schreibt dazu:

»*Es gibt eindeutige Hinweise darauf, daß Plato, der fast alle frühen Philosophen erwähnt, nie auf Demokrit anspielt — nicht einmal dort, wo es erforderlich wäre, ihn zu widerlegen —, denn er wußte, daß er sich damit auf einen Kampf gegen den ›Prinzen aller Philosophen‹ einlassen würde. Timon lobte Demokrit mit den Worten: ›So ist der weise Demokrit, der Wächter des Diskurses, ein scharfsinniger und leidenschaftlicher Gesprächspartner — einer der besten, die ich je hatte.‹*«

Demokrit war auch der Anlaß zu einigen der heftigsten intellektuellen und persönlichen Reibungen zwischen Plato und seinem Schüler Aristoteles. Demokrit war ein Zeitgenosse von Sokrates (der 399 v. Chr. starb) und von daher der Generation unmittelbar vor Plato und Aristoteles angehörte. Trotz Platos leidenschaftlichen Hasses auf Demokrit und seine Werke bezieht sich Aristoteles oft wohlwollend auf Demokrit. Aristoteles hatte eine Vorliebe für die Wissenschaften, die sein Meister nicht mit ihm teilte, und in seinem eigenen Werk *Über Großzügigkeit und Korruption* lobt er Demokrit:

»*Ähnliche Kritik gilt allen unseren Vorgängern, mit Demokrit als einziger Ausnahme. Kein anderer drang so tief unter die Oberfläche ein oder führte eine gründliche Untersuchung auch nur eines der genannten Probleme durch. Demokrit jedoch scheint sich über alle Probleme nicht nur sorgfältig Gedanken gemacht zu haben, sondern unterscheidet sich von den anderen auch durch seine Methoden. Denn wie schon gesagt, keiner der anderen Philosophen gab eine eindeutige Aussage zum Wachstum ab, mit Ausnahme solcher, die auch von einem Amateur hätten gemacht werden können.*«

Dies ist recht harsche Kritik von Aristoteles an den nicht-wissenschaftlichen Einstellungen all seiner Vorgänger mit Ausnahme von Demokrit. Und da Aristoteles Platos Musterschüler war, ist es offensichtlich, daß seine schärfste Kritik sich gegen Plato wendet und andeutet, daß auch er »ein Amateur« gewesen wäre. Doch dies ist noch nicht alles. Aristoteles fährt fort und greift »die Platoniker« jeweils beim Namen an — eine Gruppe, die all seine bisherigen Kollegen einschließt, von denen er sich abgewandt hat —, wie auch den verblichenen Plato selbst. Im Vergleich zu Demokrit läßt er sie alle schlecht abschneiden, denn »der wäre von

Argumenten, die dem Sachverhalt angemessen sind, d. h. von Erkenntnissen, die direkt aus den Naturwissenschaften abgeleitet wurden, überzeugt worden«.

Mit anderen Worten: Plato und seine Schule hätten die Natur ignoriert, wären keine wirklichen Wissenschaftler, sondern lediglich Amateure gewesen, und ihre Diskussionen über Fragen der Natur wären infantil und lächerlich gewesen — das war Aristoteles' Meinung! Und da er 20 Jahre lang Platos Schüler war, sollte er es wissen. Aristoteles glaubte eindeutig daran, daß vor ihm nur Demokrit die Prinzipien oder den Geist einer wissenschaftlichen Methode geschätzt hätte. Aristoteles war der erste, der diese Methode entwickelte und angemessen in die philosophische Welt einbrachte (zumindest, was ihre Grundlagen betrifft, denn die volle wissenschaftliche Methode, so wie wir sie heute verstehen, wurde erst ab der Renaissance entwickelt). Dies war die Geburtsstunde der modernen westlichen Zivilisation, ihrer Wissenschaft und Technologie.

Nachdem wir diesen Hintergrund betrachtet haben, können wir umso mehr wertschätzen, weshalb Demokrits Ansichten zu optischen Dingen von uns in Augenschein genommen werden sollten. Wir können uns glücklich schätzen, dieses kleine Stück Information von Antisthenes über Demokrits Naturexperimente und die Wirkungen von eingeschränkten Sinneswahrnehmungen zu haben. Er hatte den wahren wissenschaftlichen Geist und setzte sich tatsächlich für lange Zeitperioden in dunkle Grabkammern, um an sich selbst Experimente zu betreiben.

Unter den verlorenen Werken von Demokrit war eines mit dem Titel *Peri Eidolon* (Über Eidola). Das griechische Wort *eidolon* ist der Ursprung unseres heutigen Wortes »Idol«, im Sinne von »Abbild«, »Image«. Wenn wir in ein Englisch-Wörterbuch schauen, entdecken wir, daß es da eine selten gebrauchte Definition des Wortes »Idol« gibt, und zwar als »sichtbare, aber substanzlose Form oder Erscheinung, wie ein Spiegelbild«. Diese verschollene Bedeutung unseres heutigen Wortes »Idol« kommt der ursprünglichen Bedeutung des Wortes näher. Denn für die Griechen waren *eidola* nicht nur konkrete Formen oder Erscheinungen, sondern »Phantome«, »Erscheinungen«, immaterielle Formen des Geistes.

Nun können wir beginnen, den Zusammenhang zwischen dem optischen Begriff für »Erscheinungen« im Griechischen und den visuellen Halluzinationen, die Demokrit offensichtlich in seinen verdunkelten Grabkammern erfuhr, zu sehen. Sein Werk *On Eidola* befaßte sich zum Teil mit dem Phänomen des Vorauswissens, mit dem er »die Phantome des Geistes« assoziierte. Wie Arthur Pease, der Ciceros *De Divinatione* (Über die Weissagung) bearbeitete, bemerkt:

»*Demokrit (...) scheint die meisten Formen der mantischen Kunst [Prophetie] akzeptiert zu haben und erklärt sie mit Hilfe der Theorie der eidola (einschließlich) Träumen und Prophetie (...).*«

Es scheint, daß Demokrit zusätzlich zu den visuellen Halluzinationen auch direkte persönliche Erfahrungen mit der Prophetie gemacht hatte, denn Diogenes Laertius sagt:

»*(...) Sein Ruf stieg, weil er bestimmte zukünftige Ereignisse vorausgesagt hatte. Danach war er in den Augen der Öffentlichkeit derselben Verehrung wert, wie sie ein Gott erfährt.*«

Demokrit muß also einige wirklich außergewöhnliche Vorhersagen abgegeben haben. Da er über Vorauswissen im Zusammenhang mit »mentalen Phantomen« geschrieben hatte, können wir annehmen, daß seine persönlichen Erfahrungen mit dem Vorauswissen diese Formen annahmen, die sich als genaue Visionen zukünftiger Ereignisse herausstellten. Klassische Gelehrte haben darauf hingewiesen, daß Demokrits individuelle Beiträge zur Philosophie zum Teil im Bereich der »Theorie der Wahrnehmung, [die] distinguiert [seine eigene] ist«, lag. Und ganz offensichtlich war der Sinneskanal, der ihn am meisten interessierte, der Sehsinn.

Vielleicht war es wegen seiner persönlichen Erfahrungen mit »Phantomvisionen«, daß über Demokrit berichtet wird, er hätte eine philosophische Einstellung angenommen, mit der er »Sein nicht als realer betrachtete als Nicht-Sein«.

Das ist schon eine sehr extreme Position, die er da einnimmt, und erinnert an die indischen Brahmanen, mit denen er, wie gesagt wird, einige Zeit verbracht hat. Doch was für uns wichtig ist, ist, daß Demokrit glaubte, Visionen seien *reale Dinge*, die in der Luft umherschwebten.

Es hat viele verwirrte Kommentare um Demokrits kuriose Theorien zu seinen Visionen gegeben. Im allgemeinen glaubt man, seine Theorien über die Natur der visuellen Wahrnehmung seien fremdartig und exzentrisch — was sie vielleicht auch sind. Er war davon überzeugt, daß materielle Objekte eine Art transparenter Membranen in die Luft abgäben, die durch die Atmosphäre schweben und das Auge treffen würden und uns auf diese Weise Bilder übertragen und so den Sehvorgang erklären würden.

Ich glaube, Demokrit wurde zu dieser seltsamen Theorie gezwungen, um seine persönlichen visuellen Halluzinationen erklären zu können. Cicero zitiert in *De Divinatione* Demokrit ausdrücklich (dessen Werke zu Ciceros Zeiten noch existierten) und sagt, daß der Geist des Menschen im Schlaf »von externen und nicht-inhärenten Visionen beeinflußt« wird. Es ist wichtig festzustellen, daß Demokrit glaubte, die Visionen, die sich im Schlaf einstellen — und offensichtlich die, die aufkommen, wenn man sich allein in einer Grabkammer befindet —, seien ausschließlich externe (äußere) Wahrnehmungen. Dies war anscheinend die einzige Möglichkeit für Demokrit, seinen eigenen Visionen einen Sinn abzugewinnen. Er war nicht darauf vorbereitet zu glauben, sie hätten im Innern, als psychische Phänomene, erzeugt werden können. Deshalb war es die Externalisierung [Verlagerung nach außen, A. d. Ü.] seiner eigenen psychischen Erfahrungen, die ihn zu dieser besonderen Formulierung seiner Visions-Theorien brachte. Niemand scheint zuvor vermutet zu haben, daß Demokrit von seinen eigenen psychischen Erfahrungen in die Ecke gedrückt wurde, was erklären könnte, weshalb bestimmte Aspekte seiner Philosophie selbst seinen Zeitgenossen und Aristoteles fremdartig anmuteten. Sie erkannten nicht ganz, daß Demokrit bestimmte paranormale Erfahrungen in sein Erklärungsschema der Natur einbeziehen wollte. Doch heute, im Rückblick, können wir klar erkennen, womit sich Demokrit herumschlug, denn heute sind wir mit solchen Erfahrungen vertrauter und haben eine weit entwickelte Wissenschaft, die sich auch mit eingeschränkten Sinneswahrnehmungen auseinandergesetzt hat, und wir wissen, daß unter solchen Bedingungen Halluzinationen routinemäßig auftreten können.

Kathleen Freeman, eine klassische Gelehrte und eine Expertin, was Demokrit betrifft, schrieb in ihrem Buch *Companion to the Pre-Socratic Philosophers* (Ratgeber zu den präsokratischen Philosophen):

»Seine Psychologie war eine Erweiterung seiner Theorie über Sinneswahrnehmungen. (…) Die Seele ist ein Körper innerhalb eines Körpers. (…) Cicero beanstandete, daß Demokrit verschiedene Meinungen über die Natur der Göttlichkeit abgegeben hatte; manchmal sagte er, die Götter seien die Visionen, die wir sehen, oft trügerisch und schädlich; manchmal sei es die Natur, die diese hervorbringe (…). Der Grund für den Glauben an Götter sei, daß es bestimmte Visionen gebe, einige nützlich, andere schädlich, die Menschen besonders in Träumen heimsuchen; diese Visionen sind real und nicht so leicht zerstörbar (…). Götter sind Visionen, die in der Luft präsent sind (…). Es gibt keinen göttlichen

Schöpfer; alles hat natürliche Ursachen (...). Da alle Wahrnehmungen teilweise in der Realität gegründet sind und Menschen zweifellos Träume und Visionen von Göttern sehen, müssen die Götter eine korporale (körperhafte) Existenz aufweisen (...). Er glaubt, daß Träume im allgemeinen Emanationen (Aussendungen) von Körpern, besonders lebendigen Körpern, waren, und daß sie demzufolge materiellen Gesetzen unterliegen. Im Herbst sind diese zum Beispiel wegen der Unruhe in der Luft zu dieser Zeit weniger glaubwürdig. Manche Visionen werden willentlich von Menschen ausgesandt, die den Wunsch haben, einen anderen zu verletzen. Man sagt, er hätte an die Kunst der Weissagung geglaubt und in Gebeten gewünscht, daß er nur mit günstigen Visionen konfrontiert werden möge.«

Es ist interessant, daß Demokrit sich offensichtlich mit seiner Theorie einer Herausforderung gegenübersah: Wenn nach seiner Theorie alle Träume real sind, so fragte jemand, wie ist es dann, wenn wir von Göttern träumen? Er stimmte zu, daß Götter real sein müssen, denn wären sie es nicht — wie könnten wir dann in Träumen Bilder von ihnen wahrnehmen? Hier finden wir einen nahezu unglaublichen Vorgang des Rückwärts-Philosophierens! Demokrit beginnt nicht damit, daß er an Götter glaubt; er beginnt mit einer Theorie des Sehens. Und da diese Theorie es erforderlich macht, daß alle Visionen von realen Dingen ausgesandt werden, müssen auch die Visionen von Göttern von wirklichen Göttern stammen. Also müssen die Götter real sein! Es gibt nur wenige Fälle in der Geschichte der Philosophie oder Theologie, bei denen man auf solch umständliche Weise zu einer Theorie über die Götter gelangt ist. Es zeigt uns, wie sehr Demokrit von seiner eigenen Visions-Theorie beherrscht wurde. Sie hatte für ihn eindeutig vor allem anderen Vorrang.

Die Passage in Ciceros *De Natura Deorum* (Über die Natur der Götter) sagt hierzu:

»In was für einem Irrgarten von Fehlern hatte sich Demokrit gefangen, der einerseits die Götter als seine umherstreifenden imagines [eine von Cicero nicht ganz korrekt vorgenommene Übersetzung des griechischen Wortes eidola] *ansah, andererseits die Substanz meinte, die diese* imagines *aussendet und ausstrahlt, und dann wiederum die wissenschaftliche Intelligenz des Menschen hervorhob!«*

Wir sehen hier klar, daß Demokrit persönliche Visionen gehabt haben *muß*. Denn trotz einer ausgesprochenen skeptischen Geisteshaltung — wie man sie aus seinen anderen Theorien ersehen kann, die hier nicht erörtert werden — war er gezwungen, eine Erklärung für seine persönlichen Visionen zu finden. Und seine Visionen müssen mitunter erschreckend und unangenehm gewesen sein, da er diese Seite der Phänomene betonte und »in Gebeten gewünscht« hat, daß er »nur mit günstigen Visionen konfrontiert« werden möge. Plutarch war es, der dieses letzte Fragment von Demokrit in seinem Essay *Über das Ende von Orakeln* bewahrt hatte. Die Bohn-Übersetzung aus dem Jahre 1889 bringt den Sinn dieser Passage besonders gut zum Ausdruck:

»Wenn Demokrit in Gebeten wünscht, er möge nur mit günstigen eidola *(Visionen, Erscheinungen) konfrontiert werden, zeigt dies deutlich, daß er von anderen weiß, die verdrießlich sind und boshafte Neigungen und Veranlagungen haben.«*

Plutarch spricht dasselbe Thema noch einmal in einem anderen seiner Werke mit dem Titel *Tischgespräche* an. Dieses Werk besteht aus einer großen Sammlung interessanter Themen, die sich für intellektuelle Dinner-Parties eignen, zusammen mit imaginären Dialogen mit Gästen (mit Personen, die Plutarch tatsächlich kannte, und teilweise auch wirkliche Gespräche), die ihre Ansichten zum Ausdruck bringen. Ein solches Thema in Buch Fünf der *Tischgespräche* ist »Über jene, von denen man sagt, sie würden einen bösen Blick werfen«. Es beginnt wie folgt:

»Einmal, bei einem Gespräch während des Abendessens, entwickelte sich eine Diskussion über Menschen, von denen man sagt, sie würden Flüche aussprechen und einen bösen Blick haben. Während alle anderen dies als völlig lächerlich abtaten und verächtlich darüber spötteln, erklärte unser Gastgeber Mestrius Florus, daß bestimmte Fakten diesen Glauben erhärten würden. Die Berichte über solche Fakten werden jedoch normalerweise abgelehnt, weil es an Erklärungen mangele. Dies ist jedoch nicht richtig, angesichts der Tausenden von anderen Fällen unbezweifelbarer Tatsachen, für die wir keine logische Erklärung haben.«

Darauf entwickelt sich eine faszinierende Diskussion, an deren Ende Florus' Schwiegersohn nach den Aufzeichnungen folgendes sagt:

»Wie — verachten und ignorieren wir hier völlig den Bericht über die simulacra [geistige Erscheinungsbilder und Formen; im griechischen Originaltext wird natürlich das Wort *eidola* benutzt], *die Demokrit wahrnahm? (...) Demokrit sagt, diese* simulacra *sind Aussendungen, die nicht allesamt unbewußt oder unbeabsichtigt von einem übelwollenden Wesen herausströmen und mit Neid und Boshaftigkeit geladen sind. Nach ihm sind diese* simulacra *mit ihrer Last des Bösen, das sich an ihre Opfer anhaftet und sich tatsächlich permanent in sie einnistet, für die Körper und ihren Geist verwirrend und verletzend. So, glaube ich, war sein Text und seine Intention, dargebracht in einer erlesenen und inspirierten Sprache.«*

Plutarch antwortet daraufhin dem jungen Gelehrten:

»(...) Die einzigen Dinge, die ich den Aussendungen (abspreche, sind) Leben und freier Wille. Glaube nicht, daß ich dir kalte Schauer über den Rücken jagen und dich zu so später Nachtzeit in Panik versetzen will, indem ich absichtlich solche Formen und Erscheinungen hervorrufe. Laß uns, wenn du möchtest, lieber am Morgen über solche Dinge sprechen.«

Davor hatte Plutarch schon gesagt:

»Selbst-Verhexung wird oft durch Ströme von Teilchen verursacht, die von Wasseroberflächen oder anderen spiegelartigen Oberflächen reflektiert werden; diese Reflexionen steigen wie Dämpfe auf und strömen zum Urheber zurück, so daß er [der einen ›bösen Blick‹ hat] *sich mit denselben Mitteln verletzt, mit denen er auch andere verletzt hat. Und wenn dies vielleicht mit Kindern passiert, dann geht der Vorwurf oft an jene, die sie anschauen.«*

In seinem berühmten Buch *The Greeks and the Irrational* (Die Griechen und das Irrationale) macht E. R. Dodds eine Reihe von entsprechenden Anmerkungen von Interesse zu unserem Thema:

»In den meisten ihrer Beschreibungen von Träumen behandeln die homerischen Dichter das, was sie sehen, als ›objektive Tatsache‹. Der Traum hat gewöhnlich die Form eines Besuchs, den eine einzelne Traumfigur einem schlafenden Mann oder einer Frau abstattet. (...) Diese Traumfigur kann ein Gott, ein Geist oder ein schon existierender Traum-

bote sein, oder auch ein ›Erscheinungsbild‹ (eidolon), das speziell zu diesem Anlaß erzeugt wurde. Doch was immer es ist — es existiert objektiv im Raum und ist unabhängig vom Träumer.«

Ich habe Homers *Odyssee* gründlich durchforscht, um herauszufinden, wie oft *eidola* in ihr erwähnt werden und was sie bedeuten. Es ist interessant, diese seltsamen Szenen zu betrachten. Um Verwirrungen zu vermeiden, sollte ich aber vielleicht zunächst erklären, daß im Griechischen *eidolon* der Singular vom Plural *eidola* ist.

Die Erwähnung von *eidola* in der *Odyssee* beginnt in Buch IV, dem Buch, in dem Telemachus, Odysseus' Sohn, nach Sparta geht, um den alten Freund seines Vaters, König Menelaus, zu besuchen, dessen Frau Helena die ganzen Probleme mit dem Trojanischen Krieg erst auf den Plan gebracht hat. Auf Seite 796 im Buch IV finden wir eine Passage, wo die Göttin Athene ein *eidolon* erzeugt und es in einem Traum Odysseus' Frau Penelope schickt, um zu ihr zu sprechen. Robert Fitzgerald übersetzt dies wie folgt:

»Nun kam die grauäugige Göttin Athene auf die Idee, eine Traumfigur in weiblicher Gestalt zu erzeugen — Iphtime, Ikarios' andere Tochter, die Eumelos von Pherai zur Frau nahm. Die Göttin schickte diesen Traum zu Odysseus' Haus, um Penelope zu beruhigen und ihrer Trauer ein Ende zu setzen. Das Traumbild drang durch den Türschlitz ein und glitt in den Raum hinunter, um an der Seite ihres Bettes zu verweilen und in ruhigen Tönen zu ihr zu sprechen. (…) Die schwermütige Penelope gab diese Antwort und schlummerte süß im Traum (…). Nun sprach das blasse Phantom zu ihr noch einmal (…). Dann sagte Penelope etwas Weises (…). Das blasse Phantom gab nur dies zur Antwort: ›Über ihn kann ich dir hier nicht sagen, ob er tot oder lebendig ist. Und leere Worte sind böse.‹ Die umherwabernde Form zog sich über die Türschwelle in einen Luftzug zurück, und Penelope erwachte aus dem Schlaf. Dieser klare Traum im Zwielicht der Nacht erleichterte ihr Herz.«[17]

In Murrays Loeb-Bibliotheks-Übersetzung hat Athena »blitzende Augen« statt »graue Augen« (*glaukopis*), doch Murray benutzt ohne Ausnahme das Wort »Phantom« für das Wort *eidolon*. Und er übersetzt die Worte *eidolon amauron* als »blasses Phantom«; *amauron* bedeutet »blaß, schattig, schwach, schwer zu sehen, in der Dunkelheit lebend, obskur, kein Licht aufweisend«, etc. Fitzgerald änderte die Übersetzung des Wortes *eidolon* öfter ab; mal nannte er es »Phantom«, dann wieder »Traumfigur« und manchmal auch »Erscheinungsbild«.

Wir werden noch sehen, welcher Art die anderen Vorkommnisse solcher Phantome in der *Odyssee* sind. Doch schon jetzt ist es klar, daß das Konzept einer paranormalen *Visitation* (geistige Erscheinung) in der griechischen Kultur Tradition hatte, und daß das, was jemandem den Besuch abstattete, in der griechischen Kultur von Anfang an als *eidolon* bezeichnet wurde.

Jeder, der schon einmal solch eine eindrucksvolle Traum-Visitation erlebt hat, wird die Beschreibung in der *Odyssee* wiedererkennen. Wenn man mit diesen Erfahrungen zu tun hat, ist es nicht von Nutzen für diese Sache, eine kokette Einstellung zu vertreten, und so beeile ich mich zu sagen, daß ich selbst auch schon einige solcher Traum-Visitationen hatte. 1997 hatte ich zwei von ihnen. Bei verschiedenen Gelegenheiten wurde ich von den Geistern zweier Verstorbener besucht, nämlich meiner Mutter und meiner Cousine Stella Norman, die mir beide Dinge von spezieller Wichtigkeit zu sagen hatten. Diese mit Sicherheit sehr seltenen Visitationen sind von ihrem Charakter her ganz anders als gewöhnliche Träume. Ich hatte zu jener Zeit überhaupt keinen Zweifel daran, daß diese Visitationen reale Kontakte waren, und in meinem Schlaf führte ich ein Zwiegespräch mit den beiden — genau in der Art, wie es in der *Odyssee* beschrieben wird.

Meine Mutter erschien mir in einem grauen Leinen-Gewand ohne irgendwelche Farbe, bot mir als Geschenk ein großes Glas Honig an und sagte einfach nur »bitte vergib mir«. (Ich sollte vielleicht darauf hinweisen, daß sie noch zu Lebzeiten einige schreckliche Dinge getan hatte; eine Entschuldigung war also durchaus passend.) Sie war im Zweifel darüber, ob ich auf ihre Entschuldigung freundlich reagieren würde, doch ich sagte ihr, daß ich ihr vergeben würde, und legte ihr als Bedingung eine bestimmte Aufgabe auf. Sie antwortete darauf mit einer Botschaft, die meine Frau Olivia einige Tage später im Traum empfing; es war die Information, die ich von ihr haben wollte, und so erfüllte sie ihre Aufgabe, und ich ließ sie frei. (Ich war zu jener Zeit auf der schwedischen Insel Gotland und Olivia war in England.) Meiner Mutter sagte mir, sie hätte ihre Läuterung abgeschlossen (was vier Jahre und zwei Monate Erdenzeit gebraucht hatte) und wäre nun im Begriff, »irgendwo anders hin weiterzugehen«, von wo aus es unmöglich wäre, mit mir noch einmal in Kommunikation zu treten. Sie wolle sich von mir verabschieden und hatte die ausdrückliche Erlaubnis erhalten, dies tun zu dürfen. Sie wollte sich mit meinem Segen auf den Weg machen, wenn sie ihn irgendwie erhalten könnte; ich bin erfreut sagen zu können, daß sie ihn erhalten hat. Ich konnte sehen, daß ihr extrem starker psychopathischer Zustand von den Flammen der Läuterung buchstäblich verzehrt worden war, und sie war vollkommen frei von den Geisteskrankheiten, die sie geplagt hatten. Alle bösartigen oder verwirrten Emotionen waren gänzlich verschwunden. Ihr Zustand war erstaunlich und auf wunderbare Weise wiederhergestellt; es scheint also wirklich so, als ob der Körpertod einige Probleme löst! Sie war einem irgendwie sehr effektiven »Verfahren« unterzogen worden, und die Wahl des Wortes »Läuterung« scheint die beste und passendste zu sein, weshalb sie wohl auch dieses Wort gewählt hat.

Mit meiner Cousine Stella war das Zwiegespräch sehr viel umfassender und komplizierter und beinhaltete viele persönliche Dinge. Sie hatte kein Gewand an und hatte es vorgezogen, nicht »irgendwohin« weiter zu gehen. In beiden Fällen mußten die Geister dieser Wesen von professionellen spirituellen Helfern unterstützt werden, um »durchzukommen«, und es gab enormen Krach und Störungen zu überstehen, wie die schlimmste Telefonverbindung, die man sich vorstellen kann. Ab und zu gab es Durchbrüche zur Klarheit zwischen dem Lärm und Krach; ich verstand nur die Hälfte von dem, was Stella zu mir sagte.

Diese Erfahrungen sind sehr lebendig und klar und allesamt ganz anders als »Träume«. Deshalb nenne ich sie »Visitationen«. Meiner persönlichen Meinung nach bin ich völlig überzeugt davon, von meiner Mutter und meiner Cousine Stella besucht worden zu sein. Ein skeptischer Leser darf sich frei fühlen, über meine Meinung spöttisch zu lächeln, doch ich kann nicht genug betonen, wie überzeugend diese Erfahrungen waren, nicht zuletzt aufgrund der Wortwahl dieser Geistwesen, die eine gewisse Klarheit und Überzeugung in sich hatte. Sie waren der Situation angepaßt und kurz und bündig. Nichts kann in der Vorstellung weiter von der vagen, umherwandernden phantasierenden Qualität eines »Traums« entfernt sein wie diese Erfahrungen.

Dies führte zu meiner Überzeugung, daß die alten Griechen solche Erfahrungen gemacht hatten. Sie sind bei Homer klar und deutlich aufgezeichnet und müssen von Demokrit mit derselben Klarheit wahrgenommen worden sein. Und sie verhalfen ihm dazu, seine Theorie zum Sehsinn und zu Visionen zu verfassen, was deshalb einen Einfluß auf die Geschichte der Optik hat!

Lassen Sie uns nun schnell die anderen in der *Odyssee* erwähnten *eidola* anschauen. Im Buch XI treten sie in großer Zahl auf, wo sie in nicht weniger als vier Passagen erscheinen. Diese Tatsache ist ein weiteres Indiz dafür, daß Buch XI nicht vom selben Autor geschrieben wurde wie der Rest der *Odyssee*, wie zahllose Gelehrte vermutet haben. Dieser Teil der *Odyssee* ist die sogenannte *Nekiya*, ein Wort, das »ein magisches Ritual zur Anrufung der Geister von Toten« bedeutet. Dies ist das Buch, in dem Odysseus in die Unterwelt, den Hades, hinabsteigt, und es scheint sicher, daß dieser Teil im nachhinein in das, was wir die *Odyssee* nennen, eingefügt wurde. Ursprünglich gab es meiner Meinung nach ein Gedicht von Homer mit dem Titel *Die Heimkehr des Odysseus*, das in sich selbst abgeschlossen war und das immer noch 80 Prozent der *Odyssee*, so wie wir sie heute kennen, ausgemacht hat. Doch in dieses bewegende, wenn auch teilweise banale Gedicht, das nichts besonders Verrücktes oder Bizarres enthielt, wurden die Abschnitte über den Abstieg in die Hölle (Buch XI), die Begegnung mit dem Zyklopen (wozu wir später noch etwas mehr zu sagen haben werden), die Begegnung mit Scylla und Charybdis und viel wundersames, mystisches und ausgefallenes Material eingefügt. Ein Teil dessen, was eingefügt wurde, scheint auch die Aufzeichnung einer alten Forschungsreise in die nördlichen Meere, in die Nähe von Britannien und Skandinavien, gewesen zu sein. Dies blähte das Gedicht auf und half, Odysseus' 20 Jahre während Abwesenheit von zuhause zu erklären.

Da die homerischen Barden eine Gruppe von umherreisenden Geschichtenerzählern waren, müssen einige von ihnen aus der Generation kurz nach Homers Tod — jedoch nicht später im 8. Jahrhundert v. Chr. — das ursprüngliche Epos mit diesem farbenfrohen Material angereichert haben. Der Abschnitt über den Abstieg in die Hölle, der die meisten *eidola* enthält, stammt daher offensichtlich von einem anderen Autor als Homer, doch bezweifle ich, daß er später als 750 v. Chr. hinzugefügt wurde. Dies ist auch das Datum der Gründung der ersten griechischen Stadt in Italien, Cuma, und das wahrscheinliche Datum der Konstruktion des Orakels der Toten in ihrer Nähe, denn ich glaube, die *Nekiya* war ein Stück Propaganda-Literatur. Ich habe bereits in einem früheren Buch über die Assoziationen zwischen der Geschichte über den Abstieg in die Hölle und dem Ort, zu dem man physisch tatsächlich in die Nachbildung der Hölle hinabstieg und der aus solidem Felsgestein herausgearbeitet wurde und sich über 300 Meter tief in die Erde erstreckte, gesprochen.[1]

Im Abschnitt der *Nekiya* über die *Odyssee*, auf Seite 213 im Buch XI, finden wir, daß Odysseus mit der Erscheinung seiner eigenen verstorbenen Mutter konfrontiert wird. Odysseus hat den Hades besucht, um verschiedene Geistwesen zu kontaktieren, und er sagt dem Geist von Teiresias, mit dem er als erster spricht:

»›Teiresias, mein Leben läuft dann also weiter, so wie es die Götter gesponnen haben. Doch sag mir nun, stell dies klar: Ich sehe den Geist [er verwendet hier das Wort psyche] meiner Mutter schweigend unter den Toten in der Nähe des Blutes [das Blut eines Lamms und eines Mutterschafs, denen er die Kehle durchgeschnitten hat und deren Blut er als Opfergabe vergießt, denn Götter trinken gern Blut] sitzen. Nicht ein einziges Mal hat sie zu ihrem Sohn hinübergeblickt oder mit ihm gesprochen. Sag mir, mein Herr, wird sie auf irgendeine Weise von meiner Anwesenheit erfahren?‹*

Darauf antwortete er: ›Ich werde dies in wenigen Worten und auf einfache Weise klarstellen. Jeder tote Mensch, dem du gestattest einzutreten, wo das Blut sich befindet, wird zu Dir sprechen und dir die Wahrheit sagen; doch die, denen man dies nicht gestattet, werden sich wieder zurückziehen und verblassen.‹

Nachdem er dies prophezeite, zog sich Teiresias' Schatten [psyche] wieder in die Hallen des Todes zurück. Ich jedoch blieb an Ort und Stelle, bis sich meine Mutter rührte, um das schwarze Blut zu trinken. Dann erkannte sie mich und sagte traurig zu mir: ›Kind, wie konntest du es lebendig bis in diese Stätte der Düsterkeit am Ende der Welt schaffen? Kein Licht für lebendige Augen, große Ströme fließen quer zu deinem Weg, trostlose Wasser, vor allem der Ozean, auf dem sich kein Mensch ohne ein festes Boot bewegt. Sag nun, kommst Du aus Troja mit Schiff und Mannschaft, unterwegs all diese Jahre? Bist Du denn gar nicht auf Ithaka gewesen? Hast Du nicht deine Frau in deiner Halle gesehen?‹«

Dann folgt ein Zwiegespräch, und Odysseus' Mutter enthüllt ihrem Sohn, daß sie gestorben sei, weil sie sich vor Kummer um ihn verzehrt hat. Odysseus ist darüber sehr bestürzt und sagt:

»*Ich biß mir auf die Lippen, war perplex und wollte sie umarmen; dreimal versuchte ich, meinen Arm um sie zu legen, doch sie glitt mir durch die Hände, nicht greifbar wie Schatten* [skie, eine homerische Form des Wortes, das zwar nicht in der *Ilias* benutzt wird, dafür aber zweimal in der *Odyssee*]*, und schwankend wie ein Traum* [oneiros]. *Nun, das machte all den Schmerz, den ich fühlte, nur noch bitterer, und ich schrie in die Dunkelheit hinaus: ›Oh meine Mutter, willst du nicht hier verweilen, still in meinen Armen? Können wir uns an diesem Ort des Todes nicht aneinander festhalten, uns mit Liebe berühren und den Geschmack salziger Tränen der Erleichterung spüren? Oder ist all dies nur eine Halluzination* [eidolon]*, die mir die eiserne Königin Persephone* [eine Göttin der Unterwelt] *auferlegt, auf daß ich stöhnen und ächzen muß?‹«*

In dieser erschütternden Beschreibung von Odysseus' Begegnung mit dem Geist seiner Mutter übersetzt Murray *eidolon* mit »Phantom« statt »Halluzination«, wie Fitzgerald es gerade getan hat.

Es ist interessant anzumerken, daß in dieser Passage ein wirklicher Geist mit dem Wort *psyche* bezeichnet wird, und das Wort *eidolon* wird benutzt, um ein illusionäres visuelles Phänomen zu bezeichnen, das sich von einem wirklichen Geist unterscheidet — mit anderen Worten, nicht ein wirklicher Geist ist, sondern nur *ein Erscheinungsbild eines Geistes.* In fast allen Fällen hat das Wort *eidolon* eine optische oder visuelle Komponente. Wir sehen dies wieder in der *Odyssee* im Buch XI, Seite 476, wo Odysseus im Hades gefragt wird:

»Wie fandst du deinen Weg hinunter in die Dunkelheit, wo sich die begriffsstutzigen Toten für immer aufhalten, die Nach-Bilder verbrauchter Menschen?«

Dies war Fitzgeralds inspirierte Übersetzung der Passage. Überflüssig zu erwähnen, daß das griechische Wort, das er als »Nach-Bilder« übersetzt, *eidola* ist. Im Buch XI auf Seite 602, als Odysseus *das Erscheinungsbild*, nicht die tatsächliche *Seele* von Herakles (Herkules) sieht, wird dieses rein visuelle Phänomen noch einmal als *eidolon* bezeichnet. Sowohl Fitzgerald als auch Murray übersetzen an dieser Stelle das tatsächliche Wort als »Phantom«, doch es ist aufschlußreich zu lesen, wie sie beide die gesamte Passage übersetzen, denn der Autor dieses Abschnitts der *Odyssee*, ob Homer oder ein anderer, gab sich große Mühe, zwischen dem Anblick eines realen Geistes und dem einer visuellen Halluzination zu unterscheiden:

»Als nächstes sah ich die Manifestation der Macht [bien — Kraft, Macht] *Herakles' — ein Phantom* [eidolon], *denn er selbst war gegangen, mit den Göttern ein Fest zu feiern, sich sanft mit Hebe* [seine Ehefrau im Nachleben] *zurückzulehnen, die Frau mit den hinreißenden blassen Fesseln, Tochter des Zeus und der Hera, mit goldenen Schuhwerk. Doch in meiner Vision schrien alle Toten um ihn herum wie aufgeschreckte Vögel, wie die Nacht selbst kam er bedrohlich näher, mit nacktem Bogen und eingespanntem Pfeil, mit Blicken so furchterregend wie die eines Bogenschützen (...). Die Augen dieser riesenhaften Figur*

ruhten auf mir (...).« [Herakles spricht kurz, dann:] *»Und Herakles verschwand wieder hinunter im Reich der Toten (...).«*

Murays Übersetzung lautet:

»Und nach ihm bemerkte ich den mächtigen Herakles — sein Phantom [eidolon]*, denn er selbst findet seine Freude am Feiern von Festen mit den unsterblichen Göttern, mit seiner Frau Hebe, die mit den schönen Fesseln, Tochter des großen Zeus und der Hera, mit den goldenen Sandalen. Um ihn herum stieg ein Wehklagen der Toten auf, als wenn Vögel aufgeschreckt herumfliegen. Und wie die schwarze Nacht, mit nacktem Bogen und aufgespanntem Pfeil, schaute er ihn furchterregend an, als ob er jeden Moment im Begriff sei, den Pfeil abzuschießen. (...) Er kannte mich, als seine Augen mich erfaßten, und sprach unter Tränen geflügelte Worte zu mir (...). Indem er dies sagte, ging er wieder seines Weges zurück ins Haus des Hades (...).«*

Ich erinnere mich gut: Als ich 14 oder 15 Jahre alt war, war ich in der glücklichen Lage, einen Lehrer zu haben, der beschloß, mir einen experimentellen Kurs in »Mythologie« zu geben, was für mich eine sehr aufregende Sache war. Das, was mich als Teenager am meisten beim Studium der Mythologie störte, war genau diese Anomalie, und ich quetschte meinen Lehrer dazu aus. Denn ich konnte einfach nicht den Bericht akzeptieren, wonach Herkules nach seinem Tod auf den Olymp stieg, um sich den Göttern anzuschließen, sein Phantom jedoch in den Hades hinabstieg. Ich fragte Pater Chapman, meinen Lehrer, wie dieser logische Widerspruch vielleicht erklärt werden könnte, und er zuckte mit den Schultern in seiner gewöhnlichen humorvollen Weise und sagte, er wisse es nicht. (Er war immer sehr ehrlich!) Ich wiederholte, wie kann es da *zwei Seelen* geben — zum einen den wirklichen Menschen, der losgeht, um sich auf dem Olymp zu vergnügen, und zum anderen das Bild eines Menschen, der mit den Schatten der Toten im Hades wohnt? Wieder zuckte Pater Chapman nur mit den Schultern und grinste. Seit ich 15 war, habe ich mir über die zwei Seelen des Herkules ungefähr ein halbes dutzendmal Gedanken gemacht.

Das *Homeric Dictionary* von Autenrieth (1916) übersetzt *eidolon* sehr genau mit »ein illusionäres Erscheinungsbild«, und unter *psyche* stellt es die Bedeutung klar, indem es sagt, das Wort könne die Bedeutung von »*eidolon, der Seele eines Verstorbenen* in der Unterwelt, körperlos und ohne Bewußtsein« haben, »auch wenn sie ihre äußere Form, die sie im Leben hatte, aufrechterhält (...).«

Das Wort *eidolon* bezeichnet also im homerischen Gebrauch immer eine *äußere Erscheinung* (übernatürlicher Art). Mit dem, was wir über Demokrits Theorien wissen, ist es offensichtlich, daß er dieses traditionelle Konzept übernommen hat, und daß es schon mehrere Jahrhunderte vor ihm existierte. Doch wo kam die Idee her? Hatte sie ihren Ursprung bei den archaischen Griechen oder gibt es noch eine frühere Quelle dafür? Die Beantwortung dieser Frage führt uns ins alte Ägypten zurück — und zu einer seltsamen Kombination von Metaphysik und Optik im ägyptischen Gedankengut.

Hier komme ich zu einem wenig bekannten Werk aus dem Jahre 1898, das ich sehr schätze, obwohl sein Autor nur einer Handvoll Menschen bekannt ist. Ich beziehe mich auf George St. Clair und sein außergewöhnlich intelligentes Buch *Creation Records Discovered in Egypt (Studies in the Book of the Dead)* (Schöpfungsaufzeichnungen, in Ägypten entdeckt — Studien im Totenbuch). Diesem Werk ließ St. Clair 1901 ein zweibändiges Werk mit dem Titel *Myths of Greece Explained and Dated* (Mythen Griechenlands, erklärt und datiert) folgen. Vom ersten Buch habe ich eine Präsentationskopie, und vom zweiten habe ich eine Kopie, die mehrere Briefe des Autors enthält, in denen er seine Angaben weiter erklärt und viele große Rechtschreib- und Zahlenfehler korrigiert. Deshalb habe ich wohl St. Clairs einzige Aufzeichnung seiner ergänzenden Korrekturen zu seinem Werk.

St. Clair war imstande, viele der astronomischen und kosmografischen Ansichten, die der seltsamen religiösen Symbolik der Ägypter zugrundeliegen, zu entschlüsseln. Einiges davon floß auch in die griechische Mythologie ein, ohne daß die Griechen diese Symbole als das erkannten, was sie waren. St. Clair liegt mit seinen Bemühungen nicht immer richtig und gibt dies auch zu, doch seine Erläuterungen zum *Totenbuch* sind oft von entscheidender Bedeutung. Er verleiht vielen Dingen einen Sinn, was kein anderer mir bekannter Autor je geschafft hat. Ich werde später in diesem Buch noch einmal auf St. Clairs Werke zurückkommen, wenn ich mich umfassender mit dem alten Ägypten befasse. Hier möchte ich ihn nur insoweit zitieren, als daß er Licht auf dieses Thema, die visuellen Aspekte dessen, was die Griechen als *eidola* bezeichnen, geworfen hat. In seinem Buch über Ägypten, *Creation Records*, bespricht St. Clair die kuriosen ägyptischen Konzepte mehrfacher Seelen und sagt dazu folgendes:

»[Eine alte ägyptische] Passage existiert, in der die Elemente einer Person, die sich beim Tod trennen, aufgezählt werden — nicht nur als

Seele und Körper, sondern als mindestens fünf verschiedene Bestandteile (...). So erscheint es, daß neben dem Körper, der die materielle Person darstellt, und der Mumie, die dieselbe bleibt, wenn das Leben den Körper verlassen hat, in dieser Psychologie die Seele und der Körper je eine Art von Schatten besitzen. Der Geist wird als ka *bezeichnet. Wiedemann sagt, daß das* ka *eines Menschen seine Individualität sei, die in seinem Namen verkörpert ist — sein* Bild [Hervorhebung von mir], *das vielleicht im Geiste derer, die ihn kannten, beim Erwähnen seines Namens wachgerufen wird. Doch gibt es Repräsentationen des* ka, *die gut zu der Idee passen, daß es für den Geist oder ein Double des Menschen steht. In Reliefdarstellungen, die die Geburt des [Pharaos] Amenophis III. wiedergeben, wird das* ka *zur selben Zeit wie der König geboren, und beide werden [dem Gott] Amen-Ra präsentiert, und zwar als zwei genau gleiche Jungen, die von ihm gesegnet werden. Ein Mensch lebte nur so lange, wie das* ka *in ihm war, und es verließ ihn nie bis zum Moment des Todes. Das* ka *konnte ohne den Körper leben, doch der Körper nicht ohne das* ka *(...). Ist es nicht wahrscheinlich, daß man auf die Form des* ka *als Double eines Menschen dadurch kam, daß man ihn im Spiegel betrachtete, oder mit den Augen eines anderen Menschen? Das* ka *eines Menschen entspräche dann auf eine gewisse Weise dem reflektierten Bild der Sonne, genannt das Auge des Ra.*

Die Pyramidentexte zeigen, daß schon in der 5. und 6. Dynastie Thoth, Seth, Horus und andere Götter in den Augen der Ägypter kas *hatten. Die Statuen der Götter repräsentierten verkörperte göttliche* kas.

Wir finden eine gelegentliche Erwähnung des ka *des Ostens und des* ka *des Westens (Wilkinson,* Manners and Customs of the Ancient Egyptians [Sitten und Bräuche der alten Ägypter], *zweite Ausgabe, III, S. 200, 201), und Wiedemann sagt, sie sollen als die* kas *von Gottheiten des Ostens und des Westens betrachtet werden und nicht als* kas *abstrakter Konzepte des Ostens und des Westens. Das scheint sehr wahrscheinlich; und könnte es sich nicht um die reflektierte Sonnenscheibe über einem Altar im Tempel handeln?*

Ein ka-*Abbild der Sonne im Tempel wird zur Zeit von Amenophis erwähnt.*

Doch während es sich im Falle eines Menschen offensichtlich nur um einen Körper und eine Seele handelte [tatsächlich gab es, wie wir sahen, mehr als zwei menschliche Seelen], *sagt man von der Sonne, sie hätte* sieben bas *(Seelen) und* vierzehn kas *(Eidola oder Phantasmen), von den zwei dieser Bilder einer jeden Seele anhaften. Diese Aussage muß unerklärlich gewesen sein, doch wurde sie* (--> **weiter auf Seite 323**)

Tafel 1

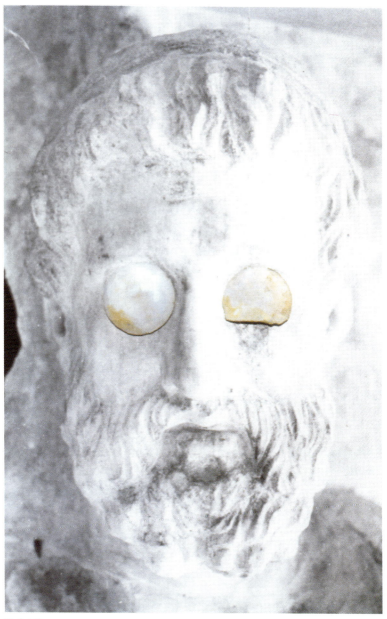

Tafel 2

Tafel 3

Tafel 4

Tafel 5

Tafel 6

Tafel 7

Tafel 8

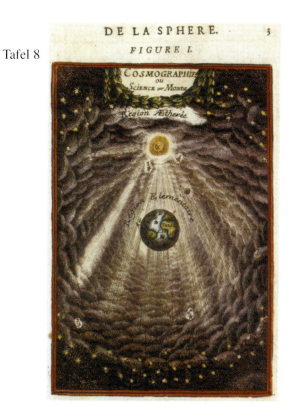

Tafel 9

Tafel 10

Tafel 11

Tafel 13

Tafel 12

Tafel 14

Tafel 15

Tafel 16

Tafel 17

Tafel 18

Tafel 19

Tafel 20

Tafel 21

Tafel 22

Tafel 23

Tafel 24

Tafel 25

Tafel 26

Tafel 27

Tafel 28

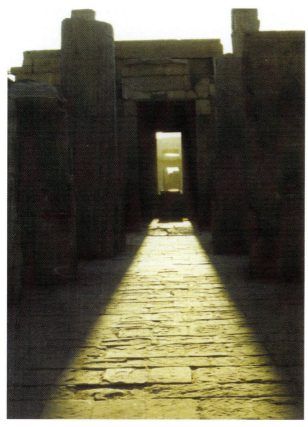

Tafel 29

Tafel 30

Tafel 31

ERKLÄRUNG DER FARB-BILDTAFELN

TAFEL 1

Wirklich in einer Nußschale! Diese chinesische Frau mit ihren Blumen steht tatsächlich in einer halben Walnußschale. Die Figur und die Blumen werden mit einer alten Technik, der sogenannten »Teig-Bildhauerei«, gefertigt, mikroskopisch klein aus gefärbten Teigstückchen, von Madame Lang Zhi Ying in Peking, von der ich dieses Exemplar erworben hatte. Sie hatte eine andere Skulptur angefertigt, bei der nicht weniger als sechzehn Menschen in einer Nußschale stehen, doch diese war so teuer, daß ich auf dieses preiswertere Beispiel ihrer Arbeit zurückgriff. Ein weiteres Zentrum für mikroskopisch kleine Kunstwerke in China ist die Stadt Suzhou, in der man Perlen kaufen kann, auf die ganze Texte mit chinesischen Schriftzeichen aufgebracht wurden; ich habe eine Perle erworben, auf die ein Panda-Bär aufgemalt ist. Diese Kunstwerke werden zusammen mit Vergrößerungsgläsern verkauft, so daß man die Arbeit erkennen kann. Solche Miniatur-Arbeiten werden in chinesischen Texten seit mehr als 2000 Jahren erwähnt, was bis zur Zeit der römischen Beispiele zurückdatiert, wie sie von Cicero, Varro, Aelian und anderen erwähnt werden, einschließlich der *Ilias* in einer Nußschale! Diese Tradition war es, die zu Shakespeares berühmter Passage im *Hamlet* führte, wo es um eine Welt in einer Nußschale ging. Die Tatsache, daß China die einzige heute noch existierende antike Zivilisation ist, erklärt, warum diese Miniatur-Kunst seit über zwei Jahrtausenden eine ununterbrochene Tradition darstellt, während die von den römischen Autoren erwähnten Exemplare einer unerreichbaren und weit entfernten Vergangenheit anzugehören scheinen. (*Foto Kevin Wright*)

TAFEL 2

Dieses Paar plan-konvexer Glas-Linsen wurde eingebettet in den Überresten von Harzen gefunden, die zur Konservierung einer Mumie in einem Stein-Sarkophag bei Karthago benutzt wurden, und datieren aus dem 4. Jahrhundert v. Chr. Sie wurden 1902 von Pfarrer Delattre von den französischen »Weißen Vätern« gefunden, als Tunesien noch eine französische Kolonie und das Karthago-Museum noch als das Lavigerie-

Museum bekannt war. Die vom Historiker Polybius beschriebenen karthagischen Militär-Teleskope kamen zwei Jahrhunderte später auf. Die Identität des Trägers dieser beiden Linsen ist unbekannt! (*Foto William A. Graham*)

TAFEL 3

Die sechzehn karthagischen Linsen — zwei aus Bergkristall und vierzehn aus Glas —, die von Franzosen aus einer Stätte bei Karthago ausgegraben wurden. Die beiden kleinen in der Mitte der ersten Reihe sind aus Bergkristall und immer noch transparent. Die beiden rechts in der hintersten Reihe sind das »Sarkophag-Paar«, das auch auf Tafel 2 zu sehen ist. Alle Linsen sind plan-konvex. Sie wurden zusammen in einer Schachtel gefunden und waren offensichtlich nie ausgestellt worden. (*Foto William A. Graham*)

TAFEL 4

Die Cuming-Linse, die ich unter zehntausenden von kleinen Objekten im Lagerraum des *Cuming-Museums* in London gefunden hatte. Sie wurde von C. R. Smith 1848 offensichtlich im Zuge von Bauarbeiten in der Londoner City ausgegraben. Diese Linse war nicht geschliffen, sondern in eine Form gegossen, und ihr grünes Glas ist früher transparent gewesen; sie ist immer noch leicht durchscheinend. Mehr als die Hälfte der Linse war schon vor ihrer Entdeckung abgebrochen und verlorengegangen. (*Foto Robert Temple*)

TAFEL 5

Die Kairo-Linse (Objekt-Nr. Kairo J52787), eine römische Glas-Linse im Ägyptischen Museum von Kairo. *Etwa* 3. Jahrhundert n. Chr. Dies ist eine von vier bei Karanis ausgegrabenen Linsen, im Arabischen bekannt als Kom Aushim oder Kom Ushim in der Fayun-Region. Die anderen drei Karanis-Linsen befinden sich im *Kelsey-Museum* in der *University of Michigan*, USA. (*Foto Robert Temple*)

TAFEL 6

Die Form eines Axt-Kopfes erhält man leicht, indem die Sonnenstrahlen so gebündelt werden wie hier wiedergegeben. Dieses Foto wurde bei Sonnenuntergang aufgenommen, so daß das gedämpfte Licht das Muster sichtbarer macht, ohne »ein Loch in den Film zu brennen«. Doch wenn das Sonnenlicht tagsüber stärker ist, erkennt man das »Doppelaxt-Muster« sehr leicht, denn indem man die Linse etwas neigt, wird das Lichtmuster von unten nach oben gelenkt und erzeugt dort ein zweites Axt-Motiv gegenüber dem ersten. Ich glaube, daß die alten Minoer dieses Muster einst durch ihre vielen Kristall-Linsen mit Erstaunen beobachteten und glaubten, daß dies irgendeine tiefere Bedeutung haben muß. Vielleicht hat dies zum heiligen »Doppel-Axt«-Symbol (*labrys*) geführt, das für den religiösen Gebrauch übernommen wurde. Außerdem sollte man sich bewußt sein, daß abgerundete und stumpfe Steinaxt-Köpfe schon im Steinzeitalter wertvolle Objekte waren, und diese beiden Traditionen standen zu einem gewissen Grade miteinander in Verbindung. Doch die minoische »Doppel-Axt« war ein sehr besonderes Motiv, das in der minoischen Kunst und Gestaltung unermüdlich wiederholt wurde und sicher kein Rückfall ins Steinzeitalter war. Die Tatsache, daß im minoischen Knossos eine regelrechte Industrie für Kristall-Linsen existierte, gibt berechtigten Anlaß für die Theorie, daß ein Linsen-Abbild das Grundmotiv für diese Doppel-Axt war. (*Foto Robert Temple*)

TAFEL 7

Diese prähistorische Opferschale wurde bei Lerna in der Nähe von Argos auf dem Peloponnes ausgegraben und datiert *etwa* von 2500 v. Chr., also lange bevor es Griechen in Griechenland gab. Um die Kanten der Vertiefung herum, in die das Räucherwerk gegeben wurde, sieht man einen angedeuteten Flammenkranz. Die Vertiefung selbst hat Form eines Doppelaxt-Kopfes, wobei ein Ende etwas größer ist als das andere. Dies ist dasselbe Muster wie das, was man erhält, wenn man eine Linse ins Sonnenlicht hält und sie dabei im Winkel zur Sonne hin- und herneigt. Das später so oft in der minoischen Kultur auftauchende Doppelaxt-Motiv scheint frühere Ursprünge zu haben, und dies mag vielleicht das früheste bekannte sein. Das Motiv scheint optische Ursprünge zu haben. Das Staunen und die Ehrfurcht, die solche Muster auslösten, beruhten auf dem »Herunterbringen des Feuers vom Himmel«, um mit Hilfe von Kristall-Linsen die heiligen Feuer mit »reinem Feuer« zu entzünden. Theoretisch ist es möglich, daß diese Vertiefung von ihren Umrissen her genau der Form des von einer darübergehaltenen Linse fokussierten Lichts entsprach; in diesem Fall ist die Schale jedoch so groß, daß die Linse enorm groß hätte sein müssen, so daß die Darstellung vielleicht doch nur symbolisch war. Lerna wurde mysteriöserweise in der klassischen griechischen Überlieferung immer wieder erwähnt, da es die Stätte sein soll, wo Herkules das Monster namens Hydra erlegt hat. (Die war seine »Zweite Aufgabe«.) Die Hydra war ein vielköpfiges Geschöpf, vielleicht ein Echo der »doppelköpfigen Axt«, die wir hier sehen.

TAFEL 8

»Die Kristall-Sonne«, ein handgefärbter Stich von A. M. Mallet, veröffentlicht in der französischen Wissenschaftsuntersuchung *Description de l'Univers* (Beschreibung des Universums) aus dem Jahre 1683. Die Erde wird freischwebend im Universum gezeigt, die Strahlen der Sonne fallen auf sie herab. Die Sonne, die in den ätherischen Regionen schwebt, scheint das sie umgebende Licht des Kosmos zu sammeln und es zur Erde zu lenken. Tatsächlich wurde dieser Stich nicht als eine Illustration von Philolaus' Ideen angefertigt, sondern ähnelt aufgrund der künstlerischen Freizügigkeit lediglich seinem Konzept. (*Sammlung Robert Temple*)

TAFEL 9

Ein Stück Bergkristall, das ich in China erwarb, das einen teilweise mit Wasser gefüllten Blaseneinschluß enthält, seit es entstand. Solch ein Exemplar wird »Hydro« genannt und ist sehr selten. Wenn man den Kristall bewegt, fließt das eingeschlossene Wasser hin und her. Die Blase ist die runde Form innerhalb des Kristalls, die in dieser Nahaufnahme gut links von der Bildmitte erkennbar ist. Exemplare wie diese waren es, die die alten Griechen annehmen ließen, Bergkristall sei überhaupt kein irdisches Mineral, sondern stark verdichtetes Eis, das vom Himmel gefallen war und zu dicht ist, um zu schmelzen (mit Ausnahme der Flüssigkeit in der Blase, wo das Material augenscheinlich »geschmolzen« war). (*Foto Robert Temple*)

TAFEL 10

Was tut diese Person? Diese bemalte Scherbe eines griechischen Tonkrugs aus dem 5./4. Jahrhundert v. Chr. wurde beim »Schrein der Nymphe« (der 86 v. Chr. zerstört wurde) am Südhang der Akropolis in Athen zwischen 1955 und 1960 beim Bau einer Straße ausgegraben. Es stammt ungefähr aus der Zeit Platos, dessen Lehrer Sokrates im Theaterstück *Die Wolken* von Aristophanes verhöhnt wurde, in einer Szene, wo eine Kristall-Linse im Stück auftaucht. Die auf der Scherbe abgebildete Person war vielleicht sogar bei einem Stück live dabei, wobei ein »Opernglas« eindeutig verfügbar war! Millionen von Menschen sind an diesem Objekt im Akropolis-Museum in Athen (in einem Alkoven von Raum V, Vitrine 6, Objekt-Nr. NA.55.Aa,4) vorbeigeschlendert, ohne es zu »sehen«. *Warum sehen sie es nicht?* Ist es, weil wir nur das sehen, von dem uns im voraus gesagt wird, daß es existiert? Ist es, weil etwas, das »unmöglich« ist, sich mit einen Schleier der Unsichtbarkeit umgibt, so daß keine der überall auf der Welt ausgestellten Dinge richtig wahrgenommen werden können? Vielleicht haben wir es hier mit dem Phänomen der »kollektiven Blindheit« zu tun.

TAFEL 11

»Die Prometheus-Linse«. Dies ist die einzige antike Linse, die sich in meinem Besitz befindet. Ich erwarb sie von meinem Freund, dem verstorbenen Peter Mitchell, der sie wiederum, lange bevor ich ihn kennenlernte, von einem Antiquar erworben hatte. Nach ihrem archaischen Stil und der Gravur auf der flachen Seite datiert sie ungefähr aus dem 6. Jahrhundert v. Chr. in Griechenland. Vielleicht wurde die Gravur zeitgleich mit der Herstellung der Linse angefertigt, vielleicht wurde sie aber auch erst später hinzugefügt. So oder so: Da sie transparent ist, beeinflußt dies nicht ihren Gebrauch als optische Linse. Ein sehr grobes Bohrloch führt jedoch längs durch diese plan-konvexe Linse, ganz im Gegensatz zum sehr sorgfältigen und perfekten Schliff und der Politur der Linse selbst. Das Loch wurde in die Linse gebohrt, um sie als griechischen Anhänger oder Ring tragen zu können. Viele solcher Ringe sind erhalten geblieben und waren im allgemeinen aus Gold. Ich habe einige von ihnen im Britischen Museum untersucht. Falls die Gravur angefertigt wurde, als die Linse in einen Stein für einen Ring umgewandelt wurde, dann ist der Ring etwa um das 6. Jahrhundert v. Chr. hergestellt worden und die Linse früher. Diese Kristall-Linsen, die für solche Ringe hergenommen wurden, waren vielleicht ursprünglich mykenischer oder minoischer Herkunft. Es gibt eine ganze Reihe von mykenischen Linsen, die im Athener Museum ausgestellt sind, auch wenn sie nicht als solche identifiziert werden, und es ist möglich, daß sie alle schon viel früher, in minoischen Zeiten angefertigt wurden, als es bei Knossos auf Kreta eine regelrechte Linsen-Industrie gab. Auf der Gravur sieht man eine geflügelte Figur, die einen kleinen runden Gegenstand in jeder Hand hält und durch einen von ihnen hindurchschaut. Da sich diese Gravur auf einer *Linse* befindet, glaube ich, daß die abgebildeten Objekte in den Händen der Figur selbst Linsen sind. Und da man nur eine Linse in je eine Hand zu nehmen und durch beide gleichzeitig hindurchzuschauen braucht, um ein rudimentäres Teleskop zu haben, glaube ich, daß die Gravur auf dieses Phänomen hinweist. Dann stellt sich die Frage: Wer ist diese geflügelte Figur? Normalerweise würde man davon ausgehen, daß es sich hier um einen »geflügelten Eros« handelt. Doch die Anspielungen auf die Optik und die Möglichkeit, mit der Linse als Brennglas »das Feuer vom Himmel zu holen«, führten mich zu der Annahme, daß die Figur in Wirklichkeit Prometheus darstellen soll, den Feuerbringer. (Im Haupttext des Buchs habe ich erklärt, daß seine im Mythos auftauchende Röhre in Wirklichkeit eine Teleskop-Röhre war.) Deshalb nenne ich diese Linse die »Prometheus-Linse«. Natürlich *kann* die Figur auch einen »fliegenden Eros« und nicht Prometheus darstellen, doch das spielt letzten Endes keine Rolle. (*Foto Robert Temple*)

TAFEL 12

Ein Stengel des sogenannten »falschen Riesenfenchels« (*Heracleum Giganteum*). (Seien Sie vorsichtig mit dieser Pflanze; sie kann starke Hautreizungen verursachen!). Sie wächst schnell bis zu einer Höhe von fast sieben Metern. Der stämmige Stiel dieser Pflanze würde sich ausgezeichnet als Röhre für ein rudimentäres Teleskop eignen, da er hohl und robust ist. Der Stiel dieser Pflanze ist nur schwach gefurcht, doch der ursprüngliche Riesenfenchel könnte stärker gefurcht gewesen sein, wenn der auf Tafel 13 abgebildete »Kaffeebecher« aus der 4. Dynastie ein Modell der ausgestorbenen Pflanze ist. Ich bin nicht völlig davon überzeugt, daß der Riesenfenchel wirklich ausgestorben ist, und ich beabsichtige, in den kleinen Oasen westlich von Siwa an der

Grenze zu Libyen nach ihm zu suchen. Sein Hauptverbreitungsgebiet war einst an den Küsten der Cyrenaika im heutigen Libyen, und vor 2000 Jahren »starb er aus«, da er offensichtlich ein effektives Mittel zur Empfängnisverhütung darstellte. Obwohl die Flora der größeren ägyptischen Oasen überraschend einheitlich und begrenzt ist, könnte so ziemlich alles in den Nischen einer kleinen verlassenen Oase tief in der Wüste überleben. Vor 100 Jahren wurde auch über ein Vorkommen des Riesenfenchels auf einer kleinen unbewohnten Insel in der Ägäis berichtet, doch dabei handelt es sich wohl nur um den kleineren wilden Fenchel, der nur etwas über drei Meter hoch wächst. Um sicher zu gehen, werde ich der Insel aber mal bei passender Gelegenheit einen Besuch abstatten. (*Foto Robert Temple*)

TAFEL 13

»Khufus Kaffeebecher«, wie meine Frau und ich ihn gern nennen. Nach Sir Peters Flindrie, der ihn bei Ausgrabungen fand, wurde dieser Keramik-Gegenstand zur Zeit des Pharaos Khufu (Cheops, 2551–2528 v. Chr.) hergestellt. Zur Zeit ist er im Londoner Museum für die Wissenschaften als Objekt Nr. 1935-466 ausgestellt; der Becher ist seit 1936 eine Leihgabe des *Petrie-Museums* als Teil einer Sammlung von Meßgeräten und Gewichten. Es ist ein »zylindrischer Meßbecher mit Henkel« mit einem Fassungsvermögen von etwa 0,3 Litern. Dies ist ein uns bekanntes griechisches Volumenmaß mit dem Namen *ein kotula*. Er ist nicht vollkommen rund; sein Durchmesser schwankt zwischen 9,08 und 9,16 Zentimetern. Er ist 8,9 Zentimeter hoch und hat eine Wandstärke von 0,86 Zentimetern. Das wichtige an diesem Objekt ist, daß es von seiner Form her ein Stück eines dicken Stengels darstellt, vielleicht den des ausgestorbenen Riesenfenchels, in naturgetreuer Größe. Wir wissen nicht, ob der Riesenfenchel einen gerippten Stengel hatte, doch dies kann der Beweis sein, daß er einen hatte. Man glaubt, daß der Stiel des Riesenfenchels vielleicht zur Herstellung von Teleskop-Röhren gedient hat. (*Foto Robert Temple*)

TAFEL 14

Das freundlich dreinblickende Gesicht von Ka-aper, der vor 4500 Jahren zur Zeit der 5. Dynastie gelebt hat und immer noch mit uns ist. Er schaut etwas sentimental und wäre ein guter Freund gewesen. Sein Double ist heutzutage auf Postkarten im selben Museum, dem Ägyptischen Museum in Kairo, zu sehen, wo er für den Verkauf von Postkarten mit seinem Konterfei sorgt. Die Statue ist aus Holz und wurde aus seinem Grab in Sakkara ausgegraben. Die Kanten der Augenlider sind aus Kupfer, die Augen sind eine Alabaster-Einlegearbeit mit perfekt geschliffenen und polierten plan-konvexen Bergkristall-Linsen in der Mitte, die die Iris bilden. Die Pupillen sind schwarze Punkte, die hinter den Linsen aufgemalt sind, so daß sie vergrößert werden und Ka-apers Gesicht eine glänzende Lebendigkeit verleihen.

TAFEL 15

Eine Seitenansicht von Ka-apers Gesicht. Hier wird die Konvexität der Kristall-Linsen sichtbar, die die Iris seines Auges bilden, wie auch ihre perfekte Transparenz. Die Pupille, ein kleiner, hinter der Linse aufgemalter Punkt, wird vergrößert und läßt ihn selbst von der Seite lebendig aussehen. Das Glänzen in den Augen, hervorgerufen durch die Kristall-Linsen, läßt Ka-aper so aussehen, als ob er im Begriff sei, etwas zu sagen, oder zumindest, als würde er sorgfältig über etwas nachdenken und jeden Moment einen Kommentar abgeben. Es ist zweifelhaft, ob die Kunst der Bildhauerei je über diesen Punkt hinaus weiter fortgeschritten ist, was das Dogma der »Unausweichlichkeit des Fortschritts« in Frage stellt. (*Foto Robert Temple*)

TAFEL 16

Das Gesicht eines unbekannten Manns aus der 5. Dynastie, von einer Statue aus Holz. Die Hornhäute der Augen bestehen aus wunderschön poliertem konvexem Bergkristall. Die Meinungen der Experten gehen auseinander, ob das Weiße in den Augen aus Knochen oder Kalkstein besteht, doch wahrscheinlich ist es aus letzterem. Die Augenlider sind aus Metall, wahrscheinlich Kupfer. In diesem Beispiel zeigt sich, wie perfekt man Kristall-Linsen schon etwa 2400 v. Chr. schleifen konnte. (*Ägyptisches Museum, Kairo. Foto Robert Temple*)

TAFEL 17

»Narbengesicht« oder auch »Old Blue Eyes«, nicht zu verwechseln mit Frank Sinatra. Sein wirklicher Name war König Hor; er regierte während der 13. Dynastie zur Zeit des Zusammenbruchs des Mittleren Reichs in der zweiten Zwischenperiode — eine kurze Dynastie (1794–1648 v. Chr.) mit ungefähr 50 miteinander konkurrierenden Königen innerhalb von eineinhalb Jahrhunderten. Es war offensichtlich keine stabile Periode in der ägyptischen Geschichte und endete mit der Eroberung Ägyptens durch ein fremdes Volk aus dem Osten namens »Hyskos«, das die Herrschaft über das Land ergriff. Diese großartige Holzstatue von König Hor wurde aus seinem Schrein bei Dashur ausgegraben, in der Nähe der Pyramide von Ammenemes III. Über dem Kopf des Königs befinden sich zwei erhobene Arme, die das *ka* oder die Seele des Königs repräsentieren sollen. Die Statue des Königs soll eine genaue Nachbildung seines Körper sein. Der spukhafte Ausdruck wird durch die perfekt geschliffenen und polierten plan-konvexen Bergkristall-Linsen erzeugt, die die Iris in beiden Augen des Königs darstellen. König Hor scheint in die Ewigkeit zu starren. Ich habe keine ägyptischen Kristall-Augen jüngeren Datums gefunden, und die Kunst der Herstellung von Kristall-Linsen in Ägypten scheint die Invasion der Hyskos 1648 v. Chr. nicht überlebt zu haben. Es gibt keine Hinweise darauf, daß irgendwelche Pharaonen des späteren Neuen Reichs von dieser Handwerkskunst wußten oder solche Kristall-Linsen herstellen konnten, und Statuen wie diese wurden in Ägypten nie wieder angefertigt. (*Das Ägyptische Museum Kairo, Foto Robert Temple*)

TAFEL 18

Die berühmte Statue des Pharaos Djoser (3. Dynastie, *etwa* 2630–2611 v. Chr.), die unter seiner Stufenpyramide bei Sakkara gefunden wurde. Sie steht nun gut sichtbar neben dem Eingang zum Ägyptischen Museum in Kairo. Die Statue hatte einst Augen, wo sich jetzt leere Augenhöhlen befinden, und da sie von Grabräubern gestohlen worden sind, müssen sie äußerst wertvoll und nicht nur aus Kalkstein gewesen sein. Es ist möglich, daß sie aus Bergkristall waren, wie viele der Augen in Statuen aus der Zeit der 4. und 5. Dynastie, die folgten. Bergkristall wurde zu prädynastischen Zeiten fachmännisch geschliffen, und viele schöne Exemplare aus der Zeit der 1. und 2. Dynastie sind in Museen erhalten geblieben. Die Djoser-Statue ist vielleicht der erste Beweis für die Herstellung der vielen Kristall-Linsen aus dem Alten Reich, und da sie perfekt geschliffene Konvex-Linsen sind, beweist ihr häufiges Auftreten, daß die Technologie zur Herstellung von Teleskopen vorhanden war. Jedes Paar von Kristall-Augen aus jeder dieser Statuen würde, wenn man gleichzeitig durch sie hindurchschaute, ein rudimentäres Teleskop ergeben, so daß man sich unmöglich vorstellen kann, daß der Gebrauch solcher perfekten Linsenpaare *nicht* auf eine andere Weise funktionierte als in den Statuen selbst. (*Foto Robert Temple*)

TAFEL 19

Der hundsköpfige Gott Anubis wird hier auf einem Wandrelief im Osiris-Tempel gezeigt, errichtet vom Pharao Seti I. (19. Dynastie) bei Abydos in Oberägypten. Zur Rechten von Anubis beugt Seti I. sich vor und bringt Anubis ein Räucher-Opfer dar, von dem man die Rauchschwaden in der geläufigen stilistischen Weise aus der Schale emporsteigen sieht. In seiner rechten Hand hält Anubis den *Ankh*-Schlüssel, das Symbol des Lebens. In seiner linken Hand hält er den *tcham*- oder *was*-Stab. Das gegabelte untere Ende dieses Stabs wurde an der Spitze eines Obelisk- oder Gnomon-Schattens auf den Boden gestellt und definierte den Schatten bis auf Bruchteile eines Zentimeters genau, um die exakte Länge eines Jahres zu messen. Das obere gekrümmte Ende des Stabs, das manchmal wahrscheinlich als Tribut für Anubis mit hundskopf-ähnlichen Merkmalen abgebildet wurde, wurde nach dem Ägyptologen Martin Isler in ähnlicher Weise benutzt, um »einen klaren und meßbaren Schatten zu erhalten«. Der Gebrauch solcher Stäbe scheint schon vor den ersten dynastischen Zeiten in Ägypten üblich gewesen zu sein. Zur Zeit des Pharaos Cheops — wie auf einem Fries zu sehen, der seine Kartusche trägt und der aus einer Trümmerstätte geborgen wurde — waren diese Stäbe nur noch rein dekorative Motive, was zeigt, daß ihr wissenschaftlicher Verwendungszweck dem der Dekoration untergeordnet wurde. (*Foto Robert Temple*)

TAFEL 20

Die »Lichtopfergabe« an den Gott Amun, vorgenommen vom Pharao Ramses III. in seinem kleinen Tempel in der Nähe des Eingangs zum großen Amun-Tempel bei Karnak. Zur Linken sieht man die Feder von Maat, gefolgt von der ägyptischen Zahl III, was sowohl den König identifizieren als auch die Erinnerung an seinen Vorfahren Amenhotep III. wachrufen soll, der mit Karnak eng in Zusammenhang stand. Dieses Licht-Phänomen kann nur für drei Minuten beobachtet werden, bevor es wieder verschwindet. Im November, als ich dort war, trat es ungefähr um 8.30 Uhr auf. (*Foto Robert Temple*)

TAFEL 21

Die Lichtstrahlen fallen durch das geschlitzte Fenster des kleinen Tempels Ramses' III. bei Karnak und bilden das »Lichtopfer« an den Gott Amun, das auf Tafel 20 zu sehen ist. (In der Decke sind Stahlstützen im ursprünglichen Dach sichtbar, die von Archäologen dort angebracht wurden.) Die Fensterschlitze sind Originale und datieren aus dem 12. Jahrhundert v. Chr., zur Zeit der frühen 20. Dynastie des Neuen Reichs. Alle vier Öffnungen sind sichtbar rechtwinklig an ihren Ecken. Warum scheint dann eine von ihnen im Moment des Beginns der »Lichtopfergabe« die Form der Feder Maats anzunehmen, statt wie die anderen einfach ein normaler senkrechter Schlitz zu sein? Der Grund dafür ist, daß die Krümmung der Steine außerhalb des Fensters so ist, daß sie den Lichtstreifen für wenige Minuten, wenn das »Lichtopfer« auf die Räucherschale trifft, zu einer Federform abwandeln. Eine Viertelstunde später sind aus der Feder zwei goldene Bälle geworden, einer über dem anderen, und auch sie verschwinden dann. Dies ist echte »Licht-Bildhauerei«. (*Foto Robert Temple*)

TAFEL 22

Ein Ausschnitt aus einem Deckenrelief im Hathor-Tempel bei Dendera in Oberägypten. Dies ist ein Teil der berühmten »Tierkreis-Decke«. Oben geht die Sonne auf und bewegt sich in die Vagina der Himmelsgöttin Nut hinein (deren Körper die Decke überspannt und aus deren Mund die Sonne beim Untergang wieder austritt). Die Sonnenstrahlen scheinen in der Form eines Schauers aus kleinen Mini-Obelisken herab und beleuchten das Gesicht der Göttin Hathor — die unter anderem den Aufgang des Sterns Sirius unmittelbar vor Sonnenaufgang repräsentiert — mit ihren typischen Kuh-Ohren. Sie krönt eine Säule über dem Tempel-Eingang (vermutlich eine Darstellung von Dendera selbst). Diese graphische Darstellung illustriert die Tradition, die der römische Autor Plinius in seinen Schriften bewahrt hat: daß der Obelisk für die Ägypter »einen versteinerten Strahl des Sonnenlichts« verkörperte. Rechts im Bild symbolisiert der Krebs unmittelbar unterhalb des Knies der Himmelsgöttin das Tierkreiszeichen Krebs, eines der vielen an der Decke angedeuteten Zeichen, die sich auf den Tierkreis beziehen. Der französische Astronom Jean-Baptiste Biot wies darauf hin, daß der Aufgang der Sonne zur Zeit der Sommersonnenwende und der Errichtung des Tempels bei Dendera im Zeichen Krebs stattfand, was eindeutig der Grund ist, weshalb das Zeichen hier zusammen mit der aufgehenden Sonne abgebildet ist. (Siehe R. A. Schwaller de Lubicz, *Sacred Science* [Heilige Wissenschaft], Inner Traditions, USA, 1998, Anhang VII, S. 284.) Der Zustand der Decke hat sich seit den Restaurierungsarbeiten der Franzosen Mitte des 19. Jahrhunderts so verschlechtert, daß die meisten astronomischen Symbole kaum noch erkannt werden können. Innerhalb der nächsten Jahrzehnte wird von der Szenerie wahrscheinlich nichts mehr zu sehen sein. (*Foto Robert Temple*)

TAFEL 23

Die Göttin Seshet, Göttin der Fundamente, des Baus und der Vermessung wie auch die »Herrin des Hauses der Bücher«. Auf ihrem Kopf trägt sie immer einen Stiel mit Strahlen am oberen Ende, deren Zahl entweder fünf, sieben oder neun beträgt. In vielen Bildern durch die Jahrtausende wird sie gezeigt, wie sie einen sehr langen, regelmäßig eingekerbten Palmstiel hält und ein Schilfrohr in eine dieser Kerben einführt. Ägyptologen wissen nicht wirklich, was Szenen wie diese darstellen sollen. Hier haben wir allerdings mehr Einzelheiten als gewöhnlich. Dies ist ein spätes Wandrelief aus der Zeit Ptolemaios' bei Philae, in einer dunklen Ecke der Bauwerke außerhalb des Haupt-Tempels, die ich bei meinem ersten Besuch nicht mal beachtet hatte. In ihrer linken Hand hält die Göttin den eingekerbten Palmstiel zusammen mit einem *was*-Zepter. Es sieht so aus, als ob die Göttin das Schilfrohr mit voller Absicht in eine bestimmte Kerbe einführt, und man kann sich nur schwer des Eindrucks erwehren, daß hier irgend etwas gemessen wird — doch was? Könnte es irgendetwas mit Licht und Schatten zu tun haben, wie die Assoziation mit dem Zepter nahelegen würde? Es ist möglich, daß der Grund, weshalb solche gradierten Skalen zum Verwendungszweck als Ur-Theodolit im antiken Ägypten deshalb nicht erhalten geblieben sind, der ist, daß sie aus leicht verrottendem Material waren und daß eingekerbte Schilfrohre tatsächlich gleich weit auseinanderliegende Gradmarkierungen für solche Vermessungsinstrumente darstellten. Die Göttin könnte hier also beim Ablesen einer Winkelmessung abgebildet worden sein, indem sie den Winkel in einer Kerbe markierte. *Djeds* wurden wahrscheinlich zur Ausführung von Messungen von weit entfernten senkrechten Objekten benutzt, wohingegen eingekerbte Schilfrohre sich viel näher am Peilungsinstrument befunden haben. Die meisten Darstellungen von Seshet zeigen sie, wie sie ein oder zwei eingekerbte Schilfrohre senkrecht hält, wobei ein Ende der beiden auf dem Boden ruht und auf eine bestimmte Kerbe hinweist. Es wäre nicht einmal notwendig gewesen, die Zählung aus einer Entfernung vorzunehmen, denn die Person, die die Peilung vornahm, konnte den Wert ablesen, wenn das Schilfrohr in die richtige Kerbe eingeführt wurde. Mit einem Klecks Farbe konnte man dann die entsprechende Stelle fixieren und die Gesamtzahl der Kerben zählen, um den Wert des Winkels abzulesen. (*Foto Robert Temple*)

TAFEL 24

Ein bisher unveröffentlichtes Kalkstein-Relief unbekannter Herkunft, wahrscheinlich aus der sogenannten »Spätperiode« (d. h. 712–343 v. Chr.). Es ist im *Petrie-Museum* in London ausgestellt (UC 30143). Es zeigt den Benu (den Phönix, der immer als Falke mit Federbusch dargestellt wird), der sich auf einem *benben*-Stein niederläßt — entweder eine Pyramide oder ihr Schlußstein. Obwohl diese Darstellung aus der Spätperiode sein mag, gibt sie doch in typisch ägyptisch-konservativer Manier eine Szene wieder, die aus der 2. Dynastie (*etwa 2770–2649 v. Chr.*) datiert, mindestens 2000 Jahre früher, als laut Alexandre Moret in seinem Artikel »l'Influence du Décor Solaire sur la Pyramide« (Der Einfluß der Sonnendekoration auf die Pyramide), in den *Mémoires de l'Institut Français* (Aufzeichnungen des Französichen Instituts [in Ägypten]), Band LXVI, *Mélange Maspero* (Sammlungen von [Gaston] Maspero, Band I, S. 623–636). Dort beschreibt er dieselbe Szene, die auf einer Skulptur aus der 2. Dynastie im Ägyptischen Museum in Kairo erscheint (S. 624, Übersetzung von Olivia Temple):

»(...) Ein Monument, viel älter als die Pyramiden (...) hat eine Anspielung auf den *Ben*, den Phönix, bewahrt, denn es illustriert ausgezeichnet (...) die Passage 1652b [der Pyramidentexte]. Sie betrifft die archaische Skulptur in Kairo mit der Nummer 3072, wo Horus die Könige von Nebra, Hetepsekhemui und Ntermu (am Ende der 2. Dynastie, *etwa* 2900 v. Chr.) aufzählt, die auf der Schulter eines knienden Mannes eingraviert sind. Den königlichen Namen (...) geht ein Vogel voraus, der wie ein Falke mit Federbüschel aussieht und dem Vogel Phönix *Benu* ähnelt. Er greift mit seinen Krallen in die Spitze eines Baetyls in vager Pyramiden-Form. (...) Ich habe keinen Zweifel, daß dies den Benu repräsentiert, der wie in den Pyramidentexten wie ein *Ben* aufscheint.« [Moret gibt diese Inschrift und das Bild des Benu-Vogels wieder.] Da dieses Bild eines der Hauptsymbole des Sonnentempels bei Heliopolis ist — ein Bauwerk in der Nähe von Kairo, das nun vollständig verschwunden ist —, kann dieses Objekt sehr wohl von dort stammen. (*Foto Robert Temple*)

TAFEL 25

Ein »Besuch des Gottes Horus«. Als ich da stand und diesen Obelisken bei Karnak betrachtete, der als oberste Hieroglyphe den Horus-Falken zeigt, kam ein Falke herbeigeflogen und ließ sich auf der Spitze des Obelisken nieder — in genau derselben Pose wie auf dem Obelisk-Relief. Der Raum zwischen den beiden Vögeln war ursprünglich mit poliertem Gold überzogen, um die Sonnenstrahlen zu reflektieren. (*Foto Robert Temple*)

TAFEL 26

Das »Vielfach-*djed*«- Wandmosaik aus zahllosen blaugrünen glasierten Kacheln wurde in den unterirdischen Tunneln unter der Stufenpyramide von König Djoser (3. Dynastie) bei Sakkara gefunden. Es wurde, wie auch die ganze Pyramide, vom berühmten Architekten, Wissenschaftler und Philosophen Imhotep erschaffen. Entlang der oberen Hälfte befinden sich elf *djeds*, und die Zwischenräume im Bogenmotiv darüber könnten eine Peilungsvorrichtung für Vermessungszwecke dargestellt haben. (*Ägyptisches Museum, Kairo. Foto Robert Temple*)

TAFEL 27

Ein Relief auf einer Säule am Isis-Tempel bei Philae in Oberägypten. Das zentrale Symbol ist ein *djed*, über dem sich offensichtlich eine Sonnenscheibe befindet, was darauf hinweisen könnte, daß der *djed* dazu benutzt wurde, Positionen von Himmelskörpern mittels der gleich weit entfernten Sichtkerben zu messen. Alternativ dazu könnte die Scheibe einen Spiegel für Peilungen auf Entfernung repräsentieren. (*Foto Robert Temple*)

TAFEL 28

Ein Himmels-Krokodil an der Wand der Grabstätte von Seti II. Im Tal der Könige bei Luxor in Ägypten. Das Tier wird vielfach durch 26°-Winkel definiert: eine waagerechte Linie, die die Spitze der Schnauze des Krokodils schneidet, ergibt einen 26°-Winkel mit einer Linie, die den oberen Teil seines Rückens streift. Ebenso ergeben Linien entlang anderer Körperteile allesamt 26°-Winkel. Man erkennt somit, daß die gesamte Komposition von einer Reihe von Goldenen Dreiecken bestimmt wird. Der Gebrauch des Goldenen Dreiecks als fundamentales Prinzip im Kanon ägyptischer Kunst wird hier also im Übermaß illustriert. Was noch außergewöhnlicher ist: Dieses Kunstwerk befand sich in einem versiegelten Grab, das nie betreten werden sollte, so daß niemand Gelegenheit erhalten würde, die Mühen zu schätzen, die auf dieses Relief verwandt wurden. (*Foto Robert Temple*)

TAFEL 29

Sonnenaufgang bei Karnak: Das Licht scheint vom inneren Heiligtum des großen Amun-Tempels den Korridor hinunter nach Westen. Dies ist nun nur durch den teilweisen Zusammenbruch der hinteren Wände möglich geworden. Der Amun-Tempel war kein Sonnenaufgangs-Tempel, sondern ein *Sonnenuntergangs*-Tempel zur Beobachtung des Sonnenuntergangs zum Zeitpunkt der Sommersonnenwende, und in der Antike schien das Licht in der anderen Richtung den Korridor hinunter! Ursprünglich gab es für das Sonnenlicht hinten keine Öffnung, um hindurchzuscheinen, so wie wir es jetzt sehen können. Dieser Blickwinkel soll deshalb lediglich andeuten, wie es damals aussah. Stellen Sie sich vor, wie das Licht so wie hier über die enorme Entfernung von fast 550 Metern gerade durch den Korridor schien und die Sonnenscheibe für zwei oder drei Minuten im Jahr in der Gegenwart des Pharao auf die Rückwand des inneren Heiligtums projiziert wurde. Er war somit für diese kurze Zeit »allein mit Ra«, wie die alten Texte es beschreiben. (*Foto Robert Temple*)

TAFEL 30

Wintersonnenwende auf dem Gizeh-Plateau in Ägypten. Links auf der Großen Pyramide erkennt man den Wintersonnenwend-Schatten, der von der Chephren-Pyramide bei Sonnenuntergang auf sie geworfen wird. Der Schatten hat einen Anstiegswinkel von 26° — derselbe Winkel wie der der aufsteigenden Passage im Innern der Pyramide, ebenso wie der der absteigenden Passage. Der Schatten zeigt also auf der Außenseite, was in der Pyramide verborgen ist, wenn auch im rechten Winkel zu den inneren Gängen. Die senkrechte Linie, die die Südseite in zwei Teile unterteilt, kann mit bloßem Auge vom Boden nicht gesehen werden, doch auf Tafel 65 sieht man sie deutlich in einer Luftaufnahme. Wo der Sonnenwend-Schatten diese unsichtbare Mittelsenkrechte schneidet, wird ein Goldenes Dreieck gebildet, ebenso wie die aufsteigende Passage selbst ein Goldenes Dreieck bildet: Die Grosse Galerie im Innern wird ebenfalls durch einen Goldenen Schnitt definiert (siehe Abbildung 54). Die Königskammer enthält nicht weniger als acht Goldene Dreiecke. Der gesamte künstlerische Kanon der Ägypter beruhte auf dem Goldenen Schnitt (siehe zum Beispiel Abbildung 55). Ich entdeckte diesen Wintersonnenwend-Schatten zum ersten Mal im Jahre 1998, unmittelbar vor der Sonnenwende. Das für dieses Phänomen erforderliche Wissen um Geometrie und Mathematik ist so umfassend, daß wir in Ehrfurcht vor der Genauigkeit und Kühnheit derjenigen stehen, die dies geplant und entworfen haben. Hätten sie bei ihren Berechnungen auch nur den kleinsten Fehler begangen, hätten sie die zweite Pyramide komplett abtragen und es von neuem versuchen müssen! Der Punkt, wo der Schatten rechts die Südost-Ecke schneidet, weist wahrscheinlich auf ein weiteres wichtiges Merkmal in der Pyramide hin, doch dazu müssen präzise Messungen vorgenommen werden. Zählt man die Anzahl der Steinstufen übereinander an dieser Stelle, dann hat es den Anschein, als ob der Punkt auf derselben Höhe wie die Königskammer liegt. Der Wintersonnenwend-Schatten muß noch eingehender studiert werden, denn er weist wahrscheinlich auf verschiedene im Innern verborgene Strukturen hin, von denen einige uns vielleicht noch unbekannt sind. Dieser Schatten wird nicht »einfach so« von der Chephren- auf die Cheops-Pyramide geworfen. Die Tatsache, daß eine komplette zweite Pyramide offensichtlich so ausgerichtet und gebaut wurde, daß sie diesen besonderen Schatten werfen kann, bedeutet, daß der Schatten viele Geheimnisse in sich birgt. Es sollten eindeutig keine Mühen gescheut werden, diese Geheimnisse zu lüften.

Die alten Ägypter glaubten, daß die Pyramiden die herabfallenden Strahlen der Sonne verkörperten, doch beim wichtigsten Sonnenuntergang des Jahres — am kürzesten Tag — verursachte ein »dritter Strahl« (das Licht der untergehenden Sonne), daß sich die »ersten und zweiten (gefrorenen) Strahlen« (die beiden Pyramiden selbst) manifestieren konnten und in Wechselwirkung ein fundamentales geometrisches Prinzip zur Schau stellten. Heilige Optik liegt also diesem Aspekt, wie auch vielen anderen der altägyptischen Zivilisation, zu Grunde. (*Foto Mohamed Nazmy*)

TAFEL 31

Der Aufgang des Tal-Tempels bei Giza, in der Nähe der Sphinx. Ich entdeckte, das der Anstiegswinkel dieses Aufgangs derselbe wie der der beiden Passagen in der Großen Pyramide war, ebenso wie der Winkel des Wintersonnenwend-Schattens auf ihrer Südseite. Da der Aufgang ein Goldenes Dreieck bildet, ebenso wie die Passage zur Großen Galerie in der Großen Pyramide (siehe Abbildung 54), wäre es nur natürlich, eine Krypta (Gruft) unter dem westlichen Ende dieses Aufgangs zu erwarten. Der Boden ist aus einer Art Alabaster, die Wände sind aus Granitblöcken, die — wie man deutlich erkennen kann — perfekt zusammengefügt sind, und der Aufgang war einst mit einem Dach abgedeckt, das über eine kleine verschlossene Seitentür zur Rechten auf halber Höhe zugänglich war. (*Foto Robert Temple*)

wahrscheinlich nicht ohne tiefere Bedeutung gemacht, und wenn wir auf dem Pfad zur Wahrheit sind, fallen die Dinge plötzlich an ihren richtigen Platz. (...). [Er gibt nun seine Erklärung, was mit den sieben *bas* gemeint ist, worauf wir aber hier nicht eingehen wollen.] *Dies sind vielleicht die sieben* bas *oder Seelen der Sonne, und jedes* ba *(...) hat als Reproduktion sein eigenes Abbild im Tempel des Morgens und im Tempel des Abends* [d. h. dem Sonnenauf- und -untergang, deshalb die doppelte Anzahl], *was vierzehn* kas *oder Geister ausmacht, oder Reflexionen der auf- und untergehenden Sonne (...). Die Reproduktion des Auges der Sonne im entsprechend ausgerichteten Tempel zeigte das vollendete Jahr und half, den Kalender richtigzustellen.«*

St. Clair sagt an anderer Stelle:

»[Ein Gott oder eine Göttin] *könnte als das Auge der Sonne bezeichnet werden, (...) denn die Sonne sendet [von einem Sonnenwend- oder Tagundnachtgleichen-Punkt] ihre Strahlen gerade entlang des teleskopischen Einganges zum inneren Heiligtum [eines ägyptischen Tempels], um dort ein Bild ihrer selbst zu erzeugen.«*

St. Clair zitiert den berühmten Astronomen Sir Norman Lockyer, den damaligen Herausgeber des Magazins *Nature*:

»*(...) Lockyer zögerte nicht zu sagen, daß die beiden Augen des Ra, die in verschiedene Richtungen blicken, die beiden äußersten nördlichen und südlichen Punkte der Sonne (zum Zeitpunkt der Sommer- und Wintersonnenwende) seien.*

›*Nun, sehen Sie*‹, *sagt Lockyer*, ›*wie diese beiden Punkte beobachtet wurden, und wie sie natürlich ein Auge andeuten. Das innere Tempelheiligtum war dunkel, und der Lichtstrahl kam durch die Eingangstore, lief entlang einer langen Passage und erleuchtete den Schrein Gottes, und zwar an jenen Tagen mit der höchsten Stellung der Sonne am Himmel — an genau solchen Tagen, denn der Tempel war so ausgerichtet, daß er am Tag der Sommersonnenwende die ersten und letzten Strahlen auffing. Der Strahl des Sonnenlichts blitzte ins Heiligtum und erleuchtete den Schrein für einige Minuten, um dann weiterzuziehen. Dieser Blitz hatte ein Crescendo (Anwachsen) und ein Diminuendo (Nachlassen), doch das Ganze dauerte nicht länger als zwei Minuten oder so, und wurde vielleicht durch aufgehängte Vorhänge beträchtlich verkürzt.*‹

All dies hilft unserer Vorstellung, doch worauf Lockyer nicht hinweist, ist, daß ein auf solch eine Weise empfangener Lichtstrahl, der vielleicht durch quadratische oder rechteckige Öffnungen eintritt, nach den Gesetzen der Optik immer noch ein Bild der Sonne abgeben würde, das wie das menschliche Auge rund ist. Die große Länge des Einganges [innerhalb des Tempels] *würde diese Wirkung noch perfektionieren. Denn das Gesetz, das auf Lichtstrahlen Anwendung findet, die durch Öffnungen eintreten, ist dieses: daß ein Bild der Öffnung selbst erzeugt wird, wenn der Schirm nahe der Öffnung ist. Doch befindet sich der Schirm in beträchtlicher Entfernung von der Öffnung, wird ein Bild der Lichtquelle erzeugt. Deshalb gibt Sonnenlicht, das durch ein Fenster fällt, die Umrisse desselben auf dem Boden oder an der Wand des Apartments wieder; wäre die Wand jedoch einen Kilometer entfernt, sähe man ein Bild der Sonnenscheibe.*«

So kann es sehr wohl sein, daß Demokrit, als er tief im Innern der Grabkammern war, manchmal mit genau diesen Phänomenen experimentiert haben mag, gerade weil es die (früher schon angesprochene) verworrene Erwähnung gab, wonach er einen Spiegel benutzt hatte, um die Sonne in der Grabkammer zu reflektieren.

Es gab in den Vorstellungen der alten Ägypter mehr Seelen, als St. Clair erwähnt, und diese werden von Wallis Budge in seiner Einführung zu seiner Übersetzung des *Ägyptischen Totenbuchs* aufgezählt. Budge benutzte dort das Wort *eidolon* in Verbindung mit dem *ka*, ebenso wie wir es gerade bei St. Clair gesehen haben:

»*Das* ka *(...), ein Wort, das in allgemeiner Übereinstimmung mit ›Double‹ übersetzt wird, (...) kann in den meisten Fällen durch eine der Bedeutungen des Wortes* eidolon *wiedergegeben werden.* [Er schrieb dies zu einer Zeit, als man davon ausgehen konnte, daß die meisten gebildeten britischen Leser dieses Wort kannten, denn sie hatten die *Odyssee* auf griechisch in der Schule gelesen.] *Das* ka *war eine abstrakte Individualität oder Persönlichkeit, die die Form und die Attribute desjenigen Menschen aufwies, zu dem sie gehörte, und obwohl ihre Wohnstatt gewöhnlich mit dem Körper im Grabe war, konnte sie sich willentlich umherbewegen. Sie war unabhängig vom Menschen und konnte in jeder Statue, die ihn repräsentierte, wohnen. Sie sollte essen und trinken, und größte Sorgfalt wurde aufgebracht, große Mengen an Opfergaben mit ins Grab zu legen, so daß die* kas*, die in ihnen beerdigt waren, keine Notwendigkeit spürten, ihr Grab zu verlassen und umher-*

wandern zu müssen, um sich von Innereien und faulem Wasser ernähren zu müssen.«

Vielleicht gab es auch Erfahrungen mit Wahrnehmungen verstorbener »Schatten« hinter all diesem. Als meine Hündin Kim starb, sah ich sie drei Tage später auf ihrem Grab im Garten, perplex dreinschauend. Ich konnte sehen, daß sie aufstehen und umherlaufen wollte, doch hatte sie das Gefühl, lieber ihren Körper zu bewachen, denn vielleicht würde sie ihn bald wieder brauchen. Sie starrte intensiv auf einen leeren Stuhl, in dem sie offensichtlich jemanden sitzen sah, den sie kannte und der ihren Blick erwiderte, denn sie lief immer wieder zum Stuhl und zurück, als ob sie hin- und hergerissen wäre zwischen ihrem Instinkt, den Körper zu bewachen und dem Verlangen, sich dieser vertrauten Person zu nähern. Sie bemerkte mich nicht. Sie schien in einer anderen Realität zu einer anderen Zeit mit einer anderen Geschwindigkeit zu sein, obgleich sie ihre Bewegungen mit normaler Geschwindigkeit vollzog. Sie erschien silberfarben und wieder so, wie sie mit zwei Jahren war. Ich kann sehr gut verstehen, daß solche Erscheinungen, die in der Geschichte zahllose Male wahrgenommen wurden, immer den Eindruck eines visuellen Abbildes erzeugten, das nicht mit dem Betrachter in Bezug oder »in Verbindung« steht und deshalb lediglich wie ein Bild erscheint, denn solche »Erscheinungsbilder« haben ihre wahre Existenz nicht in unserer Realität, sondern in ihrer eigenen. Sie wahrzunehmen ist immer ein seltenes Vorkommnis, und die Tatsache, daß Kim mich nicht wahrnehmen konnte, ist wie das Versagen von Odysseus' Mutter, ihren Sohn wahrzunehmen. Denn warum sollten die Toten uns schließlich häufiger sehen können als wir sie?

Doch nachdem wir all dies über Wahrnehmungen und Geister gesagt haben, ist der zentrale Punkt der, daß das griechische *eidolon* direkt aus dem ägyptischen *ka* abgeleitet worden zu sein scheint. Und St. Clair liegt wahrscheinlich richtig mit seiner Annahme, daß das *ka* mit den Manifestationen der Sonne zu den Zeiten der Sonnenwenden im inneren Heiligtum einer Reihe entsprechend ausgerichteter Tempel in Verbindung steht. Dieses Konzept, das deshalb schon zu frühesten Zeiten mit optischen Phänomenen in Verbindung gebracht wurde, war in der *Odyssee* im wesentlichen optischer Natur und wurde dann vom Philosophen und Urwissenschaftler Demokrit explizit mit der Optik in Verbindung gebracht.

Demokrits Vorstellung breitete sich dann entlang der Korridore der

Zeit aus und übte noch Jahrhunderte danach einen Einfluß aus. Demokrit lebte im 5. Jahrhundert v. Chr. (geboren etwa zwischen 460 und 457 v. Chr.). Seine Theorien zur *eidola* wurden von Epikur (341–270 v. Chr.) übernommen, und von dem übernahm sie Lukrez (94–55 v. Chr.), der in seinem berühmten Buch über die Natur, *De Rerum Natura* (Vom Wesen der Natur), in Buch IV ausführlich darüber spricht. Unter anderem schreibt er dort folgendes:

»*(...) Es existiert etwas, das wir als Abbilder [simulacra] von Dingen bezeichnen, die wie dünne Schichten von der äußersten Oberfläche dieser Dinge abgezogen werden und hier und dort durch die Luft flattern. Dies sind dieselben, die uns in schlaflosen Zeiten begegnen und unseren Geist in Schrecken versetzen, wie auch im Schlafe, wenn wir oft wundervolle Formen und Bilder von den Toten wahrnehmen, die uns in Angst versetzt haben, während wir müde im Bett lagen, aus Furcht, daß wir vielleicht glauben, daß die Geister der Toten aus dem Hades entfliehen oder Geister unter den Lebendigen umherflattern. (...) Ich sage deshalb, daß Scheinbilder und dünne Formen von Dingen von ihrer äußeren Oberfläche in die Luft aufsteigen, die man als ihre Schichten oder Filme oder Rinde bezeichnen könnte, denn das Abbild hat dasselbe Aussehen und dieselbe Form wie der Körper, von dem es sich loslöst, um seiner Wege zu gehen (...), so wie Zikaden im Sommer ihre dünnen Häute abstreifen, und so wie Kälber bei der Geburt ihre Glückshaube* [einen Teil der Fruchtblase, A. d. Ü.] *von ihrer äußersten Haut abwerfen (...) Ein dünnes Abbild muß genauso von der äußersten Oberfläche von Dingen abgeworfen werden (...). So gibt es feste Umrisse von Formen und feinstes Gewebe, die überall umherflattern, jedoch als solche nicht gesehen werden können (...). Was immer wir an Ähnlichkeiten in einem Spiegel, im Wasser oder auf einer hellen Oberfläche erblicken, muß — da es dieselbe äußere Erscheinung aufweist wie diese Dinge — aus Abbildern bestehen, die von diesen Dingen abgeworfen werden. Deshalb gibt es dünne Formen und Entsprechungen von Dingen, die für sich allein niemand wahrnehmen kann, die jedoch — wenn sie unablässig und unaufhörlich zurückgeworfen werden — auf der Oberfläche von Spiegeln eine Vision erzeugen. Es gibt anscheinend auch keinen anderen Weg, sie zu bewahren (...). Es gibt da immer etwas, das der äußersten Oberfläche von Dingen entströmt. Und wenn dies auf Dinge trifft, dringt es durch diese Dinge hindurch, besonders durch Glas (...). Ein Bild kann auch von Spiegel zu Spiegel übertragen werden, so daß oft fünf oder sechs Abbilder erzeugt werden. Denn was immer sich hinter den inneren*

Bestandteilen eines Hauses verbirgt, und wie gewunden und abgeschieden auch immer die Wege dazwischen sein mögen — es kann alles mit Hilfe einer Anzahl von Spiegeln zum Vorschein gebracht und im Haus sichtbar gemacht werden. So scheint das Abbild wahrhaftig von Spiegel zu Spiegel, und was immer unter Wasser liegt, scheint zurückgebrochen, verwunden und flach nach oben gedreht und so zurückgeworfen zu werden. (…) Und wenn der Wind bei Nacht Wolkenfetzen entlang des Himmels dahinjagt, dann scheinen die Sterne zwischen den Wolken dahinzugleiten und sich über sie hinwegzubewegen, in eine ganz andere Richtung, als sie es wahrhaft tun (…).«

Lukrez schafft es also, in seinem Bericht Beschreibungen sowohl der *Reflexion* als auch der *Refraktion* mit einzuschließen (und ich habe die Gesamtheit seiner Anmerkungen noch nicht einmal ansatzweise zitiert). Vieles in seinem Bericht ist offensichtlich aus anderen Quellen abgeleitet, wahrscheinlich von Epikur, von Demokrits verlorengegangenen Werken *Beschreibung der Strahlen des Lichts* und *Über Eidola*, denn nur wenige glauben, daß das Material in einem bedeutenden Maße Lukrez' Originalmaterial ist; er war eher ein Dichter und Sammler.

Im 1. und 2. Jahrhundert n. Chr. führte Plutarch die Diskussion fort. Und es ist interessant, daß Plutarch sowohl die *eidola* von Demokrit als auch die aus der *Odyssee* anspricht, so daß auch er dieselbe Verbindung herstellte, die ich in diesem Kapitel angeführt habe. Zuvor hatte ich schon seine Anmerkungen in seinem Essay *Über das Ende von Orakeln* als auch in den *Tischgesprächen* zitiert.

Plutarchs längste Besprechung der *eidola* findet sich in der Abhandlung *Über das Gesicht im Mond*, eines von Plutarchs bizarrsten und abstrusesten Essays. In dieser von Prickard übersetzten Passage nimmt er das Thema auf der Basis eines Berichts über das *eidolon* von Herkules in der *Odyssee* auf:

»(…) Als der Geist von der Seele getrennt wurde; die Trennung erfolgt durch die Liebe zum Abbild, das sich in der Sonne befindet [dies scheint ein Hinweis auf das helle Licht zu sein, das Menschen bei Nahtod-Erfahrungen sehen]*; durch sie scheint diese begehrenswerte, schöne, göttliche und gesegnete Präsenz, nach der sich alle Natur sehnt, wenn auch auf unterschiedliche Weise (…). Die Natur, die die Seele ist, bleibt auf dem Mond und behält Spuren und Träume aus dem vorherigen Leben bei sich; sie war es, über die gesagt wurde: ›geflügelt wie ein Traum setzt die Seele zum Flug davon an‹. Nicht sofort, und auch nicht in dem*

Moment, wo sie frei vom Körper ist, geschieht ihr dies, sondern danach, wenn sie verlassen und einsam ist, befreit vom Geiste. Von allem, was uns Homer erzählt hat, glaube ich, daß da nichts Göttlicheres ist als das, was er uns über diejenigen im Hades erzählt — ›als nächstes wurde ich des mächtigen Herkules gewahr, sein Geist (eidolon) *— denn er selbst wohnt unter den Unsterblichen‹.«*

Die Fortsetzung dieser Passage lesen wir bei King:

»Denn jedes Individuum ist nicht Wut oder Angst oder Verlangen, genauso wenig wie es Fleisch oder Körpersaft ist; das, womit wir denken und verstehen, ist die Seele, auf die der Geist einwirkt und die ihrerseits auf den Körper einwirkt. Sie wirkt von allen Seiten auf ihn ein und modelliert so seine Form.

Auch wenn sie lange Zeit getrennt sowohl vom Geist als auch vom Körper fortbestehen kann, behält sie doch ihre Eigenschaften und Eindrücke bei, so daß man sie passend als ›Abbild‹ oder Erscheinung [eidolon] *bezeichnet. Der Grundstoff dieser Abbilder oder Erscheinungen* [eidola] *ist der Mond; denn sie werden in ihre Bestandteile aufgelöst, wie Körper in der Erde; denn wenn sie sich vom Geist ablösen und nicht länger den Leidenschaften unterliegen, schwinden sie dahin.«*

Und in der Übersetzung von Goodwin sehen wir, daß diese Aspekte ebenfalls betont werden:

»Und die Seele, die vom Verstehen [Geist] *geformt wird, und die ihrerseits den Körper formt und auf ihn einwirkt, indem sie ihn von allen Seiten umgibt, behält auf lange Zeit ihre Gestalt und Entsprechung, auch wenn sie von Geist und Körper getrennt ist, weshalb man sie mit Fug und Recht als Abbild* [eidolon] *bezeichnen könnte.«*

Aus all diesem können wir klar ersehen, daß die vielen Bestandteile des menschlichen Wesens in Plutarchs Philosophie erhalten geblieben sind, und daß diese ihre Ursprünge zweifellos in den alten ägyptischen Vorstellungen hat, wo das *ka* die Quelle des *eidolon* war. Und die Tatsache, daß Plutarch auf die Passage über das *eidolon* von Herkules als »die göttlichste« aller Passagen in der ganzen *Odyssee* hinweist, zeigt, wie zentral dies alles für die »theosophischen« Vorstellungen der führenden griechischen Intellektuellen des 2. Jahrhunderts n. Chr. war. Wir sollten uns auch daran erinnern, daß Plutarch sowohl der Hohepriester von

Delphi als auch ein Philosoph und Historiker war. Zu seiner Zeit waren die Vorstellung von der Sonne und das Konzept des *ka* bereits fast 3000 Jahre alt — und immer noch aktuell! In Plutarchs *Leben des Brutus* war das Phantom, das Brutus im Traum vor der Schlacht von Philippi erschien, um ihm seinen Tod vorauszusagen, indem es sagt, sie würden sich dort wiedersehen (wohlbekannt all jenen, die mit Shakespeares *Julius Cäsar* vertraut sind, da der es von Plutarch übernahm), ein *eidolon*.

Cicero (1. Jahrhundert v. Chr.) besprach die *eidola* eingehend in einem Brief an Brutus' Mit-Verschwörer Cassius (*Briefe an seine Freunde*, XV, 16), doch brauchen wir an dieser Stelle darauf nicht näher einzugehen. Cicero besprach die *eidola* (er benutzte das griechische Wort, obwohl er auf lateinisch schrieb) auch mit seinem besten Freund Atticus:

»*Da an der geringen Breite meiner Fenster etwas auszusetzen ist, laß mich dir sagen (...), wenn unser Blick auf Dinge aus der Einwirkung der* eidola *resultierte, wäre das* eidola *fürchterlich in den schmalen Raum gezwängt; doch so wie es ist, verläuft die Aussendung der Lichtstrahlen munter weiter (...).*«

Indem er dies sagt, neckt Cicero seinen Freund Atticus, der ein Gefolgsmann von Epikur wurde und deshalb an die *eidola*-Theorie glaubte, um den Vorgang des Sehens zu erklären, woran Cicero nicht glaubte. Ciceros Briefe an seinen Jugendfreund sind voll von diesem Geplänkel.

Die *eidola* des Demokrit wurden auch von Klemens von Alexandrien erwähnt, einem frühen Kirchenvater, der etwa 150 n. Chr. geboren wurde. Klemens war ein immens gebildeter griechischer Intellektueller, der »von Jesus besessen« war und gelehrte dramatische Abhandlungen schrieb, in denen er seine Zeitgenossen dazu drängte, Christen zu werden. In seiner berühmten *Ermahnung an die Griechen*, in der er die Vorstellungen des griechischen Heidentums, der Mythologien und der Philosophie zusammenfaßt und die Überlegenheit des Christentums zu zeigen versucht, bewahrt er viele anderweitig verlorengegangene Informationen (wie er es auch in anderen Texten tut). In Kapitel Fünf verwirft er die Ansichten des Philosophen Heraklides von Pontus, der ein Mitglied von Platos Akademie war, und sagt:

»*Was läßt sich zu Heraklides von Pontus sagen? Gibt es eine einzige Stelle, an der er nicht ebenfalls* [er erwähnte gerade Epikur] *von diesen* eidola *von Demokrit in den Bann gezogen wird?*«

Diese Passage übersah H. B. Gottschalk in seinem Buch über Heraklides (dessen Werke verlorengegangen sind), und die Nützlichkeit dieser Information zur Rekonstruktion der philosophischen Vorstellungen von Heraklides waren so ein übersehener Punkt.

Nun haben wir die *eidola* ausgiebig genug besprochen, um zu sehen, wie sehr diese Vorstellung in der klassischen Antike alles durchdrungen hat. Sie bildete die Basis für einen Witz von Cicero und lieferte einem frühen Christen eine Rechtfertigung dafür, die heidnische Philosophie zu diskreditieren. Und im römischen Reich konnte sie einen Teil der Philosophie eines Hohepriesters von Delphi bilden. Solche Vorstellungen fanden ihren Weg auch in die spätere Form der platonischen Philosophie, die man als Neuplatonik bezeichnet, und von dort aus (wie wir später in diesem Buch noch sehen werden) in die esoterischeren Schulen des Christentums, wo sie die Grundlage für das bildete, was die mittelalterlichen »Licht-Theologien« und die modernen Theorien des »Licht-Mystizismus« wurden, die auch heute immer noch stark vertreten sind.

Was als ein Abbild der Sonne begann, das auf die Wand eines inneren Heiligtums eines alten ägyptischen Tempels projiziert wird, führte zur Entwicklung einer Theorie einer zusätzlichen menschlichen Seele, an die ganze Zivilisationen für mehr als 3000 Jahre glaubten. Und die Idee hat bis in unsere Zeit, 2000 Jahre später, in vielen Philosophien und Theologien überlebt, in denen die Ursprünge dieses Konzepts schon lange in Vergessenheit geraten sind.

Wenn wir fortfahren, werden wir sehen, daß die Geschichte solcher optischen Vorstellungen genauso wichtig ist wie die Geschichte der optischen Wissenschaft und Technologie, und daß die antike Optik auf der begrifflichen Ebene auch auf vielerlei andere Weise unsere gegenwärtige Welt durchdringt. Sie erklärt auch zahllose Mysterien unserer westlichen Kulturgeschichte, für die sonst keine Antworten vorhanden sind.

Anmerkung

[1] Temple, Robert, *Conversations with Eternity*, Rider, London, 1984, Kapitel Eins bis Drei.

Kapitel Sieben

DIE KRISTALL-SONNE

Die Sonne scheint wie ein Kristall, der seinen Glanz vom Feuer der Welt empfängt und sein Licht auf uns reflektiert, so daß das himmlische Feuer ein Ebenbild in der Sonne hat, und das Feuer wird auf die Sonne reflektiert wie auf Glas, und dies nennen wir die Sonne (...)
Aëtios

Als ich mich dem Ende meiner literarischen Forschungsarbeiten für dieses Buch näherte, stieß ich auf ein Fragment eines verlorengegangenen Buchs eines alten Pythagoräers namens Philolaus. Ich war der Meinung, ich würde schon einige seiner Ideen kennen. Seit 30 Jahren wußte ich, daß er glaubte, die Erde würde um die Sonne kreisen, um nur ein Beispiel zu nennen. Ich hatte viele Male Berichte über die pythagoräische Astronomie gelesen, doch warum war mir dies nicht schon vorher aufgefallen? Philolaus glaubte offensichtlich, daß die Sonne eine riesige Sphäre aus Kristall oder Glas sei, und daß das Sonnenlicht nicht *von der Sonne selbst* ausstrahlte, sondern daß es ein himmlisches Feuer wäre, das entweder wie ein Spiegel *reflektiert* oder wie durch eine Kristall-Linse *gebrochen* würde — *durch die Sonne*. Die Sonne war im wesentlichen eine Kristall-Kugel, nach Ansicht vieler alter Pythagoräer viel größer als die Erde; und Philolaus ist in den Aufzeichnungen der Geschichte der erste pythagoräische Autor.

Ich konnte nicht verstehen, warum dies nicht in den Texten über die Wissenschaftsgeschichte, die ich bisher gelesen hatte, ein größeres — oder auch nur ein kleineres — Gesprächsthema war. Und wie kam es, daß ich vorher nicht darauf gestoßen war, wo ich doch so viel über antike Astronomie gelesen hatte?

Ich hätte die Kristall-Sonne wohl nie entdeckt, wäre ich nicht in Büchern aus dem 17. oder 18. Jahrhundert über eine oder zwei kuriose Fußnoten in einer Abhandlung von Plutarch gestolpert, abgekürzt mit *De Placit. Philos.* Davon hatte ich noch nie gehört; was um alles in der Welt mochte dies sein? Solche »losen Enden« machen mir zu schaffen, und ich muß immer wieder »Strippen ziehen«, wenn sie mir begegnen — denn wenn man am dünnsten Faden zieht, lauert daran oft die größte Überraschung.

Was mir zu schaffen machte, war, daß ich glaubte, Plutarchs Abhandlungen ziemlich gut zu kennen. Plutarch ist am bekanntesten für seine *Leben*, doch die andere Hälfte seiner uns erhalten gebliebenen Bücher werden allgemein unter der Überschrift seiner *Moralia* zusammengefaßt. Der Grund, weshalb den Abhandlungen dieser allgemeine Titel gegeben wurde, ist, daß sich einige von ihnen tatsächlich mit moralischen Fragen auseinandersetzen, so wie die originelle Abhandlung *Wie man sich selbst auf unaufdringliche Weise lobt*. Ich neige dazu, die wirklich moralischen unter ihnen als »ethische Abhandlungen« zu bezeichnen, doch sie interessieren mich nicht annähernd so stark wie viele verrückte Abhandlungen, wie zum Beispiel *Über das Gesicht im Mond*, *Über Isis und Osiris*, *Über das Schicksal*, *Über den Aberglauben*, *Über das E bei Delphi*, *Über das Zeichen des Sokrates* und *Warum Orakel nicht länger in Versform geliefert werden*. Plutarch war Hohepriester des Orakels zu Delphi im 1. und 2. Jahrhundert n. Chr. Er war in Ägypten auf Reisen gewesen und kannte eine erstaunliche Menge an mystischen Legenden. Sein Bericht über Isis und Osiris ist der einzige uns erhalten gebliebene zusammenhängende Bericht über sie aus der Antike, da die ägyptischen Informationen über diese zentralen ägyptischen Gottheiten sehr bruchstückhaft und unvollständig sind. Ägyptologen sind mit Plutarchs *Moralia* vertrauter als viele andere Altphilologen, denn sie können ihren Arbeiten nicht nachgehen, ohne sich auf Plutarchs *Isis und Osiris* als Standard-Referenztext zu beziehen, wann immer sie über altägyptische Religion und Mythologie sprechen.

Seit den sechziger Jahren habe ich Plutarchs Abhandlungen immer wieder gelesen. Doch eine mit dem Titel *De Placit. Philos.* kannte ich nicht. Steckte in den Fußnoten irgendein Fehler? Ich dachte nicht. So nahm ich mir die Zeit, in der modernen Loeb-Bibliotheks-Version (15 Bände) noch einmal alle Abhandlungen der *Moralia* durchzugehen, obwohl ich dies schon mehrmals zuvor getan hatte. Und wieder stellte ich fest, daß keiner der Titel in den 15 Bänden auch nur annähernd dem mysteriösen Titel *De Placit. Philos.* ähnlich kam. Diesmal schaute ich mir jedoch die Einleitung mit dem Titel »Die traditionelle Reihenfolge der Bücher der *Moralia*, wie sie seit der Ausgabe von Stephanus (1572) vorliegt, und ihre Unterteilung in Bände in dieser Ausgabe« an, die am Anfang von Band XIII, Teil 1 der Loeb-Ausgabe erscheint. Und dort fand ich es schließlich, die einzige mit einem Sternchen versehene Zeile in einer langen Liste: *De Placitis Philosophorum, libri V* (*Peri ton areskonton tois philosophois, biblia* e). Das Sternchen bezog sich auf eine Fußnote, die besagte: »Dieses Werk von Aëtios, nicht von Plutarch, ist in der gegenwärtigen Ausgabe nicht vorhanden.« Ich hatte die flüchtige Abhandlung gefunden, nur um sie gleich wieder zu verlieren.

Klassische Gelehrte haben mitunter verrückte Angewohnheiten. Keine ist wohl verrückter als ihr Bestehen darauf, sich auf griechische Schriften zu beziehen, indem man ihnen lateinische Namen gibt. Alles, was Plutarch je verfaßt hatte, schrieb er auf griechisch, und trotzdem verwenden klassische Gelehrte ausnahmslos lateinische Titel für all seine Abhandlungen. Wahrscheinlich geht diese Angewohnheit zurück auf die Zeit, als Latein in der späten Renaissance die europäische Sprache der Bildung war und griechische Texte in lateinischen Übersetzungen zu zirkulieren begannen, denn kaum jemand konnte griechisch. Griechische Texte wurden so als Raritäten und Sammlerstücke angesehen, ähnlich wie Pflanzen. Und genau wie die Botaniker sich für lateinische Namen zur Bezeichnung der verschiedenen Pflanzenexemplare entschieden hatten, so wurden auch griechische Texte behandelt, als hätten sie Wurzeln, Hülsen und Schalen. So würden normale Menschen zum Beispiel Plutarchs Abhandlung über Isis und Osiris mit ihrem Titel *Über Isis und Osiris* bezeichnen. Doch ein klassischer Gelehrter spricht im allgemeinen über *De Iside et Osiride*, oder er verwendet nur einen lateinischen Kosenamen und würde sie kurz als *De Iside ...* bezeichnen. Dies wird ständig so gemacht. Man könnte der hartherzigen Meinung sein, daß dies absichtlich geschehe, um eine gewöhnliche Person aus der Konversation herauszuhalten.

Deswegen wurde die fehlende Abhandlung als *De Placitis Philosophorum* bezeichnet und nie mit ihrem eigentlichen griechischen Namen erwähnt, trotz der Tatsache, daß der Autor selbst sie nie so bezeichnet hat und die lateinischen Titel allesamt unnötige Übersetzungen *ins Lateinische* sind, vorgenommen von späteren Gelehrten zum Zwecke des Chats unter Profis.

Es war also klar, daß die Loeb-Bibliothek mir nicht weiterhelfen konnte, und daß ich die Spur zu *De Placitis Philosophorum* anderweitig weiterverfolgen müßte, da diese Abhandlung aus dem Kanon gestrichen worden war. Der Titel selbst war schon seltsam; übersetzt bedeutet er »Über das, was den Philosophen angenehm war«. Was war damit gemeint? Beschrieb sie ihre Lieblings-Steckenpferde und sonstigen Liebhabereien oder das Dekor ihrer Schlafgemächer oder gar ihre besten Federkiele? Selten hatte eine ernsthafte griechische Abhandlung einen so irreführenden Titel, wie ich noch herausfinden sollte.

Ich erinnerte mich plötzlich daran, daß ich noch im Besitz einer mehrbändigen Übersetzung der *Moralia* aus dem 18. Jahrhundert war, veröffentlicht im Jahre 1704, ganz oben in meinem Bücherregal. Ich hatte sie in einem losen und ungebundenen Zustand erworben und hatte sie kaum konsultiert. Ich neige dazu, viele verschiedene Übersetzungen ein und desselben Texts zu sammeln, ebenso wie verschiedene Ausgaben desselben Texts, und manchmal, so muß ich gestehen, vergesse ich, daß ich in ihrem Besitz bin. Ich arbeitete mich durch die Ausgabe aus dem Jahr 1704, in der man noch weniger Aufhebens um die falschen Zuschreibungen der Texte machte, um die mysteriöse fehlende Abhandlung zu finden. Und da war sie, in Band III auf den Seiten 121 bis 195, unter dem originellen Titel (der überhaupt nicht sofort als solches identifizierbar war!) »Plutarchs Bericht über die die Natur betreffenden Gefühle, über die die Philosophen erfreut waren«. Als ich es durchlas, war ich sehr überrascht, denn ganz offensichtlich war es eine äußerst wertvolle Sammlung von Ansichten früher Wissenschaftler und Philosophen von der Art, die man als »Doxografie« bezeichnet, vom griechischen Wort *doxa* abgeleitet, was »Meinung« oder »Ansicht« bedeutet. Aristoteles und sein Schüler Theophrastus sammelten diese für gewöhnlich. Und auf der ersten Seite sprach das Werk sogar von der Unterteilung der Philosophie nach der aristotelischen Schule. Es schien mir, als wäre es nicht die Art von Abhandlung, die in einer modernen Übersetzung in der Loeb-Bibliothek fehlen sollte, nur weil sie in Plutarchs Werke einfloß und in Wirklichkeit von einem anderen Mann namens Aëtios geschrieben worden war (Aëtius ist eine weitere von diesen Latinisierungen).

Ich blätterte durch diese faszinierende Abhandlung, die ich nie zuvor gesehen hatte, und stieß auf ein Kapitel mit dem Titel »Vom Wesen der Sonne« (Band II, S. 153–154). Es gibt die Meinungen vieler alter Philosophen und Wissenschaftler zu diesem Thema wieder, und die Theorie, daß die Sonne eine Kristall-Kugel sei, wird »Philolaus dem Pythagoräer« zugeschrieben. Dieser Name war mir wohlbekannt, doch wußte ich nicht, daß er je geglaubt hat, die Sonne sei eine Kristall-Kugel! Wieder schien irgend etwas nicht richtig zu sein.

Ich griff zur *Ancilla to the Pre-Socratic Philosophers* (Hilfstext zu den prä-sokratischen Philosophen) von Kathleen Freeman, um unter *Philolaos* nachzuschauen und herauszufinden, ob ich bei den vielen Gelegenheiten, bei denen ich die erhalten gebliebenen Fragmente gelesen hatte, irgend etwas übersehen hätte. Könnte ich vielleicht Gedächtnisprobleme haben?

Dieses Buch von Kathleen Freeman verfolgt die Absicht, die englische Übersetzung der vollständigen, uns erhalten gebliebenen Fragmente derjenigen griechischen Philosophen zu liefern, die vor Sokrates (der

399 v. Chr. starb) lebten — die die klassischen Gelehrten als »Prä-Sokratiker« bezeichnen. Ich schlug die Seiten 73 bis 77 auf, um die Textfragmente von Philolaos noch einmal zu konsultieren. Es gab jedoch nichts zum Thema »Kristall-Sonne«. Ich war mir sicher, daß mir mein Gedächtnis keinen Streich spielte. Und doch war ich sehr verwirrt. Auf ihrer Titelseite sagt Kathleen Freeman, daß ihre *Ancilla* (ursprünglich ein lateinisches Wort, das »Hausmädchen« bedeutet, sich jedoch hier auf ein Buch bezieht, das einem anderen zu- oder untergeordnet ist, in diesem Fall nämlich ihrem Buch der Kommentare, zu dem wir gleich noch kommen) eine *vollständige* Übersetzung der prä-sokratischen Fragmente darstellt, gesammelt in mehreren Bänden vom deutschen Gelehrten Hermann Diels (seine fünfte Ausgabe). Doch nun stellte ich fest, ich hatte etwas mißverstanden. Es ist nämlich eine Übersetzung nur der tatsächlichen Fragmente als Zitate, nicht der Fragmente als Paraphrasen (Umschreibungen). Aus diesem Grund ist es sehr gefährlich, sich nur auf Kathleen Freemans *Ancilla* zu verlassen. Man darf nicht träge sein, sondern muß Diels selbst konsultieren. Also nahm ich ihn aus dem Bücherregal und schaute unter *Philolaos* nach — und da war es, das griechische Original-Fragment von Philolaus über die Kristall-Sonne in voller Lebensgröße und nicht ein *zitiertes Fragment* und deshalb auch nicht von Freeman übersetzt. Genau wie Freeman riesige Mengen von Text nicht ins Englische übersetzt hat, weil sie in der Form von Paraphrasen späterer Autoren vorliegen, so hat auch Diels nicht alles ins Deutsche übersetzt. (Freeman gibt auch nicht alle Quelldaten an — ebenso wenig wie Diels —, selbst zu dem, was sie tatsächlich übersetzt hat.)

Da war es also — im nicht übersetzten Abschnitt »Lehre« von Diels. Alles, was Aëtios zu sagen hatte, hatte es, weil es eine Paraphrase war, nicht in die Kategorie »Fragmente« geschafft und ist deshalb weder ins Englische noch ins Deutsche übersetzt worden. Das bedeutet, daß die gesamte *De Placit. Philos.* sowohl von Diels als auch von Freeman unübersetzt blieb, obwohl Diels sie in Stücken und Schnipseln, die sich über seine Bände verteilen, auf griechisch veröffentlicht hat.

Ich griff dann zu Kathleen Freemans anderem Buch, *Companion to the Pre-Socratic Philosophers* (Ratgeber zu den prä-sokratischen Philosophen), das fast 500 Seiten umfaßt und sowohl die Diskussionen der Prä-Sokratiker als auch die Zusammenfassungen des Materials enthält, das nichtoffiziell als »Fragmente« bezeichnet wird. Dort fand ich einen Hinweis auf die Kristall-Sonne:

»*Die Sonne ist transparent wie eine Linse und empfängt ihre Strahlen aus dem (äußeren) Universum; sie überträgt ihr Licht und ihre Hitze auf uns, so daß es zwei ›Sonnen‹ gibt: das feurige Element des Himmels (das heißt, die Peripherie oder der äußere Äther) und die feurige Linse; man sollte wohl lieber von Strahlen sprechen, die durch diese Linse als die ›Sonne‹, die wir sehen, verbreitet werden, was eine dritte (Sonne) ergibt, ein ›Bild von einem Bild‹.*«

Kathleen Freeman hatte auf bewundernswerte Weise die optischen Aspekte von Philolaus' Theorie begriffen und korrekt festgestellt, daß er die Sonne nicht als einen Strahlen reflektierenden Spiegel ansah, sondern als Kristall, der *durch Lichtbrechung* Licht auf die Erde brachte. Sie war auch nicht bange, das Wort »Linse« zu benutzen, um dies zu beschreiben, womit sie mehr Mut bewies als die meisten anderen.

Ich verfolgte die Angelegenheit weiter und schaute in Sir Thomas Heaths Buch *Greek Astronomy* (Griechische Astronomie). Unter »Pythagoräer« und »Sonne« gibt er die Passage wieder, mißversteht aber die tatsächliche Bedeutung und interpretiert den Vorgang als Reflexion von einem Spiegel. Kathleen Freeman war jedoch inspiriert genug, dies zu korrigieren. Heath gibt das Material wie folgt wieder:

»*Aëtius, II, 22, 5. Die Pythagoräer glaubten, daß die Sonne sphärenförmig sei. Ebenda, II, 20, 12. Philolaus* [die latinisierte Form von Philolaos] *der Pythagoräer glaubt, daß die Sonne transparent wie Glas ist und daß sie die Reflexion des universellen Feuers empfängt und zu uns Licht und Wärme überträgt, so daß es auf eine gewisse Weise zwei Sonnen gibt: die feurige (Substanz) im Himmel, und die feurige (Aussendung), von der es gespiegelt wird, um nicht auch noch von einer dritten zu sprechen, nämlich die Strahlen, die in unsere Richtung durch Reflexion (oder Refraktion) verstreut werden; denn wir geben dieser dritten ebenfalls den Namen der Sonne, welches so ein Bild von einem Bild ist.*«

Es ist offensichtlich, daß Heath über das optische Phänomen, das hier vor sich geht, in Verwirrung geraten war. Er spricht von einer Reflexion von einem Spiegel, ändert die Aussage dann aber ab, indem er in Klammern »oder Refraktion« schreibt — doch Spiegel können natürlich Lichtstrahlen nicht brechen.

Dann griff ich zu Heaths weit umfangreicherem Buch über griechische Astronomie, *Aristarchus of Samos*, das ich glücklicherweise just zuvor als Weihnachtsgeschenk erhalten hatte! In diesem Buch gibt es einen Abschnitt mit dem Titel »Die Pythagoräer«, und siehe da — Heath gab hier einiges zusätzliches Material zur Kristall-Sonne. Als erstes zitiert er genau die Passage, die ich gerade aufführte, doch dann folgt ein Absatz eines anderen Autoren, Achilles Tatius (*etwa* 3. Jahrhundert n. Chr.), der mehr Details gibt, und fügt seine Kommentare hinzu:

»›*Philolaus sagt, die Sonne erhielte ihre feurige und strahlende Natur von oben, aus dem ätherischen Feuer, und überträgt die Strahlen auf uns durch bestimmte Poren, so daß nach ihm die Sonne dreifach erscheint: eine Sonne ist das ätherische Feuer, die zweite ist das, was von ihr auf das gläserne Ding unter ihr namens ‚Sonne' übertragen wird, und die dritte ist das, was in diesem Sinne von der Sonne zu uns übertragen wird.*‹

Nach Philolaus ist die Sonne also kein Himmelskörper, der selbst Licht aussendet, sondern eine mit Glas vergleichbare Substanz, die von anderswo kommende Strahlen konzentrierte und zu uns übertrug (...). Doch gibt es Schwierigkeiten mit den oben abgegebenen Beschreibungen der Quellen der feurigen Strahlen. Die natürliche Annahme wäre, sie kämen aus einem Zentralfeuer [in anderen pythagoräischen Texten heißt es, die Erde würde um ein mysteriöses ›Zentralfeuer‹ kreisen, was in diesen Fragmenten von Philolaus nicht wirklich erwähnt wird]; *in diesem Fall würde die Sonne einfach wie ein Spiegel fungieren. Und das Phänomen hätte eine Erklärung, denn die Strahlen des Feuers würden die Sonne immer erreichen, außer wenn sie durch den Mond, die Erde oder die Gegen-Erde* [ein weiterer mysteriöser pythagoräischer Himmelskörper, der um das ›Zentralfeuer‹ kreisen soll] *daran gehindert werden. Und da die Bahnen der Erde und der Gegen-Erde auf anderen Ebenen verlaufen als die der Sonne und des Mondes, würden zu bestimmten Zeiten Finsternisse auftreten. Doch die erste der obigen Passagen* [die von Aëtios] *sagt, daß die Strahlen aus dem universellen Feuer kommen, und daß eine der Sonnen die feurige Substanz im Himmel sei, während die zweite Passage* [von Achilles Tatius] *sagt, die Strahlen kämen von oben, aus dem Feuer des Äthers. (...) Boeckh* [ein berühmter klassischer Gelehrter] *(...) gab zusammen mit* [Thomas Henry] *Martin zu, daß die Strahlen dem* äußeren *Feuer, dem Feuer des Olymp, entstammen (...). Demnach würden die von außen kommenden Lichtstrahlen von der Sonne, die wie eine Linse fungiere, gebrochen. Tannery hat eine ähnliche Ansicht der Dinge (...).*«

Wir sehen also, daß Heath seine Gedanken sortiert hatte und erkannte, daß die Kristall-Sonne eine Refraktor-Linse sein müsse, nicht ein Reflexions-Spiegel. Und Kathleen Freeman hatte sich dies genügend zu Herzen genommen, um in ihrer eigenen Diskussion das Wort »Linse« zu verwenden.

In einem sehr seltenen Buch, das sich in meinem Besitz befindet und das nie auf gewöhnlichem Wege veröffentlicht worden ist, sondern lediglich in Matrizenform zirkulierte, entdeckte ich eine andere Übersetzung der Passage über die Kristall-Sonne. (Matrizenkopien waren in der ersten Hälfte des 20. Jahrhunderts sehr weit verbreitet, bevor Fotokopiergeräte oder Computer existierten. Sie wurden auf eine rotierende Trommel gespannt und mit Tinte eingeschmiert, um dann mittels einer Kurbel die Trommel zu drehen und Kopien anzufertigen — eine frühe Form des »Desktop Publishing«. Doch gewöhnlich waren sie eine fürchterliche Schweinerei!) Ich beziehe mich auf Übersetzungen von pythagoräischen Schriften, die vom Enthusiasten Kennth Sylvan Guthrie 1919 angefertigt wurden. Dr. Guthrie war so knapp bei Kasse, wie er voller Energie war. Anfang des 20. Jahrhunderts übersetzte er riesige Mengen an platonischen und pythagoräischen Texten aus dem Griechischen. Viele wurden zum ersten Mal ins Englische übersetzt. Doch nur wenige von Guthries Übersetzungen wurden je veröffentlicht. Der arme Guthrie entdeckte, daß er zu jener Zeit genausogut mit dem Kopf gegen die Wand rennen konnte — niemand wollte seine Übersetzungen veröffentlichen, da das Material nicht dem modischen Trend entsprach. Im Grunde war er ein Opfer entsetzlicher Voreingenommenheit, und seine großartige Arbeit war zum größten Teil wegen der Dummheit des akademischen Establishments seiner Zeit verschwendet. Tief frustriert über diese Schwierigkeiten gründete Guthrie die *Platonist Press*, Postfach 42, Alpine, New Jersey, USA, und später auch in Teocalli, North Yonkers, New York, USA. Er tippte seine Übersetzungen auf Papier und verwendete das primitive Matrizenkopie-Verfahren, um eine kleine Anzahl Kopien anzufertigen, die er privat zu verkaufen versuchte. Er setzte seine Postadresse oben auf jedes Exemplar und hoffte, daß einige erleuchtete Seelen ihm schreiben und weitere Kopien kaufen würden. Er war ein wirklicher Don Quijote, der sein Leben größtenteils in Armut und Frustration verbrachte — eine wahre Prüfung für einen Mann, der sich selbst als lebendiges atmendes Beispiel eines Platonikers betrachtete, dessen Prinzipien die der edelsten griechischen Philosophen waren.

Ich konnte mich glücklich genug schätzen, einen von Guthries faszinierendsten Matrizenbänden zu erwerben — sein *Pythagoras Source Book and Library* (Pythagoras-Quellensammlung und -Bibliothek). In diesem Werk hatte er zum ersten Mal alle erhalten gebliebenen antiken Biografien über Pythagoras (von Jambiklus, Porphyrius, Diogenes Laertius und Photius) übersetzt. Obwohl im Inhaltsverzeichnis nicht erwähnt, so daß man sie leicht hätte übersehen können, konnte Guthrie nicht widerstehen, seinem Buch hinten noch eine zweite Hälfte mit Übersetzungen pythagoräischer Fragmente und anderem faszinierenden Material hinzuzufügen. Der Band ist also ein Doppelband, wobei die zweite Hälfte mit ihren eigenen Seitenzahlen versehen ist und den Titel *Pythagorean Library: A Complete Collection of the Surviving Works of the Pythagoreans* (Pythagoräische Bibliothek: Eine vollständige Sammlung aller erhalten gebliebenen Werke der Pythagoräer) trug und aus dem Jahre 1920 stammte. Dieser Abschnitt beinhaltet die Fragmente von Philolaus in sehr viel ausführlicherer Form, als Kathleen Freeman es je zustande gebracht hatte, da die Übersetzungen die riesigen Mengen an nicht übersetztem Material einschlossen, die weder Freeman noch Diels je in eine neuzeitliche Sprache übertragen hatten.

In dieser zweiten Hälfte des pathetisch-schmuddeligen Bandes, auf Seite 17, existiert noch eine weitere Version des Kristall-Sonnen-Fragments, diesmal dem Anthologen [Sammler von ausgewählten literarischen Texten, A. d. Ü.] Stobaeus (5. Jahrhundert n. Chr.) entnommen und wie folgt übersetzt:

»14. (Stobl. Ecl. 1:25:3: S. 530). Der Pythagoräer Philolaus sagt, die Sonne sei ein gläserner Körper, der sein Licht durch Reflexion des Feuers des Kosmos erhält und, nachdem sie es gefiltert hat, zu uns in Form von Licht und Hitze schickt; so daß man sagen könnte, es gäbe zwei Sonnen: der feurige Himmelskörper, der sich im Himmel befindet, und das Licht, das ihm entströmt und sich selbst in einer Art Spiegel reflektiert. Vielleicht könnten wir uns als drittes Licht das vorstellen, was von einem Spiegel, der es reflektiert, auf uns als verstreute Strahlen herabfällt.«

Wir sehen hier wieder die alte Verwirrung zwischen Reflexion und Refraktion, doch haben wir das schon besprochen.

Als ich begann, in anderen Quellen herumzustöbern, um noch einmal Dinge zu überprüfen, die leicht zu übersehen waren — denn es fehlte immer noch der Schlüssel zu dem Ganzen —, entdeckte ich, was Plutarch (1. Jahrhundert n. Chr.) angeblich über die Theorien des frühen Philosophen Empedokles (5. Jahrhundert v. Chr.) berichtet hatte, dessen Originalwerke mit Ausnahme einiger Fragmente verlorengegangen sind. Diese Informationen sind ihrerseits jedoch in einem Textfragment bewahrt, das, wie sich herausstellte, überhaupt nicht von Plutarch war. Das Werk nennt sich *Sammlungen*, obgleich der Loeb-Übersetzer F. H. Sandbach es vorzog, den Titel wörtlich mit »Flickwerk« zu übersetzen (das Wort, das die Griechen benutzten, so wie wir heute *Sammlungen* benutzen). Ein großer Teil des Inhalts dieses Kompendiums wurde dem verlorengegangenen Werk von Theophrastus (4. Jahrhundert v. Chr.), dem Nachfolger von Aristoteles, entnommen und listet die Ansichten verschiedener Philosophen über die Physik auf. Und unter »Empedokles«, nicht »Philolaus« (der nicht erwähnt wird), lesen wir:

»Empedokles von Acragas (...) sagt (...): Die Sonne ist in Wahrheit kein Feuer, sondern eine Reflexion des Feuers [antanaklasis — ›Reflexion von Licht‹], wie die Reflexion von Licht an einer Wasseroberfläche.«

Hier sehen wir dieselbe Überlieferung der Licht brechenden oder Licht spiegelnden Sonne, doch wird diese Aussage diesmal einem anderen frühen Philosophen, Empedokles, zugeschrieben.

Als ich noch einmal durch einige Bücher über griechische Wissenschaft schaute, wie zum Beispiel Samburskys *The Physical World of the Greeks* (Die physische Welt der Griechen), fand ich einige zaghafte Andeutungen in bezug auf die Kristall-Sonne, ohne daß das Phänomen von ihm voll verstanden oder erklärt worden wäre. Sambursky zitiert zum Beispiel einige Bemerkungen von Aristoteles (starb 322 v. Chr.) in seinem Buch *Über die Himmel* (auf lateinisch oft *De Caelo* genannt), Band II, 293 a – b, und macht einige indirekte Andeutungen, die wir mit dem, was wir nun wissen, entsprechend interpretieren können. Ein Teil der Passage von Aristoteles besagt:

»Nun bleibt, über die Erde zu sprechen, ihre Position, über die Frage, ob sie sich in Ruhe befindet oder in Bewegung ist, und über ihre Form. Was ihre Position betrifft, gibt es unterschiedliche Meinungen. Die meisten Menschen — eigentlich alle, die den Himmel als endlich ansehen — sagen, sie befinde sich im Zentrum. Doch die italienischen Philosophen, bekannt als die Pythagoräer, [von denen Philolaus einer war] sehen das umgekehrt. Im Zentrum, sagen sie, befindet sich Feuer, und die Erde ist einer der Sterne, die die Nacht und den Tag durch ihre Kreisbewegung um das Zentrum herum erzeugen (...). Die Pythagoräer (...) glauben,

daß der wichtigste Teil der Welt, das Zentrum, aufs strengste bewacht werden sollte, und nennen es, oder vielmehr das Feuer, das diesen Platz einnimmt, das ›Wächterhaus des Zeus‹ (...). Alle, die die Ansicht ablehnen, daß die Erde im Zentrum liegt, denken, daß sie um das Zentrum herum rotiert. (...) Einige sehen es sogar als möglich an, daß es mehrere sich so bewegende Himmelskörper gebe, die für uns aufgrund der Position der Erde genau dazwischen unsichtbar seien.«

Dies ist die klassische Quelle des Beweises, daß viele Menschen (tatsächlich »all die, die es ablehnen, daß die Erde im Zentrum liegt«) in der Antike daran glaubten, daß die Erde sich um die Sonne bewege — 2000 Jahre vor Kopernikus. Da Aristoteles mit diesen Leuten nicht übereinstimmt, ist er zwar wie gewohnt höflich genug, sie zu erwähnen, doch macht er sich nicht die Mühe, alle Einzelheiten ihrer Theorien aufzuzeichnen. Deshalb ist seine Erwähnung eines »Zentralfeuers« etwas verschwommen. Er sagt eben gerade nicht, daß diese Menschen daran glaubten, daß sich die Sonne im Zentrum befindet, sondern wendet Sorgfalt an und ist genau in seinen Angaben, daß sich nach ihren Ansichten sich ein »Zentralfeuer« im Zentrum befindet. Gelehrte, die über die antike Astronomie schreiben, waren über Aristoteles' gewohnheitsmäßig knappe Ausdrucksweise an dieser Stelle verwirrt. Beim Zitieren der vielen verschiedenen Theorien seiner Zeit, was er immer gewissenhaft tat, hatte Aristoteles sicher nicht die Absicht, seine Anmerkungen für Menschen zu schreiben, die 2500 Jahre nach ihm leben würden, zu einem Zeitpunkt, da alle anderen Texte verlorengegangen sein würden, so daß wir uns an jedes seiner Worte hängen. Er gab lediglich abgekürzte Kommentare und bezog sich auf Bücher, die zu seiner Zeit leicht verfügbar waren und in denen die genauen Einzelheiten gefunden werden konnten. Mit anderen Worten: Aristoteles schrieb seine Anmerkungen für die Menschen, die damals lebten, nicht für die, die heute leben. Deshalb ist es unausweichlich, daß seine Kommentare oft schwierig zu deuten sind, wenn wir die vollständigen Originaltexte, auf die er sich beiläufig bezieht, nicht mehr zur Verfügung haben.

Viele Wissenschaftshistoriker, die diese berühmte Passage bei Aristoteles lasen, wußten nicht so ganz, wie sie sie interpretieren sollten. Einerseits ist Aristoteles vorsichtig genug zu sagen, daß das, was sich im Zentrum befindet, ein »Zentralfeuer« ist, nicht einfach nur die Sonne. Das ist so, weil er peinlichst genau auf jedes Detail achtete. Doch darüber hinaus erklärte er nicht, was in diesen Theorien mit der Sonne passiert war und wie man erklären sollte, daß die Sonne offensichtlich auch auf irgendeine, jedoch nicht näher erläuterte Weise im Zentrum sei. Denn wir haben spätere Hinweise zu diesen Theorien, nach denen es klargemacht wurde, daß die Sonne ebenfalls im Zentrum war.

Ich glaube, die Erklärung für dieses Durcheinander ist das Konzept der Kristall-Sonne. Aristoteles wäre es bekannt gewesen, doch hatte er sich nicht näher damit befaßt, denn es wäre eine zu große Ablenkung von seinen Hauptargumenten gewesen. Ich würde sagen, er spricht vom Feuer im Zentrum statt von der Sonne im Zentrum, weil die pythagoräische Theorie betonte, daß die Sonne nicht die ursprüngliche Quelle des Sonnenlichts sei, sondern sie lediglich das Licht aus dem Zentralfeuer wie eine Sammel-Linse breche und zur Erde lenke. Aristoteles, der weder ungenau noch zu spezifisch sein wollte, sagte eben nicht, daß die Sonne im Zentrum sei, denn er wußte, daß im Grunde die Theorie, auf die er sich bezog, den tatsächlichen Körper der Sonne als ein Medium und nicht als eine Quelle betrachtete, und dieser Unterscheidung wollte er gerecht werden.

Kommen wir zurück zu Sambursky. Er hat aus der Aristoteles-Passage die für Wissenschaftshistoriker üblichen Schlußfolgerungen gezogen, nämlich daß das »Zentralfeuer« angeblich von der Erde aus nie zu sehen ist, denn die Erde zeigt bei ihrer Bewegung um dieses Feuer ihm immer nur ihre unbewohnte Seite. Doch dies ist Unsinn, wie ich gleich noch erklären werde. Sambursky sagt:

»Der Ursprung dieser Theorie eines Zentralfeuers ist ungewiß. Vielleicht führte die Entdeckung, daß der Mond selbst kein Licht abgibt, sondern von der Sonne reflektiert, zu der Vermutung, daß auch die Sonne nur Licht von einer zentralen Quelle, d. h. dem Zentralfeuer, reflektiert. Das Feuer bleibt unserem Blick verborgen, da der Erdball in seiner Bewegung um diese Quelle herum ihr nur seine unbewohnte Seite zeigt.«

Es ist gut zu sehen, daß Sambursky eingesteht, die pythagoräische Theorie besage, daß die Sonne »nur Licht reflektiert« und selbst nicht die Quelle davon sei. (Wir würden das korrigieren und sagen, sie sammle und breche die Strahlen, statt sie zu reflektieren.) Doch dieser Versuch, der Idee einen Sinn abzugewinnen, indem man ein Zentralfeuer postuliert, dem immer nur eine Seite der Erde zugeneigt ist, kann nicht akzeptiert werden, denn er vergißt, daß es dann keinen Tag und keine Nacht geben könnte. Wenn Sie darüber nachdenken, wird es klar, daß — wenn Sonne und Zentralfeuer *beide*, wenn auch voneinander unterscheidbar, sich im Zentrum befinden — Sambursky Tag und Nacht sozusagen abgeschafft hat, und das können wir bei einem Wissenschaftshistoriker einfach nicht durchgehen lassen.

Als ich vor Jahren Passagen wie diese über ein »Zentralfeuer« las, verwirrte es mich ziemlich, weil es einfach keinen Sinn zu machen schien. Und viele Gelehrte, die mit diesen Ideen konfrontiert wurden, waren geneigt, den Pythagoräern die ihnen gebührende Anerkennung dafür abzusprechen, daß sie schon damals sagten, die Erde bewege sich um etwas, indem sie behaupteten: »Nun, es war ja nicht die Sonne, also hatten sie die Dinge nicht richtig verstanden und waren einfach dumm.« Doch sobald man das Konzept der Kristall-Sonne klar versteht, leuchten einem die Dinge im wahrsten Sinne des Wortes ein. Und dann können wir erkennen, daß sie tatsächlich die korrekte Theorie vertraten, nämlich daß die Erde sich um die Sonne bewegt, doch sie wurde durch die eigenartige Theorie, daß die Sonne eine gigantische Kristallkugel sei, deren Licht von außerhalb auf sie hereinschien, relativiert. Die Vorstellung war, daß sie Licht aus dem sie umgebenden Kosmos in sich sammelte.

Um jegliche Verwirrungen aufzulösen, möchte ich etwas genauer darauf eingehen, wie wir dies aus dem Text erkennen. Die von Philolaus beschriebenen »drei Sonnen« sind in Wirklichkeit zwei; die dritte ist lediglich das Licht, das aufgrund der Brechung zu uns gelenkt wird. Die »erste Sonne« ist das Licht aus der Umgebung und die »zweite Sonne« das eigentliche Objekt aus Kristall, das das Licht sammelt und mittels Lichtbrechung zu uns sendet. Statt von »drei Sonnen« zu sprechen, sollte man also lieber von »drei Stufen des Sonnenlichts« sprechen:

1) Um das Zentrum des Kosmos herum befindet sich Licht;
2) die Kristall-Sonne sammelt es und sendet es mittels Lichtbrechung zur Erde;
3) das gebrochene Licht strahlt vom Kristallkörper zur Erde und in unsere Augen.

Wir sehen also, daß Philolaus nur von *einem Körper* spricht, aber von *drei damit zusammenhängenden Lichtphänomenen*. Wir sehen nur die dritte Stufe davon, das Licht, das uns tatsächlich erreicht.

Was hier besonders interessant ist, ist das Konzept, daß die Kristallsonne das sie umgebende Licht des Kosmos wie eine Licht verdichtende Linse einsammelt, es konzentriert und zu uns aussendet. Dies mag eigenartig klingen — doch ist es das? Kann es sein, daß solche Phänomene wirklich vorkommen und mit alten uns erhalten gebliebenen Linsen tatsächlich geschehen?

Im Zusammenhang mit dieser seltsamen Vorstellung sollte ich vielleicht ein unerwartetes Vorkommnis erwähnen, das mir im Britischen Museum für Naturgeschichte widerfuhr und das uns vielleicht hilft, die pythagoräische Denkweise zu verstehen. Im Jahre 1980 hatte ich zwei Sammlungen alter britischer Linsen, die seit einiger Zeit gefehlt hatten, entdeckt. Sie waren alle aus poliertem Bergkristall, konvex und ausgezeichnete Vergrößerungsgläser. Eine der Sammlungen hatte ich im Museum für Landesgeschichte gefunden, wo sie als Exemplare bestimmter Mineralien klassifiziert worden waren! Sie gehörten einst Sir Hans Sloane, dem Gründer des Britischen Museums. Doch 1998 beschloß ich noch einmal zurückzukommen und die Linsen erneut zu vermessen und zu studieren.

Als ich die Linsen der Sloane-Sammlung das erste Mal studierte, tat ich dies in einem mit Sonnenlicht durchfluteten Raum. Bei meiner Rückkehr viele Jahre später jedoch waren die Objekte an einen anderen Ort gebracht worden, und ich mußte die Linsen in einem sehr dunklen Raum mit Hilfe einer Lampe studieren. Durch diese veränderten Umstände machte ich jedoch eine unerwartete Entdeckung. Eine der besten Linsen, die ich trotz der schlechten Lichtverhältnisse eingehend studieren wollte, hatte, wie sich herausstellte, sehr außergewöhnliche Eigenschaften. Als ich versuchte, ihren Vergrößerungswert zu ermitteln, bemerkte ich, daß das, was vergrößert wurde, auch gleichzeitig beleuchtet wurde. Da stellte ich fest, daß das Licht aus der Umgebung im dunklen Raum von der Linse gesammelt und auf den Text, den ich unter ihr hatte, fokussiert wurde, der von dieser Linse beträchtlich vergrößert wurde. Auf Tafel 53 sehen Sie ein Foto von dieser Linse. Und so kam es, daß ich nur aufgrund der unbequemen Lichtverhältnisse in diesem Raum auf etwas gestoßen war, das mir sonst nie bewußt geworden wäre — nämlich, daß einige Konvex-Linsen nicht nur Wörter und Objekte unter ihnen vergrößern, sondern sie auch beleuchten! Sie wirkten also wie Lichtverdichter. Da es nicht üblich ist, antike Objekte im Dunkeln zu studieren, war ich nie zuvor in eine Situation gekommen, wo es für mich möglich gewesen wäre, diese Entdeckung zu machen. Doch in der Antike verbrachten die Menschen natürlich einen großen Teil ihres Lebens in halbdunklen Räumen, wo eine Kerze oder Öl-Lampe alles war, was sie zur Nachtzeit an Licht erwarten konnten. Und am Tage war vielleicht nur schwaches Licht durch kleine Fenster verfügbar. Was die Menschen also durch den Gebrauch der Linsen erhielten, war nicht nur die Fähigkeit, Dinge vergrößert, sondern auch beleuchtet zu sehen! Nachdem ich diese Erfahrung gemacht hatte — eine Erfahrung, die einem Menschen der Antike zweifellos vertraut gewesen wäre, uns mit unseren hellen künstlich beleuchteten Räumen jedoch nicht —, erkannte ich, daß es noch eine andere Eigenschaft gab, die Kristall-Kugeln und -Linsen aufwiesen und die unsere Vorfahren beeindruckt haben mußte, nämlich ihre Fähigkeit, Licht aus der Umgebung zu sammeln und zu fokussieren. Es war wirklich sehr beeindruckend, in einem dunklen Raum zu sitzen und das Äquivalent zum Strahl einer Taschenlampe auf das scheinen zu sehen, was ich unter der Linse betrachtete. Das muß auch auf die Menschen der Antike einen starken Eindruck gemacht haben. Und ich glaube, dies erklärt auch, wie die Pythagoräer darauf kamen zu glauben, daß eine riesige Kristallkugel im Himmel imstande war, das sie umgebende Licht des Kosmos einzusammeln uns mittels Lichtbrechung zur Erde zu lenken.

Dies sind meine Gedanken zu diesem Thema, doch ich glaube, sie haben ihre Berechtigung. Schauen Sie sich auf Tafel 53 das Foto an, das ich von diesem Phänomen gemacht habe, und schauen Sie, was *Sie* davon halten.

Mein Freund Buddy Rogers gab meiner Frau im Jahre 1999 einen eiförmigen Mondstein von der Größe eines Bantamhuhn-Eies. Hält man ihn gegen das Licht, hat er die außergewöhnliche Eigenschaft, im milchig-weißen — wie Albumin erscheinenden — Zentrum eine Art goldenes Eigelb zu zeigen und wirkt deswegen »mehr wie ein Ei als ein gewöhnliches Ei«, denn man kann auf Anhieb sowohl die inneren als auch die äußeren Merkmale erkennen, und man muß ihn nicht, wie ein gewöhnliches Ei, aufbrechen, um das Eigelb zu sehen. Es ist möglich, daß Mondsteine, die zu Kugel- oder Eiformen geschliffen wurden, in der Antike zum Konzept der Kristall-Sonne beigetragen haben, denn sie liefern solch ausgezeichnete Beispiele für die Brechung des Umgebungslichts durch ein durchscheinendes Objekt in der Form einer Kristallkugel.

Die sogenannten hermetischen Bücher, eine Sammlung philosophischer Texte, die zum Teil aus alten ägyptischen Quellen stammen und von den Neuplatonikern um das 2. Jahrhundert n. Chr. herum ins Griechische übertragen wurden, enthalten eine Abhandlung, die bekannt ist als »Definitionen von Asklepius [latinisiert ›Äskulap‹, A. d. Ü.] für König Ammon«, die Andeutungen auf das Konzept der Kristallsonne enthalten. Diese Abhandlung besteht darauf, daß sich die Sonne, nicht die Erde, im Zentrum des Kosmos befindet:

»Denn die Sonne ist im Zentrum des Kosmos plaziert und trägt diesen wie eine Krone (...). Um die Sonne herum existieren acht Sphären: die der Fixsterne, die sechs der Planeten und die, die die Erde umgibt.«

Die Sonne und das von ihr ausgehende Licht werden voneinander unterschieden, und es wird gesagt, das Licht kommt »aus der Nähe« der Sonne, obwohl nur die Sonne weiß, »woher es fließt«:

»Doch wenn es auch eine intellektuelle Essenz gibt, dann ist es die Masse der Sonne, deren Behälter vielleicht das Sonnenlicht ist. Nur die Sonne weiß (...), woraus diese Essenz besteht oder woher sie fließt, denn aufgrund ihrer Lokalität und Natur ist sie in der Nähe der Sonne (...). Das visuelle Bild der Sonne (...) sind die sichtbaren Strahlen selbst (...).«

Obwohl viele Gelehrte zu den hermetischen Schriften, die ägyptische Überlieferungen bewahren, ihre Zweifel äußern, wird in dieser Abhandlung doch deutlich darüber gesprochen, wie überlegen die Ägypter den Griechen waren:

»Deshalb (...) belassen wir den Diskurs ohne irgendwelche Deutungen, damit das Mysterium solcher Größe nicht zu den Griechen gelangt (...). Denn die Griechen sprechen leere Worte (...). Im Gegensatz dazu benutzen wir nicht die Sprache, sondern Klänge, die voller Aktion sind. (...) Mein Lehrer Hermes (...) sagte immer, daß diejenigen, die meine Bücher lesen, ihre Organisation sehr einfach und klar empfinden, wohingegen sie unklar sind und die Bedeutung der Wörter verschleiert halten (...). Die Qualität der Sprache und der [Klang] ägyptischer Wörter trägt in sich die Energie der Objekte, über die sie spricht.«

Diese hermetische Textstelle ist recht vage in ihrer tatsächlichen Beschreibung der Sonne, betont aber die heliozentrische Theorie. Und sie sagt ausdrücklich, das Licht der Sonne käme »aus der Nähe« der Sonne, nicht aus ihrem Zentrum. Die einzige Weise, auf die das möglich wäre, wäre auf die für die Kristall-Sonne beschriebene Weise, die das umgebende Licht einsammelt.

Zurück zur Kristall-Sonne der Pythagoräer. Ein weiterer Wissenschaftshistoriker, D. R. Dicks, versucht derselben verworrenen Überlieferung einen Sinn abzugewinnen, doch auf humorvollere und weniger eindringliche Weise wie Sambursky:

»Aëtius sagt, daß Philolaus die Sonne als gläsern *(*hyaloeides*)* [beachten Sie, daß das Wort auch ›aus Bergkristall‹ bedeutet, doch Dicks benutzt die letztere Bedeutung] *betrachtet, die ›die Reflexion des Feuers im Kosmos empfängt und sowohl Licht als auch Wärme filtert und zu uns leitet, so daß es im gewissen Sinne Zwillings-Sonnen gibt: die feurige in den Himmeln* (en to ourano) *und die feurige aufgrund der Reflexion von ihr‹* (DK 44 A19). *Leider ist es nicht klar, welches Feuer hier gemeint ist, denn Philolaus hat offensichtlich das Bild von zwei Feuerquellen gehabt: die äußerste feurige Sphäre (diese ursprünglich heraklitische Idee war nach den Doxografen* [Verfassern von Hymnen und anderen Texten; s. o., ›Doxografie‹, A. d. Ü.] *unter den späteren Prä-Sokratikern geläufig) und das Zentralfeuer* (DK 44 A16). *So oder so: Es ist schwierig zu sehen, wie eine reflektierte Sonne der Angelegenheit hilft.«*[1]

Wieder wünschte man sich, daß das Konzept der *Refraktion* statt der *Reflexion* nachvollzogen worden wäre, denn dann wäre die Sache klarer gewesen. Denn wenn man sieht, daß es eine Licht brechende und nicht eine Licht reflektierende Sonne war, hilft das der ganzen Angelegenheit ungemein.

Auf Tafel 8 sehen Sie einen interessanten handgetönten Stich aus dem Jahre 1683, der das Bild einer Sonne wiedergibt, die aus der sie umgebenden »ätherischen Region« Licht sammelt, doch die Erde befindet sich im Mittelpunkt.

Ein weiterer Gelehrter, der sich mit dieser Angelegenheit befaßt hat, ist J. A. Philip in seinem Buch *Pythagoras and Early Pythagoreanism* (Pythagoras und der frühe Pythagoräismus). Philip erwähnt den Namen Aëtios nicht, sondern spricht nur über »die Doxografie«, als wenn sie selbst ein Autor wäre. Er vergleicht den Bericht mit dem von Aristoteles:

*»Obwohl man nicht sagen kann, daß die Doxografie Aristoteles' Bericht widerspricht, hat sie doch einen anderen Charakter, wie man aus einem grundlegenden Auszug ersehen kann (*Vors *44: 16 =* Dox. Gr. *336–337):*
›Philolaus glaubte, daß es in der Mitte des Universums ein Feuer gäbe, um sein Zentrum herum. Er nennt dies den Herd der Welt, das Haus des Zeus, die Mutter der Götter, den Altar, den Treffpunkt, das Ziel der Natur (physis). *Und er glaubt auch, daß die Peripherie ein weiteres Feuer am höchsten Punkt des Universums darstellt. Das mittlere Feuer ist von seiner Natur und vom Rang her das erste. Um es herum bewegen sich im choralen Tanz zehn göttliche Himmelskörper: die Sphäre der Fixsterne, die der fünf Planeten, nach ihnen die Sonne und unter ihnen*

der Mond, unter dem Mond die Erde und darunter die Gegen-Erde, und nach all diesen das Feuer, das die Rolle des Herdes im Bereich des Zentrums erfüllt. Er nennt den Olymp als den obersten Teil der Peripherie, wo die Elemente in ihrer vollkommenen Reinheit vorliegen. Den Teil unter der Kreisbewegung des Olymp, wo sich die fünf Planeten, die Sonne und der Mond befinden, bezeichnet er als Kosmos. *Der sublunare erdumspannende Teil, wo die Dinge der Geburt und der Veränderung ausgesetzt sind, nennt er die Himmel. Weisheit gehört zur Ordnung der himmlischen Körper, Tugend zum Mangel an Ordnung der Dinge, die da kommen sollen; ersteres ist perfekt, letzteres imperfekt.«*

Bevor ich dies weiter kommentiere, möchte ich auf ein Detail in dieser Passage hinweisen, das leicht übersehen werden kann:

»*Philolaus glaubte, daß es in der Mitte des Universums ein Feuer gäbe, um sein Zentrum herum.*« [Hervorhebung von mir.]

In der Passage des Doxografen, den Philip gerade zitiert hatte, können wir sofort sehen, daß die Informationen durch den Doxografen (Aëtios, »Pseudo-Plutarch« oder wer immer es war) stark entstellt und unverständlich gemacht wurden. Ich möchte darauf hinweisen, daß der obige Satz hervorhebt, daß sich das Zentralfeuer in der Umgebung befindet und das Zentrum umgibt. Dies paßt zum Konzept der Kristall-Sonne und fügt dem Ganzen das Detail zu, das noch benötigt wurde. Denn die Sonne als Kristall sammelt dann dieses Licht aus der Umgebung und leitet es mittels Lichtbrechung zur Erde. Was die Beschreibung betrifft, daß die Sonne in der Liste der Planeten eingeschlossen ist und dort einen weiteren Platz einnimmt: Ich glaube, hier hat der Doxograf wieder etwas verdreht, denn es steht mit der anderen Information in direktem Widerspruch. Philip war sich der Schwierigkeit, daß die Sonne hier falsch plaziert wurde, bewußt, doch genau wie Sambursky gerät er in ein hoffnungsloses Durcheinander darüber, wie wir in diesem Konzept mit Tag und Nacht umgehen sollen. Er sagt:

»*Wenn die Erde und die sie begleitende Gegen-Erde* [ein Himmelskörper, von dem Aristoteles sagt, die Pythagoräer hätten ihn erfunden, um die Anzahl der kosmischen Körper auf die perfekte Zahl Zehn anzuheben, was jedoch auch wieder nur ein verdrehtes und mißverstandenes Stück Wissen um die Antipoden (Gegenstücke oder -pole, A. d. Ü.) sein könnte] *sich im Orbit um das Zentralfeuer herum bewegen und so Tag und Nacht verursachen, und wenn eine Seite der Erde dem Zentralfeuer immer abgewandt ist, dann muß die Sonne stillstehen, um Tage und Nächte von konstanter Länge zu erzeugen, und es ist schwierig zu sehen, wie die Jahreszeiten hervorgebracht werden.«*

Hier haben wir wieder einen Gelehrten, der nicht erkennt, daß die Erde der Sonne nicht immer nur eine Seite zuwenden kann, wenn sie sie umkreist, denn dann gäbe es weder Tag noch Nacht. Philip kann dieses Problem nicht verstehen und fühlt sich darüber unwohl. So glaubt er, wenn die Sonne vielleicht stillsteht, wird dies irgendwie in »Tagen und Nächten von konstanter Länge« resultieren. Dies ist jedoch genauso unverständlich, und ich weiß nicht, was Philip sich dabei gedacht hat. Er bringt berechtigterweise auch Unwohlsein über die Jahreszeiten zum Ausdruck.

Dies wird nun alles etwas unklar. Wir konnten nun zwei Gelehrte dabei beobachten, wie sie wie Betrunkene in einem dunklen Raum umhertasten. Doch zum Teil liegt das auch an dem verdrehten unverständlichen Material. Und mir scheint es, der einzige Faden, der uns den Weg aus diesem Labyrinth zeigt, ist das Konzept der Kristall-Sonne — doch leider erwähnt Philip dieses nicht und zitiert auch nicht die entsprechende Passage, über die er sich nicht einmal bewußt zu sein scheint.

Als ich mir meinen Weg durch diese Standardwerke gebahnt hatte, die sich seit so vielen Jahren in meiner Bibliothek befanden, begann ich zu verstehen, warum ich selbst nicht imstande gewesen war, dem Ganzen einen Sinn abzugewinnen. Die meisten Passagen hatte ich schon vorher und mehr als einmal gelesen. Doch es ist nun für uns offensichtlich, daß die Experten in dieser Sache uns nirgendwohin führen können.

Das, was Philolaus und seine Freunde anscheinend glaubten, war, daß es im Zentrum des Universums eine gigantische Kristallkugel gäbe, die das Licht aus der Umgebung sammelt und mittels Lichtbrechung zu uns lenkt — das, was wir als Sonnenlicht bezeichnen. Die Kristall-Sonne war also selbst kein Feuer, sondern fungierte lediglich als Medium.

Vielleicht dachte Aristoteles über diese Konzepte nach, als er so viel Zeit damit verbrachte, in seiner Abhandlung *Über die Seele* über Licht, Farben und Transparenz zu sprechen. Im Buch II, 7, 14 sagt er:

»(...) Licht (...) ist die Präsenz des Feuers oder dessen, was Feuer ähnlich und transparent ist.«

Ich möchte meinen Lieblingsphilosophen Aristoteles, dessen Kommentare zu diesen Themen noch viel umfangreicher waren, nicht falsch darstellen, aber wir können trotzdem diese klare Aussage heranziehen, um die Einstellungen der Pythagoräer zu ihrer Kristall-Sonne aufzuzeigen. Sie glaubten an ein Zentralfeuer, das sich in der Umgebung um das Zentrum des Universums befand, und daß sein Licht innerhalb einer gigantischen Kristallkugel, die sich im Zentrum befand und viel größer als die Erde ist, verdichtet wurde, und daß von diesem riesigen Kristall das Licht der Umgebung mittels Lichtbrechung als Sonnenlicht zu den ihn umkreisenden Himmelskörpern gelenkt wurde, einschließlich der Erde und des Mondes, die nicht selbst leuchten, sondern das Licht der Sonne reflektieren.

Eine der Bezeichnungen für dieses »Zentralfeuer« war Altar. Und das bezog sich zweifellos auf den Gebrauch von Sammellinsen aus Kristall und Brennspiegeln, mit denen das heilige Feuer auf den irdischen Altären entzündet wurde, wobei das Licht genauso eingefangen wurde wie vom »Großen Altar« im Himmel.

Abbildung 28: Eine weitere mögliche Bedeutung des pythagoräischen Namens »Treffpunkt« könnte ein Hinweis auf das Treffen von Sonne und Mond zum Zeitpunkt der Finsternisse sein, wie hier in einem Holzschnitt aus dem frühen 16. Jahrhundert dargestellt. Die Sonne schaut traurig auf einen mürrisch dreinblickenden Mond, der sich mit glasigem Starren geradeaus vorwärts bewegt, um seine glorreiche Freundin zu verfinstern.

Der Begriff »Treffpunkt« könnte sich auch auf die Fokussierung von Lichtstrahlen (*visum colligere*) in einem Brennpunkt beziehen. »Olympus« war dieser höchste Punkt im Zentrum — die das Feuer umgebende Peripherie des Universums, wo man den Regionen des Feuers einmal mehr begegnete. Doch wir sollten uns darunter nicht eine beschränkende Sphäre vorstellen, denn Aristoteles war zuvor schon sehr spezifisch, als er sagte, die Menschen, die daran glauben, daß die Erde sich um das Zentrum bewegen würde, glaubten an ein unendliches Universum. Die Bedeutung dessen ist, daß die Pythagoräer glaubten, »Olympus« würde für alle Zeit fortbestehen und dort »würden alle Elemente zu ihrer Perfektion gelangen«, Seite an Seite mit den Göttern und den göttlichen Helden. Deshalb ist es eine gewisse Ironie, daß das göttliche Sonnenlicht der Kristall-Sonne aus dem tiefsten Punkt hervorging — der in Kosmologien allgemein der Hölle vorbehalten ist. Und das läßt uns mit einer guten Frage zurück: Wo sollte der Hades angeblich sein, wenn der tiefste Punkt, den man erreichen konnte, die Kristall-Sonne war? Die unausweichliche Schlußfolgerung ist, daß er sich unter der Erde befinden muß und deshalb eher ein örtliches als ein kosmisches Phänomen darstellt.

Doch diese Art des Denkens führt noch weiter. Denn wenn der Hades einmal unter der Oberfläche eines einzelnen Himmelskörpers sein soll, dann kann es analog dazu auch auf einem anderen Himmelskörper im Raum einen *weiteren* Hades geben. Und kaum versieht man sich, hat man *viele* bewohnte Welten. Und dies ist genau die Art des Denkens, die wir bei Heraklides von Pontus antreffen, dem prominenten Mitglied von Platos Akademie, der in seinen Ansichten durch und durch pythagoräisch war. Heath faßt diese Vorstellungen von Heraklides in seinem Werk *Aristarchus of Samos* wie folgt zusammen:

»Das Universum ist unendlich; jeder Stern ist auch ein Universum oder eine Welt, freischwebend im unendlichen Äther, bestehend aus einer Erde, eine Atmosphäre und einem Äther.«

Heraklides glaubte auch, daß diese vielen Welten bewohnt seien. Man fängt mit einer Kristall-Sonne an, und ehe man sich versieht, hat man viele bewohnte Welten und ein unendliches Universum. Vielleicht sollten wir, in Anlehnung an die »Büchse der Pandora«, die Kristall-Sonne als »Kristall der Pandora« bezeichnen.

Anmerkung
[1] Dicks, R. D., *Early Greek Astronomy to Aristotle*, Cornell University Press, Ithaca, New York, USA, 1970.

Kapitel Acht

DONNERSTEINE

Vielleicht kommt es Ihnen etwas seltsam vor, wenn ich dieses Kapitel mit einer außergewöhnlichen Tatsache über die Kathedrale von Chartres beginne, doch tun wir es einfach. Fast alle Menschen auf der Welt scheinen mit dem eigenartigen Zeichen auf der Rückseite der US-amerikanischen Ein-Dollar-Banknote vertraut zu sein, die ein strahlendes Auge im Schlußstein einer Pyramide zeigt. Wie sicher bekannt ist, ist dies ein Freimaurer-Symbol, da die meisten der Gründungsväter der USA Freimaurer waren. Sie wandten ihre Prinzipien auf die Gründung eines neuen Konzepts einer demokratischen Regierung an, um die Rechte und Freiheiten ihrer Landsleute durch ein genial ausgeklügeltes System von konstitutionellen Prüfsteinen und ausgleichenden Instanzen zu schützen. Es blieb natürlich nicht aus, daß sich dieses Freimaurer-Symbol hier und dort in die Ikonografie [Form- und Inhaltsdeutung von Bildern und Symbolen, A. d. Ü.] der neuen Republik einschlich, und das Symbol auf der Rückseite der Ein-Dollar-Note wurde offensichtlich auf Anweisung des US-amerikanischen Vize-Präsidenten unter Roosevelt, Henry Wallace, der ein prominenter Freimaurer war, auf den Schein gesetzt.

Abbildung 29: Die Rückseite der US-amerikanischen Ein-Dollar-Banknote trägt dieses seltsame Symbol eines strahlenden Auges im Schlußstein einer Pyramide. Es ist ein Freimaurer-Symbol und wurde auf Anweisung von Henry Wallace, dem damaligen Vize-Präsidenten unter Franklin D. Roosevelt, auf den Schein gesetzt. (Darstellung mit freundlicher Genehmigung der US-amerikanischen Regierung; erhältlich für einen Dollar bei jeder Bank.)

In diesem und im Schlußkapitel dieses Buchs, »Das Auge des Horus«, werden wir uns mit Augen an der Spitze von Pyramiden beschäftigen.

Legen wir dies deshalb zunächst einmal beiseite. Was ich Ihnen offenbaren möchte, ist in der Tat etwas sehr merkwürdiges — etwas, das alle Freimaurer erschüttern wird, wenn sie es lesen — und auch faszinieren wird. Wir kennen alle die Überlieferung, wonach die Freimaurer aus der mittelalterlichen Zunft der Steinmetzen hervorgegangen sind, die die europäischen Kathedralen wie zum Beispiel die von Chartres erbaut hatten. Und obwohl es zum Hintergrund der freimaurerischen Ursprünge noch viel mehr gibt, ist natürlich zweifellos auch einige Wahrheit in dieser Überlieferung enthalten. Es ist eine der wenigen Mutmaßungen über die Herkunft der Freimaurerei, über die es wohl heute keine Diskussionen mehr gibt.

Doch eine Sache, die in den mittelalterlichen Kathedralen offensichtlich fehlt, ist eine Art Äquivalent zu dem Auge an der Spitze der Pyramide. Die Spitzen der ägyptischen Pyramiden waren abgeflacht; auf ihnen ruhten kleine »Mini-Pyramiden«, die man als »Pyramidon« bezeichnete [auch »Schlußstein« genannt, A. d. Ü.]. Viele dieser Schlußsteine sind erhalten geblieben. Doch was die mittelalterlichen Kathedralen betrifft, hat man noch nie etwas von einem speziellen Schlußstein gehört. *Jedenfalls nicht bis jetzt!*

Als ich dabei war, das vorherige Kapitel zu schreiben, las ich zur Entspannung ein faszinierendes Buch, von dem ich mich glücklich schätzen darf, eine Originalversion zu besitzen. Es ist Dr. Martin Listers *Eine Reise nach Paris im Jahre 1698*. Martin Lister (1638–1712) war einer der führenden Wissenschaftler Englands seiner Zeit, und die Memoiren, die er über seine sechs Monate in Paris verfaßte, sind kein gewöhnlicher Reisebericht. Er beschreibt darin seine Besuche bei den wichtigsten Gelehrten in Paris zur Zeit der Wende zum 18. Jahrhundert, was sie sagten, welche Bücher sich in ihren Bibliotheken befanden und welche Exemplare aus der Naturgeschichte sie in ihren Vitrinen hatten. Er hat auch viele interessante Informationen über Gemälde aufgezeichnet und beschreibt zum Beispiel viele Rembrandt-Bilder, die sich in Privatbesitz befanden und die er bewunderte. Einer der Männer in Paris, die er kannte, war gar kein Franzose, sondern ein Engländer, auch wenn es im *Dictionary of National Biography* (Lexikon der nationalen Biografien) über ihn keinen Eintrag gibt. Hier ist eine Passage aus seinem Buch, die uns interessiert:

»Mr. Butterfield ist ein recht herzlicher ehrlicher englischer Gentleman, der seit 35 Jahren in Paris lebt, ein exzellenter Künstler in der Herstellung aller Art mathematischer Instrumente, und er arbeitet für den

König und alle Prinzen des Geblüts, und seine Arbeiten sind bei allen Nationen in Europa und Asien gefragt.

Mehr als einmal zeigte er mir (sein liebster Zeitvertreib) seine umfangreiche Sammlung von Magnetit-Steinen, die einen Wert von mehreren hundert Pfund Sterling hat. (...) Er zeigte mir einen Magnetit-Stein, der von dem Eisenträger abgesägt worden war, der an der höchsten Stelle des Kirchturms der Chartes-Kathedrale die Steine zusammenhielt. Er hatte eine dicke Rost-Kruste, von der ein Teil schon in einen starken Magnetit-Stein verwandelt war, und alle Eigenschaften eines Steins, den man aus einer Mine ausgegraben hatte. Monsieur de la Hire hat dazu eine Kurzbiographie verfaßt; ebenso hat Monsieur Vallemont dazu eine Abhandlung geschrieben. Die äußerste Kruste des Steins wies keine magnetischen Eigenschaften mehr auf, doch der innere Teil war stark magnetisch und konnte ein Drittel mehr als sein Eigengewicht anziehen und halten. Dieses Stück Eisen hatte die Körnung eines soliden Magneten und die Sprödigkeit und Zerbrechlichkeit eines Steins.«

Wir sehen also, daß die Kathedrale von Chartres an der Spitze ihres Kirchturms einen großen Magnetit-Stein hatte. Dies ist so merkwürdig, daß ich denke, wir sollten andere mittelalterliche Kathedralen daraufhin untersuchen, ob auch sie an ihren Kirchturmspitzen magnetisches Metall besitzen. Leider ist die Wahrscheinlichkeit groß, daß jegliches Metall dieser Art in der Zwischenzeit schon durch und durch korrodiert ist, denn das erwähnte Stück aus der Kathedrale von Chartres war schon vor drei Jahrhunderten dem Rost zum Opfer gefallen. (Die Kathedrale von Chartres besitzt zwei Kirchtürme, und der Bericht muß sich auf den kleineren der beiden beziehen, der in der Zeit zwischen 1140 und 1160 erbaut wurde, statt auf den größeren, der erst zwischen 1507 und 1513 entstand; meinen Dank an Roderick Brown für diese Information.)

Kann es sein, daß die Steinmetz-Zünfte, die die mittelalterlichen Kathedralen erbauten, insgeheim magnetische Äquivalente zu den Pyramiden-Schlußsteinen in die Spitzen der europäischen Kathedralen einbauten — bis 1690 niemandem bekannt und danach wahrscheinlich bis zum heutigen Tag vergessen?

Die alten Ägypter kannten Magnetit-Steine. Sie benutzten für sie den Begriff *res mehit ba*, was »Nord-Süd-Eisen« bedeutet. Und Plutarch (1. Jahrhundert n. Chr.) schreibt in seiner Abhandlung *Über Isis und Osiris* (Kapitel 62):

»(…) Sie nennen einen Magnetit-Stein den ›Knochen des Osiris‹, Eisen jedoch den ›Knochen des Typhon‹ [Typhon = Seth; in der ägyptischen Überlieferung sind Osiris und Seth Brüder, A. d. Ü.]*, (wie Manetho* [ein ägyptischer Hohepriester aus dem 3. Jahrhundert v. Chr.]*, der auf griechisch schrieb und von dessen Werken nur Fragmente erhalten geblieben sind, berichtet), denn so wie das Eisen oft wie etwas Lebendiges vom Magnetit angezogen wird und ihm folgt, oft jedoch auch in die entgegengesetzte Richtung abgestoßen wird, so zieht in derselben Weise die nützliche, gute und vernünftige Bewegung der Welt Dinge durch Überzeugungskraft an und liefert auf eher sanfte als harte Weise die typhonische Kraft. Und wenn es zu sich selbst zurückgetrieben wird, bringt es letzteres in Unruhe und verfällt einmal mehr in Hilflosigkeit.«*

Magnetische Phänomene und Magnetit-Steine waren den Ägyptern also vertraut und wurden in einem verlorengegangenen Teil der Werke von Manetho angesprochen. Ob Magnetit-Steine von den alten Ägyptern im Zusammenhang mit ihrer Architektur verwendet wurden, weiß ich nicht. Doch wir werden gleich sehen, daß Eisen in der ägyptischen Religion eine entscheidende Rolle spielte, und daß ein großer Teil davon magnetisch war.

Ich will hier natürlich nicht andeuten, daß die Maurer, die die Kathedrale von Chartres erbauten, irgendein Wissen um die ägyptische Einstellung zu Magnetit-Steinen hatten. Doch ich glaube, daß das Konzept des Pyramiden-Schlußsteins und seine Beziehung zu okkulten Kräften bestimmter Art (siehe das strahlende Auge auf der Ein-Dollar-Note) eine Tradition war, die erwiesenermaßen bis in die Zeit der modernen Freimaurerei überlebt hat — denn ob wir dies erklären können oder nicht, die Tatsache selbst kann nicht geleugnet werden —, und wenn dies den heutigen Freimaurern noch bekannt ist, dann war es denen im 14. Jahrhundert mit Sicherheit bekannt. Deshalb könnte der Magnetit-Stein an der Spitze der Kathedrale von Chartres ein esoterischer Gegenstand gewesen sein, der das mitteleuropäische Äquivalent zu einem altägyptischen Pyramiden-Schlußstein darstellen sollte, eine Art symbolischer *Hommage* an eine Geheimüberlieferung.

Damit verlassen wir das Mittelalter und kehren zu unserem gewohnteren Umfeld im alten Ägypten zurück. Jemand, der Magnetit-Steine untersucht, wie es die alten Ägypter getan haben, braucht kein Genie zu sein, um festzustellen, daß solch ein Stein eine ungefähre Ausrichtung nach Nord-Süd hat. Als die alten Ägypter den Stein als »Nord-Süd-Stein« bezeichneten, erkannten sie ganz klar die Haupteigenschaft des Steins, die für sie von Interesse war. Da keine antike Kultur bei der geographischen Nord-Süd-Ausrichtung ihrer Monumente sorgfältiger war als die Ägypter (die Pyramiden von Gizeh sind perfekt nach Nord-Süd ausgerichtet), müssen sie bemerkt haben, daß die magnetischen Nord- und Südpole nicht dieselben wie die geographischen sind. Dies ist eine Tatsache, über die die meisten Archäologen sich sehr vage äußern, und viele Pläne antiker Monumente sind überhaupt nicht hilfreich, weil sie einen Nord-Süd-Pfeil aufweisen, ohne anzugeben, welcher der beiden Pole — der magnetische oder der geographische — gemeint ist!

Nicht nur, daß die Ägypter um die Diskrepanz zwischen den beiden Nord- und Südpolen bei, sagen wir zum Beispiel, Memphis wußten; sie mußten auch, weil Ägypten ein sehr langgestrecktes Land mit wechselnden magnetischen Verhältnissen ist, wissen, was die Diskrepanz dieser beiden Pole zum Beispiel bei Theben ist. Wir wissen nicht, was sie daraus machten, doch nehmen sie, wenn auch in etwas verschleierter Weise, in ihren Texten darauf Bezug.

Doch dies soll uns im Moment nicht beschäftigen. Ich erwähne dies nur, weil es hinsichtlich der Dinge, die wir uns nun anschauen wollen, eine tiefere, bisher unerforschte Dimension aufzeigt. Denn nun müssen wir uns dem »Knochen des Typhon«, d. h. dem »Knochen von Seth«, zuwenden — dem *Eisen* im alten Ägypten. Und da es in der alten ägyptischen Zivilisation aus Eisenerz hergestelltes Guß- und Schmiedeeisen noch nicht gab, bleibt uns nur Eisen, das man *aus Meteoriten* gewonnen hat. Meteoriten-Eisen wird im Weltraum oft magnetisiert und tritt dann als Magnetit auf. Es sollte darauf hingewiesen werden, daß es leichter ist, Meteoriten in einem Land mit klarem Himmel wie Ägypten niedergehen zu sehen als sonstwo. Und es ist auch einfacher, sie in der Wüste zu finden, denn sie sind im hellen Wüstensand klar als dunkle Objekte erkennbar. Seit den frühesten Dynastien in Ägypten wurde Meteoriten-Eisen zu wertvollen Objekten gehämmert und verarbeitet, wie man in den Grabkammern entdecken konnte. Wissenschaftler sind in der Lage, die Zusammensetzung des Eisens zu analysieren, und diese Tests bestätigten, daß diese Eisenobjekte in der Tat meteoritischen Ursprungs sind.

Wir sind in der glücklichen Lage, wenigstens einen altägyptischen Text zu haben, der einen sehr spezifischen Bericht über die Wichtigkeit von Meteoriten im Zusammenhang mit einigen der Haupt-Gottheiten wiedergibt. Es ist der Sargtext-Spruch 148, über den erst 1983 eine vollständige Analyse von Robert H. O'Connell angefertigt wurde. Es war O'Connell, der als erster entziffern konnte, wie die alten Ägypter Meteoriten bezeichneten, und er war dabei höchst genial vorgegangen! Er wies darauf hin, daß die Ägypter zwei nicht vokalisierte Hieroglyphen kombinierten, die Ägyptologen »Determinativa« nennen (denn sie bestimmen durch Symbole, was das Wort bedeutet, statt es auszubuchstabieren, und sie tauchen normalerweise unmittelbar nach dem buchstabierten Wort auf, um Zweideutigkeiten von Wörtern zu vermeiden, die identisch buchstabiert werden) — eines für einen Stern und eines für »Krokodil«. Deswegen könnte man »Krokodilstern« sagen statt »Sternschnuppe«.

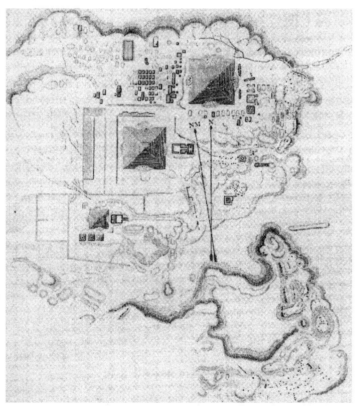

Abbildung 30: Auf dieser Karte des Gizeh-Plateaus, wiedergegeben in Sir Norman Lockyers *Dawn of Astronomy* (Die Morgendämmerung der Astronomie), London, 1894, S. 81, sind die beiden unterschiedlichen Nordpole, der magnetische (NM) und der geografische (N), eindeutig erkennbar. Sir Lockyer reproduzierte diese Karte nach den Berichten des früheren Archäologen Lepsius,

der im Jahre 1844 eine preußische Kommission nach Ägypten geführt hatte. Anders als viele andere Karten von Archäologen unterscheidet diese klar zwischen dem »wahren« geografischen Nordpol N und dem variierenden magnetischen Nordpol NM. Wie man sieht, sind die Pyramiden exakt nach den geographischen Himmelsrichtungen Nord, Süd, Ost und West ausgerichtet. Wenn man einen Kompaß benutzt, stellt man fest, daß der magnetische Nordpol sich nicht mit dem geographischen deckt, sondern etwas zur Seite abweicht. Diese »gekreuzten Pfeile«, wie sie neuzeitliche Vermessungsingenieure verwenden, um die beiden Nordpole anzugeben, beziehen sich vielleicht auf dasselbe Phänomen der »gekreuzten Pfeile«, die in der altägyptischen Symbologie so häufig anzutreffen sind, für die es jedoch keine genaue Erklärung gibt. Zumindest ist dies möglich, da wir wissen, daß die alten Ägypter sich über den Unterschied zwischen magnetischem und geographischem »wahrem« Nordpol bewußt waren. Der eine wurde durch den Schatten, den die Sonne warf, bestimmt, der andere durch den »Knochen des Osiris«, d. h. durch magnetisches Meteoriten-Gestein. Die beiden alternativen Orientierungshilfen können als zwei alternative religiöse Komplexe interpretiert werden. So war zum Beispiel der Kult um den Gott Ptah, den Gott von Memphis in der Nähe von Gizeh, ein polarer Kult des »wahren Nordens«: Alles in und um Gizeh wurde streng nach den »wahren« geographischen Himmelsrichtungen ausgerichtet. Doch in den späteren Pyramidentexten aus der 5. und 6. Dynastie wird Ptah nicht nur kaum noch erwähnt, sondern explizit ausgeklammert. Ab diesem Zeitpunkt übernimmt der mit dem Ptah-Kult rivalisierende Horus-Kult die Vorherrschaft, und mit ihm das Meteoriten-Eisen, dessen magnetische Form mit dem magnetischen Nordpol korrespondiert.

Bei der Rivalität zwischen diesen beiden Kulten ging es vielleicht um die Bestimmung der Himmelsrichtung Nord, und unter den Priestern mag es Diskussionen gegeben haben, welcher der beiden der wichtigere war: der Nordpol, von dem man beweisen konnte, daß er nach kosmischen Gesichtspunkten korrekt war, oder der Nordpol, der durch die unsichtbaren Kräfte einer in den Händen gehaltenen himmlischen Substanz (Meteor-Magnetit) aufgezeigt wurde. Die Tatsache, daß diese beiden nicht vergleichbar waren, war genauso schockierend wie die Tatsache, daß es irrationale Zahlen gibt, oder die Tatsache (die wir noch in Kapitel Neun kennenlernen werden), daß in der Musik die Quinte mit der Oktave in einem irrationalen Zahlenverhältnis steht, was auch die Ägypter erkannt hatten. Vielleicht wurden die beiden unterschiedlichen Nord-Himmelsrichtungen entsprechend den beiden musikalischen Phänomenen zugeordnet: der »wahre« Norden der Oktave und der magnetische Norden der Quinte. Doch was dies betrifft, werden wir später noch genauer darauf eingehen.

O'Connell schrieb, diese Verbindung der beiden Symbole »kombiniert die Ideen der schnellen Bewegung eines angreifenden Krokodils mit der Bewegung einer Sternschnuppe, die den Himmel entlangschießt«. Er fand sogar noch einen anderen Text auf einer Steinstele [Platte oder Säule, A. d. Ü.] an der Stätte von Gebel Barka aus der Regierungszeit von Tuthmosis III. (18. Dynastie; er regierte von *etwa* 1479 bis 1424 v. Chr.), die besagte: »sich schnell dahinschlängelnd wie ein Krokodil, wie eine Sternschnuppe zwischen den beiden Bögen (des Himmels), wenn sie am Himmel entlangschießt.« Er schloß daraus klug:

»Dies könnte bedeuten, daß das Krokodil in der ägyptischen Literatur ein Sinnbild für plötzliche Bewegungen war, und würde nahelegen, das ideographische [von Ideogramm: Schriftzeichen, das nicht eine bestimmte Lautung, sondern einen ganzen Begriff vertritt, A. d. Ü.] *Determinativum der plötzlichen Bewegung mit dem Schicksal eines Sterns zu kombinieren, wenn die Ägypter auf eine Sternschnuppe hinweisen wollten, im Gegensatz zu einem Fixstern.«*

Nachdem er dies herausgefunden hatte, war O'Connell imstande, zum ersten Mal eine genaue Übersetzung des Textes zu liefern. Wie wir sehen können, beschäftigt er sich mit der Geburt des Gottes Horus, seiner Empfängnis in seiner Mutter Isis durch den Samen seines Vaters Osiris. Und wir sollten uns daran erinnern, daß Osiris von den Ägyptern mit Magnetit-Steinen identifiziert wurde, wie wir schon sahen. Hier folgt nun, wie der Text in seiner neuen Übersetzung lautet (die Klammern hat der Autor eingefügt; sie repräsentieren angenommene Wörter):

»(Nach) einem Meteoriten-Einschlag von der Stärke, die (selbst) die Götter fürchten, wachte Isis auf, schwanger durch den Samen ihres Bruders Osiris! Die Frau richtete sich deshalb abrupt auf, ihr Herz erfreut mit dem Samen ihres Bruders Osiris, als sie sagte: ›O ihr Götter! Ich, Isis, Schwester des Osiris, die Tränen vergossen hat über den Verlust der Vaterschaft von Osiris, Richter über das Gemetzel zwischen den beiden Ländern, dessen Same nun in meinem Mutterschoß ist — ich habe die Form eines Gottes im Leibe als meinen Sohn, der erste der Ennead, der dieses Land regieren wird, der der Erbe von Geb sein wird, der für seinen Vater sprechen (und) Seth, den Feind seines Vaters Osiris erschlagen wird.‹« [Geb ist der Erdgott, und die Ennead sind eine Gruppe von neun Göttern.]

Hier sehen wir einen eindeutigen Hinweis auf die Empfängnis des Gottes Horus durch Isis und den Eintritt von Osiris' Samen in sie, zeitlich mit einem Meteoriten-Einschlag zusammenfallend. Selbst für ein Land, in dem es mit vielen Dingen ziemlich verrückt zuging, ist dies wirklich noch verrückter als gewöhnlich!

Aber es kommt noch schlimmer. Die Entität, deren Empfängnis im Zusammenhang mit dem Meteoriten stattgefunden hat, wird spezifisch als ein Falke beschrieben, und im Text sagt Isis weiter: »Dem Falken wurde in meinem Mutterschoß von Atum (Aton) Ra, dem Herrn der Götter, Schutz gewährt.« (Ich habe die Transliteration von »Ra« in eine für den Leser besser erkennbare Form vorgenommen. Er war der Sonnengott.)

Das Hauptmerkmal des Falken ist, daß er viel höher und weiter fliegen und aus größerer Höhe sehen kann als jedes andere Geschöpf. Später im Text, nach seiner Geburt, tut sich Horus hervor: »Mein Flug hat den Horizont erreicht, ich habe die Götter des Himmels übertroffen (...). Ich, Horus, von Isis geboren, dem Schutz im Ovarium gewährt worden war (...). Ich bin Horus, weit entfernt von Menschen und Göttern. Ich bin Horus, Sohn der Isis.«

Wir können hier sehen, daß der Text im Zusammenhang mit dem Gott, dessen Geburt in Beziehung zu einem auf der Erde landenden Himmelskörper steht, betont, daß dieser Gott nicht von dieser Erde ist, sondern von weit darüber. Der Meteor wird also mit dem Herniederbringen einer Lebensform auf die Erde assoziiert, die nicht-irdisch ist, weit höher und weiter entfernt als das Reich der herkömmlichen Götter. Horus ist gänzlich himmlisch, und er sagt: »und es kann auch das, was du gegen mich sagst, mich nicht erreichen.«

Es gibt eine weitere griechische Referenz zum Wissen der Ägypter um Meteoriten, auf die offensichtlich noch nie jemand gestoßen ist. Die Quelle ist Ammianus Marcellinus' *Römische Geschichte*. Ammianus lebte im 4. Jahrhundert n. Chr., und in seiner Geschichte kann man die wunderbarsten Schmuckstücke finden. Ich kann ihn jedem empfehlen, der/die gern inmitten einer Erzählung auf seltsame Umstände trifft. In Kapitel 22 von Buch XXII, mitten in einer faszinierenden Erzählung über Ägypten, sagt Ammianus plötzlich:

»*Hier geschah es, daß Anaxagoras* [griechischer Philosoph aus dem 5. Jahrhundert v. Chr.] *das Wissen erwarb, das ihn befähigte vorauszusagen, daß Steine vom Himmel fallen werden (...).*«

Als ich dies las, war ich überrascht, um es milde auszudrücken. Zu dieser Referenz gibt es mehr, als einem zunächst ins Auge springt. Nur Fragmente seines einzigen Buchs sind uns erhalten geblieben, doch Anaxagoras' Ansichten auf dem Gebiet der Astronomie waren im damaligen Athen skandalös, und er wurde wegen religiöser Ungläubigkeit angeklagt, was die Todesstrafe zur Folge hatte. Doch anders als Sokrates, der später auf ähnliche Weise in Athen angeklagt wurde und die Strafe über sich ergehen ließ, floh Anaxagoras aus der Stadt und rettete damit sein Leben. Doch seine Gefangennahme stand in einem besonderen Zusammenhang mit dem Einschlag eines Meteoriten bei Aegospotami 468 v. Chr., den er offensichtlich vorhergesagt hatte und den er als »steinigen Stern« bezeichnet hatte. Konservative Athener empfanden es als Gotteslästerung, daß Anaxagoras so von Himmelskörpern sprach, und daß er behauptete, die Sonne sei ein feuriger Stein, »größer als die Peloponnes«. Kathleen Freeman glaubt, daß der Grund, aus dem Anaxagoras dies sagte, »zweifellos sein Glaube war, daß Meteoriten aus einer herumwirbelnden Masse von Steinen im Himmel herabfielen, und daß von diesen Steinen die Sonne der größte wäre (…)«.

Anaxagoras glaubte auch, daß der Mond ein riesiger Stein, der sein Licht von der Sonne erhielte, und daß er der Erde sehr ähnlich sei, nur eben, aber auch mit Bergen, Flachland, Schluchten, Flüssen, Häusern und sogar lebendigen Wesen. Es scheint demnach, als ob er den Mond durch ein rudimentäres Teleskop auf dieselbe Weise beobachtet hätte, wie Demokrit es offensichtlich getan hat, wie zuvor schon beschrieben. Er glaubte, daß ein mythologisches Geschöpf, der Nemean-Löwe, vom Mond auf die Erde fallen würde. Den Nemean-Löwen zu töten und zu häuten war die erste Aufgabe, die sich Herkules stellte, und in der Mythologie stammt dieser Löwe von Typhon — dem griechischen Namen des ägyptischen Gottes Seth — ab. Nach der Überlieferung wurde er von der Mondgöttin auf den Berg Tretus in der Nähe von Nemea neben eine Höhle mit zwei Öffnungen geworfen, die hernach als »Löwenhöhle« bekannt wurde, etwa drei Kilometer von der Stadt Nemea entfernt. Ich kann nicht sagen, daß ich die tiefere Bedeutung des Bergs Tretus kenne — falls es eine geben sollte —, doch der Punkt, der hier interessant ist, ist, daß Anaxagoras daran glaubte, eine mythische Kreatur, die von Seth abstammte, würde vom Himmel herabfallen — und wir haben bereits festgestellt, daß Seth mit meteoritischem Eisen gleichgesetzt wurde. Deshalb können wir einen Hinweis auf eine ähnliche ägyptische Überlieferung hinter Anaxagoras' Legenden über Meteoriten erkennen, und würden wir von ihm nur mehr als einige Fragmente haben, wäre das Bild vielleicht sehr viel klarer. Doch Anaxagoras ging sogar noch einen Schritt weiter: Er behauptete, alles tierische Leben auf der Erde wurde ursprünglich durch das Herabfallen von »Samen« zur Erde gezeugt.

Dies ist, soweit ich weiß, der erste aufgezeichnete Hinweis auf die »Panspermium«-Theorie, die gegen Ende des 19. Jahrhunderts so populär war, nämlich, daß das Leben auf der Erde aus dem äußeren Weltraum stammte! 1979 wurde diese Theorie auf eine neue und ausgefeilte Weise wieder zum Leben erweckt, und zwar von den Astronomen Sir Fred Hoyle und Chandra Wickramasinghe. Sie äußerten die Vermutung, daß Kometen, die nahe an unserer Sonne vorbeifliegen, einen Teil ihres Materials durch Erhitzung und Verdunstung verlören, daß diese als mikroskopisch kleine Teilchen auf die Erde herabfielen und bestimmte Viren enthielten. Sie glauben, daß das Leben ursprünglich auf der Erde als Resultat solch einer Übertragung von Kometen durch den interstellaren Raum erschien, von denen einige regelmäßig von einem Sternsystem zum anderen fliegen.

Anaxagoras' Geschichte bekommt eine neue Wichtigkeit angesichts der Kommentare von Ammianus und dessen, was wir über die ägyptischen Vorstellungen über Meteoriten erfahren. Und aus dem, was wir über Anaxagoras' Vorstellungen lernen — von denen Ammianus sagt, sie stammen ursprünglich aus Ägypten —, erhalten wir weitere Hinweise, woran die Ägypter glaubten. Das Zusammenspiel von direkten ägyptischen und indirekten griechischen Beweisen kann uns oft einen gemeinsamen Eindruck vermitteln, den jede Quelle für sich allein nicht liefern könnte. Und wenn es möglich ist, griechische Informationen durch Heranziehen anderer Quellen zu überprüfen und zu bekräftigen, erhält das, was Menschen wie Plutarch oder Ammanius sagten, größere Wichtigkeit. Wir sahen bereits, daß Plutarch Eisen mit Seth gleichgestellt hat. Dies kann durch sehr alte ägyptische Texte bestätigt werden, so daß wir davon ausgehen können, daß Plutarch bei dem, was er sagte, genaue Angaben gemacht und Informationen, die zu seiner Zeit bereits mindestens 2400 Jahre alt waren, korrekt wiedergegeben hatte. Wallis Budge zitiert einen Text aus der Zeit des Pharao Pepi II. (6. Dynastie, *etwa* 2278 bis 2184 v. Chr.), der »vom Eisen, das von Set [Seth] kam«, spricht und »die Form von Seths Unterarm hatte; es übertrug die Macht des Horus-Auges auf die Verstorbenen.« Eine direktere Bestätigung dieses wichtigen von Plutarch aufgezeichneten Punktes hinsichtlich der Identifikation von Seth mit Eisen können wir uns nicht wünschen.

Zehn Jahre nachdem O'Connell diese interessanten Entdeckungen über die Geburt des Horus im Zusammenhang mit dem Niedergang eines Meteoriten machte, wurde von Ann Macy Roth eine Schlüsselstudie veröffentlicht, die noch erstaunlichere Informationen zu meteoritischem Eisen im alten Ägypten liefert. Diesmal ist der Kontext ein seltsames Ritual, das die Ägypter mit Mumien und Statuen ausführen, bekannt als »Die Zeremonie zur Öffnung des Mundes«.

Wieder einmal war es Plutarch als erster Nicht-Ägypter, der uns einen Hinweis gab, der uns helfen konnte, einen der bizarrsten ägyptischen Bräuche zu entwirren und aufzuklären. In *Isis und Osiris*, Kapitel 16, beschreibt er, wie Isis ihr Kind Horus stillt:

»Man sagt, Isis hätte das Kind gestillt, indem sie statt ihrer Brustwarze einen Finger in seinen Mund gesteckt hätte (...).«

Für alle, die mit den zahllosen Abbildungen vertraut sind, auf denen Isis ihren Sohn Horus an ihrer Brust stillt — ein Motiv, das seinen Weg ins Christentum als »die Madonna mit dem Kind« fand —, scheint diese Aussage von Plutarch keinen Sinn zu ergeben. Abbildung 31 zeigt drei Illustrationen, wie Isis Horus stillt. Wir wissen nicht nur, daß Isis Horus in diesen Darstellungen die Brustwarze anbietet, wir haben auch eine astronomische Erklärung für die Szene, die uns der geniale Sir Norman Lockyer lieferte. In seinem Werk *The Dawn of Astronomy* (Die Morgendämmerung der Astronomie) legt er nahe, daß die Isis-Symbolik unter anderem einen aufgehenden Stern darstellen soll, und daß die Horus-Symbolik unter anderem die aufgehende Sonne darstellen soll. Die Still-Szene repräsentiert somit den Stern, der unmittelbar vor der Sonne aufgeht (was die Astronomen als *heliakal* bezeichnen) und die junge Sonne, die gerade am Horizont »geboren« wird, »säugt«. Die Still-Szene hat wohl diese beschriebene wesentliche Bedeutung als grundlegendes Motiv.

Weshalb sagt Plutarch dann, daß Isis Horus mit ihrem Finger stillte? An dieser Stelle kommen wir wieder zur seltsamen Zeremonie mit dem Namen »Die Öffnung des Mundes« zurück, die lang und breit in dem höchst bizarren antiken Text *Das Buch der Öffnung des Mundes* beschrieben wird, das Wallis Budge übersetzt und 1909 in zwei Bänden veröffentlicht hat.[1] Auf den ersten Blick scheint diese »Zeremonie zur Öffnung des Mundes« eines der verrücktesten Dinge zu sein, die je in antiken Zeiten unternommen wurden. Sie grenzt schon an etwas Ekelhaftes, um nicht zu sagen, völlig Unverständliches. Doch sollten wir nie bezweifeln, daß die Ägypter immer genau wußten, was sie taten und

Abbildung 31: »Die Madonna und das Kind« in seiner ursprünglichen Form als Isis, die Horus stillt. Aus: *The Dawn of Astronomy* (Die Morgendämmerung der Astronomie) von Sir Norman Lockyer, London, 1894, S. 292.

Abbildung 32: Ein Stich aus dem 19. Jahrhundert, der Isis zeigt, wie sie Horus stillt; Nachbildung einer Bronzestatue im Louvre aus der Zeit der Ptolemäer (*etwa* 1./2. Jahrhundert v. Chr.). Die Göttin Isis ist als Stern über dem Horizont aufgegangen. Isis als Stern wurde mit dem Fixstern Sirius identifiziert, obgleich sie in anderen Kontexten andere Funktionen repräsentierte. Und nun erscheint die Kind-Sonne am Horizont, und sie stillt ihn über dem Horizont, was sich in seiner Geburt bei Sonnenaufgang manifestiert. Die Szene ist also eine ikonografische Repräsentation des helia-kalen (»mit der Sonne«) Aufgangs des Sirius, was einmal im Jahr geschah und den Beginn des ägyptischen Jahreskalenders markierte.

warum. Selbst hier liegt hinter all dem scheinbaren Unsinn ein tieferer Sinn.

Es war Ann Macy Roth, die 1993 offensichtlich als erste Person mit einer Erklärung aufwartete, die der »Zeremonie zur Öffnung des Mundes« letztendlich einen Sinn verleiht. Und wie es scheint, ist sie direkt mit Plutarchs seltsamen Kommentaren über Isis, die Horus mit dem Finger stillt, verbunden. Denn was finden wir als Abbildung 5 in ihrem bahnbrechenden Artikel aus dem Jahre 1993? Wir sehen eine Wiedergabe eines Bildes, auf dem ein Erwachsener einem Neugeborenen einen Finger in den Mund steckt — *einem neuzeitlichen medizinischen Referenzbuch entnommen.* Es stellt sich also heraus, daß die Zeremonie, in der Isis ihren Finger in Horus' Mund steckt, tatsächlich auf etwas Bestimmtem basiert!

Abb. 33: Links im Bild steht der verstorbene Tut-Ench-Amun als Osiris, eingewickelt in Mumientüchern. Auf der rechten steht der neue Pharao in der Rolle des Horus, der eine blaue Kopfbekleidung trägt und sich Tut-Ench-Amun mit einem Werkzeug aus meteoritischem Eisen nähert, um die heilige »Zeremonie zur Öffnung des Mundes« auszuführen, mit der Tut-Ench-Amun ewiges Leben garantiert wird. Dieses Gemälde befindet sich an der Nordwand von Tut-Ench-Amuns Grabkammer im Tal der Könige.

Das Problem hier war vielleicht, daß die meisten Ägyptologen Männer waren und keine Hebammen, weshalb sie sie sich über eine der grundlegendsten Tatsachen in bezug auf Neugeborene nicht bewußt waren. Dies, so denke ich, kann man ihnen nachsehen und vergeben.

Ich werde an dieser Stelle Miss Roths unaussprechliches *ntrwj* in ihrem Artikel durch die einfachere und freundlichere Buchstabierung *neterti* ersetzen, die von Wallis Budge benutzt wurde. Es stimmt, daß er in seinem *Hieroglyphic Dictionary* (Hieroglyphen-Lexikon) (407b) ein Fragezeichen unter seine Transliteration gesetzt hatte, und es kann gut sein, daß *ntrwj* die neuzeitliche korrigierte Schreibweise ist. Doch das ist nicht unser Problem. Wallis Budge hatte 1911 noch nicht alle Antworten, doch zumindest war es möglich, die ägyptischen Wörter in seinen Büchern zu lesen! Hier folgt also, was Ann Macey Roth über den Finger im Mund des Babys sagt, und zwar in der Beschreibung der Eisenklingen, die im Rahmen der Zeremonie zur Öffnung des Mundes verwendet werden, die an der Mumie des Königs Unas aus der 5. Dynastie (*etwa* 2375–2345 v. Chr.) durchgeführt wurde:

»*Der Begleitspruch, ›Oh, König Unas, ich habe deinen Mund für dich aufgespalten‹ weist klar auf die Funktion der* neterti-*Klingen hin. Warum sollte es notwendig sein, einem erneut geborenen König* [das heißt, einem toten König, dessen Mumie dieser symbolischen Wiederbelebungs-Zeremonie unterworfen wird] *den Mund zu öffnen? Bei der Geburt ist der Mund eines Neugeborenen mit Schleim verklebt, der entfernt werden muß, bevor das Baby atmen kann. Heutzutage benutzt man dazu eine Saugpumpe, doch der Arzt steckt dem Neugeborenen auch den kleinen Finger in den Mund, um festzustellen, ob irgend etwas Abnormales mit dem Gaumen ist. Da der kleine Finger von seiner Größe, seiner Weichheit und seiner Sensibilität her für diese Aufgabe am besten geeignet ist, wäre er auch zum Reinigen des Mundes geeignet. Heutzutage wird der Mund gereinigt, unmittelbar bevor die Nabelschnur durchschnitten wird. (…) Die wahrscheinlichsten Prototypen für die* neterti-*Klingen sind die beiden kleinen Finger der Hebamme. Die* neterti-*Klingen sind wie Finger geformt, bei denen eine gekrümmte Ecke den weichen Teil des Fingers hinter dem Nagel repräsentiert. Würden sie die kleinen Finger der linken und der rechten Hand der Hebamme repräsentieren, wäre die beständige Dualität und die Tatsache, daß sie Spiegelbilder von einander sind, erklärt. (…) Ursprünglich* [in prä-dynastischen Zeiten] *wurde diese Geste wahrscheinlich mit den kleinen Fingern des Priesters gemacht — eine Imitation des Gebrauchs der kleinen Finger bei einer tatsächlichen Geburt (…). In einer Grabszene aus der 6. Dynastie (Abb. 6) streckt der Ritualleiter seine beiden kleinen Finger zu den Verstorbenen aus, mit einer Geste, die, wie ich annehme, der der ursprünglichen Handlung, den Mund zu öffnen, sehr ähnlich ist. (…) Die Geste, einen oder mehrere Finger anzubieten, wird in einigen Mundöffnungs-Szenen im Neuen Königreich gezeigt (…).*«

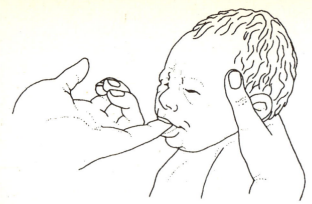

Abbildung 34: Eine Darstellung aus einem neuzeitlichen medizinischen Referenzwerk, wiedergegeben von Ann Macy Roth, das die wahrscheinliche Herkunft des Brauchs zeigt, weshalb Isis ihren Finger in Horus' Mund steckt.

Sie erklärt dann, daß die Metallklingen, die als Ersatz für die kleinen Finger verwendet werden, aus Meteoriten-Material hergestellt werden:

»*Eine Besonderheit der* neterti-*Klingen ist ihre Zusammensetzung. In allen Textquellen heißt es, daß sie aus meteoritischem Material angefertigt sein sollen. Meteoritisches Eisen fand man in Ägypten schon in Gräbern aus prä-dynastischen Zeiten. Man glaubt, es hätte magische Bedeutungen, denn dasselbe Wort bedeutet auch ›Wunder‹. Daß dieses Material von ›gefallenen Sternen‹ stammte, war den Ägyptern anscheinend wohlbekannt, (…) sie nannten die* neterti-*Klingen nämlich manchmal auch (…) ›Sterne‹. Der Kontext, in dem dieser Name benutzt wird, und zwar in Inventar-Dokumenten statt religiösen Inschriften, legt nahe, daß es der landessprachliche Name der Werkzeuge war, und daß die Mundöffnungs-Instrumente deshalb in der Öffentlichkeit mit fallenden Sternen in Zusammenhang gebracht wurden.*

Abgesehen von den menschlichen kleinen Fingern werden alle Werkzeuge zum Öffnen des Mundes mit Eisen, meteoritischem Material oder Sternen assoziiert. Meißel mit Eisenklingen, die man im Grab Tut-Ench-Amuns fand, ähneln sehr den Meißeln, die in Repräsentationen der Werkzeuge zum Öffnen des Mundes wiedergegeben werden. Die Dechsel [beilähnliches Werkzeug zum Aushauen von Vertiefungen, A. d. Ü.] *selbst hatten eine Klinge aus Meteorit-Eisen und wurden ursprünglich und am häufigsten als* dua-ur *bezeichnet, ein Name, der mit einem Stern geschrieben wurde und sich klar auf den* duat *bezog, den Ort, wo die Sterne sind. Die Sternkonstellation, die wir als ›Großer Wagen‹ oder ›Großer Bär‹ bezeichnen, wurde von den Ägyptern* Meskhti *genannt [auch ›die Heimstatt der Seele Seths‹, nach Wallis Budge] und wurde sowohl mit der Dechsel als auch mit dem* khepesh [Khepesh *war eine weitere Bezeichnungen für diese Konstellation], dem Vorderlauf eines Ochsen, verglichen. Sowohl der Vorderlauf als auch die Dechsel wurden zur selben Zeit einem Opferritual beigefügt, nach den Pyramidentexten von Mernere [ein Pharao der 6. Dynastie, etwa 2283–2278 v. Chr.], und sie wurden wahrscheinlich mit dieser Sternkonstellation assoziiert. Dieses stellare Element war wohl prinzipiell mit dem Totenreich verbunden, das in manchen Vorstellungen über das Leben nach dem Tod klar in der Region der zirkumpolaren Sterne angesiedelt war (...). Meteoritisches Material war im antiken Ägypten offensichtlich weit verbreitet und geläufig. Farouk el-Baz meinte, daß ein im Durchmesser vier Kilometer großer Krater südwestlich der Dakhla-Oase seinen Ursprung in einem Meteoriten-Einschlag hat. Solch ein Krater, einer der größten uns bekannten, hätte Tausende von Kilogramm meteoritisches Eisen geliefert (...).«*

Miss Roth war extrem klug, dies alles ausgearbeitet zu haben. Ihre Rekonstruktion dieses Symbol-Komplexes macht das Unerklärliche auf einmal erklärbar. Wir sind ihr zu großem Dank verpflichtet. Die Legende der »Donnersteine«, die wir uns in Kürze anschauen werden, scheint ihren Ursprung in zwei Quellen zu haben. Erstens in den frühesten Überlieferungen von Steinen, die vom Himmel fallen, und ihre gelegentliche Repräsentation in der Form zeremonieller Axtklingen scheint aus paläolithischen Zeiten und aus den religiösen Ansichten unserer Steinzeit-Vorfahren zu stammen, deren Spuren im Nebel der Zeit verlorengegangen sind. Doch die zweite Quelle, und die erste, die wir in einer Hochzivilisation finden, ist der Meteor-Eisen-Kult der Ägypter. Doch es gab nichts Näheres zu den Ideen der Ägypter, außer daß eben einfach Meteoriten zufällig in die Wüste herabfielen. Wie wir es von solch gründlichen Leuten wie den Ägyptern erwarten sollten, hatten sie schon etwas mehr in Form eines Systems ausgearbeitet als nur dies. In einer Version ihrer Kosmologie glaubten sie folgendes:

»(...) (In den Pyramidentexten) wird immer angenommen, daß die Metallplatte, die den Himmel formt und somit den Fußboden der Wohnstatt der Götter bildet, rechteckig sei, und daß jede ihrer Ecken auf einer Säule

ruhe. (...) Daß dies eine sehr antike Ansicht des Himmels ist, wird durch die Hieroglyphen bewiesen, (...) die in Texten verwendet werden, die Wörter für Regen, Stein und ähnliches bezeichnen; (...) (es zeigt) ein Bild von einem fallenden Himmel (...).«[2]

Wenn es irgendwo im Himmel solch eine Metallplatte gäbe, könnten natürlich Stücke davon herabfallen, und das wären die Meteoriten. Sie könnten auch die mysteriöse Eigenschaft des Magnetismus aufweisen.

Diese seltsamen Ideen sind letztendlich gar nicht so seltsam. Die Ägypter stießen auf meteoritisches Eisen, wußten, es kam vom Himmel, und wußten auch, daß dieses Metall für sie anderweitig auf der Erde nicht verfügbar war. Deshalb war es eine natürliche Annahme für sie, daß Eisen eine himmlische Substanz sei. Doch sie assoziierten es mit der Nacht — vermutlich weil das Material schwarz ist — und mit dem Nachthimmel. Besonders aber assoziierten sie mit ihm die zirkumpolare Region der Sterne, die nie untergingen — die »tod-losen Sterne« —, und das war die Region des Gottes Set oder Seth (Typhon bei den Griechen). Eisen war sein »Knochen«. Und gelegentlich wurde einer davon zur Erde geschleudert. Dieses seltene himmlische Material wurde dann zu Klingen und Dechseln in der Form der Sternkonstellation, die uns als »Großer Wagen« oder »Großer Bär« bekannt ist, gehämmert — die ultimative zirkumpolare Sternkonstellation. Diese Werkzeuge wurden dann bei den Münder von Mumien und Statuen in einem Ritual verwendet, um »ihre Münder zu öffnen«, so daß sie, wie Kinder, wiedergeboren werden und in der Welt der Toten leben konnten. Es ergibt alles Sinn — wenn Sie ein antiker Ägypter sind.

Die Ehrfurcht, mit der die Ägypter meteoritisches Eisen behandelten, erinnert uns an eine andere große Religion unserer Zeit — den Islam. Wenn sich die Moslems niederknien und gen Mekka beten, dann ist es nicht die Stadt Mekka, in deren Richtung sie sich orientieren, sondern der heilige Schrein der Kaaba, der in Mekka steht. Und wenn die Moslems ihre heilige Pilgerfahrt nach Mekka antreten, gehen sie dort hin, um etwas zu tun, was man »die Umkreisung der Kaaba« nennt: Sie gehen in Massen sieben Mal um den Schrein herum.

Doch was ist eigentlich die Kaaba? Es ist ein kleines Gebäude, das den heiligsten aller Steine der Moslems beherbergt — den Kaaba-Stein. Und was glauben Sie, woraus dieser Stein besteht? *Es ist ein Meteorit.*

Und damit verlassen wir das Thema »Meteor-Steine« und betreten wieder vertrauteres Terrain. Denn nun kommen wir zur anderen himmlischen Substanz, von der viele Kulturen glaubten, sie fiele ebenfalls vom

Abbildung 35: Zur Linken sehen wir, daß die Dechsel (beilähnliches Werkzeug) aus meteoritischem Eisen, die benutzt wurde, um jedem verstorbenen Pharao »den Mund zu öffnen«, diese seltsame Form hatte, weil sie die zirkumpolare Sternkonstellation *Ursa Major*, den »Großen Wagen« oder »Großen Bären« darstellen sollte. Der Grund dafür war, daß man glaubte, meteoritisches Eisen würde aus dem Boden des Himmels herabfallen, dessen Zentrum am Himmelspol war. Zur Rechten sehen wir dieselbe Konstellation in der Darstellung des Vorderlaufs eines Ochsen. Solche Vorderläufe findet man auf vielen Opfertischen in ägyptischen Grabszenen und auf Papyrus-Rollen. Ihre Symbolik wurde von Ägyptologen nicht als das erkannt, was sie war. Die Beziehung der Konstellation zur Dechsel war eine Entdeckung von Ann Macy Roth, die darauf hinweist, daß in den Pyramidentexten in der Pyramide von Unas die beiden mit demselben Namen erwähnt werden, so daß es keinen Zweifel in dieser Angelegenheit geben kann. Die Assoziation mit dem Vorderlauf war schon seit langer Zeit bekannt, denn ein Bild eines Vorderlaufs wurde tatsächlich als hieroglyphisches Determinativum in Texten benutzt, die die Konstellation erwähnen. In der babylonischen Tradition war diese Konstellation bekannt als »der Oberschenkel« statt als »Vorderlauf«. Reproduziert von Ann Macy Roth, »Fingers, Stars and ›The Opening of the Mouth‹: The Nature and Function of the NTRWJ-Blades«, aus dem *Journal of Egyptian Archaeology*, London, Band 79, 1993, S. 70)

Himmel — dem Bergkristall. Und dies bringt uns natürlich zu unseren Kristall-Linsen zurück. Die Legende über den himmlischen Kristall war nicht auf eine Kristall-Sonne beschränkt. So wie die Ägypter gelegentlich von einer Eisenplatte im Himmel sprachen, von der Stücke herabfallen konnten, genauso konnte vielleicht auch die Kristall-Sonne einige Stücke verlieren.

Denn nun kommen wir zum Thema der »Donnersteine«. Die Donnerstein-Legende ist überall in Europa, Asien und Amerika verbreitet und hat ihre Ursprünge, wie ich schon sagte, in der Steinzeit. Jede so weit verbreitete Überlieferung muß ihre Wurzeln so weit zurück in der Vergangenheit haben, um auf der ganzen Welt wieder entdeckt zu werden. Leider wurde die Donnerstein-Legende zum größten Teil den Legendenforschern überlassen und wurde von Archäologen weitgehend ignoriert.

Und was die Wissenschaftshistoriker betrifft: Sie haben davon noch nie gehört. Ihre Wichtigkeit wurde also übersehen. Wie kurios und originell es für Menschen sein mag, die Legenden und Sagen lieben — die Wichtigkeit der Donnerstein-Legende für die Geschichte der Wissenschaft liegt in ihrem Bezug zur Optik, wie wir noch sehen werden. Diese Legende ist zum Beispiel der Schlüssel zu vielen griechischen Mythen, die nur vor dem Hintergrund der optischen Zusammenhänge richtig gedeutet werden können.

Der beste Weg, griechische und römische Überlieferungen über Bergkristalle zu beschreiben, ist wohl, ein wissenschaftliches Werk von Seneca zu zitieren, seine *Naturfragen* (III; 25, 12), geschrieben im 1. Jahrhundert n. Chr. Im Kontext einer Diskussion über die Natur des Wassers sagt er dies:

»Jeder würde annehmen, daß Wasser, das zu crystallus *oder Eis gefriert, wohl am schwersten wäre. Doch das Gegenteil ist wahr. Denn dies geschieht dem dünnsten Wasser, welches die Kälte aufgrund seiner Dünne leicht zum Gefrieren bringt. Wo ein Stein dieser Art herkommt, wird aus dem Begriff offensichtlich, den die Griechen verwenden: denn sie bezeichnen als »Kristall« sowohl diesen transparenten Stein [Bergkristall] als auch das Eis, von dem man glaubt, daß er sich aus diesem gebildet hat. Regenwasser enthält sehr wenig des irdischen Elements, doch wenn es gefriert, wird es durch die beständige und fortdauernde Kälte immer mehr verdichtet, bis alle Luft aus ihm herausgetrieben und es gänzlich auf sich selbst komprimiert ist, und was Flüssigkeit gewesen ist, wurde zu Stein.«*

Die Griechen und Römer sahen den Bergkristall keinesfalls als ein Mineral an, sondern glaubten, er wäre auf unnatürliche Weise komprimiertes Eis, das zur Erde herabgefallen wäre und dem durch seine Kompaktheit, wie Seneca es ausdrückte, sämtliche Luft ausgetrieben worden war, so daß es nicht mehr schmelzen konnte.

Solche Ansichten wurden noch dadurch unterstützt, daß Bergkristalle gelegentlich auch Einschlüsse von Blasen, gefüllt mit Wasser, aufwiesen, was natürlich Eis noch mehr ähnelte. Ich selbst bin im Besitz vieler solcher Exemplare, die ich in China erworben habe und die sehr reizend sind. Wenn man sie hin- und herbewegt, fließt das eingeschlossene Wasser von einem Ende der Blase zum anderen. Stellen Sie sich vor, Sie seien ein Mensch der Antike ohne geologisches Wissen um Mineralien — was würden Sie denken? Sie würden denken, dies seien immens komprimierte Eisstücke, die aufgrund ihrer Beschaffenheit nicht mehr schmelzen, jedoch immer noch kleine geschmolzene Teilbereiche in ihrem Innern aufweisen. Denn *so sehen sie aus*, und die Menschen der Antike waren, was dies angeht, sehr nüchtern und direkt. Auf Tafel 9 finden sie ein Foto von solch einem Exemplar mit Blaseneinschluß.

Abbildung 36: Oben: Ein Holzschnitt aus dem frühen 16. Jahrhundert, der Eisstücke zeigt, die als Donnersteine vom Himmel herabfallen, von denen die Griechen glaubten, sie seien der Ursprung des Bergkristalls. Rechts: In diesem Holzschnitt aus dem 15. Jahrhundert beschwören zwei Hexen, die eine Schlange und einen Hahn in einen Topf stecken, einen Gewittersturm mit Hagelkörnern herauf, was auf einen weiteren Aspekt der magischen Verbindungen zu himmlischem Eis hindeutet.

Im Griechischen bedeutet das Wort *krystallos* sowohl »Bergkristall« als auch »Eis«. Dasselbe gilt für das lateinische Wort *crystallus*, was einfach eine Latinisierung desselben Wortes ist. Hier ist eine Passage bei Plinius (1. Jahrhundert n. Chr.), in der er die Natur des Bergkristalls in seiner *Naturkunde* (37, 9) beschreibt, nachdem er gerade eine Substanz beschrieben hatte, die durch Hitze erzeugt wird:

»*Eine Ursache, die im Gegensatz zu der gerade erwähnten steht* [d. h. kalt statt heiß], *ist verantwortlich für die Entstehung von Bergkristall, denn er wird durch ausgiebigen Frost gehärtet. Man findet ihn nur in Gegenden, wo der Schnee im Winter gründlichst gefriert. Daß es eine Form von Eis ist, ist gewiß: Die Griechen haben ihn entsprechend benannt* [d. h. *krystallos*]. *Bergkristall kommt auch aus dem Osten zu uns, und der aus Indien wird allen anderen vorgezogen. Auch in Kleinasien findet man ihn, wo eine minderwertige Qualität bei Alabanda und Orthosia und in den Nachbarbezirken wie zum Beispiel Zypern zu finden ist. In Europa findet man Bergkristalle bester Qualität in den Alpen. Juba* [Juba II., König von Mauretanien in Nordafrika, ein sehr produktiver (griechisch schreibender) Autor des 1. Jahrhunderts v. Chr., dessen Werke gänzlich verlorengegangen sind] *versichert uns, daß man ihn auch auf einer Insel namens Necron, auch genannt ›Insel der Toten‹, im Roten Meer gegenüber von Arabien* [vielleicht Sokotra?] *finden kann, wie auch auf einer benachbarten Insel, die Peridot* [einen gelbgrünen Halbedelstein, A. d. Ü.] *produziert. Nach ihm wurde dort ein Stück ausgegraben, das in der Länge eine Elle maß. Ptolemaios'* [Pharao Ptolemaios I., als er (im 4. Jahrhundert v. Chr.) noch ein General Alexanders des Großen war] *Offizier Pythagoras fand ihn (...). Die unausweichliche Schlußfolgerung ist, daß sich Bergkristall aus Feuchtigkeit bildet, die als reiner Schnee vom Himmel herabfällt. Aus diesem Grunde verträgt er keine Hitze, eignet sich aber als Gefäß für kalte Getränke.«*

Unter eleganten römischen Frauen trat eine seltsame Modeerscheinung auf, denn es herrschte die Überzeugung vor, daß Bergkristall stark verdichtetes Eis sei. Sie wandten Unsummen von Geld dafür auf, Kugeln aus Bergkristall zu erwerben, die sie demonstrativ ihren Freundinnen vors Gesicht hielten, denn an heißen Sommernachmittagen übten diese Kugeln eine kühlende Wirkung auf die Hände aus. Es gab nicht genug Bergkristall-Material ausreichender Größe, und die weniger glücklichen Frauen, deren Wunsch nach einer Kristall-Handkugel unerfüllt blieb, mußten mit Bernstein-Kugeln vorlieb nehmen. Dieser seltsame Brauch wurde von Carl Böttinger 1806 in seinem merkwürdigen Buch mit dem Titel *Sabina, oder Morgenszenen im Putzzimmer einer reichen Römerin* ausführlich beschrieben.

Kommen wir zurück zur Passage bei Plinius. Hier finden wir noch weitere interessante Anmerkungen zum Bergkristall:

»*Warum der Bergkristall sechseckige Formen ausbildet, läßt sich nicht einfach erklären, und jegliche Erklärung wird durch die Tatsache verkompliziert, daß einerseits seine Eckpunkte nicht symmetrisch sind, und andererseits, daß seine Oberflächen so perfekt glatt sind, daß kein noch so handwerklich begabter Mensch dies hervorbringen könnte.*

Das größte Stück Bergkristall, das wir je gesehen haben, ist das, was von Livia, der Frau von [Caesar] *Augustus, im Kapitol gestiftet wurde. Es wiegt etwa 150 Pfund. Xenokrates* [4. Jahrhundert v. Chr., ein Schüler von Plato] *(...) schreibt, er sah ein Gefäß* [aus Bergkristall], *das ein Volumen von sechs Gallonen* [etwa 23 Liter, A. d. Ü.] *hatte, und einige andere Autoren erwähnen ein Gefäß aus Indien, das ein Volumen von etwa zwei Litern hatte. Was ich zweifellos bestätigen kann, ist, daß sich der Bergkristall in den Alpen an Stellen bildet, die so unzugänglich sind, daß Menschen, die ihn abbauen wollen, an Seilen den Berg hinuntergelassen werden müssen. (...) Bergkristalle werden durch eine ganze Anzahl von Einwirkungen in ihrer Qualität beeinträchtigt (...): trübe Stellen, Einschlüsse von Feuchtigkeit und die sogenannten ›Salzflecken‹. Ein Kristallschleifer kann diese Stellen einigermaßen überarbeiten, so daß diese Fehler nicht mehr sichtbar sind. Kristallstücke ohne Fehler und Einschlüsse werden aber normalerweise nicht weiter bearbeitet oder graviert. Die Griechen nennen diese Exemplare ›acenteta‹ oder ›ohne Kern‹, und ihre Farbe ist die reinen Wassers, nicht die von Schaum. Schließlich macht auch das Gewicht eines Stücks seinen Wert aus. Ich fand heraus, daß es unter Ärzten keine effektivere Methode zum Kauterisieren von Körperteilen gibt als die, eine Kristallkugel so zu plazieren, daß sie die Strahlen der Sonne bündelt. Es gibt noch weitere Beispiele für die ungeheure Anziehungskraft der Bergkristalle: Vor nicht allzu vielen Jahren bezahlte eine respektable verheiratete Frau, die alles andere als reich war, 150 000 Sesterzen* [eine sehr große Summe] *für einen einzigen Kristall-Löffel. Als Nero die Kunde erhielt, daß alles verloren sei, zerbrach er in einem Wutausbruch zwei Kristall-Pokale, um es für andere unmöglich zu machen, noch einmal aus diesen Pokalen zu trinken. Wenn Bergkristall einmal zerbrochen ist, gibt es keine Methode, die Stücke wieder zusammenzufügen. In letzter Zeit wurde Glas verwendet, um auf bemerkenswerte Weise Bergkristall-Material zu imitieren (...).«*

Wir sehen, daß Plinius an mehreren Stellen in der obigen Passage über die augenscheinliche Verbindung des Kristalls mit Wasser spricht. Er erwähnt Wasser, das sich mitunter als Einschluß in Kristallen findet, und beschreibt verschiedene Qualitäten des Materials, das einmal Schaum ähnelt und dann wieder klarem Wasser.

Eine andere bemerkenswerte Theorie zu Bergkristallen findet sich bei den Griechen. Auch sie geht davon aus, daß Bergkristall sich aus Wasser bildet, doch nicht durch Kälte, sondern durch Hitze! Diese Überlieferung findet sich bei Diodorus Siculus (1. Jahrhundert v. Chr.) in seiner *Bibliothek der Geschichte*, Buch II — demselben Buch, das die Beschreibung des Tempels enthält, von dem man glaubt, daß er bei Stonehenge existierte, wie in Kapitel Vier bereits angesprochen. In einem Abschnitt seines Buchs, in dem er gerade exotische Tiere und Edelsteine sehr heißer Länder beschreibt, sagt er:

»*In diesen Ländern gibt es nicht nur Tiere, die sich in ihrer Form von anderen unterscheiden* [d. h. exotische Geschöpfe], *aufgrund der hilfreichen Intelligenz und Kraft der Sonne, sondern auch Felsvorsprünge mit allen möglichen Arten von wertvollen Steinen, die eine ungewöhnliche Farbe und eine prächtige Brillanz aufweisen. Denn die Bergkristalle* [krystallus lithous], *so wird uns gesagt, sind aus reinem Wasser, das gehärtet wurde, entstanden, nicht durch Kälteeinwirkung, sondern den Einfluß eines göttlichen Feuers* [hypo theiou pyros dynameos], *und aus diesem Grund sind sie nie Gegenstand von Zersetzung oder Verderbnis und nehmen so viele verschiedene Farben und Schattierungen an, wenn man sie behaucht. So erhalten zum Beispiel* smaragdoi [grüne Steine] *und* beryllia, *wie sie genannt werden, die man in Kupferminen findet, ihre Farbe, indem sie in ein Schwefelbad getaucht werden (...).*«

Dies sind außergewöhnlich interessante Informationen, und hier vermischen sich die Legenden um Kristalle mit denen um die Alchimie, besonders dort, wo der Autor fortfährt und weitere Einzelheiten zu alchimistischen Techniken preisgibt. Doch bevor wir uns diese anschauen, wollen wir unsere Aufmerksamkeit auf den Hinweis lenken, den uns Diodorus bereits gegeben hat, nämlich, was der *smaragdus* (Smaragd), den Nero benutzt hatte, wirklich gewesen sein mag. Denn was Diodorus uns sagt, ist, daß *smaragdi* eine Form von Bergkristall sind, die ihre (grüne) Farbe auf künstlichem Wege erhalten.

Mit anderen Worten: Kristalle wurden grün *eingefärbt*, indem man sie in ein Schwefelbad tauchte. *Smaragdi* waren natürlich echte Smaragde, doch aus dem hier Erwähnten geht auch klar hervor, daß der Begriff sich auch auf grün eingefärbte Kristalle bezog, und Neros »Smaragd«, der so viel Spekulationen hervorrief (wie wir schon früher in diesem Buch beschrieben), muß deshalb eine Linse gewesen sein, die auf künstlichem Wege grün eingefärbt worden war, um die Augen zu beruhigen, wie Plinius es in der zuvor zitierten Passage klar beschrieb.

Diodorus' Übersetzer war sich nicht bewußt, daß Diodorus in der von mir gerade zitierten Passage einen sehr technischen altgriechischen

Begriff aus der Alchimie verwendet hatte — *baptomenon*. Dieses Wort bedeutet sehr viel mehr als »eingetaucht«, wie es im Zusammenhang mit dem Kristall verwendet wird, der in Schwefel getaucht wird und dadurch eine grüne Farbe erhält. Das griechische Wort *bapsis* bezieht sich auf den zweiten alchimistischen Zustand, der im Mittelalter im Lateinischen als *baptisma* bekannt war. Joseph Needham wies in einem seiner Bände über die Alchimie aus der Reihe *Wissenschaft und Zivilisation in China* darauf hin:

»*Das späte Mittelalter hatte uns einen der ältesten Begriffe aus der Kunst bewahrt, nämlich* baphe, baphike (bapse, bapsike) *und* bapsis (...), *was das Eintauchen von Kleidungsstücken in farbige Flüssigkeiten bedeutet — die Technik, aus der so viele unkalkulierbare Konsequenzen erwuchsen.*« [Er verweist dann auf verschiedene altgriechische Texte zur Alchimie.]

Eine der »unkalkulierbaren Konsequenzen« war das Konzept der Taufe im mystischen Christentum. Es ist möglich, daß Johannes der Täufer eine weitaus esoterischere Figur darstellte als die herkömmliche Sichtweise implizieren würde. Die Ursprünge der Taufe als Sakrament mögen vielleicht nicht unbedingt eine rituelle Reinigung mittels eines Bades gewesen sein — was schließlich unter den ägyptischen Priestern keine einmalige Angelegenheit war, sondern seit Jahrtausenden ein tägliches Ritual —, sondern ein mystisches transformatives Konzept, das sich vielleicht aus den physischen Praktiken der alten Alchimie ableitet. Der frühe Kirchenvater Sankt Iraenus, Bischof von Lyon im 2. Jahrhundert n. Chr., bewahrte eine eindeutige Referenz, die dies klar herausstellt. Iraenus schrieb ein leidenschaftliches Werk in fünf Büchern mit dem Titel *Gegen ketzerische Lehren* (Adversus Haereses), in dem er die als Gnostiker bekannten Mystiker angriff, von denen einige Heiden und andere Christen waren (und zu jener Zeit war es nicht leicht, eine Trennlinie zwischen diesen beiden zu ziehen). Iraenus wird tatsächlich oft als der erste systematische christliche Theologe angesehen — ein orthodoxer natürlich, sonst wäre er ja kein »Sankt«. Selbst heutzutage herrscht in der Öffentlichkeit reges Interesse an dem Thema »Das Tier 666«, das in der Offenbarung des Johannes erwähnt wird, und es ist einen Hinweis wert, daß Iraenus' Identifikation dieses Menschen die erste ist, die je aufgezeichnet wurde. Iraenus hatte keinen Zweifel daran, daß »Das Tier 666« der Kaiser Nero war, denn wenn man *Neron Caesar* in hebräischen Buchstaben niederschrieb, ergaben die Zahlenwerte aller

Buchstaben die Summe 666 (wie bei griechischen Buchstaben verdoppelte sich auch bei hebräischen der Zahlenwert).

Nachdem Sankt Iraenus in seinem Werk *Gegen ketzerische Lehren* den notorischen Simon Magus angegriffen hatte, der ein Zeitgenosse und Rivale von Jesus war, lenkt er seine Aufmerksamkeit auf Simons unmittelbaren Nachkommen mit Namen Meander. Über ihn schreibt er:

»*Der Nachkomme dieses Mannes* [d. h. Simon Magus] *war Meander, von Geburt ein Samariter, der auf dem Gebiet der Magie ebenfalls Perfektion erreichte. Er bekräftigt, (...) daß die Welt von Engeln erschaffen worden sei (...). Außerdem gibt er in der Magie, die er lehrt, Wissen weiter, wie die Engel, die die Welt erschufen, bezwungen werden können. Zu diesem Zweck erhalten seine Schüler eine Wiederauferstehungs-Taufe von ihm, so daß sie unsterblich sind und ewig leben. (...) Und der Gott der Juden* [Jahwe oder Jehova], *so sagte er, sei einer dieser Engel* [also eine üble und zornige Macht]. *Und (...) Jesus Christus kam, um den Gott der Juden zu zerstören und sie zu retten* [von ihrer falschen Lehre] *(...).«*

Die Vorstellung von der Taufe als einem Bad, mit dem man den Verfall des Körpers aufhalten und Unsterblichkeit erlangen könne, scheint seine Ursprünge letztendlich im Natronbad zu haben, das für die ägyptischen Mumien verwendet wurde, was sie befähigte, »ohne Verfall des Körpers ewig zu leben«. Doch da im Zuge der Entwicklung alchimistischer Techniken in Ägypten der griechische Begriff *bapsis* nur mit tatsächlichen chemischen Prozessen in Verbindung gebracht wurde und sozusagen ein technischer »Handelsbegriff« war, gibt es wenig Zweifel darüber, daß — nach den Aufzeichnungen von Iraenus — die Gnostiker des 1. Jahrhunderts n. Chr. die Taufe als ein mystisches Konzept, analog dem alchimistischen Prozeß, ansahen. Lassen Sie uns nun anschauen, was dieser Prozeß erreichte und in welchem Zusammenhang er mit Bergkristall steht — einer Substanz, die, wie wir uns erinnern sollten, Wasser und göttliches Licht vereint und deshalb ein gutes Symbol für das Sakrament der Taufe darstellt.

Diodorus hatte bereits den Bergkristall mit göttlichem Feuer in Verbindung gebracht, denn er hatte dieses göttliche Feuer als das eigentliche Medium identifiziert, das Wasser in Kristall umwandelte (*hypo theiou pyros dynameos*). Doch nun geht er weiter und sagt, wenn ein Kristall »getauft« wird (d. h. wenn er dem alchimistischen Prozeß der *bapsis* unterzogen wird), kann er in einen *smaragdos* umgewandelt werden, einen künstlichen Smaragd. Er beschreibt dann die Herstellung von »falschem Gold« (*pseudochrysous*) mittels sterblichem Feuer (*anthropon gegonotos pyros*) und sagt, dies werde »hergestellt, indem man Bergkristalle [ins Feuer] eintaucht« — d. h. indem man Bergkristall dem alchimistischen Prozeß der *bapsis* durch »Feuer« unterzieht, kann man auch falsches Gold herstellen. Hier deutet Diodorus komplexe *bapsis*-Verfahren an, die in antiken Zeiten in der Herstellung so vieler verschiedener Versionen von falschem Gold und Silber resultierten, ebenso wie von Kristallen, die so wunderschön eingefärbt wurden, daß sie wie die schönsten Edelsteine aussahen. Needham zitiert in diesem Zusammenhang eine interessante Passage bei Themistius von Byzanz aus dem 4. Jahrhundert n. Chr., um zu zeigen, wie weit verbreitet diese Steine und Metalle zu jenem Zeitpunkt schon waren:

»*Wenn jemand künstliches Gold oder imitierten Purpur oder falsche Edelsteine auf den Markt bringt, sind Sie dann nicht wütend? Fordern Sie dann nicht den Marktleiter auf, den Händler wegen Betrug und Scharlatanerie auspeitschen zu lassen? Suchen Sie nicht aus demselben Grund nach Mitteln und Wegen, die Echtheit von Gold, Purpurfarbe und Edelsteinen zu bestimmen? Und ist dies nicht auch der Grund, warum Sie Prüfer und Sachverständige konsultieren, die auf dem Markt anwesend sind, wenn Sie Dinge erwerben, so daß Sie fachmännischen Ratschlag beim Kauf dieser Dinge erhalten?*«

Nun, wir sollten uns hier nicht weiter in den, zugegeben, faszinierenden Nebenstraßen der Welt der antiken Alchimie aufhalten. Ich habe diesen Exkurs nur unternommen, um die Kommentare von Diodorus, die wichtiger sind, als es zunächst erscheint, in einen Kontext zu setzen. Wo auch immer er seine Informationen bezogen haben mag — sie leiteten sich aus den Bräuchen der praktischen Alchimie ab und repräsentierten eine profundere Ebene physikalischer Wissenschaft als die Quellen, die Plinius und Seneca zugänglich waren. Das irisierende Finish, das die Alchimisten routinemäßig ihren Metallen gaben (zum Beispiel gab ein Prozeß echtem Gold ein attraktives Rot-Grün, ein anderer ein Purpur), wurde mit den Farben des Sonnenlichts assoziiert, die sichtbar wurden, wenn man einen Bergkristall anhauchte. Die praktizierenden Alchimisten — echte arbeitende Wissenschaftler statt Theoretiker wie Plinius und Seneca — fielen nicht auf die Legenden herein, wonach der Bergkristall stark verdichtetes Eis sei. Statt dessen postulierten sie eine damit konkurrierende und ausgefeilte Theorie, nämlich, daß der Kristall sich wirklich aus Wasser bildete und vielleicht auch vom Himmel herabgefallen sei, daß jedoch seine Härtung »unter dem Einfluß eines göttlichen Feuers« stattfand. (Man könnte solch eine Substanz schon fast als »meteoritischen Kristall« bezeichnen!) Und dies paßt natürlich zu den himmlischen Ursprüngen aus der Region des göttlichen Feuers, mit den esoterischen Vorstellungen einer Kristall-Sonne und der Verwendung von Kristallen, um Feuer zu entzünden und Sonnenstrahlen zu bündeln.

Wir sehen also, daß der vom Himmel herabgefallene Bergkristall für die Griechen genauso ehrfurchtgebietend war wie das meteoritische Eisen für die alten Ägypter. Und wir sollten uns daran erinnern, daß es einen sehr einfachen Grund für den Wechsel von einem Material zu einem anderen gab: Meteoriten konnten in Griechenland nicht leicht gefunden und geborgen werden, wohingegen dies im flachen Wüstensand Ägyptens viel einfacher war. In Ägypten gab es auch keine Stürme, kein Eis und keinen Schnee wie in Griechenland, so daß sich in Ägypten sicher eine andere Theorie über die Bildung von Kristallen entwickelt hätte als die Idee, daß der Kristall verdichtetes himmlisches Eis sei, das vom Himmel herabfällt. Die Theorie, wonach der Kristall allerdings durch Härtung des Wassers durch ein göttliches Feuer entstanden ist, hat wahrscheinlich ihre Ursprünge in Ägypten.

Lassen Sie uns nun sehen, worum es bei der eigentlichen Legende um die Donnersteine überhaupt geht. Um dies zu tun, müssen wir uns vergegenwärtigen, daß es im Griechischen eine ganze Reihe von Namen für Dinge gibt, die vom Himmel herabfallen. Und wir werden sehen, daß es nie eine klare Trennungslinie zwischen Meteoriten und Kristallen gab, und bestimmte Begriffe wie zum Beispiel *baetyl* konnten sich sowohl auf das eine als auch auf das andere beziehen. Wir sollten mit dem eigentlichen Wort beginnen, das wörtlich übersetzt »Donnerstein« bedeutet. Im Griechischen ist dies *keraunios* (von *keraunos*, »Blitz und Donner«). Ein »Blitz-und-Donner-Stein«, oder ein Stein, der wie ein Blitz vom Himmel herabfährt bzw. -fällt — also das, was wir als »Donnerstein« bezeichnen —, sollte eigentlich ein Meteorit sein. Doch lassen Sie uns sehen, was Plinius zu ihnen sagt; er spricht von der *ceraunia*, der lateinischen Form des Namens:

»*Unter den hellen farblosen Steinen gibt es auch einen mit dem Namen ›ceraunia‹ (Donnerstein), der den Glanz der Sterne auffängt und — obwohl er wie Bergkristall aussieht — einen strahlend blauen Glanz [oder ›Schimmer‹] hat. Man findet ihn in Carmania. Zenothemis* [ein

Autor, dessen Werke verlorengegangen sind] *gesteht ein, er sei farblos (...). Socatus* [ein weiterer in Vergessenheit geratener Autor, dessen Werke verlorengegangen sind] *unterscheidet zwischen zwei Variationen des Steins, einem rotem und einem schwarzen, die Axtköpfen ähneln. Nach ihm sind die schwarzen runden Steine übernatürliche Objekte, und er sagt, daß Dank ihrer Kraft Städte und Flotten angegriffen und eingenommen werden können, und daß ihr Name ›baetuli‹ sei, während die länglichen Steine ›cerauniae‹ genannt werden. Diese Autoren unterscheiden noch zwischen mehreren anderen Arten von ›cerauniae‹, die sehr selten sind. Nach ihnen sollen die Magi* [die persischen Zoroaster-Priester] *eifrig jagen, denn man findet sie nur an Orten, die vom Blitz getroffen wurden.«*

An diesem Punkt fügt Professor Eichholz in einer Fußnote hinzu: »wahrscheinlich Meteoriten«. Und er liegt mit Sicherheit richtig. In dieser Passage von Plinius erkennen wir das »wundervolle« Durcheinander in den Überlieferungen und die Verwechslung von Kristallen mit Meteoriten — wobei letztere tatsächlich als schwarz und übernatürlich beschrieben werden. Die Erwähnung der persischen Magi ist faszinierend, denn das Hauptritual der zoroastrischen Religion ist die heilige Feuerzeremonie, wie es auch heute noch bei den Parsis von Bombay der Fall ist. Doch in antiken Zeiten war es wahrscheinlich so, daß die heilige Flamme mit Hilfe von Kristall-Linsen entzündet wurde. Die Suche danach, was sich an einem Ort, wo der Blitz eingeschlagen war, befindet, war allerdings sicher für sich genommen ein interessantes Unterfangen.

Als Ergebnis eines Meteoriten-Einschlags findet man natürlich ein Stück meteoritisches Eisen. Und mitunter kann so ein Meteorit auch sehr groß gewesen sein. Wir haben alle schon die riesigen Ausstellungsstücke in den Museen für Naturgeschichte gesehen, wenn auch nur als Schulkinder. Um Ihnen nur einmal vor Augen zu führen, daß man nie wissen kann, wann solch ein ausreichend großer Brocken herunterkommen kann, füge ich hier einen interessanten Zeitungsausschnitt ein, der am 12. April 1997 in der Londoner *Times* erschien:

»*Paris: In Chambéry, einem Ort in den französischen Alpen, traf nach Angaben von Radio* France-Inter *ein Meteorit ein parkendes Auto und setzte es in Brand. Ein drei Pfund schwerer Basalt-Magma-Block wurde vom Dach des Autos geborgen.*« (Reuter)

Es gibt also zwei verschiedene Arten von »himmlischen Steinen«. In Ägypten, wo Blitz und Donner aufgrund der klimatischen Verhältnisse selten sind, sind es Meteore statt Donnersteine, und Meteoriten werden dort, wo solch ein himmlisches Objekt den Boden trifft, aufgelesen. Doch in Griechenland und Italien, wo Blitz und Donner sehr häufig vorkommen, sind es Donnersteine, die man gewöhnlich sieht und die die Erde wiederholt treffen. Und was immer an der Stelle, wo der Blitz einschlug, geborgen wird — ob ein reales oder nur in der Vorstellung existierendes Produkt des Blitzeinschlags — , ist ein »Donnerstein«.

Sie können übrigens *tatsächlich* an dem Ort, wo ein Blitz einschlägt, etwas finden, wenn Sie den Ort genauer unter die Lupe nehmen. Es ist eine Substanz, die man *Fulgurit* nennt. Dies stammt vom Lateinischen *fulgur* ab, was »Blitz« oder »Blitz, der herabkommt und [etwas] trifft«, bedeutet, wie es Lewis und Short in ihrem Latein-Wörterbuch angeben. Nun, was genau ist dieser Fulgurit? Und hat er irgendeine Verbindung zu den »Donnersteinen« der Antike?

Der beste Fulgurit bildet sich, wenn ein Blitz in Sand einschlägt. Deshalb ist es so schade, daß es so wenige Blitzeinschläge — wenn überhaupt welche — in Ägypten gibt. Denken Sie nur an all den Sand! Doch Fulgurite in Griechenland und Italien reichen uns hier auch. Oder sogar in Amerika. Wenden wir uns einem Artikel zu, der 1993 im *New Scientist* erschien, und der mir freundlicherweise vom Autor John Brunner zugeschickt wurde (dem ich hiermit herzlich danke), um etwas mehr über Fulgurite und ihre überraschende Verbindung zu einem fremdartigen Atom kennenzulernen! Zunächst muß ich Ihnen jedoch erklären, was unter dem Ausdruck »buckminsterfullermäßig« zu verstehen ist. Versuchen Sie bloß nicht, es auszusprechen. Bevor ich erklären kann, was der Begriff bedeutet, muß ich erklären, wer der Mann hinter diesem Begriff war. Er war allgemein bekannter unter dem Namen Bucky Fuller, und ich darf mich sehr glücklich schätzen, ihn gekannt und einige Zeit mit ihm auf seiner privaten Insel vor der Küste von Maine verbracht zu haben. Er ist seit vielen Jahren tot, doch in den sechziger und siebziger Jahren des letzten Jahrhunderts war er eine der berühmtesten Personen der Welt. Jeder hatte von ihm gehört. Er war ein echtes amerikanisches Genie des zwanzigsten Jahrhunderts und am bekanntesten für seine geodätischen [die Land- und Erdvermessung betreffenden, A. d. Ü.] Kuppeln. Zuvor hatte er viele andere Dinge erfunden, und doch war er immer bitterarm. Sein Onkel, ein tatkräftiger Bankier und Geschäftsmann, war es irgendwann leid, daß Bucky ständig pleite war, also nahm er ihn an die Hand und organisierte, daß seine jüngste Erfindung — die geodätischen Kuppeln — patentiert und vermarktet wurden. Das Ergebnis davon war, daß Bucky auf einmal Millionär war und der Armut endlich entkommen konnte.

Wenn man sich bei Bucky aufhielt, war einer der Lichtblicke bei ihm seine Deutsche Dogge namens »Sailor«, die immer darauf bestand, auf meinem Schoß zu liegen. Seitdem war mein Schoß nie wieder derselbe.

Eine weitere interessante Tatsache war, daß Bucky, das Genie der Zukunft, den ganzen Sommer über glücklich und zufrieden auf seiner Insel lebte — ohne elektrischen Strom. Die Beleuchtung bestand gänzlich aus Öllampen. Am meisten Spaß machte das Muschel- und Hummer-Essen am Strand bei Mondschein und Lagerfeuer, und Bucky im glänzenden Mondschein beim Segeln zu beobachten. Das Wasser glitzerte im Schein von Myriaden von Sternen wie Diamant, und das Segel seines Boots glich einer Feder, die den Wind entlangstrich. Er liebte es, bei Nacht mit anderen Familienmitgliedern, jeder in seinem oder ihren Boot, um die Wette ums Eiland zu segeln. Meistens gewann er.

Bucky war ein meisterhafter Vermessungsingenieur, und vor einigen Jahrzehnten, als Chemiker ein massives Kohlenstoff-Molekül, symbolisch C_{60} geschrieben, entdeckten, benannten sie dieses Molekül nach Bucky, denn es beinhaltete geometrische Prinzipien, die er schon angesprochen hatte, bevor das Molekül überhaupt entdeckt wurde. Und da sich heutzutage Wissenschaftler in jede Menge kurioses Geplänkel hineinsteigern, um bloß nicht durchzudrehen, und in ihren technischen Diskussionen immer mehr Slangausdrücke verwenden, sprechen sie nun von »Buckyballs«, wenn sie sich auf dieses Molekül beziehen. Ob diese Wissenschaftler ihn kannten oder nicht — jeder fühlte, wie liebenswert und exzentrisch Bucky war, weshalb sie ihn einfach aus Zuneigung Bucky nannten. Und wenn Sie imstande sind, etwas Wasserstoff an zwei dieser Buckyballs zu befestigen, konstruieren Sie etwas, das man ein »buckminsterfullermäßiges Hydrokarbon« [Kohlenwasserstoff, A. d. Ü.] nennt. Nun, da Sie den Hintergrund wissen, kann ich den Artikel von John Emsley im *New Scientist*-Magazin vom 8. Juli 1993 zitieren:

»Die verrückte und wundervolle Welt der Buckyballs
Buckyballs sind voller Überraschungen. Kürzlich entdeckte eine Gruppe von Forschern das eiförmige Molekül im Mineral Fulgurit, das sich bei Blitzeinschlag bildet. (...) Peter Buseck und seine Kollegen von der Arizona State University in Tempe (...) entdeckten in einer Fulgurit-Probe, die vor einigen Jahren am Sheep Mountain in Colorado gefunden wurde, sowohl C_{60} als auch C_{70} (Science, Ausg. 259, S. 1599).

Der Kohlenstoffgehalt des Fulgurit ist sehr niedrig. Buseck ist der Ansicht, daß das C_{60} und C_{70} von Kiefernnadeln stammt, die karbonisiert (verkohlt) wurden, als der Berg von einem Blitz getroffen wurde. Die Temperatur erreichte dabei bis zu 2000 °C, genug, um Felsgestein in einen harten glasigen Brocken zu verwandeln.«

Wenn man Fulgurit im Sand findet, ist der glasige Charakter noch stärker, da das im Sand enthaltene Silizium in Form von Röhren oder »Fingern« geschmolzen ist. (Es gibt eine sehenswerte Fulgurit-Bronzenachbildung im Archäologischen Museum in Athen. Leider konnte ich aufgrund der Umstände, unter denen sie ausgestellt ist, keine Fotos von ihr machen. Sie befindet sich als Objekt 266 in Raum 36, Vitrine 8. Das Objekt wird als »Teil eines Blitzes« beschrieben und datiert »wahrscheinlich aus dem Ende des 6. oder Anfang des 5. Jahrhunderts v. Chr.«. Es wurde beim Orakel-Zentrum von Dodona in Nordwest-Griechenland ausgegraben und ist die Art von Fulgurit, die sich bildet, wenn ein Blitz in Sand einschlägt.) Doch selbst an einem Berg wird aus dem Felsgestein etwas ähnliches wie Glas gebildet, so daß das Silizium nicht unbedingt schmelzen muß. Es scheint zunächst, als ob Fulgurit etwas ist, das — schwarz in seiner Erscheinung — offensichtlich vom Himmel herabgefallen ist (die Vorstellung, daß seine Erzeugung am Boden selbst

Abbildung 37: Wenn heilige Stätten wie dieser Tempel des Herkules auf erhöhten Plätzen errichtet wurden, zogen sie oft Blitzeinschläge an, und Fulguriten und »Donnersteine« konnten in der Umgebung eingesammelt werden. (Aus: *De Oraculis* von Antonius van Dale, Amsterdam, 1700.)

durch Hitze stattgefunden hat, wurde nicht geteilt; die Menschen der Antike dachten, es wäre *herabgefallen*), doch seine glasige Erscheinung läßt es wie ein Zwischending aus einem Meteorit und einem kristallinen »Donnerstein« erscheinen. Sein glasiger Charakter hätte Assoziationen von Glas und Kristall mit himmlischen Steinen geweckt, da dies als eine Eigenschaft himmlischen »Gerölls« erscheinen würde.

Ein weiterer griechischer Name für »Donnerstein« war *brontia*, von *bronte*, »Donner«. Wörter wie *brontia* finden sich nicht in Lidell und Scotts Griechisch-Wörterbuch; man muß über diese herkömmlichen Quellen hinausgehen, um es zu finden. Man kann das Wort zum Beispiel im *Thesaurus Graecae Linguae* von Henricus Stephanus (Graz, 1954) finden. Hier heißt es auch, daß *Brontes* der Name eines der Zyklopen war. Da das einzelne Auge des Zyklopen eine Kristall-Kugel repräsentierte, ist es nicht überraschend, daß einer von ihnen »Donner« genannt wurde, da sein Auge das Äquivalent zu einem Donnerstein darstellte, wie wir noch sehen werden. Plinius berichtet das folgende (*brontea* ist die lateinische Version von *brontia*):

»›Brontea‹ oder ›Donnerstein‹, der wie der Panzer einer Schildkröte ist, soll angeblich von Donnerschlägen herabfallen und Feuer löschen, wo der Blitz eingeschlagen ist, oder so ähnlich sollen wir es glauben.«

Ein Stein, der wie der Panzer einer Schildkröte geformt ist, hat die Form einer plan-konvexen Linse. Henricus Stephanus sagt uns, es hätte noch einen anderen Namen für solche Steine gegeben, und betont, daß sie auch als *Konvex-Edelsteine* bezeichnet werden: *chelonia lithos* oder *chelonitis lithos*, was wörtlich übersetzt »Schildkröten-Stein« bedeutet, von dem Wort *chelone*, »Schildkröte«. Diese beiden Wörter werden auch bei Lidell und Scott aufgeführt. Diese Steine werden mit einem Augen-Symbolismus assoziiert, wie auch mit außergewöhnlichen magischen Eigenschaften, wie Plinius schreibt:

»Der ›Chelonia‹, der sogenannte ›Schildkröten-Stein‹, ist das Auge der indischen Schildkröte, und nach den falschen Behauptungen der Magi [persische Priester] soll er der wundersamste von allen Steinen sein. Denn sie behaupten, der Stein verleiht prophetische Kräfte, wenn man ihn unter die Zunge legt, nachdem man den Mund mit Honig ausgespült hat (...).«

Ein weiterer antiker lateinischer Name für den Donnerstein war *ombria*, vom griechischen Wort *ombros*, »ein Regen- oder Donnersturm (von

Zeus geschickt)«. Dieser Name hatte später eine kuriose Geschichte, da *ombriae* in Europa im 16. und 17. Jahrhundert mit fossilen Seeigeln verwechselt wurden, da letztere eine plan-konvexe Form hatten. Hier folgt, was Plinius uns über die *ombrae* sagt:

»*Der ›Ombria‹ (›Regenstein‹), auch bekannt als ›Notia‹ (›Südwind-Stein‹), soll wie der ›Ceraunia‹ und der ›Brontea‹ zusammen mit schwerem Regen und Gewittern auftreten und dieselben Eigenschaften haben wie diese Steine. Doch außerdem, so wird uns gesagt, verhindert er, daß Opfergaben verbrennen, wenn er auf einen Altar gelegt wird.*«

Dies ist ein prima Witz! Und Plinius hat es offensichtlich nicht mitbekommen. Da all diese Donnersteine mit der Verwendung von Bergkristallen zur Entzündung des heiligen Feuers auf Altären assoziiert werden, stellte die Quelle, die von Plinius für dieses eben erwähnte Stück Information herangezogen wurde, jedem ein Bein. Der *ombria*, ein weiterer plan-konvexer Kristall, der als Brennlinse verwendet wurde, kann die Strahlen der Sonne nur auf dem Altar bündeln, wenn er *über* den Altar gehalten wird — das ist ziemlich offensichtlich. Wenn man ihn also *auf* den Altar legt, kann er kein Feuer entzünden, oder? Selbst die Mineralogen der Antike hatten ihre kleinen Witze, die sie rissen, nicht wahr?

Der *Ombria*, der *Brontea*, der *Ceraunia* und der *Chelonia* wurden oft alle zusammen als Donnersteine besprochen. Ein typisches Beispiel findet sich im *Musaeum Metallicum* von Ulyssis Aldrovandi aus dem Jahre 1648, der sich auch auf *Über die Natur der Fossilien,* Buch 5, von Georgius Agricola bezieht, wie auch auf Agricolas *De Re Metallica,* Kapitel 43, auf Plinius' *Naturkunde* und auf George Marbodus.

Die Geschichte der Donnersteine reicht natürlich noch weiter zurück als die Griechen; sie waren auch Teil der nahöstlichen Legenden. Für die Sammler kurioser Titel habe ich das folgende anzubieten: »Donnersteine auf ugaritisch.« Dieser im Jahre 1959 veröffentlichte Artikel beginnt mit diesem dringenden Problem:

»*Seit der Veröffentlichung von ugaritischem Text V AB.C. haben und hatten Gelehrte Schwierigkeiten mit der Übersetzung von* abn brq.«

Weiter hinten im Artikel kommen wir dann aber zu Dingen, die uns betreffen. Der Autor bietet mehrere mögliche Übersetzungen an, die von gebildeten Gelehrten angefertigt wurden, und sagt dann:

»Soweit ich weiß, verbindet jedoch niemand abn brq *mit dem in vielen Ländern verbreiteten Glauben — damals wie heute — an den Donnerstein (im Deutschen ›Blitzsteine‹ oder ›Donnerkeile‹). Das einzige Problem ist, daß Spuren der Donnerstein-Idee in der semitischen Welt nur sehr spärlich vorhanden sind. Die einzig mögliche Referenz ist (...) ein Gebet aus dem Akkadischen (...). Eine mögliche Übersetzung wäre ›Regen-und-Donnersteine, Feuer‹ (...) Es gab die Idee, daß beim Einschlag eines Blitzes ein Stein herabgeschickt wird. Diese Steine werden als wertvoll betrachtet; man glaubt, sie seien mit ›Mana‹* [einem anderen Wort für Lebensenergie, Prana, Chi oder Od, A. d. Ü.] *erfüllt und würden böse Geister abhalten, eine Person gegen Blitzschlag schützen oder die Erde fruchtbar machen. Diese Vorstellungen finden sich rund um die Welt mit mehr oder weniger kleinen Unterschieden.«*

Ein ganzes Buch wurde über Donnersteine geschrieben: *The Thunderweapon in Religion and Folklore: A Study in Comparative Archaeology* (Die Donnerwaffe in Religion und Legenden: eine Studie in vergleichender Archäologie) von Christopher Blinkenberg. Ursprünglich 1911 veröffentlicht, wurde es 1987 sehr zweckmäßig neu aufgelegt. Ich glaube, die Zielgruppe auf dem Markt waren hauptsächlich Legendenfanatiker und Folkloristen. Es überrascht, wie viele Informationen Blinkenberg ausläßt oder übersieht; nichts von dem, was ich zum Beispiel in diesem Kapitel bisher geschrieben habe, wurde von ihm erwähnt. Sein Hauptinteresse gilt den skandinavischen Legenden; antike Zeiten interessieren ihn kaum. Blinkenberg ist zum Beispiel daran interessiert, wie Donnersteine Kinder vor Trollen schützen sollen! In einem Abschnitt weist er auf die Verwechslung von fossilen Seeigeln mit Donnersteinen hin, erklärt dies jedoch, indem er sagt, Menschen »glaubten, sie hätten einen Diamanten in sich«. Diese plan-konvexen Fossilien, so glaubte man immer noch, würden zusammen mit Blitzen herabfallen, doch die Tatsache, daß sie undurchsichtig sind, wurde damit hinwegerklärt, daß man darauf bestand, daß etwas einem Kristall Entsprechendes in ihnen verborgen sei. Ich bin im Besitz eines schönen kleinen Seeigel-Fossils, doch fühle ich mich nicht versucht, es zu zerschlagen, um in ihm nach einem Diamanten zu suchen!

Das Material zu Donnerstein-Legenden ist überwältigend umfangreich, doch alte Überlieferungen werden mit der Zeit entstellt, so daß sie einen vom Weg abbringen können. So sollten wir uns nun an dieser Stelle auf die spezifischen Stellen konzentrieren, an denen Kristall-Linsen mit

Donnersteinen gleichgesetzt werden. Das Land, in dem dies für unsere Geschichte wesentlich wurde, ist Britannien. Im 17. und 18. Jahrhundert begannen einige aufgeweckte Antiquare damit, die alten Grabhügel in England auszugraben, und im Zuge ihrer Amateurausgrabungen fanden sie eine ganze Anzahl von Kristall-Linsen und -Kugeln. Die Kristall-Kugeln sind den britischen Archäologen wohlbekannt, doch die Kristall-Linsen wurden beiseite geschoben, als Mineralproben falsch katalogisiert und gerieten dann völlig in Vergessenheit. Tatsächlich waren sie immer noch »vergessen«, bis ich sie nach ausgiebigster Suche wieder entdeckte.

Manche der Kristall-Linsen, die die britischen Amateure fanden, waren als »Mineralperlen« bekannt. Die Briten waren schon immer gut darin, mit bildhaften Namen für verschiedene Dinge aufzuwarten: Bergkristalle, die man in der Nähe von Bristol gefunden hatte, wurden »Bristol-Diamanten« oder manchmal auch einfach »Bristol-Steine« genannt. Ich fand eine Erwähnung von ihnen in einem Buch über Rechtstheorie von John Cooke, der drei Jahre später der Ankläger von König Charles I. wegen Betrugs sein sollte, was 1646 geschah. Er bespricht ein unberechtigtes Anklageargument, das als berechtigt maskiert wird, und sagt:

»Es tut mir leid, daß der verehrte Autor wohl ein Bristol-Stein-Argument zwischen so viele Diamanten-Argumente setzt; was für eine Art Argumentation ist dies?«

John Aubrey, Autor des berühmten Werks *Brief Lives* (Kurze Leben) aus dem 17. Jahrhundert, schrieb in seinem Werk *Miscellanies* (Sammlungen) in seinem Kapitel über »Visions in a Berill, or Crystall«:

»Die Magier nehmen nun eine Kristall-Kugel oder eine Mineralperle zu diesem Zweck [die Zukunft vorherzusagen], die von einem Jungen betrachtet wird (...). James Harrington, der Autor des Werks Oceana, *sagte mir, daß der Earl of Denbigh, damals Botschafter in Venedig, ihm erzählte, daß ihm mehrmals die Dinge, die da waren und die da kommen sollten, in einem Glas gezeigt wurden.«*

Aubrey fuhr fort, im selben Kapitel einen Kristall zu beschreiben, der »eine perfekte Kugel« war, die für denselben Zweck verwendet wurde. Er gab eine Darstellung davon und auch von einer »Mineralperle« wieder, die er als bi-konvexe Linse zeigte.

Martin Lister, den wir schon am Anfang dieses Kapitels kennengelernt haben, als wir seinen Bericht über die Magnetit-Steine an der Spitze der Kathedrale von Chartres betrachteten, schrieb auch einen Bericht über antike britische Linsen in den *Philosophical Transactions* für Juni 1693, in den er Darstellungen von fünf dieser Linsen einschloß. Er spricht von ihnen als »Mineralperlen«, benutzt aber auch andere uns geläufige Namen, wie wir aus dem Titel seines Artikels ersehen können: »Ein Bericht über bestimmte transparente Kieselsteine, zumeist in der Form von Ombriae oder Brontiae«. Wir sehen also, daß Plinius' Wortwahl auch 1693 noch vorherrschend war.

In diesem Werk bezog sich Lister auf einen »Dr. Plot«. Damit begann für mich eine Suche: Wer ist dieser Plot und was hatte er mit *Ombriae* zu tun? Ich drehe jeden Bristol-Stein um, und so war es unausweichlich, daß ich jemanden mit Namen Plot fand, der vor 1693 gelebt hatte und vielleicht dieser Mann sein konnte. Es stellte sich heraus: Dieser Mann war tatsächlich Dr. Plot. Robert Plot. Und hier wird er richtig interessant. Denn er war tatsächlich ein großer Mann — der Autor eines Mammutwerks, der beeindruckenden *Natural History of Staffordshire*, veröffentlicht 1686. Jedes seiner Worte mußte anscheinend von Martin Lister mit gespannter Aufmerksamkeit gelesen worden sein, umso mehr, da Lister selbst in diesem Werk zitiert wird, wie auf Seite 178. Und natürlich gab es bei Plot auch ein Kapitel mit dem Titel »Über geformte Steine«. Dies ist der spannende Teil:

»Als nächstes zur Verbindung zwischen geformten Steinen und Himmelskörpern. (...) Ich befasse mich als nächstes mit solchen, von denen man am wenigsten glaubt, daß sie aus den unteren Himmeln kommen, in der Luft zwischen den Wolken erzeugt und in Donnerschauern entladen werden; Steine, die man Brontiae *und* Ombriae *nennt. Von diesen traf ich in dieser Grafschaft einen in Händen von Thomas Broughton Esq an. (...) Es ist eine regelmäßige solide Halbkugel (an der man keine Schnitte erkennt), so transparent wie ein Kristall und höchstwahrscheinlich viel härter als jede Art von Kieselstein. Ich muß auch an einen Stein von der Art eines* Ombriae *denken, von dreieckiger Form, etwa fünf Zentimeter lang und zweieinhalb breit; die Grundfläche und die Seiten sind nicht flach, sondern gewölbt und an den Seiten abgerundet. Die Winkel sind nicht so scharf wie bei Prismaglas, und der Stein repräsentiert auch nicht irgendwelche der lebendigen Farben, wenn man ihn vors Auge hält. Seine Winkel sind eher stumpf, wie auf Tafel 11 zu sehen. (...) Er wurde in der Nähe von Fetherston in dieser Grafschaft gefunden und mir vom genialen Mr. John Huntbach aus diesem Dorf überreicht. [Dieser*

Stein, den er in einer Darstellung zeigt, ist eine typische abgegratete Kristall-Linse, von denen ich schon so viele gesehen habe. Es ist unglaublich, daß Dr. Plot tatsächlich geglaubt hat, ein so angefertigtes Stück könnte natürlichen Ursprungs sein!] *Diese transparenten Kieselsteine findet man manchmal auch in Kugelform* [d. h. Kristall-Kugeln]; *einige der schönsten und durchsichtigsten ohne jeden Makel wurden mir von der tugendsamen Lady Madam Ann Bowles aus Elford in dieser Grafschaft gezeigt. In ihrer Vitrine ist dieses Stück (unter anderen) eine echte Rarität.*

Ich sah noch eine weitere von diesen, dargestellt in Abbildung 5 [mit anderen Worten, einen weiteren abgegrateten Kristall], *der in der Nähe von Lichfield gefunden wurde, in Händen von Mr. Zach. Babington aus Whittington, und viele von ihnen finden sich auch im* Ashmolean Museum *in Oxford und bei der* Royal Society *im Gresham College in London. Man findet sie bei Ausgrabungen unter Kies oder in Steinbrüchen* [d. h. sie werden nicht abgebaut] *wie die meisten anderen geformten Steine, jedoch an der Erdoberfläche, so wie man sie, wie der geniale Mr. Beaumont sagt, auch in Somersetshire und Gloucestershire finden kann (...). Er glaubt, sie entstehen an klaren Abenden durch eine Erstarrung von Tautropfen (...) Wie dem auch sei, sie kommen immer noch aus den unteren Himmeln (...).«*

Dr. Plot war der Kustos des *Ashmolean Museum* und Professor der Chemie an der Universität von Oxford. Man sollte glauben, er wäre zu dem Schluß gekommen, daß dies von Menschenhand gefertigte Objekte seien, da er in seinem wie auch in einem anderen Museum mehrere abgegratete Objekte dieser Art hatte. Doch das falsche Katalogisieren der antiken britischen Linsen als natürlich vorkommende Kristalle, die vom Himmel herabgefallen waren, hatte im 17. Jahrhundert offensichtlich schon weit um sich gegriffen, und die, die ich gefunden habe, sind bis zum heutigen Tag immer noch Bestandteile von Mineraliensammlungen und allen Archäologen unbekannt. So sehr hatte die Vorstellung von »Donnersteinen« das Denken eingenommen! Schließlich *konnte* ein vom Himmel gefallener Kristall nicht von Menschenhand gemacht worden und deshalb natürlichen Ursprungs sein (oder wie die Magi sagen würden, übernatürlichen Ursprungs).

Erst mit dem großen Chemiker Robert Boyle entkamen wir der Ansicht, Bergkristalle seien ein Produkt des Himmels! 1672 vertrat er seinen Standpunkt und bestand darauf, doch Dr. Plot, der ja ein hoch angesehener Professor der Chemie war und von daher natürlich ein

Experte, behandelte Boyles unglaubliche Theorie mit Verachtung und fuhr unbeirrt fort, die althergebrachte Theorie herunterzubeten, die seit Tausenden von Jahren im Umlauf war. *Natürlich* kam Bergkristall aus den Wolken! Jeder wußte *das*!

Doch Robert Boyle wußte dies eben nicht. In seinem Buch *An Essay about the Origine & Virtues of Gems* (Ein Essay über Herkunft und Heilkräfte der Edelsteine) aus dem Jahre 1672 äußerte er zunächst diese grundlegende Hypothese:

»*Ich schlage diese Vermutung oder Hypothese vor: (…) Die Substanz besteht vielleicht aus zwei Besonderheiten: Zunächst, daß viele der Edelsteine und medizinisch verwendeten Steine entweder einst flüssige Körper waren, wie die transparenten Steine, oder zumindest teilweise aus Substanzen bestehen, die einst flüssig waren (…).*«

Später erwähnt er ein Stück Kristall, das Wasser enthält, von denen ich selbst, wie schon erwähnt, auch einige Exemplare besitze:

»*(…) Eine sehr beeindruckende und qualifizierte Frau, die ihren Mann zu einem großen Monarchen in eine Botschaft begleitete, versicherte mir, sie hätte unter vielen anderen großen Geschenken und Raritäten (von denen sie mir einige zeigte) ein Stück Kristall bekommen, in dessen Zentrum sich ein Wassertropfen befand. Man kann ihn sehr gut beobachten, wenn man den Kristall bewegt, besonders wenn man ihn anders hält.*«

Boyle setzte dann einen Meilenstein für den Triumph der Wissenschaft und tat das seltenste aller Dinge: *Er benutzte seine Augen und seinen Verstand*:

»*Ich fand heraus, daß das Verhältnis des spezifischen Gewichts (eines Bergkristalls) zu dem von Wasser bei ungefähr Eins zu fast Zweizweidritteln liegt; dies zeigt uns übrigens, wie falsch viele gelehrte Menschen liegen, sowohl in der Antike als auch heute, wenn sie sagen, daß ein Kristall aus Eis sei, das durch eine lange bittere Kälte gehärtet worden sei, denn selbst Eis ist vom spezifischen Gewicht her leichter als Wasser (und schwimmt deswegen auf ihm), und (um der Korrektur dieses allgemeinen Fehlers noch etwas hinzuzufügen) heiße Regionen wie Madagaskar und andere haben einen Überfluß an Kristallen.*«

Doch selbst jetzt war Boyle noch nicht daheim und frei. Er schloß, daß Bergkristall ein erstarrter »steinartiger Saft oder Alkohol« sei, und er verband dies mit einer Theorie über Fossilien, wobei (...) »steinähnliche Stoffe in die Poren verschiedener Körper eindringen und sie in Stein verwandeln (...).«

Dr. Plot kehrte all diesem deutlich den Rücken und glaubte immer noch daran, Kristalle würden vom Himmel herabfallen! Ich vermute mal, daß er Boyles Reflexion, »wie falsch viele gelehrte Menschen liegen, sowohl in der Antike als auch heute« nicht allzu sehr mochte; also nahm er sich vor, noch mehr danebenzuliegen.

Können Sie glauben, daß zu den oben beschriebenen Zeiten Menschen immer noch damit kämpften, sich von der *Theorie des Donnersteins* zu befreien?

Nur um transparente Steine noch etwas mysteriöser zu machen — als ob es nicht schon genug wäre, wenn sie vom Himmel fallen, Feuer entzünden und Bilder vergrößern —, wir dürfen nicht vergessen, daß Steine wie diese sogar aus Tier- und Menschenkörpern austreten! Der allgegenwärtige Martin Lister erzählt uns in seinem Werk *A Journey to Paris in the Year 1698* diese etwas irritierenden Neuigkeiten:

»Doch um zu Monsieur Budelots Sammlungen [in Paris 1698] *zurückzukommen: (...) Ich genoß die Gesellschaft dieses Gentlemans sehr oft (...) Er zeigte mir auch einen Stein, der vor einiger Zeit in Paris einem Pferd entnommen wurde, der sein Tod war* [d. h. der Stein hatte den Tod des Pferdes verursacht]. *Und da das Tier auf seltsame Weise umgekommen war, sezierten sie es. Im unteren Teil des Körpers (wahrscheinlich in der Blase) fanden sie diesen Stein: Er hatte Schichten wie eine Zwiebel und wog, so glaube ich, zwei Pfund. Er war rund wie eine Kanonenkugel, von dunkler Farbe und transparent (...). Solche transparenten Steine schied auch ein Patient in Yorkshire oft aus. Ich sah einen weiteren transparenten Stein, der einem Alderman* [Ratsherr, A. d. Ü.] *aus dem Gesäß geschnitten worden war; er wurde zweimal innerhalb einiger Jahre an derselben Stelle beschnitten. Ein weiterer nahezu transparenter Stein wurde von einem Patienten ausgeschieden, und er hatte dieselbe Farbe wie geröstete Kaffeebohnen (...).«*

An einer anderen Stelle im selben Buch spricht Lister von einem großen Amethyst, den er gesehen hatte, und der »von perfekter Form und Gestalt war, sowohl an den Seiten als auch an den Enden, in der Art eines Bristol-Diamanten oder eines gewöhnlichen Bergkristalls (...)«.

Was haben die Menschen der Antike wohl über Leute gedacht, die plötzlich transparente Nierensteine ausschieden? War es ein Zeichen des Himmels?

Noch seltsamer sogar ist das Phänomen der Piezo-Elektrizität. Nimmt man zwei Stücke Quarz (d. h. Bergkristall) und schlägt oder reibt sie im Dunklen hart gegeneinander, kann man einen hervorragenden elektrischen Funken sehen. Ich werde an dieser Stelle nicht so weit gehen, die physikalische Erklärung hierfür zu liefern, denn es ist das Phänomen, was hier wichtig ist, nicht die Ursache. Wir sehen also, daß die himmlische Substanz, die unter all den Blitzschlägen vom Himmel fiel, selbst Blitze erzeugt, wenn sie mit ihresgleichen kollidiert. Und dies muß der *Kombination zweier Kristall-Linsen*, die, wie wir gesehen haben, für ein rudimentäres Teleskop mit umgekehrtem Bild ausreichend sind, eine weitere Aura des Geheimnisvollen verliehen haben. Theoretisch hätte man — wenn man von der nächtlichen Beobachtung des Mondes durch solch ein Teleskop genug hätte — die beiden Linsen hernehmen und Spaß daran finden können, mit ihnen künstliche Blitze zu erzeugen. Vielleicht eine gute Maßnahme für Leute, die an Schlaflosigkeit leiden.

Kein Wunder, daß die Figur auf meiner griechischen Kristall-Linse aus dem 6. Jahrhundert v. Chr. durch die Luft fliegt und etwas in der Hand hält, das wie zwei Kristall-Kugeln aussieht. Wenn sie keine Lust mehr hat, die Erde unter sich zu beobachten, indem sie die beiden Objekte entsprechend hintereinander hält, kann sie sie zusammenschlagen und erhält wundervolle Funken. Jeder, der zu jenen Zeiten fliegen konnte, hätte eindeutig mehr Spaß gehabt als wir mit unseren Bordkinos in den modernen Flugzeugen.

Nun kommen wir zu einer besonderen Art von Kristall-Linsen. Tatsache ist, daß die Franzosen als erste auf sie gestoßen sind, die sie mit dem Wort *lentille* bezeichneten, was übersetzt »Linse« bedeutet. Und dieses Wort wurde wegen der linsenförmigen Gestalt der Objekte ins Englische übernommen. Doch werden uns diese Linsen im Englischen auf andere Weise vorgestellt, wenn wir das 1729 veröffentlichte Werk *An Attempt towards a Natural History of the Fossils of England* von John Woodward lesen, das sich mit der Naturgeschichte von Fossilien befaßt. Er schreitet methodisch voran und beschreibt seine Beobachtungen bei der Betrachtung linsenförmiger Steine:

»*Strabo* [1. Jahrhundert v./n. Chr.] *erwähnt in seiner* Geografie, *Buch 17, S. 808d, daß man in Ägypten in der Nähe der Pyramiden Haufen von abgeschlagenen Steinstücken und -splittern gefunden hatte. (...) Und in diesen Haufen fand man Steinchen in der Form und der Größe von Gemüselinsen. (...) Der interessante Brauch der Bewohner* [die Ägypter zu Strabos Zeiten] *hierzu war, daß diese linsenförmigen Objekte tatsächlich die Essensreste derjenigen waren, die in den Pyramiden arbeiteten, und diese wurden im Laufe der Jahre zu Stein. Er bemerkt auch, daß es viele dieser linsenförmigen Steinchen auf einem Hügel in der Nähe seines Wohnorts, Pontus, gegeben hätte (...).«*

Strabos Nachbarn aßen also auch gewohnheitsmäßig Linsen! Nun, dies ist wirklich, wie Woodward, sagt, ein interessanter Brauch. Stellen Sie sich einmal vor: versteinerte Gemüselinsen auf dem Gizeh-Plateau! Was kommt als nächstes? Und werden sich noch mehr von ihnen in einer Geheimkammer finden?

Woodward arbeitet sich jedoch methodisch voran und vergrößert die Maße seiner linsenförmigen Objekte zu der von unseren Kristall-Linsen. Und die drei Objekte, die er als nächstes beschreibt, wurden von mir nach unendlich langen Mühen und Ermittlungen in der John-Woodward-Sammlung im *Sedgwick-Museum für Geologie* in Cambridge entdeckt, zusammen mit seinem Porträt in Öl (siehe Tafel 54), wohin sie 1907 vom *Fitzwilliam Museum*, ebenfalls in Cambridge, verbracht wurden (das darüber nicht Buch geführt hatte). Eines dieser Objekte ist eine abgegratete Linse, wie sie auch schon Dr. Plot begegnet ist, und mit einer Gravur versehen. Eine weitere ist eine der von Martin Lister mit einer Gravur versehenen Linsen.

Es ist bemerkenswert, daß Woodward Listers falsche Ansichten, daß die Kristall-Linsen natürlichen Ursprungs seien, korrigiert und mit dem Rat von professionellen Steinschneidern festgestellt hat, daß sie von Menschenhand erschaffene Artefakte seien. Er glaubt, sie stammen aus der Zeit vor der römischen Invasion Britanniens. Solche Einsichten überwogen dann auch bei späteren Gelehrten, besonders, als es offensichtlicher wurde, woher diese Kristalle kamen. Denn viele von ihnen wurden von eifrigen örtlichen Antiquaren ausgegraben, die die Grabhügel der alten Briten auf der Suche nach Schätzen rückhaltlos plünderten.

Auch die optische Natur dieser Objekte begann man zu beachten, was nicht weiter überraschend ist, denn sobald man eines dieser Objekte in Händen hält, müßte man schon blind sein, um nicht zu erkennen, daß sie wie ein Vergrößerungsglas wirken. Der Wissenschaftler Joseph Priestley erwähnte die alten britischen Kristall-Linsen in seinem Buch *The History and Present State of Discoveries to Vision, Light and Colors* (Die Geschichte und der gegenwärtige Stand der Entdeckungen zum Sehen, zu Licht und zu Farben) aus dem Jahre 1772:

»Die Edelstein-Graveure der Antike sollen von einer wassergefüllten Glaskugel Gebrauch gemacht haben, mit der sie das Objekt ihrer Arbeit vergrößert hatten und vorteilhafter arbeiten konnten. Die Autorität hierzu ist [Laurent] Natter, der zu diesem Thema ein Buch veröffentlicht hat.

Daß es den Menschen der Antike nicht völlig unbekannt war, daß transparente kugelförmige Körper zum Vergrößern oder Entzünden von Feuer geeignet waren, ist aus bestimmten Edelsteinen ersichtlich, die im Kuriositäten-Kabinett bewahrt wurden und die den Druiden gehört haben sollen. Sie bestehen aus Bergkristall in verschiedenen Formen, unter denen einige kugel- und linsenförmige gefunden werden können. Auch wenn diese nicht so bearbeitet wurden, daß sie ihren Zweck weiterhin so gut erfüllen könnten, wie sie es vielleicht einstmals taten, sind sie doch immer noch so gut angefertigt, daß es kaum vorstellbar ist, daß zumindest ihr Vergrößerungseffekt von denen unbemerkt geblieben wäre, die oft die Gelegenheit hatten, sie in der Hand zu halten — auch wenn sie vielleicht nicht absichtlich diese Form zur Vergrößerung oder zum Entzünden eines Feuers hatten. Eines dieser kugelförmigen Objekte, ungefähr 3,75 cm im Durchmesser, findet sich unter den bewahrten Fossilien, die Dr. Woodward der Universität von Cambridge überreicht hatte, wo man es auch im Katalog findet.«

Nun kommen wir irgendwo hin! Priestley erwähnt auch die Passage bei Seneca (1. Jahrhundert n. Chr.), die er schon zuvor ansprach, über die vergrößernden Eigenschaften einer mit Wasser gefüllten Glaskugel, und er zitiert auch eine Passage bei Alexander von Aphrodisias (3. Jahrhundert n. Chr.) über Äpfel, die größer erscheinen, wenn sie unter Wasser getaucht werden.

Man begann Berichte über neue Kristalle zu veröffentlichen, die aus Grabhügeln ausgegraben wurden; dies nahm die Kristalle aus dem Reich des Fabelhaften und plazierte sie in einen realistischen Kontext. Es geriet nun schnell in Vergessenheit, daß die »Donnersteine« angeblich vom Himmel herabgefallen sein sollen, und Boyles Theorie setzte sich durch, daß Kristalle nicht aus verdichtetem Eis bestanden, sondern ein natürlich vorkommendes Mineral waren. Doch die Proto-Archäologen schafften es immer noch, Geheimnisse mit Tatsachen zu vermischen. James Douglas berichtet in seinem Werk *Nennia Britannica: A Sepulchral History of Great Britain* (Nennia Britannica: Eine Geschichte der Grabstätten von Großbritannien) aus dem Jahre 1793 über einige Kristall-Funde. In diesem Werk wird der Bericht über eine ausgegrabene Kristallkugel mit verwirrenden Angaben hinsichtlich ihres Status vermischt. Douglas sagt, »der Kristall erscheint in seinem ursprünglichen Zustand nicht von Menschenhand poliert (...)«, was, wie wir wissen, nicht wahr sein kann. Dies schlägt sich in einer sehr umfangreichen Fußnote nieder, die sich über volle fünf Seiten erstreckt. Aus ihr erfahren wir etwas über römische Kristallkugeln, über die Kristallkugel, die im Grab von König Childeric II. von Frankreich gefunden wurde (siehe Abbildung 38), über einige, die in einer Urne gefunden wurden, über Plinius, die Magi, Moses und die Juden, Delrios lange Abhandlung über die Magie, über die Urim und Thummim [heilige Kristalle, die zu verschiedenen Zwecken benutzt wurden, A. d. Ü.] aus der Bibel, über die Astrologen Dr. Dee und John Lilly, über Wahrsagerei mit Kristallkugeln und über die vier Erzengel. Seinen Höhepunkt findet das Ganze in der folgenden Beobachtung:

»Wenn meine Kristallkugel solche wundervollen Tugenden aufweist [zu viele, um sie hier alle zu wiederholen!], *werden meine mühevollen Forschungsarbeiten an den antiken Grabstätten mit dieser wertvollen Entdeckung ausreichend belohnt. Da ich jedoch Angst davor habe, hier mit dem Teufel zu spielen, und mit meinen irdischen Freunden vollauf zufriedengestellt bin, verweise ich die forschenden Geister auf eine Unterredung mit Michael, Gabriel, Raphael und Uriel sowie die anderen. Zu jenem Zweck heiße ich sie willkommen, meine Kristall-Kugel für die kuriose Anrufungszeremonie zu verwenden, die ich hier zitiert habe.«*

Wir wissen leider nicht, ob diese Einladung von Reverend Douglas an alle, für eine Konsultation der Erzengel in sein Haus zu kommen, jemals angenommen wurde.

Die früheste veröffentlichte Beschreibung, die ich auf französisch von einer Entdeckung einer königlichen Kristallkugel (Symbol der göttlichen Königsherrschaft, repräsentativ für die Kristallsonne) in der Urne finden kann, die die Asche von König Childeric II. enthielt, ist in Pfarrer Bernard de Montfaucons massivem Buch *l'Antiquité Expliquée et Representée en Figures* (Die Antike, erklärt und porträtiert in Figuren), zweite überarbeitete Auflage, 1722, publiziert worden. In einem Kapitel beschreibt de Montfaucon 20 kleine Bälle oder Kugeln aus Bergkristall, die man in einer alten Urne gefunden hat, und sagt zu dem separaten königlichen Fund:

»(...) Im Grab von König Childeric, dem Vater von Clovis, das bei Tournai entdeckt wurde, mit einer großen Anzahl an Goldstücken, einer Axt und einigen anderen Dingen, die man heute [1722] in der Bibliothek des Königs [in Paris] finden kann.«

Abbildung 38: Die königliche Kristallkugel aus dem Grab des frühen Königs Childeric II. in einer Darstellung für John Chifletius, *Anastasis Childerici Francorum regis, sive Thesaurus Sepulchralis*, Antwerpen, 1655, S. 243. Siehe auch Pfarrer Bernard de Montfaucon, *Antiquity Explained and Portrayed in Figures*, Band V, Teil 1 (zweite Ausgabe, 1722). Die symbolische Kristallkugel, die in ihren Ursprüngen die Kristallsonne repräsentiert, war das Emblem göttlicher Königsherrschaft und fand sich oft an der Spitze königlicher Zepter im mittelalterlichen Europa. Die ursprünglichen englischen Kronjuwelen, die während des Bürgerkriegs im 18. Jahrhundert verlorengingen, hätten auch solch ein Zepter beinhaltet, doch die neueren, die im Tower von London ausgestellt sind (d. h. nach der Restauration 1660), wurden angefertigt, nachdem dieses Symbol aus dem Bewußtsein entschwunden war, und repräsentierten nicht mehr diesen Aspekt. Begehen Sie deshalb nicht den gleichen Fehler wie ich, als ich einen speziellen Trip zum Tower machte, um die mit einem Kristall versehene Spitze der Zepter zu bewundern — sie sind schon vor 350 Jahren verschwunden.

Der sehr gewissenhafte Sir Thomas Browne, ein Gelehrter des 17. Jahrhunderts, spricht in seinem merkwürdigen Buch *Hydriotaphia: Urnenbegräbnisse oder ein Diskurs zu den Graburnen, die vor kurzem in Norfolk gefunden wurden* über folgendes:

»Und auffällig illustriert, aus den Inhalten einer römischen Urne, die von Kardinal Farnese bewahrt wurde, in der neben einer großen Anzahl von Edelsteinen, mit den Köpfen von Göttinnen und Göttern darauf abgebildet, (...) auch eine Kristallkugel gefunden wurde, sowie drei Gläser, zwei Löffel und sechs nußförmige Kristalle.«

Vielleicht stutzt der eine oder andere Leser, daß man Eisen und Bergkristall irgendwie als miteinander verbunden betrachtete, nicht nur, weil beide angeblich vom Himmel herabgefallen waren, sondern noch aus einigen anderen Gründen, die uns nicht vollständig klar sind. Berthold Laufer, der große Sinologe [von Sinologie: Wissenschaft von der chinesischen Sprache und Kultur, A. d. Ü.], liefert uns einen wertvollen Schlüssel, der uns hilft, dies zu erklären, und es ist einer, der uns leicht hätte entfallen können, wäre da nicht Laufer mit seiner unermüdlichen Forscherarbeit gewesen. Eine seiner faszinierenden Monografien trägt den Titel *The Diamond: A Study in Chinese and Hellenistic Folk-Lore* (Der Diamant: eine Studie chinesischer und hellenistischer Überlieferungen), veröffentlicht im Jahre 1915. (Der Begriff »hellenistisch« bezieht sich hier auf die Zeitperiode nach Alexander dem Großen, ab 322 v. Chr.) Ich bin ein großer Bewunderer von Laufers Arbeit und sammle seine seltenen Veröffentlichungen, denn sie sind unvergleichlich und handeln von so vielen außergewöhnlichen Themen. Leute wie Laufer gibt es heute nicht mehr. Joseph Needham, der sich in seiner Geschichte der chinesischen Wissenschaft natürlich zu großen Teilen auf Laufer berief, war der letzte in der großen Tradition von Orientalisten, die auch mit der antiken westlichen Kultur vertraut waren. Doch Laufer war, was dies angeht, ein würdiger Vorläufer. Wir leben jetzt in einer Zeit, in der Forschung und Lehre fragmentiert und über-spezialisiert sind, und keiner weiß mehr über Dinge Bescheid, die mehr als einen Zentimeter von seiner/ihrer Spezialisten-Nase entfernt sind. Gelehrte leben in kleinen abgeschlossenen Boxen, und das war's dafür.

Hier nun, was Laufer in seiner Studie *Der Diamant* sagt:

»Dioskurides aus dem 1. Jahrhundert n. Chr. unterscheidet vier verschiedene Arten von Diamanten, von denen die dritte ›eisenähnlich‹ genannt wird, denn sie ähnelt dem Eisen, auch wenn Eisen schwerer ist. Man findet diese Diamantenart im Jemen. Nach Dioskurides werden die Diamant-Bruchstücke in Eisengriffe gesteckt, um damit Steine, Rubine und Perlen zu durchbohren. Die mysteriöse Verbindung zwischen Diamanten und Eisen hielt sich bis in unser Mittelalter. Konrad von

Megenberg sagt in seinem 1349 bis 1350 geschriebenen Buch über die Natur, daß, nach den Abhandlungen über Steine, der Nutzen eines Diamanten viel größer ist, wenn seine Basis aus Eisen gefertigt wird, für den Fall, daß er in einen Ring eingesetzt werden sollte (...).«

Bevor wir fortfahren, müssen wir jedoch hier darauf hinweisen, daß von Mineralogen jener Zeit Diamanten und Bergkristalle nicht als zwei unterschiedliche Substanzen angesehen haben; dies geschah erst 200 Jahre später. Laufer sagt uns:

»Die Meinung, daß der Diamant in seiner Zusammensetzung ein glasartiger Stein wie der natürliche Bergkristall sei, hielt sich in Europa bis zum Ende des 18. Jahrhunderts, bis Bergman sie 1777 zurückwies (...).«

Für die Menschen der Antike erschien der Diamant also wie eine Variante des Bergkristalls. Außerdem gab es eine Form von schwarzen Diamanten [heute »Industrie-Diamanten« genannt und zum Bohren benutzt], die so sehr an Eisen erinnerten, daß es eine Art Hybridform, ein »Bergkristall-Eisen« zu geben schien. Die beiden himmlischen Steine konnten deshalb als transparenter Donnerstein und schwarzer Meteor-Stein interpretiert werden — Zwillinge, aber auch gegensätzlich zueinander —, die zu seltenen Gelegenheiten ihre Eigenschaften kombinierten, um eine Substanz zu bilden, die die alten Griechen als *adamas* bezeichneten. Zu unterschiedlichen Zeiten der griechischen Geschichte wurde das Wort benutzt, um auf Eisen, Stahl und Diamanten hinzuweisen. Doch seine Grundbedeutung — für die klassischen Gelehrten ein großes Rätsel — ist *die härteste bekannte Substanz*, wobei nicht klar ist, ob diese aus einem Mineral oder aus Metall besteht. Es gab mythologische Assoziationen mit den himmlischen Regionen, und angeblich sollen Prometheus' Ketten aus diesem Material gewesen sein (von daher eine weitere esoterische Referenz zur Optik, wenn man die Assoziationen von *adamas* mit Diamanten und Kristallen betrachtet.)

Plinius macht zu den *adamas* einige kuriose Bemerkungen:

»Das wertvollste aller menschlichen Besitztümer, von Edelsteinen einmal abgesehen, ist der ›adamas‹, der lange Zeit nur Königen bekannt war, und hier auch nur wenigen (...). Unsere neueren Autoritäten glaubten, man könnte ihn nur in den Minen von Äthiopien finden, zwischen dem Tempel des Merkur [Hermes = Thoth] *und der Insel Meroe* [im nördlichen Sudan]. *(...) Es gibt ihn aber auch in Indien, wo er eine*

gewisse Ähnlichkeit mit Bergkristall hat, da er ähnlich transparent ist und seine glatten Flächen sich auch an sechs Ecken treffen (...). Er kann so groß wie eine Haselnuß sein. Ähnlich dem indischen ist der arabische, nur kleiner (...). All diese Steine kann man auf einem Amboß auf ihre Härte hin überprüfen; sie sind so hart, daß der Kopf eines Eisenhammers in zwei Teile zerbricht, wenn man auf sie schlägt, und selbst der Amboß kann splittern. Die Härte des ›adamas‹ ist in der Tat unbeschreiblich, und eine seiner Eigenschaften ist auch, daß er in ein Feuer gelegt werden kann und niemals erhitzt wird. Daher hat er auch seinen Namen, denn nach der Bedeutung des griechischen Begriffs ist er ›die unbezwingbare Kraft‹. [Adamos bedeutet wörtlich ›unbezwungen‹.] (...) Es gibt auch den sogenannten Siderit oder ›Eisenstein‹, der das Licht wie Eisen reflektiert und schwerer ist als der Rest, jedoch andere Eigenschaften aufweist. Denn man kann ihn nicht nur durch Hammerschlag entzweibrechen, sondern auch mit anderen ›adamas‹ ritzen. Dies kann man auch mit der zypriotischen Variante tun (...). Wenn man es schafft, einen ›adamas‹ zu zerbrechen, sind seine Splitter so klein, daß sie mit bloßem Auge kaum sichtbar sind. [Zweifellos brauchte man Vergrößerungsgläser, um sie sehen zu können.] Unter Edelsteingraveuren sind diese sehr gefragt; sie fassen sie in Eisen-Werkzeuge ein, denn mit ihnen können sie problemlos die härtesten Materialien ritzen und aushöhlen.«

Hier haben wir also einen Textbeweis, daß der Gebrauch von Diamant-Schneidern und -Bohrern im 1. Jahrhundert n. Chr. weit verbreitet war, und ohne Frage auch schon davor, denn Plinius deutet mit keiner Silbe an, daß dies irgend etwas Neues sei. Wir müssen die Möglichkeit in Betracht ziehen, daß Diamanten zum Schneiden und Bohren schon zu frühesten Zeiten den Ägyptern bekannt gewesen sein mögen, besonders da aus den Regionen unterhalb Oberägyptens große Vorkommen verfügbar waren, wie Plinius uns auch informiert. Wie ich zuvor schon sagte, sind die meisten Ägyptologen auf den Gebieten Wissenschaft und Technologie schwach. Von Zeit zu Zeit haben Außenseiter Fragen gestellt — die ihnen mit Schweigen beantwortet wurden —, wie die alten Ägypter den Sarkophag in der sogenannten Königskammer in der Großen Pyramide angefertigt haben. Ich erinnere mich, wie ich einen modernen Ingenieur in einer Fernseh-Dokumentation sah; er stand neben dem Sarkophag und sagte, er sei aus Diorit, der härtesten Form von Granit, und man hätte ihn nicht ohne moderne Diamant-Bohrer anfertigen können. Was er nicht erkannte — doch sonst auch niemand —, ist, daß es *in der Antike sehr wohl schon Diamant-Bohrer gegeben haben mag.* Und wie wir im nächsten Kapitel noch sehen werden, gab es im alten Ägypten noch andere fortgeschrittene Instrumente.

Eine weitere Antwort auf das Mysterium des Sarkophags wurde von meinem Freund Joseph Davidovits gegeben. Er ist ein Experte der anorganischen Chemie, der glaubt, daß die Ägypter den Sarkophag wohl eher »gegossen« als geschnitten und geschliffen haben. Dies hätten sie gemacht, indem sie einen flüssigen Brei aus Diorit-Splittern und Nilschlamm (der eine besondere Zusammensetzung hat, die man nirgendwo anders auf der Welt findet) hergestellt hätten, sowie aus natürlichem ägyptischen Salz und Natron. Nach der Konstruktion der Kammer wurde der Sarkophag an Ort und Stelle dann »gegossen«. Das Ergebnis war ein »Stein-Agglomerat«, das schnell durchhärtete und den Eindruck erzeugte, es wäre schon immer ein solides Ganzes gewesen. Es ist unmöglich, nur durch Betrachtung des Materials feststellen zu können, ob es sich dabei um geschnittenen Diorit oder dieses Agglomerat handelt. Die angewandten speziellen Techniken, die Davidovits erfolgreich in verschiedenen Formen nachvollzogen und sich hat patentieren lassen, erzeugen etwas, das man als »anorganische Polymere« bezeichnet.

Davidovits, der seine wissenschaftliche Karriere als Polymer-Chemiker mit der Arbeit an Polyurethan begonnen hat, war der erste neuzeitliche Entdecker des »anorganischen Polymers« — was ungefähr 20 Jahre brauchte, um von der wissenschaftlichen Gemeinde akzeptiert zu werden, denn niemand glaubte, solche Substanzen könnten existieren. Da Joseph zu diesem Thema kürzlich ein Buch mit seinen Ideen abgeschlossen hat, empfehle ich interessierten Lesern die Lektüre, sobald es erscheint, denn meiner Meinung nach ist er einer der brillantesten und kreativsten Wissenschaftler, die heute leben. Ich werde in einem meiner zukünftigen Bücher noch umfassender auf seine Arbeit eingehen.

Abgesehen von seinen Ansichten über antike Stein-Technologie kann Davidovits noch viele andere Beiträge für eine bessere Welt leisten. Er hat zum Beispiel den einzigen bekannten leichtgewichtigen Ersatzstoff für die Innenverkleidung von Flugzeugen entwickelt, der absolut hitze- und feuerbeständig ist (ein Geopolymer-Harz, das zur Beschichtung von Kohlefasern verwendet wird und ein feuerfestes Material bildet; dieses Material — das auch keine giftigen Gase abgibt — kann als Feuerschutzmaterial in Zügen und Schiffen verwendet werden. Eine fünf Zentimeter starke Verkleidung aus dieser Substanz kann Tunnel feuerbeständig machen und die Explosion des Betons, wie es beim Mont-Blanc-Tunnel der Fall war, verhindern), der an die Luftfahrtbehörde der US-amerikanischen Regierung weitergeleitet worden ist. Es ist ebenfalls ein anorganisches Polymer, das das Potential hat, Hunderte von Menschenleben bei einem möglichen Feuer in der Kabine eines Flugzeugs zu retten. Es ist schon seltsam zu denken, daß seine Herkunft vielleicht sogar bis zu der Königskammer in der Großen Pyramide zurückreicht!

Was Diamant-Bohrer betrifft, wären archäologische Beweise in Form von antiken ägyptischen Diamantenspitzen und -Bohrern sehr schwer zu finden, da diese Objekte sehr klein wären, und selbst wenn man sie finden würde, würde man sie nicht unbedingt als das erkennen, was sie sind, denn man müßte schon ein Mineraloge sein, um damit Erfolg zu haben. Schließlich sind ja die Museen schon voll mit antiken Kristall- und Glas-Linsen, alle fürs bloße Auge perfekt sichtbar und offensichtlich, und doch wurden sie nie als das erkannt, was sie sind. Warum sollten dann also Diamant-Spitzen erkannt werden?

Laufer findet Textbeweise für die Existenz von industriell angefertigten Diamanten bis zurück ins China der Zeit 1000 v. Chr. Im Chinesischen ist der Name für diese Substanz *kun-wu* [+ *shi* = »Stein«]. Die entsprechenden chinesischen Schriftzeichen sind 昆吾石. Laufer sagt:

»F. Porter Smith war der erste [neuzeitliche Gelehrte], der von einem kun-wu-*Stein sprach [statt es als ›Stahl‹ zu übersetzen]; er sagt, es wurden ›außergewöhnliche Geschichten über einen Stein namens* kun-wu *erzählt, groß genug, um aus ihm ein Messer zu fertigen, sehr brillant und imstande, mit Leichtigkeit andere Edelsteine zu schneiden‹. Er ordnete den Stein korrekt dem Diamanten zu, setzte sich aber mit dem bestehenden Problem nicht auseinander.*

Die Shi chou ki *(›Aufzeichnungen der zehn Inselreiche‹), eine phantastische Beschreibung ferner Länder, die dem taoistischen Adepten Tung-fang So zugeschrieben wird, der 168 v. Chr. geboren wurde, enthält die folgende Geschichte: ›Auf der schwebenden Insel (Liu chou), die sich im westlichen Ozean befindet, findet sich eine Sammlung von Steinen genannt* kun-wu. *Wenn er geschmolzen wird, wird er zu Eisen, aus dem glänzende Schneideinstrumente, die das Licht wie Kristalle reflektieren, angefertigt werden. Mit diesen kann man Objekte wie harten Stein (Jade) durchschneiden, als wären sie lediglich lehmiger Ton.‹*

Li Shi-chen zitiert in seinem Werk Pen ts'ao kang mu *[Kapitel 10] dieselbe Story in seinen Anmerkungen zum Diamanten und kommt zu der Erklärung, daß der* kun-wun-*Stein der größte aller Diamanten ist. Der Text des von ihm zitierten* Shi choun ki *bietet noch eine wichtige Variante. Nach ihm kommen* kun-wun-*Steine im »schwebenden Sand« (Liusha) des westlichen Ozeans vor. Dieser Begriff bezieht sich in den chinesi-*

schen Aufzeichnungen, entsprechend dem hellenistischen Orient, auf das Mittelmeergebiet (...). Deshalb haben wir hier eine eindeutige Überlieferung, die den kun-wu-*Stein mit dem Vorderen Orient in Verbindung bringt. Und Li Shi-chens Identifikation mit dem Diamanten erscheint in hohem Maße plausibel. (...) Das* Hüan chung ki *von Kuo aus dem 5. Jahrhundert (...) berichtet wie folgt: ›Das Land des Ta Ts'in* [das römische Reich] *produziert Diamanten* [kin-kang], *die man auch als ‚jade-schneidende Schwerter oder Messer' bezeichnet. Die größten sind über 30 cm lang, die kleinsten haben die Größe eines Reiskorns. Man kann mit ihm alle Arten von harten Steinen schneiden, und bei genauerer Untersuchung stellt sich heraus, daß es der größte aller Diamanten ist. Dies ist es auch, was die buddhistischen Priester als Ersatz für den Zahn Buddhas nehmen.‹* [Der Zahn Buddhas ist ein wichtiges heiliges Relikt im Buddhismus.] *Chou Mi* [aus der Sung-Dynastie, 960–1278 n. Chr.] *sagt, ›die Jade-Handwerker polieren Jade mit Hilfe von Flußkies und schnitzen ihn mit Hilfe von Diamant-Spitzen. Seine Form ähnelt den Ködeln von Nagetieren; von der Farbe her ist er tiefschwarz und verhält sich gleichzeitig wie Stein und Eisen‹. Chou Mi spricht offensichtlich von der unreinen schwarzen Form des Diamanten, der von uns nach wie vor für industrielle Zwecke verwendet wird, sowie über Bohrer-Spitzen und ähnliche Bohrinstrumente. Diese Texte stellen klar, daß der* kun-wu-*Stein des Shi chou ki, den man im hellenistischen Orient findet, der Diamant ist, und daß die aus ihm hergestellten Schneideinstrumente eine Diamant-Spitze haben. Die behauptete Umwandlung des Steins in Eisen wird von einer vieldiskutierten Passage bei Plinius noch weiter aufgeklärt* [wie hier bereits getan] *(...).«*

Die Tatsache, daß buddhistische Mönche Diamanten als Ersatz für den Zahn Buddhas als heilige Relikte in ihren Tempeln benutzten, erinnert uns an den Gebrauch des Meteoriten-Steins in der heiligsten Stätte des Islam, der Kaaba in Mekka.

Es ist nun offensichtlich geworden, daß die Assoziationen zwischen Eisen und Kristall in alten Zeiten vielfältig und tiefgehend waren, und wir haben erst damit begonnen, diese Überlieferungen zu entschlüsseln. Es gibt ein griechisches Wort für »Donnerstein«, das wir noch nicht betrachtet haben, und das ist *baitylos* (von dem es eine Verkleinerungsform gibt, *baitylion*). Im Lateinischen ist es *baetulus*. In der überarbeiteten Ausgabe des Liddell-and-Scott-Griechisch-Wörterbuchs sagen die Herausgeber in der Ergänzung: »Vergleiche mit dem Semitischen *bethel*.« Dies scheint halbwegs eine Behauptung zu sein, daß die Wörter vielleicht verwandt miteinander sind, oder daß sie im Hebräischen und im Griechischen dieselbe Herkunft haben, was nicht normal wäre, da die Sprachen kaum miteinander in Bezug stehen. Diese seltsame Halbaussage führte mich dazu, im Altägyptischen nachzuschauen, ob diese Worte alle aus einer gemeinsamen Quelle stammen. Und ich wurde nicht enttäuscht.

Es besteht wenig Zweifel daran, daß *baitylos* (wobei die Endung *-os* lediglich die Endung eines griechischen Substantivs ist) seinen Ursprung im ägyptischen *baa*, »metallische Substanz«, hat, das spezifisch für meteoritisches Eisen benutzt wird. In seiner Form *baa-em-seh-t-neter* beschrieb das Wort *baa* die Instrumente, die in der Zeremonie zur Öffnung des Mundes verwendet wurden, die, wie wir schon sahen, aus meteoritischem Eisen angefertigt wurden. Und in der Form *baa en pet* sprachen die Ägypter vom »Eisen im Himmel«, das natürlich wiederum Meteoriten-Eisen ist. Eine weitere Bedeutung von *baa* ist »das Material, aus dem der Himmel gemacht sein soll«, was sich auf die rechteckige Eisenplatte bezieht, von der man glaubte, sie würde den Boden des Himmels bilden. Der Doppelvokal *aa* besteht aus zwei verschiedenen Lauten, die zu einem Diphtong (Doppellaut) zusammengefaßt wurden, ähnlich wie mit dem *ai* in *baitylos*. Wir folgen also in der Herleitung dieser Herkunft linguistischen Prinzipen. Tatsächlich könnte es kaum einen spezifischeren Fall dafür geben, denn im Liddell-and-Scott-Wörterbuch wird die Bedeutung von *baitylos* mit »meteoritischer Stein« angegeben, und es fügt hinzu: »Heiliger Stein, weil er vom Himmel herabgefallen ist.« Wir können also ziemlich sicher sein, daß das griechische *baitylos* das ägyptische *baa* ist. (Was das hebräische *bethel* betrifft, habe ich nicht genug Wissen, um dazu etwas sagen zu können. Das sollte semitischen Gelehrten überlassen bleiben.)

Manchmal sprechen Gelehrte vom *baitylos* im Englischen, wenn sie es einfach »baetyls« nennen. Ich habe gesehen, wie der Meteor-Stein der Kaaba in Mekka als »baetyl« bezeichnet wurde, was er in der Tat ist. Als wir zuvor begannen, die »Donnersteine« zu besprechen, und als ich den *ceraunus* vorstellte, wie er bei Plinius erwähnt wurde, wurden auch »baetyls« beiläufig erwähnt, und es wäre nur gerecht, noch einmal zurückzublicken, was über sie gesagt wurde:

»(...) Diese [Donnersteine], die schwarz und rund sind, sind übernatürliche Objekte, und [Socatus] sagt, daß dank ihrer Städte und Flotten angegriffen und eingenommen werden; ihr Name ist ›baetuli‹, während die länglichen Steine ›cerauniae‹ genannt werden. Diese Autoren unter-

scheiden noch eine andere Art von ›ceraunia‹, die sehr selten ist. Nach ihnen sollen die Magi eifrig nach solchen Steinen jagen, denn man findet sie an Orten, wo der Blitz eingeschlagen hat.«

Der Baetyl wird auch von dem großen Gelehrten A. B. Cook angesprochen, dessen massives fünfbändiges Werk *Zeus* eines der Monumente der gelehrten Forschungsarbeit des 20. Jahrhunderts ist. In Band III gibt es einen Abschnitt mit dem Titel »*Baityloi, Baitylia* und Zeus *Betylos*«. Hier folgt einiges von dem, was er zu sagen hat, mit dem wir noch merkwürdigere Dinge kennen lernen, als uns bisher schon begegnet sind, einschließlich der Tatsache, daß der Gott Kronos (Saturn) nach den Überlieferungen der Phönizier einen Bruder namens Baitylos hatte:

»*Nur wenige Begriffe aus der Nomenklatur der griechischen Religion wurden lockerer gehandhabt als das Wort* baitylos. *Es wird immer wieder falsch angewendet auf heilige Steine im allgemeinen, so daß der Harvard-Professor G. F. Moore sich 1903 gezwungen fühlte, gegen seinen wahllosen Gebrauch zu protestieren. Er bestand völlig zu recht darauf, daß* baityloi *oder* baitylia *eine bestimmte Klasse heiliger Steine bedeutete, die mit der Macht der Eigenbewegung ausgestattet sind. Doch selbst 30 Jahre später verstreut Sir Arthur Evans seine Anspielungen auf ›baetylische‹ Säulen und ›baetylische‹ Altäre.*

Sotakos [Sotacus], *ein gut informierter Steinschneider aus der frühen hellenistischen Epoche* [der, wie wir gesehen haben, von Plinius zitiert wird], *sagt, daß bestimmte* ceraunia, *schwarz und rund, heilig wären. Städte und Flotten könnten mit ihrer Hilfe eingenommen werden. Und man nannte sie* baetuli.

Sanchouniathon von Berytos [heute Beirut] *hatte dazu in seiner phönizischen Geschichte mehr zu sagen. Ouranos* [Uranus] *heiratete seine Schwester Ge* [Gaia, die Erde] *und hatte mit ihr vier Söhne: Elos, genannt Kronos, Baitylos, Dagon, auch Siton genannt, und Atlas. Später erfahren wir, daß Ouranos die* baityla *oder die ›lebendigen Steine‹ erfand.*

Die von Sotakos erwähnten Qualitäten des magischen Potentials und die Lebendigkeit, die Sanchouniathon [ein sehr alter phönizischer Autor, der noch vor dem Trojanischen Krieg gelebt haben soll und von dem einige Textfragmente bewahrt geblieben sind] *aufgezeichnet hat, kommen beide in Photios' Auszügen aus Damaskios' Leben des Isidorus zum Ausdruck. Der hier erwähnte Isidorus war ein neuplatonischer Philosoph, der zur Zeit von Proklos' Tod (485 n. Chr.) in Athen lebte und kurz danach für eine Weile der Nachfolger von Marinos als Leiter der Athenischen Schule war. Der ungehaltene und oft empörte Photios* [ein byzantinischer Gelehrter aus dem 9. Jahrhundert n. Chr. und Patriarch von Konstantinopel, der von vielen verlorenen Werken Zusammenfassungen erstellt hat] *gibt folgendes Resümee von Damaskos' Erzählungen.*

Er sagt, daß Asklepiades [ein Neuplatoniker und Experte in ägyptischer Theologie] *bei Heliopolis in Syrien den Libanos (Berg Libanon) bestieg und viele sogenannte* baityla *oder* baityloi *sah, über die er zahllose Wunder berichtet (...). Er erklärt auch, daß er und Isidoros diese Dinge mit ihren eigenen Augen gesehen haben (...). Ich sah, erzählt er, wie sich die* baitylos *durch die Luft bewegten. Sie waren manchmal in ihren Gewändern verhüllt, manchmal wiederum in den Händen eines Ministranten, der sie trug. Der Ministrant des* baitylos *hieß Eusebios. Dieser Mann sagte, er hätte mal ein plötzliches und unerwartetes Verlangen gespürt, bei Mitternacht die Stadt Emesa so weit wie er konnte zu verlassen und zu dem Hügel zu gelangen, auf dem der alte großartige Tempel der Athene stand* [die in Emesa mit ›Zeus Keraunos‹ oder ›Zeus vom Donnerstein‹ assoziiert wurde!] *So ging er also schnellstmöglich zum Fuße des Hügels und setzte sich nach seiner Reise dort erst einmal nieder. Plötzlich sah er, wie eine Feuerkugel von oben heruntersprang, und ein großer Löwe stand neben dieser Kugel.* [Dies ähnelt dem Nemea-Löwen, von dem die Griechen glaubten, er wäre vom Mond auf die Erde herabgefallen, was wir zuvor schon erwähnten.] *Der Löwe verschwand augenblicklich wieder, und er lief hoch zur Kugel, als das Feuer nachließ, und fand dort den* baitylos. *Er nahm ihn auf und fragte ihn, zu welchem der Götter er gehöre. Er antwortete, er gehöre zu* Gennaios, ›dem Edlen‹. *(Die Menschen von Heliopolis verehren diesen* Gennaios *und haben im Zeus-Tempel ein löwenartiges Abbild von ihm aufgestellt.) Er nahm ihn noch in derselben Nacht mit sich (...). Nachdem er uns dies und noch vieles andere hierzu erzählt hat, fügt unser Autor, der sich wirklich seine eigenen* baetyla *verdient hat, eine Beschreibung des Steins und seiner Erscheinung hinzu. Es war, so sagt er, eine exakte Kugel von weißlicher Farbe und mit einem Durchmesser von drei Handbreiten.«*[3]

Ich muß nicht näher hervorheben, daß eine Kugel von weißlicher Farbe auf keinen Fall ein Meteorit sein kann. Wir erkennen hier klar die Verwirrung, die in der Antike um schwarze Meteoriten und transparente Kristalle geherrscht hat. Kein Wunder, daß Photios die Nase voll davon hatte, als er seinen Bericht schrieb.

Die berühmteste Rolle, die der Baetyl in der Mythologie gespielt hat, war als Ersatz für das Baby Zeus, als sein Vater Kronos (Cronus), den Römern als Saturn bekannt, ihn verschlingen wollte, wie er es auch schon mit seinen anderen fünf Kindern getan hatte. Diese doch recht grausame Überlieferung hat ganz klar ihre sinnbildhaften Bedeutungen. Kronos' Frau Rhea mußte zuvor schon Poseidon, Demeter, Hera, Hestia und Hades Kronos überlassen, der sie alle unmittelbar nach ihrer Geburt verschlang. Doch nachdem sie fünf Kinder auf diese Weise verloren hatte, nahm Rhea plötzlich all ihren Mut zusammen und beschloß, daß sie ihren Mann das sechste Kind, das Baby Zeus, nicht verschlingen lassen würde. Sie ließ Zeus also verschwinden; er wurde auf Kreta in einer Höhle versteckt, so daß sein Vater das Geschrei des Babys nicht hören konnte. Und sie hüllte einen Stein in Häute und übergab ihn Kronos, so als ob es ein in Windeln gewickeltes Baby sei. Kronos verschlang ihn prompt, in der Annahme, es sei sein Sohn. Nachdem Zeus aufgewachsen war, zwang er seinen Vater, seine fünf Geschwister wieder auszuspeien — die noch nicht dem Verdauungsprozeß ausgesetzt gewesen waren, so daß Kronos' Verdauung ziemlich untätig gewesen sein muß! Dann warf er Kronos von seinem himmlischen Thron und nahm an dessen Stelle selbst den Platz als König der Götter ein. Dies führte zum Krieg zwischen Zeus und seinen Freunden auf der einen Seite und den alten Titanen auf der anderen, der eine ganze Weile auf des Messers Schneide stand. Schließlich gewann Zeus mit Hilfe seiner Blitze, und Kronos wurde auf eine Insel verbannt, wo er in tiefen Schlaf versetzt wurde, aus dem er, so wird gesagt, eines Tages erwachen wird.

Nun, der wichtige Aspekt in dieser Geschichte ist, daß der Stein, den Rhea Kronos gab, um ihn anstelle von Zeus zu verschlingen, ein *baitylos* war. Diese Tatsache wurde von mehreren Autoren einschließlich Herodian (ein Grammatiker des 2. Jahrhunderts n. Chr.) aufgezeichnet. Wie Cook in seinem langen Bericht über den »Stein des Kronos« sagt:

»*Der Stein, den Kronos verschlang, hat nach den späteren Autoren mehr als einen Namen. Es war der* diskos, *wahrscheinlich mit einer Verbindung zur Sonne.* [Man könnte darauf hinweisen, daß dies ein möglicher Verweis auf eine Linse ist.] *Es war ein* baitylos, *wegen des Stoffs, in den er eingewickelt war* [wird gleich noch erklärt]. *(...) Diese beiden Elemente, das Legendenmotiv eines Kinder verschlingenden Kronos und der rituelle Gebrauch des* baitylos, *kamen wahrscheinlich in der Antike auf Kreta zum ersten Mal zusammen (...). Angesichts der Beziehungen zwischen dem ›minoischen‹ Kreta und Pytho* [Delphi] *ist es nicht über-*

raschend herauszufinden, daß das, was der tatsächliche, von Kronos verschlungene Stein zu sein schien, im 2. Jahrhundert unseres Zeitalters in Delphi immer noch zu sehen war. (...) Dieser eingeölte und in Wolltücher gewickelte Stein war ganz gewiß ein baitylos *und vielleicht, wie Sir James Frazer und andere vermutet haben, ein Aerolit* [Meteorit]. *(...) Es war ein oval geformter Stein.«*

Abbildung 39: Rhea gibt ihrem Ehemann Kronos einen in Windeln gewickelten Stein zum Verschlingen, da er die fünf anderen Kinder ebenfalls schon verschlungen hatte. Oben glaubt Kronos (links), daß der eingewickelte Stein sein Sohn Zeus sei, doch Rhea spielt ihm einen Streich. In der zweiten Szene wendet sie sich von ihm ab und versteckt ein verschmitztes Lächeln, denn Kronos hat den Stein verschlungen, in der Annahme, es wäre Sein Sohn gewesen. Rhea aber hat Zeus insgeheim in einer Höhle versteckt, um ihn zu retten. In der ersten Szene wird Rhea von zwei Zofen begleitet; in der zweiten lächelt Rheas Freundin Nike — sie weiß von der List. (Eine auf Sizilien entdeckte Darstellung aus der Zeit von *etwa* 460–450 v. Chr., heute im Pariser Louvre ausgestellt. Reproduziert von Arthur Bernard Cook, *Zeus*, Band III, Teil 1, Cambridge 1940, Abb. 775, S. 930.)

Vielleicht bezieht sich die Geschichte, daß Zeus als Sonne von der Dunkelheit in Kronos' Magen verschlungen wird, auf die Vermeidung einer Finsternis, doch das ist eigentlich unwahrscheinlich. Vielleicht haben wir es mit einem Mythos zu tun, der sich auf die Kristall-Sonne bezieht — wobei die den Stein umgebende Haut das Licht aus der Umgebung im Kosmos wäre, die die Kristall-Sonne in der Dunkelheit des Kosmos umgibt. Letztlich triumphiert das Licht über die Dunkelheit.

Der Hinweis auf den eingewickelten Stein bezieht sich auch darauf, daß er in Tierhäute gehüllt wurde, die im Griechischen *baite* genannt werden. Dies ist mehr als nur ein heiliges Wortspiel. Zum einen waren Tierhäute in den meisten altägyptischen Riten ein fundamentaler Bestandteil, wie Ernest Thomas 1923 in seinen beiden Artikeln mit den Titeln »The Magic Skin« (Die magische Haut) im Journal *Ancient Egypt* erklärte. Diese Artikel erläutern die *Teneku*, die Figur eines Mannes, der in Tierhäute eingehüllt ist, und die bei ägyptischen Begräbnissen auf einem Schlitten vorwärtsgezogen wurde. Heilige Tierhäute sind ein ganzes Thema für sich, und es gibt wenig Zweifel daran, daß die Haut, in die der *baitylos* eingehüllt war, assoziative Verbindungen zu uralten Bräuchen herstellt.

Doch die andere Bedeutung, die ich beim *baite* des *baitylos*, also bei der Haut des Baetyls, vermute, ist die Vorstellung einer »Haut«, die sichtbar von einem Kristall abgestreift wird, wie wir es schon bei den visuellen Theorien des Demokrit gesehen haben. Ich glaube, daß die Annahme, daß Seheindrücke eine Aufeinanderfolge unglaublich dünner »Häute« sind, die sich ablösen und in die Luft aufsteigen, eine sehr alte Geschichte hat, und daß Demokrit, der ja einige Zeit in Ägypten studiert hat, diese Vorstellung wieder hat aufleben lassen. Denn nach den verschiedenen Überlieferungen waren die *baetyls* mehrere Dinge auf einmal: Eisen-Meteoriten, Kristall-Kugeln und Kristall-»Scheiben« oder -Linsen. Sie fielen vom Himmel herab und wurden mit der Sonne assoziiert, deren Strahlen sie fokussierten (wenn sie aus Kristall waren). Eine von Zeus' Schwestern, die beträchtliche Zeit im Verdauungstrakt ihres Vaters verbrachte, war Hestia (lateinisch »Vesta«), und es war ihr Altar, von dem Plutarch sagte, seine ewige Flamme wurde durch die gebündelten Strahlen der Sonne neu entzündet.

Die Menschen der Antike haben es nie geschafft, klar zwischen Eisen-Meteoriten und Kristall-Linsen und -Kugeln zu unterscheiden. Und wir sahen, daß die Existenz schwarzer »eisenähnlicher« Diamanten ihnen einen geeigneten Anlaß gab, eine Verbindung zwischen den beiden herzustellen. Ebenso waren die beiden ein effektives himmlisches

»Gegensatzpaar« — im wahrsten Sinne des Wortes »Tagsteine« und »Nachtsteine«, die vom Himmel fielen und die beiden Seiten des Göttlichen offenbarten, doch gleichermaßen heilig und ehrfurchtgebietend. Denn beide waren tatsächliche *Stücke des Himmels*.

Anmerkungen

[1] Budge, E. A. Wallis, *The Book of the Opening of the Mouth*, London, 1909.
[2] Wallis Budge, *The Gods of the Egyptians*, London, 1904.
[3] Cook, Arthur Bernard, *Zeus: A Study in Ancient Religion*, Band III: *Zeus of the Dark Sky*, Cambridge University Press, 1940, S. 887–888.

Teil Vier

URSPRÜNGE

Kapitel Neun

DAS AUGE DES HORUS

Von allen optischen Traditionen auf der Welt war die phantastischste ohne Frage die des pharaonischen Ägyptens. Wir werden gleich sehen, daß die Achse des großen Tempels bei Karnak tatsächlich ein fast 600 Meter langes Stein-Teleskop war. Wir werden uns auch einen der vielen »Licht-Tricks« von Karnak anschauen — die »Darbringung des Lichts« auf dem Tablett, das der Pharao Ramses III. trägt und das auf den Tafeln 20 und 21 abgebildet ist, trotz der Tatsache, daß die Licht-Erscheinung nur drei Minuten dauert und dann verschwindet. Ich habe schon zuvor kurz das sogenannte »Auge des Horus« erwähnt, in seiner Form als wassergefüllte Kristall-Kugel, um aus den Strahlen der Sonne ein Feuer zu entzünden. Doch all dies ist nur ein kleiner Teil zu Beginn dieses umfangreichen Themas.

Auf den Tafeln 14 bis 17 finden Sie einige der großartigen Bergkristall-Augen für Statuen, die zur Zeit des Alten Königreichs in Ägypten angefertigt wurden. Zur Zeit der 4. und 5. Dynastien, Mitte des dritten Jahrtausends v. Chr., waren diese Kristall-Augen weit verbreitet. Ich glaube, sie existierten auch zur Zeit der Dritten Dynastie und wurden *etwa* 2600 v. Chr. von Räubern der Statue von König Djoser (Tafel 18) entnommen. Diese Augen und die des Holzbildnisses von König Hor aus dem Mittleren Reich, das man in seinem glücklicherweise intakten Grab fand, sind nicht nur unheimlich anzuschauen. Der Punkt hier ist, daß sie perfekt geschliffene und polierte Konvex-Linsen aus Kristall sind. So wie sie in den Statuen benutzt werden, vergrößern sie die aufgemalten oder eingesetzten Pupillen hinter ihnen und erzeugen einen lebendigen Eindruck, der von keiner anderen Technik erreicht wird. Die Existenz vieler solcher perfekt gearbeiteter Kristall-Augen zeigt auf eindrückliche Weise, daß die Technologie der fortgeschrittenen Optik zu jenem Zeitpunkt bereits vorhanden war — und ich glaube nicht, daß es uns möglich ist abzustreiten, daß sie außer für die Augen von Statuen auch noch für andere Zwecke verwendet wurden.

Wir werden sehen, daß der Bau vieler ägyptischer Gebäude des Alten Reichs nur mit optischen Vermessungsgeräten möglich gewesen ist. Tatsächlich war es *physikalisch unmöglich*, die Pyramiden von Gizeh ohne Verwendung eines Theodoliten oder eines ähnlichen Instruments zu erbauen. Die Präzision, mit der diese Bauten errichtet wurden, *konnte auf keine andere Weise erreicht werden*. Doch wissen wir mittlerweile, daß die für solche Vermessungsinstrumente benötigten Linsen bereits existierten, und ich werde auch die Beweise für andere Aspekte altägyptischer Vermessungstechniken anführen. Dies beinhaltet keinesfalls irgendein weit hergeholtes Theoretisieren über irgend etwas; vielmehr haben wir es mit unbestreitbaren Tatsachen hinsichtlich der Erfordernisse für Bau und Vermessung zu tun, für die es eine Antwort geben muß. Und wenn man nicht akzeptiert, daß die Ägypter schon damals Meister der optischen Vermessung waren, dann bleibt nur noch irgendeine Form von Magie!

Es gibt einen Aspekt der altägyptischen Wissenschaften, den, so denke ich, wir hier am Anfang betrachten sollten, da er auf unerwartete Weise in einem Bezug zu Teleskopen steht. Der erste, der dies herausarbeitete, war der viktorianische Astronom Sir Norman Lockyer. Er und Professor Nissen aus Deutschland waren die ersten neuzeitlichen Gelehrten, die erkannten, daß antike Tempel nach astronomischen Gesichtspunkten ausgerichtet waren. Diese Entdeckungen, die auch vor Ort geprüft wurden, wurden von Lockyer 1894 in dem historischen Buch *The Dawn of Astronomy* wiedergegeben, von dem ich glücklicherweise eine Originalversion besitze. In Abbildung 40 sehen Sie eine Reproduktion seines Plans vom Amen-Ra-Tempel bei Karnak. Dem großen Fundus seines Buchs habe ich einen Auszug aus Kapitel Zehn, »Der Sonnentempel des Amen-Ra bei Karnak« entnommen, der jeden überraschen wird, der mit solchen Dingen nicht bereits vertraut ist:

»Dieser Tempel des Amen-Ra ist ohne Frage die majestätischste Ruine der Welt. Im Zentrum gibt es eine Art von Stein-Straße, die einen Blick nach Nordwesten erlaubt, und diese Achse hat eine Länge von ungefähr 500 Metern. Das Ziel der Erbauer dieses großen Tempels — eines der bewegendsten Tempel, die je von Menschen erdacht oder erbaut wurden — war es, diese Achse völlig frei von optischen Hindernissen zu halten. All die wundervollen Säulenhallen und ähnliches, wie man sie zur einen oder anderen Seite der Achse sieht, sind lediglich Details; Der Punkt beim Bau war, wie gesagt, daß die Linie der Achse absolut gerade und offen sein sollte. Sie wurde auf die Hügel westlich des Nils ausgerichtet, wo sich die Grabkammern der Könige befinden. Vom äußeren Pylon zeigt der Blick nach Südosten durch die Ruinen die volle Länge des Tempels, und am äußersten Ende der Zentral-Linie in fast 600 Metern Entfernung sehen wir ein Tor. Dieses gehörte zu einem nach Südost

ausgerichteten Tempel. Es gab entlang derselben Linie tatsächlich zwei Tempel, von denen der Haupttempel präzise auf den Punkt ausgerichtet war, an dem die Sonne zum Zeitpunkt der Sommersonnenwende unterging, und der andere wahrscheinlich auf den Punkt, wo die Sonne zum Zeitpunkt der Wintersonnenwende aufging. Die Entfernung zwischen den Außeneingängen dieser beiden Tempel ist größer als die von der Pall Mall zum Piccadilly Circus. Der große Tempel bedeckt ungefähr die doppelte Fläche des Petersdoms in Rom, so daß die gesamte Struktur von einer Größe war, die in der modernen kirchlichen Welt unerreicht ist. (...) Einige der Konstruktionsdetails sind von merkwürdiger Natur, während das allgemeine Arrangement des Tempels selbst nichts Außergewöhnliches darstellt. Zunächst zur Tempel-Achse: Es scheint eine allgemeine Regel zu sein, daß sich der Tempel vom Eingangs-Pylon über verschiedene Hallen unterschiedlicher Größe und mit unterschiedlichen Details erstreckt, bis er schließlich am äußersten anderen Ende im Altarraum endet. Naos, Adytum, das Allerheiligste, ist erreicht. Das Ende des Tempels, wo sich die Pylone befinden, ist offen, das andere geschlossen. (...) Von einem Ende des Tempels zum anderen erkennen wir, daß die Achse durch schmale Öffnungen zwischen den Pylonen markiert ist, und viele Wände mit Türen kreuzen die Achse.*

Im Amen-Ra-Tempel gibt es 17 oder 18 solcher Öffnungen, die das Licht begrenzen, das ins Allerheiligste fällt. Diese Konstruktion vermittelt einem den eindeutigen Eindruck, daß jeder Teil des Tempels gebaut wurde, um ein bestimmtes Objekt zu beobachten, nämlich, das Licht, das zur Frontseite einfällt, auf einen schmalen Strahl zu begrenzen und es zum äußersten anderen Ende des Tempels zu lenken — ins Heiligtum, so daß einmal im Jahr, wenn die Sonne zum Zeitpunkt der Sommersonnenwende unterging, das Licht ungehindert entlang dieser Achse des Tempels bis zum Allerheiligsten strahlen konnte, dort auf die Wand traf und diese auf glänzende Weise beschien. Die Wand des Allerheiligsten gegenüber dem Eingang des Tempels [d. h. das östliche Ende] war immer blockiert. *In keinem Fall kann der Lichtstrahl den Tempel gänzlich durchdringen.*

Der Punkt war, eine Achse zu erzeugen, die an einem Ende offen und am anderen absolut geschlossen war (...). Es ist leicht zu erkennen, daß diese Anordnungen von der Idee eines astronomischen Gebrauchs des Tempels getragen wurden.

Zunächst einmal wissen wir, daß der Tempel auf den Punkt des Sonnenuntergangs zum Zeitpunkt der Sommersonnenwende ausgerichtet war, und wenn die Ägypter den schmalen Lichtstrahl, der in den

Tempel eintrat, lenken wollten — der Tempel war ja auf den bewußten Punkt ausgerichtet —, hätten sie genau dieses System der fortwährend schmaler werdenden Türen verwendet, was, wie wir sahen, eines der besonderen Merkmale des Tempels ist. (...) Diese Idee wird durch die Konstruktion des astronomischen Teleskops noch untermauert. Obwohl die Ägypter nichts über Teleskope wußten [wie sehr Lockyer daran interessiert gewesen wäre, das Gegenteil zu erfahren!], scheint es, als hätten sie dasselbe Problem vor sich gehabt, das wir heutzutage mit einer speziellen Anordnung im modernen Teleskop lösen — sie wollten das Licht rein halten und es ins Allerheiligste lenken, genau wie wir es in ein Okular des Teleskops lenken. Um das Licht, das ins Okular eines modernen Teleskops einfällt, rein zu halten, haben wir zwischen Objektiv und Okular eine Reihe von sogenannten Blenden in Form von Ringen in der Teleskop-Röhre. Der Durchmesser dieser Blenden-Ringe ist nahe des Objektivs am größten und verjüngt sich zum Okular hin. Sie sind so gefertigt, daß das Licht innerhalb der Teleskop-Röhre nicht von den Innenwänden reflektiert wird.

Die Öffnungen zwischen den Pylonen und Trennwänden der ägyptischen Tempel repräsentieren genau diese Blenden in einem modernen Teleskop.

Was war dann also der eigentliche Verwendungszweck dieser Pylone und ›Blenden‹? Der Zweck war, jegliches Streulicht vom sorgfältig überdachten und verdunkelten Allerheiligsten abzuhalten. Doch warum mußte das Allerheiligste im Dunkeln verbleiben?

Der erste Punkt, den ich dazu anführen möchte, ist, daß diese Tempel — was immer die Ansichten sind hinsichtlich der Zeremonien und sakralen Handlungen, die in ihnen vollzogen wurden — unter anderen Gründen zweifellos deswegen erbaut wurden, um den Zeitpunkt der Sommersonnenwende zeitlich exakt bestimmen zu können. Die Priester, die mit dieser Macht ausgestattet waren, hätten sie nicht ungenutzt gelassen, denn sie regierten aufgrund ihres Wissens. Die Tempel waren also astronomische Observatorien und damit die ersten Observatorien der Welt, die uns bekannt sind.

Wenn wir sie als horizontal ausgerichtete Teleskope für den von mir angedeuteten Zweck betrachten, verstehen wir sofort den Grund für die lange Achse und die Reihe schmaler werdender Öffnungen entlang dieser Achse in Richtung auf das Allerheiligste, denn je länger der Lichtstrahl ist, desto größer ist die erzielte Genauigkeit. (...) Es ist klar: Je dunkler das Allerheiligste ist, desto klarer und genauer ist der Lichtstrahl, der auf die Wand am Ende der Achse fällt, und desto genauer kann seine Position bestimmt werden. Es war wichtig, dies an den zwei oder drei Tagen um die Sonnenwende herum zu tun, um eine Vorstellung vom exakten Zeitpunkt zu bekommen, wann die Sonnenwende eintrat. Wir fanden heraus, daß ein Sonnenstrahl, der aus 500 Metern Entfernung durch eine schmale Öffnung eintritt und auf die Tür des Allerheiligsten trifft, direkt ins Allerheiligste strahlen würde und dort für einige Minuten verweilen würde — vorausgesetzt, der Tempel wäre genau auf den Punkt der Sommersonnenwende ausgerichtet, und vorausgesetzt, die Sonnenwende würde genau zum Zeitpunkt des Sonnenauf- oder -untergangs, je nach Verwendungszweck des Tempels, an jenem Tage stattfinden. Dieser Lichteinfall würde allmählich zu- und dann wieder abnehmen, doch würde das Ganze nicht länger als zwei Minuten oder so dauern, wobei man durch eine Anordnung von Vorhängen auch diese Zeit noch beträchtlich hätte verringern können. (...) Wir können also schlußfolgern, daß ein bestimmter Zweck mit dieser Anordnung verbunden war, und zweifellos hätten die Sonnentempel unter anderem für die Bestimmung der exakten Länge des solaren Jahres verwendet werden können. (...) Der phantastische Lichteinfall genau ins Allerheiligste bei Sonnenuntergang hätte gezeigt, daß ein neues solares Jahr begonnen hätte. (...) Wenn die Ägypter den Tempel für zeremonielle Zwecke verwenden wollten, hätte der faszinierende Lichtstrahl in den Tempel hinein bei Sonnenuntergang ihnen verschiedene Möglichkeiten und sogar Anregungen geboten; zum Beispiel hätten sie ein Bildnis des Gottes im Allerheiligsten plazieren und dem Licht gestatten können, darauf zu fallen. Wir hätten eine kraftvolle **Manifestation des Ra** *während der kurzen Zeitperiode, in der weißes Sonnenlicht sein Bildnis überflutet hätte. Erinnern wir uns, daß die Sonne in der klaren und trockenen Luft Ägyptens bereits fünf Sekunden, nachdem der erste kleine Punkt von ihr am Horizont sichtbar wurde, einen Schatten wirft. Deshalb ist das Licht der Sonne in Ägypten unmittelbar nach Sonnenauf- und unmittelbar vor Sonnenuntergang äußerst stark und abgegrenzt und nicht so gemäßigt wie bei uns. (...) [Der Pharao] Thothmes III. sagt in seinen Aufzeichnungen über seine Tempelverzierungen bei Karnak über die Statuen der Götter und ihren geheimen Platz (wahrscheinlich im Adytum, dem Allerheiligsten), daß sie ›glorreicher als alles sind, was im Himmel erschaffen wird, geheimnisvoller als der Abyss* [die Unterwelt, A. d. Ü.] *und noch weniger sichtbar sind als alles, was sich im Ozean befindet‹.«*

All dies sollte sich als ein ernüchternder Bericht für diejenigen erweisen, die sich nicht bewußt sind, daß die Lichtstrahlen zur Zeit der Sonnen-

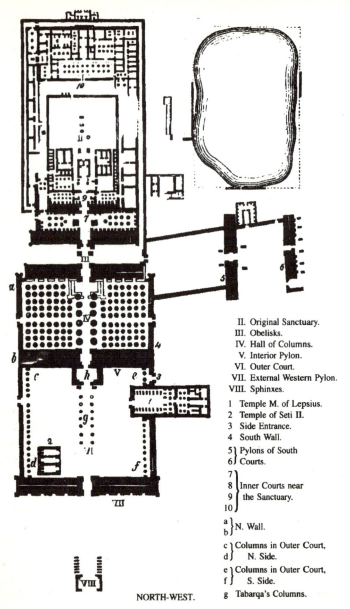

PLAN OF THE TEMPLE OF AMEN-RA AND SOME OF ITS SURROUNDINGS, INCLUDING THE SACRED LAKE

Abbildung 40 (gegenüber): Ein Plan des großen Tempel-Komplexes des Gottes Amun-Ra (d. h. Amon-Re oder Amen-Re) bei Karnak in der Nähe von Luxor (dem alten Theben) in Ägypten. Die römische »II« im Zentrum des oberen Tempel-Komplexes markiert den Ort des ursprünglichen »Allerheiligsten«, in das das Sonnenlicht zum Zeitpunkt der Sommersonnenwende einfiel, nachdem der Lichtstrahl den langen Weg entlang des »horizontalen Teleskops« auf der Zentralachse zurückgelegt hatte, entlang der Punkte VI, g, h, IV, III, 7 und 9 auf diesem Plan. In solchen Momenten war entweder der Pharao oder der Hohepriester »allein mit Ra«, wie die alten Texte bemerken. Der zentrale Korridor ist so lang — fast 500 Meter! —, daß das Bild des Sonnengottes als perfekt runde glänzende Scheibe auf dem Allerheiligsten erschien. Es war dieses Abbild der runden Sonnenscheibe, wörtlich als »Aton« (»Scheibe«) bezeichnet, das am Abend des Tages der Sommersonnenwende auf die hintere Wand des Allerheiligsten projiziert wurde (bei anderen Tempeln zum Zeitpunkt der Tagundnachtgleichen und der Wintersonnenwende, sowohl bei Sonnenauf- als auch bei Sonnenuntergang), das zum zentralen Objekt der Verehrung des Ketzer-Pharaos Echnaton, des Vaters von Tut-Ench-Amun, wurde. Karnak selbst war kein »Sonnenaufgangs-Tempel«, sondern ein »Sonnenuntergangs-Tempel«, so daß Touristen, die in aller Frühe erscheinen, um den Sonnenaufgang mitzuerleben, das falsche astronomische Phänomen beobachten. (Lockyer glaubt, Karnak hätte einst auch einen kleineren Tempel zur Beobachtung des Sonnenaufgangs zum Zeitpunkt der Wintersonnenwende gehabt.) Oben rechts im Plan ist der heilige See, der immer noch existiert; hier nahmen die Priester regelmäßig ein rituelles Bad, um ihre Körper zu reinigen, bevor sie religiöse Zeremonien vornahmen. Der unten rechts quer stehende Tempel mit der Zahl 1 wurde von Ramses III. erbaut; in diesem Tempel wurde die »Darbringung des Lichts« vorgenommen, wie auf Tafel 20 zu sehen und bereits zuvor erwähnt. Es war ein morgendliches Phänomen und lieferte einen Anlaß für andere esoterische Zeremonien zu einer anderen Tageszeit. Zweifellos gab es nach Abschluß der Konstruktion des Tempels viele solcher Licht-Phänomene, so daß das Licht der Sonne im Verlauf des Tages hier und dort eingefangen wurde, um eine Reihe von Zeremonien wie eine Art »Stationen des Kreuzes« durchführen zu können. Da bisher niemand auf solche Dinge geachtet hat, sollte man die Stationen des Lichts, die aufgrund von noch erhalten gebliebenen Fenstern und Decken möglich und sichtbar sind, systematisch studieren. (Aus: *The Dawn of Astronomy* von Sir Norman Lockyer, London, 1894, S. 101.)

Abbildung 41: eine Darstellung aus dem 19. Jahrhundert von Newgrange in Irland, die die lange unterirdische Passage zeigt, die präzise auf den Punkt des Sonnenaufgangs zur Wintersonnenwende ausgerichtet ist. Jedes Jahr am 21. Dezember um genau 8.58 Uhr morgens scheinen die Strahlen der Sonne in die Newgrange-Passage. Ein spezieller Spalt in der Nähe des Eingangs erlaubt dem Lichtstrahl, auf die Nische am Ende der Konstruktion zu treffen, die das Äquivalent zum Allerheiligsten des Karnak-Tempels darstellt. Die Einzelheiten zu diesem Vorgang zum Zeitpunkt der Wintersonnenwende können im Buch *The Stars and the Stones: Ancient Art and Astronomy in Ireland* von Martin Brennan gefunden werden. Das Buch ist erschienen bei Thames and Hudson, London, 1983; die Informationen finden sich auf den Seiten 72 bis 86. (Aus: *The Celtic Druids* von Godfrey Higgins, London, 1827. Sammlung Robert Temple.)

wenden in der antiken Welt äußerst wichtig waren. Viele Leute erkennen nun, daß der Sonnenaufgang zum Zeitpunkt der Wintersonnenwende einen Lichtstrahl entlang des Korridors im Zentrum von Newgrange in Irland warf. Ich habe einen Sonnenaufgang zum Zeitpunkt einer Sommersonnenwende im Zentrum der Stonehenge-Anlage beobachtet, und tatsächlich rollt die Sonne am Markstein entlang wie goldene Butter, genau wie es in diversen Büchern steht. Diese Dinge werden heutzutage immer bekannter, doch Lockyer war der erste, der sie erwähnte. Und seine Beschreibung der Längsachse des Karnak-Tempels als die eines gigantischen Stein-Teleskops wurde nie mehr übertroffen. Was die genaue Länge des solaren Jahres betrifft, werden wir später sehen, daß die alten Ägypter diese tatsächlich genau bestimmt hatten. Und »Instrumente« wie der Karnak-Tempel befähigten sie zweifellos zu solch genauen Messungen.

Können wir wirklich annehmen, daß ein Volk, daß zur Konstruktion eines gigantischen steinernen optischen Instruments mit einer Länge von 500 Metern wie derjenigen bei Karnak imstande war, nicht auch fähig war, kleine Hand-Teleskope mit Linsen in Fenchelstielen für optische Vermessungen zu konstruieren, besonders angesichts der Tatsache, daß zumindest bereits zur Zeit der 4. Dynastie, also Mitte des 4. Jahrtausends v. Chr., zahlreiche perfekt geschliffene Kristall-Linsen existierten und in Gebrauch waren?

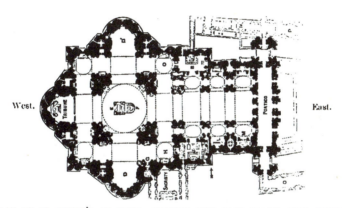

PLAN OF ST. PETER'S AT ROME, SHOWING THE DOOR FACING THE SUNRISE.

Abbildung 42: Der Petersdom in Rom. Seine Längsachse ist präzise nach Ost-West ausgerichtet, so daß die Sonne zur Zeit der Tagundnachtgleichen beim Auf- und Untergang den Altar mit Licht überfluten konnte. Die Sonnenstrahlen verliefen entlang eines Korridors, ähnlich den alten ägyptischen Tempeln, wenn auch weniger schmal. (Aus: *The Dawn of Astronomy* von Sir Norman Lockyer, London, 1894, S. 96.)

Kurz bevor dieses Buch in Druck gehen sollte, erschien im Magazin *The Sciences*, das von der *New York Academy of Sciences* herausgegeben wird, ein Artikel von John L. Heilbron, der sich in überraschender Weise auf unser Thema bezieht. Der Artikel mit dem Titel »Die Sonne in der

Kirche« ist ein Auszug aus dem kürzlich zu diesem Thema erschienen Buch desselben Autors[2], das eine außergewöhnliche Fotografie wiedergibt: Es zeigt eine Sonnenscheibe, die auf die Meridian-Linie (Mittags-Linie) einer Kathedrale projiziert wird, was für uns hier von großer Relevanz ist, denn hier haben wir ein Beispiel aus dem Europa der Renaissance für das, was im antiken Karnak vor sich gegangen ist. In Abbildung 44 sehen Sie eine Münze aus dem Jahre 1702, die Heilbron in seinem Artikel wiedergibt; sie zeigt einen Lichtstrahl, der in eine Kathedrale in Rom einfällt und genau auf eine Meridian-Linie trifft. Jeder, der an diesen Themen interessiert ist, sollte Heilbrons Buch konsultieren, in dem noch mehr Einzelheiten dazu zu finden sind.

Abbildung 43: Die Längsachse des Petersdoms in Rom ist nicht nur präzise nach Ost-West auf den Punkt ausgerichtet, an dem die Sonne zum Zeitpunkt der Tagundnachtgleichen aufgeht; auf der Verlängerung dieser Achse zum Petersplatz hin befindet sich auch noch ein aus Ägypten nach Rom gebrachter Obelisk, was auf den starken Einfluß der ägyptischen Tradition hinweist. »Wer Ohren hat zu hören, der höre.«

Was Heilbron uns offenbart, ist, daß präzise nach Nord-Süd ausgerichtete Meridian-Linien in die Böden mittelalterlicher europäischer Kathedralen der Renaissance eingelassen wurden. Ins Dach der Kathedralen wurden kleine Löcher gebohrt, so daß ein schmaler Sonnenstrahl auf diese Linien fallen konnte. Abbilder der Sonnenscheibe, die auf diese

Weise auf die Linien projiziert wurden, wurden bei ihrer Bewegung entlang der Linien im Verlauf des Jahres beobachtet. Der Zweck war, durch Messung der Entfernungen, die die Sonnenscheibe im Laufe des Jahres zurücklegte, das präzise Datum für das Osterfest zu bestimmen und den Kalender zu korrigieren, was natürlich auch die alten Ägypter beschäftigt hatte. Man konnte jedoch im Verlauf des Jahres noch ein anderes Phänomen beobachten: Die Größe der Sonnenscheibe variierte, je nachdem, ob die Erde der Sonne näher oder weiter von ihr entfernt war, und durch ein genaues Studium der Vorgänge, wie dies zustande kam, wurde es klar, daß die Erde sich nicht auf einer Kreisbahn um die Sonne bewegte, sondern auf einer elliptischen. Dies hatte ironischerweise zum Resultat, daß es die »ketzerischen« Ansichten eines Johannes Kepler untermauerte. Doch für weitere Einzelheiten sollte man Heilbrons Werk konsultieren. Das bemerkenswerte hier ist, daß riesige dunkle Kathedralen, genau wie riesige dunkle Tempel, denselben Verwendungszweck hatten wie Karnak — nur 3000 Jahre später! Wie gewöhnlich erfährt die Öffentlichkeit davon zuletzt.

Abbildung 44: Das Bild einer 1702 von Papst Klemens XI. geprägten Münze, die einen schmalen Strahl des Sonnenlichts zeigt, der durch eine Öffnung in der Kirche Santa Maria degli Angeli in Rom fällt. Das Bild der Sonnenscheibe fällt auf die Mittagslinie auf dem Boden der Kirche. Im Laufe des Jahres bewegt sich dieses Bild der Sonnenscheibe vor und zurück; die beiden oberen und unteren Endpunkte werden zum Zeitpunkt der Sonnenwenden erreicht. Auf diese Weise kann das Jahr gemessen werden.

Bei Karnak kann man immer noch überraschende Lichteffekte erleben, selbst in den erhalten gebliebenen Ruinen. Meine Frau Olivia und ich haben einige davon gesehen, und sie selbst hat tatsächlich ein bemerkenswertes Phänomen im Prozessions-Schrein von Ramses III., einem kleinen, größtenteils noch intakten Gebäude zur Rechten des Vordereingangs im Westen, entdeckt. Wir trafen vor Sonnenaufgang in Karnak ein, um die schönen Lichteffekte zu dieser Zeit zu beobachten, obwohl, wie gesagt, der Tempel natürlich ein Sonnenuntergangs- und kein Sonnenaufgangs-Tempel ist. An diesem Tag um 8.30 Uhr — es war am Ende der dritten Novemberwoche — hatten wir das Glück, den Schrein von Ramses III. betreten zu dürfen, nachdem wir uns bereits den Rest der Ruinen angeschaut hatten. Die Kammer, in der wir uns befanden, war überdacht, und wir schauten uns die Wandgemälde im Halbdunkel an, als Olivia etwas sehr faszinierendes bemerkte. Ein Lichtstrahl drang durch ein kleines Fenster mit mehreren Schlitzen hoch oben in die Kammer ein und traf auf die gegenüberliegende Wand. Mehrere dieser antiken Steingitter, die als Fenster dienten, sind auch bei Karnak erhalten geblieben. Der architektonische Begriff für sie ist »Klaustra«, ein lateinisches Wort. In Abbildung 45 sehen Sie eine Darstellung von ihnen, wie sie im Haupt-Tempel zu finden sind.

Olivia bemerkte, daß das Licht direkt auf eine leere Räucherschale schien, die vom Pharao als Opfergabe an den Gott Amun hochgehalten wurde. Das Fenster projizierte einen Lichtblock auf die Schale, so daß es

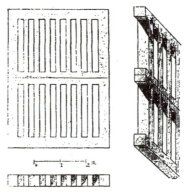

Abbildung 45: Zeichnungen von einigen Sandstein-»Klaustra« (Steinschlitzen in Fenstern), die in der Säulenhalle des großen Amun-Re-Tempels bei Karnak erhalten geblieben sind. Sie wurden sehr weit oben eingesetzt, nicht in Augenhöhe. Sie ähneln den kleineren Fenstern, die die »Darbringung des Lichts« im Schrein von Ramses III. erzeugen.

aussah, als ob der Pharao dem Gott eine Opfergabe aus reinem Licht darreichte. Der Lichtblock war durch die Fensterschlitze in vier senkrechte Streifen geteilt. Die Positionierung war absolut präzise; einen Moment lang war die Schale leer, im nächsten enthielt sie die Licht-Opfergabe. Dieses Licht-Phänomen dauerte nur etwa drei Minuten, danach verschwand es durch die Drehung der Erde um ihre eigene Achse vollkommen, und die Formen des Lichts änderten sich, als sie die Schale verließen.

Ich hatte meine Kamera bei mir, wenn auch nur ein relativ wenig lichtempfindlicher Film darin war. Doch ich drückte mich so eng ich konnte gegen die gegenüberliegende Wand, um die richtige Belichtungszeit für ein Foto zu bestimmen, das sowohl den Pharao als auch die Licht-Opfergabe zeigen würde. Das Resultat sehen Sie auf Tafel 20. Im Jahr darauf hatte ich bei einem erneuten Besuch der Kammer die Möglichkeit, ein Foto mit dem Licht, wie es durch die Fensterschlitze scheint, zu machen (Tafel 21). Es zeigt, daß die Schlitze und Lichtstrahlen keinen Hinweis auf das Feder-Muster geben, das ich nun beschreiben muß.

Die Licht-Opfergabe ist auf eine ziemlich komplexe und faszinierende Weise symbolisch. Zur Linken ist der erste der senkrechten Schlitze nicht so wie die anderen, sondern nur halb so hoch und oben abgerundet. Er gibt die Feder der Wahrheit (Maat) wieder, die in der ägyptischen Ikonografie gewöhnlich in einer Waagschale gegen das Herz eines Verstorbenen aufgewogen wurde, zum Beispiel in den vielen Szenen aus dem Papyrus des *Totenbuchs*, wo das Urteil vor den Göttern vollzogen wird. Man will damit herausfinden, ob das Herz des Verblichenen aufgrund der von ihm begangenen Sünden schwerer wiegt als die Feder, oder ob es leicht und rein genug ist, um der Seele ewiges Leben in Freude zu gestatten. Die nächsten drei Schlitze sind gerade hohe von gleicher Länge — tatsächlich eine Abbildung der ägyptischen Zahl *Drei*. Da der an der Wand abgebildete Pharao Ramses III. ist, sollen diese Streifen wohl ihn symbolisieren.

Das Licht-Muster, das von den Schlitzen im Steinfenster erzeugt wird, sollte also wohl Pharao Ramses III. darstellen, wie er dem Gott Amun die aus Licht erzeugte Feder der Wahrheit darbietet, gefolgt von der Zahl Drei, die Aufschluß darüber gibt, welcher Pharao er ist. Ich glaube jedoch, daß hier noch mehr dahintersteckte. Für Ramses III. wäre der höchstrangige aller seiner Pharao-Vorgänger sein Vorfahr, Amenhotep III. aus der vorherigen Dynastie gewesen, dessen Bildnis und Werke überall bei Karnak zu finden sind. (Unter anderem war er es, der einige *hundert* Stein-Statuen der Göttin Sekhmet bei Karnak aufstellen ließ.) Ich glaube, die Licht-Opfergabe von Ramses III. hat eine doppelte Bedeutung: Auf einer anderen Ebene war es eine Hommage an Amenhotep III. Zunächst einmal findet die Zahl Drei auf beide Pharaonen Anwendung, so daß man die senkrechten Streifen auf beiderlei Weise interpretieren kann. Doch was ist das, was Ramses tut und wobei er porträtiert wird? Er wird dabei gezeigt, wie er Amun eine Opfergabe darreicht. Und obwohl der Name »Amenhotep« allgemein die herkömmliche Bedeutung von »in Amun ruhend« oder »abhängig von Amun« oder »Amun ist zufrieden« hat, so wüßte doch jeder, daß die ursprüngliche und grundsätzliche Bedeutung des Wortes »hotep« »Opfergabe« (an einen Gott oder einen Verstorbenen) ist, so daß die archaische und wörtliche Bedeutung des Namens Amenhotep »Amun-Opfergabe« ist. In seiner Darstellung an der Wand wird Ramses III. bei einer »Amun-Opfergabe III.« gezeigt — oder mit anderen Worten: Amenho-

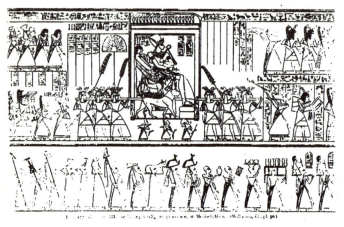

Abbildung 46: Der Pharao Ramses III. wird in seiner Thron-Sänfte in einer großen religiösen Prozession bei Theben getragen, hier zu sehen in einem Gemälde aus Medinet-Habu bei Luxor. Er war es, der den kleinen Tempel baute, der die »Licht-Opfergabe« enthält. Oben rechts im Bild sieht man einen Priester, der sich abwendet und aus dessen Hand eine merkwürdige gepunktete Linie hervorkommt. Wenn diese gepunkteten Linien in der allgemeinen ägyptischen Kunst auftauchen, stellen sie Wasser dar, das ausgegossen wird oder durch die Luft fliegt. Doch vielleicht ist hier auch eine Anspielung auf die »Licht-Opfergabe« beabsichtigt. Die »Feder der Maat«, die in der »Licht-Opfergabe« porträtiert wird, erkennt man hier ebenfalls; sie wird von vielen Prozessions-Teilnehmern getragen.

tep III. Die wörtliche Bedeutung war »Opfergabe an Amun durch Ramses III.«, doch die symbolische Bedeutung war »Amenhotep III.«. Solche Doppelbedeutungen erfreuten die ägyptischen Priester und waren mit Sicherheit Absicht. Die Licht-Opfergabe ist also ein *Licht-Wortspiel*.

Abbildung 47: Der Pharao Amenhotep (»Amenophis« im Griechischen) III. präsentiert hier dem Gott Amun eine Opfergabe, dargestellt in einem zeitgenössischen Gemälde aus Theben. In diesem Fall ist die Opfergabe der Duft der blauen Wasserlilie, die der Pharao dem Gott symbolisch unter die Nase hält. Ein Duft als Opfergabe ist fast so flüchtig wie Licht!

Die Feder der Maat, die in der Licht-Opfergabe wiedergegeben wird, ist ein Hauptmerkmal der bemalten Wand selbst. Der Gott Amun, dem Ramses dieses Opfer darbringt, wird mit winzigen Bildern von Maat und Hathor, wie sie auf seinen Schultern sitzen, gezeigt. Und neben seiner Schulter befindet sich ein Hund mit dem Kopf eines Menschen, gekrönt mit zwei Maat-Federn. Die Feder der Maat, aus Licht gemacht, die auf der Opferschale ruht, existiert nur wenige Minuten, und nachdem sie die Schale verlassen hat, verzerrt sich ihr Bild bis zur Unkenntlichkeit; schließlich verwandelt sie sich in zwei goldene Kugeln, eine über der anderen, und verschwindet ganz. Die Schlitze des Stein-Fensters sind keinesfalls abgerundet oder verformt; die Form des Lichts wird durch

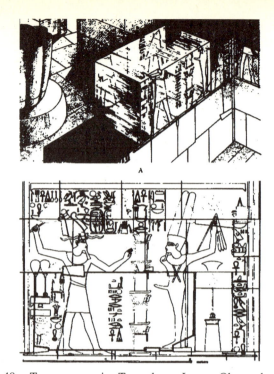

Abbildung 48: »Transparenz« im Tempel von Luxor. Oben sehen wir eine Zeichnung von Lucie Lamy, die einen Steinblock in der Wand zeigt, der Raum XII von Raum V im Tempel trennt, so als ob er aus Glas wäre, so daß Sie die Malereien auf beiden Seiten des Blocks sehen können. Unten sehen wir die Szene auf der Nordwand von Raum V: eine Anzahl von leeren aufeinandergestapelten Tuchboxen, die vor dem Gott Amun stehen, der mit seinen beiden Federbüscheln und deutlich sichtbarem erigierten Phallus gezeigt wird, was seine göttliche Fruchtbarkeit symbolisiert. Vor dem Gott steht der Pharao, der dem Gott Tücher als Opfergabe darbietet. Die Hieroglyphe für die Tücher befindet sich auf der anderen Seite des Blocks in Raum XII. Stellen wir uns den Block transparent vor, dann werden die Tuchboxen mit den Hieroglyphen für die Tücher gefüllt, als ob die Bilder durch den soliden Stein hindurchprojiziert würden. Dieses Konzept behandelt Materie als etwas Illusionäres und Licht als die eigentliche Ursubstanz. Es war Schwaller de Lubicz, der dieses außergewöhnliche Phänomen während seiner vielen Jahre, in denen er den Tempel studiert hat, entdeckte. Siehe sein Buch *The Temple of Man*, übersetzt von Deborah und Robert Lawlor, Inner Traditions, Rochester, Vermont, USA, 1998, zwei Bände, Band I, S. 463 und Band II, S. 996–1002; die Zeichnungen finden sich auf Tafel 98, die Seite 996 vorangeht.

das äußere Mauerwerk hervorgerufen, das genau so abgerundet ist, daß diese Phänomene auftreten können.

Dies sind wichtige fotografische Beweise dessen, was in diesen ägyptischen Tempeln die ganze Zeit vor sich ging, solange sie noch intakt waren. Die Umlenkung von Lichtstrahlen für besondere Zwecke war praktisch eine routinemäßige Angelegenheit und war genauso Teil des Tempel-»Designs« wie die Korridore, Säulen und Wandbilder. Sogar die Steine betrachtete man auf eine gewisse Weise als »transparent«, denn Schwaller de Lubicz entdeckte, daß einige der Wandmalereien im Tempel von Luxor sich von gegenüberliegenden Seiten der Wand gegenseitig ergänzten, wie zum Beispiel die in Abbildung 48 wiedergegebenen Tuch-Boxen, die mit den Tüchern »gefüllt« werden, die sich genau auf der anderen Seite der Wand befinden! Er nennt dieses Phänomen »Transparenz«, und offensichtlich war er der erste, der dies entdeckt hat. Es wird ausführlich in seinem bemerkenswerten Buch über den Luxor-Tempel, *The Temple of Man*, beschrieben.

Es gibt noch zahlreiche andere Licht-Projektionsphänomene, die wir in ägyptischen Tempeln entdeckt haben. Wir fanden eines im Horus-Tempel bei Edfu, von dem uns der Führer Ahmed erzählte, da wir es nicht selbst besichtigen konnten. Es tritt in der abgeschlossenen, nach oben führenden Treppe auf. Einmal im Jahr — er sagte, am 1. Dezember, doch ich glaube, er meinte den 21. Dezember, also die Wintersonnenwende — fällt das Licht der Sonne durchs Fenster auf die Treppe und trifft auf das Gesicht von Horus, das sich an der Wand auf einem Treppenabsatz gegenüber dem Fenster, das höher ist, befindet. Dies geschieht nicht während des Sonnenaufgangs, sondern ungefähr zur Mittagszeit, so daß es offensichtlich ein Meridianwenden-Phänomen ist. Das Licht ruht nur etwa fünf Minuten auf Horus' Gesicht und verschwindet dann, und dies geschieht nur einmal im Jahr. Den Rest des Jahres bleibt Horus' Gesicht im Dunkeln.

Ein ähnliches Fenster hat vielleicht auch solche Licht-Phänomene, die mit ihm asoziiert werden, was man aus den Wandmalereien und -reliefs schließen kann. Ich beziehe mich auf ein Fenster auf einem Absatz der abgeschlossenen Treppe des römischen Geburtshauses, das sich zur Rechten befindet, wenn man sich dem Tempel von Hathor und Dendera nähert. Vom schräg geneigten Fensterbrett fließen stilisierte Sonnenstrahlen, von denen jeder einzelne Strahl aus mehreren Mini-Obelisken besteht, die Wand hinunter, ähnlich wie die, die man im Tempel von Hathor sehen kann und die auf Tafel 22 wiedergegeben sind.

(Weitere Darstellungen dieser Art kann man in der Seiten-Kapelle Hathors im Haupttempel sehen.) Meine Versuche, diese Wandreliefs mit den Strahlen zu fotografieren, waren erfolglos, da der Raum zu dunkel ist und ein Blitzlicht die Reliefstruktur verwischt. Doch diese Strahlenreliefs sind wirklich sehr beeindruckend und deuten auf eine Licht-Projektion an einem nicht näher bestimmten Tag hin, von der ich hoffe, daß man sie eines Tages bemerken wird.

Bei Karnak waren wir Zeuge weiterer Licht-Projektionsphänomene, und zwar im kleinen Tempel von Ptah, in der Kapelle von Sekhmet. Ungefähr um 9.00 Uhr morgens im späten November fällt ein Lichtstrahl durch einen Schlitz in der Rückwand und trifft auf ein Auge an der Wand gegenüber. Nur das Auge wird beleuchtet, sonst nichts. Meine Versuche, dies zu fotografieren, waren ebenfalls erfolglos, nicht zuletzt, weil ich völlig unvorbereitet war und den Film wechseln mußte. Die Beleuchtung des Auges dauert nur wenige Minuten. Auf der Rückseite der Sekhmet-Statue sorgt ein dünner Schlitz im Stein, der von der Rückseite des Gebäudes so aussieht, als wäre er absichtlich eingefügt worden, für den größten Teil des Morgens für ein dünnes Lichtband, das die Rückseite der Statue in zwei Hälften teilt, was Sekhmet von hinten so aussehen läßt, als ob sie ein elektrisiertes Rückgrat hätte. Dies ist um so außergewöhnlicher, da meine Frau nach unserem ersten Besuch einen seltsamen Traum von dieser Statue hatte (wir entdeckten das »elektrisierte Rückgrat« erst bei einem späteren Besuch). Olivia träumte, daß sie vor der Statue stand und starken elektrischen Strömen ausgesetzt wurde, die an ihrem Körper auf- und abflossen. Als wir bei einem späteren Trip entdeckten, das Sekhmet selbst von hinten »elektrisiert« war, war es ein ziemlicher Schock festzustellen, daß Sekhmet so aussieht, als würde elektrischer Strom an *ihrem* Körper auf- und abfließen. Doch dies konnte man nur sehen, wenn man sich in den schmalen Raum hinter der Statue drückte. Das Lichtband ist so dünn, und es sieht in der Dunkelheit aus wie bläuliche elektrische Flammen. Sekhmets Statue ist aus schwarzem Basalt, und sie ist die letzte ägyptische Göttin, die noch in ihrer eigenen ursprünglichen Kapelle steht, die aus dem Mittleren Königreich von vor etwa 3800 Jahren stammt. Sie ist also wirklich schon eine sehr alte Lady.

Wenn man das Gebäude betritt (das normalerweise verschlossen ist) und die Tür hinter sich schließt, fällt das Licht durch ein Loch in der Decke auf den Kopf und das Gesicht von Sekhmet, und sie schaut einen so intensiv an und das Gefühl ihrer Präsenz ist so unheimlich, daß man das Eindruck bekommt, in der Gegenwart einer Person aus einer anderen

Welt zu sein. Wenn der Führer Sie mag, begibt er sich aufs Dach und benutzt einen Spiegel, um durch das Loch in der Decke kraftvolles Licht in den Raum zu reflektieren und Sie mit den spektakulären Licht-Effekten auf der Statue zu faszinieren. Die Ruhe, mit der die mysteriöse Figur Sie schweigend und finster anschaut, wandelt sich zu einer lebendigen Animation, so als ob Sekhmet durch machtvolle elektrische Entladungen in Flammen steht, ähnlich wie die, die Tesla erzeugt hatte. Der Effekt ist so erstaunlich wie ein Feuerwerk, das abgebrannt wird, und ich glaube, daß solche Licht-Spielereien in antiken Zeiten oft benutzt wurden.

Das älteste Licht-Phänomen in ägyptischen Bauten, das Archäologen entdecken konnten, findet sich bei Sakkara. Man fand es während der Ausgrabungsarbeiten am Damm der kleinen Pyramide von Unas, dem letzten König der 5. Dynastie (2356–2323 v. Chr.). Der ägyptische Ingenieur und Archäologe Dr. Mohamed Raslan fand heraus, wie das Phänomen in diesem Gebäude funktionierte, und veröffentlichte 1973 eine Zeichnung dazu.

Raslan beschreibt in einem Abschnitt mit dem Titel »Beleuchtung« die meisterhafte Technik, mit der das Sonnenlicht durch einen schmalen Schlitz so auf den Damm fiel, daß es nie direkt auf die Gemälde traf und die Farben ausblich:

»Die Architektur sah also vor, daß Licht nur durch eine schmale Öffnung am Dach des Dammes einfallen sollte (...). Die Öffnung war so konstruiert, daß jede Möglichkeit ausgeschlossen wurde, daß die Lichtstrahlen direkt auf den Damm scheinen konnten (egal unter welchem Winkel und zu welcher Jahreszeit auch immer). Nur der Boden wurde beschienen (...). Man wollte vermeiden, daß direktes Sonnenlicht auf die Gemälde und Reliefs fiel, damit ihre Farben nicht ausblichen und sie ihren Glanz und ihre Brillanz nicht verlören (...). Man wollte die Gemälde und Reliefs nur in diffusem indirektem Licht belassen, das vom Fußboden des Damms reflektiert wurde. Diese Art von Beleuchtung zeigte die Reliefs auf die beste und sichtbarste Weise.«

Wir haben hier also eindeutige archäologische Beweise dafür, daß ägyptische Architekten schon vor mehr als 4300 Jahren imstande waren, das Sonnenlicht in ihren Gebäuden so effektvoll zu lenken, daß diese Effekte auftraten. Wir können ziemlich sicher sein, daß die verschiedenen Beispiele, die ich angeführt habe, die Bauten des Neuen Königreichs und andere Strukturen, wo diese Phänomene immer noch auftreten, da die Gebäude noch stehen, eine fortlaufende Tradition sind, die sich aus dem

Alten Königreich abgeleitet hat und die wahrscheinlich in vielen oder allen heiligen Bauten angewendet wurde. Später in diesem Kapitel werden wir hierfür noch ein weiteres Beispiel finden, und zwar in dem noch älteren Tal-Tempel bei Gizeh (siehe Tafel 60).

Nun müssen wir jedoch einige andere Dinge betrachten, deren Verständnis für uns wichtig ist. Um die Legenden und Überlieferungen um die Optik im alten Ägypten und ihre seltsame Wichtigkeit voll zu verstehen, ist es notwendig, Informationen über etwas zu haben, das wohl das größte Geheimnis der alten Ägypter gewesen sein mag. *Dieses Geheimnis ist eine Zahl*, und über diese Zahl Bescheid zu wissen ist ungefähr so, als ob man die Kombination zu einem Safe voller Gold hat. Ohne diese Zahl ist man verloren und gelangt nirgendwohin. Egal wie klug, clever oder gar inspiriert Sie sein mögen — Sie können die Rätsel der alten ägyptischen astronomischen Mythologien ohne diese Zahl nicht lösen. Sie brauchen diese Kombination zum Safe.

Seltsamerweise stolperte ich 1971 unabhängig von anderen über die Kombination zu diesem Safe. Doch erst 1998 erkannte ich die Existenz des Safes, zu dem ich die Kombination hatte. Vielleicht sollte ich das hier genauer erklären.

Zwischen 1970 und 1972 durchlief ich eine Phase intensiven Interesses an Mathematik und Astronomie. Ich verbrachte zahllose Stunden damit, Berechnungen anzustellen, inspiriert durch die Lektüre von Werken von Johannes Kepler und Tycho Brahe, Astronomen des 17. Jahrhunderts. Kepler entdeckte und formulierte die einzigen drei bekannten Planetenbewegungs-Gesetze, und ich dachte, seine unorthodoxen Methoden könnten vielleicht noch andere interessante Resultate erzielen; also versuchte ich sie zu imitieren.

Im selben Jahr, 1971, starb meine liebe Freundin Brenda Francklyn im Alter von 93 Jahren. Brendas (ihr voller Name ist Mary-Brenda Hotham-Fracklyn) Geschichte ist wie eine Legende; wenn nur einige Einzelheiten davon bewahrt blieben, würde das immer noch ein Buch für sich ergeben. Wie kann ich beginnen sie zu beschreiben? Nur mit ihrer Hilfe war es mir möglich, »das größte Geheimnis des alten Ägyptens« zu lüften. Ich denke, ich sollte etwas über sie und ihre Geschichte erzählen, so daß man sie angemessen zu schätzen lernt. Also ein kurzes Präludium vorweg.

Brendas Vater war Oberst Francklyn, Angehöriger des *Indian Army Staff Corps*, und Brenda wurde in Indien geboren. Sie war eine Nachfahrin des berühmten Admirals Sir Henry Hotham (1777–1833), von dem sie noch einige Effekten [Habseligkeiten, A. d. Ü.] besitzt. Ich glaube, es war Brenda selbst, die über ihre Mutter den Nachnamen Hotham von Zeit zu Zeit ihrem Nachnamen hinzufügte. Sie war sehr stolz auf ihre Abstammung und sprach oft darüber. Hotham nahm in der Geschichte einen ziemlich großen Platz ein, denn er war es, der Napoleons Flucht nach Amerika verhinderte und dadurch die gesamte Geschichte der westlichen Welt änderte.

Brendas Vater, Oberst Francklyn, war nicht reich. Nach seiner Pensionierung und Entlassung aus der Armee fand er Arbeit als persönlicher Sekretär seines Freundes und entfernten Verwandten seiner Frau, dem letzten Herzog von Buckingham und Chandos, der in Stowe in Buckinghamshire wohnte (heute eine berühmte Schule für Jungen). Brenda wuchs in Stowe auf, und ihre beste Freundin war die Enkelin des Herzogs, die etwas jünger als sie war. Der Herzog hätte eigentlich einen Sohn haben sollen, doch Brenda erzählte mir, die letzte Herzogin war eine eigensinnige Frau, die versessen auf die Jagd war. Sie bestand darauf, bei der Jagd im vollen Galopp im Damensattel zu reiten, als sie bereits im achten Monat schwanger war. Sie wollte mit ihrem Pferd einen Zaun überspringen, fiel jedoch und hatte eine sehr unangenehme Fehlgeburt. Das Baby war ein Junge, und natürlich überlebte er nicht. Die Herzogin konnte danach keine Kinder mehr bekommen. Das Resultat der Eigensinnigkeit der Herzogin war, daß das Herzogsgeschlecht mangels eines männlichen Nachkommens beim Tode des Herzogs ausstarb. Die Familie war schließlich pleite und Stowe wurde in einer Auktion verkauft. 1922 wurde das Anwesen in eine Schule für Jungen umfunktioniert. Die Geschichte der letzten Herzogin, die als ziemlich skandalös betrachtet wurde, ist nie zuvor schriftlich niedergelegt worden; sie ist ein Teil der Familien-Annalen, die bisher verschwiegen wurde.

Ich kannte auch die letzte Enkelin des Herzogs, die ich über Brenda kennenlernte. Ihr Name war May Close-Smith, eine reizende Frau, die etwas jünger als Brenda war und bewundernd zu ihr aufblickte. May erzählte mir viele Dinge über Brenda, die Brenda aufgrund ihrer Bescheidenheit nie von selbst erzählt hatte. May war recht reich und hatte einen Butler im traditionellen Stil. Sie schickte gewöhnlich einen Wagen mit Chauffeur nach Tunbridge Wells, um Brenda abzuholen und sie nach Buckinghamshire zu fahren, wo sie im Boycott Manor gleich neben den Stowe-Anwesen wohnte. Sie hielt es nämlich ohne Brenda nicht lange aus. Was Brenda betrifft: Sie war immer blank und war auch nie über längere Zeit irgend etwas anderes.

Im Jahre 1899, als Brenda 21 Jahre alt war, zerstritt sie sich mit ihren Eltern, die ein sehr striktes Regiment geführt hatten und ihr nicht gestatten wollten, eine Künstlerin zu werden, sondern sie lieber als gesellschaftlichen »Schmetterling« gesehen hätten (was sie verabscheute). Sie verließ aus Trotz das Elternhaus mit kaum mehr als der Kleidung, die sie trug, und einer Schachtel mit Wasserfarben und etwas Papier. Alles, was sie besaß, war ein Shilling, den May ihr gegeben und den sie selbst wiederum aus der Geldbörse ihrer Mutter gestohlen hatte, die auf dem Schminktisch lag. May liebte es, diese Geschichte zu erzählen; sie lobte Brenda wegen ihrer phantastischen Tapferkeit, die sie zu allen Gelegenheiten zeigte. Brenda kehrte nie wieder ins Elternhaus zurück. Sie lief zu Fuß nach London, wo sie beabsichtigte sich niederzulassen und ein freies und unabhängiges Leben führen wollte. Dazu brauchte sie einige Tage, und schon bald hatte sie den Shilling aufgebraucht, nachdem sie in einem Dorfladen Brot und Käse eingekauft hatte. Es war nicht Hochsommer, und an einem gewissen Abend wurde es für sie, die gewohnheitsmäßig hinter irgendeiner Hecke schlief, äußerst ungemütlich, denn es senkte sich ein harter Frost auf den Boden herab. Die Temperatur sank weiter unter Null, und sie lief Gefahr, an Unterkühlung zu sterben, da sie weder einen Mantel noch eine Decke bei sich hatte, sondern nur eine leichte Jacke.

Brenda selbst erzählte mir von diesem Geschehnis und welch entscheidenden Einfluß es auf den Rest ihres Lebens hatte. Als sie im nassen Gras einer Kuhweide saß und der Tau um sie herum zu frieren begann, beschloß sie, mit höheren Mächten Kontakt aufzunehmen. Sie sollten sie retten, da sie selbst sich nicht retten konnte. Obwohl sie so etwas noch nie zuvor getan hatte, geriet sie in eine sehr tiefe Trance, wohl aus der Verzweiflung heraus, glaube ich, wenn man unmittelbar mit dem Tod konfrontiert wird. Viel später erkannte sie, daß diese Trance etwas war, das sie als »Yogi-Trance« bezeichnete. Denn sie legte ihre Zukunft in die Hände höherer Mächte, und während sie meditierte, fühlte sie ein seltsames Glühen, das vom unteren Ende des Rückgrats in ihr aufstieg und sich bis zum Scheitel des Kopfes erstreckte. Sie fing an warm zu werden und erzeugte eine enorme Menge an Hitze durch die Freisetzung einer Form von normalerweise ruhender Körper-Energie, die sie später mit dem yogischen Begriff »Kundalini-Energie« bezeichnete. Später bemerkte sie, daß das Eis in ihrer Umgebung geschmolzen war. Sie blieb die ganze Nacht über in diesem Zustand, so brennend heiß, daß es ihr schien, als wäre sie in den Tropen. Am Morgen erhob sie sich und zog weiter ihres Weges. Diese Erfahrung hatte sie von Grund auf gewandelt. Denn die Kundalini-Energie hatte ihr das Leben gerettet. Diese frühen spontanen Begegnungen mit den Mächten des Yoga waren es, die Brenda beginnen ließen, für den Rest ihres Lebens das indische Yoga-System zu studieren und schließlich ihr Buch *Harmonic Yoga in World Religions* zu schreiben, von dem ich das unveröffentlichte (und leider unvollständige) Original-Manuskript heute noch besitze und mich oft frage, was ich damit tun soll. Es enthält viele bemerkenswerte Einsichten und deutet schon eine Reihe von Entdeckungen an, die Schwaller de Lubicz über das detaillierte anatomische Wissen der alten Ägypter gemacht hatte.

Von diesem Tag an konnte man Brenda als eine Mystikerin bezeichnen. Sie ging weiter nach London, wo sie ein kärgliches Leben führte und hier und dort eine Unterkunft fand. Über ein Stipendium war sie in der Lage, eine Kunstschule in South Kensington zu besuchen. May schickte ihr insgeheim noch mehr Geld, das sie, wann immer sie konnte, aus der Geldbörse ihrer Mutter stahl, um sie vor dem Verhungern zu bewahren. Brenda lernte Emily Pankhurst kennen, und ich habe noch einen alten Zettel, auf dem sie als Hauptsprecherin bei einer Frauenrechtlerinnen-Veranstaltung mit den Pankhursts genannt wird. Sie arbeitete auch als Malerin von Miniatur-Porträts, begann, Aufträge zu erhalten, und erzielte so ein moderates Einkommen, das es ihr ermöglichte zu reisen, so daß sie nach Paris fuhr, um dort an der Julian-Akademie zu studieren. Dort gewann sie die Goldmedaille in einem Kunstwettbewerb. Sie wurde dadurch sofort an die Spitze der Gesellschaft katapultiert und war ihre »Lieblings«-Miniatur-Malerin. Schon bald unterhielt sie gleichzeitig Studios in Paris, Monte Carlo und London. Ihr Held war der berühmte Miniatur-Maler des 17. Jahrhunderts, Samuel Cooper, und ihre Arbeit bewegte sich fast auf seinem Niveau! Ich darf mich glücklich schätzen, im Besitz einer ihrer Miniaturen zu sein, die sie immer auf Elfenbein malte, und die man nur als exquisit und inspiriert beschreiben kann. In den zwanziger Jahren stellte sie ihre Werke in der New Bond Street aus und wurde als beste Miniatur-Malerin in Großbritannien angesehen.

Brendas esoterische und philosophische Interessen waren aber das, was sie wirklich interessant machte. Zu einem bestimmten Zeitpunkt Anfang des 20. Jahrhunderts trat sie für etwas ein, was »Der neue Gedanke« genannt wurde. Doch niemand erinnert sich daran, was dies war. Sie flirtete mit der Theosophie, fühlte sich aber, so glaube ich, nicht wohl mit ihr. Obwohl sie weiblichen Geschlechts war, wurde sie eine führende Freimaurerin. Das war in der damaligen Zeit in Großbritannien etwas ziemlich Schwieriges — und ich glaube, es ist immer noch so. Sie verursachte Aufregung bei Logentreffen, weil sie Reden über die Notwendigkeit, das Biertrinken zu unterlassen, hielt. Die Maurer sollten wieder zu ihren grundsätzlichen Wahrheiten zurückkehren — von denen nur wenige etwas wußten. Ich glaube, sie war Mitglied einer speziellen Forschungs-Loge in London, aber ich habe die Einzelheiten vergessen. Einige berühmte Männer kannten und unterstützten sie bei ihren Versuchen, allein die Maurer-Bewegung wiederzubeleben. Sie verdiente sich damit eine Menge Respekt, aber auch viel Kritik von seiten derer, die ein ruhiges Leben führen wollten. Und sie praktizierte weiterhin Yoga und wurde gewissermaßen ein Meister in dieser Disziplin. (Ihre Versuche, innerhalb der Freimaurer-Bewegung für Yoga zu werben, wurden nicht gutgeheißen.)

Abgesehen davon, daß sie eine brillante Malerin war, hatte Brenda auch von einem langen und fachmännisch durchgeführten Musikunterricht profitiert, als sie noch im Stowe-Anwesen lebte, was, soweit ich weiß, von Kindesbeinen an der Fall war. Sie war sehr gut in Musiktheorie ausgebildet, und zwar auf eine Weise, wie sie für Nicht-Profis heute einfach nicht mehr zutrifft. Außerdem sprach sie fließend und perfekt Französisch. Sie war an einem sehr schwer verständlichen französischen Werk aus dem 18. Jahrhundert über pythagoräische Musik von Abbé Roussier mit dem Titel *Mémoire de la Musique des Anciens* (Paris, 1770) interessiert, das sie als *These zur Musik der Antike* übersetzte. Das maschinengeschriebene Dokument (mit einer letztmaligen Überarbeitung und ihren Anmerkungen 1964 abgeschlossen) umfaßte 439 großformatige Seiten. Eine Kopie dieses Manuskripts kann man heute in der Britischen Bibliothek finden. Ich selbst habe ebenfalls eine Fotokopie davon. Und dies war der Grund, weshalb sie sich umfassendes Hintergrundwissen über etwas angeeignet hatte, was eine der größten musikalischen Beschäftigungen der Pythagoräer war. Es war das sogenannte Komma des Pythagoras, eine *Zahl*.

An dieser Stelle verlassen wir Brenda und wenden uns der Kombination für den Safe zu. Denn der Zahlenwert des Kommas ist, in neuzeitlichen Dezimalzahlen ausgedrückt, 1,0136, und diese wichtige universelle Konstante, die Brenda mich gelehrt hatte, stellte sich als »das größte Geheimnis des alten Ägypten« heraus.

Doch wie ich schon zuvor sagte: Erst im Jahre 1998 erkannte ich, daß ich seit 27 Jahren auf der Kombination zum Safe saß! Natürlich hatte ich schon eine Menge Arbeit an dieser seltsamen Zahl hinter mich gebracht, aber ich hatte nicht erkannt, wieviel die alten Ägypter darüber wirklich wußten und warum es die Grundlage für so vieles in ihrer Mythologie bildete und sogar zu den optischen Phänomenen, die uns hier beschäftigen, in Beziehung stand.

Doch nun kehren wir ins Jahr 1971 zurück, das Jahr, in dem Brenda starb — ein Jahr, in dem ich von Logarithmen und planetarischen Umlaufbahnen und anderen Dingen besessen war. Ich saß stundenlang vor meinem Notizblock und stellte Berechnungen an. Damals gab es noch keine elektronischen Taschenrechner; ich mußte alles auf Papier oder in meinem Kopf ausrechnen. Ich überraschte Freunde, indem ich zwölfstellige Zahlen durch zwölfstellige Zahlen teilte — in meinem Kopf. (Ich habe eine Art mentaler Tafel, auf der ich Zahlen sehen und umherbewegen kann, die weiß auf schwarzem Untergrund erschienen, obwohl sie heutzutaghe schwarz auf weißem Untergrund erscheinen.) Doch dies nahm eine unglaubliche Menge an Energie in Anspruch; es war absolut erschöpfend. Ich glaube, Schach-Großmeister tun auch etwas Ähnliches, wenn sie blind Schach spielen. Doch das kann ich nicht; deswegen weiß ich es auch nicht.

Ich begann mich auf die Dauer des Erdjahres zu fixieren sowie auf die Nähe der Zahl der Tage eines Jahres zur Anzahl von Graden in einem Kreis, die, wie jedermann weiß, 360 beträgt. Der Ursprung des Systems von Graden im Kreis ist unbekannt; wir wissen aber, daß schon die Babylonier dieses System verwendeten, von denen wir es geerbt haben. Es scheint wirklich schon sehr alt zu sein, und seine Ursprünge sind in den Nebeln der Vergangenheit verlorengegangen. Es ist ein Teil dessen, was als »sexagesimale Mathematik« bezeichnet wird und auf der Grundzahl 60 beruht. Wir benutzen dasselbe System zur Zeitmessung — deshalb hat die Stunde 60 Minuten und die Minute 60 Sekunden.

Es gab da etwas in bezug auf dieses System, das mich quälte und mich nicht losließ, als hätte ich schon gewußt, daß es da etwas Wichtiges dazu gibt. Es machte mir zu schaffen. Und es dauerte auch nicht lange, da begann ich dies zu untersuchen. Ich teilte die genaue Dauer des Jahres in Tagen, 365,242392 durch 360. Mein Gefühl sagte mir, ein »ideales« Jahr müßte eigentlich genau 360 Tage haben, und ich fragte mich, in was für einem Verhältnis diese beiden Zahlen wohl zueinander stehen. Ich war sehr überrascht, als ich sah, daß das Resultat 1,014562 war, denn ich erkannte sofort, daß diese Zahl bis auf die dritte Dezimalstelle genau das Komma des Pythagoras war (1,0136 aufgerundet ergibt 1,014). Später entdeckte ich sogar, daß die winzige Abweichung von 9,6 Zehntausendsteln in sich selbst sehr bedeutsam war. Die Quadratwurzel aus

1,0136 ist 1,0273849, was genau 9,6 Zehntausendstel in die andere Richtung ergibt, und ebenfalls eine Zahl ist, die bei verschiedenen physikalischen Phänomenen auftritt.

Die Zahl 9,6 ist in der Physik eine sehr wichtige Größe. Der genaue Wert ist 9,604. Sie wurde vom Physiker Arthur Eddington entdeckt, der sie mit dem griechischen Buchstaben Sigma versah und sie die »Ungewißheits-Konstante« nannte, wenn man sie in der Form $9{,}604 \times 10^{-14}$ zum Ausdruck brachte — eine Zahl, deren Dimension sich im Bereich der Kernphysik bewegt. In seinem letzten großen Buch *Fundamental Theory*, das posthum 1953 veröffentlicht wurde, sagte Eddington, diese Zahl wäre für das Universum absolut fundamental. Da es nicht so etwas wie »Punkte« gibt, die wir zum Beispiel in der Geometrie benutzen (sie sind Abstraktionen, nicht Realitäten), wenn wir versuchen, Geometrie in Form von Koordinaten anzuwenden (ein »Koordinaten-Gitter«), um die Realität zu messen, gibt es eine winzige Diskrepanz. Eddington fand heraus, daß die Ungewißheits-Konstante dazu benutzt werden konnte, dies zu messen. Er erklärte sogar, daß sein ganzes Buch auf dieser Zahl beruht:

»Wir beginnen mit einem abstrakten geometrischen Koordinaten-Gitter und schreiten von der reinen Geometrie hinüber in die Physik, indem wir ein physisches Koordinaten-Gitter einführen, dessen Ursprung (eine) Wahrscheinlichkeits-Verteilung hat (...) relativ zum geometrischen Ursprung[spunkt]. Wir werden sehen, daß die Standard-Abweichung Sigma von dieser Verteilung die Maßeinteilung in den physischen Rahmen stellt, wie auch alles, was in diesem physischen Rahmen hervorgebracht wird, sei es ein Atomkern, ein Atom, ein Kristall oder das ganze Ausmaß an physikalischem Raum. Das Hauptproblem in diesem Buch ist, die Art und Weise zu untersuchen, in welchem Verhältnis die Erweiterungen dieser verschiedenen Strukturen zu Sigma stehen, und die Zahlenverhältnisse für einige der einfacheren Strukturen zu bestimmen.«[3]

Nachdem wir dies gelesen haben, kann es wohl kaum einen Zweifel an der tieferen Bedeutung der fraglichen Zahl geben. Bei meinen eigenen Untersuchungen bin ich immer wieder auf die Zahl 9,6 im Zusammenhang mit dem pythagoräischen Komma als numerischem Ausdruck der schwankenden Diskrepanz zwischen dem Ideellen und dem Reellen gestoßen. Doch weil der Kontext, in dem ich dieser Zahl begegnet bin, nichts mit dem Kontext zu tun hat, in dem Eddington seine Forschungen betrieb, und auch nicht als Zehnerpotenz ausgedrückt wird, kann ich die

Zahl nicht, wie er es tut, als Ungewißheits-Konstante bezeichnen. Statt dessen habe ich die Zahl selbst hergenommen und nenne sie den Universellen Ungewißheits-*Koeffizienten*. (Ein Koeffizient ist eine reine Zahl, die jede Zehnerpotenz aufweisen kann; sie kann in ihrer Größe die Skala von, sagen wir, 9 604 000 bis 0,00009604 hinauf- und hinuntergleiten. Die reine Zahl bleibt dieselbe, nur die Größenordnung ändert sich entlang der Skala.)

Der Universelle Ungewißheits-Koeffizient steht mit anderen wichtigen natürlichen Konstanten in Beziehung. Doch um zu verstehen, wie diese Dinge funktionieren, müssen Sie die natürlichen Konstanten in zwei separate Komponenten aufgliedern. Der wirklich wichtige Teil einer natürlichen Konstante ist ihr Dezimalwert. Die davor stehende ganze Zahl kann man als Dimensionswert betrachten, der nichts mit dem Wert der Konstante an sich zu tun hat. So ist zum Beispiel der Wert der Zahl *Pi* 3,1416, doch der wichtige Teil der Zahl ist ,1416, was ich als das *Partikel von Pi* bezeichne. Die 3 weist lediglich darauf hin, daß sie auf der Ebene der Dreidimensionalität wirkt. Die Zahlen *e* und *phi* sind jeweils 2,7182818 und 1,618, doch die 2 und die 1 vorm Komma beziehen sich nur auf die Zwei- bzw. Eindimensionalität der Zahl. Läßt man die ganzen Zahlen vorm Komma weg und nimmt nur die Dezimal-Partikel dieser Konstanten, können Sie die Verhältnisse dieser Konstanten zueinander herausfinden. Diese Technik, die ganzen Zahlen vor dem Komma wegzulassen, kam durch die Inspiration und die brillanten Einsichten von John Napier (gestorben 1618) zustande, der diese Technik für die Erzeugung der Logarithmen übernahm. Er nannte die ganze Zahl vorm Komma *Charakter* und den Dezimalwert hinterm Komma *Mantisse*. Indem er dies tat, war er imstande, aus den restriktiven konventionellen Konzepten von Zahlen auszubrechen und spektakulären Fortschritt zu machen. Ich nenne die Dezimalstellen hinter dem Komma manchmal *Partikel*, manchmal auch, in Anlehnung an Napier, *Mantisse*.

Eine meiner Entdeckungen bei der Verwendung dieser Technik war: Wenn man die Mantisse von *Pi* mit dem Universellen Ungewißheits-Koeffizienten multipliziert, wobei man in einem niedrigen Zehnerpotenzen-Bereich bleibt wie zum Beispiel 0,09604, dann erhält man das pythagoräische Partikel oder Komma. (0,1416 x 0,09604 = 0,0136.) Auf dieser Grundlage könnte man das pythagoräische Partikel als eine Funktion der Mantisse von *Pi* bezeichnen.

Es gibt viele solcher Zahlenverhältnisse. Es gibt auch einen Weg, die Fläche eines Kreises über die Multiplikation von *Pi* mit dem Quadrat des Universellen Ungewißheits-Koeffizienten auszudrücken, was einen befähigt zu erkennen, daß der Umfang eines Kreises gleich dem Durchmesser der Zykloide (Radkurve) dieses Kreises plus einer Funktion der Kreisfläche ist.

Eine andere Möglichkeit, den Universellen Ungewißheits-Koeffizienten zu bestimmen, ist zu sagen, daß er gleich der Anzahl von Graden an Freiheit eines Elektrons (136) geteilt durch die Mantisse von *Pi* x 10^2 ist.

Die Wichtigkeit dieser und vieler anderer Vorkommnisse des Koeffizienten in meinen Studien von Planeten-Umlaufbahnen zeigt, daß eine Natur-Konstante, von der Eddington sagte, sie sei auf der Ebene der Elementarteilchen fundamental, auch im makroskopischen Bereich und tatsächlich auf allen Ebenen und in allen Größenordnungen präsent und wirksam ist.

Nachdem wir entdeckt haben, daß das pythagoräische Partikel eine Funktion der Mantisse von *Pi* ist, ergibt ihr Auftreten in bezug auf eine astronomische Umlaufbahn schon mehr Sinn. Denn wenn wir die Erde als eine der Gliedmaßen der Sonne ansehen, statt als einzelnen umherwirbelnden Himmelskörper, dann kann man diesen Teil des Sonnensystems so auffassen, daß er einmal im Jahr eine Rotation ausführt. Dies ist ein anderes Konzept als die Vorstellung, daß ein separater umherwirbelnder Körper (die Erde) einmal im Jahr die Sonne umkreist. Und da die Kreisbewegung in der Mathematik als 2(ausgedrückt wird, macht der Ausdruck der winzigen Diskrepanz zwischen zwei nahezu identischen Rotationen (einer idealen und einer realen) als eine Zahl, die eine Funktion der Mantisse von *Pi* ist, das gesamte Gebiet in sich selbst stimmiger und zufriedenstellender. Was deshalb Kreisbewegungen betrifft, sind das pythagoräische Komma und die Zahl *Pi* zwei unterschiedliche numerische Aspekte ein und desselben Phänomens. Und dies bedeutet wiederum, daß jeder Kreisbewegung, der fundamentale mathematische Prinzipien zugrunde liegen — in sie eingebaut wie ein grundsätzlicher Baustein der Realität —, ein Faktor zu eigen ist, der diese winzige numerische Diskrepanz bei allen Kreisbewegungen im Universum ergibt. Dies wiederum kann als ein Produkt der Ungewißheit über einen Ursprungspunkt in jedem System angesehen werden, und es zeigt die eigentliche Nicht-Existenz von fiktiven »Punkten«, die wir in der Geometrie zwar benutzen, die aber in der realen Welt in einer anderen Form existieren — wo sie tatsächlich eine gewisse Größe haben und nicht unendlich klein sind, wie wir es uns in unseren Phantasien vorstellen. Dies ist also der wirkliche Unterschied zwischen dem Ideellen und dem Reellen.

Menschen, die ein Musikinstrument spielen oder singen, besonders Menschen, die Klavier spielen, werden das, was ich im Begriff bin zu sagen, überhaupt nicht schwierig finden. Doch Menschen, die mit der Tastatur eines Klaviers überhaupt nicht vertraut sind, werden dies etwas verwirrend finden, da sie damit noch keine Erfahrungen gemacht haben. Wenn Sie auf einem Klavier acht weiße Tasten hintereinander aufwärts oder abwärts spielen, kommen Sie beim selben Ton an, mit dem Sie angefangen haben — nur daß dieser eine Oktave höher oder tiefer ist. (Tatsächlich hat ein um eine Oktave höher liegender Ton genau die doppelte Frequenz.) Wenn Sie also zum Beispiel irgendwo auf dem Klavier ein »c« spielen und dann die weißen Tasten nacheinander bis zum nächsthöheren »c« spielen, dann hat dieses »c« eine genau doppelt so hohe Frequenz wie das Ausgangs-»c« und wäre die achte Note. Wenn Sie mit dem Daumen und dem kleinen Finger diese beiden »c's« gleichzeitig anschlagen, nennt man dies »eine Oktave spielen«.

Die Oktave ist in der Musik eine fundamentale Tatsache. Im Prinzip sind den Oktaven keine Grenzen gesetzt; man kann die Frequenz eines bestimmten Tons verdoppeln, bis man in den Bereich des unhörbaren Ultraschalls kommt und keine physischen Mittel mehr vorhanden sind, ihn zu erzeugen und wahrzunehmen. In Wirklichkeit erzeugt die physische Schwingung eines Körpers, der musikalische Noten hervorbringt (im allgemeinen schwingende Saiten oder Luft in Pfeifen — die Basis dessen, was wir Musikinstrumente nennen), nie nur eine einzige Note oder Frequenz. Durch den Vorgang, den wir als »Resonanz« bezeichnen, werden automatisch höhere Töne erzeugt — die sogenannten »Obertöne«. Ein guter Flügel erzeugt bis zu 42 meßbare Obertöne, wenn man eine einzelne Taste anschlägt! Einige davon sind höhere Oktaven des Grundtons. Das menschliche Ohr kann bewußt nur einige wenige dieser Obertöne wahrnehmen, doch auf subliminaler (unterschwelliger) Ebene fügen diese Obertöne der Musik viel Substanz und Fülle hinzu. Die heutzutage so oft anzutreffende elektronische Musik benutzt größtenteils reine Töne und erzeugt keine Obertöne, so daß sie wenig inspirierend klingt und keine Resonanzen aufweist, weshalb es ihr oft an Substanz und Fülle mangelt. Deswegen bewegt sie uns auch nicht so wie ein natürliches Instrument, das gespielt wird.

Doch Oktaven allein sind langweilig, und man kann mit ihnen allein noch keine Musik hervorbringen, denn sie wiederholen lediglich den Grundton. Man sehnt sich nach Variationen. Deshalb gibt es verschiedene Kombinationen von Tönen, um Akkorde zu erzeugen, die, wenn sie angeschlagen werden, entweder harmonisch oder disharmonisch klingen, je nachdem, welche Töne zusammen gespielt werden. (Ein Akkord besteht aus zwei oder mehr gleichzeitig angeschlagenen Tönen.) Und es hat sich durch alle Zeitalter hindurch immer wieder gezeigt, daß die harmonischste Klang-Kombination zwei Töne sind, die auf der Tastatur *fünf* weiße Tasten voneinander entfernt sind. Deshalb werden sie auch als eine *Quinte* bezeichnet. Wenn Sie zum Beispiel Ihren Daumen und Ihren Mittelfinger nehmen und auf einem Klavier das »c« und das fünf weiße Tasten höhere »g« gleichzeitig anschlagen, spielen Sie eine Quinte. So einfach ist das.

Was also Harmonie angeht, sind die Quinten die besten Akkorde. Und schon früh in der Geschichte der menschlichen Zivilisation haben Leute untersucht, was an Tönen, die fünf Noten auseinanderliegen, so harmonisch war, wenn man sie zusammen spielte. Wir haben viele Informationen über die alten griechischen Pythagoräer; sie experimentierten mit Saiten (wie bei Saiteninstrumenten), die sie auf einem langen Brett aufspannten und an bestimmten Punkten niederdrückten. Sie entdeckten, daß es zwischen den Tönen bestimmte mathematische Verhältnisse gab — manche erstaunlich einfach —, je nachdem, wie die relativen Längen der Saiten sich zueinander verhielten. Sie maßen diese Längen und stellten fest, daß beim Spielen von Quinten das mathematische Verhältnis der Längen von oberer Saite (Quinte) und unterer Saite (Grundton) 2:3 war. Und da eine Oktave eine Verdopplung der Frequenz darstellt, entdeckten sie auch, daß das mathematische Saitenlängen-Verhältnis zwischen einer Oktave und dem Grundton 2:1 ist. Solche Entdeckungen, die auch schon zu Beginn der ägyptischen Zivilisation gemacht wurden — wenn nicht sogar noch früher —, zeigten, daß die Musik eine mathematische Grundlage hatte. Musik besteht nicht aus zufällig zusammengestellten Tönen, sondern beruht auf einer Ordnung, die von präzisen mathematischen Verhältnissen bestimmt wird. Für die Menschen, die dies entdeckten, ist dies sicher erstaunlich gewesen. Ein Mensch der Antike mag vielleicht sogar geglaubt haben, daß er einige der Geheimnisse der Götter gelüftet hat. (Der moderne Mensch zeigt wenig Interesse am Wunder solch einfacher Prinzipien; wir sind abgestumpft und haben kaum noch Respekt vor Naturphänomenen.)

Nun kommen wir zum eigentlichen Punkt. Die ersten Menschen, die diese Verhältnisse untersuchten, erkannten sehr bald, daß es bei diesem offensichtlich recht einfachen und überschaubaren Schema ein sehr störendes Problem gab. Man fand nämlich heraus, daß reine Quinten und Oktaven weder mathematisch noch vom Klang her »ineinander paßten«.

Sie verhalten sich wie Öl und Wasser und können nicht miteinander vermischt werden. Stellen Sie sich die Konsternation vor, die einsetzte, als man — nachdem man die göttlichen Geheimnisse der Zahlenverhältnisse 2:3 und 1:2 entdeckt hatte — feststellte, daß diese beiden Verhältnisse genauso gut die beiden gegenüberliegenden Enden des Universums hätten sein können, denn sie verhielten sich wie ein ständig kabbelndes Paar, das nicht im selben Haus wohnen kann. Was war das Problem?

Das Problem präsentiert sich, wenn Sie versuchen, ein und dieselbe höhere Note zu erreichen, indem Sie zwei verschiedene Arten von Stühlen übereinander stellen, um sie zu erreichen: Wenn Sie die Oktaven und die Quinten aufsteigen lassen, kommen Sie mit diesen beiden unterschiedlichen Wegen nicht bei derselben Note an, bis Sie zwölf Quinten aufgestiegen sind. (Technisch bezeichnet man dies als »Spirale von Quinten«.) Und wenn sich Oktaven und Quinten nach einem langen Aufstieg wieder treffen, weichen sie in ihrer Tonhöhe ganz leicht voneinander ab. Der Ton am Ende von sieben Oktaven differiert vom Ton am Ende von zwölf Quinten um einen winzigen Betrag; das mathematische Verhältnis der beiden beträgt genau 1,0136 — das pythagoräische Komma. Denn es ist bekannt, daß bereits Pythagoras (6. Jahrhundert v. Chr.) dieses Verhältnis kannte, weshalb es auch nach ihm benannt wurde. Doch er hatte dieses Verhältnis nicht als erster entdeckt. Man könnte denken, diese Hundertstel-Dezimalstelle ist so klein, daß es keinen Unterschied ausmacht, doch da würde man falsch liegen. Das menschliche Ohr ist so empfindlich, daß es den Unterschied zwischen diesen beiden Tönen heraushört. Sie können dies auch mathematisch ohne große Mühe berechnen: Wenn man das Verhältnis 2:1 siebenmal verdoppelt, erhält man eine Frequenz, die 128 mal höher als der Grundton ist (d. h. ein Ton, der sieben Oktaven höher als der Grundton ist, hat eine 128 mal höhere Frequenz, was man im Prinzip auch anhand von relativen Saitenlängen ermitteln kann). Doch wenn man auf der Basis des Verhältnisses 3:2, also 1,5, dasselbe tut und dann zwölf Quinten aufwärts geht, indem man 1,5 zwölfmal mit sich selbst multipliziert, kommt man bei 129,75 an. Dies ist nicht gleich 128, und wenn man 129,75 durch 128 teilt, erhält man 1,0136.

Dies mag nebensächlich oder unwichtig erscheinen, doch das ist nicht so. Es mag auf den ersten Blick auch unmöglich erscheinen, daß die Menschen der Antike dies entdeckt haben sollten, aber auch das ist eine Illusion; es war Pythagoras auf jeden Fall bekannt, und in der 1998 überarbeiteten Ausgabe meines Buchs *Das Sirius-Rätsel* habe ich gezeigt, daß ein altgriechischer Text in einer Art Code tatsächlich diese

Zahl auf neun Stellen hinter dem Komma genau wiedergibt. Dieser Text war die pythagoräische Abhandlung *Katatome Kanonos* (Die Unterteilung des Kanon), und um auf diese magische Zahl zu kommen, muß man zwei separate arithmetische Rechenoperationen durchführen, wie ein alter schwer verständlicher Text aussagt. Diese Aussage würde nur von Experten bemerkt werden, die die Antwort sowieso schon im voraus wissen.

Diese extrem technische und abstruse pythagoräische Abhandlung wurde anscheinend um das 5. oder 4. Jahrhundert v. Chr. zusammengestellt und einige Jahrhunderte später noch einmal überarbeitet. Doch ein großer Teil des Inhalts scheint aus einer früheren Zeit zu stammen. Obwohl der Wert des pythagoräischen Kommas bis auf erstaunliche neun Stellen hinter dem Komma genau in diesem mysteriösen Text bewahrt wurde, wurde es doch auf eine Weise getan, die dem Uneingeweihten diese Information absichtlich vorenthält, weshalb sie wohl niemand zuvor bemerkt hat, einschließlich des Verlegers und des Übersetzers. Was der Text tatsächlich sagt, ist, daß die Zahl 531 441 größer ist als zweimal 262 144. Die einzige erklärende Aussage zu dieser seltsamen Information ist: »Sechs Eineinhalb-Intervalle sind größer als ein Doppel-Intervall.« Es könnte einem vergeben werden, daß man sich darüber den Kopf kratzt und einfach darüber hinweg geht. Doch ich erkannte, worauf sich dies hier bezog, multiplizierte 262 144 mit Zwei und erhielt 524 288. Teilt man 531 441 durch diese Zahl, erhält man 1,013643265. Und falls sich irgend jemand fragt, ob diese Zahl wirklich bis auf neun Stellen hinter Komma genau oder nur eine Annäherung ist, möchte ich darauf hinweisen, daß sich dieselbe Zahl, bis auf diese neun Stellen hinterm Komma genau, in einem neuzeitlichen Buch mit dem Titel *Math and Music* (Mathematik und Musik) wiederfindet.[4]

Die Präzision der antiken Berechnungen ist wirklich erstaunlich, und die Sorgfalt, mit der man die Zahl zwar *angibt, aber verbirgt*, zeigt, daß man sie sowohl als wertvoll wie auch als geheim betrachtete. Der Autor wollte die Zahl für die Nachwelt bewahren und gleichzeitig vermeiden, daß allzu weltlich-profane Menschen sie bemerken würden; so forderte er dem Leser zwei Berechnungen ab, die dieser anstellen mußte, um hinter das Geheimnis zu kommen. Der Autor war in der Verhüllung so erfolgreich, daß André Barbera, der äußerst gelehrte moderne Herausgeber und Übersetzer dieses Texts, der sonst so ziemlich alles über dieses Gebiet zu wissen scheint, nicht ein einziges Mal das pythagoräische Komma erwähnt oder einen Hinweis darauf gibt, daß er sich der wirklichen Bedeutung der Passage, die er selbst übersetzt hatte, bewußt ist (er scheint auch die oben angeführte Multiplikation und Division nie ausgeführt zu haben. Wenn er es doch getan hat, erkannte er nicht die resultierende Zahl als das, was sie ist, denn er erwähnt sie nicht).

Abbildung 49: Dieser alte französische Stich soll die Götter und Göttinnen der sieben Wochentage wiedergeben, doch passender wäre wohl, sie als die sieben Töne der Oktave zu betrachten, und das Boot, in dem sie sitzen, repräsentiert den achten Ton, der der erste ist, der sich wiederholt und so eine Einheit herstellt. (Aus: Bernard de Montfaucon, *l'Antiqué Expliquée et Représentée en Figures*, Paris, 1722. Sammlung Robert Temple.)

Die alten Pythagoräer waren sich über die weitreichenden Konsequenzen ihres Wissens sehr bewußt, und die neuzeitliche Gelehrte Flora Levin hat die Wichtigkeit dieses Umstands wohl besser als die meisten ihrer Zeitgenossen erfaßt. Dr. Levin hat viele Jahre ihres Lebens mit dem Studium der Schriften zur Harmonik von Nicomachus von Gerasa (2. Jahrhundert n. Chr.) verbracht. 1975 veröffentlichte sie das Buch *The Harmonics of Nicomachus and the Pythagorean Tradition*, ein Buch voller tiefgreifender Einsichten. 19 Jahre später brachte sie schließlich ihre Übersetzung von Nicomachus' *Handbuch der Harmoniken* mit einem umfassenden Kommentar-Teil heraus. In diesem Buch zeigt sie eindringlich auf, wie Nicomachus versucht, die schreckliche Wahrheit um die Unvereinbarkeit der Oktave mit der Quinte zu vermeiden, indem er von Zeit zu Zeit auf verschämte Weise von der Diskussion darüber ablenkt. Auch wenn sie nie das pythagoräische Komma erwähnt, schließt sie doch:

»*In der abschließenden Analyse kann man feststellen, daß es dies war, wohin die pythagoräische Harmonikal-Analyse des Universums führte: die Entdeckung der Inkommensurabilität (Unvergleichbarkeit) bestimmter Zahlen. Egal, wie man die Zahlen nebeneinander stellte, egal, wie ausgiebig ihre mathematischen Weitschweifigkeiten gerieten — es blieb eine Tatsache, die bisher sich als resistent gegenüber jeglicher mathematischer Rationalisierung erwies: es gibt keinen Bruch m/n, der den Ganzton in zwei gleiche Werte teilt.*«

An anderer Stelle weist sie darauf hin, daß »die Pythagoräer beweisen konnten, daß melodischer Raum mathematisch irrational ist — daß Ganztöne mathematisch unteilbar sind, daß Halbtöne und all die anderen Kleinst-Intervalle wie Viertel- und Dritteltöne, die von antiken griechischen Musikern verwendet wurden, nur Chimären des Gehörs sind«.

Der früheste Autor, der pythagoräische Ideen zu Papier brachte, war Philolaus (5. Jahrhundert v. Chr.), und auf ihn bezogen sich viele spätere Autoren von Texten zur Harmonikal-Lehre, einschließlich Nicomachus. Leider sind Philolaus' Schriften gänzlich verlorengegangen, und wir verfügen nur über Fragmente. Doch aus dem, was er den Überlieferungen nach gesagt hat, scheint es klar zu sein, daß er das ganze Gebiet besser verstand als viele seiner Nachkömmlinge, die seine Ideen in ihrer Schönheit nicht immer nachvollziehen konnten. (Nicomachus zum Beispiel war eine Art Popularisierer, kein schöpferischer Denker.) Das Fehlen von Philolaus' Schriften ist für uns ein großes Handicap, aber eine seiner wichtigen Ideen, die von Flora Levin erwähnt wird, ist diese:

»*Für Pythagoras und seine Schüler bedeutete das Wort* Harmonia ›Oktave‹ *im Sinne von* ›Einstimmung‹, *die sich innerhalb bestimmter Grenzen manifestiert, sowohl in* ›passenden‹ *Konkordanz-Intervallen, Quarten und Quinten, als auch, im Unterschied zu ihnen, dem ganzen Ton. Wie Pythagoras bewies, gilt alles, was von einer Oktave gesagt werden kann, auch für alle anderen Oktaven.*«

Obwohl eine explizite Ausarbeitung dieser Idee von Philolaus mit all seinen anderen Manuskripten verlorengegangen ist, sind wir doch in der Lage, genug zu erkennen, um festzustellen, daß sich die Pythagoräer der Herausforderung des pythagoräischen Kommas gestellt hatten und verkündeten, daß die *Harmonia* die Antwort auf alles war. *Harmonia*, aus dem sich unser heutiges Wort »Harmonie« ableitet, kommt vom griechischen Verb *harmosdo*, »zusammenbinden, einfassen«. Was die Pythagoräer verbanden und einpaßten, waren die unvergleichbaren bzw. unvereinbaren Zahlen, wie sie die Oktave und die Quinte darstellten, die »nicht passen«. *Harmonia* war die große Einheit, die sie vor Augen hatten, um das Unvereinbare zu vereinbaren. Ihre Ausflüge in das Ausmaß dieser Unvereinbarkeit führten offensichtlich dazu, daß sie den genauen Wert des pythagoräischen Kommas entweder selbst berechneten oder von den Ägyptern erbten — wobei die Berechnung des Werts bis auf neun Dezimalstellen nach dem Komma auf eine gewisse Verzweiflung schließen läßt. Ihr Ansatz war offensichtlich der, das Ausmaß des Problems in seiner vollen Größe wahrzunehmen und sich ihm mit Mut zu stellen. Doch das Ganze war so abstrus, daß spätere Autoren, von denen viele nur zweiter Klasse waren, die ursprüngliche große Vision nicht wahrnahmen. So blieb die wahre Natur des pythagoräischen Konzepts der *Harmonia* als »große vereinheitlichte Theorie des Universums« für mehr als zwei Jahrtausende im Dunkeln. (Der Verlust der Schriften über den Pythagoräismus von Aristoteles und seiner Schule und auch die mathematischen Schriften von Platos unmittelbaren Nachkommen haben sehr zu unserem Nichtwissen beigetragen.) Erst im Jahre 1584 wurde in China erneut der Versuch unternommen, ein in sich geschlossenes System der *Harmonia* aufzustellen, und mittlerweile wurde es rund um die Welt angenommen und übernommen.

Das pythagoräische Komma ist in der Musik ein so grundsätzliches Problem, daß der Ming-Prinz Zhu Cai-Yü am Ende des 16. Jahrhunderts in China ein spezielles System erfand, um damit klarzukommen. Heute ist dieses System als »temperierte Stimmung« bekannt. Es wurde von Bach übernommen, nachdem holländische Händler es schnell im Westen verbreitet hatten. Bach schrieb sein berühmtes »Wohltemperiertes Klavier« als eine Art Propaganda-Werk für diese neue Art der Stimmung — und er wurde von einem Zeitgenossen, dem Komponisten Giuseppe Tartini, leidenschaftlich angegriffen, der die temperierte Stimmung haßte. Das »Wohltemperierte Klavier« war ein erstaunliches Werk von Bach; er komponierte ein Präludium und eine Fuge in jeder aufeinanderfolgenden Tonart, die man auf einem Klavier mit temperierter Stimmung spielen konnte. Diese Gruppe von Kompositionen umfaßt einige seiner bewegendsten und schönsten Werke, und ihre klassischen Darbietungen am Klavier durch den verstorbenen Glenn Gould zählen zu den feinsten Werken höchster Ausdruckskraft, auch wenn ich, wenn ich dies sage, nicht die Cembalo-Darbietungen vieler ausgezeichneter Spieler wie Wanda Landowska abwerten möchte.

Die temperierte Stimmung ist im Westen nun allumfassend übernommen worden, obwohl ihre chinesische Herkunft allgemein unbekannt ist. Ich habe die ganze Geschichte bereits in meinem Buch *The Genius of China* (Original-Titel: *China: Land of Disvovery and Invention*, 1986) erzählt. Dies war ein Buch, das ich in lockerer Zusammenarbeit mit Joseph Needham, dem größten Sinologen der Welt, geschrieben hatte. Als ich Joseph fragte, was er von meinem Buch *The Genius of China* hält, sagte er, der Teil, der ihn meisten beeindruckt habe, sei mein Bericht über die temperierte Stimmung, ein Thema, von dem er sagte, er habe es nie zuvor richtig verstanden, und er zeigte sich erstaunt, was es wirklich beinhalte.

Die temperierte Stimmung löst das Problem, daß Oktaven und reine Quinten nicht »zusammenpassen«, indem auf eine systematische Weise »geschummelt« wird: Es verlagert die Tonhöhe jedes einzelnen Tons um einen winzigen Betrag und erzeugt das, was man »Halbtöne« nennt, die im wesentlichen künstlich sind. Das Resultat davon ist, daß jeder Ton, den man auf einem modernen Klavier spielt (dessen Saiten temperiert gestimmt sind, mit einer kleinen Abweichung bei jedem Ton), eine Spur zu tief ist. Was Leute wie Tartini störte, war, daß das menschliche Ohr dies wahrnimmt, und es bedeutete, daß »reine« Töne in der Musik nicht mehr benutzt wurden, und daß jedes Musikstück von da an und einheitlich ein wenig zu tief gespielt wurde. Man löste zuvor beim Stimmen eines Klaviers das Problem, indem man die Abweichungen nach oben und unten auf der Tastatur — die Tasten, die man nur selten benutzt — verlagerte, so daß man in der Mitte brillante »reine« Töne spielen konnte. Dies hat sich mit der temperierten Stimmung erledigt.

Indem auf diese Weise leicht tiefer liegende Töne erzeugt wurden, waren wir in der Lage, die Tonarten zu wechseln, ohne anzuhalten und das ganze Instrument neu durchzustimmen. Erst die temperierte Stimmung machte die kraftvollen Symphonien und Chöre der großen Komponisten des 19. Jahrhunderts möglich, die ständig die Tonarten wechselten, um emotionale Wirkungen zu erzielen. Vor Einführung der temperierten Stimmung mußte das Orchester innehalten, seine Instrumente neu stimmen und dann mit dem neuen Abschnitt weitermachen!

Doch die alten Ägypter und griechischen Pythagoräer waren nicht damit beschäftigt, Brahms- oder Rachmaninow-Symphonien zu komponieren; sie waren an dem interessiert, was sie als *die Geheimnisse des Universums* ansahen. Und das pythagoräische Komma war gewiß eins von ihnen. Denn es ist in die tiefere Struktur des (--> **weiter auf Seite 483**)

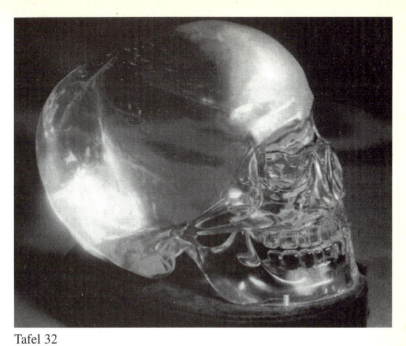

Tafel 32

Tafel 33

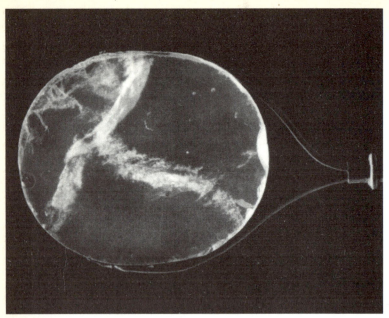

Tafel 34

Tafel 35

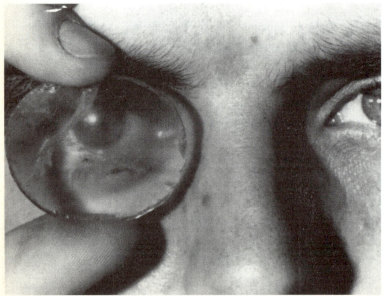

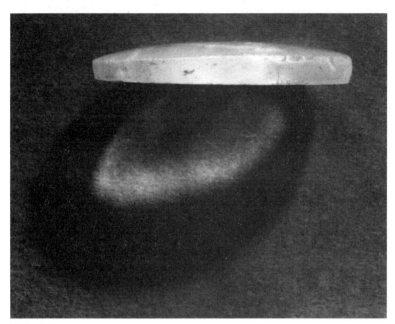

Tafel 36

Tafel 37

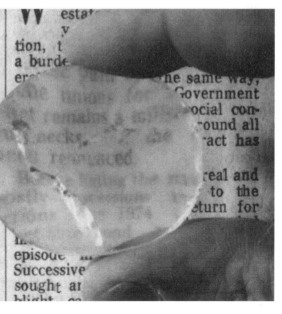

Tafeln 38a, b, c

Tafel 39

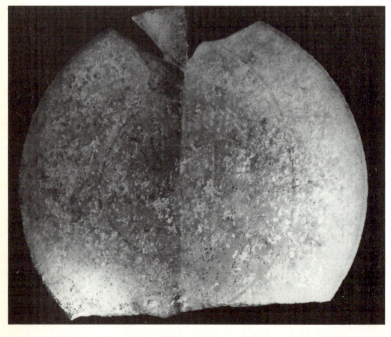

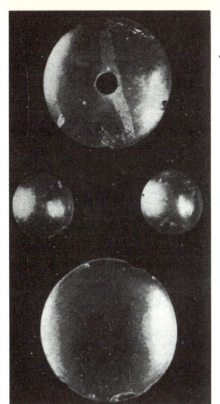

Tafel 40

Tafel 41

Tafel 42

Tafel 43

Tafel 44

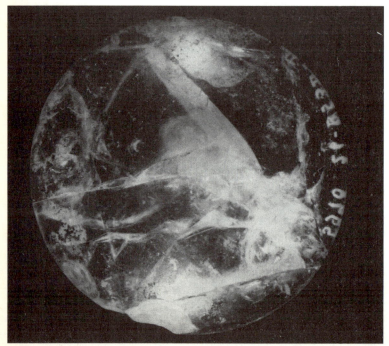

Tafel 45

Tafel 46

Tafel 47

Tafel 48

Tafel 49

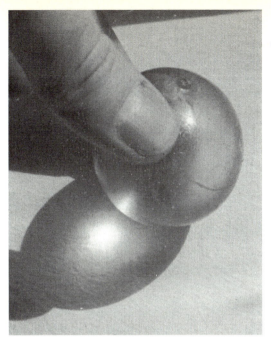

Tafel 50

Tafel 51

Tafel 52

Tafel 53

Tafel 54

Tafel 55

Tafeln 56a, b, c

Tafel 57

Tafel 58

Tafel 59

Tafel 60

Tafel 61

Tafel 62

Tafel 63

Tafel 64

Tafel 65

ERKKLÄRUNGEN DER SCHWARZ-WEISS-BILDTAFELN

TAFEL 33

»Der Schädel des verhängnisvollen Schicksals«. Dies war das erste Kunstobjekt aus Bergkristall, das mir je begegnet ist. Damals war ich noch ein Teenager. Er wurde von Miss Anna (»Sammy«) Mitchell-Hedges während der Ausgrabungsarbeiten ihres Adoptiv-Vaters bei der Maya-Stätte Lubaantun in Britisch-Honduras in den zwanziger Jahren entdeckt, als sie ungefähr so alt war wie ich bei meinem ersten »Treffen« mit dem Schädel. Er ist lebensgroß und hat einen abnehmbaren Unterkiefer. Sammy ließ mich den Schädel auf meiner rechten Schulter plazieren und ihn mit meinem eigenen Kopf vergleichen. Sie sagte, sie wären sich so ähnlich, daß wir die gleiche Hutgröße tragen könnten. »Der Schädel mag dich«, fügte sie mit einem etwas unheimlichen Unterton hinzu. Diese seltsame Begegnung war es, die mich indirekt dazu veranlaßte, dieses Buch zu schreiben, denn ich erzählte Arthur Clarke von diesem Schädel, und er benutzte ihn schließlich als Motiv für all seine Fernsehserien. Als Dank dafür, daß ich Arthur und seinem Freund Derek Price über dieses mysteriöse Objekt erzählt hatte, gab mir Derek seinen Bericht über die Layard-Linse im Britischen Museum — und so begannen meine Forschungsarbeiten auf dem Gebiet der antiken Optik-Technologie. (*Foto C. E. May & Son, Reading, England. Mit freundlicher Genehmigung von Miss Anna Mitchell-Hedges, die es mir 1963 gab.*)

TAFEL 33

Stanley Kubrick (links) und Arthur C. Clarke (rechts) bei den Dreharbeiten zu *2001: Odyssee im Weltraum* im Jahre 1966, dem Jahr, in dem ich sie kennenlernte. Ich habe dieses Foto seitdem in meiner Sammlung, nachdem ich es vom Publizisten im Studio während der Dreharbeiten bekommen hatte. (Ich glaube nicht, daß von diesem Foto noch eine weitere Kopie erhalten geblieben ist.) Hätte ich 1966 nicht »den äußeren Weltraum« in den MGM-Studios besucht und Arthur getroffen, wäre dieses Buch nie geschrieben worden, wie ich auch in Kapitel Eins ausführte. Stanley ist mittlerweile in den echten schwerelosen

Zustand übergetreten, der letztlich auf jeden von uns wartet. (*Foto mit freundlicher Genehmigung der MGM Publicity, 1966*)

TAFEL 34

Dies ist das alte Original-Foto der Layard-Linse vom Optiker W. B. Barker, dem Präsidenten des Londoner Optiker-Colleges, aus dem Jahre 1929 und erstmals von ihm 1930 veröffentlicht. Es waren immer Gelehrte aus dem Bereich der Optik, die das Britische Museum drängten, von diesem Objekt Fotografien zu machen, wohingegen die auf sich allein gestellten Archäologen dazu neigten, die Linse zu ignorieren. (*Ursprüngliches Copyright unbekannt, ob bei W. B. Barker, beim Londoner Optiker-College oder beim Britischen Museum.*)

TAFEL 35

Die Layard-Linse fügt sich perfekt in die menschliche Augenhöhle ein, wie ich mit diesem Foto zeigen wollte, das ich 1979 im Britischen Museum in Auftrag gab. Ein Assistent des Fotografen hält die Linse ans Auge. (*Foto-Copyright © 2000 Robert Temple*)

TAFEL 36

Die Layard-Linse von der Seite gesehen. Ich gab dieses Foto 1979 beim Britischen Museum in Auftrag. Man kann bei genauem Hinsehen am Rand die im Winkel von 45° verlaufenden Rillen erkennen. Diese wurden mit großer Sorgfalt in die Linse geritzt, so daß sie so stabil wie möglich eingefaßt werden konnte. Es war sehr viel Arbeit in diese Schleif- und Ritzarbeiten gesteckt worden. Die Layard-Linse war deshalb wahrscheinlich ursprünglich wie die Nola-Linse in Gold eingefaßt, das aber entweder schon in der Antike gestohlen worden war oder von demjenigen, der die Linse bei den Ausgrabungsarbeiten fand. (Auch die Nola-Linse wurde ihrer Gold-Einfassung beraubt und vom Finder verkauft.) Rechts oben am Rand der Linse sind auch Absplitterungen an der Linse erkennbar; offensichtlich hat jemand viel Kraft aufgewendet, um die Linse aus ihrer damaligen Einfassung herauszubrechen. (*Foto-Copyright © 2000 Robert Temple*)

TAFEL 37

Auf diesem Foto, das ich 1979 beim Britischen Museum in Auftrag gegeben hatte, erkennt man deutlich die unregelmäßige Vergrößerung der Layard-Linse, die hier über eine Zeitung gehalten wird. Die Linse wurde toroidal geschliffen, so daß ihre Vergrößerung absichtlich an bestimmten Stellen unterschiedlich stark ist. Es hat den Anschein, daß sie für eine an Astigmatismus (Hornhautverkrümmung) leidende Person angefertigt wurde. Es wäre möglich, heutzutage auf die Straße zu gehen und jemanden zu finden, dessen Astigmatismus diese Linse vollkommen korrigiert — wenn man lange genug nach jemandem suchen würde. Wir müssen davon ausgehen, daß man zum genauen Schliff zur Korrektur des Astigmatismus auf empirischem Wege durch Versuch und Irrtum gelangte, statt durch eine optische Theorie, die fortgeschritten genug gewesen wäre, gleich beim ersten Mal das gewünschte Ergebnis zu erzielen. Das Ausmaß an Arbeit und die Menge an Bergkristall, die solch ein Versuch-und Irrtum-Ansatz jedoch verbrauchte, lassen darauf schließen, daß die Linse für einen Menschen angefertigt wurde, für den Geld keine Rolle spielte. Da sie im Thronzimmer eines Königs gefunden wurde, scheint dies die Antwort zu sein. (*Foto-Copyright © 2000 Robert Temple*)

TAFEL 38

Der prädynastische Elfenbein-Messerknauf aus Abydos in Ägypten mit mikroskopisch kleinen Schnitzarbeiten (auch wiedergegeben in den Abbildungen 8 und 9). Dieses von Günter Dreyer ausgegrabene Objekt datiert aus der Zeit 3300 v. Chr. und ist der älteste Beweis für den Gebrauch von Vergrößerungsgläsern auf der Welt. Die menschlichen Figuren auf dem Knauf zollen jemandem ihren Tribut und schliessen Kanaaniter aus Palästina mit ein. Der Kopf jedes Menschen mißt weniger als einen Millimeter im Durchmesser, und Dreyer mußte den Knauf mit einer Nadel von eingefrästen Schmutzteilchen befreien. (*Fotos mit freundlicher Genehmigung von Günter Dreyer und dem Deutschen Institut für Archäologie Kairo.*)

TAFEL 39

Die Mainz-Linse aus römischen Zeiten, die 1875 bei Mainz von Baron von Sacken unter vielen römischen Glasobjekten gefunden wurde. Sie war 1913 offensichtlich noch vollständig und intakt, als sie vom Physiker Ernst Mach untersucht wurde. Wie es kam, daß die Linse zersplitterte und in einem Museum in Wien endete, ließ sich bisher nicht erklären, denn 1913 schien sie sich noch unbeschädigt in der Privatsammlung von Professor R. von Schneider zu befinden. Sie wurde auf meine Veranlassung hin das erstemal fotografiert. (*Foto mit freundlicher Genehmigung des Kunsthistorischen Museums Wien.*)

TAFEL 40

Vier der trojanischen Linsen, die Schliemann bei Troja ausgegraben hatte. Die oberste hat ein Loch in der Mitte, durch das ein Graveur sein Arbeitsinstrument hindurchführen und gleichzeitig auf das vergrößerte Arbeitsobjekt schauen konnte. Dies ist das einzige veröffentlichte Foto der 49 plan-konvexen Troja-Linsen vor der Wiederentdeckung der trojanischen Schätze in Rußland Mitte der neunziger Jahre. Nach dem Ende des Zweiten Weltkriegs waren sie heimlich von der Roten Armee aus Berlin nach Rußland überführt und zusammen mit dem trojanischen Gold versteckt worden. Von den meisten trojanischen Linsen wurden in der Zwischenzeit wunderschöne Farbfotos angefertigt — jede von ihnen vorsichtig als »Linse« in Anführungszeichen beschrieben, was auf Zweifel hindeute. Die Fotos finden sich im Buch *The Gold of Troy: Searching for Homer's Fabled City* (Das Gold Trojas: Auf der Suche nach der sagenhaften Stadt Homers) von Irina Antonova, Vladimir Tolstikow und Mickail Treister, Thames and Hudson, London, 1996. Allerdings werden in diesem Buch nur die grundlegendsten Messungen wiedergegeben; ein eingehendes Studium der Linsen war nicht vorgenommen worden. Ich konnte mir keinen Zugang zu der Sammlung verschaffen, geschweige denn, daß ich von den zuständigen russischen Behörden eine Antwort auf meine Anfrage erhalten hätte (Unter dem alten Regime einige Jahre zuvor logen mich die Ost-Berliner Behörden mehrfach an und bestanden darauf, daß die Linsen im Krieg dem Bombardement zum Opfer gefallen sein sollen.) Dieses Foto wurde von Hubert Schmidt in seinem Katalog *Heinrich Schliemanns Sammlung Trojanischer Altertümer* veröffentlicht, Berlin, 1902, mit den Objekt-Nummern 6065-6106, 6112-6114 und 6119-6120, beschrieben auf den Seiten 213 und 214. (Objekt-Nummer 6120 ist die Linse mit dem Loch in der Mitte.) Die Linsen wurden auch von A. Götze in dem von Wilhelm Dörpfeld herausgegebenen Buch *Troja und Ilion* besprochen, Athen, 1902, S. 339–340. Der Optiker Harry L. Taylor schrieb über sie in einem Artikel mit dem Titel »The Troyan Lentoids« (Die trojanischen Linsen) im *British Journal of Physiological Optics*, Band V, Nr. 1. Januar 1931, S. 59–63 und gab auch dieses Foto wieder. Die einzige andere Besprechung dieser Linsen fand sich bei Richard Greef in seinem Büchlein *Die Erfindung der Augengläser*, Berlin, 1921, S. 25. Er besprach sie mit Professor Hubert Schmidt und sah sie im Museum in Berlin. Er sagte, nach Professor Schmidts Meinung waren die meisten dieser Linsen ursprünglich in Messing eingefaßt. Wie gewöhnlich tut jedoch auch Greef im Versuch, alle Beweise für eine Optik-Technologie in der Antike zu verwerfen, die Linsen als »Schmuck- oder Dekorationsexemplare« ab. Woran Leute wie Greef nie zu denken scheinen, ist, daß durchsichtiger Schmuck zu keiner Zeit der Geschichte von besonderem Reiz war, denn man konnte geradewegs hindurchblicken und gar nicht bemerken, daß er vorhanden war! Der Zweck von Schmuck ist es, gesehen zu werden, und nicht, unsichtbar zu sein. Greef kann auch nicht erklären, warum diese unsichtbaren Schmuckstücke aus Bergkristall so ausgiebig in die perfekten Formen von Vergrößerungsgläsern geschliffen und poliert worden waren. Greefs Hypothese setzt auch eine Unfähigkeit seitens der Kunsthandwerker voraus, zu erkennen, daß die von ihnen angefertigten »Schmuck- und Dekorationsstücke« vergrößernde Eigenschaften aufwiesen, was bedeutet, daß sie all ihre Stücke mit geschlossenen Augen hätten polieren müssen, denn sonst hätten sie zweifellos erkannt, daß sie Vergrößerungsgläser herstellten. Es hat den Anschein, daß sich Richard Greef im Staate Kansas des Jahres 1999 wohlfühlen würde: Wir erwarten nämlich einen Beschluß des Verwaltungsrates für Bildung und Erziehung des Staates Kansas, wonach eine Erklärung verabschiedet werden soll, die besagt, daß antike Linsen nicht ausdrücklich in der Bibel erwähnt seien.

TAFEL 41

Eine Glas-Linse aus Tanis in Ägypten, 1883/84 ausgegraben von Sir Peters Flindrie. Sie ist aus römischer Zeit, etwa aus dem 2. Jahrhundert

n. Chr. Solche Linsen wurden zu jener Zeit von den Römern im ganzen Reich in Massen hergestellt. Diese Linse und das Bruchstück einer anderen aus Tanis werden in der Abteilung Ägyptische Antiquitäten im *British Museum* aufbewahrt. Frontansicht. (*Foto mit freundlicher Genehmigung des* British Museum, *London.*)

TAFEL 42

Seitenansicht einer intakten Tanis-Linse. Man sieht deutlich die flache Unterseite rechts und die perfekt konvex geschliffene Oberseite dieses Exemplars. Objekt-Nr. 22522 in der Abteilung Ägyptische Antiquitäten. (*Foto mit freundlicher Genehmigung des* British Museum, *London.*)

TAFEL 43

Eine der mykenischen Bergkristall-Linsen im Archäologischen Museum Athen, die ich untersucht hatte, und die bis dahin »unsichtbar« war, obwohl sie im mykenischen Raum deutlich sichtbar ausgestellt ist. (*Foto mit freundlicher Genehmigung des* British Museum, *London.*)

TAFEL 44

Karanis-Linse 5970, aufbewahrt im *Kelsey-Museum, University of Michigan*, USA. Das Glas hat mehrere starke Sprünge aufgrund des Drucks, dem sie unter der Erde ausgesetzt war. Sie stammt ebenfalls aus römischer Zeit, *etwa* 100 n. Chr. und ausgegraben bei Karanis in Ägypten zwischen 1924 und 1929. (*Foto mit freundlicher Genehmigung des* Kelsey-Museums, University of Michigan.)

TAFEL 45

Eine der faszinierenden Konkav-Kristallinsen, die bei Ephesos in Kleinasien an der Küste der heutigen Türkei ausgegraben wurden. Die hier gezeigte Linse verkleinert Objekte um 75 % (Verkleinerungswert 3 x ohne die kleinste Verzerrung). Konkav-Linsen sind für kurzsichtige

Menschen. Dies ist die einzige solide intakte Konkav-Linse im Britischen Museum; der Rest ist über ganz Griechenland, die Inseln und die Türkei verstreut. Insgesamt kennt man etwa 40 von ihnen. Dies ist Objekt-Nr. 1907.12-1.472 in der Abteilung Griechische und Römische Antiquitäten. Diese plan-konvexe Linse ist bemerkenswert klar, glänzend und transparent, hat allerdings auf der plan geschliffenen Unterseite einige eingefräste Schmutzflecken. Diese Linse ist am Rand stark angeschlagen, was jedoch nicht das Innere der Linse oder ihre optischen Qualitäten in Mitleidenschaft gezogen hat. Ich nenne diese Art von Linse eine Konkav-Standlinse, da sie auf der flachen Seite ruhen kann und so Objekte bereits um 25 % verkleinert. Doch ihre wirkliche Verkleinerungskraft wird verdreifacht, wenn sie über dem Objekt etwas angehoben wird. Diese Linse ist perfekt kreisrund (konstant 2,98 Zentimeter Durchmesser außer an den beschädigten Stellen; der Durchmesser der plan geschliffenen Grundfläche beträgt 2,48 Zentimeter). Die Linse ist 1,3 Zentimeter dick, doch die obere Konkav-Fläche ist an ihrer tiefsten Stelle in der Mitte bis zu 3 Millimeter eingewölbt. Der Kristall hat in seinem Innern keine Fehler oder Einschlüsse und ist perfekt klar. Die abgeschlagenen Stellen und Furchen sind wahrscheinlich das Ergebnis einer Reihe von Schlägen, Stößen oder unterirdischen Drucks. (*Foto Robert Temple*)

TAFEL 46

»Oh mein Gott, was *wird* er von mir denken?« Einige Dinge werden sich wohl nie ändern — und Spiegel sind aus unserem Leben nicht mehr wegzudenken. (*Aus der* Gazette Archaeologique, *Paris, 1878, Tafel 10. Statue aus Tanagra.*)

TAFEL 47

Ioannis Sakas an jenem schicksalhaften 6. November 1973, am Hafen von Piräus bei Athen. Er beugt sich hinunter, um die Verankerung eines kleinen Holzboots unter ihm zu sichern. Das Holzboot sollte kurz danach den optischen Techniken von Archimedes gemäß in Flammen aufgehen. Hinter ihm sieht man eine Anreihung großer Spiegel, die von 70 Matrosen der griechischen Marine gehalten werden. Jeder dieser Seeleute ist im Begriff, seinen jeweiligen Spiegel genau wie alle anderen auf einen gemeinsamen Punkt zu richten — die Seite des Holzboots. Innerhalb weniger Sekunden nach dem Startsignal begann das Boot zu rauchen, bis es nach drei Minuten Feuer fing und in Flammen aufging. Die durchschnittliche Entfernung jedes Matrosen vom Boot betrug 55 Meter. Dies war die Nachbildung der sagenhaften Heldentat von Archimedes im 3. Jahrhundert v. Chr. Die Kunde davon wurde um die ganze Welt verbreitet, doch die meisten Berichte enthielten Ungenauigkeiten. (*Foto mit freundlicher Genehmigung von Ioannis Sakas*)

TAFEL 48

Ioannis Sakas zuhause in der Nähe von Athen im März 1998. Er ist die einzige lebendige Person, die die Tat von Archimedes nachgeahmt hat. Archimedes setzte im 3. Jahrhundert v. Chr. die römische Flotte vor Syrakus mit Hilfe einer Reihe von Brennspiegeln in Flammen. Sakas ließ im Hafen von Piräus 70 Matrosen der griechischen Marine spezielle Spiegel halten und auf einen gemeinsamen Punkt, ein kleines Holzboot, ausrichten. Innerhalb von drei Minuten ging es in Flammen auf. Die durchschnittliche Entfernung jedes Matrosen vom Boot betrug 55 Meter. (*Foto mit freundlicher Genehmigung von Ioannis Sakas*)

TAFEL 49

Eine der vielen kleinen, in Massen produzierten römischen Glaskugeln, die in vielen europäischen Museen in römischen Sammlungen zu finden sind. Diese befindet sich im Bonner Museum. Wie im Text des Buchs beschrieben, hatte ich Gelegenheit, diese Kugel mit Wasser zu füllen, und selbst im matten Schein einer 60-Watt-Glühbirne erzeugte die Kugel, wie hier zu sehen, einen kräftigen Brennpunkt. Wäre die Sonne die Lichtquelle gewesen, hätte die Kugel innerhalb kurzer Zeit jedes brennbare Material zur Entzündung gebracht. Leider durfte ich die Kugel nicht für eine bessere Aufnahme mit nach draußen nehmen. Das einmal in die Kugel eingefüllte Wasser wird durch die Oberflächenspannung in ihr festgehalten und fließt nicht mehr aus, selbst wenn man die Kugel kräftig schüttelt. (Es muß mit einer Nadel, die man ins Loch einführt, zum Herauströpfeln gebracht werden.) Diese kleinen Brenn-Kugeln paßten leicht in jede Tasche, ohne daß das

Wasser austrat. Brachen sie einmal entzwei, waren sie leicht und kostengünstig zu ersetzen. An einem hellen, sonnigen Tag konnte jeder, der eine solche Kugel besaß, mit Leichtigkeit ein Feuer entzünden oder eine Wunde kauterisieren [krankes Gewebe durch Brennen oder Ätzen zerstören, A. d. Ü.]. Für solche medizinischen Zwecke waren sie besonders beliebt und verbreitet. (*Foto Robert Temple*)

TAFEL 50

Die kleine Glaskugel, die ich im Bonner Museum mit Wasser füllte. Man kann erkennen, daß diese kleinen handgerechten Kugeln ausgezeichnete Vergrößerungs-Sehhilfen waren. Sie waren im römischen Reich weit verbreitet, konnten überall mit hingenommen werden und waren billig zu ersetzen. Die schlechten Lichtverhältnisse verringerten die Sichtbarkeit des vergrößerten Bildes auf diesem Foto, das tatsächlich deutlicher und klarer als auf diesem Foto erschien. Das Glas ist aufgrund seines hohen Alters auch etwas verfärbt. (*Foto Robert Temple*)

TAFELN 51 UND 52

Diese beiden Brennspiegel, die sich im Lagerhaus des *Conservatoire des Arts et Métiers* (Paris) befinden, werden Buffon zugeschrieben. Das aus 48 kleinen Spiegel bestehende Arrangement (Tafel 51) wurde wahrscheinlich um 1740 angefertigt, der runde Spiegel (Tafel 52) stammt aus dem Jahr 1741. Buffon hatte von dieser Art Spiegeln eine ganze Reihe gebaut. Der berühmteste ist der, den er für sein Experiment 1747 benutzt hatte. Er bestand aus 168 Spiegelsegmenten, jedes etwa 16 x 21,5 Zentimeter groß. Er schrieb zum Beispiel, daß er »am 10. April nachmittags, bei klarem Himmel, mit nur 128 Spiegeln auf eine Entfernung von 50 Metern ein mit Teer bestrichenes Stück Tannenholz in Brand setzen« konnte. »Die Entzündung geschah plötzlich; der Brennpunkt war bei dieser Entfernung etwa 45 Zentimeter im Durchmesser. Ein weiteres Mal wurde mit nur 45 Spiegeln auf eine Entfernung von sieben Metern eine drei Kilogramm schwere Zinnflasche zum Schmelzen gebracht, und mit 117 Spiegeln konnte man kleine Stücke dünnen Silbers schmelzen und eine Metallplatte bis zur Rotglut erhitzen.« Buffon bemerkte bei seinen Versuchen bereits, daß der Durchmesser der Sonne am Himmel (ungefähr ein halbes Bogengrad) einen genauen Brennpunkt nicht zuließ, wie Descartes bereits festgestellt hatte. Der Brennpunkt war immer unvollkommen und leicht »gestreut«, da die Sonne selbst keine punktförmige Lichtquelle ist und mit steigender Entfernung vom Objekt, auf das die Spiegel ausgerichtet werden, auch Ungenauigkeiten der Spiegeloberflächen hinzukommen. Buffon: »[Archimedes'] Leistung im Hafen von Syrakus konnte tatsächlich nachvollzogen werden. (...) Ich muß Archimedes und den Menschen der Antike den Ruhm zugestehen, der ihnen gebührt (...). Es gilt als sicher, daß Archimedes imstande war, dies mit Metallspiegeln zu tun, so wie ich imstande war, es mit Glasspiegeln zu tun.« (Musée des Arts et Métiers, *Paris. Miroir à foyer variable de Buffon.*)

TAFEL 53

Ein früher »Magno-Illuminator«: eine der britischen Linsen, 60869-A im Museum für Naturgeschichte London. Dies ist die Linse, die das Licht aus der Umgebung sammelt und auf den vergrößerten Text lenkt. Sie beleuchtet den Text und vergrößert ihn gleichzeitig 2 1/2 bis 3 x. Wenn man in einem Raum mit schwachem Licht die Linse auf den Text legt, den man liest, wird dieser doppelt so stark beleuchtet wie ohne die Linse. Auf diesem Foto kann man die zusätzliche Beleuchtung in der linken oberen Ecke der Linse erkennen. Diese Bikonvex-Linse besteht aus geschliffenem und poliertem Bergkristall. Ihre maximale Stärke beträgt 1,83 Zentimeter, ihr Durchmesser variiert zwischen 2,58 und 2,63 Zentimetern. Der Rand ist stark angeschlagen, was darauf hinweist, daß die Linse einst in einem Metallband eingefaßt war. Die Linse ist vollkommen transparent. Die Unterseite hat mehrere tiefe Kratzer und Furchen und ist sehr abgeschürft. Der Mittelpunkt ist durch den häufigen Gebrauch sehr abgenutzt und hat eingefräste Schmutzpartikel. Auf der oberen Fläche ist der Abrieb nur leicht. (*Sammlung Sir Hans Sloane, Museum für Naturgeschichte, London. Foto Robert Temple*)

TAFEL 54

Dr. John Woodward (1665–1728), ein zeitgenössisches Porträt in Öl von einem unbekannten Künstler. Dieses hängt nun zusammen mit seinen Sammlungen im *Sedgwick-Museum für Geologie* in Cambridge.

Einige der britischen Kristall-Linsen befinden sich in dieser Sammlung. (*Zeitgenössisches Porträt im* Sedgwick-Museum. *Foto Robert Temple.*)

TAFEL 55

Eine Luftaufnahme des Amun-Tempels bei Karnak, die die enorme Größe des Bauwerks und den über 500 Meter langen Korridor zeigt. Das Foto stammt aus dem frühen 19. Jahrhundert. (*Foto mit freundlicher Genehmigung von Abdullah Gaddis, Luxor, Ägypten.*)

TAFEL 56

Ein vom Anthropologen Richard Lóbban gemachtes Foto eines gedehnten und getrockneten Stierpenis', das die typischen quadratischen »Ohren« und »Augen« des altägyptischen Gottes Seth zeigt. Eingefügt ist auch ein Foto mit der gegabelten Basis eines solchen Penis'; der Gott Seth wurde oft mit einem solchen gegabelten »Schwanz« porträtiert. Lobban scheint deshalb den Grund für diese bildhafte Wiedergabe des Gottes herausgefunden zu haben, die die Ägyptologen immer vor ein Rätsel gestellt hatte, denn kein bekanntes Tier ähnelte dem Gott. Tafel 56b zeigt eine typische Darstellung des Gottes. Dieser Stierpenis inspirierte die Ägypter auch zum *was*-Zepter. Tafel 56c zeigt eine Nahaufnahme des gegabelten Endes des Stierpenis'. (*Fotos Richard Lóbban*)

TAFEL 57

Ein Isis-Priester, der einen *Ankh*-Schlüssel — das Symbol des Lebens — in seiner rechten Hand trägt, bei einer heiligen Prozession; in seiner linken Hand hält er ein *tcham*-Zepter, auch als *uas*-Zepter bekannt. Es hat den »Hundekopf« mit herabhängenden Ohren und dem gegabelten unteren Ende zur Schattenmessung. Links hinter dem Priester befindet sich noch eine längere Stange mit einem gegabelten unteren Ende, ebenfalls zur Schattenmessung. Die Motive der heiligen Vermessung werden hier also deutlich dargestellt. Aus dem Tempel bei Philae in Oberägypten. (*Foto Robert Temple*)

TAFEL 58

Ein Wandrelief am Hathor-Tempel bei Dendera in Oberägypten. Hier sehen wir den *Ankh*-Schlüssel, Symbol des Lebens, zum Leben erweckt und mit zwei Armen. In jeder Hand hält er einen *was*-Stab. Beide haben ein gegabeltes unteres Ende, um die von Obelisken geworfenen Schatten genauer zu definieren. Das gekrümmte obere Ende hatte eine ähnliche Funktion. Die beiden von den Ellbogen herabhängenden Gewichte zeigen eine Methode, bei Vermessungsarbeiten ein Niveau zu erhalten, die von unserer modernen Methode mit einer Wasserwaage abweicht. Es ist möglich, daß der *Ankh*-Schlüssel selbst ursprünglich ein Peilungsinstrument war und wie der *was*-Stab den Nicht-Eingeweihten lediglich als dekoratives religiöses Symbol bekannt war. (*Foto Robert Temple*)

TAFEL 59

Eine Nahaufnahme eines Teils der berühmten Pyramidentexte in der Pyramide des Pharaos Unas (manchmal auch Wenis genannt, 2356–2323 v. Chr.) aus der 5. Dynastie. Dies sind die ältesten Pyramidentexte und somit auch die ältesten uns erhalten gebliebenen religiösen Schriften der Welt. In der Mitte der Aufnahme erscheint der Name Unas innerhalb der elliptischen Schleife, die auch als »Kartusche« bekannt ist. Der Hase mit den langen nach hinten fliegenden Ohren repräsentiert den Buchstaben »U«, die Wellenlinie den Buchstaben »N«, das Schilfrohr unten rechts den Buchstaben »A« und das Zeichen links unten, von dem einige glauben, es sei die Rückenlehne eines Stuhls, steht für den Buchstaben »S«. Die Texte in dieser Kammer handeln von dem mysteriösen Meteoriten-Eisen, das vom Himmelsboden herabfiel. (*Foto Robert Temple*)

TAFEL 60

Der »Licht-Schacht« im Tal-Tempel bei Giza, neben der Sphinx. Dieses Foto wurde 1865 von Professor Charles Piazzi Smyth gemacht, aber er hat es nie veröffentlicht. Es befand sich unter Piazzi Smyths Papieren, die Moses Cotsworth nach Piazzis Tod erwarb. Cotsworth veröffentlichte das Foto dann in seinem eigenen Buch *The Rational*

Almanac, York, England, 1902, S. 176. Die Aufnahme wurde zur Mittagszeit gemacht und zeigt, daß auf die Ost- und Westmauern kein Schatten fällt — ein Hinweis auf die perfekte Ausrichtung des Bauwerks.

TAFEL 61

Dieser Steinblock wurde 1998 von Robert Temple im Gestrüpp innerhalb der Tempelanlagen von Karnak gefunden, etwas südlich vom Amun-Tempel. Es zeigt die Nord-Süd- und Ost-West-Ausrichtungslinien, die von Vermessungsarbeitern zur Zeit der Grundsteinlegung in den Boden eines der Tempel eingemeißelt worden waren. Ihre wahre Natur war von Archäologen nicht erkannt worden; sie hatten sich auch nie darum bemüht, den Block aus den Trümmern zu retten. Ein Foto mit ähnlichen eingemeißelten Ausrichtungslinien wurde von Schwaller de Lubicz als Tafel 85 (im Anhang an Kapitel 40) in seinem Buch über den Luxor-Tempel, *The Temple of Man*, Inner Traditions Publishers, USA, 1998 präsentiert. Schwaller war derjenige, der ursprünglich diese Ausrichtungslinien bei Luxor, die die Achsen des Tempels bestimmen und in den Boden des Heiligtums von Amuns Barke eingemeißelt sind, erkannt hatte. Sie waren unter den Fußbodenplatten des Tempels versteckt. Der hier gezeigte neu identifizierte Ausrichtungsstein zeigt die Überkreuzung der beiden grundlegenden Ausrichtungslinien und ist ein unschätzbar wertvolles Relikt altägyptischer Wissenschaften. Er sollte in einem Museum ausgestellt werden und die Anerkennung erhalten, die er verdient. An alle Archäologen! (*Foto Robert Temple*)

TAFEL 62

Viele Menschen haben sich über die seltsame Szene links in diesem Wandgemälde aus dem Grab von Pharao Ramses IX. (1126–1108 v. Chr.) aus der 20. Dynastie gewundert. Wir sehen, wie sich der Pharao zurücklehnt — sicher keine Gymnastikübung —, während man über ihm einen Skarabäus-Käfer sehen kann, der die Sonne über den Horizont schiebt. Was geschieht hier? Die Antwort erhält man, wenn man einen durchsichtigen Plastik-Winkelmesser, wie er von Kindern in der Schule verwendet wird, nimmt und ihn an dem Punkt ansetzt, wo die Fingerspitzen des Pharao die Linie berühren. Die senkrechte Linie und die Körperlinie des Pharao stehen in einem Winkel von 26° zueinander; der Körper des Pharao bildet somit die Hypotenuse eines Goldenen Dreiecks. Dies ist auch genau das Dreieck, das zur Wintersonnenwende bei Sonnenuntergang als Schatten auf die Südseite der Großen Pyramide geworfen wird, wie ich 1998 entdeckte, und das auf Tafel 30 wiedergegeben ist. Kein mir bekannter Ägyptologe hat je darauf hingewiesen, daß die Position des Pharao hier ein Goldenes Dreieck bildet. In der ägyptischen Überlieferung wurden die drei Seiten eines rechtwinkligen Dreiecks (und das Goldene Dreieck ist ein rechtwinkliges Dreieck, das durch den Goldenen Schnitt definiert wird) mit Isis, Osiris und Horus identifiziert; die Hypotenuse wurde Horus genannt. Der verstorbene König wird hier also zum Horus und zum ewigen Leben wiedererweckt — was man daran erkennen kann, daß er zur Hypotenuse im Dreieck wird. Der erigierte Phallus wurde von diesem Gemälde entfernt, aber ein weißer Streifen ist noch erkennbar, wo er sich einst befand. Würden wir den Pharao entlang der Linie des Schattens auf der Großen Pyramide plazieren, wäre es interessant zu spekulieren, auf was der erigierte Phallus des Pharao zeigt: auf einen Punkt innerhalb der Pyramide? Oder auf einen bestimmten Stern?

TAFELN 63 UND 64

Ein Auge des Horus auf der griechischen Insel Delos? Das Licht, das von einer Pyramidenspitze reflektiert wird? Die Sonne zur Mittagszeit über einer Pyramide? Wie im Haupttext beschrieben wurde dieses Mosaik auf der heiligen griechischen Insel Delos ausgegraben, in der Vorhalle des Hauses der Delphine. Es wurde als Abbildung 68 in Marcel Bulards Buch *Peintures Murales et Mosaiques de Délos* (Gemälde, Wandmalereien und Mosaiken von Delos) veröffentlicht, Band 14 der *Monuments et Mémoirs Publiés par l'Académie des Inscriptions et Belles-Lettres*, Paris, 1908. (Abbildung 69 in Bulards Buch zeigt ein ähnliches Muster auf einem Bruchstück einer bei Delos ausgegrabenen Lampe.) Bulard war nicht im Zweifel darüber, daß dieses Symbol fremder Herkunft ist, und sah es als etwas aus Nordafrika oder Phönizien an. Er weist darauf hin, daß das Mosaik vom Peristyl [von Säulen umgebener Innenhof eines antiken Hauses, A. d. Ü.] desselben Hauses das Werk eines ursprünglich aus Arados stammenden Künstlers sei, »welches vielleicht das Arados von Phönizien ist«. Er fügt hinzu: »Das

Haus der Delphine sollte als ein Ort gesehen werden, der anders geartet ist als die griechisch-römischen Häuser von Delos, was auf seine orientalischen Einflüsse zurückzuführen ist« (S. 194, Bulard). Da Bulard Edouard Meyer zitiert, der erwähnt, daß dieses Zeichen oft in punischen Heiligtümern in Nordafrika gefunden wurde, und glaubt, daß es ägyptischen Ursprungs ist, ist es wahrscheinlich, daß das Konzept der Pyramidenspitze als Auge des Horus entlang der Küste weit verbreitet war, aber nicht als das erkannt wurde, was es ist. Die Ausbreitung ägyptischer religiöser Einflüsse westwärts entlang der Küsten von Tunesien, Algerien und Marokko ist ein Thema, das nie eingehender studiert wurde, und das bekannte Vorkommen von Isis-Kapellen überall im römischen Reich ist ein weiterer Hinweis auf den religiösen Einfluß Ägyptens — wie sehr er zu jener Zeit auch abgeschwächt und oberflächlich war —, der sich unter den römischen Kaisern über den ganzen Mittelmeerraum ausbreitete.

TAFEL 65

Die berühmte Luftaufnahme von Brigadegeneral Groves, 1929 erstmals veröffentlicht, zeigt die senkrecht verlaufende Zweiteilung der Südseite der Großen Pyramide (im Foto die obere) und den von den ursprünglichen Erbauern eingeplanten mysteriösen »Einwölbungs-Effekt«, der vom Boden nicht wahrgenommen werden kann. Der von mir 1998 entdeckte Wintersonnenwend-Schatten auf derselben Südseite bildet die Hypotenuse eines Goldenen Dreiecks mit dieser senkrechten Linie. Tatsächlich hat die Große Pyramide acht Seiten, nicht vier, doch mit bloßem Auge ist dies vom Boden aus nicht zu erkennen. Der »Einwölbungs-Effekt« ist so schwach, daß er an keiner Stelle 94 Zentimeter nach innen übersteigt. Die linke Hälfte der Südseite, die hier noch im Schatten liegt, hätte an den Tagen unmittelbar vor und nach den Frühjahrs- und Herbst-Tagundnachtgleichen bei Sonnenaufgang einen Blitz erzeugt, als die Pyramide noch in glänzend weißen Kalkstein gekleidet war. Weder der Sonnenwend-Schatten noch die Blitze bei den Tagundnachtgleichen wurden bisher entdeckt. In Kapitel Neun wird dieses Thema ausführlich behandelt. (*Foto von Brigadegeneral P. R. C. Groves, Reproduktion des Titelblattes von David Davidsons* The Hidden Truth in Myth and Ritual and in the Common Culture Pattern of Ancient Metrology, *Leeds, 1934.*)

Kosmos eingebettet und findet überall und immer im Universum unter nachvollziehbaren Bedingungen Anwendung. Es ist eine wahre universelle Konstante, denn ihre Wurzeln liegen in den Grundlagen der Mathematik und den Schwingungen der Materie, egal auf welchem Planeten oder in welchem Universum auch immer. Und allein schon in ihren musikalischen Ursprüngen hat sie für einen Priester oder Philosophen der Antike allen Anschein einer der göttlichen Zahlen. Doch stellen Sie sich vor, wie wichtig sie den alten Ägyptern erschienen sein muß, als sie feststellten, daß sie *auch für den Kalender eine wichtige Zahl war!*

Die Ägypter waren vom Kalender geradezu besessen. Sie waren »zwanghafte Rechner«, die einfach genau darauf achteten, daß sie die richtigen Tage für ihre religiösen Feste auswählten — sonst wäre es das Ende der Welt gewesen. Kein Magersüchtiger hätte zwanghafter, kein zwanghafter Händewäscher hätte fanatischer sein können als der alte ägyptische Priester mit seinem Kalender. Es ging dabei für sie buchstäblich um Leben und Tod.

Als ich entdeckte, daß die Zahl der Tage in einem Jahr (365) von der Zahl der Bogengrade in einem Kreis (360) um das pythagoräische Komma abwich, studierte ich die anderen Planeten und fand heraus, daß es für jeden von ihnen abgerundete »ideale« Jahre gab, die von dem wirklichen Jahr entweder um das pythagoräische Komma oder sein Quadrat abwichen, allgemein innerhalb einer Spanne von 9,6 Zehntausendstel, wie bei der Erde. Ich begann zu spekulieren, ob es eine universelle Bedeutung hinter dieser Tatsache geben könnte, und ob diese Naturkonstante vielleicht in jeder nachvollziehbaren Umlaufbahn auftreten würde, so wie es auch bei jeder materiellen Schwingung der Fall ist. Ich postulierte sogar einige Bewegungsgesetze, einschließlich eines, das besagte, daß die absolute Dauer des Jahres und die absolute Dauer des Tages in einem festen Verhältnis zueinander stehen (d. h. Rotation und Umlauf eines jeden Himmelskörpers hatten ein festes Verhältnis zueinander), so daß, wenn sich die eine änderte, die andere sich mit ihr ändern mußte (und da sich die Länge des Tages geändert hatte, sagte ich voraus, daß man herausfinden würde, daß sich auch die Länge des Jahres entsprechend um einen winzigen Betrag ändern würde, auch wenn niemand das näher überprüft hat). Doch dies sind komplexe Spekulationen, und es wäre nicht angebracht, sie hier einzufügen. Doch es reicht festzustellen, daß bei allen Planeten, über die ich ausreichend Daten zur Verfügung hatte, gezeigt werden konnte, daß sie »ideale« und »reale« Jahre aufwiesen, die um das pythagoräische Komma voneinander abwichen, wenn man die Anzahl der Tage in ihren jeweiligen Jahren berechnete. (Merkur und Venus, die sogenannten inneren Planeten, lieferten in bezug auf »Erdtage« dieselben Resultate, was vielleicht auf eine Art hierarchischer Kaskade von Orbitalbewegungen hinweist, wenn man sich von der Sonne aus dem Planetensystem nach außen bewegt. Ich habe bereits in meinem Buch *Das Sirius-Rätsel* erklärt, wie die Durchmesser von Erde, Venus und Merkur durch einen gemeinsamen Zahlenkoeffizienten miteinander verbunden sind, nämlich 2,94.)

Es mag sehr wohl sein, daß das pythagoräische Komma auch angibt, wieviel Prozent an Masse in einer Wasserstoff-Bombe bei der Explosion in Energie umgewandelt wird. Das Gewicht der vier Wasserstoff-Protonen, die bei der Explosion einer Wasserstoff-Bombe in einen Heliumkern umgewandelt werden, übersteigt das Gewicht des Heliumkerns um einen Faktor, der fast genau dem pythagoräischen Komma entspricht. Ich habe jedoch trotz Untersuchungen den präzisen Faktor nicht ermitteln können, weil es wohl ein Militärgeheimnis ist.

Andererseits informierte mich die *United Kingdom Atomic Energy Authority* 1978, daß dies »eine uns unbekannte Zahl ist«, und vielleicht haben sie recht — vielleicht denkt niemand je darüber nach. Ein weiteres Mal, wo das pythagoräische Komma auftritt, ist das Verhältnis von 238 zu 235 — die beiden Arten von Uran (d. h. Uran 235 und Uran 238). Das Verhältnis ist 1,0128, was um 0,0008 vom pythagoräischen Komma abweicht.

Was das Element Helium betrifft, ist es interessant anzumerken, daß Helium^4 sich bei 4,2216 °K verflüssigt und Helium^3 bei etwa 3,2 °K. Das arithmetische Mittel zwischen diesen beiden Werten ist 3,7, und dieser Wert ist genau das 0,0136fache der Siedetemperatur von Wasser. Das pythagoräische Komma setzt also diese entsprechenden Siedetemperaturen miteinander in Beziehung. Man könnte geneigt sein, dies als bloßen Zufall zu betrachten, wäre da nicht die Genauigkeit bis auf vier Dezimalstellen hinter dem Komma. Übergänge zwischen den Aggregat-Zuständen wie zum Beispiel Siedepunkte sind in der Natur Schlüsselwerte und tendieren dazu, sich als universelle Konstanten zu manifestieren. Und wenn wir eine weitere Flüssigkeit, nämlich Quecksilber, mit Wasser vergleichen, stellen wir fest, daß Quecksilber ein spezifisches Gewicht von 13,6 hat, also 13,6mal so viel wiegt wie Wasser — das pythagoräische Komma multipliziert mit einer Million.

Eine weiteres mögliches Auftreten des pythagoräischen Kommas steht in Verbindung mit der Bildung der chemischen Elemente des Universums, ausgehend vom einfachsten, dem Wasserstoff — ein Vorgang, der in den Sternen abläuft. Wie der Astronom Martin Rees kürzlich in seinem faszinierenden populärwissenschaftlichen Buch *Just Six Numbers: The Deep Forces that Shape the Universe* (Nur sechs Zahlen: Die tiefen Kräfte, die das Universum formen, Weidenfeld & Nicholson, London, 1999) klargestellt hat, gibt es eine winzige Zahl, die den ganzen Vorgang beherrscht, nämlich 0,007. Er sagt: »(...) Was so bemerkenswert ist, ist, daß eine auf Kohlenstoff basierende Biosphäre existieren könnte, wäre diese Zahl 0,006 oder 0,008 statt 0,007.« (S. 51) Es ist lobend hervorzuheben, daß Rees auf diese erstaunliche Tatsache hinweist. Der altägyptische Begriff »der winzige Spalt« würde in diesem Fall ebenfalls Anwendung finden, nicht wahr? Wir würden nicht einmal existieren, würde diese winzige Zahl auch nur ein bißchen von diesem Wert abweichen. Doch worum handelt es sich bei dieser Zahl genau? Es ist der Prozentsatz an Masse von Wasserstoff (das erste und einfachste Element), der bei der Kernfusion, der Umwandlung von Wasserstoff in Helium in den Sternen, in Energie umgewandelt wird. Und die Erzeugung von Helium wiederum führt zur Erzeugung aller anderen chemischen Elemente des Periodensystems. Wenn sich Wasserstoff nicht zu Helium umwandeln könnte, würde sich nichts anderes darüber hinaus bilden können, und das Universum wäre einfach nur ein Ozean voll von langweilendem Wasserstoff. Doch da sich der Vorgang der Bildung von Helium in zwei Stufen statt einer vollzieht (der Wasserstoff wird zunächst zu Deuterium, dann zu Helium), muß die Zahl 0,007 zweimal angewendet werden, um die Naturkonstante in ihrer »operativen« Form zu artikulieren. Wenn wir nur von 0,007 sprechen, beschreiben wir nur die Hälfte des Vorgangs statt des gesamten. Und das Doppelte von 0,007 ist 0,014, was abgerundet dem pythagoräischen Komma (0,0136) entspricht, das wiederum zu der bei den Physikern so beliebten »Feinstruktur-Konstante« in Beziehung steht, die auch mit dem Wasserstoff-Helium-Prozeß zu tun hat.

Da ich hier nicht vorhabe, in komplexe physikalische Zusammenhänge abzuschweifen, wird es Sie sicher erleichtern zu erfahren, daß ich hier nicht weiter in die Einzelheiten gehen werde. Ich möchte nur darauf hinweisen, daß — gäbe es das pythagoräische Komma nicht — ich dieses Buch nicht hätte schreiben können; Sie würden es nicht lesen können; es würde keinen Planeten Erde geben, keine Bäume, aus deren Holz das Papier hergestellt wird, aus dem dieses Buch gedruckt ist; Sie hätten keine Augen in Ihrem Kopf, denn Sie hätten keinen; es gäbe Sie und mich überhaupt nicht. Dies zeigt, daß das pythagoräische Komma so fundamental ist, daß es allen Formen der Materie mit Ausnahme des Wasserstoffs vorangeht und es von daher seine Wurzeln in der Atomphysik hat. Unsere Fähigkeit es zu messen, und sogar der Wert, dem wir ihm zuschreiben, sind nicht so fundamental wie unsere persönlichen Erfahrungen — mit anderen Worten, »der kleine Spalt« hat uns erschaffen, nicht wir ihn.

Wenn man in der reinen Geometrie nach dem pythagoräischen Komma Ausschau hält, tritt es auf unerwartete Weise auf. Die Flächen eines Dodekaeders (eines der fünf sogenannten regelmäßigen Vielecke — genannt Polyeder — mit zwölf Flächen) stehen in einem Winkel von 108° zueinander. Multipliziert man diesen Winkel mit dem pythagoräischen Komma, erhält man 109° 28' 7,7'', was weniger als 8,5 Bogensekunden des Winkels 109° 28' 16'' ist — der Kosinus von — 1/3, der Winkel, den man im Zentrum eines Tetraeders findet. Dies waren die Phänomene, von denen ich einst so eingenommen war, daß ich beschloß, dies sei alles zuviel an Zahlen und ich müsse hiermit aufhören!

Das pythagoräische Komma scheint noch einen anderen grundlegenden Aspekt zu haben. Es scheint, als ob es erforderlich sei, um als Korrekturfaktor für die Gleichungen der Allgemeinen Relativitätstheorie von Albert Einstein zu fungieren. Es war Dr. Philip Goode, der als erster mit einer Berechnung im Zusammenhang mit der Relativitätstheorie hervortrat, die etwas anders als die von Einstein war. Und in den achtziger Jahren nahm der Arzt Dr. Henry Hill dies als eine Angelegenheit auf, die dringend untersucht werden sollte. Das Problem bezieht sich auf die Präzession [kreisförmige Verlagerung der Längsachse eines rotierenden Körpers, A. d. Ü.] des Planeten Merkur. Die Längsachse von Merkur rotiert (wie ein rotierender Brummkreisel, der leicht »wackelt«) mit einer Präzession von 5600 Bogensekunden in 100 Jahren. Dies sind etwa 1,5 Bogengrade, was nicht viel scheint, doch in Wirklichkeit sehr wichtig ist.

Nach Newtons Gravitationstheorie ließen sich 5557 dieser 5600 Bogensekunden erklären; nur 43 Bogensekunden waren nicht nachvollziehbar. Einsteins Theorie hätte dies erklären sollen, doch da Einstein davon ausging, daß die Sonne perfekt kugelförmig sei — was sie nicht ist — lag er falsch und seine Korrektur reichte nach Hill und Goode nur, um 42,3 Bogensekunden zu erklären. Henry Hill benutzte ein Solar-Teleskop und entdeckte, daß die Sonne an ihren Polen leicht abgeflacht und deshalb keine perfekte Sphäre ist. Das Ergebnis davon ist, daß Einsteins gesamte Theorie durch diese Abweichung in der Präzession von Merkur bedroht ist. Nun, ich würde nicht wollen, daß Einsteins Theorie bedroht wird — Sie? Deshalb ist es eindeutig unsere Pflicht, dem guten alten

Albert, der das mit der Sonne falsch mitbekommen hat, aus der Klemme zu helfen.

Und das ist der Punkt, wo das pythagoräische Komma auf den Plan tritt. Nehmen wir die 43 Bogensekunden, die Einstein auf der Grundlage einer perfekt sphärischen Sonne angenommen hat, und teilen wir sie durch die 42,4 Bogensekunden, von denen Hill und Goode nachdrücklich sagen, das sei alles, was die leicht abgeflachte Sonne als Abweichung zuläßt, erhalten wir 1,016, was bis auf zwei Hundertstel hinterm Komma dem pythagoräischen Komma entspricht. Vielleicht würden sich diese beiden Hundertstel sogar auch noch auflösen, wenn ich genauere Zahlen zur Verfügung hätte, aber 43 und 42,3 sind die besten, die mir zur Verfügung stehen. Andererseits ist 1,016 gleich dem Quadrat des pythagoräischen Kommas, abgerundet bis auf die vierte Dezimalstelle, so daß dies vielleicht das Ausmaß ist, mit dem wir es zu tun haben. Die Abweichung zwischen den beiden Zahlen 43 und 42,3 scheint also proportional dem pythagoräischen Komma (oder seinem Quadrat) zu entsprechen, was ein Korrekturfaktor zu sein scheint, mit dem man diese beiden Werte in Einklang bringen und so Einsteins Theorie retten kann. Ich vermute, dieser Korrekturfaktor hat aufgrund seines universellen Wesens als Naturkonstante einen kosmologischen Status.

Was bedeutet all dies nun? Was es unter anderem bedeutet, ist, daß das Ausmaß der Abflachung sphärischer Himmelskörper im Raum wie die Sonne nicht zufällig ist, sondern verborgene Zwangsläufigkeiten reflektiert und eine Funktion des pythagoräischen Kommas ist. Wir können daraus schließen, daß die Sonne nur so abgeflacht sein kann, wie sie es ist, nicht mehr und nicht weniger. Man kann meiner Meinung nach erwarten, daß diese Naturkonstante auch bei der Messung von Abweichungen zwischen den Gravitationswirkungen einer perfekten Sphäre und eines wirklichen Sphäroids, wie er in der Natur vorkommt, auftritt, genauso wie sie bei der Abweichung eines »idealen« Jahres von dem eines »realen« auftritt, wie wir schon sahen. Das pythagoräische Komma ist nichts weniger als ein allgemeines universelles Maß der Abweichung zwischen dem Idealen und dem Realen. Es ist tief ins Universum eingewoben und genauso fundamental wie Heisenbergs Unschärferelation — tatsächlich sogar noch fundamentaler, sollte ich sagen.

Der unheimliche und fast schon unglaubliche Punkt hier für uns ist, daß die alten Ägypter das pythagoräische Komma bereits in bezug auf die Länge des Erdjahres entdeckt hatten! (Und wir werden uns hier noch mehr darüber wundern, wieviele andere wissenschaftliche Wahrheiten sie verstanden, die wir heutzutage gerade erst zu verstehen beginnen.) 1971 wußte ich dies noch nicht. Ich entdeckte dies erst 1998, als ich das zuvor schon erwähnte Buch *Creation Records Discovered in Egypt* (Schöpfungs-Aufzeichnungen in Ägypten) (1898) von George St. Clair las.[5] Das Buch wollte schon seit 15 Jahren von mir gelesen werden, doch man kann nicht alles gleichzeitig tun, weshalb ich es bis dahin immer wieder verschoben hatte.

George St. Clair muß ein bemerkenswerter Mann gewesen sein, denn er wußte intuitiv um die Bedeutung vieler Aspekte der ägyptischen Mythologie auf eine Weise, die sonst niemand verstand. Er sah deutlich die Kalender-Manie, von der die Ägypter befallen waren, ebenso wie ihre Leidenschaft, alles über die verschiedenen Jahre (lunare, solare und andere) bis ins letzte Detail zu erkunden. St. Clair erkannte auch, daß die Ägypter mit dem Problem der Präzession des Frühlingspunktes beschäftigt waren — ein Langzeit-Phänomen, das daraus resultiert, daß die Erdachse in sich selbst eine Drehung ausführt; alle 25 868 Jahre vollziehen die Pole eine volle Umdrehung, was dazu führt, daß sich die Identität des Polarsterns ändert, bis er nach diesem Zeitraum wieder an derselben Stelle steht. Die Ägypter lebten als Zivilisation lange genug, um diese Verschiebung ihrer so wertgeschätzten Sterne zu bemerken. Diese Präzession des Frühlingspunkts verursacht den Wechsel zwischen den Tierkreiszeichen, die jeweils mit einem bestimmten Zeitalter in Verbindung gebracht werden. So wissen zum Beispiel alle aufgeweckten Leute, die an der Astrologie interessiert sind, daß wir uns gegenwärtig aus dem sogenannten »Fische-Zeitalter« heraus und ins »Wassermann-Zeitalter« hinein bewegen.

Der Punkt hier ist, daß die Ägypter unter all diesen astronomischen und kalendarischen Phänomenen, die sie so interessierten, dieselbe Sache entdeckten wie ich 1971 — nämlich daß ein »ideales« Jahr von 360 Tagen vom wahren Jahr mit seinen 365 Tagen, 5 Stunden und 49 Minuten um den Faktor 1:1,014 abwich, was sie wahrscheinlich schon zuvor in der Musiktheorie entdeckt hatten. Und als sie über dieselbe Zahl zweimal stolperten, waren sie überzeugt, daß das pythagoräische Komma (das den Ägyptern als »der kleine Spalt« bekannt zu sein schien) die wichtigste Geheimzahl der Götter war. Der Gott Thoth war als »der Achte« bekannt, der »die Sieben vervollständigte«. (Dies ist der mythologische Hintergrund zur weitverbreiteten griechischen Tradition, daß Pythagoras der Leier eine achte Saite hinzufügte und »die Oktave vervollständigte«. Die reine musikalische Quinte wurde von fünf Göttern einschließlich Isis und Osiris repräsentiert — bekannt als »die Fünf« — und sie repräsentierten auch die zusätzlichen fünf Tage, die den 360 hinzugefügt wurden, um 365 zu ergeben. Der verbleibende Bruchteil eines Tages, die diesen hinzugefügt wurden, um das wahre Jahr zu ergeben, wurde Horus genannt. Der Phallus von Osiris war der Tag 365, der erforderlich war, um ihn zu den 364 Tagen des lunaren Jahres hinzuzufügen, und Horus vervollständigte die Zahl durch Hinzuzählen des Zeitraums von etwas weniger als sechs Stunden, um schließlich die genaue Länge des wahren Jahres anzugeben. Es gab Tempel und sogar Städte, die »den Acht« und »den Fünf« gewidmet waren; so wurde zum Beispiel die Stadt Hermopolis tatsächlich »die Achte« genannt, und ihr Haupt-Tempel war der »Tempel der Acht«, dessen Hohepriester allerdings »der Große der Fünf« genannt wurde. Natürlich gab es dazu noch viel mehr, doch zuviel für uns, um hier in alle Einzelheiten zu gehen.

Baron Albert von Thimus glaubte, daß das ägyptische Symbol des *Ankh*-Schlüssels, auch »Schlüssel des Lebens« genannt, manchmal die musikalische Quinte repräsentierte. Er vermutete auch, daß das Symbol der gekreuzten Pfeile eine musikalische Bedeutung hatte. Es ist möglich, daß die Oktave durch die Uräus-Schlange auf der Stirn repräsentiert wurde, denn Schwaller de Lubicz sagt in seinem Werk *The Temple of Man*: »Der Grund für die Wahl der Schlange als Symbol für das Dualitäts-Prinzip mag seltsam erscheinen, doch in diesem Tier befindet sich alles in doppelter Ausführung, einschließlich seiner gespaltenen Zunge und den Genitalien. Sie hat einen doppelten Penis, die weibliche Schlange hat eine doppelte Vagina; der doppelte Hoden und der doppelte Eierstock der höheren Lebewesen liegen hier bereits rudimentär vor.« Weitere spezifische Beweise für das Konzept der Oktave bei den Ägyptern kommen aus der großartigen von Alexandre Piankoff getätigten Veröffentlichung und Übersetzung der Papyrus-Rollen, die sich mit der Mythologie befassen. In der Einführung zu seinen *Mythological Papyri* sagt Piankoff:

»In der Theologie Thebens [über den Gott Amun/Amon in der Zeitperiode des Neuen Königreichs] *manifestiert sich Amon, der Verborgene, als erster der acht urzeitlichen Götter: ›Die acht Götter waren deine erste Form, bis du sie zu Einem vervollständigt hast (...)‹.* [Ein Zitat aus einem Leiden-Papyrus.] *(...) Mit anderen Worten, der Eine manifestiert sich als eine Vielfalt der Acht, bleibt aber in sich selbst der Eine. Auf dieselbe Vorstellung trifft man in der Theologie von Memphis* [des Gottes Ptah, zeitlich viel weiter zurückliegend, im Alten Königreich,

noch vor 2800 v. Chr.]. *Hier ist das göttliche Prinzip Ptah (...), der sich als acht Formen seiner selbst manifestiert (...).«*

Und Piankoff fügt hinzu, daß diese extrem alte Tradition »wahrscheinlich das älteste religiöse Konstrukt« Ägyptens sei.

Dies zeigt deutlich, daß das »Acht-in-Einem«-Prinzip, das auf den Gott Amun Anwendung fand, einem viel früheren Schema entliehen wurde, das den Gott Ptah beschrieb (dessen Kult während des Neuen Königreichs in den von Amun integriert wurde und dessen Kapelle bei Karnak immer noch erhalten und intakt ist, außer daß der Kopf der sitzenden Statue fehlt, der wahrscheinlich in der Antike von den Christen abgeschlagen wurde). Wir sehen hier also klar, daß die »Acht-in-Eins« — eine Beschreibung der musikalischen Oktave der heptatonisch-diatonischen Tonleiter —, die, wie aus Keilschrift-Texten klar entnehmbar, vor 2500 v. Chr. unter den Sumerern im mittleren Osten existierte, in Ägypten ein fundamentales Konzept von der ersten dynastischen Periode an war. Wir können deshalb davon ausgehen, daß das Wissen um die vollständige harmonische Tradition bis zu dieser Zeit zurückreicht, zusammen mit der Entdeckung des pythagoräischen Kommas.

Abbildung 50: »Der Tempel des Achten«, ein 1803 veröffentlichter Stich von einer Zeichnung von Dominique Vivant Denon aus dem Jahre 1799, die die Ruinen des Tempels von Hermopolis in Oberägypten zeigt, wie er zu jener Zeit ausgesehen hat. (Sammlung Robert Temple.)

Die verschiedenen Kalender wurden alle unabhängig voneinander Seite an Seite geführt, und Eide wurden geschworen, niemals das »Jahr« mit 360 Tagen zu vernachlässigen, bezüglich dessen viele ausführliche Rituale stattfanden. George St. Clair, dem das Konzept des pythagoräischen Kommas nicht bekannt war, identifizierte all diese Jahre als solche, konnte jedoch nur schlußfolgern, daß man nacheinander auf sie gekommen war und sie nur aufgrund der Starrköpfigkeit der ägyptischen Priester beibehalten worden waren. Das führte dazu, daß St. Clair nicht imstande war, zu einem vollständigen Verstehen der Situation zu gelangen; er hatte zwar die Elemente identifiziert, konnte aber das übergeordnete Muster nicht erkennen, da ihm *die Zahl* fehlte. Er konnte den Safe nicht öffnen.

Die Wahrheit ist, daß die Ägypter auf all diese verschiedenen Jahre nicht nacheinander kamen und eines nach dem anderen verwarfen, nachdem sie ihre Berechnungen verfeinert hatten. Sie zelebrierten sie alle *gleichzeitig*. Die Tatsache, daß das kurze 360-Tage-Jahr in Festtagen resultierte, die das ganze Jahr durchliefen, und zwar einmal in 72 Jahren, wurde als die »72-Jahr-Umsegelung« der Himmel durch den Sonnengott Ra gefeiert, der nach St. Clair im Ägyptischen Totenbuch mit 72 Namen angesprochen wird. Nur das pythagoräische Komma kann erklären, warum die Ägypter das offensichtlich nicht korrekte »Jahr« von 360 Tagen beibehielten und verehrten. Sie taten dies, *weil* es nicht korrekt war, doch indem es beibehalten und mit dem genauen Jahr verglichen wurde, konnte man das pythagoräische Komma berechnen. Sonst wäre die geheime Zahl vielleicht verlorengegangen, und zukünftige Generationen wären vielleicht nie imstande gewesen, sie zu berechnen, so daß eines der größten Geheimnisse des Universums vielleicht wieder dem Vergessen anheimgefallen wäre. (Und genau das war bis jetzt der Fall.)

Es gibt viele solche numerischen Symbole und Berechnungen; hier allerdings noch mehr von ihnen wiederzugeben, würde zu Verwirrungen führen. Doch was dies alles mit der Optik der alten Ägypter zu tun hat, ist, daß die vielen heiligen »Augen« in der ägyptischen Mythologie alle in verschiedenen Kontexten auftauchen, die nur mit diesem Schema schlüssig gedeutet werden können. Anders ergeben sie keinen Sinn. Warum gibt es so viele von ihnen? Die »Augen von Horus«, die »Augen von Ra«, die »Augen von Osiris«, die »Augen von Isis und Nephtys« usw.? Diese »Augen« hatten alle etwas mit der Optik zu tun, nämlich meistens als solare Abbilder, die in den verschiedenen Kalendern auftauchen! Wenn zum Beispiel die Sonne am Tag der Tagundnachtgleiche oder an einer der Sonnenwenden aufging, dann schien die Sonne entlang der Korridore eines ägyptischen Tempels, der auf einen dieser drei Punkte am Horizont ausgerichtet war (die Punkte, an denen die Sonne jeweils zum Zeitpunkt der Winter- und Sommersonnenwende aufging, waren die nördlichsten und südlichsten Punkte, und die der Tagundnachtgleichen genau in der Mitte zwischen den beiden). Die Korridore waren, wie wir beim Karnak-Tempel gesehen haben, so lang, daß nicht das Bild des Lichteinlasses projiziert wurde, sondern die Sonnenscheibe erschien auf der Wand oder dem Schirm des inneren Allerheiligsten. Die Sonnenscheibe war für ungefähr zwei Minuten sichtbar, bevor sie sich weiterbewegte. In diesen wertvollen zwei Minuten war ein Hohepriester zugegen, oder der Pharao selbst war bei besonderen Anlässen anwesend, um »mit der Präsenz und Manifestation seines Vaters Ra allein zu sein«, wie es einige Inschriften tatsächlich besagen.

Es gab eine ganze Reihe solcher »Augen«. Jedes »Auge« war doppelt vorhanden, und zwar in dem Sinne, daß es in einem inneren Heiligtum irgendwo in Ägypten sowohl bei Sonnenauf- als auch -untergang desselben Tages erscheinen konnte. (Dies ist wahrscheinlich der Ursprung der Legende, daß man Pythagoras an ein und demselben Tag in zwei Städten sah, was bewies, daß er ein Gott war.) Doch die solaren »Augen« könnten auch einen anderen doppelten Sinn gehabt haben, nämlich den, daß die beiden äußersten Positionen von Ra zum Zeitpunkt der Sonnenwenden doppelte Sonnenaufgangs- und Sonnenuntergangs-»Augen« erzeugten. Die genaue Länge des wahren Jahres beinhaltete eine Einberechnung von (fast) sechs Stunden, und dieser Teil eines Tages wurde manchmal »Horus« genannt, der vom Phallus des Osiris gezeugt worden war (der mit dem lunaren 364-Tage-Jahr verlorengegangen war), und der den Tag 365 repräsentierte, weshalb man auch am Neujahrstag (dem ersten Tage Thoths) vom Erscheinen des Horus-Auges sprechen konnte, statt vom Auge des Ra. Tatsächlich konnte dieselbe Sonnenscheibe in einem Kontext als Auge des Ra und in einem anderen als Auge des Horus beschrieben werden. Der kalendarische Kontext konnte je nach Anlaß bestimmen, welcher Name verwendet wurde. Wenn das Auge des Ra zum Auge des Horus wurde, wurde der »winzige Spalt« zwischen dem idealen und dem realen Jahr überbrückt, und das Wunder der Schöpfung war eingetreten. Horus war »der Sohn«, der nicht so sehr geboren als vielmehr wiedergeboren wurde. Das Alte wurde zum Neuen, das Imaginäre wurde zur Realität und das Zeitweilige wurde zum Ewigen.

Doch die »Augen«, die von der Sonne auf die Wände oder Schirme oder sogar Spiegel des inneren Heiligtums projiziert wurden, waren nicht die einzigen »Augen«. Eine große Bandbreite optischer Phänomene im antiken Ägypten muß nun aussortiert werden. Selbst der »Obelisk-Blitz« Sekunden vor Sonnenaufgang konnte mitunter als »Auge« gemeint sein. Die ägyptischen Obelisken bestanden an der Spitze aus Gold oder einer Gold-Silber-Legierung, und die aufsteigende Sonne traf auf die Spitze, bevor ihr Licht den Boden erreichte, wo die Menschen standen. Ein Weg, um sicherzustellen, daß man den genauen Moment des Sonnenaufgangs nicht verpaßte, war, sich mit dem Rücken zur aufgehenden Sonne zu stellen und die Spitze eines nahegelegenen Obelisken zu beobachten. (Selbst im Jahre 1999 wurde Beobachtern der Sonnenfinsternis in den Zeitungen geraten, sich von der Sonne abzuwenden und sie auf einem Stück Papier als Lochkamera-Projektion zu betrachten.) Eine brillante Reflexion eines Lichtblitzes kündigte den unmittelbar bevorstehenden Sonnenaufgang an, und dann war der Zeitpunkt gekommen sich umzudrehen und das große Ereignis selbst zu betrachten. Wir wissen von dieser Funktion der Obelisken aus altägyptischen Texten, die ich etwas später noch zitieren werde. Der Grund, weshalb diese Obelisken heute nicht mehr mit Goldspitzen versehen sind, ist natürlich, daß das Gold schon vor Jahrhunderten von neuen Herrschern oder einfach von Räubern in Zeiten von Aufruhr gestohlen und eingeschmolzen wurde. Die Franzosen haben kürzlich die Spitze ihres altägyptischen Obelisken auf dem Place de la Concorde in Paris vergoldet, wahrscheinlich unter freimaurerischem Einfluß.

Solch ein Gebrauch von Obelisken wäre besonders in Heliopolis, der Stadt der Sonne, die sich auf der Ostseite des Nils unmittelbar nördlich des heutigen Kairo befand, wichtig gewesen. Und dies führt uns zur Betrachtung einer weiteren seltsamen Sache im alten Ägypten — nämlich daß sich die Obelisken traditionell östlich des Nils und die Pyramiden westlich davon befanden. Warum dies? Und wenn Sonnenblitze von der Spitze der Obelisken so hilfreich waren, warum wurden sie dann nur östlich des Nils und nicht überall in Ägypten benutzt? Nun, eine Sache ist klar: Ein von einem Obelisken verursachter Lichtblitz wäre aus offensichtlichen Gründen nur bei Sonnenaufgang hilfreich gewesen, nicht aber bei Sonnenuntergang! Der Osten stand mit dem Sonnenaufgang und der Geburt im Zusammenhang, der Westen mit Sonnenuntergang und Tod. Deshalb war die riesige Stadt der Toten auf dem Plateau von Gizeh westlich des Nils. Doch wo war der Platz der Pyramiden in dieser Religion des Lichts? Wenn der Osten blitzende Obelisken hatte, was hatte dann der Westen als Gegenstück? Ganz offensichtlich müssen wir noch etwas weiter forschen, was dies angeht. Und auf einer Reise nach Ägypten 1998 entdeckte ich einen größeren »Licht-Trick« auf dem Gizeh-Plateau, der durch den Schatten der Chephren-Pyramide auf die Südseite der Großen (Cheops-) Pyramide bei Sonnenuntergang verursacht wurde und sein Maximum zum Zeitpunkt der Wintersonnenwende erreicht.

Ursprünglich war die Stadt Memphis in der Nähe der Pyramiden bekannt für ihre sogenannte *Weiße Wand*. Was war das? Nun, lassen Sie uns einem Moment noch die Große Pyramide betrachten: Lag irgendeine tiefere Bedeutung in der Tatsache, daß zwischen der Herbst- und der Frühlingstagundnachtgleiche die auf- und untergehende Sonne die Südseite der Pyramide beschien, aber nicht die Nordseite? Und daß zwischen der Frühlings- und Herbsttagundnachtgleiche die Sonne auf die Nordseite der Pyramide schien, nicht aber auf die Südseite? War dies der Grund, warum man sich solche Mühe gemacht hatte, die drei Haupt-Pyramiden bei Gizeh ursprünglich mit einer Ummantelung aus glänzend-weißen Außensteinen zu versehen? Welche optischen Phänomene hätten sich zur Zeit des Baus der Großen Pyramide tatsächlich an ihr gezeigt? Wäre sie nicht so gleißend hell gewesen, daß niemand sie tagsüber hätte anschauen können? Und weshalb hätte man dies getan? Und was sind die Muster der Schatten der Großen Pyramide in bezug auf die anderen Pyramiden und die Sphinx? Meine Entdeckung des Schattens zur Wintersonnenwende (die ich gleich näher beschreiben werde) kann nur ein Teil der Geschichte sein. Und wie steht dies alles mit den »Augen« in Bezug, die nicht nur die Sonnenscheiben waren, die man in Tempeln sehen konnte, sondern auch Kristall-Kugeln, mit denen man auf der Seite gegenüber der Sonne ein Feuer entzünden konnte — die tanzende Feuerschlange, die die Uräus-Schlange repräsentiert, die Schlange, von der man sagte, sie speie Feuer, und die auf der Stirn aller Pharaonen zu sehen ist? Wir müssen das gesamte Schema der altägyptischen Licht-Theologie rekonstruieren und die vielfältige Licht-Symbolik entschlüsseln, die auch in viel später entstandene esoterische Sekten wie dem Orphismus und dem Gnostizismus Einzug fand.

Im November 1998 entdeckte ich an den Pyramiden ein fundamentales Schatten-Phänomen. Auf Tafel 30 sehen Sie ein Foto, das mein Freund Mohamed Nazmy am 21. Dezember, dem Tag der Wintersonnenwende, für mich gemacht hat. Dieser Schatten ist das Sommerhalbjahr über nicht zu sehen, sondern nur während des Winterhalbjahrs, wenn die Südseite der Großen Pyramide beleuchtet wird. Dann kriecht er bis zur Wintersonnenwende die Fläche hinauf und von da an wieder abwärts.

Abb. 51: Die beiden Obelisken von Ramses II., die vor dem Eingang des Tempels von Luxor stehen. Von den beiden steht heute dort nur noch einer; der andere wurde entfernt und 1833 nach Paris gebracht, wo er nun in der Mitte des Place de la Concorde steht. Dieser Stich entstand vor der Entfernung des Obelisken und wurde 1803 von Dominique Vivant Denon veröffentlicht. Ägypten wurde zwei Jahrtausende lang seiner Obelisken beraubt, denn die alten Römer entfernten noch viel mehr als die neuzeitlichen Europäer (in Rom stehen allein 3133 ägyptische Obelisken), und von den jüngeren wurden einige tatsächlich Britannien und Frankreich vom Pascha angeboten und nicht gestohlen. Doch trotz der antiken Geschichte des Obelisk-Sammelns können wir diese Praxis nicht in irgendeiner Weise als ehrbar oder anständig ansehen. Es ist wirklich sehr störend, die alten ägyptischen Stätten zu besuchen und die Lücken zu sehen, wo eigentlich die Obelisken stehen sollten. Niemand hatte das Recht, sie einfach wegzunehmen! (Sammlung Robert Temple.)

Und bei seiner Kulmination wird der Schatten der Chephren-Pyramide auf die Südseite der Großen Pyramide geworfen, was das Dreieck dieser Seite in ein Dreieck von ganz anderer Form verwandelt, indem ein Teil der Südost-Kante der Pyramide verdeckt wird. Dieser Schatten ist sicher noch viel beeindruckender gewesen, als die Pyramide noch ihre glänzend-weißen Außensteine hatte, bevor die Araber sie vor einigen hundert Jahren entfernten, um mit ihnen in Kairo Moscheen zu bauen. Die Chephren-Pyramide war auf dem Plateau genau so positioniert, daß sie diesen Wintersonnenwenden-Schatten auf die Südseite der Großen Pyramide warf. Der Schatten beginnt an der südwestlichen Ecke der Südseite der Großen Pyramide, so daß der Zweck eindeutig war, die Seite durch Abänderung des Schattens zu beschneiden.

Der Neigungswinkel des Schattens beträgt zum Zeitpunkt der Kulmination der Wintersonnenwende 26° — derselbe Neigungswinkel, der sich auch bei allen Auf- und Abgängen innerhalb der Pyramide findet. Er dient also gewissermaßen als ein äußerer Hinweis auf das, was sich in ihrem Innern befindet.

Dieser dreieckige Schatten, der einmal im Jahr auf die Südseite der Großen Pyramide geworfen wird, hat eine sehr besondere Bedeutung. Doch um dies zu erkennen, muß man sich über ein Phänomen bewußt sein, das man *nur aus der Luft sehen kann* — nämlich die senkrechte Zweiteilung der Seite und die »Einwölbung« der Oberfläche, die von einem britischen Piloten vor mehreren Jahrzehnten bei einem Flug übers Gizeh-Plateau entdeckt wurde, und die ich später in diesem Kapitel noch ausführlich besprechen werde. (Tafel 65 gibt ein Foto dieses Phänomens wieder.) Der Schatten der Sonne zur Wintersonnenwende — wenn man ihn als Dreieck nimmt, das auf halbem Wege über die Südfläche bei dieser senkrechten Linie (die vom Boden aus nicht sichtbar ist) anhält und von der Basis zur Spitze der Pyramide hochsteigt — formt ein rechtwinkliges Dreieck, das als das sogenannte *Goldene Dreieck* bekannt ist. Dasselbe Goldene Dreieck taucht viele Male innerhalb der Pyramide auf, doch auf der Außenseite ist dies sein einziges bekanntes Auftreten.

Ein flämischer Wissenschaftler namens Hugo Verheyen und ein früherer holländischer Mathematiker namens H. A. Naber entdeckten die Existenz solcher Goldenen Dreiecke in der Königskammer und in der Großen Galerie der Großen Pyramide. Doch zunächst einmal: Was *ist* ein Goldenes Dreieck? Das Goldene Dreieck ist ein Dreieck, dessen kleinster Winkel 26° 33' 54" beträgt. Seine Höhe ist 1, seine Basis 2 und seine Hypotenuse ist die Quadratwurzel aus 5. Zieht man den Wert der

Höhe (1) von dem der Hypotenuse ab, erhält man ein Linien-Segment, das mit der Basis im Verhältnis des Goldenen Schnitts steht. Dieses Dreieck erzeugt also automatisch seinen eigenen Goldenen Schnitt, und es ist das einzige Dreieck, das dies tut. Und genau dieses Dreieck wird zum Zeitpunkt der Wintersonnenwende als Schatten auf die Südseite der Großen Pyramide projiziert.

Das einfachste Auftreten des Goldenen Dreiecks innerhalb der Großen Pyramide findet man in der Königskammer. Alles, was man tun muß, ist, eine Diagonale durch die Kammer von einer Ecke zur gegenüberliegenden zu ziehen, und man hat die Kammer in ein Paar Goldener Dreiecke verwandelt. Die Kammer wurde mit genau diesen Abmessungen gebaut, um dies tun zu können. Sie können dies offensichtlich am Boden oder an der Decke tun, und da man die Diagonale jedesmal auf eine von zwei Weisen ziehen kann, kann man bis zu vier Goldene Dreiecke einzeichnen, wenn man möchte.

Das ist jedoch noch nicht alles. Die Kammer gestattet es, noch mehr Goldene Dreiecke in sie einzuzeichnen. Denn man kann eine Raumdiagonale von einer Ecke am Boden bis zur gegenüberliegenden Ecke an

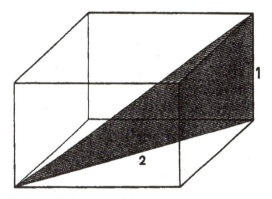

Abbildung 52: Hugo Verheyens Zeichnung von einem der vielen Goldenen Dreiecke in der Königskammer der Großen Pyramide. Der Deutsche Hermann Neikes und der holländische Arzt H. A. Naber waren die ersten, die den Goldenen Schnitt in der Großen Pyramide entdeckten (1907 und 1915), und Verheyen führte ihre Studien noch weiter. Dies ist dasselbe Dreieck wie das, was zum Zeitpunkt der Wintersonnenwende bei Sonnenuntergang als Schatten auf die Südseite der Großen Pyramide geworfen wird, wie ich 1998 entdeckte. (Aus: *The Icosahedral Design of the Great Pyramid* in *Fivefold Symmetry* von Istvan Harittai, World Scientific, Singapur usw., 1992, S. 349.)

der Decke mit der Basis entlang des Bodens ziehen, und das auf diese Weise gezeichnete Dreieck ist ebenfalls ein Goldenes Dreieck. Siehe Abbildungen 52 und 53. Und von diesen kann man insgesamt vier einzeichnen, was bedeutet, daß es nicht weniger als acht Goldene Dreiecke in der Königskammer gibt.

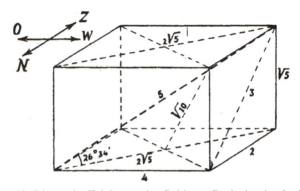

Abbildung 53: Die zweite Zeichnung des Goldenen Dreiecks, das der Königskammer der Großen Pyramide eingeschrieben ist, ist diese, offensichtlich vom Arzt H. A. Naber, veröffentlicht 1908 in seinem Buch *Das Theorem des Pythagoras*, Verlag P. Visser, Haarlem, Niederlande, 1908, Abbildung 29, S. 48, wovon ich eine Kopie besitze. (Im Jahr zuvor soll eine ähnliche Zeichnung von dem Mathematiker Hermann Neikes in einem seltenen deutschen Blatt veröffentlicht worden sein, das ich jedoch nicht gesehen habe.) Obwohl Hugo Verheyen mir sagte, er hätte dieses frühe Buch von Naber nie gesehen, hat er doch eine Kopie von Nabers seltenem Buch aus dem Jahre 1915 über den Goldenen Schnitt, das ihn zu seiner eigenen Zeichnung in der vorangegangenen Abbildung 52 inspirierte.

Doch es gibt noch mehr hierzu. In Abbildung 54 können Sie ein Goldenes Dreieck erkennen, das von der ansteigenden Passage in der Großen Pyramide und der Großen Galerie beschrieben wird. Da der Anstiegswinkel korrekt ist, bildet die Entfernung von dem Punkt, wo sich die auf- und absteigenden Passagen treffen, bis zum Ende der Großen Galerie die Hypotenuse eines Goldenen Dreiecks (und eine senkrechte Linie, die man von der Höhe nach unten projiziert, deutet offensichtlich ebenfalls auf die östliche Wand der unterirdischen Kammer). Das Goldene Dreieck der aufsteigenden Passage *ergibt damit die Länge der Großen Galerie als Goldenen Schnitt der Basis*; dies erklärt die bestimmte Länge der

Großen Galerie, die nach dem Prinzip des Goldenen Schnitts gebaut wurde.

In der Großen Pyramide wimmelt es also nur so von Goldenen Dreiecken, und der Schatten der Sonne zur Wintersonnenwende auf der Südseite der Großen Pyramide ist ein weiteres dieser einzigartigen Dreiecke. Wir können auch mit Sicherheit davon ausgehen, daß der Punkt, wo der Schatten die senkrechte Linie schneidet, die die Südseite in zwei Hälften teilt, oder mit anderen Worten, wo die Spitze des Schattens des Goldenen Dreiecks mit dieser senkrechten Linie zusammentrifft, eine besondere Wichtigkeit hat. Entweder deutet er auf etwas an der Oberfläche oder er zeigt auf einen Punkt, der innerhalb der Pyramide ein Schlüssel-Element des Ganzen enthält. Dies muß geklärt werden, wenn präzisere Messungen möglich sind. Offensichtlich muß man nach jeder verpaßten Gelegenheit ein ganzes Jahr warten, doch meine Hoffnungen, daß die Wintersonnenwende 1999 eine Gelegenheit wäre, bei der man viele dieser Messungen hätte vornehmen können, was die Entschlüsselung weiterer Aspekte dieses typisch ägyptischen Rätsels ermöglicht hätte, wurden durch atmosphärische Dunstschleier zunichte gemacht.

Die skandinavische Gelehrte Else Christie Kielland veröffentlichte 1955 ein brillantes Buch mit dem Titel *Geometry in Egyptian Art* (Geometrie in der ägyptischen Kunst), in dem sie den klassischen Kanon der Proportionen [Kanon: hier, die Regeln für die Proportionierung der menschlichen Figur oder eines Teils davon in der künstlerischen Darstellung, A. d. Ü.] rekonstruierte, der von den alten Ägyptern in all ihren Kunstobjekten verwendet wurde. In Abbildung 55 sehen Sie die Reproduktion einer ihrer Zeichnungen mit den dazugehörigen Einzelheiten. Ihre Beweise sind »harte archäologische Fakten«, nicht nur Spekulation. Der Kanon beruht auf den Proportionen des Goldenen Schnitts und der Goldenen Dreiecke; daher ist zu erwarten, daß Goldene Dreiecke überall in einer Struktur, die offensichtlich so wichtig ist wie die Große Pyramide, zu finden sind. Bei der Leidenschaft der alten Ägypter für den Goldenen Schnitt und Goldene Dreiecke wäre die einzige wirkliche Überraschung, wenn die Große Pyramide diese *nicht* manifestieren würde, da eine Unterlassung der Darstellung solcher Verhältnisse in der Pyramide nicht dem allgemeinen Charakter entsprochen hätte. Und in ähnlicher Weise würde man *erwarten*, daß jegliche Form, die sich als Schatten auf der Außenseite der Pyramide manifestierte, ebenso ein Goldenes Dreieck sein sollte. Doch genauso wie heute lebende Menschen antike Linsen nicht »sehen«, wenn sie diese in Auslagen-Vitrinen

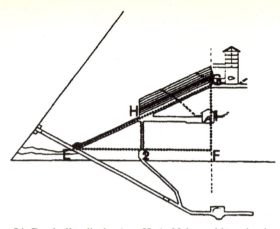

Abbildung 54: Der holländische Arzt H. A. Naber erklärte in einem 1915 nur auf Holländisch veröffentlichten Buch zum ersten Mal, daß die aufsteigende Passage in der Großen Pyramide die Hypotenuse eines Goldenen Dreiecks ist. Die sogenannte Große Galerie hat eine Länge, die vom größeren Abschnitt des Goldenen Schnitts der Basis desselben Goldenen Dreiecks definiert wird. Mit anderen Worten: Wenn man die Basis des Dreiecks (hier wiedergegeben als die Strecke EF) im Verhältnis des Goldenen Schnitts teilt und von diesem Punkt (2) eine Linie senkrecht nach oben zieht, dann ist der Punkt, an dem diese Linie die Hypotenuse schneidet (d. h. die aufsteigende Passage) genau der Eingang zur Großen Galerie. Dies ist dasselbe Goldene Dreieck, das zum Zeitpunkt der Wintersonnenwende als Schatten auf die Südseite derselben Pyramide geworfen wird, und die präzisen Punkte, die von ihm markiert werden, erfordern sehr detaillierte Messungen und Studien, da sie vielleicht auf Merkmale innerhalb der Pyramide hinweisen. Diese Studien und Messungen können jedoch nur einmal im Jahr, am 21. Dezember, vorgenommen werden und erfordern beträchtliche Vorbereitungsarbeiten. Wer dieses Projekt unterstützen möchte, sollte über die Herausgeber mit dem Autor Kontakt aufnehmen. (Reproduktion aus: *Meetkund en Mystiek*, Amsterdam, 1915, von Hugo F. Verheyen, in *The Icosahedral Design of the Great Pyramid*, wie oben, S. 350.)

vor sich haben, können sie auch nicht das Goldene Dreieck »sehen«, selbst wenn es sie direkt anstarrt. (Wie viele Menschen wissen heutzutage überhaupt, was ein »Goldenes Dreieck« ist? Nur sehr wenige.)

Was die alten Ägypter zu tun glaubten, ist eine andere Geschichte. Das ist Gegenstand einer längeren Diskussion, die hier nicht stattfinden kann. Der rigorose Gebrauch von Gittern und des klassischen Proportions-Kanons in all ihrer Kunst zeigt sich auch in der Anwendung derselben Techniken bei den Pyramiden von Gizeh. Leider beinhaltet dieses Thema so viel Geometrie und Mathematik, daß nur wenige Ägyptologen bereit sind, dies auch nur in Betracht zu ziehen, und sie werden auch von zahlreichen Enthusiasten, die sie »Pyramidioten« nennen, vom Weg abgebracht, weil diese durch ihre Zahlen-Interpretationen auf wilde Weise davongetragen werden. Die vielen »Pyramidologen«, die in der Vergangenheit versuchten, die Dimensionen der Großen Pyramide zu biblischen Prophezeiungen in Beziehung zu setzen, fügten dem ernsthaften Studium der Mathematik und Geometrie der Großen Pyramide eine Menge Schaden zu, indem sie ihre religiösen Zwanghaftigkeiten mit ins Spiel brachten und die Studien verdarben. Die Ironie hierbei ist jedoch, daß es oft ausgerechnet solche von religiösem Enthusiasmus motivierten Leute waren, die bereit waren, die genauen Meßergebnisse zu erlangen, auf denen ein angemessenes Studium erst basieren kann!

Wir haben nun den ersten wirklichen Beweis dafür, warum die Chephren-Pyramide genau dort plaziert wurde, *vis-à-vis* von der Großen Pyramide, wo sie steht. Hätte sie auch nur ein klein wenig woanders gestanden, hätte sie nicht zum Zeitpunkt der Wintersonnenwende diesen bestimmten Schatten auf die Südseite ihrer Nachbarin geworfen. Oder sie hätte einen Schatten geworfen, der nicht präzise den entsprechenden Abschnitt auf der Südseite erzeugt hätte, also nicht an der linken unteren Ecke begonnen und dann die Fläche in zwei neue Dreiecke statt eines einzigen unterteilt hätte. Wäre die Chephren-Pyramide weiter südlich positioniert gewesen, hätte sie ihren Schatten in den Sand geworfen, wo er verloren gewesen wäre. Doch die alten Ägypter zählten nicht zu den Leuten, die einen guten Schatten verschwenden, wenn sie ihn zu einem bestimmten Zweck verwenden können.

Der Schatten zur Wintersonnenwende war also ein schlichtes reines Signal, das auf der gleißend hellen dreieckigen Fläche sichtbar war. Wenn die Sonne am kürzesten Tag des Jahres im Südwesten unterging, erzeugte der Schatten auf der Großen Pyramide eine eindrucksvolle öffentliche Demonstration der Steigungen aller Passagen in ihrem Innern — alle wiesen denselben Winkel auf wie der Schatten. Danach verschwand der Schatten wieder allmählich, bis er zum Zeitpunkt der nächsten Wintersonnenwende wieder an Ort und Stelle war.

Als ich 1998 Dr. Zahi Hawass, dem Direktor des Gizeh-Plateaus, gegenüber erwähnte, daß ich diesen Schatten und seine tiefere Bedeutung entdeckt hätte, schaute er mich zunächst ungläubig an und war

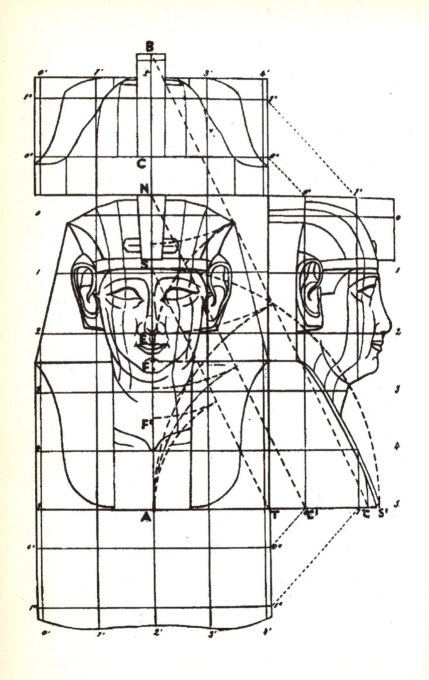

Abbildung 55 (gegenüber): ein typischer ägyptischer Herrscherkopf, ausgelegt nach dem klassischen Kanon der Proportionen, wie man sie auf verschiedenen erhalten gebliebenen Exemplaren findet. Alles beruht auf den Proportionen des sogenannten Goldenen Schnitts, einschließlich Goldener Dreiecke. Dies ist Tafel VI aus Else Christie Kiellands grundlegendem Buch *Geometry in Egyptian Art*, London, 1955, S. 78. Um die tiefere Bedeutung dieses Bildes zu verstehen, muß der Leser die verschiedenen mit Großbuchstaben markierten Punkte betrachten und der Beschreibung der Linien folgen, die sie verbinden. Die Ägypter zeichneten ihre Pläne immer mit Front- und Seiten-Ansichten zusammen, so wie hier (wie wir aus erhaltenen gebliebenen Papyrus-Rollen wissen), als Teil des Gesamt-Plans, die dreidimensionale Realität auf zwei Dimensionen zu reduzieren, die dann, je nach Fall, zu dreidimensionalen Skulpturen oder Wandreliefs ausgearbeitet wurden. Hier haben wir einen Kopf, bei dem die gezeigten Quadrate tatsächlich in den Steinblock eingesetzt worden waren (so daß wir wissen, sie sind das Original). Die senkrechte Strecke AN, die die Höhe des Kopfes angibt, ist im Verhältnis des Goldenen Schnitts unterteilt, was im Punkt E resultiert, der direkt unter der Nase liegt. Die Länge der Strecke NB ist gleich der von EN, so daß die Entfernung, mit der sich das Gesicht vorwärts erstreckt, der kürzeren Strecke des Kopfes nach dem Goldenen Schnitt entspricht. Die Ägypter zeichneten dann ein Goldenes Dreieck, ANC', wobei C' die Positionen der Quadrate in der Profil-Ansicht des Kopfes bestimmt. Die nach dem Goldenen Schnitt kürzere Strecke EN der senkrechten Linie AN bestimmt die halbe Breite des Kopfes. Die Länge der Strecke AS entspricht der der Strecke AS'. Die Strecke AS wird an den Punkten F und F' zweimal nach dem Goldenen Schnitt unterteilt. Der Punkt F bestimmt die waagrechte Unterkante des Kopfschmucks. Die Strecke FB wird dann ebenfalls nach dem Goldenen Schnitt unterteilt, was den Punkt des Kopfes bestimmt, der von der Linie BC berührt wird, und die Position des Symbols auf der Stirn. Jede Seite der unterteilenden Quadrate ist gleich einem Drittel der Länge von AE. Dieser rigorose Proportions-Kanon war die Grundlage aller ägyptischer Kunst und verleiht ihr ihre immense Kraft und Präsenz sowie den Sinn für transzendente Harmonie.

sprachlos; man konnte praktisch sehen, wie es in seinem Kopf arbeitete. Dann sagte er gedankenvoll: »Das ist wahr, was Sie da sagen.« Er hatte es selbst all die vielen Jahre, die er auf dem Plateau verbracht hatte, »gesehen«, aber es nie wirklich als das *bemerkt*, was es ist. Nun, da ich ihn darauf hinwies, machte es »Klick« in seinem Kopf. Er gab mir die Erlaubnis, es für eine zukünftige Fernseh-Dokumentation zu filmen.

Die dritte Gizeh-Pyramide, die Pyramide von Mykerinus (Mykerinos), ist zu klein, um einen Schatten auf ihre Nachbarin, die Chephren-Pyramide, zu werfen, und spielt offensichtlich bei den Schattenspielen zwischen den beiden anderen Pyramiden keine Rolle.

Ich fand ein weiteres Goldenes Dreieck beim Tal-Tempel auf dem Giza-Plateau. Als ich die »aufsteigende Passage« auf- und ablief, die sich aus dieser Struktur erstreckt und bis zum Chephren-Damm zieht, hatte ich den Eindruck, daß der schöne Alabaster-Boden, der sich nach oben hin zog, den uns schon bekannten Neigungswinkel von 26° aufwies. Ich beschloß dies zu überprüfen. Diesmal hatte ich, der hartgesottene »Golden-Dreiecker«, einen kleinen Winkelmesser dabei, so als wäre ich ein Schuljunge, der jeden Moment ein Geometrie-Problem zu lösen hätte. Und tatsächlich hatte ich ein Geometrie-Problem zu lösen! Aber es war nicht schwierig. Auf der Passage gibt es ein kleines Tor und eine Seitenstufe; ich legte meinen Winkelmesser waagerecht darauf und folgte mit der Kante einer Kreditkarte dem Neigungswinkel der Passage. Es brauchte nicht lange, um herauszufinden, daß der Winkel tatsächlich 26° betrug. Mit solch rudimentären Werkzeugen lüftete ich eines der Geheimnisse der alten Ägypter. Man könnte sich fragen, ob die waagerechte Basis-Komponente des Goldenen Dreiecks am Tal-Tempel, von dem die Passage die Hypotenuse darstellt, vielleicht in Form eines Tunnels existiert, und auch, ob man direkt unterhalb des Tors auf dieser Höhe, wo das Dreieck endet, irgend etwas finden könnte. Dies würde Sinn ergeben, doch da bisher niemand die kohärente Dreiecks-Struktur in diesem Bau erkannt hat, bedeutet dies natürlich auch, daß niemand bisher an diese Möglichkeit gedacht hat.

Es ist sicher interessant, daß sowohl die Große Pyramide als auch der Tal-Tempel von Chephren im Innern aufsteigende Passagen enthalten, die unter einem Winkel von 26° ansteigen. Was mich erstaunt, ist, daß dies nie zuvor irgend jemandem aufgefallen ist, obwohl es doch so offensichtlich ist. Ich weiß nicht, wie lang die Passage des Tal-Tempels ist; vielleicht sollte ich einmal ihre Dimensionen mit denen im Innern der Großen Pyramide vergleichen, um festzustellen, ob es noch andere Gemeinsamkeiten gibt.

Es gibt eine absteigende Passage bei Sakkara, die ebenfalls einen Neigungswinkel von 26° aufweist. Sie stammt aus der Zeit des Alten Königreichs, entweder Ende der 5. oder Anfang der 6. Dynastie. Sie führt herab zur Mastaba [einer Bebauung aus getrockneten Erd- oder Schlammziegeln über einer Grabstätte, die als Opferplatz benutzt wird, A. d. Ü.] von Neb-Kaw-Her (ursprünglich die Mastaba von Akhethotep), und wurde von Selim Hassan in den dreißiger Jahren ausgegraben.

Goldene Dreiecke und Gefälle von 26° treten häufig in den Grabstätten im Tal der Könige auf. Tafel 28 zeigt zum Beispiel meine Analyse vieler Goldener Dreiecke in einem einzelnen Wandrelief. Wenn man das Grab von Ramses II. betritt, sieht man nicht nur den berühmten »sich zurücklehnenden Pharao« (siehe Tafel 62), der mit der Linie rechts und unten ein Goldenes Dreieck bildet; man findet im selben Grab auch noch viele andere. Es gibt mindestens zwei im Grab von Seti II. Wenn man erst einmal nach etwas Ausschau hält, scheint es überall zu sein. Wir haben sie nie zuvor gesehen, weil wir nie nach ihnen gesucht haben.

Der verstorbene Pharao, der sich an den Winkel des Goldenen Dreiecks anlehnt, läßt vielleicht noch eine andere Assoziation zu, die ich erwähnen sollte. Während der Mumifizierung wurde der Körper des verstorbenen Königs in Natron-Salz gelegt (Natriumhydrogencarbonat, das in Ägypten in sogenannten Natron-Seen natürlich vorkommt und in antiken Zeiten in großen Mengen gewonnen wurde). Das Natron bewirkte, daß dem Körper Wasser entzogen und er völlig ausgetrocknet wurde. Oft ließ man den Körper für mehr als 40 Tage im Natron, als Teil des 70 Tage dauernden Einbalsamierungs-Prozesses. Was vielleicht bedeutsam ist: Während dieses Prozesses wurde der Körper nie waagerecht gelegt; die Einbalsamierungs-Tische waren immer geneigt. Ich hatte bisher nicht die Gelegenheit, meinen Winkelmesser an solch einem Natron-Tisch anzulegen, doch egal, ob der Winkel des Tischs 26° betrug oder nicht — die Tatsache, daß der Pharao tatsächlich unter einem solchen Winkel auf dem Tisch einbalsamiert wurde, zeigt sich wohl auch beim »sich zurücklehnenden Pharao« und wurde von den Priestern sicher verstanden.

Wir wissen bereits, daß die Basislänge der Südseite der Großen Pyramide 246 Meter beträgt, nach Professor I. E. S. Edwards, dem Pyramiden-Experten. Dies und den Winkel von 26° an der südwestlichen Ecke des Schatten-Dreiecks zu kennen, reicht jedoch trotzdem nicht aus, um Trigonometrie zur Ermittlung der anderen Werte anzuwenden, die wir wissen möchten. Ich habe durch etwa 30 Bücher zum Thema Pyramidenmaße und -messungen geschaut, ohne daß ich irgendwo Angaben zu den Winkeln der dreieckigen Flächen der Pyramide gefunden hätte. Sind diese vier Flächen gleichschenklige oder gleichseitige Dreiecke? Ich kann niemanden ausfindig machen, der uns dies sagt. Hätten wir den Winkel der südöstlichen Ecke des Dreiecks, könnten wir die Länge der Seite ermitteln, die die südöstliche Seite der Pyramide hinaufläuft, da uns die Basislänge bekannt ist. Wir könnten dann vom Scheitelpunkt des Schattendreiecks ein Lot fällen und — da wir ja wissen, daß der Neigungswinkel der Kanten der Pyramide 52° beträgt — die Werte der beiden anderen Winkel wie auch die Länge einer Seite ermitteln. So könnten wir die Höhe des höchsten Punkts des Schattens über dem Erdboden bestimmen. Das hat für uns vielleicht einige Bedeutung. Zweifellos wird dies zu einer bestimmten Gelegenheit in der Zukunft möglich sein.

Ich habe noch eine andere Methode zur Bestimmung der maximalen Höhe des Schattens zur Zeit der Wintersonnenwende ausprobiert. Ich habe aus dem auf Tafel 30 abgebildeten Foto die vordere Ecke mit dem Schatten herausvergrößert und versucht, mit einem starken Vergrößerungsglas die Anzahl der aufeinandergeschichteten Steinblöcke zu zählen. Keine leichte Aufgabe!

Ich glaubte 49 Steinblöcke bis zur Spitze des Schattens zu zählen, und mindestens einer muß verdeckt am Boden noch dazu kommen. Sollte es wahr sein, daß es wirklich 50 Steine bis zum höchsten Schattenpunkt sind, dann sind das genauso viele wie im Innern der Pyramide bis zum Bodenansatz der Königskammer. Der Schatten gäbe also nicht nur Auskunft über die Anstiegswinkel aller Passagen in Innern der Pyramide, sondern weist auch genau auf die Position des zentralen Raums in diesem Bau. Und dies ist auch genau der Punkt, wo ein waagerechter Schnitt durch die Pyramide genau die Hälfte der Basis-Fläche ergäbe. Eine persönliche Untersuchung im Dezember 1999 schien jedoch auf einen Punkt hinzudeuten, der sich 55 oder 56 Steine über dem Boden befand, doch konnte ich mir darüber nicht sicher sein.

Es ist auch möglich, daß der Schatten den Wert der Naturkonstante *Phi* (1,618, das »Goldener-Schnitt«-Verhältnis) wiedergibt und damit eine Unterteilung nach diesem Prinzip darstellt. Doch kann dies noch nicht bestätigt werden, da es bisher nicht meßbar war. Es schaut nur so aus, als ob dies möglich sei. Doch da bis jetzt noch keine verläßliche Messung verfügbar ist, bleibt dies zunächst Spekulation.

Das Studium des Wintersonnenwenden-Schattens hat gerade erst begonnen, und die Gelegenheit zum Studium ergibt sich nur einmal im Jahr, zur recht unbequemen Zeit der Winterurlaubs-Periode. Es mag noch einige Zeit dauern, bis sich in dieser Situation Fortschritt einstellt. Doch zumindest wissen wir nun von diesem Schatten, was mehr ist als zuvor, und wir kommen schrittweise voran.

Andere vor mir haben die Pyramiden-Schatten auch schon studiert, doch seltsamerweise scheinen sie dies übersehen zu haben. Peter Tompkins beschreibt in seinem außergewöhnlichen Werk *Secrets of the Great Pyramid* (Geheimnisse der Großen Pyramide) die Arbeit zweier früherer Forscher, Robert T. Ballard und Moses B. Cotsworth. Interessant ist, daß keiner der beiden ein Ägyptologe war. Ägyptologen scheinen mehr an physischer Substanz als an Schatten interessiert zu sein. Es braucht »Outsider«, die an solche Dinge denken.

Nachdem ich von Moses Cotsworth das erstemal aus Tompkins Buch erfuhr, hatte ich das Glück, eine Kopie seines erstaunlichen Werks *The Rational Almanac*[6] zu erwerben, vom Autor handsigniert. Eine frühere Version des Buchs war 1902 erschienen; es war die einzige von Tompkins zitierte Version. Doch die vollständige Ausgabe von Cotsworths Werk erschien erst 1905. Ich kenne niemanden, der dieses Werk in seiner vollständigen Version besprochen hat, das noch viel mehr Material über Ägypten enthält, und nur Tompkins scheint die frühere Version besprochen zu haben. Ich kann nur annehmen, daß das Buch so selten war, daß niemand es gesehen hat.

The Rational Almanac ist wirklich ein brillantes Werk, und Moses Cotsworth sollte in der Geschichte der Wissenschaft seinen wohlverdienten Platz einnehmen. Am besten lassen wir ihn selbst seine Geschichte erzählen:

»Ich erinnere mich, wie mein Großvater jedes Jahr an meinem Geburtstag meine Größe maß und an der Stelle, wo mein Scheitel war, eine Kerbe in die Holz-Säule, die unseren Kamin-Sims stützte, schnitzte. *Dies gab mir zum erstenmal ein Bewußtsein für die Aufzeichnung von Dingen in aufeinanderfolgenden Jahren. Ich blicke auf diese als ›meine Jahre‹ zurück, als Wachstum so langsam und die Jahre selbst so lang erschienen.*

Ich erinnere mich an noch weiter zurückliegende Sonntags-Spaziergänge mit meinem Großvater, der mir imponierte, weil er anhand der Länge seines Schattens genau sagen konnte, wann es Tea-Time war. Als einer der alten Landarbeiter, die sich ihre eigenen Häuser mit Gras-

soden bauen mußten (da sie kein Geld für Backsteine hatten), konnte er sich auch nie eine Uhr leisten und mußte deshalb auf indirekte Zeitablesungs-Methoden zurückgreifen, indem er die Länge von Schatten bestimmter Naturobjekte beobachtete, wie es unter den Arbeitern üblich war, bis billige Uhren auch für sie verfügbar waren. In einigen abgelegenen Gegenden werden ›Sonnensichter‹ und ›Schattenstäbe‹ heute [1905] immer noch zur Zeitorientierung benutzt.«

Ich glaube, den meisten Lesern wird heutzutage unfreiwillig die Kinnlade herunterfallen, wenn sie dies lesen. Heute (im Jahre 2000) werden Sie keinen Menschen auf dem Land mehr finden, der die Zeit an einem Schatten ablesen kann. All dies ist verlorengegangen, wie ein Traum. Und während der vielen Jahre, die ich in England auf dem Land gelebt habe, habe ich nie einen Bauern getroffen, der einen Stern vom anderen unterscheiden konnte. So sehr sind die Bauern heutzutage von der Natur entfremdet.

Als Moses Cotsworth erwachsen war, entwickelte er eine sehr ernsthafte Halskrankheit. Sein Arzt wies ihn an, in ein trockenes Land zu reisen, um seine Krankheit auszuheilen. Er entschied, aus der Not eine Tugend zu machen, und reiste 1900 nach Ägypten. Die Ägyptologen jener Tage waren noch nicht von der hochnäsigen Sorte. Cotsworth, ein Kalender-Enthusiast ohne Universitätsausbildung wurde vom französischen Ägyptologen Professor Gaston Maspero, damals Leiter der Ägytischen Antiquitäten-Abteilung, mit offenen Armen willkommen geheißen, ebenso wie von Sir Flinders Petrie, der bei Abydos Ausgrabungen durchführte. Beide versuchten ihm bei der Rekonstruktion der verlorengegangenen ägyptischen Schatten-Wissenschaft zu helfen, wie es auch schon Professor Charles Piazzi Smyth in Britannien getan hatte.

Cotsworth gelangte zu der Überzeugung, daß die Gizeh-Pyramiden errichtet worden waren, »um als perfekter Kalender zur Registrierung der Jahreszeiten und des Jahres zu dienen«. Er hatte sich bereits mit dem größten aller Ägyptologen, Professor Piazzi Smyth, dem Königlichen Astronom für Schottland und Autor von vielen Werken zu diesem Thema, angefreundet, und nach seinem Tod erwarb Cotsworth bei einer Auktion all seine Bücher und Papiere. (Wie ich mir wünschen würde, selbst diese Sammlung finden zu können!) Er lehnte zwar Smyths biblische Zwanghaftigkeiten ab (Smyth dachte, die Große Pyramide stehe mit biblischen Prophezeiungen in Verbindung), aber benutzte seine wundervoll genauen Daten zum Studium der Art und Weise, in der die Pyramiden und Obelisken nützliche Schatten werfen könnten.

Cotsworth besprach den Pyramiden-Schatten der Sonne zur Wintersonnenwende, den sie auf den Boden nördlich von ihr warf (er berechnete eine Schattenlänge am Boden von fast 90 Metern), ohne überhaupt an den Schatten, der auf die Südseite der Pyramide fällt, zu denken — geschweige denn, davon zu wissen. Offensichtlich war er so davon eingenommen, diesen einen Schatten zu vermessen, daß er nie daran dachte, einmal um die Pyramide herumzugehen und zu beobachten, daß es da noch einen Schatten gab, der bis dahin außerhalb seiner Sicht auf die gegenüberliegende Seite fiel.

Cotsworth kam dem Phänomen des von mir 1998 entdeckten Wintersonnenwenden-Schattens auf der Südseite tatsächlich so nahe, daß er ein Foto von sich auf einem Kamel neben der Sphinx veröffentlichte; im Hintergrund dieses Fotos konnte man die Südseite der Großen Pyramide erkennen — und auf ihr einen Teil eines spitz zulaufenden Schattens der benachbarten Pyramide. Im Begleittext zum Foto schreibt er: »Der spitz zulaufende Schatten der zweiten Pyramide am 6. Dezember 1900 um 17.30 Uhr aus einer Entfernung von etwa 500 Metern.« Und er fügt hinzu: »Dieses Foto zeigt, wie selbst Schatten bei Sonnenuntergang nahe der Wintersonnenwende benutzt werden konnten, und wie die zweite und die Große Pyramide fast genau auf derselben Diagonal-Linie

Abbildung 56: Ein Porträt von Moses B. Cotsworth, das er in seinem Buch *The Rational Almanac*, York, England, 1902 und 1905, S. 450 veröffentlichte.

positioniert sind (...). Vielleicht wurden sie benutzt, um Schatten bei Sonnenuntergang zu registrieren.« Ist es nicht erstaunlich, daß Cotsworth dem Ganzen so nahe kam und es doch übersah? Wäre er nur eine halbe Stunde länger oder so am Ort geblieben, statt schon vor Sonnenuntergang zu seinem Kamel zurückzukehren und zum Dinner nach Hhause zu reiten, hätte er den Wintersonnenwenden-Schatten 99 Jahre vor mir entdeckt.

Die Pyramiden-Schatten, an denen Cotsworth am meisten interessiert war, waren die zum Zeitpunkt der Tagundnachtgleichen, von denen er glaubte, daß sie zur genauen Bestimmung der Länge des Jahres herangezogen wurden. Cotsworth wies zu recht darauf hin, daß das Steinpflaster nördlich der Pyramide ein Schatten-Boden sei, bei dem die Steine nicht quadratisch mit den Ecken aneinanderliegend ausgelegt waren, sondern versetzt, um Schattenmessungen an aufeinanderfolgenden Tagen zu erleichtern. Diese versetzte Stein-Anordnung liefert doppelt so viele Schnittpunkte zur Messung von Schatten und somit ein doppelt so effektives Meßgitter. In Abbildung 57 sehen Sie eine Darstellung dieser Blöcke von Cotsworth. Das war eine seiner zahllosen brillanten Beobachtungen. Die Bodensteine waren so ausgelegt, daß ihre Ecken immer um etwa 1,5 Meter versetzt waren, und jeden Tag veränderte sich der Schatten um genau diese 1,5 Meter. Die Schnittpunkte der Steine entsprachen also genau der Schattenspitze, wie sie sich durch die Monate über die Steinplatten hinwegbewegte!

Das System war sogar noch ausgefeilter als hier dargestellt. Die Schattenbewegungen auf dem nördlichen Stein-Parkett vor der Großen Pyramide berücksichtigten sogar automatisch ein Phänomen, das wir als »Schaltjahr« bezeichnen, nämlich, daß das Jahr nicht genau 365 Tage hat, sondern etwa um einen Viertel Tag länger ist. Dies zeigte sich daran, daß jedes Jahr am 20. März die Schattenspitze sich im Vergleich zum Vorjahr um etwa 30 Zentimeter entlang des Bodens weiterbewegt hatte. Dies erscheint nur in der 1905 erschienen Ausgabe von Cotsworths Werk. Tompkins Anmerkungen hierzu sind interessant:

»Um seine Beobachtungen zu untermauern, machte Cotsworth eine Reihe von Fotos dieser Schattenverläufe, wie sie zur Wintersonnenwende hin immer kürzer wurden. Zu seiner Freude fand er heraus, daß die Pflastersteine in Breiten zugeschnitten worden waren, die der 1,5-Meter-Vorwärtsbewegung des Mittags-Schattens von Tag zu Tag ziemlich genau entsprachen, bis sie im März [zum Zeitpunkt der Tagundnachtgleiche] *verschwanden.*

›Nur so‹, sagt Cotsworth, ›konnten die alten Priester durch physische Beobachtung des Schattens entlang der Steinfliesen die präzise Länge des Jahres bis auf 0,24219 Tage genau bestimmen.‹«

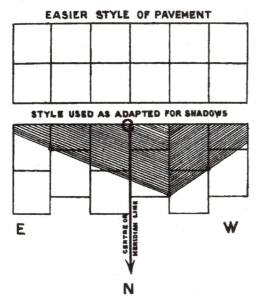

Abbildung 57: Moses Cotsworths Darstellung des versetzten Steinblock-Musters des Steinpflasters nördlich der Großen Pyramide. Sie zeigt, wie die tägliche Messung des Sonnenschattens zur Zeit des Alten Königreichs erleichtert wurde. Cotsworth arbeitete aus, daß die Verbindungsstellen der Blöcke um 1,5 Meter versetzt waren, und daß die Spitze des Pyramiden-Schattens sich ebenfalls täglich um 1,5 Meter voranbewegte, von Naht zu Naht. Das Steinpflaster diente also als Tageskalender, wobei jede Schattenposition einen bestimmten Tag des Jahres markierte. Diese Zeichnung ist stark vereinfacht, da die Blöcke in Wirklichkeit nicht die Regelmäßigkeit aufweisen, wie sie hier in schematisierter Form wiedergegeben ist. (Aus: *The Rational Almanac* von Moses B. Cotsworth, York, England, 1905/1905, S. 67.) *Bildtext: Einfachere Form der Pflaster-Anordnung/Anordnung zur genaueren Messung von Schatten.*

Ich weiß nicht, was mit Cotsworths Fotografien, Büchern und Papieren passiert ist, doch wenn sie in irgendeiner ehrenwerten Bibliothek in Yorkshire eingelagert sind, hoffe ich, daß ich sie eines Tages finden werde, besonders da sie ja auch all die Werke von Piazzi Smyth beinhalten. Cotsworth fertigte viele Modelle von Pyramiden und Kegeln an, um die Schattenmuster, die sie werfen, zu untersuchen; ebenso zeichnete er erstaunlich viele detaillierte Projektionen und Diagramme. Angenommen, diese wurden alle irgendwo bewahrt — dann fragt sich wo? In Abbildung 58 gebe ich Cotsworths Darstellung des Schattens wieder, der durch die Große Pyramide das Jahr hindurch auf dieses Steinpflaster geworfen wurde.

Nach Peter Tompkins wies Professor William Kingsland darauf hin, »daß einige der Pflastersteine tatsächlich in völlig unregelmäßigen Mustern ausgelegt worden waren, ihre Ecken dann aber jeweils so beschnitten waren, daß sie mit dem nächsten normal verlegten Stein wieder perfekt zusammmenpaßten — was darauf hindeutet, daß es vielleicht ein noch komplexeres geometrisches Muster dahinter gab«. Tompkins fügt dem dann eine sehr wichtige Beobachtung seinerseits hinzu:

»Um einen Ausgleich für das Sommerhalbjahr zu schaffen, in dem die Sonne aufgrund ihrer hohen Position am Himmel keinen Schatten warf, ging Cotsworth davon aus, daß die Priester die dazwischenliegenden Monate unterteilt und tabuliert hatten.

Er übersah dabei jedoch, daß die sehr stark polierte Südseite der Pyramide in den Sommermonaten ein Dreieck erzeugen konnte — kein Schattendreieck, sondern eines aus Sonnenlicht, das von der Südseite der Pyramide auf das vor ihr liegende Pflaster reflektiert wurde, und genauso scharf definiert wie die Winterschatten auf der Nordseite.

Von Mai bis August konnte die Südseite eine dreieckige Reflexion der Sonne auf den Boden projizieren, die sich umso mehr verkürzte, je näher man der Sommersonnenwende kam, die am genauen Tag der Sommersonnenwende zu Mittag am kürzesten war und sich von da an bis zum letzten Tag des Sommers wieder verlängerte.

Reflexionen der Mittags-Sonne wurden jeden Tag des Jahres auch von der West- und Ostseite projiziert. Doch das sollte zur Erforschung David Davidson vorbehalten bleiben.«

Wir sollten den Gebrauch des Schattens der Großen Pyramide für solche Zwecke nicht abtun. Dies war indirekt auch für andere außer Moses Cotsworth akzeptabel. Der Wissenschaftshistoriker Otto Neugebauer, der bekannt dafür war, sich nie in irgendwelche zweifelhaften Randgebiete zu verstricken, veröffentlichte 1980 ein wichtiges Papier »Über die Ausrichtung der Pyramiden« mit Darstellungen, die erklärten, wie der

Schatten der Großen Pyramide zur Bestimmung des wahren geographischen Nordens benutzt werden konnte, und das mit einer ausgesprochen hohen Genauigkeit. Obwohl Neugebauers Kommentare hierzu sehr knapp gefaßt sind und er nichts über das Steinpflaster sagt, ist es offensichtlich, daß eine perfekt glatte Oberfläche wie die der Nordseite der großen Pyramide erforderlich war, um mit Hilfe des Schattens solch genaue Messungen vornehmen zu können. Er akzeptiert all dies deshalb indirekt.

Wir können gewiß mit Cotsworth in seinen allgemeinen Ansichten zur Großen Pyramide übereinstimmen:

»(...) Die Große Pyramide wurde meiner Meinung nach hauptsächlich aus einem Grund errichtet: Sie sollte allen Menschen ständig die genaue wahre Zeit anzeigen. Ihre Position an der Südspitze des großen dreieckigen Nil-Deltas (...), des fruchtbarsten, weitesten und am stärksten bevölkerten Landstrichs Ägyptens machte dieses über 160 Meter hohe Bauwerk zu einem Uhrwerk, das über weite Entfernungen sichtbar war und die Position der Sonne aufs genaueste wiedergab. In diesem trockenen klaren Klima wurden die Strahlen der Sonne von ihren polierten Seiten gespiegelt und zeigten allen Menschen genauestens an, wie der Tag voranschritt; viele dieser Menschen waren Sklaven, die in regelmäßigen Abständen Nahrung und anderes brauchten, und die Zeiten dafür wurden durch die Messung der Zeit an der Pyramide organisiert.«

Wir wissen aus Quellen der klassischen Antike, daß die von der Großen Pyramide geworfenen Schatten genauestens studiert wurden. Ein Bericht dazu, ungefähr 585 v. Chr. verfaßt, wurde von Plinius bewahrt:

»Die Methode der Messung der Höhe der Pyramiden und ähnlicher Objekte wurde von Thales von Milet ersonnen. Das Verfahren ist, den Schatten zu jener Stunde zu messen, zu der man erwartet, daß die Länge des Schattens der Höhe des Objekts entspricht, das den Schatten wirft. So gilt dies auch für die Wunder der Pyramiden (...).«

Es ist allgemein akzeptiert, daß Thales, einer der »sieben weisen Männer« Griechenlands, dessen Werke verlorengegangen und uns nur durch Zitate bekannt sind, die ägyptischen Wissenschaften der Geometrie und Trigonometrie zum Gebrauch durch die Griechen übernommen hat. Da Thales im Jahre 585 v. Chr., als eine Sonnenfinsternis stattfand, die er offensichtlich vorhergesagt hatte, am Leben war, haben wir zumindest

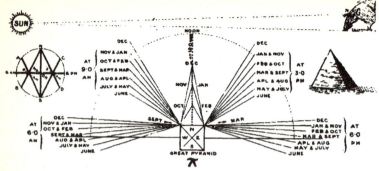

Abbildung 58: Eine von Moses Cotsworth angefertigte Zeichnung, die die monatliche Bewegung der Schatten zeigt, die von der Großen Pyramide um 6.00 Uhr, um 9.00 Uhr, um 15.00 Uhr und um 18.00 Uhr geworfen werden. Zur Mittagszeit am Tag der Wintersonnenwende erreicht der Schatten seine größte Länge im Norden. Da Cotsworth so sehr davon eingenommen war, dieses Phänomen zu beobachten, übersah er den dramatischeren Wintersonnenwend-Schatten, der mit meinem Foto auf Tafel 30 zum ersten Mal veröffentlicht wurde und der sich auf der anderen Seite der Pyramide befindet, so daß niemand beide gleichzeitig beobachten kann. Cotsworth betont, er habe die Schatten hier bewußt übertrieben lang dargestellt; die Zeichnung sollte einem nur eine ungefähre Vorstellung des Phänomens vermitteln. Über der Zeichnung von der Pyramide sehen wir eine Darstellung von Sonne und Erde mit dem Winkel zwischen Äquator und Pyramide (dargestellt als kleines Dreieck auf der Oberfläche der Erde), wie er von der Sonne aus erscheinen würde. (Aus: *The Rational Almanac* von Moses B. Cotsworth, York, England, 1902/1905, S. 60.)

einen direkten Beweis für das eingehende Studium des Schattens der Großen Pyramide während der 26. Dynastie (die 525 v. Chr. endete) der Dritten Zwischenperiode, noch vor Ankunft der Perser in Ägypten. Zu dieser Zeit siedelten sich viele Griechen in Ägypten an, und viele kämpften dort auch als Söldner. Dies war eindeutig die angenehme und einladende Atmosphäre, in der Thales imstande war, Ägypten zu besuchen und etwas über die dortige Wissenschaft und Mathematik zu lernen. Doch niemand kann bezweifeln, daß die Wissenschaft der Schatten in Ägypten von Beginn an praktiziert wurde, und Thales war lediglich der erste, der es den Griechen erzählt hatte. Was den spezifischen Schatten betrifft, der im Text erwähnt wird, wäre dieser wahrscheinlich

160 Meter lang gewesen (oder was immer man als ursprüngliche Höhe der Pyramide akzeptiert). Doch wohin wäre der Schatten gefallen? Zu welcher Tageszeit? Hier gab es eindeutig eine tiefere Bedeutung — aber welche? Hier ist wieder etwas für uns zur Berechnung, und es liefert vielleicht sogar eine Erklärung, warum die Pyramide die Höhe aufweist, die sie hat.

Etwas, das man bezüglich Sonnenschatten erwähnen sollte, ist, daß die Sonne keine punktförmige Lichtquelle ist, sondern eine Scheibe mit einem bestimmten Durchmesser. Deshalb wirft die Sonne keine genau definierten Schatten, sondern leicht diffuse. Die Ägypter brauchte man aber daran wohl nicht zu erinnern — sie hatten sogar einen speziellen Namen für die Sonnenscheibe: Aton. Und es ist der allgemeinen Öffentlichkeit weithin bekannt, daß der Ketzer-Pharao Echnaton (der seinen Namen von Amenhotep IV. zu Echnaton änderte) ein besonderer Verehrer von Aton war. Er war von Aton tatsächlich so angetan, daß er den Namen des Gottes Amun von Tempelwänden in Theben entfernen ließ und seine Hauptstadt an einen neuen Ort verlegte, wo er Aton in Frieden verehren und anbeten konnte, ohne ständig die lästigen Priester von Amun um sich herumhängen zu haben, die ihn nervös machten.

Die Notwendigkeit, eine scharf definierte Kante eines diffusen Schattens zu erhalten, brachte den Gebrauch von etwas auf den Plan, das man »Schattenfänger« nannte. Dieses Instrument wurde von einem chinesischen Astronomen namens Kuo Shou-Ching gut beschrieben, wie es in der *Geschichte der Yuan-Dynastie* (der Mongolen-Dynastie, 1260–1368 n. Chr.) verzeichnet ist:

»*Der Schatten-Definierer ist aus Blattkupfer von 5 cm Breite und 10 cm Länge. In der Mitte ist ein sehr kleines Loch, wie bei einer Lochkamera, eingestochen. Er wird von einem quadratischen Stützrahmen umgeben und auf einen drehbaren Zapfen montiert, so daß er in jede Richtung bewegt werden kann, wie zum Beispiel hoch Richtung Norden und herunter Richtung Süden (d. h. im rechten Winkel zur Kante des einfallenden Schattens). Das Instrument wird hin- und herbewegt, bis es die Mitte des (Schattens der) Querstange erreicht, der nicht sehr definiert ist, und wenn das Loch das erste Mal das Licht trifft, erhält man ein Abbild, das nicht größer als ein Reiskorn ist und in dem man die Querstange verschwommen erkennen kann. Bei den alten Methoden, wo man eine lange Schatten-Säule (wie einen Obelisken) benutzt, war das, was man als Projektion erhielt, die obere Kante der Sonnenscheibe. Doch mit dieser Methode mit Hilfe der Querstange erhält man die Strahlen aus der Mitte der Scheibe ohne irgendeinen Fehler.«*

Diese Passage wurde von Joseph Needham übersetzt, da die *Geschichte der Yuan-Dynastie* nicht auf englisch existiert (obwohl sie es sollte! Irgendwelche gut betuchten Leute dort draußen, die so ein Projekt finanziell unterstützen würden?). Joseph kommentierte dann wie folgt:

»Dies wurde lange Zeit mißverstanden. Gaubil, Wylie und selbst Tung Tso-Pin dachten, das Instrument würde auf die Spitze des Zeigers plaziert, doch Maspero zeigte ziemlich überzeugend, daß, ganz im Gegenteil, es entlang der waagerechten Gradierungs-Skala bewegt wurde und den Effekt hatte, wie eine Linse das Abbild der Querstange zu fokussieren. Daß Kuo Shou-Ching sich das Prinzip der Lochkamera zunutze machte, ist überhaupt nicht überraschend, da, wie wir im Abschnitt über Physik noch sehen werden, es den chinesischen Wissenschaftlern schon drei Jahrhunderte zuvor [d. h. im 10. Jahrhundert n. Chr.] *bekannt war, und vielleicht wurde die Camera Obscura (Lochkamera) von ihnen an die Araber weitergegeben. Darüber hinaus gibt es zeitgenössische Beweise, die Masperos Interpretation unterstützen, in einer Anmerkung des Astronomen Yang Huan (starb 1299 n. Chr.).*

Die Beobachtungen von Kuo und seinen Mitarbeitern wurden in einem Buch mit dem Titel Studien des Sonnenuhr-Zeigers zum Zeitpunkt zweier Sonnenwenden *gesammelt, das aber verlorenging, und die kalendarischen Kapitel der* Yuan Shih *(Geschichte der Yuan-Dynastie) sind nun unsere einzige Quelle. Laplace betrachtete die Arbeit mit einem 13 Meter langen Stab im 13. Jahrhundert n. Chr. als die vielleicht genaueste, die je an Sonnenwend-Schatten vorgenommen wurde.«*

Ich besprach dies mit Professor Allan Mills von der Universität Leicester in England, und er lieferte einige interessante Verbesserungen des »Schattenfänger«-Konzepts. Hier jedoch weiter in die Details zu gehen würde uns zu weit davontragen. Es soll hier genügen festzustellen, daß Methoden, um die Kanten von Schatten zu verfeinern, notwendig waren, und die alten Ägypter haben dafür vielleicht sogar, wie oben beschrieben, eine Linse statt einer Lochkamera verwendet, denn wir wissen, daß sie diese zur Verfügung hatten.

Was das Thema Licht und Schatten betrifft, ist es aufschlußreich, sich einige klassische Referenzen zu den ägyptischen Pyramiden und Obelisken anzuschauen, um Hinweise zu erhalten. Wenden wir uns zunächst Plinius und einer seiner Aussagen über Obelisken zu:

»*Monolithen aus diesem Granit* [aus Aswan] *wurden von den Königen erbaut, manchmal in Rivalität untereinander. Sie nannten sie Obelisken und widmeten sie dem Sonnengott. Ein Obelisk ist eine symbolische Wiedergabe der Sonnenstrahlen, und dies ist die Bedeutung des ägyptischen Wortes dafür.*«

Mein alter Freund Professor Eichholz gibt an diesem Punkt eine gute Fußnote, die zeigt, daß er seine Hausaufgaben gemacht hat:

»*Plinius hat recht.* Tekhen *bedeutet sowohl* ›Sonnenstrahl‹ *als auch* ›Obelisk‹.«

Plinius gibt einige weitere interessante Kommentare zu Obelisken, und was er sagt, unterstützt zu einem großen Teil Moses Cotsworths Ideen zum Schatten-Boden neben den Pyramiden, da es den Beweis liefert, daß die Ägypter dies mit ihren Obelisken taten, so wie ein nach Rom transportierter Obelisk auch nach ihren Prinzipien aufgestellt wurde:

»*Der eine* [Obelisk] *wurde auf bemerkenswerte Weise durch* [den Kaiser] *Augustus in Gebrauch genommen, um den Schatten der Sonne zu markieren und damit die Länge von Tagen und Nächten zu bestimmen. Es wurde ein Pflaster ausgelegt für eine Entfernung, die der Höhe des Obelisken angemessen war, so daß der Schatten, der am Mittag des kürzesten Tages geworfen wurde* [hier haben wir es wieder mit der Wintersonnenwende zu tun], *genau auf dieses Pflaster paßte. Bronze-Stangen, die ins Pflaster eingelassen worden waren* [dies ist ein bißchen unklar; die Stangen waren wohl sehr kleine Markierungen, die nicht aufrecht standen, sondern sich im Pflaster befanden], *sollten den Schatten Tag für Tag messen, wie er schrittweise kürzer und wieder länger wurde. Dieses Instrument verdient ein sorgfältiges Studium und wurde* [zweifellos ägyptischen Prinzipien folgend] *vom Mathematiker Novius Facundus entworfen. Auf der Spitze plazierte er eine vergoldete Kugel, an der sich der Schatten konzentrierte, da sonst der vom Obelisk geworfene Schatten nicht genau genug definiert wäre.*«

Hier taucht wieder das Problem der diffusen Schattenkante auf, und wir erfahren, daß Novius Facundus dies zu lösen versuchte, indem er eine goldene Kugel auf die Spitze des Obelisken setzte. Eine glänzende goldene Spitze für einen Obelisken war jedoch nun keinesfalls eine Innovation, die er etwa als erster eingeführt hätte, da alle ägyptischen

Obelisken mit Ausnahme der Miniaturen, die auf Friedhöfen verwendet wurden, goldene Spitzen hatten. Aber die Tatsache, daß Novius Facundus eine *Kugel* benutzte, ist interessant, denn ich glaube — wie wir auch gleich noch sehen werden —, daß in Ägypten manchmal aus ähnlichen Gründen eine Kristallkugel auf die Spitzen von Bauwerken gesetzt wurde, und daß gebündelte Lichtstrahlen ein Teil des von den Erbauern geplanten Schemas waren.

Ein weiterer klassischer Autor, Ammianus Marcellinus (4. Jahrhundert n. Chr.), der trotz seines faszinierenden Schreibstils nur selten gelesen wird, zeichnet in seiner *Römischen Geschichte* ein interessantes Detail über die Pyramiden auf:

»*Und riesig wie sie sind, wie sie spitz zulaufen, so werfen sie keinen Schatten, in Übereinstimmung mit einem Prinzip der Mechanik.*«

Worauf sich Ammianus hier bezog, war das Verschwinden des Schattens der Großen Pyramide auf dem nördlichen Stein-Pflaster zur Zeit der Tagundnachtgleiche, was die Berechnung der Länge des Jahres möglich machte. (Der Schatten nördlich der Pyramide verschwindet, wenn die Sonne genau im Osten steht und der einzige Schatten der nach Westen ist.) Er berichtete korrekt über ein Detail, ohne es selbst zu verstehen. Ammianus war allgemein sehr von der Vorstellung fasziniert, das etwas keinen Schatten werfen würde, und er liefert einen sehr viel klareren Bericht darüber in seinen Aufzeichnungen zu Oberägypten:

»*Da ist auch Syene* [das heutige Aswan], *wo zum Zeitpunkt der Sommersonnenwende die Sonnenstrahlen, die senkrecht stehende Objekte umgeben, den Schatten nicht erlauben, sich über die Objekte hinaus zu erstrecken. Und wenn jemand einen Pflock aufrecht in die Erde steckt oder einen Menschen oder einen Baum aufrecht stehen sieht, wird er feststellen, daß der jeweilige Schatten nicht über den Umfang des Körpers hinausreicht. Die geschieht auch bei Meroe, einem Ort in Äthiopien, der dem nördlichen Wendekreis am nächsten liegt und wo für 90 Tage die Schatten auf eine Weise fallen, die unserer genau entgegengesetzt ist, weshalb die Eingeborenen dieses Landstrichs auch Anticii genannt werden* [von *anti*, gegen, und *skia*, Schatten].«

Im 3. Jahrhundert v. Chr. unternahm der griechische Wissenschaftler Eratosthenes einen Versuch, die Größe der Erde zu messen, indem er unter anderem den Lichteinfall in einen tiefen Brunnen bei Syene benutzte, und es ist interessant, daß 700 Jahre später das Volk von Aswan dieses Geschehnis hernahm, um auf sich selbst aufmerksam zu machen. Zweifellos gaben die unterhaltsamen örtlichen Anwohner römischen Touristen Demonstrationen dieses Phänomens, um sich etwas Bakschisch zu verdienen.

Ein interessanter Text ist aus der Zeit der 19. Dynastie des Pharaos Seti I. (1291–1278 v. Chr.) erhalten geblieben und beschreibt den Gebrauch einer Schattenuhr. Dieser Text ist in den Stein des Oseirion bei Abydos eingemeißelt, den Ägyptologen bekannt als »Kenotaph (Mahnmal) von Seti I.«, da sie nun auf genau dem Namen bestehen, den sie offiziell dafür gebrauchen, daß es von Seti I. zur selben Zeit gebaut wurde wie sein großer Tempel von Osiris, der sich daran anschließt. Hier ist ein Teil des Textes in einer überarbeiteten Übersetzung von E. M. Bruins (die Frankforts Übersetzung korrigiert):

»(...) Die Stunden werden mit Hilfe einer Schattenuhr bestimmt, deren Skala fünf Handbreiten lang ist; die Höhe des Stabes beträgt zwei Fingerlängen über der Schattenuhr. (...) Wenn man diese Schattenuhr korrekt gegen die Sonne ausrichtet, das heißt, das Ende, auf dem der Stab montiert ist, dann wird der Schatten auf dieser Schattenuhr die Zeit korrekt angeben.«

Es ist sicher immer etwas besonders Wertvolles, wenn ein alter Text ans Licht kommt, der sich auf eine bestimmte Weise mit Phänomenen befaßt, über die man sonst nur aufgrund von Relikten spekulieren könnte.

Nun müssen wir uns die ägyptischen Granit-Obelisken etwas genauer anschauen. Es wird angenommen, daß frühere Exemplare aus Holz erbaut worden waren. Auf Tafel 25 sehen wir ein interessantes Stück Synchronizität. Ich war bei Karnak und beobachtete einen Obelisken (nein, er bewegte sich nicht!) und bemerkte, daß er an seiner Spitze ein Hohlrelief des Horus-Falken aufwies. Und genau in diesem Moment kam ein Falke herbeigeflogen und ließ sich auf der Obelisk-Spitze nieder, direkt über dem Relief, das ihn darstellte, und saß in derselben Position. Ich hatte Gelegenheit, dieses amüsante Ereignis auf Film zu bannen.

Schauen wir uns die ägyptische Sprache an, so finden wir, daß das Wort *hui* sowohl »Licht, Beleuchtung« als auch »Obelisk-Spitze« bedeutet. Und das ist kein Zufall. Denn die Spitzen der Obelisken waren immer mit Gold oder einer Gold-Legierung überzogen, um die Sonne zu reflektieren und ihre Strahlen in einen weiten Umkreis zu lenken. Die Obelisken hatten also praktisch Spitzen aus Licht.

In seinem Werk *The Obelisks of Egypt* erwähnt Labib Habachi die Obelisken der Pharaonin Hatschepsut aus der 18. Dynastie (1498–1483 v. Chr.) und sagt:

»Abgesehen von der üblichen Dekoration [der Spitze] befinden sich auf der oberen Hälfte jedes Obelisken auf jeder Seite acht Szenen auf beiden Seiten der gebräuchlichen Inschriften-Säule. Jede Szene enthält eine Darstellung der Pharaonin oder ihres Stiefsohns [und Neffen] Tuthmosis III. aus Verehrung oder als Opfergabe für Amun-Re. Nicht nur die Spitze, auch die Szenen wurden mit einer Gold-Silber-Legierung überzogen, so daß nahezu die ganze obere Hälfte des Obelisken in der Sonne glänzte. Die Beschädigungen, die diese Obelisken erlitten, wurden nicht durch einen Versuch, den Namen der Pharaonin zu entfernen [wie es anderswo geschah], verursacht; sie stammen vielmehr von den Angriffen der Agenten von Echnaton (1379–1362 v. Chr.), der den Namen und das Abbild von Amun-Re entfernen ließ.«

Habachi fährt dann fort und zitiert die berühmte Inschrift, die zum ersten Mal von Wallis Budge 1902 auf englisch übersetzt wurde, in Band IV seiner wundervollen *History of Egypt*, im Abschnitt über die Pharaonin Hatschepsut. 24 Jahre später veröffentlichte Budge den Text ein weiteres Mal in seinem Buch *Cleopatras Needles and Other Egyptian Obelisks*, welches in einer bequemen Paperback-Ausgabe leicht erhältlich ist. Ich werde aus der letzteren, vollständigeren und überarbeiteten Übersetzung von Wallis Budge zitieren. Doch zunächst ist es wichtig zu erklären, was *tcham* ist. Dies ist ein sehr mysteriöses Wort, von einem seltsam aussehenden Stab symbolisiert, der normalerweise als Zepter angesehen wird. Dieses »Zepter« hat ein gegabeltes unteres Ende und einen »Kopf«, der wie der eines Schakals oder eines Seth-Tieres aussieht (letztendlich von Richard Hobban identifiziert, wie gleich noch erklärt wird), der aber in jedem Fall nach unten geneigt ist. Dieses Zepter wurde sicherlich mit dem Studium von Schatten und Vermessungen assoziiert. Es ist auch mythologisch mit den Söhnen des Horus — den mythischen Gründern Ägyptens — und dem Gott Anubis verbunden, der es oft trug (siehe Tafel 19). Doch hauptsächlich war es das Zepter des Gottes Ptah, den man nur selten ohne es sah. Es war passend, daß das Zepter mit Ptah assoziiert werden sollte, denn er war der Gott des Himmelspols, und das Zepter wurde benutzt, um Schatten zu studieren und die wahre Nordrichtung zu finden. Der Grund, weshalb Ptah porträtiert wird, wie er eng in ein Tuch eingehüllt ist, aus dem nur die Füße und Hände (die das Zepter halten) herausragen, ist, daß dies symbolisiert, wie er endlos »um den Himmel herumgewickelt« ist, der sich ständig um den Pol dreht.

Das *tcham*-Zepter ist bekannt und auch geläufig als das *uas*- oder *was*-Zepter. Als die ägyptische Geschichte voranschritt, wurde es immer öfter als Symbol in Gräbern verwendet, und oft erschien es nur aufgrund seines dekorativen Werts auf späteren Tempel-Reliefs, als wäre es eine Art *fleur de lys* [die dreiblättrige Lilie u. a. der bourbonischen Königsfamilie, A. d. Ü.]. Die Region Ägyptens, in der Theben lag, wurde *Waset* genannt und benutzte dieses Zepter als Symbol, zusätzlich dekoriert mit einer Feder und einem Band.

Das Wort *tcham*, das die Hieroglyphe dieses Zepters beinhaltete, bezog sich auf ein unbekanntes Edelmetall. Statt uns mit Spekulationen zu beschäftigen, was das mit diesem Namen bezeichnete Edelmetall vielleicht gewesen sein mag, geht es uns hier nur um seinen Gebrauch zur Zeit des Neuen Reichs, als es auf Obelisk-Inschriften auftauchte. Zu jener Zeit beschrieb es das Metall, das die Pharaos benutzten, um die Spitzen der Obelisken zu überziehen. Da all dieses Metall schon lange von den Obelisk-Spitzen verschwunden ist, wissen wir nicht, was es genau war — nur daß es Gold enthielt und sehr wertvoll war, vor allem in solchen Mengen. Es mag eine Legierung aus Gold und Silber — genannt »Elektrum« — gewesen sein, oder es war eine bestimmte Art von Gold, die besonders stark glänzte und Licht reflektierte. Hier folgt, was Wallis Budge in *Cleopatras Needles* dazu sagt:

»(...) Selbst als der Obelisk aufgestellt, poliert und mit Inschriften versehen war, war die Arbeit an ihm noch nicht abgeschlossen, denn die Spitze mußte noch mit einer Metallschicht oder einer Art Kappe versehen werden (...). Als [der Pharao] *Thothmes I.* [1503–1491 v. Chr., 18. Dynastie] *seine beiden großen Obelisken vor der Doppeltür des Hauses Gottes aufstellte, überzog er die Spitzen mit einem Metall, das die Ägypter* tcham *nannten* [hier gibt er die Hieroglyphen mit dem Zepter-Zeichen wieder]. *Dieses Wort wurde übersetzt als ›Gold‹, ›Elektrum‹, ›Weißgold‹, ›vergoldetes Kupfer‹, doch niemand weiß, woraus dieses Metall wirklich bestand. Gold kann es kaum gewesen sein, denn das allgemein gebräuchliche Wort für Gold war* nub *(...). Andererseits kann tcham auch ein altes und vielleicht fremdes Wort für ›Gold‹ gewesen sein. Das gefundene Gold-Erz enthält zum großen Teil Silber, und wenn das Silber ein Fünftel des Erzes ausmachte, nannte man es*

›*Elektrum*‹ *(Plinius,* Naturkunde, *XXXIII, 23). Ein künstliches Elektrum wurde hergestellt, indem man Silber mit Gold vermischte. Es ist möglich, daß* tcham *eine Art natürlichen Goldes war, das man im Sudan fand und* ›*grünes Gold*‹ *genannt wurde. In jedem Fall konnte man es auf Hochglanz polieren und reflektierte das Licht fast so stark wie Quecksilber. Es wurde in der Zeit der 28., 29. und folgenden Dynastien für den Überzug der Obelisk-Spitzen benutzt (...). Wir wissen nichts über den Stil und die Schichtstärke solcher Überzüge, doch man brauchte offensichtlich eine große Menge dieses Metalls für die Anfertigung der Spitzen, denn die Pharaonin Hatschepsut sagte über ihre Obelisken,* ›*ich sah für sie feines* tcham *vor, das ich* heket-*weise abwiegen ließ, wie Säcke voller Getreide*‹*. (...) Mit anderen Worten: Sie benutzte das wertvolle* tcham *nicht pfund-, sondern zentnerweise. Dies deutet darauf hin, daß die Überzüge ihrer Obelisken aus dicken Schichten von* tcham *bestanden und von beträchtlichem Wert waren. Der Beweis: Man fand später von diesem Metall keine Spur mehr. Wahrscheinlich wurde es in den Anfangsjahren der Herrschaft des* ›*Ketzer*‹-*Pharaos Amenhotep IV.* [der seinen Namen zu Echnaton abänderte] *entfernt oder gestohlen.*«

Es gibt einige Gründe dafür zu glauben, daß diese Tradition im Neuen Reich, die Spitzen von Obelisken mit dem am stärksten glänzenden Metall zu überziehen, um optische Reflexionen zu verstärken, aus einer viel früheren Zeit des Alten Reichs stammt, als ähnliche Metallbeschichtungen benutzt wurden, jedoch nicht auf Obelisken, sondern auf Pyramidenspitzen. Und zu den Pyramiden kehren wir bald zurück. Doch zunächst lassen Sie uns einige der Inschriften von der Pharaonin Hatschepsut auf ihren Obelisken lesen, um herauszufinden, was ihr an den Metall-Überzügen ihrer Obelisken vielleicht so wichtig war. Sie beginnt ihre Inschrift mit einer bezaubernden Beschreibung ihrer selbst als ein göttliches Wesen, viel zu lang, als daß wir uns hier damit beschäftigen wollen, die aber eine Beschreibung von ihr als die sogenannte »Horus-Frau« beinhaltet. Ganz am Ende dieser Lobeshymne auf sich selbst nennt sie sich »die Frau, die das *tcham* der Könige ist«.

Dann fährt sie fort und beschreibt den Bau und die Aufstellung ihrer Obelisken bei Karnak:

»*Sie errichtete sie als Monument für ihren Vater Amen* [Amun]*, Herr der Throne der Zwei Länder* [d. h. Theben]*, Präsident der Begabten* [d. h. Karnak]*. Sie fertigte für ihn in der Region des Südens* [dem Granit-Steinbruch von Aswan] *zwei Obelisken aus solidem Granit an. Die*

Spitzen dieser Obelisken sind aus tcham *von der besten, aus den Bergen erhältlichen Qualität, und man kann sie [von weitem, stromauf, stromab?] sehen. Die Zwei Länder [Ägypten] wurden in Licht gebadet, wenn Athen [Aten, Aton, die Sonnenscheibe] zwischen ihnen vom Horizont zum Himmel aufstieg. Ich tat dies aus Liebe in meinem Herzen zum Vater Amen (...). Mein Herz drängte mich, für ihn zwei Obelisken mit* tcham*-Überzügen aufzustellen; die Spitzen sollten den Himmel durchbohren (...). Ich machte sie für ihn aus der Rechtschaffenheit meines Herzens, denn er denkt an jeden Gott. Ich wollte sie für ihn machen, mit* tcham*-Metall überzogen: Siehe! Ich legte ihre Teile auf ihre Körper [sie meint wahrscheinlich, daß sie die Spitzen mit Metall versah]. Ich dachte daran, was die Leute sagen würden — daß meine Rede wahrhaftig ist, denn was aus meinem Mund kam, habe ich nie wieder zurückgezogen. Nun hört auf meine Stimme. Ich gab ihnen [den Obelisken] das beste und feinste* tcham*, das ich* hekel-[büschel-?]*weise abwiegen ließ, als wären es Säcke voller gewöhnlichem Getreide. Meine Majestät versah sie mit mehr* tcham *als je zuvor in den Zwei Ländern [d. h. Ägypten] gesehen wurde. Dies weiß sowohl der Narr als auch der Weise (...).«*

Ihr Neffe, der Pharao Thothmes III., auch bekannt als Tuthmosis III. (1479–1424 v. Chr.), stellte selbst zwei Obelisken bei Karnak auf. Thothmes war ein kleiner Mann, nicht größer als 1,50 Meter, und entsprechend waren auch seine Obelisken kleiner als die seiner Tante. Seine Obelisk-Inschrift besagt ähnliches:

»*Der Sohn von Ra, Thothmes, gekrönt mit Kronen, stellte sie bei Karnak auf, und fertigte für sie eine Spitze aus feinstem* tcham *an, dessen Glanz Theben erleuchtete (...).«*

Leser in England interessiert es vielleicht zu wissen, daß tcham auch in der Inschrift erwähnt ist, die sich auf dem ägyptischen Obelisken an der Themse befindet, den wir landläufig »Kleopatras Nadel« nennen, obwohl er mit Kleopatra überhaupt nichts zu tun hat. Dieser Obelisk stand einst bei Heliopolis, nordöstlich von Kairo, und wurde ebenfalls von Pharao Thothmes III. errichtet. Es ist einer von vielen Obelisken, die als Trophäen von Ägypten in andere Länder transportiert wurden, eine schlechte Angewohnheit, die mit den alten Römern begann (es gibt 13 ägyptische Obelisken in Rom!). Die Inschrift an »Kleopatras Nadel« enthält folgende Anmerkungen:

»*Er [der Pharao] stellte ein Paar großer Obelisken* (tekhenui urui) *auf, die Spitzen* (benbenti) *aus* tcham, *bei seinem dritten Set-* [Sed-]*Fest, durch die Größe seiner Liebe zu Vater Tem.*«

Der zweite dieser Obelisk-Zwillinge, der einst neben seinem Bruder-Obelisken stand, befindet sich nun im New Yorker Central Park und besagt u. a. in seiner Inschrift:

»*Er [der Pharao] stellte zwei große Obelisken auf, [mit] Spitzen aus* tcham. *Der Sohn von Ra, Thothmes, (...), der ewig lebende, tat [dies].*«

Abbildung 59: Ein Ausschnitt aus einem Papyrus, der ein Begräbnis im Neuen Reich wiedergibt. Links präsentiert der Gott und Einbalsamierer Anubis die Mumie des Verstorbenen, dessen Witwe trauernd zu seinen Füßen liegt und in ihrem Kummer seine Beine umklammert. Rechts wartet das Grab. Die beiden Augen des Ra befinden sich auf jeder Seite der Grabkammer und repräsentieren die beiden Extrem-Positionen der Sonne zur Winter- und Sommersonnenwende (wie sie durch die »waagerechten Teleskop-Röhren« der großen Sonnentempel wie dem bei Karnak beobachtet wurden). Zwischen ihnen ist das Sonnensymbol der mit Gold überzogenen Spitze auf dem Pyramidendach der Grabkammer. Wir sehen also, daß zur Zeit des Neuen Reichs auch nichtkönigliche Individuen auf ihre Weise versuchten, die königlichen Obelisken ihrer Zeit auf traditionellere Weise mit den älteren mit Goldspitzen versehen Pyramiden zu kopieren.

Abbildung 60: Links ist der Obelisk, der sich nun im New Yorker Central Park befindet. Die Inschriften wurden, wie es aussieht, angefertigt, als der Obelisk noch in Alexandria in Ägypten stand, bevor er 1880 entfernt und nach Amerika verbracht wurde. Er wird ebenfalls, wie sein an der Themse in London stehender Zwilling, »Kleopatras Nadel« genannt. Die beiden standen ursprünglich als ein Paar auf jeder Seite des Eingangs zum Sonnentempel bei Heliopolis (ein nicht mehr existierendes Bauwerk) in der Nähe von Kairo. Der römische Kaiser Augustus brachte sie im 1. Jahrhundert n. Chr. nach Alexandria, und Lieutenant Commander H. H. Gorringe von der US-Marine transportierte diesen nach New York. (Der Zwillings-Obelisk wurde 1878 nach London transportiert.) Dieser Obelisk wiegt 220 Tonnen. Er wurde ursprünglich vom Pharao Thothmes III. (starb 1425 v. Chr.), dem Neffen der Pharaonin Hatschepsut, errichtet. (Die rechts erkennbare Pompejus-Säule ist ein römisches Monument bei Alexandria in Ägypten. Tatsächlich hat sie nichts mit Pompejus zu tun, sondern wurde vom römischen Kaiser Diokletian Ende des 3. Jahrhunderts n. Chr. zur Feier eines Sieges errichtet. Sammlung Robert Temple.)

Bis hierher ist es sehr offensichtlich geworden, daß die Obelisken aus der Zeit des Neuen Reichs entworfen wurden, um immens teure und spektakuläre optische Effekte zu erzielen, zu Kosten, mit denen die Pharaonin Hatschepsut prahlte, sie wären höher als alles zuvor Dagewesene, zumindest im Neuen Reich. Ihre Obelisken wurden von ihrem Wesir und — so glaubt man — ihrem Liebhaber entworfen, dessen Name Senmut war. Senmuts Grab ist bekannt für seine mit astronomischen Symbolen versehene Decke (die auch einen tatsächlichen Obelisken porträtiert!). Er war ein Architekt und Intellektueller, dem optische Effekte sicher sehr vertraut gewesen wären. Obwohl mit Gold überzogene Obelisk-Spitzen schon vor ihm existierten, war er wahrscheinlich für die extreme Beliebtheit verantwortlich, die die Pharaonin für Obelisken an den Tag legte, und für die enormen Kosten für die Bereitstellung der benötigten Goldplatten, die sie nicht scheute.

Martin Isler hat sehr wichtige Arbeit hinsichtlich der Schatten im alten Ägypten geleistet und hatte wie ich keine andere Wahl, als für seine Berichte über das, was sich in China ereignete, auf Joseph Needham zurückzugreifen, um einige Vergleiche anstellen zu können und ein besseres Verständnis der Phänomene zu erreichen. Unweigerlich endete Isler bei den Berichten in der *Geschichte der Yuan-Dynastie*! Was ich an der Arbeit von Isler besonders spannend finde, ist, daß er und ich unabhängig voneinander zum selben Ergebnis kamen, was die wahre Natur des Stabes mit der gegabelten Spitze betrifft, den man oft auf ägyptischen Bildnissen sieht. Tafel 61 zeigt diesen Stab. Zur Vereinfachung lassen Sie uns ihm einen Namen geben und ihn den »Gabelstab« nennen. Ich war schon zu dem Schluß gekommen, daß er ein Sicht-Instrument sei, als ich mich das erste Mal Islers Ausführungen zuwandte und sah, daß er davon genauso überzeugt war wie ich. Er arbeitet detailliert aus, wie der Gabelstab wegen seiner Spitze als »Schattenfänger« verwendet wurde. Dies macht die Verwendung eines »Schattenfängers« in Form einer Lochkamera überflüssig, da die Spitze des Gabelstabs selbst als Lochkamera dient — und zwar viel effektiver als eine goldene Kugel. Islers Arbeit ist so brillant und phantasievoll, daß man sich wünschte, mehr Menschen seines Schlages um sich zu haben. Mein eigenes Interesse an diesem Gabelstab hatte mit seiner Verwendung als Sicht-Instrument bei Vermessungsarbeiten zu tun; ich wußte bis hierher nicht, daß er auch zur Messung des Sonnenschattens verwendet wurde. Isler gibt mehrere altägyptische Szenen wieder, die den Gabelstab zu diesem Zweck aufgerichtet zeigen, die ich zuvor nicht gesehen hatte. Er gibt keine Informationen darüber, woher oder aus welcher Zeit sie stammen, was ziemlich frustrierend ist. Über einen solchen sehr großen Gabelstab, der von einer großen Gruppe von Männern errichtet wird, sagt Isler:

»*Ich glaube, diese Stange dient als Schattenzeiger, als einer, der die besondere Eigenschaft hat, die Mittags-Schatten von allen anderen zu unterscheiden. Wie erwähnt, ist das der wichtigste Schatten des Tages, denn ein Vergleich der relativen Längen dieses Schattens zur örtlichen Mittagszeit zeigt die sich ändernde Höhe der Sonne über dem Horizont. Anhand dieser Höhe kann man beurteilen, was die jeweilige Zeit des Jahres ist.*«

Und etwas später gibt er uns diese interessante Information:

»*Beweise, die eine Vermessung von Schattenlängen untermauern, existieren auch in Prophezeiungen aus dem Mittleren Reich, in denen mit den folgenden Worten auf eine Sonnenfinsternis hingewiesen wird: ›Man kann nicht wahrnehmen, wann Mittag ist, wenn man nicht den Schatten mißt.‹*«

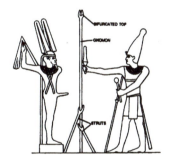

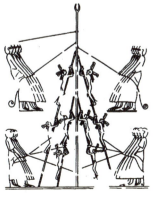

Abbildung 61: Zwei altägyptische Darstellungen des Gabelstabs, wiedergegeben von Martin Isler. Oben steht der Gott Min (dem ein Arm fehlt, was er jedoch mit einem anderen Körperteil ausgleicht) dem Stab gegenüber, auf der anderen Seite der Pharao, aus Anlaß des Min-Festes. Unten wird ein extrem hoher Gabelstab von vielen Männern aufgerichtet und mit Seilen stabilisiert. *Bildinschriften:* gegabelte Spitze, Schattenstab, Stützen.

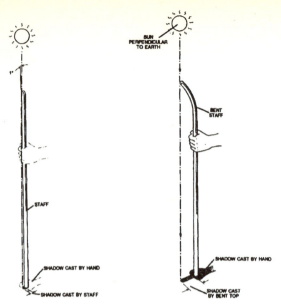

Abbildung 62: Martin Islers Zeichnungen, die den Grund für die gekrümmte Spitze des Schattenstabes zeigen, wie der vom Pharao in der vorigen Darstellung gehaltene. *Bildinschriften: (Links:) Stab, von Hand geworfener Schatten, vom Stab geworfener Schatten. (Rechts:) Sonne rechtwinklig zur Erde, gebogener Stab, von Hand geworfener Schatten, vom gebogenen Stab geworfener Schatten.*

Isler weist zusätzlich noch darauf hin, daß im Alten Reich Ägyptens Stäbe mit gebogenen Enden auch benutzt werden konnten, »um einen klaren und meßbaren Schatten zu geben«. Eine Statue von Pharao Amenophis II. aus der 18. Dynastie (1453–1419 v. Chr.) hält tatsächlich solch einen Stab mit klar markierten Ringen am Schaft in regelmäßigen Abständen, die eine Schattenmeßskala darstellen. Wir werden noch einmal auf diese Dinge zurückkommen, wenn wir uns altägyptische optische Vermessungsarbeiten anschauen werden, die die einzige nachvollziehbare Erklärung für den Bau der Gizeh-Pyramiden liefern.

Bevor wir das *tcham* hinter uns lassen, müssen wir noch einmal zum *tcham*-Zepter zurückkehren, oder, wie es die meisten Leute heute nennen, das *was*-Zepter. Der geniale Martin Isler hatte die Technik seines Gebrauchs als Schatten-Definierer rekonstruiert. Ich nannte den Stab mit dem gegabelten oberen Ende bereits »Gabelstab«; es gibt jedoch

Abb. 63: Eine von Martin Isler wiedergegebene Zeichnung, die den Pharao Amenophis (Amenhotep) II. zeigt, wie er einen Stab mit gebogenem Ende zur Messung von Schatten hält, der entlang des Schafts eine Meßskala aufweist.

bereits einen Begriff für einen Stab, der am unteren Ende gegabelt ist. Er wird *Bay* genannt. Isler beschreibt ihn und gibt Abdrucke davon wieder, um zu demonstrieren, wie der Bay benutzt wurde, um den von der Spitze eines Gnomonen geworfenen Schatten zu präzisieren. Man stellte das untere gegabelte Ende des Bay einfach am Ende des Schattens — der etwas verschwommen wäre — auf den Boden, und die Spalte im Bay gab eine genaue Definition der wirklichen Spitze des Schattenstabs. Der Effekt ist der einer Lochkamera ähnlich. Nun, ich bin weitsichtig und brauche gewöhnlich eine Lesebrille; wenn ich allerdings keine Brille bei mir habe und absolut darauf angewiesen bin, ein Wort zu lesen, erzeuge ich mit einem oder mehreren zusammengerollten Fingern ein winziges Loch ähnlich dem an einer Lochkamera. Mit diesem Griff halte ich die Hand vor ein Auge, blicke hindurch und sehe alles scharf. Diesen Trick kann man sogar benutzen, wenn man auf eine weit entfernte Bühne schauen will, selbst wenn mit der eigenen Fernsicht nichts verkehrt ist. Will man das Gesicht eines Schauspielers besser erkennen, wenden Sie diesen Griff an, und das Bild wird plötzlich schärfer. Der Spalt im Bay hat eine ähnliche Wirkung und läßt den zuvor diffus erscheinenden Schatten scharf und definiert werden.

Hier folgt, was Isler dazu sagt:

»Wir können davon ausgehen, daß, wenn die Ägypter Gebrauch von einem Gnomonen gemacht hätten, um Uhrzeiten oder Himmelsrichtungen zu bestimmen, sie die gleichen Schwierigkeiten erlebt hätten wie andere; auch sie brauchten ein Instrument, das ihnen half, die Schattenspitze eines Stabes schärfer zu definieren. Nachdem ich mir die verfügbaren Möglichkeiten angeschaut hatte, habe ich ein Instrument ausgewählt und erfolgreich benutzt, das auf einem antiken Werkzeug genannt Bay

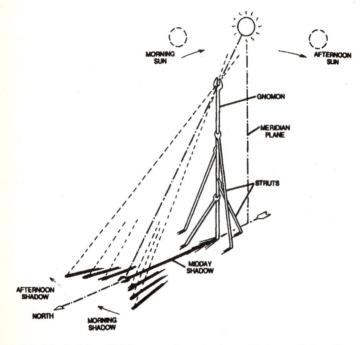

Abb. 65: Martin Islers Zeichnung zeigt, wie ein am Ende gegabelter Gnomon [Gnomon: senkrecht stehender Stab, aus dessen Schattenlänge sich die Höhe des Sonnenstandes bestimmen läßt, A. d. Ü.] benutzt werden kann, um die Meridian-Linie und damit die wahre Nord-Süd-Linie zu bestimmen. Die sich bewegende Sonne verursacht, daß sich die Form des Schattens im Laufe des Tages ändert. Nur zur Mittagszeit, wenn die Sonne auf der Meridian-Linie steht, ist der Schatten der Stabspitze voll gegabelt. Wenn das geschieht, liegt der Schatten des gesamten Stabes auf der wahren Nord-Süd-Linie. Die »Darbringung des Lichts«, wie auf Tafel 20 zu sehen, benutzt ebenfalls eine bestimmte Form, die nur wenige Minuten am Tag auftritt — die Feder erscheint erst, wenn das Licht auf die Räucherschale trifft. Davor und danach ist kein Bild von einer Feder zu sehen.

beruht. Es besteht aus der mittleren Rippe eines Palmblatts, das am breiteren Ende einen Spalt aufweist. Es trägt eine Inschrift: ›Zeiger für die Bestimmung des Beginns eines Festes und zur Plazierung aller Menschen zu ihren jeweiligen Stunden.‹ (Dies ist eine Hieroglyphen-Inschrift auf einem tatsächlichen Exemplar.)

Das Bay war nach allgemeiner Ansicht ein Instrument zur Beobachtung des Himmels. Doch nach dem in Berlin existierenden Exemplar zu urteilen hatte Zaba das Gefühl, es wäre nicht möglich, damit präzise Beobachtungen auszuführen, da der Spalt unregelmäßig und asymmetrisch ist. Wenn man jedoch, statt durch den Spalt auf ein Objekt zu schauen, wie man allgemein annahm, es mit dem Spalt nach unten auf den Boden stellt und anwinkelt, um die Spitze des den Erdboden treffenden Schattens einzurahmen, scheint es die diffuse Spitze schärfer zu definieren, dadurch, daß es das um die Schattenspitze herum befindliche

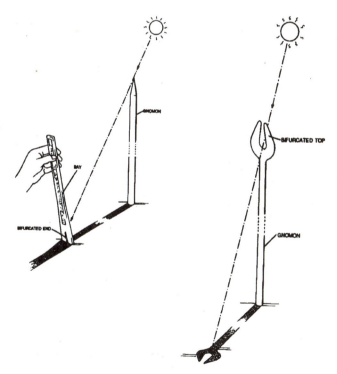

Abbildung 65: Martin Islers Zeichnung, die links einen Bay zeigt und rechts einen Gabelstab. *Bildinschriften: (Links:) Gnomon, Bay, gegabeltes Ende. (Rechts:) Gegabelte Spitze, Schattenstab.*

Licht und die Reflexion vom Boden ausblendet. Weder Form noch Symmetrie sind beim Spalt wichtig; man ist mit unterschiedlichen Spalten gleich erfolgreich. Wie in Abbildung 5 [in diesem Buch Abb. 66] *zu sehen, wird das* Bay *einfach am Ende des Schattens plaziert, denn man kann klar sehen, wie der Schatten auf die Oberfläche des Bay fällt, der dem Gnomonen gegenübersteht. Abbildungen 6 und 7* [in diesem Buch Abb. 67] *zeigen, wie die Schattenspitze vor und nach Gebrauch des* Bay *aussieht.«*

Das seltsame hier ist: Obwohl Isler all dies über die gespaltene Palmenrippe herausgefunden und verschiedene Zeichnungen veröffentlicht hatte, die diesen Spalt zeigen, war ihm offensichtlich nicht aufgefallen, daß die Form, die er im Bild wiedergibt, dieselbe wie die des *was*- oder *tcham*-Zepters ist!

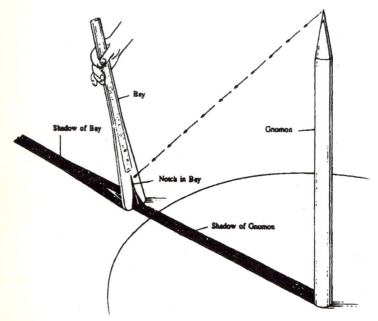

Abbildung 66: Martin Islers Zeichnung (offensichtlich nicht maßstabsgetreu) zeigt, wie die Spitze eines Obelisk-Schattens durch einen »Schattenfänger«, ein Bay mit einem gegabelten unteren Ende, weniger diffus und schärfer definiert erscheinen kann. Die von vielen ägyptischen Göttern getragenen *uas*-Zepter waren solche Bays, wie zum Beispiel das, welches der Gott Anubis auf Tafel 19 hält.

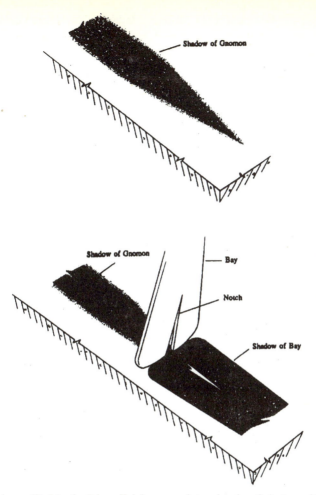

Abbildung 67: Martin Islers Zeichnung zeigt, wie eine Schattenspitze mit Hilfe eines Bay schärfer definiert wird. Oben im Bild sieht man, daß die diffuse, undefinierte Schattenspitze eines Obelisken zu ungenau ist, um eine präzise Ablesung der Skala und die Genauigkeit zu erreichen, die für antike Astronomen erforderlich war. Unten im Bild wird mit Hilfe eines Bay und seines Lochkamera-Effekts eine messerscharfe Genauigkeit erreicht, indem die Schattenspitze des Obelisken im schmalen Lichtspalt, der die Gabel passiert, fokussiert wird. Der Lichtspalt wird durch den Schatten des Bay selbst noch schärfer definiert, so daß auch im hellen Sonnenlicht Beobachtungen vorgenommen werden können. *Bildinschriften: Schatten des Obelisken, Bay, Spalt, Schatten des Bay.*

Im Jahre 1898 versuchte F. Griffith eine Unterscheidung zwischen dem *was*-Zepter und dem *tcham*-Zepter vorzunehmen und schlußfolgerte, daß das *tcham*-Zepter einen gedrehten Handgriff hatte, sonst aber genauso wie das *was*-Zepter war, das er beschrieb als »eine Art Zepter mit Hundekopf und langen zurückliegenden Ohren«. Er erwähnte nicht die gegabelten Enden der beiden Zepter, wohl in der Annahme, daß das nichts besonders Wichtiges oder Bedeutsames sei. Er wies jedoch darauf hin, daß der Name für Theben *Waset* (*Uaset*) sei und daß seine Hieroglyphe das *was*-Zepter geschmückt mit einer Straußenfeder sei. Da es in Theben wohl mehr *tcham*-Metall gab, das in der Sonne glänzte, als sonstwo in Ägypten, stellte sich dies als richtige Schlußfolgerung heraus.

Es kann kein Zufall sein, daß das Zepter, das man benutzte, um die Schattenspitze eines Obelisken schärfer zu definieren, denselben Namen trug wie das glänzende Metall, das den Obelisken selbst an der Spitze überzog.

Das *was*-Zepter wurde vom Anthropologen Richard Lóbban auf brillante Weise als Penis eines Stiers identifiziert. Der Stierpenis repräsentierte in der altägyptischen Symbolik die »Urschöpfungskraft«. Die Ägypter sezierten den Penis aus dem toten Tierkörper heraus — auch Lóbban, der damit seine Theorie bewies. Nachdem er gedehnt und getrocknet war, gab er den »Kopf von Seth« wieder, vollständig mit aufrechten quadratischen Ohren und in einer Gabelung auslaufend. Diese Penisse von toten heiligen Stieren wurden seziert, ausgelegt, gesalzen und getrocknet und wurden durch dieses Verfahren hart wie Stäbe. (Lóbban sagt, seiner sei sechs Jahre lang gut erhalten geblieben.) Er hat Fotos veröffentlicht, die völlig überzeugend waren. Auf Tafel 56 sind drei davon wiedergegeben. Er bemerkt, daß »die Prüderie des 19. und 20. Jahrhunderts ernsthafte Überlegungen darüber, daß der Phallus Gegenstand historischer und religiöser Untersuchungen war, blockiert hat«. Das ist mit Sicherheit wahr, und es ist traurig, daß, wenn man Karnak und andere Stätten besucht, die erigierten Penisse der Pharaonen einfach abgeschlagen worden sind. Das ist mit Sicherheit von den frühen Christen getan worden, doch auch auf allen Stichen aus der viktorianischen Zeit ist der Penis ausradiert und entfernt worden. (Meine Einstellung dazu ist: Einem toten Pharao sollte es gestattet werden Sex zu haben, wenn er es möchte.) Der Ursprung des *was*-Zepters als Penis eines heiligen Stiers entspricht dem Gebrauch eines Bay zum Studium von Schatten. Wahrscheinlich wurden viele Bays als Imitation des tatsächlichen Stierpenis aus Holz angefertigt, und auch aus Keramik angefertigte wurden ausgegraben. Doch gelegentlich hat ein wichtiger Priester oder Pharao wahrscheinlich auch mal einen echten getrockneten Stierpenis zum Zwecke des Schattenstudiums benutzt.

Es ist sehr wichtig, daß wir dies alles festgestellt haben, denn ich werde noch zeigen, daß noch andere seltsam geformte Objekte, die in ägyptischen Bildnissen wiedergegeben werden, mit optischen Phänomenen zu tun haben, besonders was die Wissenschaft des Vermessens betrifft, die von solch heiliger Wichtigkeit bei der Ausrichtung der Fundamente von Tempeln und anderen Bauwerken war. Einige der Objekte, die ich ansprechen möchte, sieht man sogar zusammen mit dem *was*-Zepter auf Fries-Dekorationen. Doch lassen Sie uns zunächst das optische Vermessungswesen im alten Ägypten aus einem anderen Gesichtspunkt betrachten.

Bevor wir dies aber tun, sollten wir kurz innehalten und uns fragen, was Landvermessung eigentlich ist. Wollte man den Begriff definieren, könnte man sagen, daß es »die Wissenschaft der Bestimmung von Positionen auf der Erdoberfläche« ist. Dies schließt jedoch Punkte darüber und darunter sowie Punkte von Seite zu Seite mit ein. Mit anderen Worten: Vermessung findet in drei Dimensionen statt, nicht nur an der Erdoberfläche. Eine der Hauptfunktionen der Vermessung ist die Bestimmung der Höhe von Objekten. Es ist nicht immer möglich, auf die Spitze einer Klippe zu klettern und von dort einfach ein Maßband hinunterzuwerfen; manchmal muß man statt dessen die Klippe vermessen, und zwar von da, wo man am Boden steht. Und wenn man die Entfernung zur Klippe weiß, kann man dies mit Hilfe der Gesetze der Trigonometrie auch tun. Dann kann man alles über Dreiecke und Winkel berechnen.

Das wichtigste bei Vermessungsarbeiten ist das sogenannte Niveau. Man muß mit einer Wasserwaage, einem Lot oder ähnlichem das Niveau erhalten, d. h. eine absolute Waagerechte (oder Senkrechte, wie beim Lot). Heutzutage benutzen wir mit Alkohol gefüllte Wasserwaagen, in denen uns eine Luftblase zeigt, ob wir solch eine absolute Waagerechte (oder Senkrechte) haben. Liegt die Blase genau zwischen den Markierungen, haben wir es. Dann messen wir, wenn wir können, mit einem Maßband die Entfernungen am Boden. Dann kommt die *Peilung*. Man richtet die Sichtlinie korrekt aus, visiert den Zielpunkt an und liest den Winkel ab. (Es gibt verschiedene Wege dies zu tun, manche einfach, andere kompliziert, und verschiedene Instrumente können dazu benutzt werden.) Dann schaut man in einer Tabelle den entsprechenden Sinus-

oder Kosinus-Wert — oder was immer Sie für die Messung, die Sie vornehmen wollen, brauchen — für den jeweiligen Winkel nach und setzt diesen Wert in die Gleichung ein. Dann löst man die Gleichung zum noch fehlenden Wert hin auf und erhält so die Antwort — in unserem Fall die Höhe der Klippe.

Ein Vermessungsinstrument braucht, um wirkliche Präzision zu erreichen, ein kleines Teleskop. Wenn es dieses Teleskop hat, nennt man es einen Theodoliten. Wenn Sie Ihre Peilung vornehmen, tun Sie es durch das Teleskop statt durch ein Loch in einer leeren Röhre. Da Sie so das Zielobjekt besser sehen können, ist ihre Genauigkeit viel größer. Der springende Punkt bei den Pyramiden von Gizeh in Ägypten ist, daß sie so präzise vermessen sind, daß dies nur mit Hilfe von Theodoliten möglich gewesen wäre. Dies konnte niemand ohne Zuhilfenahme von Linsen fertigbringen, wie wir noch sehen werden. Die Pyramiden von Gizeh konnten einfach unmöglich ohne die Hilfe von Vermessungsinstrumenten erbaut werden.

Kommen wir nun zurück zu Robert T. Ballard, den ich zuvor schon als einen weiteren Schatten-Enthusiasten neben Cotsworth erwähnte. Er war leitender Ingenieur bei der australischen Eisenbahn. In den achtziger Jahren des 19. Jahrhunderts beobachtete er die Pyramiden aus einem vorbeifahrenden Zug und hatte darauf die folgende Idee, wie Peter Tompkins erklärt:

»Aus der sich ständig ändernden relativen Position ihrer sich gegen den Himmel klar abzeichnenden Konturen erkannte Ballard, daß die Pyramiden einem Landvermesser ausgezeichnet als Theodoliten dienen könnten [wahrscheinlich sind hier eher Markierungspunkte als Theodoliten gemeint], *um das Land in Sichtweite der Pyramiden zu vermessen.*

Das alte Ägypten wurde in kleine Parzellen unterteilt, und diese wurden bestimmten Individuen, Priestern und Soldaten zugewiesen. Die Grenzen dieser Parzellen verschwanden jedoch regelmäßig mit dem Nil-Hochwasser und der Überflutung der Ländereien unmittelbar am Fluß [dies geschah regelmäßig einmal im Jahr und dauerte oft bis zu drei Monaten].

Mit Hilfe der Pyramiden konnte das Land nicht nur schnell wieder vermessen werden; auch die Grenzen, die der Nil zerstört hatte, konnten schnell wieder hergestellt werden.

Beim Betrachten der Silhouetten der Pyramiden erkannte der Ingenieur, daß man perfekte Linien erhalten könnte, so wie wir sie heutzutage mit all unseren modernen Instrumenten auslegen können. Mit einem

Stein und einem in der Hand gehaltenen Faden sowie dem genau definierten Punkt einer 30 Kilometer entfernten Pyramide gegen die 150 Millionen Kilometer entfernte Sonne am Himmel wäre die Abweichung einer so ausgelegten Linie unbedeutend. Außerdem konnte dasselbe Bauwerk auch mit dem Mond oder den Sternen benutzt werden.

Mit dem Wissen um die Breite der Pyramiden konnten Vermessungslinien bis zur Delta-Küste ausgelegt werden — mit nichts weiter als einem Stein und einem Faden. (...) Ballard fand heraus, daß das einfachste tragbare Vermessungsinstrument ein Modell der Cheops-Pyramide in einem kleinen Maßstab wäre, das sich in der Mitte eines kreisförmigen, wie ein Kompaß mit Gradmarkierungen versehenen Bretts befindet. Wenn man das ›Nordende‹ dieses Bretts tatsächlich nach Norden ausrichtete und die Seiten des Modells gedreht wurden, so daß sie dasselbe Licht und dieselben Schatten wiedergaben wie die Große Pyramide, konnte der Vermessungsingenieur einfach den Ausrichtungswinkel ablesen.«

In seinem 1882 veröffentlichten Buch *The Solution of the Pyramid Problem* erscheinen viele Zeichnungen der Gizeh-Pyramiden mit verschiedenen Schattenmustern.

Wir werden das Vermessungswesen der alten Ägypter etwas später noch einmal genauer betrachten. Mit Sicherheit benutzten sie mehr als nur Stein und Faden. Tatsächlich ist, wie schon gesagt, der springende Punkt, daß sie Teleskope benutzt haben.

Schon im August 1976 machte mich Professor José Álvarez Lopez, ein Physiker von der Universität von Cordoba in Argentinien, darauf aufmerksam. Ich traf ihn in jenem Jahr in New York City, und da er englisch sprach, waren wir imstande lange Gespräche zu führen. Wann immer wir zwischendurch Verständigungsprobleme hatten, übersetzte seine Freundin Christina für uns. Professor Lopez hatte sieben Bücher auf spanisch veröffentlicht und gab mir Kopien von zweien. Das erste trug den Titel *Misterios Egipcios* (Ägyptische Geheimnisse). Leider spreche ich kein spanisch, deshalb kann ich mir nur die Fotos, Zeichnungen und Darstellungen von Pyramiden und Obelisken usw. anschauen und rätseln.

Sein zweites Buch trug den Titel *El Enigma de las Piramides* (Das Geheimnis der Pyramiden). In diesem Falle gab mir Lopez jedoch die Fotokopie einer vollständigen englischen Übersetzung in abgetippter Form. Bevor ich auf Lopez' Anmerkungen zur Optik eingehe, möchte ich darauf hinweisen, daß er erwähnt, daß beim Bau des Salomon-

Tempels zu Jerusalem der Gebrauch von Werkzeugen aus Eisen verboten war. Er verweist auf das erste Buch der Könige, 6, 7 in der Bibel, wo wir lesen:

»*Zum Bau des Tempels verwendete man Steine, die fertig behauen aus dem Steinbruch kamen, so daß man während des Baus weder Hammer noch Meißel noch sonst ein Werkzeug aus Eisen im Tempel hörte.*«

Im Lichte unserer Diskussion über Eisen im letzten Kapitel ist dies von Interesse. Lopez erwähnt dies im Kontext seiner faszinierenden Bemerkungen:

»*Ein zusätzlicher Punkt, den wir beachten müssen, ist (...) eine Art Tabu [bezüglich] des Gebrauchs von Eisen. Heute wissen wir, daß das Rad und Eisen im präkolumbianischen Amerika bereits bekannt waren, jedoch nicht benutzt wurden. [Tatsächlich ist den Archäologen der Gebrauch des Rades durch die Maya wohlbekannt, doch aufgrund irgendeines Tabus nahmen die Maya Abstand davon, es zu ernsthafteren Zwecken zu verwenden.] Wie wir später noch sehen werden, hatte die Archäologie einen Zusammenhang zwischen Eisen und den ägyptischen Pyramiden festgestellt, obwohl die Präsenz dieses Metalls in den Pyramiden absichtlich verschleiert wurde. Um dieses kulturelle Phänomen zu erklären, können wir die Bibelpassage (1. Könige, 6, 7) heranziehen, die den Gebrauch von Eisenwerkzeugen beim Bau des Salomon-Tempels verbietet. Die zum Bau verwendeten Steine mußten weit weg vom Tempel behauen und zurechtgeschliffen werden. (...) Archäologen haben festgestellt, daß die Steinblöcke der Großen Pyramide an Stellen weit weg von den Pyramiden selbst zurechtgehauen worden waren, und daß diese Steine an Ort und Stelle eingepaßt wurden, ohne sie noch zurechtschleifen zu müssen. Die Gemeinsamkeiten sind eindeutig, auch wenn ihre tiefere Bedeutung sich unserer Kenntnis entzieht.*«

Dieses Thema ist zweifellos mit dem Meteoriten-Eisen und der »Donnerstein«-Legende verbunden.

In seiner englischen Einführung (die in seiner spanischen Ausgabe nicht erscheint) macht Lopez zunächst einige Bemerkungen zu optischen Belangen:

»*Die Perfektion dieser Technologie spiegelt sich in jedem Element der Großen Pyramide wider. Eines der vielen Beispiele, das diese Merkmale illustriert, ist die Ummantelung der Pyramide mit [weißem] Marmor, der ursprünglich die ganze Pyramide bedeckte. So besaß die Pyramide vier ausgezeichnete dreieckige Spiegel mit einer Gesamtfläche von vielen Tausenden von Quadratmetern.* [Eine kleine Anzahl dieser Marmorblöcke ist erhalten geblieben.] (...) *Der perfekte Schnitt dieser Blöcke hat Archäologen überrascht. Nach den Studien von* [Sir Flinders] *Petrie beträgt die Abweichung der parallelen Seitenkanten von einer geraden Linie bei jedem dieser 16 Tonnen wiegenden Blöcke weniger als 0,002 cm pro Meter — eine Präzision von der Größenordnung unserer fortgeschrittensten optischen Instrumente. Die Oberflächen der Blöcke sind nahezu perfekt eben, mit einer maximalen Abweichung von 50 Tausendstel Millimeter. Der rechte Winkel der Steine hat eine Abweichung von höchstens fünf Bogensekunden.*

Jeder dieser 25 000 Blöcke war ein Meisterstück optischer Präzision, vergleichbar mit dem Fünf-Meter-Spiegel des Teleskops auf dem Mount Palomar (USA).

Ein weiteres Beispiel für die weit fortgeschrittene Technologie der Ägypter sind Bohrerspitzen. Nach den Studien von Professor Petrie und Professor Baker konnten die ägyptischen Bohrerspitzen 100 mal stärker in harten Stein eindringen als die besten in der modernen Ölindustrie benutzten Bohrerspitzen [diese Kommentare von Petrie wurden schon vor einigen Jahrzehnten gemacht und haben sich seitdem sicher etwas relativiert]. *Wie Professor Baker sagte, würde ein Ingenieur der Gegenwart, der imstande wäre, solche Bohrerspitzen herzustellen, nicht nur reich werden, sondern auch die moderne Industrie revolutionieren.«*

Ungefähr in der Mitte seines Buchs erwähnt Lopez zum ersten Mal die Wahrscheinlichkeit, daß die alten Ägypter optische Instrumente besaßen:

»Was die Instrumente betrifft, die die Ägypter bei ihren Beobachtungen eingesetzt hatten, kennen wir nur die merkhet *oder den Stab des ›Beobachters der Stunden‹ und das* Bay, *das aus einem Palmblattstengel mit einem V-förmigen Spalt am oberen Ende bestand.* [Lopez konnte noch nichts von den Erkenntnissen Martin Islers wissen, der die eigentliche Wichtigkeit des Bay erkannte, daß nämlich der Spalt am unteren Ende war und auf dem Boden ruhte.] *Dies wurde benutzt, um die Nachtstunden anhand der Höhe der Sterne zu messen. Es ist allerdings klar, daß die Ägypter mit diesen Instrumenten allein nicht solche Fortschritte in ihren astronomischen Kenntnissen hätten machen können. Sie mußten zumindest über noch ein Instrument verfügen, das sie der* merkhet

hinzufügten, da diese Arten von Beobachtungen eine Linse *und ein* Okular *erforderlich machten. Doch was dies angeht, wissen wir über die Ägypter und Chaldäer leider nicht mehr.«*

Lopez wußte natürlich nichts über die physischen Beweise für die Existenz von Teleskopen in der Antike. 1976 war ich auch noch nicht imstande, ihn über diese Frage aufzuklären. In seinem Buch macht er weiterhin Andeutungen in Richtung antike Teleskope in seinen hier folgenden Bemerkungen:

»Andererseits kennen wir mehrere Maya-Kodizes [vgl. The Ancient Maya von S. G. Morley, 1946], *die sowohl Observatorien als auch Beobachter repräsentieren, wie zum Beispiel den* Bodleian-Kodex, *den* Nutall-Kodex *und den* Selden-Kodex. *In all diesen Kodizes erscheint ein Auge über einem X, und im* Bodleian-Kodex *erscheint daneben ein Stern über einem V. Viele Astronomen wurden hinsichtlich dieses X mit einem Auge und des V mit einem Stern nach der Bedeutung gefragt. Sie interpretierten die Symbole sofort so, daß sie sagten, moderne Beobachtungsinstrumente hätten gewöhnlich ein Fadenkreuz in X-Form im* Okular *(vorderer Teil eines Teleskops oder Theodoliten, in das man hineinblickt) und eins in V-Form in der* Linse *(Objektiv).*
Alle zeigten sich überrascht, als ihnen gesagt wurde, daß dies Darstellungen der Maya waren. Es wurde auch darauf hingewiesen, daß das effektivste System zur Beobachtung mit dem bloßen Auge das des alidades [ein Lineal kombiniert mit einem Teleskop oder Sehschlitz als Teil eines einfachen Vermessungsinstruments] *und der* pinules [die beiden Sehvorrichtungen an den jeweiligen Enden eines *alidades*] *der alten Astronomen sei, weshalb das Maya-System der Beobachtung ohne optische Instrumente nicht funktionieren konnte. Warum präsentierten die Maya dann Beobachtungsmethoden, die sie selbst nicht zum Einsatz bringen ›konnten‹?* [D. h. nach der gewöhnlichen Annahme, daß optische Linsen in der Antike nicht existiert haben sollen.]
Wenn wir die Wissenschaft der Menschen in der Antike untersuchen, begegnen uns immer wieder Fragen dieser Natur. Warum stellten die Chaldäer zum Beispiel Saturn (Nisroch) eingehüllt in einen Ring dar? Man kann die Saturnringe mit bloßem Auge nicht sehen.
Doch all diese Fragen werden, was das historische wie auch das wissenschaftliche Interesse angeht, vom Kalender der Ägypter (...) und von ihrem astronomischen Zyklus von 365,2500 Tagen überschattet (...).«

Die Teleskope in der Antike wären mit Sicherheit imstande gewesen, die Saturnringe zu zeigen. Wir müssen davon ausgehen, daß alle antiken Kulturen, von denen man weiß, daß sie über Teleskope verfügten, auch die Saturnringe gekannt haben. Lopez lag mit seinen Vermutungen richtig.

Etwas weiter hinten in seinem Buch hat Lopez einen ganzen Abschnitt mit dem Titel *Optica* (Optik) eingefügt. Hier macht er weitere Anmerkungen:

»Die Fähigkeit der Ägypter, optische Messungen vorzunehmen, darf nicht als ein isoliertes Geschehnis inmitten der allgemeinen Ignoranz, was Wissenschaft und Technologie betrifft, betrachtet werden. (...) Es ist unmöglich, präzise Messungen durchzuführen, ohne gleichzeitig über ein großes Hintergrundwissen zur Optik zu verfügen. (...) Wir werden nirgendwo in der griechischen oder römischen Welt irgend etwas Vergleichbares antreffen, was die Präzision der von den Ägyptern vorgenommenen optischen Vermessungen betrifft. Deshalb müssen wir konsequenterweise davon ausgehen, daß die wissenschaftlichen Kenntnisse der Ägypter weit über die der Griechen und Römer hinausgingen (...). Die ägyptischen Technologen waren, was die Genauigkeit von Messungen anging, genauso besessen wie zeitgenössische Physiker oder Astronomen (...). Leider mangelt es uns so sehr an wissenschaftlichen Dokumenten, daß ein Studium bestimmter Aspekte dieser Wissenschaft unmöglich ist. Trotzdem gibt es im Falle der Optik einige Beobachtungen, die (...) auf die Ägypter Anwendung finden können. Im Hinblick auf die Notwendigkeit eines Vergrößerungsglases zur Ausführung von Präzisions-Vermessungen haben wir somit das (...) Problem (...), ob die alten Ägypter irgend etwas über das Vergrößerungsglas wußten oder nicht.

Allgemein haben die Wissenschaftshistoriker den Griechen und Römern irgendwelche Kenntnisse der Eigenschaften von Vergrößerungsgläsern und -spiegeln abgesprochen. (...) Es ist nützlich, sich an die Passage in Aristophanes' Wolken *zu erinnern, wo Strepsiades Sokrates rät, seine Schuldscheine aus einer größeren Entfernung zu verbrennen, indem er sich eines Vergrößerungsglases bedient. (...) Sollen wir glauben, daß Wissenschaftler der Optik Tatsachen unberücksichtigt ließen, die dem allgemeinen Volk bekannt waren?«*

Es ist wichtig sich daran zu erinnern, daß Lopez ein Physiker und Professor am Institut für fortgeschrittene Studien an seiner Universität war, und daß er als praktizierender Wissenschaftler die Dinge auch aus einem praktischen Blickwinkel sah. Wenn die Wissenschaftshistoriker also auf etwas beharrten, was für ihn, einen praktischen Physiker, Unsinn war, vertraute er auf sein eigenes Urteilsvermögen statt irgendeiner »Autorität«. Und so sollte es auch sein.

In seinem Buch kehrt Lopez später noch einmal zur Optik zurück:

»Als wir in Teil II die technologischen Aspekte des Schliffs der Marmorblöcke studierten, die einst die Große Pyramide ummantelten, erstellten wir einen Vergleich zwischen der ›opera magna‹ der modernen Präzisions-Technologie — zum Beispiel dem Spiegel des Teleskops auf dem Mount Palomar — und den 25 000 optischen Prismen der Marmordecke [der Pyramide], von denen jeder einzelne Block 16 Tonnen wog und von der optischen Fertigung her eine Herausforderung darstellte wie der berühmte Teleskop-Spiegel [auf dem Mount Palomar].

Die unglaubliche Feinarbeit im Mikrometerbereich — die Genauigkeit der Ebenen jeder Block-Einheit und der Exaktheit der Seitenkanten zueinander, wie von Petrie beobachtet — hätte vier Spiegel mit einer erstklassigen optischen Präzision hervorgebracht, von denen jeder eine Fläche von 1,7 Hektar gehabt hätte. Wäre diese Arbeit nicht [von den Arabern] *zerstört worden, wäre die Pyramide heute ein monumentales ›optisches Instrument‹ — etwas bis jetzt Unvorstellbares für Optiker des Weltraumzeitalters.«*

Im letzten Satz von Anhang Eins seines Buchs zieht er seine Schlußfolgerung über die Konstruktions-Technologie der Pyramiden-Erbauer:

»Die Hypothese, die unsere gegenwärtigen wissenschaftlichen Erkenntnisse am wenigsten entstellt, ist, die Tatsache zu akzeptieren, daß die Ägypter im Besitz von hochpräzisen optischen Instrumenten waren.«

Lopez hatte sein Buch elf Jahre, bevor wir uns trafen, veröffentlicht, und in der Zwischenzeit hat er sich natürlich noch viel mehr Gedanken zu diesen Fragen gemacht. Ein beträchtlicher Teil der Zeit, in der wir uns in New York unterhalten haben, wurde von ihm dazu genutzt, mich davon zu überzeugen, daß die Erbauer der Pyramiden optische Vermessungsinstrumente hatten, die im wesentlichen eine Art Theodolit waren. Er hatte noch eine Menge anderer Details ausgearbeitet und noch mehr Zahlen- und Maßangaben zusammengetragen, als in seinem Buch erschienen. Er war ein kleiner ernsthafter Mann mit einer enormen Energie, der leidenschaftlich war, was seine Entdeckungen anging, und der Welt davon berichten wollte. Doch er wußte nicht wie. Er überschüttete mich mit Zahlen über Zahlen und nannte Details von »unmöglicher« Präzision beim Bau der Gizeh-Pyramiden. Er meinte, *dies sei alles ohne optische Vermessungsinstrumente physisch unmöglich gewesen.* Und nun versuche auch ich der Welt dies mitzuteilen.

Ich bin Lopez dankbar dafür, daß er mein Bewußtsein für die Notwendigkeit von optischer Präzisions-Vermessung im alten Ägypten geweckt hat. Weil ich wußte, daß dies so gewesen sein muß, machte ich unermüdlich damit weiter, nach echten antiken Linsen zu suchen — nicht nur griechische oder römische, sondern auch wirklich alte in Ägypten. Ich grübelte immer wieder darüber nach, bis ich eines Tages — Bingo! — erkannte, daß es die Kristall-*Augen* des Alten Reichs waren, die *bewiesen*, daß diese Technologie existierte. Ich war schon lange Zeit mit dem ähnlich aussehenden Kristall-Auge im berühmten »Rhyton-Stierkopf« vertraut, der von Sir Arthur Evans bei Knossos auf Kreta ausgegraben worden war. Diese minoische Linse ist eine sogenannte »Meniskus-Linse« (oben konvex, unten konkav), die den dahinter aufgemalten Schüler vergrößert, um einen lebendigen Eindruck zu erzeugen. Als mir schließlich die Kristall-Augen in menschlichen Statuen aus dem Alten Reich (siehe Tafeln 14–17) begegneten und ich außerdem noch entdeckte, daß die Statue vom Pharao Djoser aus der 3. Dynastie (Tafel 18) solche Augen gehabt hatte, die allerdings nach I. E. S. Edwards von antiken Räubern gestohlen worden waren, wußte ich, daß dies unwiderlegbare Beweise dafür waren, daß die Technologie zur Herstellung von Kristall-Vergrößerungsgläsern von höchster Güte, was Schliff und Politur angeht, zu jener Zeit schon existierte — und das mindestens seit Beginn der 3. Dynastie, also *etwa* 2686 v. Chr.! Doch wie ich auch schon früher sagte, und wie es auch aus Tafel 38 und den Abbildungen 8 und 9 hervorgeht, gibt es unverkennbare Beweise dafür, daß Vergrößerungslinsen schon 3300 v. Chr., also in prädynastischen Zeiten, bei Abydos in Ägypten in Gebrauch waren.

Lopez' Kommentare zu den vier Seiten der Großen Pyramide und dazu, wie sie ausgesehen haben müssen, als sie noch neu waren (oder alt, was das angeht!), sind sehr vielsagend. Ein seltsames Merkmal dieser Seiten wurde ursprünglich von dem großen Ägyptologen Sir Flinders Petrie entdeckt. Peter Tompkins schreibt dazu:

»Mit seinen sorgfältigen und genauen Messungen entdeckte Petrie eine eindeutige Wölbung des Kern-Mauerwerks aller Pyramidenseiten nach innen. Die Genauigkeit seiner Beobachtung — die Wölbung ist nicht mit dem bloßen Auge zu erkennen — wurde noch zu seinen Lebzeiten durch

Abbildung 68: Ein Stich aus dem 19. Jahrhundert einer Holz-Statue, die als der »Scheich von el Belad (oder Beled)« bekannt ist — der Name, der ihr von den Arbeitern gegeben wurde, die sein Grab räumten, denn er ähnelte ihrem Dorfältesten, der diesen Namen trug. Im Ägyptischen Museum in Kairo, wo die Statue heute steht, arbeitet ein Mann in einem Souvenirladen, der dieser Statue sehr ähnlich sieht. Das ist unter den Mitarbeitern des Museums ein Anlaß zu ausgelassener Heiterkeit, und sie nennen ihn den »Scheich« und ziehen ihn wegen »seiner Statue« auf. Er lachte aber und war erfreut, daß ich und meine Frau ihn »wiedererkannt« hatten. Wir wissen nicht, ob diese Ähnlichkeiten sich nur daraus ergeben, daß es so viele gut gelaunte pummelige Ägypter gibt, die seit Jahrtausenden alle gleich aussehen, oder ob sich der ursprüngliche Bursche vielfach reinkarniert hat. Der wirkliche Name des alten Mannes war Ka-aper, doch dieser Name hat sich bis heute nicht durchgesetzt. Er lebte zur Zeit der 5. Dynastie (etwa 2500–3000 v. Chr., mit einigen Unsicherheiten hinsichtlich der Genauigkeit der Daten), und diese Statue wurde aus seinem Grab in Sakkara ausgegraben. (Die Füße und der Gehstock sind Restaurationen.) Ka-aper hatte ausgezeichnete Bergkristall-Augen, die perfekt geschliffene und polierte Linsen von bester Qualität waren. Auf den Tafeln 14 und 15 sehen Sie Fotos, die ich von seinen Augen gemacht habe. (Sammlung Robert Temple.)

eine Luftaufnahme bestätigt, die der Brigadier P. R. C. Groves, der britische Prophet der Luftfahrt, zufällig zu einer bestimmten Uhrzeit und unter einem bestimmten Winkel machte. Eine ähnliche, senkrecht von der Spitze zur Basis verlaufende Linie in der Mitte, die auch in einem Kupferstich von Napoleons Weisen sichtbar ist, wurde ein Jahrhundert lang unbeachtet gelassen.«

Auch sichtbar auf demselben Kupferstich und bisher von jedem einschließlich meiner selbst übersehen ist der Schatten, der um die Wintersonnenwende herum auf die Südseite der Großen Pyramide geworfen wird (siehe die Wiedergabe dieses Kupferstichs in Tompkins' Buch, Kapitel 9, S. 109). Erst nachdem ich den Schatten in Ägypten »entdeckte« (siehe Tafel 30), »sah« ich ihn nach meiner Rückkehr nach England auf dem alten Bild. Natürlich hatte auch sonst niemand bisher den Schatten »gesehen«, wahrscheinlich nicht einmal der Mann, der das Bild gezeichnet hat. Soviel zu empirischen Theorien zur Wahrnehmung!

Auf derselben Seite 109 in Tompkins' Buch und auch in einigen anderen Büchern über Pyramiden findet man das berühmte Foto von Brigadier Groves, der oft Captain Groves genannt wird (vermutlich war er zu jener Zeit Captain und später ein Brigadier). Das Foto wurde zu später Tageszeit aufgenommen, offensichtlich Ende des Frühjahrs oder Anfang des Sommers, zu einem Zeitpunkt, als die Sonne an einem bestimmten Punkt am Himmel war, wo die östliche Hälfte der Südseite der Großen Pyramide ein kleines bißchen dem Sonnenlicht ausgesetzt war (offensichtlich von der Nordseite der Chephren-Pyramide reflektiert statt direkt von der Sonne beschienen, denn das Resultat ist ein weicherer Schatten statt einer vollen Beleuchtung). Die Südseite der Pyramide scheint auf beeindruckende Weise senkrecht in zwei Teile geteilt zu sein. Dieser Lichteffekt kann nicht lang angehalten haben und erinnert mich an das Glück, das ich und meine Frau bei Karnak hatten, als wir die zuvor schon beschriebene »Darbringung des Lichts« sehen konnten, die weniger als drei Minuten dauert. Das beeindruckende Foto von Groves wurde nie ein weiteres Mal gemacht, wahrscheinlich weil nicht allzu vielen Menschen erlaubt wird, über das Gizeh-Plateau zu fliegen. Doch das Foto zeigt auf eine Weise, die Worte transzendiert, wie jede Seite der Großen Pyramide in Wirklichkeit aus zwei rechtwinkligen Dreiecken besteht und nicht aus vier großen einzelnen Dreiecken, wie es den Anschein hat. Dieses Phänomen der leichten Einwölbung entlang der Mittelsenkrechten ist es, was der kluge Petrie entdeckte, da seine Messungen so präzise waren.

Durch dieses Detail konnte der Pyramiden-Experte David Davidson die schon zuvor erwähnten Behauptungen von Professor Charles Piazzi Smyth bestätigen, daß der Umfang der Großen Pyramide eine Länge ergibt, die auf die wahre Länge des Jahres mit 365,24 Tagen hinweist. Der Einwölbungseffekt ist so seicht, daß er auf keiner der vier Seiten 90 Zentimeter übersteigt!

David Davidson war der erste, der Groves' Luftaufnahme veröffentlichte, und zwar in einer Zeitung namens *The Morning Post*, Ausgabe vom 2. Oktober 1929. Im Jahre 1934 veröffentlichte Davidson privat sein drittes Buch über die Pyramiden mit dem Titel *The Hidden Truth in Myth and Ritual* (Die verborgene Wahrheit in Mythen und Ritualen), und Groves Foto wurde als Bildtafel für die Titelseite genommen. Ich war in der glücklichen Lage, eine Kopie dieses extrem seltenen Buchs erstehen zu können. Ich habe das gefeierte Foto auf Tafel 65 wiedergegeben. Kapitel 6 seines Buchs widmet sich einer Diskussion über diese »eingewölbten Flächen« der Großen Pyramide. Es war mit Sicherheit Davidson, der als erster ihre Bedeutung erkannte. Er gibt einen genauen Wert für die Stärke der Einwölbung an, gemessen im Vergleich zu den Außenbereichen der Fläche, von 32,76278 Inch (83,2174 Zentimeter). Hier sind einige seiner Kommentare:

»Die Einwölbung der vier Schrägseiten war ein Merkmal, das zuerst von Sir Peters Flindrie beobachtet und gemessen wurde [der es als ›verblüffendes Merkmal‹ bezeichnete, aber nicht seine Bedeutung erkannte], *der jedoch vermutete, daß der beobachtete Effekt durch eine speziell kanalisierte Rille zustande kam, die in der Mitte jeder Seitenfläche senkrecht nach oben verläuft. Ein Studium seiner Peilungen von der obersten Plattform zeigte jedoch, daß diese Ansicht unhaltbar ist, denn solch eine Rille, wie Petrie sie vermutet, hätte die Kanten des Kerns in der Nähe der Spitze eingeschnitten. Andererseits wurden die Interpretationen des Autors von Petries Daten durch eine Luftaufnahme der Gizeh-Pyramiden kurz vor Sonnenuntergang von Brig. Gen. P. R. C. Groves (...) bekräftigt. Das Foto wird mit freundlicher Genehmigung von Brig. Gen. Groves auf der Titelseite wiedergegeben (...). Es sollte verstanden werden, daß die Einwölbung auf jeder Seite im Verhältnis zu dem Ausmaß der großen Flächen so gering ist, daß sie mit bloßem Auge nicht wahrgenommen werden kann. Nur durch den richtigen Zeitpunkt und die richtige Position der Kamera wurde des Merkmal im Foto von Brig. Gen. Groves sichtbar gemacht.«*

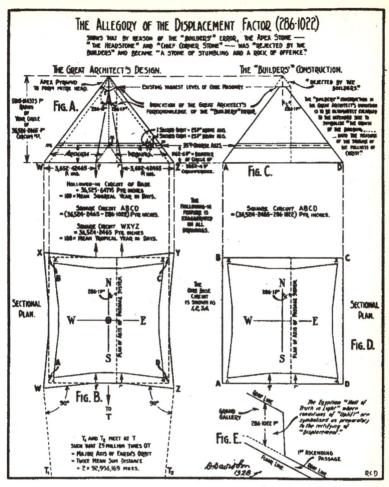

Abbildung 69: Eine der vielen komplexen Darstellungen aus David Davidsons Buch *The Hidden Truth in Myth and Ritual and in the Common Culture Pattern of Ancient Metrology*, Leeds, 1934, S. 50. Die Einwölbung jeder der vier Seiten wird hier zweimal und zum Zwecke der Sichtbarkeit übertrieben groß dargestellt. Davidson hatte eine Theorie, wonach die Meßwerte der Einwölbung der Seiten, wenn sie in einer Maßeinheit, die er als »Pyramiden-Inch« bezeichnete, angegeben wurden, der Grundfläche des Bauwerks einen winzigen Bruchteil hinzufügten — um einen Wert, der der genauen Anzahl der Tage im Jahr entsprach. Wir müssen uns hier nicht mit dieser komplizierten Theorie auseinandersetzen (wofür man sein Buch heranziehen sollte). Der wichtige Punkt hier ist, daß er intuitiv davon ausging, daß hinter der Ein-

wölbung der Seitenflächen eine tiefere Bedeutung steckte, obwohl er keine Ahnung vom Wintersonnenwend-Schatten hatte und deshalb auch nicht erkennen konnte, daß der Schatten in Form eines Goldenen Dreiecks nur durch diese Einwölbung zustande kommen und der sogenannte »Tagundnachtgleichen-Blitz« (der gleich noch beschrieben wird) auftreten konnte.

Eines der interessantesten Bücher, die je über die Pyramiden geschrieben wurden, ist *The Egyptian Pyramids: A Comprehensive Illustrated Reference* (Die ägyptischen Pyramiden: eine umfassende illustrierte Referenz) von J. P. Lepre, der durch einen Unfall in den neunziger Jahren des letzten Jahrhunderts recht jung starb. Sein außergewöhnliches Buch wurde 1990 veröffentlicht. Lepre machte die sorgfältigsten Beobachtungen und Messungen bestimmter Aspekte der Großen Pyramide, die nie zuvor getätigt worden waren, und er entdeckte viele Dinge, die frühere Forscher übersehen hatten. Er vertrat keine ungewöhnlichen Theorien und war eher dem Orthodoxen zugeneigt. Aber er besaß ein *unorthodoxes Auge*. Lepre bespricht die Seiten der Großen Pyramide und ihren Einwölbungs-Effekt. Zu Beginn zitiert er James Baikie aus dem Jahre 1917:

»Die Größe dieses Monuments ist jedoch nicht das einzige Bemerkenswerte an ihm. Die Genauigkeit der Arbeit, die Fertigkeit, mit der das Bauwerk geplant und ausgerichtet wurde, die Präzision aller Ebenen — ›der Arbeit eines Optikers der Gegenwart entsprechend‹, wie Flindrie sagt — ›doch in der Größenordnung von Hektar statt Metern‹.

Ein sehr ungewöhnliches Merkmal der Großen Pyramide ist eine Einwölbung des Kerns, die aus dem Monument ein achtseitiges Bauwerk macht statt eines vierseitigen, wie bei jeder anderen Pyramide. Ihre vier Seiten sind entlang ihrer Mittellinie von der Basis zur Spitze leicht eingewölbt. Diese Einwölbung teilt die vier offensichtlichen Seiten in Hälften und erzeugt so eine sehr spezielle und ungewöhnliche achtseitige Pyramide. Dies wurde mit einer solchen Präzision bewerkstelligt, daß es schon unheimlich anmutet. Denn von keiner Stelle am Boden oder aus größerer Entfernung ist dies mit bloßem Auge sichtbar. Die Einwölbung kann nur aus der Luft und nur zu bestimmten Tageszeiten entdeckt werden. Dies erklärt, warum die Einwölbungen vor der Zeit der Luftfahrt nie entdeckt worden waren. [Er scheint sich nicht über die zuvor von Petrie gemachte Entdeckung bewußt zu sein und auch nie von David Davidson gehört zu haben, denn er erwähnt ihn nirgendwo.] *Sie wurden zufällig im Jahre 1940 entdeckt* [dies ist ein Fehler, da das Foto erstmals 1929 veröffentlicht wurde], *als ein britischer Luftwaffenpilot, P. Groves, über die Pyramide flog. Er bemerkte die Einwölbung und fing sie in dem jetzt berühmten Foto ein.* [Siehe Tafel 65. Zu jenem Zeitpunkt war die Tatsache, daß Davidson das Foto zuerst veröffentlicht und die Aufmerksamkeit auf diese Einwölbungen gelenkt hatte, von den meisten Leuten vergessen worden, und Lepre wußte wahrscheinlich noch nicht einmal davon.] *Die weiße Ummantelung mit den Decksteinen, die an der Basis noch sichtbar sind, bedeckten einst die ganze Pyramide, wurden aber später vom Bauwerk entfernt und für andere Bauprojekte in Kairo und auf anderen Pyramidenfeldern verwendet. Diese Steine, von denen nur wenige auf der ersten Stufe erhalten geblieben sind, wurden ursprünglich mit einer solchen Präzision zusammengefügt, daß die Nahtstellen zwischen ihnen mit dem bloßen Auge kaum sichtbar sind und eher in der Größenordnung von Haarrissen als von Mauerfugen anzusiedeln sind.«*

Es gab 144 000 dieser Decksteine, nur durch Nahtstellen getrennt, die nicht breiter als ein Haar waren!

Obgleich viele Leute glauben, daß die wenigen an der Spitze der Chephren-Pyramide übrig gebliebenen Decksteine nun sehr verwittert und nicht mehr imstande sind, Licht zu reflektieren, taten sie dies doch noch Anfang des 19. Jahrhunderts. Edmé François Jomard, einer der Gelehrten, die Napoleon nach Ägypten begleiteten, schrieb über diese Pyramide: »Sie besitzt immer noch einen Teil dieser polierten Decksteine, die die Strahlen der Sonne reflektieren und den Menschen ein weithin sichtbares Zeichen ihrer Identität geben.«

Ein sogenannter »Sonnenblitz« wurde erzeugt, als die Pyramide noch glänzend weiß war und die mysteriösen, aber unsichtbaren Einwölbungen der Seiten diesen Effekt hervorbrachten. Ich glaube, solche Blitze traten bei Sonnenauf- und -untergang auf, unmittelbar vor und nach den Tag- undnachtgleichen. Da die Große Pyramide genau auf den geographischen Nord- und Südpol ausgerichtet ist, zeigen ihre Ost- und Westseiten auch genau nach Osten und Westen. Das bedeutet, daß unmittelbar vor und nach Sonnenaufgang genau im Osten und Sonnenuntergang genau im Westen, was zweimal im Jahr zu den Zeiten der Frühjahrs- und Herbst-Tagundnachtgleichen der Fall war, die westlichen Hälften der Nord- und Südseiten bei Sonnenaufgang »aufgeblitzt« hätten, ebenso wie die östlichen Hälften bei Sonnenuntergang »aufgeblitzt« hätten. Es ist möglich, daß in beiden Fällen die Blitze von einer tiefgoldenen Farbe gewesen wären. Zu den genauen Zeitpunkten der Tagundnachtgleichen wären die Blitze verschwunden gewesen, um zwei oder drei Tage später wieder aufzutreten. Das Verschwinden des Blitz-Effekts hätte bewiesen, daß der genaue Zeitpunkt der Tagundnachtgleiche eingetreten wäre, da die Sonne dann für einen kurzen Moment auf einer Linie mit den nördlichen und südlichen Seitenkanten der Pyramide gewesen wäre.

Ich glaube, die goldüberzogenen Obelisken des Neuen Reichs waren ein Versuch, dieses Phänomen des Sonnenblitzes nachzuahmen, besonders bei Sonnenaufgang. Im Neuen Reich wußten die Pharaonen nicht mehr, wie man blitzende Pyramiden baute, doch sie konnten blitzende Obelisken bauen. Sie müssen sich im Frühjahr und Herbst in Memphis unwohl gefühlt haben, wenn sie mit eigenen Augen den gewaltigen »herannahenden Tagundnachtgleichen-Blitz« sahen, der von der Pyramide ausging und landauf, landab nach Norden und Süden in Ägypten schien (obwohl ich leider nicht berechnen kann, wie weit er nach Süden reichte, und es ist zweifelhaft, daß ein entfernter Lichtblitz am Nordhimmel in Oberägypten sichtbar gewesen wäre). Denn wann immer sie dieses Phänomen beobachteten, wurden sie an ihre eigene Unfähigkeit erinnert, dieses nachzuahmen, und daran, daß ihre eigenen Ingenieure nicht einmal imstande waren herauszufinden, wie es verursacht wurde. (Die Ingenieure des Neuen Reichs konnten die Einwölbung der Pyramidenseiten mit bloßem Auge genauso wenig sehen, und es ist zu bezweifeln, daß sie von ihrer Existenz wußten.) Ist es infolgedessen ein Wunder, daß die frustrierten Pharaonen des Neuen Reichs blitzende Obelisken bauten? Das war alles, was sie zustandebrachten, und mit dem Gold an den Obelisk-Spitzen konnte man doch noch besser zeigen, wie »blitzend« das Neue Königreich doch sein konnte!

Wir haben also gesehen, daß die Große Pyramide das langsame Eintreffen der beiden Tagundnachtgleichen mit Lichtblitzen und die Sonnenwenden mit Schatten manifestierte. Die Wintersonnenwende wurde durch den auf die Südseite der benachbarten Pyramide geworfenen Schatten angezeigt (Tafel 30), und die Schatten zum Zeitpunkt der Sommer- und Wintersonnenwenden wurden auf einem speziell ausgelegten Steinboden genauestens untersucht und gemessen; dieser Fußboden war völlig waagerecht und eben und wies eine Gradskala auf, die durch die Steine erzeugt wurde, die genau in solchen Abständen zusammengefügt waren, daß sie der täglichen Vorwärtsbewegung der Schattenspitze entsprachen (siehe Abbildung 57). Die Priester hatten den Schatten mit Hilfe des Bay, auch bekannt als *tcham*- oder *was*-Stäbe, präzise definiert.

Die Große Pyramide war somit ein großes Zentrum für Licht- und Schattenphänomene, die vier Punkte des Jahres markierten. Mit ihr war man imstande, das Jahr in seiner Länge präzise auf 365,24 Tage zu bestimmen — eine Länge, die sich als Zahl auch im Umfang der Pyramide wiederfindet.

Aber es gibt *noch eine* Art und Weise, die Pyramiden zu betrachten: Man kann sie auch als ein großes Auge ansehen, das zum Himmel blickt. Die Planer und Erbauer der Pyramide müssen die Pyramide als eine Art gigantisches »Horus-Auge« angesehen haben. Dies würde erklären, warum sie sich denselben Namen, *Aakhu-t*, geteilt haben. Die Texte des Alten Reichs sind voll mit Hinweisen auf die Pupille des »Horus-Auges« (im Ägyptischen ist die Pupille *ar* und das Auge *ar-t*; *Ar-t Heru* ist ein weiterer Name für das »Horus-Auge«, da *Heru* die ägyptische Form von »Horus« ist). Hier müssen wir nun wie die Vögel denken, wie es die alten Ägypter offensichtlich getan haben. In den Pyramidentexten sagen sie immer Dinge wie »ich stieg auf wie ein Reiher« im Zusammenhang mit einem Aufsteigen von der Pyramide. Stellen Sie sich selbst vor, wie Sie über der Großen Pyramide schweben und nach unten schauen. Die Ägypter scheinen gedacht zu haben, daß die Große Pyramide aus diesem Blickwinkel wie ein gigantisches Auge aussieht, mit der Spitze als Pupille und besonders sichtbar, wenn sie in der Sonne glänzt.

Dies kann auch den mysteriösen Umstand erklären, daß das Wort *Aakhu-t* auch »Horizont« bedeutet. Nur ein Blick aus der Luft kann dies verdeutlichen. Da die Große Pyramide perfekt nach den geographischen Polen ausgerichtet ist, sind auch die vier Seiten perfekt nach Nord, Süd, Ost und West ausgerichtet. Da sind Sie nun also, ein Vogel über der Großen Pyramide. Sie fliegen von Ost nach West und kommen schließlich an einen Punkt, wo die Pyramidenspitze, das Sonnensymbol und die »Pupille« des Horus-Auges, hinter die Westseite der Pyramide sinkt, als wäre sie eine glühende Sonne, die hinterm westlichen Horizont untergeht. Sie fliegen wieder ostwärts und blicken zurück, und die Pyramidenspitze scheint über dem westlichen Horizont aufzugehen. Dies können Sie mit jeder Himmelsrichtung machen; es gibt vier Horizonte, Nord, Süd, Ost und West, alle perfekt ausgerichtet und durch die vier Seiten der Pyramide wiedergegeben. Sobald Sie irgendeinen Punkt in der Nähe der Pyramidenspitze erreichen, ist Horus *in* seinem Horizont — welchen Horizont Sie auch immer wählen, in dem Sie sich von der entgegengesetzten Seite nähern. Dies kann die seltsamen Hinweise in ägyptischen

Texten erklären, wonach »Horus *in* seinem Horizont« ist. In welche Richtung Sie sich auch über der Pyramide bewegen, Horus geht immer in einem seiner vier Horizonte auf oder unter. Was für ein ausgezeichnetes Symbol ist es also für die Totalität der Himmelsrichtungen und der Omnipotenz des Himmels. Denn man kann die Große Pyramide als das ultimative Horus-Auge bezeichnen.

Eine weitere Möglichkeit ist, daß die Pyramidenspitze ebenso wie die späteren Obelisk-Spitzen mit stark reflektierendem Gold überzogen war. Vielleicht ist der Grund, weshalb der oberste Schlußstein an der Spitze der Pyramide nicht mehr da ist, der, daß während der ersten Zwischenperiode, nach der 6. Dynastie und am Ende des Alten Reichs *etwa* 2195 v. Chr., als Ägypten für eineinhalb Jahrhunderte aufgrund einer lang anhaltenden Dürre und fehlender Nilüberflutungen ins Chaos stürzte, die Regierung zusammenbrach und die Menschen auf den Feldern und in den Städten an Hunger starben, der Schlußstein von der Spitze heruntergestoßen wurde und zu Boden fiel, so daß Räuber sich des Goldes bemächtigen konnten.

Eine Pyramidenspitze aus spiegel-ähnlichem Goldmetall wäre täglich einmal am Tag bei Sonnenaufgang aufgeblitzt und hätte den Aufgang von Sternen angekündigt, lange bevor die Sonne selbst aufgegangen wäre, und wäre über enorme Entfernungen hinweg sichtbar gewesen. Das ist sicher etwas, das weiterer Untersuchungen bedarf, mit Berechnungen von Winkeln und Zeiten der mit solch einer Pyramidenspitze verbundenen optischen Phänomene.

Zuvor erwähnte ich bereits, daß der alte Name für die Stadt Memphis (übersetzt) »Weiße Wand« war. Wir befinden uns nun in einer besseren Position, die seltsamen Namen zu verstehen. Die weiße Wand war eindeutig eine Schattenwand, ob in Memphis oder bei der in der Nähe gelegenen Totenstadt Giza. Schließlich war jede Seite der beiden großen Giza-Pyramiden eine »weiße Wand«. Es gab also in der Nähe von Memphis keinen Mangel an weißen Wänden! Außerdem war jede genau nach Süden ausgerichtete Wand tagsüber weiß, da sie immer von der Sonne beschienen wurde. Es gibt einige Gründe für die Annahme, daß eine größere Schattenwand ein Merkmal des großen Ptah-Tempels war, der das zentrale religiöse Gebäude in Memphis war. Leider ist Memphis nie vollständig ausgegraben worden, und es scheint auch nicht viel von ihm übrig geblieben zu sein. Doch das spielt keine Rolle. Wir müssen nicht eine weiße Wand finden und identifizieren, um zu wissen, was eine weiße Wand ist! So oder so: Ich möchte keinen Leser enttäuscht zurücklassen und gebe deshalb auf Tafel 60 ein seltenes Foto einer »weißen Wand« bei Giza wieder, die nichts mit den beiden Pyramiden zu tun hat. Diese »weiße Wand« befindet sich in einem »Lichtraum« im Tal-Tempel neben der Sphinx. Das Foto wurde von Professor Charles Piazzi Smyth 1865 gemacht, aber offensichtlich fand er keine Gelegenheit, es zu veröffentlichen. Es repräsentiert den ersten Beweis eines größeren Schattenphänomens bei Giza, der von einer Person der Neuzeit entdeckt wurde.

Dieses Foto befand sich unter den Papieren von Piazzi, die Moses Cotsworth erworben hatte, und es war Cotsworth, der es erstmals veröffentlichte. Cotsworth war in der Lage, das Foto zu beschreiben, denn Piazzi hatte in sorgfältiger Manier dem Foto einen Begleittext beigefügt und an der Rückseite des Glases, in das Negativ eingefaßt war, befestigt. Er besagt:

»Nordende der Meridian-Granitkammer von König Chefren auf dem Großen Pyramidenhügel [das Gizeh-Plateau], *nach 4000 Jahren 1865 auf seine wahre astronomische Ausrichtung überprüft und für perfekt befunden.«*

Ein zweiter Begleittext folgte:

»König Chefrens Sonnenschattenraum. Beweis: Eine Kamera wurde über der Mitte der Südwand positioniert. Dieses Foto wurde genau zur Mittagszeit nach astronomischen Beobachtungen gemacht, und weder auf der Ost- noch auf der Westseite findet man noch einen Schatten, doch die Nordwand wird voll beschienen. — C. P. S., 1865«

Mit anderen Worten: Die Nordwand ist eine »weiße Wand«, voll von der Sonne beschienen, wohingegen die Ost- und Westwände vollständig im Schatten liegen. Diese interessante Entdeckung muß eine Menge dazu beigetragen haben, daß Cotsworth sich ermutigt fühlte, seine eigenen Forschungen auf dem Gizeh-Plateau zu betreiben. Natürlich wissen Ägyptologen nichts über diesen Beweis, der nie von ihnen erwähnt wird. Doch nun ist es an der Zeit, daß alle erkennen, daß Ägyptologen nicht imstande sind, als einzige Autoritäten hinsichtlich bestimmter wissenschaftlicher Aspekte des alten Ägyptens aufzutreten, zumindest nicht bis zu dem Zeitpunkt, da sie ihrer Ausbildung eine fundierte wissenschaftliche Unterweisung hinzufügen, um solche Themen in Angriff nehmen zu können.

Abbildung 70: Eine phantasievolle englische Darstellung aus dem Jahre 1840, die arabische Astronomen zeigt, wie sie den Untergang des zunehmenden Mondes von der Plattform an der Spitze der Großen Pyramide beobachten — inspiriert durch die Spekulation, daß die Große Pyramide zu antiken Zeiten ein astronomisches Observatorium gewesen ist. Diese Darstellung wurde jedoch anhand eines Entwurfs eines anonymen britischen Künstlers aus dem Jahre 1839 angefertigt, der seine Zeichnung gemalt hatte, als er den untergehenden Mond von der Spitze der Großen Pyramide beobachtete, so daß die allgemeine Ansicht authentisch ist. (Sammlung Robert Temple.)

Lassen Sie uns nun zum Thema Vermessungswesen zurückkehren, denn ohne optische Vermessung mit all ihren wundersamen Aspekten hätte die Große Pyramide überhaupt nicht gebaut werden können. Wir haben aus Ballards Vermutungen bereits erfahren, daß die Gizeh-Pyramiden wunderbar als Hintergrund-Sichtpunkte im Umkreis von mehreren Kilometern verwendet werden konnten, um die überfluteten Felder neu zu vermessen — und eine blitzende Pyramidenspitze hätte dies auch sehr erleichtert.

Wir haben auch von den sogenannten »Schattenfängern« und von ihrer wahren Bedeutung als Stab mit gegabeltem unteren Ende erfahren, das von dem meisten Göttern zu einer bestimmten Zeit als Zepter getragen wurde.

Doch die Arbeit, die bisher von Leuten wie Martin Isler geleistet wurde, bezieht sich hauptsächlich auf Ausrichtungen und Fundamente von Bauwerken. Sie haben berechtigterweise die Aufmerksamkeit auf die vielen Berichte und Darstellungen der Zeremonie des »Spannens der Schnur« gelenkt, in denen man sehen kann, wie im Rahmen einer Zeremonie Schnüre vom Pharao gespannt werden, um die Stätte eines neuen Tempels zu markieren. Ein schwaches und rein weltliches Echo dieser Praxis ist das bekannte »Legen des Grundsteins« für ein neues Gebäude. Während früher eine Fundament-Widmung eine große religiöse Verkündung war, in der ein Pharao seinen Gott pries, ist eine Fundament-Widmung heutzutage eher so, daß ein schon lange vergessener Ratsherr seine städtische Autorität zur Schau stellt und eine blasse Rede hält, der ein verhaltener Beifall ein gnädiges Ende setzt.

Natürlich ist das Spannen einer Schnur für jede Art von Vermessungsarbeiten von wesentlicher Bedeutung. Lassen Sie uns einen Moment innehalten, um herauszufinden, was zum Vermessen erforderlich ist, und lassen Sie uns schauen, ob die alten Ägypter darüber verfügten. Wenn sie optische Linsen hatten, die sie für rudimentäre Teleskope verwenden konnten, was hatten sie dann noch für Vorrichtungen?

Wie wir schon feststellten, ist das erste, was man machen muß, wenn man etwas vermessen möchte, ein Niveau, also eine absolute Waagerechte zu etablieren. Wenn Sie das nicht können, können Sie nicht weitermachen. Messungen, die nicht auf Niveau gemacht werden, sind nutzlos. Konnten die Ägypter ein Niveau etablieren? Nun, die klare Antwort ist: Natürlich konnten Sie das, denn das nördlich der Großen Pyramide gelegene Steinpflaster war zum Beispiel perfekt nivelliert. Doch abgesehen von solchen Resultaten — konnten sie ein Niveau mit der Ausrüstung erhalten, von der wir wissen, daß sie sie besessen haben? Mit anderen Worten: Gibt es irgendwelche Nachweise, wie sie tatsächlich ein Niveau erreicht haben? Heutzutage benutzen wir Wasserwaagen: Eine kleine Luftblase zeigt zwischen zwei Markierungen an, wann wir eine perfekte Waagerechte haben. Doch wir glauben nicht, daß die Ägypter so etwas hatten. Sie müssen eine andere Methode benutzt haben. Welche?

Auf Tafel 58 gebe ich ein Foto wieder, das ich von einem Wandrelief im Tempel von Dendera in Oberägypten gemacht habe. Dies zeigt den *Ankh*-Schlüssel, das Symbol des Lebens, animiert mit zwei Armen. Dies gibt wieder, was meiner Meinung nach ein System zum Erhalt eines Niveaus ist, das bei den Ägyptern in Gebrauch war. Tatsächlich ist es ein Doppel-Lot-System, um sicherzustellen, daß jede Seite des Instruments auf Niveau war. Es ist bemerkenswert, daß die Hände zwei *was*-Stäbe halten, was ein Hinweis auf die wirkliche Bedeutung des Symbols ist. Die Bleilote wurden wahrscheinlich einfach an den beiden Enden eines flachen Bretts befestigt (ein »Niveautisch«, wie es die Vermessungsingenieure nennen), um sie auf Niveau zu bringen, und Peilungen wären durch das Instrument mit einer Röhre vorgenommen worden.

Ich glaube wir können dieses Indiz annehmen, zusammen mit den uns ausgiebig erhalten gebliebenen Beweisen in Form vieler Bleilote, die Archäologen fanden, als Nachweis dafür, daß dies der Vorgang war, wie die alten Ägypter zu ihrem Niveau kamen. Nachdem sie das erreicht hatten — was taten die Ägypter als nächstes? Was tut jeder Vermessungsingenieur als nächstes? Er spannt eine Grundlinie.

Hier kommt Martin Isler wieder auf seinem weißen Pferd herbeigeritten, denn er hatte ein geniales System rekonstruiert, das die alten Ägypter benutzt hatten, um Grundlinien um ein Vielfaches zu verlängern, ohne daß die Schnur durchhing. Er erklärt dies in seinem Artikel »Eine antike Methode, eine Richtung zu finden und zu erweitern«, aus dem ich zuvor schon zitierte. Als erstes reproduziert er eine der vielen Szenen auf ägyptischen Wandreliefs, wo der Pharao und die Göttin Seshat Holzhämmer benutzen, um am Fundament eines Tempels zwei Pfähle in den Boden zu treiben. Die beiden Pfähle sind mit Schnüren zusammengebunden. Er zitiert auch eine typische Widmungs-Inschrift am Horus-Tempel bei Edfu, die die Szene kommentiert:

»*Ich halte den Pflock. Ich nehme den Griff des Hammers und ergreife die Meßschnur mit Seshat. Ich richte meine Augen auf die Bewegung der Sterne. Ich wende meinen Blick dem Großen Bären zu* [ich glaube, die Zeremonie fand bei Tageslicht statt, und diese Richtung zum Himmelspol wurde durch eine für den Pharao sichtbare Ausrichtung angezeigt] (...). *Die Schnur wurde von Ihrer Majestät persönlich gespannt, der den Pfahl zusammen mit Seshat in seiner Hand hat. Er löste seine Schnur mit ›Ihm der südlich seiner Wand ist‹* [dies mag ein Epitheton, ein Beiname der Sonne sein, die sich in Ägypten immer am südlichen Himmel befindet; die Wand ist vielleicht eine Schattenwand], *in perfekter Arbeit für die Ewigkeit, sein Winkel durch die Majestät von Khoum festgestellt. ›Er der die Existenz ihren Verlauf nehmen läßt‹ stand auf, um ihren Schatten zu sehen* [dies sagt uns, daß dies definitiv bei Tag geschehen ist und nicht auf einen Nachthimmel geschaut wurde], *der lang und breit in perfekter Manier und hoch und niedrig in akkurater Manier ist (...).*«

Isler arbeitet dann aus, wie die Schnüre über große Entfernungen gespannt werden können, ohne waagerecht durchzuhängen. Er gibt mehrere Darstellungen wieder, die dies zeigen. Wenn die in den Wandreliefs

Abbildung 71: Zeichnungen von zwei ägyptischen Wandreliefs aus der Zeit um etwa 2500 v. Chr., die typische Balkenwaagen zeigen, wie sie damals benutzt wurden. Eine Abwandlung dieser Art von Waage mit einem Senkblei an beiden Enden wurde zur Bestimmung des für Vermessungen erforderlichen Niveaus benutzt, wie auf Tafel 58 wiedergegeben, wo einem animierten *Ankh*-Symbol zwei Gewichte von jedem Arm herabhängen. Die Waage oben im Bild hat auch ein zentrales Senkblei, ein Blei-Lot, um sicherzustellen, daß die Waage selbst auch wirklich vollkommen senkrecht steht und die Wägungen verläßlich sind. Die Ägypter hatten vor der Zeit der Römer nur Balkenwaagen, und die Handwaage, die nur eine Schale am Ende hat, wurde erst von Rom aus nach Ägypten eingeführt. Balkenwaagen werden in zahllosen Darstellungen des *Totenbuchs* wiedergegeben, wo im Nachleben das Gewicht der Seele in der einen Waagschale gegen eine Feder in der anderen aufgewogen wird.

gezeigten Pfähle als Endpunkte aufgefaßt werden, mit denen man die Schnur spannt, braucht man nur ein paar Pflöcke mit demselben Durchmesser wie die Pfähle, die zwischen diesen plaziert werden, um die Schnur auf gleichem Niveau zu halten. Er sagt:

»Während meiner Versuche mit der indischen Kreis-Methode wurden zwei 40,3 Zentimeter entfernte Punkte etabliert; das südliche Ende war die Basis des Gnomonen, das nördliche war der mittlere Punkt, wo die Schattenspitze in den Kreis ein- und austrat. Indem ich die Schnur mit den beiden Pfählen stramm zog, konnte ich die Entfernung akkurat und leicht auf 131 Meter ausdehnen. Obwohl es aus Platzmangel nicht bewiesen werden konnte, hätte, so glaube ich, die Entfernung auch noch größer sein können, ohne daß das Arrangement an Genauigkeit verloren hätte. Für diese Versuche wurden die nahe beieinander befindlichen Pflöcke und Gnomonen in der Nähe des einen Endes der Schnur plaziert,

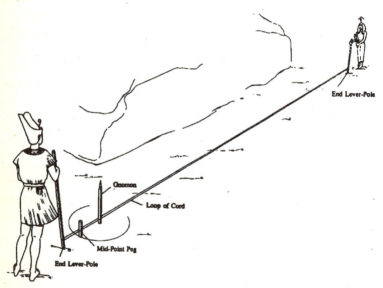

Abbildung 72: Martin Islers Zeichnung eines Pharaos und der Göttin Seshet, die Göttin der Konstruktionen und Fundamente, die »die Schnur spannen« für die Stätte eines neuen Tempels. Die Schnur ist um die beiden Pfähle herumgewickelt, die von den beiden straff gespannt wird. Die Schnur wird gerade gehalten und eine waagerechte Abweichung wird durch Einfügen mehrerer Pflöcke verhindert, deren Durchmesser exakt denen der beiden Pfähle entspricht.

um die Eigenschaften der Schnur zu beobachten und sie entsprechend zu justieren, während man den Pfahl am anderen Ende bewegte. Obwohl die Schnur über diese große Entfernung etwas durchhängt, werden mit der Genauigkeit keine Kompromisse gemacht, da die waagerechte Komponente unbeeinflußt bleibt.

Obwohl die ägyptischen Piktogramme nur die Schnur und die Pfähle an den Enden zeigen, sind dies die wesentlichen Merkmale, wenn die Zeremonie des ›Spannens der Schnur‹ wiedergegeben wird; denn sie wurde auch benutzt, wenn kein Gnomon dabei war. Die Zeremonie wurde auch in Tempeln gezeigt, die nicht auf irgendeine Weise sorgfältig nach Himmelsrichtungen ausgerichtet sind, was darauf hinweist, daß sie vielleicht auch einfach nur benutzt wurde, um die rechten Winkel eines Bauwerks zu bestimmen. Wie von [Reginald] Engelbach beschrieben und in Abbildung 73 wiedergegeben, wird ein Schenkel des Rechtwinkelmaßes auf eine Linie gelegt und die Position des anderen Schenkels 90 Grad dazu markiert. Das Winkelmaß wird dann über einen gemeinsamen Punkt umgeschlagen, wobei der letztere Schenkel immer noch auf der Linie bleibt, der andere Schenkel aber auf der anderen Seite des Punkts zu liegen kommt und dort wieder markiert wird. Der Unterschied zwischen den beiden Markierungen wird von der Entfernung her halbiert. Wenn diese Zweiteilung mit der gemeinsamen Basis ausgerichtet wird, entsteht ein perfekter rechter Winkel (…). Engelbach behauptet, daß der Winkel in keinem Fall mehr als 1 ½ Bogenminuten vom rechten Winkel abwich, was auch innerhalb des Wertes liegt, der bei der Großen Pyramide zu finden ist (…).«

Wer an den Einzelheiten interessiert ist, sollte die vielen Zeichnungen, die Isler in seinem Artikel wiedergibt, konsultieren, die diese Verfahren klar zeigen und sehr überzeugend sind. Abbildung 74 ist eine Reproduktion eines antiken Wandreliefs, das zeigt, wie eine Schnur zwischen zwei Pfählen gespannt wird.

Das, was man noch zum Vermessen brauchte, war ein Wissen um die geographischen Himmelsrichtungen Nord, Süd, Ost und West. Wir haben schon gesehen, mit welcher Präzision diese von den Ägyptern bestimmt wurden. Und da sie nicht die magnetischen Punkte eines Kompasses benutzten, brauchten sie auch keine Kenntnisse über magnetische Abweichungen als Korrekturfaktor, wie sie für Vermessungsingenieure heutzutage erforderlich wären.

Wir wissen, daß die Ägypter, nachdem sie ein Niveau und eine Grundlinie bestimmt hatten und die genauen Himmelsrichtungen wuß-

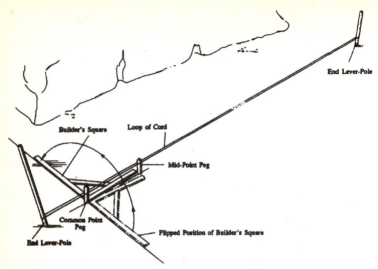

Abbildung 73: Martin Islers Zeichnung zeigt Reginald Engelbachs Lösung, eine rechtwinklige Ecke zu bestimmen und die Schnur für eine Grundlinie ohne Abweichungen akkurat zu spannen. Mit dem Gebrauch dieser Vorrichtung läßt sich eine Präzision erreichen, die derjenigen der Fundamente der Großen Pyramide entspricht.

ten, für ihre Messungen Teleskop-Technologie verwendet haben, und das einzige, was noch fehlt, ist eine Gradskala, um Sichtwinkel zu bestimmen. Was benutzten sie dafür? Vor dem Elektronik-Zeitalter besaßen moderne Theodoliten ein kleines Teleskop, das so montiert war, daß es entlang eines Messingbogens auf und ab bewegt werden konnte. In Abbildung 76 sehen Sie eine Darstellung eines »modernen« Theodoliten aus dem Jahre 1916 mit dem Buchstaben »N« neben dem mit Gradmarkierungen versehenen Messingbogen, so daß der Leser sehen kann, worüber ich spreche. Die Winkelgrade sind in den Messingbogen deutlich sichtbar eingraviert, und man konnte die Gradmessungen vornehmen, indem man das Teleskop auf den ermittelten Peilungswinkel fixierte und dann an der Seite des Messingbogens den genauen Wert ablas. Bei dieser Methode ist der Winkel am Instrument selbst abzulesen, was sehr bequem ist. Es gibt jedoch auch die Alternative, bei der das Winkelmaß separat, irgendwo vor der Person ist. Solch eine Vorstellung mag uns nicht vertraut sein oder gar bizarr erscheinen, da wir an solch eine Idee nicht gewöhnt sind. Aber ich war gezwungen, nach solchen Vorrichtungen Ausschau zu halten, denn es gibt keine Beweise dafür, daß die Ägypter das System übernommen hatten, das wir benutzen. Und wenn man erst mal eine Weile darüber nachgedacht hat, erkennt man, daß — nur weil wir ein bestimmtes System benutzen — dies nicht bedeutet, daß es das einzig existierende sein muß.

Ich mußte eine neue frische Einstellung annehmen und mich von allen Voreingenommenheiten befreien. Also begann ich nachzudenken: Welches vertraute, aber seltsame kleine Instrument mag es im antiken Ägypten gegeben haben, das wir nicht richtig verstehen, und das vielleicht solch eine Peilungs-Skala darstellte oder eine stilisierte Form davon war? Und entschied mich für etwas, das ich *tet* nannte (Abbildung 77). Hier sehen wir ein seltsames, mit Kerben versehenes Objekt, bekannt als *tet* oder *tchet*. In der neuzeitlichen Transliteration schreibt es sich *djed*. (Ich ziehe immer noch die Schreibweise *tet* vor.) Dieses seltsame Objekt, von dem die meisten Ägyptologen zugeben, daß es etwas Unbekanntes repräsentiert, wurde später ein Symbol für »Stabilität« und wurde sogar als Rückgrat des Gottes Osiris bezeichnet. Riesige *djed*-Säulen in übermenschlicher Größe sieht man auf Wandreliefs, wo sie im Rahmen einer speziellen Zeremonie, »das Aufrichten des *djed*« genannt, vom Pharao aufgestellt werden. Es ist jedoch bekannt, daß dies alles später kam, und daß die Ursprünge dieses seltsamen Objekts nichts mit irgendeinem »Rückgrat des Osiris« zu tun haben. Wie Manfred Lurker freimütig in seinem Buch *The Gods and Symbols of Ancient Egypt* (Die Götter und Symbole des alten Ägyptens) bestätigt:

»Die djed-Säule ist ein prähistorischer Fetisch, dessen Bedeutung noch nicht eindeutig geklärt werden konnte. Vielleicht ist es die stilisierte Darstellung eines blattlosen Baums oder ein Pfahl mit Kerben. (...) Es wurde [irgendwann] ein allgemeines Symbol für ›Stabilität‹ und ging als solches in die geschriebene Sprache ein. Im Alten Reich gab es in Memphis einige Priester des ›edlen djed‹, und die Haupt-Gottheit in Memphis, Ptah, wurde als der ›edle djed‹ bezeichnet. Das Ritual des ›Aufrichtens der djed-Säule‹ begann in Memphis; der König selbst tat es mit Hilfe von Seilen und Unterstützung der Priester (...). Der einstige Fetisch wurde zu Beginn des Neuen Reichs zu einem Symbol für Osiris. Deshalb sah man den djed als das Rückgrat des Gottes an.«

Die Assoziationen des *djed* mit einer pharaonischen Zeremonie bei einem Tempel erinnert uns an die Zeremonie des »Spannens der Schnur«. Das Bestimmen der genauen Himmelsrichtung Nord wurde mit Ptah, dem Gott des Pfahls, assoziiert, weshalb ein ihm heiliges Objekt vielleicht Aspekte aufweisen konnte, die mit Messen und Vermessen zu gehabt haben könnten. Doch welche könnten dies sein?

Abbildung 74: Der Pharao Ptolemaios XIII. Auletes (80–52 v. Chr.) und die Göttin Sefkhet-Abwy (eine Form der Göttin Seshet) benutzen Holzhämmer, um Pfähle in den Boden zu schlagen und eine Schnur zwischen ihnen zu spannen. (Zwei kleine *djed*-Symbole, die »Stabilität« bedeuten und vielleicht auf Vermessungen hindeuten, sind in der Mitte der Schnurschleife zu erkennen.) Dies war eine heilige Zeremonie, die »Das Spannen der Schnur« genannt wurde. Dieses Wandrelief wurde auf der Westwand des Auletes-Tempels bei Athribis in der Nähe von Sohag in Oberägypten gefunden. Die bruchstückhafte Inschrift beschreibt Sefkhet als »diejenige, die die Winkel (*kheses*) bestimmt«. Die Inschrift vor dem Pharao sagt: »Er legt den Grundstein zu seinem Heiligtum wie der Horizont. Er legt ihn mit dem heiligen Hammer fest.« (Aus: *Athribis* von W. M. Flinders Petrie, J. H. Walker und E. B. Knobel, *British School of Archaeology in Egypt*, 1908, Tafel 26, S. 20.)]

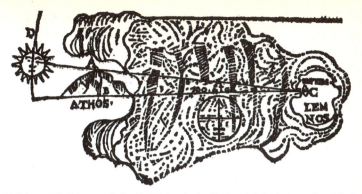

Abbildung 75: Dieser originelle Holzschnitt findet sich in Athanasius Kirchers *Ars Magna Lucis et Umbrae* (Die große Kunst des Lichtes und des Schattens), Rom, 1646; Nachdruck Amsterdam, 1671. Er zeigt den Gebrauch der Trigonometrie zur Messung der Höhe des Bergs Athos auf dem griechischen Festland von einem Theodoliten auf der Insel Lemnos aus. Die Entfernung zwischen den beiden Punkten (B und C) wird mit 100 Stadien angegeben. Punkt A ist der Berggipfel, und D repräsentiert den Winkel, der abgelesen wird, während die Sonne im Westen über dem Berg untergeht. (Auf S. 728 der römischen Ausgabe 1646 und auf S. 644 der vergrößerten Amsterdam-Ausgabe 1671.)

Das erste, was man erkennen muß, ist, daß der *djed* viele Darstellungsformen aufweist. Er erscheint nicht immer allein, und ein Doppel-*djed* ist sehr oft zu finden. Er erscheint zum Beispiel mehrere Male auf dem Grabmobiliar von König Tut-Ench-Amun, wie ich im Ägyptischen Museum in Kairo feststellen konnte. Ein *djed* wird oft auch belebt dargestellt, mit Armen und Händen wie der *Ankh*-Schlüssel auf Tafel 58. Und das *djed* ist ein Standard-Element am Zepter des Ptah und auch in Ptahs *was*-Zepter eingelassen.

Mich faszinierten die verschiedenen Formen des *djed* mehr und mehr. Und dann entdeckte ich die vielleicht älteste Abbildung des *djed* aus der Zeit des Pharao Djoser (2668–2649 v. Chr.) aus der 3. Dynastie, dessen Statue auf Tafel 18 zu sehen ist, von der die Kristall-Augen von Räubern entfernt worden waren. Aber ich war überrascht, daß diese Abbildungen des *djed* überhaupt nicht stilisiert waren, sondern natürlich und realistisch erscheinen, angefertigt aus Bündeln zusammengeschnürter Schilfrohre, die oben mit Kerben versehen waren und mit vier Reihen langer flacher Schilfrohre, die in einem Bogen über mehrere *djeds* gespannt sind. Siehe Tafel 26.

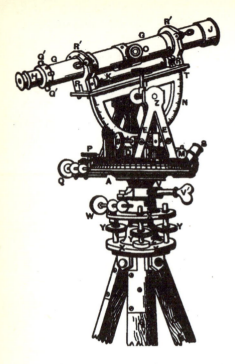

Abbildung 76: Ein Stich aus dem Jahre 1916, der einen gewöhnlichen Theodoliten jener Zeit zeigt. Das Stativ war aus Holz, alle anderen Teile aus Messing. Das Sicht-Teleskop ist ganz oben zu sehen, mit den Buchstaben H und J an den beiden Enden. Es ist waagerecht und senkrecht frei beweglich. Wird es seitlich bewegt, kann man seine Position an einer 360-Grad-Kreisskala ablesen, die hier in der Mitte des Stichs von der Seite sichtbar ist (unter den Buchstaben P, D und M). Wird es auf und ab bewegt, kann man seine Position in Winkelgraden entlang des halbkreisförmigen Bogens direkt unterm Teleskop ablesen, neben dem ein N sichtbar ist. Dieser Theodolit verfügt über zwei rechtwinklig zueinander angeordnete Wasserwaagen (eine ist die schmale Röhre direkt unterm Teleskop mit dem Buchstaben K, die andere kann hier nur direkt von vorn als kleiner Kreis mit einem M gesehen werden, der das Ende einer zweiten Röhre darstellt), um das Instrument auf Niveau bzw. ins Lot zu bringen. Die alten Ägypter benutzten Senkbleie zu diesem Zweck, von denen sehr viele erhalten geblieben und heute in Museen zu finden sind. Wir wissen, wie die Ägypter ein Niveau erhalten haben, wir wissen, wie sie ihre Grundlinie mit einer Schnur erzeugten (aus Bildern und Texten), wir wissen, daß sie Linsen für rudimentäre Teleskope hatten, doch die Frage, die noch bleibt, ist: Wie haben sie die Winkelgrade gemessen? Die Antwort scheint zu sein, daß sie — statt neben dem Teleskop an einer Gradskala aus Messing die Werte abzulesen, wie es die viktorianischen Vermessungsingenieure taten — es aus einer Entfernung mittels einer Vorrichtung taten, die gleich weit voneinander entfernte Schlitze hatte, von der der heilige *djed* eine stilisierte Darstellung ist. Abbildung 77 zeigt ein altägyptisches Bild mit Augen, die durch einen Schlitz in einem *djed* hindurch etwas betrachten. Es gibt viele solcher Bilder; ein weiteres sieht man auf dem Papyrus von Pa-di Amon aus der Zeit des Neuen Reichs. (Siehe Abbildung 47, S. 60 in Band I, *Texts*, von Alexandre Piankoff, *Mythological Papyri*, Bollingen-

Serie XL, 3, Pantheon Books, New York, 1957, 2 Bände. Der Papyrus wird als Fotografie als Nummer 10 in Band II wiedergegeben.) Über dem Bild befindet sich die Inschrift, die übersetzt lautet: »Osiris, Herr von Busiris [eine Stadt im Delta, die dem Gott geweiht ist], der Große Gott, Herrscher über die Ewigkeit« (Band I, S. 114). Die Symbolik des *djed* und des *Osiris-als-djed* war bei den Begräbniskulten so weit verbreitet, daß er ständig und ohne direkten Hinweis zu seiner Quelle oder seinen Ursprüngen benutzt wurde — Themen, die alle Ägyptologen vor Rätsel gestellt haben, wie sie freimütig zugeben. (Der Stich wurde dem Buch *Practical Surveying* (Praktische Vermessungskunde) von George Lionel Leston, 11. Auflage, London, 1916, entnommen, und ist dort Abbildung 89 auf Seite 47.)

Abbildung 77: Die *djed*-Säule, die aus dem Körper des Gottes Osiris hervorgeht, nicht als Rückgrat, sondern als erweiterter Kopf. Vielleicht sollen die beiden Augen, die durch ein Loch oder einen Beobachtungs-Schlitz schauen, den Gebrauch des *djed* als Peilungs-Instrument wiedergeben. Andererseits könnte die Figur einfach das Gesicht von Osiris repräsentieren, das aus dem symbolischen *djed* hervorschaut — ohne weitere Bedeutung. Wir wissen einfach nicht mit Sicherheit, was der *djed* wirklich versinnbildlichen sollte. Meine Annahme, daß er zur Vermessung heiliger Stätten benutzt wurde, kann bis jetzt noch nicht bewiesen werden. Doch die gelegentlichen Abbildungen von Augen, die durch ein *djed* hindurchschauen, sind vielsagend. (Eine Kopie einer Zeichnung aus Sir Gardner Wilkinsons *Supplement Volume, Second Series of Manners and Customs of the Ancient Egyptians* [Ergänzungsband, zweite Serie der *Sitten und Bräuche der alten Ägypter*], London, 1841.)

Dieses schöne Wandmosaik aus blaugrünen Keramik-Fliesen stammt aus den unterirdischen Kammern der Stufenpyramide bei Sakkara, angefertigt für Pharao Djoser durch seinen Wesir und Architekten Imhotep. Es ist in einer ziemlich dunklen Ecke des Ägyptischen Museums in Kairo ausgestellt, wo ich unter Verwendung einer sehr langen Belichtungszeit ein Foto von ihm machte. Wie man auf dem Foto erkennen kann, trägt dieses Wandgemälde oben das Design eines vielfachen *djed*. Es sind elf *djeds* zu erkennen. Die späteren Abbildungen scheinen sich aus diesem behaglichen und sehr natürlichen Gemälde abgeleitet zu haben.

Was ist dieser »Vielfach-*djed*«? Natürlich können wir es nie mit völliger Sicherheit wissen. Einige Archäologen nahmen an, es sei einfach eine besondere Art von hohem Fenster. Sie scheinen keinen Grund dafür zu haben und können auch nicht sagen, warum es so geformt ist. Wenn man ein langes Fenster mit einem hohen Bogen baute, warum würde man solch große Anstrengungen auf sich nehmen wollen wie hier sichtbar? Ja, es ist ein sehr schönes Design. Doch wir sollten nun wissen, daß — wenn wir ein sehr schönes Design aus dem antiken Ägypten sehen — da oft »irgendwas mit los« ist.

So begann ich zu glauben, daß dies vielleicht irgendeine Art von Peilungs-Vorrichtung sein könnte, und die Kerben vielleicht ein Mittel zum Ablesen von Winkelmaßen waren. Ich stehe mit meinem Peilungsgerät, auf einer Stange befestigt, vor diesem Bogen und schaue durch ihn hindurch, nachdem ich bereits mein Niveau erhalten und meine Schnur gespannt habe, und lese meine Winkel anhand der Anzahl der Kerben vor mir. Die grundsätzliche Vorrichtung wäre ein Dopplel-*djed*, und die Peilungen würden durch die Schlitze vorgenommen, die sich zwischen den Kerben befinden. Der »Vielfach-*djed*« hätte vielleicht eine noch komplexere Form gehabt, oder es wäre einfach eine rein dekorative Erweiterung der Idee. Der einfache *djed* andererseits wäre keine Peilungs-Vorrichtung, sondern ein Symbol, das aus der Peilungs-Vorrichtung extrahiert worden wäre. Und die große *djed*-Säule hätte ebenfalls Symbolcharakter.

Vielleicht kann etwas dieser Art die Erfordernisse für die Winkelmessung der altägyptischen Vermessungstechniken erfüllen. Der stilisierte *djed* wurde zu einem religiösen jahrtausendelangen Standardsymbol bei der Dekoration von Bauwerken in Ägypten, genau wie der *was*-Stab, und man sieht die beiden oft zusammen. Und wenn man beginnt, die Fries-Motive in ägyptischen Tempeln aus der jüngeren Zeit zu untersuchen, beginnt man zu erkennen, daß die mysteriösen Formen oft auf irgendeine Weise mit Vermessungen, Fundamenten und einem »Erreichen von Stabilität« durch korrekte Ausrichtung in Zusammenhang stehen. Auf Tafel 27 sehen Sie ein Foto, das ich bei Philae von einem *djed* mit einer Sonnenscheibe an der Spitze gemacht habe — ein Abbild der Sonne, die wahrscheinlich angepeilt wurde und deren Winkel über dem Horizont mit einem *djed* gemessen wurde —, flankiert von seltsamen Objekten, die ich nicht identifizieren kann. Die ägyptische Ikonographie ist voll von »Dingen, die wir nicht identifizieren können«. Ich kann eine mögliche Erklärung für den eigenartigen Schwanz des »Seth-Tieres« anbieten, das Hunde-Wesen, das den Gott Seth symbolisiert und erst kürzlich als solches identifiziert wurde, wie wir schon sahen. Seth (auch wenn er hier ohne seinen Schwanz abgebildet ist) wird auf Tafel 56 wiedergegeben. In vielen Bildern ist jedoch dieser Schwanz sichtbar gegabelt! Nun, wir wissen mittlerweile, was das bedeutet, oder? Und so ist das vielleicht eines der Rätsel, die wir lösen konnten. Seth, der Gott, der in mancher Hinsicht den Nachthimmel symbolisierte und deshalb als Feind der Lichtkräfte betrachtet werden könnte, hatte einen gespaltenen Schwanz, durch den man — wie wir nun wissen — astronomische Beobachtungen der Sterne an diesem Nachthimmel vornehmen konnte.

Und es gibt noch einen Aspekt bezüglich Seth, der vielleicht auf das Teleskop hindeuten soll. Nach der altägyptischen Mythologie kam es [wegen Seths Mord an seinem Bruder Osiris, A. d. Ü.] zu einem großen Konflikt zwischen Horus [Osiris' Sohn, A. d. Ü.] und Seth, wobei Horus ein Auge und Seth seine Hoden verlor. Später erhielten beide ihre verlorenen Körperteile zurück. Doch worum ging es hier überhaupt? Wenn wir morphologisch denken, uns also hier die Symbolik der Körperteile betrachten — was repräsentiert der Hoden? Vergessen Sie alles über den Samen. Er ist *ein paar Kugeln* — zwei kleine Sphären. Vielleicht steckt dahinter eine Anspielung auf die konvexen Kristall-Linsen, von denen zwei in bestimmter Ausrichtung zueinander (und die Hoden sind zueinander ausgerichtet) ein rudimentäres Teleskop ergeben. Auf diese Weise betrachtet scheint Seth — mit einer Hundeschnauze, die dieselbe Krümmung hatte wie ein Peilungs-Stab, mit einem gespaltenen Schwanz wie ein Bay und mit zwei Sphären-Kugeln, die ein rudimentäres Teleskop ergaben — doch eine sehr optische Kreatur zu sein. Wenn nicht weniger als drei physische Attribute eines Gottes durchaus als Symbole optischer Instrumente gedeutet werden können, dann können wir mit einiger Sicherheit schlußfolgern, daß uns jemand etwas mitteilen möchte.

Die griechische Zyklopen-Überlieferung scheint einen Bezug zur Optik zu haben, denn das große zentrale Auge ist ein perfektes Symbol für eine Linse oder eine Kristall-Kugel. Die unter den Griechen erhalten gebliebenen Einzelheiten der Zyklopen-Legende sind etwas vage und enttäuschend. Die ursprünglichen Zyklopen stammten von einer »früheren Generation« von mythologischen Figuren ab, die zeitlich noch den olympischen Göttern vorausgeht. Zur Zeit der *Odyssee* waren sie zu Schauspiel-Charakteren geworden, über die man sich Geschichten erzählte; was Homer über den Zyklopen namens Polyphemus zu sagen hat, hat kaum irgendwelche mythologischen Konsequenzen. Die früheren Legenden um die Zyklopen verbinden diese mit massiven Steinwänden und Gebäuden; daher stammt auch der Name, den wir manchmal dafür benutzen: »zyklopisch«. Es war der Zyklop, der die Wälle von Argod und Tyrnis errichtet hat, und von Midea und Mykene für Perseus (Gründer von Mykene) — mit anderen Worten, die typisch mykenischen Städte. Vielleicht war der Zyklop eine minoische Überlieferung. Selbst Polyphemus in der *Odyssee* wird mit massiven Steinen assoziiert und ist ein Riese. Man hört immer Echos der Megalithen, wenn die Zyklopen erwähnt werden.

Ein spezieller optischer Aspekt der Zyklopen war, daß einer von ihnen Brontes genannt wurde. Und wie wir schon sahen, ist dies ein Hinweis auf Donnersteine, da *brontes* »Donner« bedeutet. Doch die Verbindung war sogar noch spezifischer, denn es war der Zyklop, der für Zeus Blitz und Donner gestaltet hat. Und es waren Blitz und Donner, die die Donnersteine hervorgebracht haben; was könnte also offensichtlicher sein? Und der Zyklop fertigte auch für Hades, den Gott der Unterwelt, dessen wertvollstes Besitzstück an — einen »Unsichtbarkeits-Helm« —, der eine weitere Anspielung auf die Optik ist. Es könnte auf die Tatsache hinweisen, daß viele Dinge ohne optische Hilfen unsichtbar sind. Und ich glaube, daß die Assoziation des Zyklopen mit der Errichtung von riesigen »unbegreiflichen« frühen »zyklopischen« Wällen und Städten in prähistorischen Zeiten vielleicht mit dem Gebrauch optischer Instrumente zu Vermessungszwecken in Verbindung steht.

Dies bringt uns zurück zum Auge des Horus. Und in diesem Zusammenhang gebe ich auf Tafel 63 ein Foto eines außergewöhnlichen Symbols wieder, das französische Archäologen in einem Mosaik auf der heiligen griechischen Insel Delos fanden und 1907 veröffentlichten. Das Symbol zeigt etwas, das aussieht wie die Sonne auf der Spitze einer Pyramide, mit deutlich sichtbaren Lichtstrahlen, die in alle Richtungen reflektiert werden. Im Lichte dessen, was wir mittlerweile gelernt haben,

Abbildung 78: Drei alte Darstellungen eines Zyklopen. Die beiden kleinen römischen Darstellungen (a und b) wurden bei Neapel gefunden und zeigen die Zyklopen mit zwei normalen Augen und einem dritten auf der Stirn. Dies sind spätere und dekadente Vorstellungen von den Zyklopen. Frühere griechische Darstellungen von Polyphemus, dem in der *Odyssee* erwähnten Zyklopen, zeigen ihn mit nur einem riesigen Auge. Es gibt eine sehr gute Darstellung von Polyphemus mit ausgestochenem Auge auf einem archaischen griechischen Krug, doch das Licht um die Ausstellungsvitrine war so schwach, daß ich ihn nicht vor Ort fotografieren konnte. Die größte Darstellung oben (c) ist eine traditionelle griechische Vorstellung eines Zyklopen, die im Louvre bewahrt wird, Objekt 2259 (S. 1695) aus dem *Dictionary of Antiquities* (Lexikon der Antiquitäten) von Daremberg-Saglio, Paris, 1877–1919, Band I, Teil 2.

ist dies ein sehr vielsagendes Bild, um es milde auszudrücken. Obwohl dieses Muster aus einer jüngeren Kultur als derjenigen der alten Ägypter stammt, sind die Bemerkungen des Archäologen doch sehr interessant:

»*Das Symbol in der Mitte des Mosaiks (...) findet man oft auf Stelen* [aufrecht stehenden Steintafeln], *die man in punischen* [karthagischen] *Heiligtümern in Nordafrika entdeckte; und man erkennt darin eine mehr oder weniger anthropomorphe* [eine menschliche Gestalt wiedergebende, A. d. Ü.] *Darstellung der phönizischen Göttin Tanit.* [Sie glauben, daß die Sonne einen Kopf darstellt, die Strahlen die Arme und die Pyramide ein Körper in einem Kleid ist! Können Sie das glauben? Das muß wohl so ziemlich die spießigste Fehldeutung eines heiligen Symbols sein, von der ich je gehört habe.] *Nach M. Ed. Meyer ist die Bedeutung des Symbols eine andere; er sieht es als eine phönizische und syrische Interpretation des ägyptischen* [Ankh-]*Zeichens, der Hieroglyphe für ›Leben‹. Diesem Zeichen sei eine mystische Heilkraft zugeschrieben worden, was auch seinen Gebrauch als Amulett erklären würde, ebenso wie sein Vorhandensein auf den erwähnten Stelen. Wenn diese letzte Erklärung die wahre ist, können wir den Gebrauch des Symbols auf unserem Mosaik besser verstehen. Tatsächlich findet man es in der Vorhalle des Hauses der Delphine (...). Das Mosaik des Peristyls* [von Säulen umgebener Innenhof eines antiken Hauses, A. d. Ü.] *desselben Hauses ist das Werk eines Künstlers, der ursprünglich aus der Stadt Arados kam, vielleicht Arados in Phönizien. (...) Das Haus der Delphine wäre dann ein Ort unter den griechisch-römischen Häusern von Delos, aufgrund seiner orientalischen Einflüsse.*«

Es ist sicher interessant zu erfahren, daß das Zeichen der Pyramide, die die Sonnenstrahlen von ihrer Spitze reflektiert, in Nordafrika weit verbreitet und auch in Phönizien bekannt war. Phönizien war in der Zeit des Neuen Reichs (15. Jahrhundert v. Chr.) ägyptisches Territorium, mit ägyptischen Herrschern und ägyptischen Tempeln.

Die Sonne über der Pyramide kann als ein Horus-Auge betrachtet werden. Doch wie wir gesehen haben, war auch die Pyramide selbst ein Horus-Auge. Tatsächlich könnte man auch das ganze Ägypten als Horus-Auge bezeichnen. Dies wird am Ende von J. Gwyn Griffiths' faszinierendem Buch *The Conflict of Horus and Seth* (Der Konflikt zwischen Horus und Seth) erwähnt. Im letzten Absatz sagt er:

»*Drioton wies auf eine Hymne auf Ägypten in den Pyramidentexten* [des Alten Reichs] *hin. Das Land wird das Auge des Horus genannt.*«

Es ist schwierig sich vorzustellen, daß die alten Ägypter möglicherweise die Details kannten, doch es gibt etwas außergewöhnliches an den Augen von Falken und Habichten. Jeder, der sie schon einmal beobachtet hat, kann dies erkennen, denn es ist offensichtlich, daß sie in großer Höhe kreisen und am Boden kleine Nagetiere erkennen können, wozu wir nicht imstande wären. Im Jahre 1982 wurde im Wissenschaftsmagazin *Nature* ein Bericht über anatomische Studien am Auge eines kleinen Falken, bekannt als Turmfalke, veröffentlicht. Man stellte fest, daß die Augen des Turmfalken so beschaffen waren, daß sie gesehene Bilder vergrößern; der genaue Vergrößerungswert ist 1,33 x. Größere Falken wie die, die Horus repräsentieren, haben wahrscheinlich noch stärkere Augen. Die Tatsache, daß ein Falkenauge also wie ein Vergrößerungsglas wirkt, ist ziemlich unheimlich, wenn man ans Thema dieses Buchs denkt, und der Falke symbolisierte den Gott Horus. Es bedeutet, daß das zoologische Horus-Auge eine Vergrößerungslinse war.

Etwas, das man noch berücksichtigen muß, wenn man erkennt, daß das Horus-Auge vielleicht manchmal eine Linse (oder Vergrößerungs- oder Brenn-Kugel) darstellen sollte, ist, daß in Ägypten »Augen« so oft paarweise auftreten. Im Falle der beiden Augen von Ra wird in den meisten Fällen auf die beiden Sonnenwenden hingewiesen, wie wir schon erklärt haben. Doch wenn mit einem »Auge« eine Linse gemeint wird, dann kann sich ein Paar Augen offensichtlich auf ein Teleskop beziehen. Wie ich ebenfalls schon erklärt habe, ist alles, was Sie tun müssen, wenn Sie Linsen haben, eine in jeder Hand zu halten und durch beide gleichzeitig hindurchzuschauen, und sie haben ein rudimentäres Teleskop. »Die zwei Augen« könnten also auf rudimentäre Teleskope in Ägypten hinweisen. Und diesbezüglich gibt es noch einen weiteren wichtigen Punkt, den ich anführen muß. Es wurde geglaubt, daß jeder Mensch ein »Double«, genannt *ka*, hat. Dies führte in Griechenland zur Idee des *eidola*, mit all seinen optischen Aspekten, wie ich schon ausführlich erklärt habe. Doch lassen Sie uns einen Moment über die ägyptische Hieroglyphe für *ka* nachdenken. Sie besteht aus einem Paar erhobener Arme. Nun, warum? Die meisten Menschen nehmen an, daß die erhobenen Arme lediglich einen Akt religiöser Verehrung oder etwas in dieser Art darstellen. Doch warum sollten sie? Was hat das *ka* mit religiöser Verehrung zu tun?

Andererseits gibt es für die *ka*-Hieroglyphe, die die Bedeutung eines »Doubles« einer Person hat, eine mögliche optische Erklärung. Wenn Sie durch ein rudimentäres Teleskop schauen, ist das Bild auf den Kopf gestellt, es sei denn, Sie benutzen eine dritte Linse, uns als »Umkehr-

Linse« bekannt, um das Bild aufrecht zu sehen. Stellen Sie sich das Erstaunen vor, das die Menschen der Antike befallen haben muß, als sie beim Blick durch ihr aus zwei Linsen bestehendem rudimentären Teleskop ein umgekehrtes Bild sahen! Was hätten sie daraus gemacht?

Wenn Sie durch ein rudimentäres Teleskop auf einen Menschen schauen, der in einiger Entfernung vor Ihnen steht (wie man es im Falle von Vermessungsarbeiten auch tun müßte), wäre das Bild von ihm auf den Kopf gestellt. *Seine Arme würden nach oben weisen.* Kann dies der Ursprung der Hieroglyphe für das »Double« einer Person sein? Angesichts der Tatsache, daß die griechische optische Tradition sich so stark auf diese ursprüngliche Vorstellung bezog, regt uns dies dazu an, in Begriffen optischer Assoziationen zu denken. Und die Vermutung darf daher sehr wohl geäußert werden für den Fall, daß direkte Beweise dazu je ans Licht kämen, die vielleicht auch schon bekannt, aber im Moment nicht verstanden sind.

Der Versuch zu entscheiden, was das Horus-Auge wirklich war, ist eine der schwierigsten Aufgaben in der Ägyptologie. Praktisch alles wurde zu dieser oder jener Zeit als Horus-Auge beschrieben. Wenn man die Pyramidentexte durchliest und die Abschnitte über die Opfergaben für die verstorbenen Pharaos studiert, erkennt man schnell, daß die Phrase »Auge des Horus« ein Synonym für »geheiligte Opfergabe« ist. Einen Laib Brot oder ein Stück Fleisch als »Auge des Horus« zu bezeichnen, war ein bißchen so wie ein schönes Mädchen »eine wahre Venus« zu nennen, was vor einigen Jahrzehnten noch sehr geläufig war, als es noch die klassische Bildung gab. Ein Italiener mag über ein schönes Mädchen sagen, sie sei eine Madonna. Damit meint er nicht, daß das Mädchen gerade Jesus geboren hätte; er spricht vielmehr in Metaphern. Und wenn wir von jemandem sagen, er oder sie sei ein »Engel«, meinen wir nicht, daß er oder sie Flügel hat, sondern daß er oder sie extrem gut ist. Wenn also jemand seine Enten und Gänse dem verstorbenen Pharao als Opfergabe darbrachte, bezeichnete man diese Vögel in der Tat als »Augen des Horus«.

Die verschiedenen Übersetzungen der Pyramidentexte sind größtenteils ein einziges Durcheinander. Die verschiedenen Teile nennt man »Äußerungen«. Doch die Numerierungen der Äußerungen ergeben nicht unbedingt irgendwelchen Sinn. In der Pyramide von Unas beispielsweise folgt der Äußerung 221 die Äußerung 118, und auf Äußerung 133 folgt Äußerung 16. Als ich mit dieser Verwirrung konfrontiert wurde, wandte ich mich den Pyramidentexten auf eine sehr vernünftige Weise zu, die ich anderen empfehle. Alexandre Piankoff fertigte eine Übersetzung nur der Pyramidentexte aus der Pyramide von Unas bei Sakkara an; dies war die früheste Pyramide, die über irgendwelche Texte verfügte, weshalb man ganz am Anfang steht. Er gibt die Texte in der Reihenfolge wieder, wie sie gefunden wurden: am Eingang zur Vorkammer, im Gang zur Sarkophag-Kammer und schließlich in der Sarkophag-Kammer selbst. So präsentiert er sie — genau so, wie sie an den Wänden erscheinen. Ich saß einige Stunden lang in dieser Pyramide; wenn ich die Texte lese, weiß ich deshalb genau, auf welcher Wand sie sich befinden. Dies ist der beste Weg zu beginnen — die Reihenfolge ist wichtig. Folge den Texten von Raum zu Raum im ältesten Bauwerk, in dem sie vorhanden sind. Sie sind die ältesten, noch erhalten gebliebenen religiösen Schriften auf der ganzen Welt und verdienen deshalb alle Aufmerksamkeit. Später kann man dann noch die anderen Pyramidentexte lesen, so wie sie in den Kompendien erscheinen, wo sie in einem solchen Durcheinander präsentiert werden. Tafel 59 zeigt einen Teil der Pyramidentexte in der Unas-Pyramide.

Eine der größten Überraschungen im Zusammenhang mit den Texten in der Unas-Pyramide ist, daß der Gott Ptah nirgendwo erwähnt wird. Da er die Haupt-Gottheit von Memphis war, was in Sichtweite von Sakkara liegt, ist dies umso seltsamer, um es noch milde auszudrücken! Die »memphitische Theologie« von Ptah wird ignoriert, als ob sie nicht existierte. Man wundert sich, wie das möglich ist angesichts der Tatsache, daß Ptahs Haupt-Heiligtum einfach nur etwas weiter unten an der Straße liegt und seine Priester zum Zeitpunkt des Begräbnisses praktisch überall gewesen sein müssen. Vielleicht wurde in Ptahs eigener Umgebung eine Form von Tabu gewahrt und Abstand davon genommen, seinen Namen zu erwähnen.

Sobald man Unas' Grab betritt, wird man darüber aufgeklärt, daß »Unas ein Horus ist« (Äußerung 503). Kurz danach wird uns gesagt, »Unas bringt das grüne Leuchten zum Großen Auge« (Äußerung 509). Und dann: »Unas ist der Stier des doppelten Leuchtens in der Mitte des Auges« (Äußerung 513). Das alles, noch bevor wir die Vorkammer betreten haben. Dort wird uns dann gesagt, daß »Unas mit einem Gesicht wie das des Großen Einen kommen wird, der Herr des Löwenhelms, der durch die Verletzung seines Auges machtvoll wurde. Dann wird er verursachen, daß das Feuer seines Auges dich umhüllen wird (…)« (Äußerung 255). Und auch: »Unas' Schutzunterkunft ist in seinem Auge, der Schutz Unas' ist in seinem Auge. Unas' siegreiche Stärke ist in seinem Auge, die Macht Unas' ist in seinem Auge« (Äußerung 260). Wir erfahren auch, daß »sie stabil stehen, die beiden *djed*-Säulen (…)« (Äußerung 271), was das, was ich über das Auftreten früher *djeds* in Paaren glaubte, bestätigt.

Die eigentliche Redewendung »Auge des Horus« wird nicht erwähnt, bis wir in den Gang zur Sarkophag-Kammer kommen, wo die allererste Aussage ist: »Dies ist hier das harte Auge des Horus. Lege es in deine Hand, auf daß du dir des Sieges gewiß seist und er [Seth] dich fürchten möge!« (Äußerung 249). Kurz danach treffen wir auf eine verwirrende Aussage: »Er kommt gegen dich, Horus mit blauen Augen. Hüte dich vor dem Horus mit roten Augen, dessen Wut bösartig ist, dessen Macht niemand widerstehen kann!« (Äußerung 246). Dann werden verschiedene Opfergaben dargebracht, die wieder »Augen des Horus« genannt werden.

In der Sarkophag-Kammer selbst wird uns über Unas gesagt, daß »du in der Tat Horus bist, der kämpfte, um sein Auge zu schützen« (Äußerung 221). Der tote Pharao wird mit Osiris identifiziert, der als der Gott der Unterwelt [in ihrer Bedeutung »Totenreich«, A. d. Ü.] angesehen wird. Er wird dann als »Osiris Unas« angesprochen. Uns wird gesagt: »Osiris Unas, ich gebe dir das Auge des Horus, auf daß dein Gesicht mit ihm geschmückt sei (…)« (Äußerung 25). Es ist ein Parfüm, offensichtlich ein Parfüm-Öl, das auf sein Gesicht aufgetragen wird. In ähnlicher Weise wird ihm als nächstes ein Trank-Opfer, genannt »Auge des Horus«, dargeboten. Viele weitere Augen des Horus werden ihm noch dargeboten. Oft werden dem Auge dann noch einige beschreibende Worte hinzugefügt, wie »was dem Seth entrissen wurde« oder »was für dich gerettet wurde«.

Diese Hinweise beziehen sich auf den berühmten Mythos, daß Horus und Seth sich einen großen Kampf geliefert hätten. Seth stach Horus das Auge aus und Horus riß Seth die Hoden ab. Später sorgten die Götter wieder für Frieden und setzten die fehlenden Körperteile wieder an Ort und Stelle, und die Verstümmelungen wurden geheilt, doch eine andere Version besagt, daß der Gott Thoth Seth das Auge von Horus entrissen und gegen Seths Willen wieder Horus eingesetzt hatte. Sir Peter Renouf übersetzt hierzu in seinem *Book of the Dead* eine Inschrift aus Edfu:

»*Asten* [Thoth]*, der das Auge von Horus wieder seinem Herrn einsetzte, der das Auge vor Schaden bewahrte, und der Horus mit seinem Auge wieder aussöhnte.*«

Renouf kommentiert dann den Text und sagt:

»Die verschiedenen Synonyme, die das Auge benennen, sind insofern wichtig, als daß sie zeigen, daß das Wort hier im Sinne des täglichen Sonnenlichts benutzt wird (...). Der priesterliche Titel ›Besitzer des Auges‹ ist, wie all solche Titel, derjenige der Göttlichkeit, die der Priester personifiziert. Der Gott selbst ist in den Hieroglyphen durch das Zeichen des Affen [von Thoth] *wiedergegeben, der das Auge hält.«*

Sir Peter Renouf schrieb fünf Seiten im Versuch, die verschiedenen Augen des Horus, Augen des Ra und so weiter in seiner Übersetzung des *Totenbuchs* zu erklären. Doch letztendlich war er nur erfolgreich darin, jeden, der seinen Bericht las, davon zu überzeugen, wie hoffnungslos verwirrend diese Masse an ägyptischer Tradition in Wirklichkeit war! Es gibt zu all diesen Dingen keine einfachen Erklärungen. Die ägyptische Mythologie kann nicht durch einen einzelnen Angriff geknackt werden, nicht einmal durch den zehntausendsten. Sie ist robuster als das. Wenn wir glauben, wir wären clever, dann sind die Ägypter noch cleverer. Sie sind wie jemand, der ein Computer-Programm entworfen hat, das so fortgeschritten ist, daß kein Hacker ihm zuleibe rücken kann.

Trotzdem gibt es Hinweise dafür, daß das Auge des Horus letztendlich etwas ist, das gezählt und gemessen werden kann. Im *Buch über die Öffnung des Mundes* wird uns gesagt:

»Ich bin Thoth, der zu den beiden Jahreszeiten gereist ist, um nach dem Auge seines Herrn zu suchen. Ich bin gekommen, ich habe das Auge gefunden, ich habe es für seinen Herrn zusammengerechnet.«

Was für ein Auge kann »zusammengerechnet« werden? Und warum durch Thoth?

Ein antiker Papyrus, der sich mit Medizin beschäftigt, gibt uns diese außergewöhnliche Information:

»Rufe nach dem debeh-*Maß, wenn ein Medikament gemessen werden muß. Dieses Maß, mit dem ich dieses Medikament messe, ist das Maß, mit dem Horus sein Auge mißt, es untersuchte und für lebendig, wohlhabend und gesund befand. Dieses Medikament wird mit diesem Maß gemessen (...). Es ist das Auge des Horus, welches gemessen und untersucht wurde.«*

Es ist klar, daß der Text sich entweder auf einen Schatten oder auf die Zeit bezieht. Wenn ein Schatten gemeint ist, dann ist es die Zeit, die wiederum durch ihn gemessen wird. In jedem Fall sind es die kalendarischen Obsessionen der Ägypter, auf die hier Bezug genommen wird. Sie mußten die genaue Länge des Jahres wissen, und sie müssen entweder Pyramiden- oder Gnomon-Schatten gemessen haben, oder sie müssen die Position des »Auges« gemessen haben, das auf die Wand oder einen Schirm fiel, oder auf einen Spiegel im inneren Allerheiligsten des Tempels, dessen langer Korridor »ein waagerechtes Teleskop« war, wie Sir Norman Lockyer es gern nannte — eines, das nicht auf den Meridian, die Mittagslinie, abzielte, sondern auf den Horizont.

Wir haben schon zuvor gesehen, daß der zu den 365 Tagen des Jahres hinzukommende Bruchteil des Tages, der ein volles Jahr ausmacht, 0,2424 eines Tages ist (oder genauer 0,2424392 eines Tages) und mit Horus identifiziert wurde. *Dies* war das »verstümmelte« Auge des Horus, das ihm ausgestochen und danach unvollständig war, bevor es wieder eingesetzt wurde. Denn es war kein »vollständiges Auge«, sondern ein verstümmeltes. Und es war ein solchermaßen verstümmeltes Auge, daß sein genauer numerischer Wert mit großer Sorgfalt zusammengerechnet werden mußte, denn es war keine ganze Zahl, sondern ein Bruch.

Thoth war der Gott der Oktave, da die »Acht von Hermopolis« als »die Seelen des Thoth« bekannt waren. Und es war dieses Vielfache, 128, das nicht ganz an die 129,75 heranreichte — das Vielfache »der Fünf« (der reinen Quinten), die auch bei Hermopolis geboren worden waren. Wir wissen aus einer antiken Inschrift, daß der Name des Hohepriesters Thoth »der Große der Fünf« war. Hermopolis war deshalb als Thoths Kultstättenzentrum der Ort, wo »die Fünf« und »die Acht« arithmetisch miteinander in Einklang gebracht wurden. Dies ergab die magische Zahl des pythagoräischen Kommas. Und um auch auf dem Kalenderweg zum pythagoräischen Komma zu gelangen, war das verstümmelte Auge des Horus erforderlich, die extra 0,2424 eines ganzen Tages — aus einer ebenso »verstümmelten«, d. h. aus Bruchzahlen bestehenden Schattenablesung berechnet. Diese mußte der 365 hinzugefügt werden, um die Zahl zu ergeben, die gleichzeitig auch »das größte Geheimnis der Ägypter« preisgab, ihren *winzigen Spalt*.

Thoth war der Mathematiker und Astronom der Götter. Er mußte den Unterschied zwischen den *Oktaven* und den *Quinten* »zusammenrechnen«. Er mußte auch den Unterschied zwischen 360 und 365,2424 berechnen, was er nur tun konnte, wenn er »das Auge des Horus in seinen Händen hielt«, d. h., seine genaue Zahl, die er zusammengerechnet hat. Das Auge des Horus war das Wesentliche, und ohne seine Verstümmelung zu einer Bruchzahl konnte es kein genaues Jahr geben.

Wie George St. Clair richtig schlußfolgerte:

»Wenn Thoth das symbolische Auge hochhält, will er damit zum Ausdruck bringen, daß er die wahre Länge des Jahres zeigt.«

Abbildung 79: Der Gott Thoth hält das Auge des Horus in seinen Händen und hat es »zusammengerechnet«. Dieses Bild zeigt vielleicht nur den Priester, der den Titel »Besitzer des Auges« und eine Thoth-Kopfbedeckung trug und Thoth symbolisiert, der das Auge hält. In Begriffen der Harmonik ausgedrückt war Thoth der Gott der Oktave, und er mußte das Auge des Horus halten, um von 128 zu 129,75 zu gelangen, wo er die Spirale der Quinten »antreffen« konnte. Das Auge des Horus repräsentierte also den »winzigen Spalt«, bekannt als das pythagoräische Komma oder Partikel, das auch die erforderlichen 5,2424 Tage ergab, um vom »idealen« Jahr mit 360 Tagen zum wahren Jahr zu gelangen. Das Auge des Horus war »verstümmelt«, weil es keine ganze Zahl und nicht mal eine genaue Bruchzahl war und deswegen »zusammengerechnet« werden mußte. Durch »Wiederherstellung« des Auges konnte die wahre Länge des Jahres berechnet werden, wovon der gesamte ägyptische Kalender abhängig war. (Reproduktion von Sir Norman Lockyer, *The Dawn of Astronomy*, London, 1894, S. 232, keine Quellenangabe.)

In Ägypten diente die Optik dem größten Zwang dieses alten Landes: ein korrektes Zeitmaß zu wahren. Mit dem stetigen Anwachsen der Bevölkerung Ägyptens konnte nur das präzise »Timing« der vielen Ereignisse in der Landwirtschaft, des Zeitpunkts der ansteigenden Nilpegel und der Feste zur Zufriedenstellung der Götter sicherstellen, daß die Ägypter ausreichend ernährt wurden und ihnen Wohlstand gewiß war.

In der Bibel gibt es eine seltsame Aussage: »Wenn dich dein Auge beleidigt, stich es aus.« Nun, das ägyptische Auge hat die Ägypter sicher nicht beleidigt, doch sie mußten es ausstechen, sonst wären sie verhungert.

Um nun schließlich das Auge des Horus zu erklären, können wir zum »größten Geheimnis der Ägypter« zurückkehren — aber auf noch eine andere Weise. Das Auge wurde manchmal auch als »*Udjat*-Auge« bezeichnet. Dieses seltsame »Design« eines Auges mit Augenbraue und verschiedenen anderen Bestandteilen stilisierten »Designs« macht auf den ersten Blick den Eindruck, ein Künstler hätte sich bei seiner Darstellung eines Auges in seiner Begeisterung davontragen lassen. Die Tatsache, daß es in der ägyptischen Kunst seit Jahrtausenden zahllose Male wiedergegeben wurde, mag dem oberflächlichen Beobachter wie ein Auswuchs extremen Konservatismus' seitens der Ägypter anmuten. Nun, in bestimmter Weise mag dies sogar der Fall sein. Doch nicht in der Weise, wie Sie vielleicht glauben.

Der Ägyptologe Möller war der erste, der bemerkte, daß sich das Udjat-Auge aus einer Sammlung von mathematischen Hieroglyphenzeichen zusammensetzte, die in ihrer Form und Anordnung wie ein Auge aussehen. Es waren allesamt mathematische Zeichen, und jedes verkörperte eine bestimmte Bruchzahl. In Abbildung 80 wird dies deutlich — eine Zeichnung, die seit 1923, als T. Eric Peet sie in seinem Buch *The Rhind Mathematical Papyrus* erwähnte, von vielen Autoren reproduziert wurde.

Man erkannte sehr schnell: Wenn man alle Bruchzahlen, aus denen das Horus-Auge zusammengesetzt ist, addiert, kommt man nicht auf einen ganzzahligen Wert. Alle Bruchzahlen zusammen ergeben eine Summe von 63/64. Ein winziges Vierundsechzigstel fehlt. Dieses faszinierende Detail bewirkte, daß absolut jeder von der wahren Wichtigkeit und Bedeutung dieser Bruchzahlen und des Auges abgelenkt wurde. Keine der Erörterungen zum Udjat-Auge, die ich gelesen habe, trifft den eigentlichen Punkt; alle betonen nur das »unvollständige Auge«.

Wenn Sie die Antwort allerdings im voraus wissen, dann können Sie es erkennen. Es ist nicht der Bruch 63/64, der hier wichtig ist, sondern sein Kehrwert: 64/63! Um hinter die wahre Bedeutung des Auges zu gelangen, müssen Sie mit einem ganzzahligen Wert von 64 beginnen und diesen durch die sich aus den Hieroglyphen-Komponenten ergebende Summe 63 teilen. Dies ist »denken wie die alten Ägypter« und nicht wie ein Mensch der Moderne. Es bedeutet, ein ganzes durch ein »verstümmeltes« Auge zu teilen. Dieser Vorgang wird sogar in einem Text aus dem Mittleren Reich beschrieben: »Ich weiß, was in dem Auge verletzt war (...), am Tage, als seine Teile zusammengezählt wurden, (...) die vollständige Hälfte, die ihm gehört, der seine Teile zusammenzählt, zwischen dem vollständigen und dem verletzten Auge.«

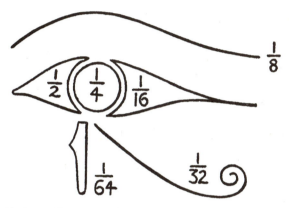

Abbildung 80: Das Udjat-Auge, oder Auge des Horus, das aus Hieroglyphenzeichen für Bruchzahlen zusammengesetzt ist. Die Augenbraue hat den Wert 1/8, die Iris 1/4 usw. Das ganze summiert sich zu 63/64 — ein »verstümmeltes« oder unvollständiges Auge. Der Kehrwert dieses Bruchs nähert sich dem Dezimalwert des pythagoräischen Kommas bis auf zwei Stellen hinter dem Komma genau. Heutzutage scheint niemand die wirkliche Bedeutung des Udjat-Auges verstanden zu haben, das diese geheime Zahl wiedergeben soll. Man kann auch zu dieser Zahl gelangen, wenn man das ganze Auge durch das »verstümmelte« Auge teilt, wenn wir also für das ganze Auge 64 ansetzen und für das »verstümmelte« 63. So ist das ultimative optische Symbol der alten Ägypter in Wahrheit ein direkter Ausdruck ihrer geheimsten Zahl.

Raten Sie einmal, was Sie erhalten, wenn Sie 64 durch 63 teilen? Das Ergebnis ist 1,015! Es ist eine Annäherung an das pythagoräische Komma bis auf zwei Stellen hinterm Komma genau — ausreichend genau für solch einen einfachen Bruch und die größte Annäherung an das Komma, die man erhalten kann, in Begriffen von Brüchen, die täglich in Gebrauch sind. Das Udjat-Auge ist somit nichts weniger als ein direkter Ausdruck des pythagoräischen Kommas. Doch genau wie die vielen antiken Linsen in den Museen der Welt ist es als solches »unsichtbar«, da niemand es je zuvor bemerkt hat.

Somit sind wir nun am Ende unserer Suche angelangt. Am frühesten Beginn optischer Technologie in der Geschichte der Zivilisation begegnet uns schließlich das wichtigste und dringendste Motiv, das man haben kann: Überleben. Wer hätte sich vorstellen können, daß ein Gespräch über eine einzelne optische Linse im Britischen Museum, von der gesagt wird, sie sei asiatisch, uns so weit führen würde? Ein Mittagessen in London in den sechziger Jahren, ein Beschluß, dort »genauer hineinzuschauen«, weil es da Dinge gab, die nicht zusammenpaßten — mehr als drei Jahrzehnte später stehen wir schließlich vor der Großen Pyramide in der Gesellschaft der ägyptischen Götter. Kein schlechtes Abenteuer, oder?

Doch zum Abschluß unserer Reise sollten wir uns eine größere Lektion zu Herzen nehmen, die wir bis hierher gelernt haben. Wir sehen nun klar und eindeutig, wie erstaunlich die Fortschritte waren, die die alten Ägypter auf den Gebieten der Optik, der Astronomie, der arithmetischen Berechnungen, der Trigonometrie und verschiedener Aspekte der Geometrie gemacht hatten. Wir haben einige ihrer bestgehüteten Geheimnisse gelüftet, doch wir können nicht davon ausgehen, daß wir schon alles wissen. Die Ägypter waren in den Naturwissenschaften ganz eindeutig sehr viel weiter fortgeschritten, als irgend jemand zuvor vermutet hätte. Und daraus folgt, daß sie vielleicht noch andere Dinge gewußt haben mögen, an die wir bisher noch nicht einmal dachten. Auch haben wir längst noch nicht alle Auswirkungen und Bedeutungen unserer Entdeckung erkannt, daß das pythagoräische Komma auf die Astronomie und Kosmologie ebenso Anwendung findet wie auf die Musik. Wir könnten letztendlich sagen, daß wir den tatsächlichen Schlüssel zu diesem flüchtigen pythagoräischen Enigma, der *Sphärenharmonie*, gefunden haben. Die Bahnen der Himmelskörper offenbaren dieselbe präzise Zahl wie die Klaviertastatur (oder eine Leier, wenn Sie ein alter Ägypter sind), die durch die Tatsache ausgedrückt wird, daß Oktaven und Quinten in der Musik »nicht ineinander passen«. Und dies, so stellt sich nun heraus, liegt der gesamten Struktur des Universums zugrunde.

Lassen Sie uns deshalb die folgende Frage stellen: Wenn die alten Ägypter all dies wußten, was wußten sie noch? Und auch: Was ist die tiefere Bedeutung dessen, daß einige der Linsen höchster Qualität, die vor 1900 n. Chr. angefertigt wurden, aus der Zeit des Alten Reichs 2600 v. Chr. in Ägypten stammen? Und was bedeutet es, daß nach dem Alten Reich in Ägypten bis in die Neuzeit hinein *ein Niedergang* in der Technologie zu verzeichnen ist? Könnte es sein, daß unsere Annahme eines stetigen Fortschritts der Menschheit eine Illusion ist? Wenn dem so ist, ist es noch nicht zu spät für eine Korrektur unseres Astigmatismus. Ich hoffe, dieses Buch konnte so etwas wie eine *Sehhilfe* sein.

Anmerkungen

[1] Lockyer, Sir Norman, *The Dawn of Astronomy: A Study of the Temple-Worship and Mythology of the Ancient Egyptians*, Cassell, London, 1894.

[2] Heilbron, John, *The Sun in the Church: Cathedrals as Solar Observatories*, Harvard University Press, USA, 1999.

[3] Eddington, Sir Arthur, *Fundamental Theory*, Cambridge University Press, 1953.

[4] Garland, Trudy Hammel, und Kahn, Charity Vaughan, *Math and Music: Harmonious Connections*, Dale Seymour Publications, Palo Alto, California, USA, 1995.

[5] St. Clair, George, *Creation Records Discovered in Egypt: Studies in the »Book of the Dead«*, David Nutt, London, 1898.

[6] Cotsworth, Moses B., *The Rational Almanac,* Privatdruck, York, England, 1902.

ANHANG

DER SCHÄDEL DES VERHÄNGNISVOLLEN SCHICKSALS

Im Sommer 1963 verbrachte ich einige Tage mit Miss Anna Mitchell-Hedges, allgemein bekannt unter dem Kosenamen »Sammy« — dem Namen, den ihr ihr Adoptiv-Vater gab, als sie noch ein Mädchen war. Zu jener Zeit lebte Sammy in Reading, England, und war noch nicht nach Kitchener, Ontario, umgezogen. Sie hatte ein großes, weitläufiges Haus, doch sie wollte, daß ich mir ihren früheren Wohnort, Farley Castle, anschaue — ein exzentrischer Prachtbau, von dem sie mir sagte, er hätte zuvor »Simon dem Roten, dem König aller Zigeuner« gehört. Sie schwor, es gäbe in diesem Haus einen mysteriösen unterirdischen Tunnel. Als sie mich nach Farley Castle mitnahm, sah ich, daß sich neben dem Haus ein Wintergarten befand, in dem ein Kamelienbaum blühte. Sie pflückte eine rote Kamelie vom Baum und gab sie mir mit der Aufforderung, sie fest an mich zu pressen und sie für immer zu behalten. Ich habe sie bis zum heutigen Tage.

Sammy lebte mit ihrer Sekretärin Cynthia Fowles in ihrem Haus in Reading, das mit Antiquitäten und allen möglichen bizarren Dingen vollgestopft war. Mitten auf einem mittelalterlichen Eichentisch im Wohnzimmer lag eine kleine sogenannte »Donnerbüchse«. Natürlich interessierte sie mich, und ich nahm sie auf, während Sammy mich mit einem wohlwollend-zustimmenden Lächeln anschaute. Mein Freund Prinz Friedrich (Prinz Friedrich Ernst von Sachsen-Altenburg, der Vormund und Berater von Anna Anderson, die von sich behauptet, die russische Großherzogin Anastasia zu sein) stand neben mir und schaute neugierig zu. Ich bemerkte einen seltsamen Metall-Verschluß an der Donnerbüchse und öffnete ihn. Im Handumdrehen sprang eine scharfe Klinge hervor und sauste in meine Richtung, direkt vor meine Brust, und hätte beinahe mein Hemd in Streifen geschnitten. Ich sprang erschrocken zurück, und Prinz Friedrich war in heller Aufregung, weil er glaubte, mir wäre der Bauch aufgeschlitzt worden, was beinahe passiert wäre! »Meine Güte!«, rief ich. Sammy sagte mit völlig gelassener Stimme: »Ja, sei vorsichtig; fast jeder tötet sich mit dieser Donnerbüchse selbst. Ich denke, ich sollte die Leute wirklich warnen.« — »Aber es ist wie ein

Schnappmesser!« — »Ja, es überrascht Leute immer. Es ist eines der Dinge, die mein Vater gesammelt hat. Es ist so eine Art Test für Besucher, sagte er gewöhnlich.«

Prinz Friedrich und ich blieben über Nacht bei Sammy. Cynthia brachte mir am nächsten Morgen Tee ans Bett — es war das erste Mal, das ich diese typisch britischen landhäuslichen Gewohnheiten genießen durfte, die mich zu jener Zeit sehr in Erstaunen versetzten. Mein Freund Michael Scott hatte uns zu Sammy gefahren und holte uns am nächsten Tag wieder ab. Er hatte sich gerade einen neuen VW-Bus zugelegt, auf den er ungeheuer stolz war. Er war ebenso stolz auf die M4-Autobahn, die gerade fertiggestellt worden war und auf der er sich vorsichtig auf den Weg gemacht hatte, da ihm die Gegend fremd war. »Man nennt das einen *motorway* [engl. Autobahn, A. d. Ü.]«, sagte er. »Und schaut mal da drüben: Man kann tatsächlich von der Straße aus Windsor Castle sehen.« Wir schauten alle auf Windsor Castle — und tatsächlich: es war dort, so wie er es sagte. Er phantasierte nicht herum, obwohl er nur ein Auge hatte. Ich habe immer noch ein Foto von uns — Sammy und Cynthia, Sammys Nichte Solange, Michael, Prinz Friedrich und ich — vor dem Haus in Reading stehend und lächelnd. Es war der Sommer 1963 — der Sommer, in dem es in England nur drei volle Sonnentage gab. Es war der Tag, an dem ich meine erste Begegnung mit einem alten Kristall-Artefakt machen sollte.

Sammy ist immer noch am Leben und jetzt auch sehr berühmt. Denn sie ist die Besitzerin des sogenannten »Schädels des verhängnisvollen Schicksals«, den sie in den Ruinen von Lubaantun fand, einer zerstörten Maya-Stadt im Dschungel von Britisch-Honduras, die ihr Vater entdeckt und ausgegraben hatte. Als junges Mädchen hatte Sammy geholfen, die Tempel-Ruinen vom Unterholz des Dschungels zu befreien, und während sie das tat, sah sie etwas an der Seite der alten Steinbauten aufblitzen und glänzen. Sie bahnte sich ihren Weg durchs Gestrüpp und fand den Schädel zwischen Steinen und Trümmern. Ein Sonnenstrahl hatte in dem Moment den Schädel im richtigen Winkel getroffen, so daß Sammy ihn bemerkte. Es war ein aus Bergkristall gefertigter Schädel in der Form eines menschlichen Schädels, komplett mit abnehmbarem Unterkiefer. (Siehe Tafel 1.) Er war ganz offensichtlich ein altes Maya-Artefakt, und es war seltsam, daß er sich nicht in einem Grab befand. Seine einzige archäologische Herkunft war, daß er in einer Ruine bei Lubaantun gefunden worden war, einer zerstörten Stadt, die seit Jahrhunderten verloren war. Doch ob die dort lebenden Indianer von der Stätte wußten und den Schädel vielleicht dort versteckt hatten, weil sie vielleicht glaubten, es wäre ein sicherer Ort für solch ein heiliges Objekt — und ob sie ihn gelegentlich für geheime religiöse Zeremonien verwendet hatten — wir werden es nie herausfinden. Vielleicht ist er schon zu Urzeiten dort versteckt worden. Ich war mir diesbezüglich nie ganz sicher. Warum hätte man den Kristall-Schädel an der Seite eines zerfallenden Bauwerks verstecken sollen? Ich glaube, Sammy meinte, er wäre von Maya-Priestern, die aus der Stadt geflohen waren, dort versteckt und weiterhin als rituelles Objekt immer dann benutzt worden, wenn die Priester nach dem Zusammenbruch der Stadt von Zeit zu Zeit die Gelegenheit hatten, der Stätte einen heimlichen Besuch abzustatten. Mit anderen Worten: Er wäre zum Zeitpunkt des Zusammenbruchs der Stadt noch in Gebrauch gewesen. Andererseits ist aber vielleicht auch niemand mehr zur Stätte zurückgekehrt. Doch es scheint, als hätte er für diejenigen, die wußten, wo er versteckt war, wie ein geheimer Schatz zugänglich sein sollen.

Sammy zeigte uns den Schädel, den sie in einem mit Samt ausgelegten Kabinett aufbewahrte, das vorn zwei kleine Flügeltüren besaß, die man verschließen konnte. Michael Scott und Prinz Friedrich seufzten beide über meine Dreistigkeit auf, Sammy zu fragen, ob ich ihn mal in die Hand nehmen dürfte. Sammy aber war sehr gelassen und gestattete es mir. Ich hob den Schädel an — das erste Bergkristall-Objekt, das ich je berührt hatte —, und das erste, was ich an ihm bemerkte, war, daß er trotz des warmen trockenen Tages kalt war und »schwitzte«. »Ja, Kristall schwitzt«, erklärte Sammy. Ich nahm den Unterkiefer des Schädels ab und legte ihn auf den Tisch, weil es schwierig war, beide Teile des Schädels gleichzeitig zu halten, und Michael und Prinz Friedrich nahmen ihn behutsam auf. Ich erinnerte mich, wie Michael ihn mit seinen Fingern so zart berührte, als hätte er den Heiligen Gral vor sich und fühlte sich deswegen schuldig. Michael tat immer alles mit bedächtiger Ehrfurcht und verschluckte regelmäßig seine Sätze mit einem entschuldigenden Unterton und in der typisch zurückhaltenden Art englischer Gentlemen einer vergangenen Epoche.

Ich untersuchte den Schädel sehr vorsichtig mit einem Gefühl faszinierter Ungläubigkeit. Sammy betonte mir gegenüber seine anatomische Perfektion — er entsprach perfekt einem menschlichen Schädel — und sagte, Experten hätten sie darauf hingewiesen, daß er mit Sandkörnern poliert worden sein muß, und daß es mehrere Jahre gebraucht haben muß, ihn anzufertigen. Sie nannte irgendeine Zahl an Arbeitsstunden, die auf den Schädel verwandt worden sein muß, aber ich habe sie vergessen. Ich glaube, man hatte ihr eine Schätzung genannt, wonach es drei Generationen gebraucht hätte, ein Objekt, das aus so hartem Material wie Bergkristall ist, mit primitiven Werkzeugen so zu perfektionieren. Der Schädel ist wirklich bis zur absoluten Perfektion poliert worden, um der makellosen Präzision seiner Form zu entsprechen — seine Oberfläche ist glatt wie Seide. Ich spielte mit dem Unterkiefer, setzte ihn ein und nahm ihn wieder ab. Dann setzte ich ihn auf meine Schulter. Er machte einen sehr freundlichen Eindruck und fühlte sich ziemlich natürlich an. Ich fragte die anderen: »Wie sieht er im Vergleich zur Form und Größe meines eigenen Kopfes aus?« Michael sagte mit abergläubischem Unterton: »Er hat genau dieselbe Größe wie dein Kopf und sieht aus, als könnte er sozusagen eine genaue Kopie deines Schädels sein.« Friedrich sagte: »Ja, die Ähnlichkeit ist wirklich sehr bemerkenswert.«

Sammy sagte: »Vielleicht bist du wiedergekommen, um den Schädel zu besuchen, weil du ihn von früher kennst. Er scheint dich zu mögen. Die meisten Leute erhalten eine gegensätzliche Reaktion. Der Schädel ist sehr machtvoll. Er kann töten. Darum heißt er der ›Schädel des verhängnisvollen Schicksals‹. Aber ist nicht bösartig. Er ist neutral, genauso wie die göttliche Gerechtigkeit neutral ist. Er mag nicht sehr viele Leute. Du mußt in einem früheren Leben ein Priester oder so etwas gewesen sein.« Sammy neigte, was den Schädel betraf, zu mystischen Ansichten, und sie gab mir gegenüber zu, daß sie seit der Kuba-Krise nachts den Schädel in ihren Händen hielt, in die Meditation versank und »Castro den Tod wünschte«, in der Hoffnung, der Schädel würde ihn umbringen. Doch leider sah der Schädel nie irgendeine Veranlassung dazu. Auch wenn sie Castro haßte, war Sammy keine negative Person, und die meisten ihrer Meditations-Sitzungen mit dem Schädel in der Hand waren sanfter Natur, in denen sie für Frieden auf der Welt betete.

Als ich Arthur Clarke und Derek Price von dem Schädel erzählte, waren sie sehr neugierig — sie hatten noch nie von ihm gehört. Ich erinnere mich noch, wie Derek skeptisch die Augenbrauen hochzog, als er von Simon dem Roten, dem König aller Zigeuner hörte, und ich muß zugeben, ich bin mir nicht sicher, ob Sammy das ernst gemeint hatte. Doch sie schien mir völlig aufrichtig zu sein; ich glaubte ihr, daß es wahr sei. Sie sagte, sie würde von vielen Zigeunern den Zehnten sammeln, für die sie eine Art »Kopf des Clans« sei, und das habe es ihr auch ermöglicht, das Geld zum Bau des Schlosses zusammenzubekommen.

Sammy war immer für eine Überraschung gut, denn sie war auch die Besitzerin des größten Smaragds auf der Welt. Er befand sich ursprünglich auf der *riza* (Goldverzierung) der Ikone der »Schwarzen Jungfrau von Kazan«, die ihr Vater in Rußland erworben hatte. Ich konnte ihn mir leider nicht anschauen, weil er sich in einem Safe in Amerika befindet. Dieser Ikone wird in russischen Legenden nachgesagt, sie hätte Napoleon zum Rückzug veranlaßt, denn einige orthodoxe Priester hielten die Ikone und beteten sie an — genau zu jener Zeit, als Napoleon in seinem Rußland-Feldzug nicht weiter voranschreiten konnte. So wurde der Schwarzen Jungfrau das Verdienst zugeschrieben, die französische Invasion niedergeschlagen zu haben. Sammys Vater war vor der Revolution der Freund eines armen, an Hunger leidenden Russen gewesen, den er mit einigen Zuwendungen am Leben hielt. Der wirkliche Name des Mannes war Leon Trotzki. Das meiste seines Geldes hatte er im Poker gegen J. P. Morgan gewonnen, und er war ein Freund von Duveen und anderen Kunsthändlern von Rang und Namen gewesen, über die er viele sonst unmöglich erhältliche Objekte erwarb, unter anderem die Schwarze Jungfrau. Doch weitere Geschichten über Sammys Vater würden hier zu weit ablenken, also werden wir ihn seinen eigenen Träumen im Land der Toten überlassen, wo sich ihm nun auch Prinz Friedrich und Michael Scott angeschlossen haben, die ihn — da bin ich mir sicher — ohne zu zögern sofort aufgesucht haben.

Meine Erzählung über den »Schädel des verhängnisvollen Schicksals« machte auf Arthur Clarke großen Eindruck. Wenige Jahre später nahm er ein Foto dieses Schädels als Logo für seine persönliche Fernsehdokumentationen über seltsame Artefakte. *Arthur C. Clarke's Mysterious World* begann immer mit einer Aufnahme des sich drehenden Kristall-Schädels — immer noch zu sehen in den endlosen Wiederholungen im *Discovery Channel*. In der allerersten Folge, die er je gedreht hatte, tauchte sogar Derek Price auf — so daß mich das Sehen der Sendung immer wieder in alte Zeiten zurückversetzt, als wir alle zusammensaßen und über diese Dinge plauderten.

STICHWORTVERZEICHNIS

A

Abat, Bonaventure 210
Achilles Tatius 337
Adams, Dr. Barbara 112–113
Adjaib-Alboldan (Kazwini) 213
Aesop, Fabeln von 4, 195
Agricola, Georgius 386
Ägyptisches Museum Kairo
    62, 87, 306, 312–313,
    317, 544, 563
Alcaeus 194
Alchimie 376–377, 379
Aldiss, Brian 19
Aldrovandi, Ulyssis 386
Alhazen 261, 262–263
Almagest (Ptolemäus) 264
Amen-Ra-Tempel, Karnak 416–417
Amenhotep III. 429
Amenophis II. 528
American Journal of Science
    25, 44
Ammianus Marcellinus 518
Amun
    314–315, 426–430,
    489–490, 515, 520, 526,
    530
Amun-Tempel 319, 479
Anagnostakis, Andreas 174
Anaxagoras 361, 367–368
Ancient Fragments (P. Coy) 138
Ancient Inventions (P. James und
    N. Thorpe) 46
Ancient Technology, Studies in
    (R. J. Forbes) 35, 238
Anderson, Tony 9, 169
Ankh-Schlüssel
    202, 314, 477–478, 558,
    565
Antikythera-Mechanismus 20, 38

Antiquities, Dictionary of
    (Darember-Saglio) 569
Antisthenes 287, 290, 292
Apollonius von Tyana (Philostratus)
    124, 199, 204
Aphrodisias, Alexander von
    9, 137, 395
Arago, François
    26–28, 76, 115, 189, 203
Archimedes
    9, 11, 137, 161, 173,
    176, 217–221, 227,
    250–297, 473–474, 476
Aristophanes
    117–119, 157, 158, 168,
    194, 288, 309
Aristoteles
    4, 29, 123, 137, 189–195,
    237, 288–292, 334,
    340–342, 347–351, 449
Ars Magna Lucis et Umbrae
    (A. Kircher)
    85, 210, 213, 269–271,
    563
Artemidorus von Ephesus 155
Astigmatismus
    33, 52, 56–59, 469, 581
Astronomie Populaire (F. Arago)
    27, 115, 189
Aswan (Syene) 517–519, 522
assyrische Linsen *siehe* Layard-
    Linse
Aton (Sonnenscheibe)
    361, 421, 515, 523
Aubrey, John 388
Auge des Horus
    56, 87, 353, 415,
    480–481, 492, 568, 570,
    572, 574–579

Augenoptiker, Der (Fachblatt) 40
Auletes-Tempel bei Athribis 562
Avebury 216–217, 227–229

B
Babylonien und Assyrien
    (B. Meissner) 31
Bach, Johann Sebastian
    449, 483–484
Bacon, Roger
    110, 160, 162–165, 168,
    188, 236, 239, 256,
    261–263
Baeumker, C. 263
Baikie, James 548
Baitylos (Donnersteine) 405
Ballard, Robert T. 507, 536
Bammer, Anton 94
Barbera, André 446
Bay (Sichtinstrument)
    529–534, 539, 550, 567
Beck, C. H. 31
Beckmann, Christian 82
Bent, T. J. 171
Bergkristall(e), *siehe auch* Linsen,
    antike
    11, 19–31, 33, 37–41, 44,
    47, 50, 52, 54, 57–60,
    64–65, 78–79, 84, 86–87,
    90–91, 101, 110, 113,
    117–119, 123, 166–167,
    182–183, 194, 200, 203,
    306, 308, 312–313, 344,
    347, 371–380, 391, 393,
    395, 400, 415, 467,
    469–472, 476, 544,
    585–586
Blinkenberg, Christopher 387
Bock, Emil 30
Bodde, Derk 147
Bodleian-Kodex 540
Bonanno, Anthony 236

Bostra, Bischof Titus von 124
Böttinger, Carl 374
Boyle, Robert 390, 391
Brahe, Tycho 434
Brennan, Martin 422
Brenngläser
    30, 33, 42, 117–119, 126,
    135, 137, 222, 241, 248,
    268, 272
Brennkugeln
    124, 127, 133, 141–142,
    474, 571
Brennspiegel
    9, 126–127, 149, 150, 161,
    207, 215, 239–250, 254,
    256–269, 271–272, 274,
    276, 282, 475
Brewster, Sir David 24–28, 41, 53
Britannia (W. Camden) 163, 238
britische Linsen 389
British Museum
    19, 22–24, 26, 30–31, 35,
    38–40, 60, 69, 472
Brown, Roderick 7
Browne, Sir Thomas 397
Bruins, E. M. 519
Brunner, John 382
Buch der Öffnung des Mundes
    (W. Budge) 364
Buckyballs 383
Budge, Wallis
    109, 324, 363–364, 366,
    369, 410, 520–521
Buffons Experimente 241

C
Caesarius 124
Camden, William 162–163
Cardano, Girolamo 265, 268
Cäsars Teleskop 160, 163, 186
Catoptrica (Archimedes) 262
Catropica (Euklid) 163

Charachidzé, G. 170
China, The Genius of (R. Temple) 450
Chipiez, Charles 29
Chwolson, Daniel Avraamowitsch 105, 107
Cicero, Markus Tullius 73, 75, 181, 292–293, 305, 329–330
Clarke, Arthur C. 11, 18, 282, 467
Classical Dictionary (J. Lempriere) 241
Conversations with Eternity (R. Temple) 330
Cook, A. B. 405
Corliss, William R. 44
Cory, Preston 138
Cotsworth, Moses 478, 507, 508, 512–514, 553
Crusius, Martin 211
Crystallus *siehe* Bergkristall
Cuming-Linse 61, 306
Cuneiform Studies, The Journal of 196

D

Däniken, Erich von 39, 44, 46
Daux, A. 174–175, 178–179, 181
Davidovits, Professor Joseph 401
Davidson, David 512, 546, 548
de Caylus, Graf 158–160, 186
de la Hire, Gabriel-Philippe 118, 355
de Ley, Herman 132–133
De Lingua Latina (M. Varro) 75
de Lubicz, Schwaller 316, 430–431, 437, 479, 489
de Montfaucon, Pfarrer Bernard 165, 396–397, 447
de Pradenne, A. Vayson 232, 235

de Solla Price, Professor Derek 7, 19, 209
Delos (heilige Insel) 121, 199, 218, 220, 480–481, 568, 570
Demokrit 237, 287–295, 298, 324–325
Dendera, Tempel von 431, 555
Descriptio Aegypti (Abulféda) 213
Diamanten 387–388, 392, 398–400, 402–403, 409
Dicks, D. R. 346–347, 351
Diels, Hermann 335, 339
Dio, Cassius 241, 260, 268, 283
Diodorus Siculus 215–219, 221–222, 226, 229, 232, 236, 260, 272, 376, 378, 379
Diogenes Laertius 287, 289, 291, 339
Dioptra (antikes Teleskop) 189
Dioptrica Nova (W. Molyneux) 82
djed 318–319, 561–566
djed-Säule 561, 565–566, 574
Djoser, Pharao 313–314, 318, 415, 543 563, 566
Dodds, E. R. 295
Donnersteine *siehe* Bergkristall(e)
Donnerwaffe in Religionen und Legenden, Die (C. Blinkenberg) 387
Doppelaxt-Motiv auf Kreta 150
Douglas, Pfarrer James 395–396
Dreyer, Dr. Günter 10, 112–114, 116, 469
Druiden, keltische 135, 216, 395
du Buffon, Comte 239, 241, 248, 272
Dutens, Louis 76, 237, 272

E

Easton, Donald 9
Echnaton, Pharao
    421, 515, 520, 522
Eddington, Sir Arthur 440
Edwards, Professor I. E. S.
    505, 543
Eichholz, Professor D. E.
    8, 17, 91–93, 96–97, 116, 119–122, 381, 517
eidola (Ursprung des Wortes »Idol«)
    290–291, 293, 294–296, 298–299, 303, 327, 329, 571
Einstein, Albert 486
Empedokles von Acragas 123, 340
Engelbach, Reginald 559
Enoch, Das Buch des 145
Epikur 326–327, 329
Euklid 103–104, 163, 267
Eustathius 260–261
Eutozius von Askalon 264
Evans, Sir Arthur 405, 543

F

Farnell, Lewis 125
Fitzgerald, Robert 296
Fletcher, John 269
Forbes, R. J. 35–36, 183, 238
Fossilien, Über die Natur der
    (G. Agricola) 386
Francklyn, Brenda 434
Frazer, Sir James 170, 408
Freeman, Kathleen
    292, 334, 336, 338–339, 362
Freimaurer-Symbole 353
Fulgurit 382–384
Fuller, R. Buckminster 382
Fundamental Theory (Eddington, Sir A.) 440, 581

G

Galen (Claudius Galenius)
    100, 241, 265, 267, 272
Galilei, Galileo
    11, 22, 153, 159–160, 209
Gasson, Walter
    7, 32, 40–44, 51, 53, 56
Geheimnisse der Großen Pyramide
    (P. Tompkins) 507
Geminus 185, 187–189
Geographisches Lexikon (de la Martiniere) 211
Geometrie, The Pathway to Knowledge (R. Recorde) 265
Geometrie in der ägyptischen Kunst
    (E. C. Kielland) 499
Geschichte der Yuan-Dynastie
    515–516, 526
Gibbon, Edward 247, 272
Glas-Brennkugeln 66
Glaskugeln (wassergefüllte)
    67–68, 84, 87, 111, 119–120, 137, 140, 146, 158, 474
Gnomon 314, 530–531, 559, 576
Gnostizismus 494
Goitein, Professor S. D. 105
Goldene Dreiecke
    320, 497, 499, 505
Goldene Zweig, Der (Sir J. Frazer) 170
Goode, Dr. Philip 486
Gorelick, Leonard 45
Gottschalk, H. B. 330
Gould, Glenn 449
Gravur, Linsen zur
    77, 309–310, 394
Greef, Karl Richard 471
Gregg, James R. 38
Gregor von Nyssa 123
Griechische Astronomie
    (Sir T. Heath) 336

griechische Linsen 33
Große Pyramide bei Giza
    127, 481, 494, 499, 504,
    508–509, 512–513, 537,
    542, 549, 550–552, 554
Groves, Brigadier P. R. C.
    481, 545–546, 549
Guthrie, Kenneth Sylvan
    184–185, 338–339

H

Halluzination 301
Hamlet (W. Shakespeare) 73, 305
Harden, Donald B. 62–63
Harmonia, pythagoräisches Konzept
    448–449
Harmonic Yoga in World Religions
    (B. Francklyn) 437
Harmonie, Musik und 184, 448
Hassan Selim 505
Hathor, Tempel bei Dendera
    315, 431, 478
Hatschepsut, Pharaonin
    520, 522, 525–526
Hawass, Dr. Zahi 501
Heath, Sir Thomas 336–338, 351
Heggie, Douglas 221
Heidegger, Martin 148
Heilbron, John L. 10, 423
Heraklides von Pontus 329, 351
Herkules
    198–200, 258, 301–302,
    308, 327–328, 362, 384
Herkules-Tempel 258
Hermopolis, Tempel der Acht 489
Herodot 90, 118, 168, 216
Heron von Alexandria 259, 260
Hieroglyphen-Lexikon (W. Budge)
    367
Higgins, Godfrey
    216–217, 228, 230, 232,
    234, 422

Hill, Henry 486
Hippolytus von Rom 141, 144
Homer
    75, 193, 298–299, 301,
    328, 568
Hor, Pharao 313, 415
Horner, Professor 100
Hornhautverkrümmung
    32, 42, 56, 59, 469
Horus
    87, 304, 318, 359–361,
    364–366, 431, 480, 489,
    492, 519–520, 522,
    551–552, 567, 570–571,
    574–576
Horus-Auge
    551–552, 570–572, 578
Hoyle, Sir Fred 363
Hyalos (Bergkristall) 118
Hyperboreer 218–222, 226, 236

I

Ilias (Homer)
    75–76, 193, 300, 305
Imhotep 318, 566
Isidor von Milet 264
Isis, Horus säugend 364–366
Isis und Osiris, Über (Plutarch)
    332–333, 355, 364
Isler, Martin
    10, 314, 526–529, 554,
    556

J

Jablonski, Paul 90
Jambiklus 183, 185, 195, 339
James, Peter 46
Judaismus 143

K

ka (ägyptischer Geist)
  304, 313, 324–325, 328, 571
Ka-aper (»Scheich el Belad«)
  311–312, 544
Kaaba, Stein in der 370, 403–404
Kairo, Museum von
  8, 62, 87, 306, 312–313, 317–318, 544, 563, 566
Kairo-Linse 8, 61–62, 306
Karl, Christian Barth 217
Kathedrale von Chartres
  353, 355–356, 389
Kauterisierung von Wunden
  117, 124
Kepler, Johannes 425, 434
Kielland, Else Christie 499
King, Henry C. 36
Kingsland, Professor William 512
Kircher, Athanasius
  85, 239, 269–271
Kisa, Professor A. 61, 62
Klemens von Alexandrien
  104, 123, 329
Knobel, E. B. 562
Komma, pythagoräisches
  134, 438–440, 442, 445–447, 449–450, 483, 484–488, 491, 576, 579–580
Kosmos, Der (v. Humboldt)
  157–158
Kramer, G. 157–158
Kubrick, Stanley 467
Kuo Shou-Ching 515–516
Kurzsichtigkeit
  95, 97, 99–100, 102

L

Laberius 287
Labib Habachi 520
Lactantius 122
Lamy, Lucie 430
Laser 266, 276
Laufer, Berthold 398
Lawlor, Robert 430
Layard-Linse
  8–9, 18, 20–22, 24–32, 34–40, 42–48, 54, 56–60, 110, 173, 209, 467–469
le Blanc, Charles 149
Leber 196, 197
Leber-Spiegel 196
Legge, F. 144
Lepre, J. P. 548–549
Lessing, Gotthold Ephraim 100
Leuchttürme, antike
  163–165, 208, 211–216
Liath Meisicith (Spekulations-Stein)
  134–135
Linsen, antike
  7–9, 11, 17, 20–22, 28, 30–33, 35–39, 42–43, 45, 50–52, 54–62, 64–66, 69, 73, 75–80, 83–84, 89–97, 100–101, 103–104, 109–111, 113–114, 117–120, 122–124, 128, 134, 142, 144, 151, 153, 162–163, 165–167, 171–173, 179, 182–183, 187–189, 192–195, 198, 203, 207, 212, 220–222, 259, 265, 271, 278, 282, 305–308, 310, 312–314, 344–345, 371, 381, 387, 387–390, 393–394, 402, 409, 415–416, 423, 470–472, 476–477, 499, 536, 540, 543–544, 555, 564, 567, 571–572, 580–581
Lipsius, Justus 129

Liritzis, Professor Ionnis
8, 174, 199
Lister, Dr. Martin
354, 388–389, 392, 394
Literatur zur Layard-Linse 47
Livio, Tito Burattini 205
Livius, Titus 283
Lóbban, Richard 10, 477, 534
Lockyer, Sir Norman
323, 364–365, 416, 421, 423, 576–577
Loeb, klassische Bibliothek
88, 120, 159, 221, 296, 332–334
Lopez, Professor A.
8, 537–539, 541–542
Lurker, Manfred 561
Luxor, Tempel von
129, 131, 421, 430–431, 479, 495

M

Maat (Feder der Wahrheit)
315, 427–429
Mabillon, Pfarrer Jean
159, 187–189
Mackay, Alan 20
Macy, Ann Roth
364–365, 368, 371
Magia Naturalis (G. Battista)
162, 208, 213, 266, 274
Magia Optica (A. Kircher und G. Schott) 211
Mainz-Linse 60–61, 470
Makrobius, Ambrosius Theodosius
130, 132, 134, 136, 142, 237, 258–259
Malta: Ein archäologisches Paradies (A. Bonanno) 236
Manichäer, Wider die (Titus von Bostra) 124
Manni, Domenico 77

Marbodus, George 386
Marcellus, Leben des (Plutarch)
244–245
Martin, Thomas Henri 28, 29
Maya, Die antiken (S. G. Morley)
540
Maya-Kodizes 540
Meetkund en Mystiek (H. A. Naber)
500
Megalithische Mondobservatorien (A. Thom) 223
Melchisedek, Zorocothora 144
Memphis, Weiße Wand von
494, 552
Mercurialis, Hieronymus 100
Metallica, De Re (G. Agricola) 386
Meteoriten (Magnet-Eisenstein)
357, 359, 381, 404, 409, 478, 538
Meteorologie des Aristoteles, Anmerkungen zur (Alexander von Aphrodisias) 137
Métius, Jacques 159
Metonischer Zyklus 220, 223, 229
Mielenz, Klaus 273
Militär-Teleskope 306
Mills, Professor Allan 9, 516
Miniaturen 74–75, 437, 518
Minutoli, Baron Heinrich von
61–62, 69
Mitchell-Hedges, Anna 467, 583
Molyneux, William 82
Mond, Über das Gesicht im (Plutarch) 327, 332
Moorcock, Michael 19
Moore, Professor G. F. 405
Moralia (Plutarch) 332–333
Mumifizierung 505
Musik und Harmonie 184
Mykerinus, Pharao 504
Mythen Griechenlands, erklärt und datiert (G. St. Clair) 303

N

Naber, H. A. 496–498, 500
Napier, John 441
Natter, Laurent 77
Nature-Magazin
    46, 183, 323, 571
Naturkunde (Plinius der Ältere)
    73, 115–116, 120, 122,
    157, 181, 202
Nazmy, Mohammed 8, 10
Needham, Joseph
    38, 147, 377, 398, 450,
    516, 526
Neikes, Hermann 497–498
Nero Claudius Caesar 95–96, 99
Neros Smaragd 98–100, 102, 157
Neugebauer, Otto 512
Neuplatoniker 406
New Scientist 281, 382–383
Newgrange-Passage 422
Newton, Isaac 205–207
Nimrud-Linse *siehe* Layard-Linse
Nineveh-Linse *siehe* Layard-Linse
Nola-Linse 48, 61–62, 468
Novius Facundus 517–518
Numa, Leben des (Plutarch)
    126, 267
Nutall-Kodex 540

O

Obelisken
    231, 315, 318, 431, 478,
    493, 495, 508, 516–517,
    519–526, 533–534, 550
Odyssee, Die (Homer)
    17, 296–298, 301, 325,
    327–328, 569
Oktave, fundamentaler Bestandteil
    der Musik 443, 444, 490
Optik
    17, 38, 92, 99, 103, 118,
    121–122, 145, 154

Orakel-Zentren 198, 218
Orphismus 494
Oseirion von Abydos 519
Osiris
    86, 332–333, 355–356,
    359–360, 364, 366, 480,
    488, 491–492, 519, 561,
    565, 567, 574
Osiris-Tempel 314

P

Pancirollo, Guidone
    80–83, 116, 210
Pansier, Pierre 29, 102
Pappus von Alexandria 260
Parker, Samuel 275
Paton, W. R. 88–89, 116
Paulo del Buono 206
Pease, Arthur 291
Peck, A. L. 190, 192
Peet, T. Eric 578
Peregrine, Peter 239
Perrot, Georges 29
Petersdom in Rom 417, 423–424
Petrie, Sir W. M. Flinders
    61, 508, 539, 542–543,
    545–546, 548, 562
Pharos bei Alexandria 162–163
Phi 506
Philip, J. A. 347
Philolaus 336, 448
Philon von Byzanz 260
Philostratus 124, 170, 199
Photios 406
physische Welt der Griechen, Die
    (S. Sambursky) 340
Pi 134, 441–442
Piankoff, Alexandre 489, 564, 573
Piezo-Elektrizität 393
Plato
    112, 133, 191, 194,
    288–289, 375

Platt, Arthur 190
Plautus, Titus Maccius
 77, 81–83, 101–102, 122
Plinius der Ältere
 8, 17, 73–77, 90–93,
 95–98, 100, 116
Plot, Dr. Robert
 389–390, 392, 394
Plutarch
 126–127, 130, 146, 194,
 240, 244–245, 267,
 294–295, 327–328,
 331–332, 339, 348, 355,
 363–364, 409
Polybius
 174–175, 177, 179–183,
 194, 240, 244–246, 272,
 306
Polynaeus
 174–176, 181–183
Popular Astronomy (F. Arago) 27
Porter, F. Smith 402
Posidonius 155, 156
Pouchet, Félix 188
Priestley, Joseph 394
Proklus (Lehrer von Anthemius)
 133, 239, 243, 247, 257,
 259, 264
Prometheus-Linse 309–310
Prometheus-Mythos 195, 198, 201
Proportionen 499, 503
Psellos, Michael 259
Ptah
 359, 432, 489–490, 520,
 552, 561, 563, 573
Ptolemäus, Claudius 159, 162, 187
Pyramiden
 8, 86, 128, 130, 229, 250,
 318, 321, 353, 354, 355,
 356–357, 359, 393, 415,
 493–494, 501, 504–505,
 507–508, 510, 512–513,
 517, 524, 528, 536–537,
 542, 546–547, 550–552,
 554, 576
Pyramidenspitze
 480–481, 551–552, 554
Pyramidentexte
 304, 318, 478, 572–573
Pyramidioten 501
Pythagoras
 183–184, 195, 374, 445,
 488, 492, 498

Q

Quarz *siehe* Bergkristall(e)
Quinten, reine, in der Musik
 444, 448, 450, 576, 580

R

Ramses II. 495, 505
Ramses III.
 314, 415, 421, 426–429
Ramses IX. 479
Raslan, Dr. Mohamed 433
Rational Almanac, The
 (M. Cotsworth)
 478, 507, 509, 511, 514, 581
Recorde, Robert
 160, 161, 163, 265
Rees, Martin 484
Refraktion von Lichtstrahlen 162
Renouf, Sir Peter 574–575
Republik, Über die (M. T. Cicero)
 130
Rerum Natura, De (Lukrez) 326
Rhind Mathematical Papyrus, The
 (T. E. Peet) 578
Rhyton-Stierkopf 543
Riddle, John M. 168
Riesenfenchel, falscher 169–170
Risner, Frederico 261–263
Rogers, Buddy 9–10, 91
Rohl, David 169

Röhren, Objekte beobachtet durch 156–157, 168, 186–188, 194–195, 311
römische Glasobjekte 67
römische Linsen 28, 89
Roussier, Abt 438

S

Sabina, oder Morgenszenen im Putzzimmer einer reichen Römerin 374
Sakas, Dr. Ionnis G.
 9, 215, 239, 243, 255, 276, 282, 473, 474
Sakkara, Pyramiden bei
 86, 313, 318, 566, 573
Salmuth, Henricus
 80–82, 116, 210
Salomon-Tempel 537–538
Sambursky, S. 340
Saturnalia (A. T. Macrobius) 84, 258
Schatten
 127, 130–131, 237, 314, 316, 320, 321, 359, 419, 478–481, 494, 496–497, 499–501, 505–510, 513–520, 526–529, 532–534, 536–537, 545, 548, 553, 575
Schattenmessung 477
Schattenuhr 519
Schliemann, Heinrich 79
Schlußstein (von Pyramiden)
 317, 353–354, 356, 552
Schmitz, Emil-Heinz 62
Schöpfungsmythen 140
Schott, Pfarrer Gaspar
 211, 213, 239, 274, 276
Science-Magazin 383
Sciences, New York Academy of 423
Scientific Dialogues (R. Joyce) 275
Scott, Michael 8, 584–585, 587
Seele, Über die (Aristoteles) 349
Seiler, Der (Laberius) 287–288
Sekhmet 428, 432
Selden-Kodex 540
Seltsame Artefakte: Eine Quellensammlung über den Menschen der Antike (R. Corliss) 44
Seneca, Lucius Annaeus
 77, 82–84, 372, 379, 395
Seth
 304, 356–357, 360, 362–363, 370, 477, 520, 534, 567, 570, 574
Seti I. 314, 519
Seti II. 319, 505
Shuttleworth, Mrs. Selina-Kay 251
Sienkiewicz, Henryk 98
Sikelianos, Angelos 15
Sirius-Rätsel, Das (R. Tempel) 4, 69, 445, 484
Sittl, Karl 77
Sloane, Sir Hans 344, 476
Smith, Robert 118
Smyth, Professor Charles Piazzi
 478, 508, 512, 546, 553
Solinus, Gaius Julius
 75–76, 181, 238
Sonne in der Kirche, Die (J. L. Heilbron) 423
Sonnenblitz auf der Großen Pyramide 549
Sophokles 193
Soranus 169
Spannen der Schnur 202, 562
Sphinx 321, 478, 494, 509, 553
Spiegel
 96–97, 100, 102–103, 109, 123, 127, 132, 149, 161–165, 188, 196–198, 200–201, 207, 209–216,

239–243, 248–249, 251, 253–257, 260–262, 265, 267, 268, 270–274, 276, 278–281, 283, 288, 304, 319, 324, 326–327, 331, 336–339, 433, 473–476, 492, 539, 542, 576
St. Clair, G.
303, 323–324, 488, 491, 577, 581
Stephanus, Henricus 385
Stilling, Jakob 99, 102
Stimmung, temperierte, in der Musik 449–450
Stonehenge
216, 219, 229–236, 376
Strabo (antiker Geograph)
153–155, 157–160, 180–182, 194, 216, 237, 393
Stromata (Klemens von Alexandrien) 104, 123
Sylvian, Jean Bailly 186

T

Tagundnachtgleichen-Schatten auf der Großen Pyramide 518
Tal-Tempel, Gizeh-Plateau
434, 478, 504, 553
Tales of Ten Worlds (Arthur C. Clarke) 282
Tanit (phönizische Göttin) 570
Tartini, Giuseppe 449–450
Tarxien, Malta 235
Taufe 377–378
Taylor, Harry L. 182–183
Taylor, Thomas 184
tcham, Edelmetall
314, 520–524, 528, 532, 534, 550
tcham-Zepter 477, 521, 528, 534
Tschet *siehe* djed

Teleskope
35, 153, 158–160, 163, 165, 167, 179, 182–183, 185, 188, 193–194, 201, 207, 216–217, 219, 228, 238, 240, 244, 306, 418, 423, 537, 540–541, 564, 571
tet *siehe* djed
Thales von Milet 513
Theodoliten
201, 229, 415, 536, 540, 560, 563, 564
Theodotus 144
Theophrastus
86, 88, 123, 334, 340
Thimus, Baron Albert von 489
Thom, Professor Alexander
223–228
Thomas, Ernest 409
Thomas Taylor 184
Thompson, R. Campbell 34–35, 69
Thorpe, Nick 46
Thoth
87, 304, 399, 488, 574–577
Thothmes I. 521
Thothmes III. 419, 523, 525
Times, The 104, 381
Tompkins, Peter
507, 512, 536, 543
Totenbuch, Ägyptisches 303, 491
Traum des Scipio, Anmerkungen zu einem (Macrobius) 130
Tralles, Anthemius von 249–250
Traumfiguren 295–296
Tut-Ench-Amun 366, 421, 563
Tzetzes, Johannes 138, 260

U

uas-Zepter 477, 532
Udjat-Auge 578–580

Unas
 86, 367, 371, 433, 478, 572–574
Ungewißheits-Konstante 440–441

V
Vallancey, Charles 134
Vergrößerung
 25, 37, 46, 52, 54, 64, 85, 90, 104, 166, 173, 395, 469
Verheyen, Hugo F.
 10, 496–498, 500
Vermessungstechniken 416, 566
Vettori, Francesco 76
Visitationen in Träumen 297–298

W
Walker, J. H. 562
Wang Nien-sun 149
was-Zepter
 316, 477, 521, 528, 534–535, 563
Watson, Michael 81
Weitzman, Dr. Michael
 104–107, 109, 135
Wickramasinghe, Chandra 363
Wilde, Emil 121
Wilson, Nigel G. 180–181, 264
Winckelmann, Johann Joachim
 77–78
Wissenschaft und Zivilisation in China (J. Needham) 377
Wolken, Die (Aristophanes)
 117, 157–158, 288, 309, 541
Wood, Anthony à 162
Wood, John 220
Woodward, John 393, 476
Wylie, A. 147, 516

Z
Zeus
 185, 301–302, 341, 347, 386, 405–409, 415, 568
Zonaras, Johannes 241, 257, 260
Zucchi, Nikolai 205
Zweiteilung, senkrechte, der Großen Pyramide 481, 496, 559
Zyklopen 299, 385, 568–569

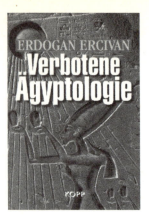

Wie gelangten die Pharaonen bereits vor 5000 Jahren an die Hochtechnologie des 21. Jahrhunderts?

Ägyptens Aufstieg zu einer damals weltumspannenden Hochkultur ist anders verlaufen, als es die Gelehrtenmeinung heute wahrhaben will. Ganz offensichtlich waren die Wissenschaftler der Antike in Ägypten, ja auf der gesamten Erdkugel, bereits im Besitz von unglaublichen Erkenntnissen. Nicht nur die Seefahrt ist nachweislich 60 000 Jahre alt, auch die Nutzung der Uranenergie und Elektrizität, die Praxis von Klon-Experimenten und der Gebrauch von Mikroskop, Teleskop und Flugapparaten sind seit Urzeiten bekannt. Das verblüffendste dabei ist, daß auch die offizielle Ägyptologie darüber informiert ist und sich trotzdem ausschweigt. Warum?

- In der Großen Pyramide wurde im Verborgenen die 4. und 5. Kammer geöffnet. Warum sind diese Kammern bis heute für die Öffentlichkeit gesperrt?
- Auch im Umfeld der Pyramiden von Giseh wurden neue Zugänge freigelegt. Warum werden diese vom Militär und nicht von Ägyptologen benutzt?
- Warum halten sich NASA-Wissenschaftler in den Pyramiden auf?
- Insider berichten von einer unterirdischen Stadt unter dem Giseh-Plateau und von einem mysteriösen Pyramiden-Reaktor!
- Warum will man uns wichtige Erkenntnisse der Ägyptologie verheimlichen?

Der Wissenschaftsjournalist Erdogan Ercivan beweist in diesem dokumentarischen Sachbuch nicht nur das, was eigentlich gar nicht sein dürfte, sondern deckt zudem vorsätzliche Geschichtsfälschungen auf!

gebunden
368 Seiten
zahlreiche Abbildungen
ISBN 3-930219-47-6
9,95 EUR

KOPP VERLAG
Graf-Wolfegg-Straße 71
D - 72108 Rottenburg
Telefon (0 74 72) 9806-0
Telefax (0 74 72) 9806-11
Info@kopp-verlag.de
http://www.kopp-verlag.de

Die Bibel ist eine stichhaltige Quelle für die Besuche Außerirdischer auf unserer Erde

Peter Krassa fand im Alten und Neuen Testament sowie in den Apokryphen deutliche Hinweise dafür, daß intelligente Wesen von fremden Planeten schon lange Raumfahrt betreiben und auch unsere Erde in ferner Vergangenheit besucht haben.
So ist dort von himmlischen Wagen und Lehrmeistern aus den Wolken die Rede. Doch wer gab den Menschen Anweisungen? Wer manifestierte sich mit Feuer, Rauch und Lärm, mit Rädern, Flügeln, Felgen?

- Wer war es, der aus einem »Feuerwolkenbruch« zu Abraham sprach, um ihn dann mitzunehmen und ihm die Erde vom Weltraum aus zu zeigen?
- Warum mußten Moses und die Priester so etwas ähnliches wie Schutzanzüge tragen, wenn sie in die Nähe der Bundeslade kamen?
- Waren der »feurige Wagen« und die »feurigen Pferde«, mit denen der Prophet Elias in den Himmel fuhr, ein Raumfahrzeug?
- Wurden die beiden sündigen Bibelstädte Sodom und Gomorra von Atomwaffen zerstört?
- War die vom Propheten Ezechiel beschriebene Tempelanlage ein Raumfahrtbahnhof der Außerirdischen?

»Das Buch ist eine enthemmende Zeitbombe ... Der Autor ist ein Insider, getauft mit den heiligen Wassern eines erfrischenden Verstandes. Peter Krassa ist – wie ich – gläubig, aber nicht leichtgläubig.«
Erich von Däniken

gebunden
288 Seiten
zahlreiche Abbildungen
ISBN 3-930219-52-2
9,90 EUR

KOPP VERLAG
Graf-Wolfegg-Straße 71
D - 72108 Rottenburg
Telefon (0 74 72) 9806-0
Telefax (0 74 72) 9806-11
Info@kopp-verlag.de
http://www.kopp-verlag.de

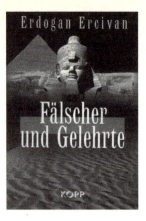

Auf der Suche nach dem Ursprung der Menschheit

Die etablierte Wissenschaft erklärt heute die Frage nach dem Ursprung der Menschheit mittels Darwins Evolutionstheorie. Tatsächlich sprechen aber immer mehr archäologische Funde und wissenschaftliche Forschungsergebnisse für die Schöpfungstheorie!

- Warum werden Wissenschaftler bei ihren Fälschungen und Manipulationen sogar von Geheimdiensten, Religionsführern und angesehenen Professoren unterstützt?
- Warum erklären die Schriften der Bibel die Entstehung des Menschen glaubwürdiger als die Evolutionstheorie?
- Welche Forschungsarbeiten finden derzeit in den ägyptischen Pyramiden statt?
- Sind die ägyptischen Überlieferungen, die von den Gelehrten als Totenkultriten interpretiert werden, in Wirklichkeit Schilderungen eines interstellaren Raumfluges?
- Warum werden Forschungsergebnisse, die das Alter der mesoamerikanischen Indiokulturen auf über 7000 Jahre datieren, von der Wissenschaft nicht beachtet?
- Gibt es einen Zusammenhang zwischen den heutigen gesellschaftlichen Fehlentwicklungen und dem Umstand, daß die Wahrheit über die Entstehung der Menschheit von den Gelehrten unterdrückt wird?

Der Wissenschaftsjournalist Erdogan Ercivan zeigt in seinem dokumentarischen Sachbuch, daß Gelehrte oft zu den Mitteln der Fälschung und Manipulation greifen, um die auf immer schwächeren Füßen stehende Evolutionstheorie zu stützen.

gebunden
320 Seiten
zahlreiche Abbildungen
ISBN 3-930219-48-4
19,90 EUR

KOPP VERLAG
Graf-Wolfegg-Straße 71
D - 72108 Rottenburg
Telefon (0 74 72) 9806-0
Telefax (0 74 72) 9806-11
Info@kopp-verlag.de
http://www.kopp-verlag.de

Die geheimen Zeichen und Rituale der Freimaurer – ein Buch mit sieben Siegeln?

Die Freimaurerei behauptet von sich, auf die »sittliche Veredelung der Menschheit« und damit auf eine bessere Zukunft für alle hinzuarbeiten. Ihre Gegner unterstellen den »Maurer-Logen« weitaus profanere Ziele und vermuten in ihnen einen Geheimbund zur Durchsetzung einer »Verschwörung«, um die christlich-abendländischen Grundlagen unserer Kultur zu zerstören und die Entstehung einer »Eine-Welt«-Regierung und einer »Eine-Welt«-Religion durchzusetzen.

Dieses sachlich-kritische Buch dokumentiert die Geschichte der Freimaurerei, untersucht aber vor allem anhand ursprünglicher Quellen die geheimen Riten und Zeichen der Bewegung. Es zeigt, daß insbesondere die Rituale der Hochgrad-Freimaurerei in zahlreichen Fällen dem ehrenwerten Anspruch der Bewegung widersprechen und daß das Geheimnis der Freimaurerei nicht nur geistiger Natur sein kann. Darüber hinaus dokumentiert das Buch anhand freimaurerischer Originalzitate, daß viele Behauptungen, die von den Brüdern öffentlich verbreitet werden, nicht mit den Tatsachen in Übereinstimmung zu bringen sind, so daß die wahren Ziele der Freimaurerei kritisch hinterfragt werden müssen. Abschließend wird der Frage nachgegangen, ob die Logen Politik betreiben und warum die freimaurerische Symbolik in den letzten 100 Jahren zunehmend im öffentlichen Leben auftaucht.

- Mit welchen geheimen Zeichen und Symbolen verständigen sich Freimaurer untereinander?
- Wie erfolgt die Einweihung in die Freimaurerei?
- Welche geheimen Rituale werden dazu benutzt?
- Welche besondere Bedeutung kommt den Hochgraden zu?
- Welche Rolle spielen Totenschädel, Sarg und Henkerschlinge bei den Zeremonien der Freimaurer?

*gebunden
256 Seiten
zahlreiche Abbildungen
ISBN 3-930219-51-4
19,90 EUR*

KOPP VERLAG
Graf-Wolfegg-Straße 71
D - 72108 Rottenburg
Telefon (0 74 72) 9806-0
Telefax (0 74 72) 9806-11
Info@kopp-verlag.de
http://www.kopp-verlag.de

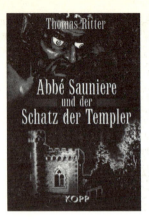

Einem der verwirrendsten Rätsel der Neuzeit auf der Spur: Welcher Art sind die geheimnisvollen Schätze von Rennes-le-Château?

Um 1900 kam der einfache Landpfarrer Berenger Sauniere im malerischen französischen Dörfchen Rennes-le-Château auf mysteriöse Weise zu unerhörtem Reichtum. Er baute Villen und Straßen, ließ seine Kirche auf eigene Kosten renovieren, wurde Großgrundbesitzer und empfing in seiner Pfarrei so bedeutende Gäste wie den französischen Kultusminster oder Mitglieder des österreichischen Kaiserhauses sowie des Vatikans. Darüber hinaus tätigte er undurchsichtige Geschäfte mit internationalen Banken, die alle zur einflußreichen Bankiersfamilie Rothschild gehörten.

1917 starb der Pfarrer unter mysteriösen Umständen, kurz nachdem er den Bau eines das gesamte Dorf überspannenden, auf neun gewaltigen Säulen ruhenden Tempels ins Auge gefaßt hatte – und er nahm sein Geheimnis mit ins Grab. Er starb ohne Letzte Ölung, da diese ihm sogar von seinem Freund Abbé Riviere nach Saunieres Beichte verweigert wurde.

- Woher hatte Sauniere seinen plötzlichen Reichtum?
- War er Alchimist oder stand er mit dem Teufel im Bunde? Weshalb wird das Weihwasserbecken in der Kirche vom Dämon Asmodi, dem Hüter der verborgenen Schätze und Geheimnisse, getragen?
- Warum bezahlte der Vatikan Sauniere wahrhaft fürstliche Summen?
- Hatte er das legendäre Vermächtnis des Templerordens oder den Heiligen Gral entdeckt?

Mit diesem enthüllend und spannend geschriebenen Sachbuch bringt Thomas Ritter Licht in das Labyrinth der Rätsel und Spekulationen um Rennes-le-Château.

gebunden
256 Seiten
zahlreiche Abbildungen
ISBN 3-930219-49-2
19,90 EUR

KOPP VERLAG
Graf-Wolfegg-Straße 71
D - 72108 Rottenburg
Telefon (0 74 72) 9806-0
Telefax (0 74 72) 9806-11
Info@kopp-verlag.de
http://www.kopp-verlag.de

Verschwörungen sind keine Theorien, Verschwörungen sind Verbrechen!

Geheime Bünde, getarnte Organisationen und verdeckte Operationen bilden das verstrickte Netz einer im Verborgenen agierenden, skrupellosen Schattenregierung. Genährt aus den Wurzeln uralter Geheimgesellschaften zieht sie heute ihre unsichtbaren Fäden weltweit.

Verschwörungen und hierzu aufgestellte Theorien werden von vielen Menschen belächelt. Sie können sich nicht vorstellen, daß hinter der Bühne der offiziellen Weltpolitik geheime Kräfte agieren, die über das Schicksal der Menschheit bestimmen.

Andreas von Rétyi lüftet in einer beeindruckenden Zusammenstellung von Fakten den Schleier einer geheimen Gruppe, die weder Grenzen noch Gesetze kennt und alle Aspekte der Politik und Wirtschaft kontrolliert.

Zu diesen Hintergrundmächten, die auch als »Oktopus« bezeichnet werden, gehören die Bilderberger, das Council on Foreign Relations, die Trilaterale Kommission und verschiedene Geheimdienste, allen voran die CIA. Zahlreiche unliebsame Journalisten und Politiker wurden von ihnen bereits zum Schweigen gebracht.

Konsequent verfolgt Andreas von Rétyi sämtliche Spuren, die der »Oktopus« in der düsteren Welt der Geheimgesellschaften hinterlassen hat.

Ein aufrüttelnd provokantes Buch, das harte Wahrheiten enthüllt, die viel zu lange verborgen geblieben sind.

gebunden
256 Seiten
zahlreiche Abbildungen
ISBN 3-930219-45-X
19,90 EUR

KOPP VERLAG
Graf-Wolfegg-Straße 71
D - 72108 Rottenburg
Telefon (0 74 72) 9806-0
Telefax (0 74 72) 9806-11
Info@kopp-verlag.de
http://www.kopp-verlag.de

Verfügte das Dritte Reich über Atombomben und interkontinentale Trägerraketen?

Die veröffentlichte Geschichtsschreibung behauptet, das Dritte Reich habe das Projekt der Entwicklung einer Atombombe im Jahre 1942 storniert. Dieses Buch liefert eine Vielzahl hochbrisanter neuer Indizien und unglaublicher Fakten sowie bisher unveröffentlichter Zeugenaussagen, welche diese Auffassung widerlegen.

Die Autoren zeigen in diesem Buch auf, daß die deutsche Nuklearwaffe fertig war und das dazugehörige Trägersystem in Form einer Interkontinentalrakete kurz vor seiner Fertigstellung stand. Das Zentrum beider Geheimwaffen-Programme lag in Thüringen und wurde von SS, Reichspost und der Firma Skoda betrieben.

Die Autoren dokumentieren nicht nur, daß am 4. März 1945 ein Kleinst-Atomtest auf dem Truppenübungsplatz Ohrdruf stattfand, bei dem mehrere hundert Menschen ums Leben kamen, sondern auch, daß am 16. März 1945 vom Boden Thüringens aus der erfolgreiche Start eines Prototypen der V-3-Interkontinentalrakete realisiert wurde. Erstmals werden hierzu eindeutige und überzeugende Informationen offengelegt, unter anderem Luftbilder der 7. US Photo-Group, die die Starteinrichtung der Rakete zeigen!

Darüber hinaus erfahren Sie erstaunliche Details, weshalb die neuen Waffensysteme nicht eingesetzt wurden, warum Reichsrüstungsminister Speer gegen Hitler opponierte und welche Konsequenzen sich aus dem Vorhandensein von geheimen unterirdischen Anlagen im Raum Thüringen ergeben. Erfahren Sie auch, wo einer der mächtigsten Männer des Dritten Reiches, SS-Obergruppenführer und General der Waffen-SS Dr. Ing. Hans Kammler, nach dem Krieg verblieben ist.

gebunden
288 Seiten
zahlreiche Abbildungen
ISBN 3-930219-50-6
19,90 EUR

KOPP VERLAG
Graf-Wolfegg-Straße 71
D - 72108 Rottenburg
Telefon (0 74 72) 9806-0
Telefax (0 74 72) 9806-11
Info@kopp-verlag.de
http://www.kopp-verlag.de